U0150495

中国芳香植物资源
Aromatic Plant Resources in China

（第5卷）

王羽梅　主编

中国林业出版社

图书在版编目（CIP）数据

中国芳香植物资源：全6卷 / 王羽梅主编. --北京：中国林业出版社，2020.9

ISBN 978-7-5219-0790-2

Ⅰ. ①中… Ⅱ. ①王… Ⅲ. ①香料植物－植物资源－中国 Ⅳ. ①Q949.97

中国版本图书馆CIP数据核字（2020）第174231号

《中国芳香植物资源》
编　委　会

主　编：王羽梅

副主编：任　飞　任安祥　叶华谷　易思荣

著　者：

王羽梅（韶关学院）
任安祥（韶关学院）
任　飞（韶关学院）
易思荣（重庆三峡医药高等专科学校）
叶华谷（中国科学院华南植物园）
邢福武（中国科学院华南植物园）
崔世茂（内蒙古农业大学）
薛　凯（北京荣之联科技股份有限公司）
宋　鼎（昆明理工大学）
王　斌（广州百彤文化传播有限公司）
张凤秋（辽宁锦州市林业草原保护中心）
刘　冰（中国科学院北京植物园）
杨得坡（中山大学）
罗开文（广西壮族自治区林业勘测设计院）
徐晔春（广东花卉杂志社有限公司）
于白音（韶关学院）
马丽霞（韶关学院）
任晓强（韶关学院）
潘春香（韶关学院）
肖艳辉（韶关学院）
何金明（韶关学院）
刘发光（韶关学院）
郑　珺（广州医科大学附属肿瘤医院）
庞玉新（广东药科大学）
陈振夏（中国热带农业科学院热带作物品种资源研究所）
刘基男（云南大学）
朱鑫鑫（信阳师范学院）
叶育石（中国科学院华南植物园）
宛　涛（内蒙古农业大学）
宋　阳（内蒙古农业大学）
李策宏（四川省自然资源科学研究院峨眉山生物站）
朱　强（宁夏林业研究院股份有限公司）
卢元贤（清远市古朕茶油发展有限公司）
寿海洋（上海辰山植物园）
张孟耸（浙江省宁波市鄞州区纪委）
周厚高（仲恺农业工程学院）
杨桂娣（茂名市芳香农业生态科技有限公司）
叶喜阳（浙江农林大学）
郑悠雅（前海人寿广州总医院）
吴锦生〔中国医药大学（台湾）〕
张荣京（华南农业大学）
李忠宇（辽宁省凤城市林业和草原局）
高志恳（广州市昌缇国际贸易有限公司）
李钱鱼（广东建设职业技术学院）
代色平（广州市林业和园林科学研究院）
容建华（广西壮族自治区药用植物园）
段士明（中国科学院新疆生态与地理研究所）
刘与明（厦门市园林植物园）
陈恒彬（厦门市园林植物园）
邓双文（中国科学院华南植物园）
彭海平（广州唯英国际贸易有限公司）
董　上（伊春林业科学院）
徐　婕（云南耀奇农产品开发有限公司）
潘伯荣（中国科学院新疆生态与地理研究所）
李镇魁（华南农业大学）
王喜勇（中国科学院新疆生态与地理研究所）

第 5 卷目录

清风藤科

贵州泡花树…………1189

茄科

碧冬茄…………1189
番茄…………1190
樱桃番茄…………1191
枸杞…………1192
黑果枸杞…………1193
宁夏枸杞…………1194
辣椒…………1195
菜椒…………1197
朝天椒…………1197
曼陀罗…………1198
漏斗泡囊草…………1199
白英…………1199
假烟叶树…………1200
马铃薯…………1201
少花龙葵…………1202
水茄…………1202
香瓜茄…………1203
灯笼果…………1204
毛酸浆…………1205
酸浆…………1206
挂金灯…………1207
天仙子…………1207
烟草…………1208
夜香树…………1209

忍冬科

臭荚蒾…………1210
鸡树条…………1210
聚花荚蒾…………1211
南方荚蒾…………1212
香荚蒾…………1212
朝鲜接骨木…………1213
东北接骨木…………1213
接骨草…………1214
接骨木…………1214
锦带花…………1215
长白忍冬…………1216
淡红忍冬…………1216
菰腺忍冬…………1217
华南忍冬…………1218
黄褐毛忍冬…………1218
灰毡毛忍冬…………1219
金银忍冬…………1220
蓝果忍冬…………1221
忍冬…………1222
细毡毛忍冬…………1224
峨眉忍冬…………1224

肉豆蔻科

海南风吹楠…………1225
长形肉豆蔻…………1226
肉豆蔻…………1226

瑞香科

沉香…………1227
土沉香…………1229
阿尔泰假狼毒…………1231
天山假狼毒…………1231
结香…………1232
狼毒…………1233
了哥王…………1235
黄瑞香…………1235
唐古特瑞香…………1236
芫花…………1237

三白草科

蕺菜…………1238
三白草…………1239

三尖杉科

三尖杉…………1240

伞形花科

大果阿魏…………1241
多伞阿魏…………1241
阜康阿魏…………1242
铜山阿魏…………1243
新疆阿魏…………1243
圆锥茎阿魏…………1244
准噶尔阿魏…………1244
阿米糙果芹…………1245
阿尔泰柴胡…………1245
北柴胡…………1246
大叶柴胡…………1248
多枝柴胡…………1248
黑柴胡…………1248
小叶黑柴胡…………1249
红柴胡…………1250
黄花鸭跖柴胡…………1250
马尔康柴胡…………1251
银州柴胡…………1251
竹叶柴胡…………1252
川明参…………1252
刺芹…………1253
白芷…………1254
朝鲜当归…………1255
重齿当归…………1256
当归…………1257
东当归…………1258
拐芹…………1259
黑水当归…………1260
灰叶当归…………1261
林当归…………1261
明日叶…………1262
疏叶当归…………1262
狭叶当归…………1263
紫花前胡…………1264
滇芹…………1265
白亮独活…………1266

独活……………………1266
短毛独活……………1267
康定独活……………1268
裂叶独活……………1269
毒芹…………………1270
防风…………………1270
长茎藁本……………1272
川芎…………………1272
短片藁本……………1273
藁本…………………1274
尖叶藁本……………1275
蕨叶藁本……………1276
辽藁本………………1276
膜苞藁本……………1277
葛缕子………………1278
野胡萝卜……………1279
胡萝卜………………1280
环根芹………………1282
短果茴芹……………1282
茴芹…………………1283
杏叶茴芹……………1283
羊红膻………………1284
异叶茴芹……………1285
茴香…………………1285
球茎茴香……………1287
积雪草………………1288
瘤果棱子芹…………1288
太白棱子芹…………1289
天山棱子芹…………1289
西藏棱子芹…………1290
心叶棱子芹…………1290
迷果芹………………1291
明党参………………1291
欧当归………………1292
滨海前胡……………1293
广西前胡……………1293
华中前胡……………1294
马山前胡……………1294
前胡…………………1295
泰山前胡……………1296
竹节前胡……………1297
宽叶羌活……………1297
羌活…………………1298
旱芹…………………1300
珊瑚菜………………1301
大齿山芹……………1302
隔山香………………1303
鞘山芎………………1304
东川芎………………1304
蛇床…………………1305
莳萝…………………1306
水芹…………………1307
肾叶天胡荽…………1308
天胡荽………………1308
松叶西风芹…………1309
鸭儿芹………………1309
宽萼岩风……………1310
香芹…………………1311
岩风…………………1312
芫荽…………………1313
东北羊角芹…………1314
孜然芹………………1314

桑寄生科

大苞鞘花……………1315
广寄生………………1316
桑寄生………………1317
枫香槲寄生…………1318
槲寄生………………1319
瘤果槲寄生…………1320
双花鞘花……………1320
椆树桑寄生…………1321

桑科

波罗蜜………………1321
二色波罗蜜…………1322
大麻…………………1323
葎草…………………1324
啤酒花………………1325
粗叶榕………………1326
大果榕………………1327
地果…………………1327
对叶榕………………1328
高山榕………………1329
聚果榕………………1329
苹果榕………………1330
榕树…………………1330
无花果………………1331
岩木瓜………………1332
桑……………………1332
构棘…………………1334

山茶科

木荷…………………1334
凹脉金花茶…………1335
茶……………………1335
茶梅…………………1337
长瓣短柱茶…………1339
大理茶………………1339
杜鹃红山茶…………1340
金花茶………………1341
毛药山茶……………1342
毛叶茶………………1342
山茶…………………1342
油茶…………………1343

山矾科

山矾…………………1345

山柑科

白花菜………………1345
爪瓣山柑……………1346
钝叶鱼木……………1347

山榄科

神秘果……………… 1348

山龙眼科

澳洲坚果…………… 1349

调羹树……………… 1350

山茱萸科

山茱萸……………… 1351

头状四照花………… 1352

杉科

柳杉………………… 1353

池杉………………… 1353

杉木………………… 1354

水杉………………… 1356

台湾杉……………… 1357

商陆科

垂序商陆…………… 1358

商陆………………… 1358

蛇菰科

杯茎蛇菰…………… 1359

肾蕨科

肾蕨………………… 1359

十字花科

白芥………………… 1360

播娘蒿……………… 1360

垂果大蒜芥………… 1361

豆瓣菜……………… 1362

独行菜……………… 1362

宽叶独行菜………… 1363

印加萝卜…………… 1363

辣根………………… 1364

萝卜………………… 1365

荠…………………… 1366

山葵………………… 1366

鼠耳芥……………… 1367

菘蓝………………… 1368

华中碎米荠………… 1369

菥蓂………………… 1369

白菜………………… 1370

甘蓝………………… 1371

花椰菜……………… 1372

青花菜……………… 1372

羽衣甘蓝…………… 1373

芥菜………………… 1373

芥蓝………………… 1374

擘蓝………………… 1375

青菜………………… 1376

芜菁………………… 1376

油菜………………… 1377

薹菜………………… 1378

紫罗兰……………… 1379

石榴科

石榴………………… 1380

石杉科

金丝条马尾杉……… 1380

蛇足石杉…………… 1381

石松科

石松………………… 1381

石蒜科

葱莲………………… 1382

君子兰……………… 1383

剑麻………………… 1384

黄水仙……………… 1385

水仙………………… 1386

晚香玉……………… 1387

文殊兰……………… 1388

仙茅………………… 1388

朱顶红……………… 1389

石竹科

繁缕………………… 1390

千针万线草………… 1391

縫瓣繁缕…………… 1391

银柴胡……………… 1392

孩儿参……………… 1392

麦蓝菜 …………… 1393

漆姑草……………… 1394

长蕊石头花………… 1394

瞿麦………………… 1395

使君子科

萼翅藤……………… 1396

诃子………………… 1397

使君子……………… 1398

柿科

柿…………………… 1399

鼠李科

滇刺枣……………… 1400

枣…………………… 1400

酸枣………………… 1402

薯蓣科

穿龙薯蓣…………… 1403

粉背薯蓣…………… 1404

薯莨………………… 1404

水龙骨科

金鸡脚假瘤蕨……… 1405

绒毛石韦…………… 1406

有柄石韦…………… 1406

江南星蕨…………… 1407

睡莲科

莲…………………… 1407

萍蓬草……………… 1409

芡实………………… 1410

香水莲花…………… 1411

松科

金钱松……………… 1412

巴山冷杉…………… 1412

长苞冷杉…………… 1413

急尖长苞冷杉……… 1414

臭冷杉……………… 1414

川滇冷杉…………… 1415

黄果冷杉…………… 1416

鳞皮冷杉…………… 1416

岷江冷杉…………… 1417

秦岭冷杉…………… 1417
杉松………………… 1418
新疆冷杉…………… 1418
大果红杉…………… 1419
华北落叶松………… 1419
黄花落叶松………… 1420
落叶松……………… 1420
新疆落叶松………… 1421
水松………………… 1422
矮松………………… 1423
巴山松……………… 1423
白皮松……………… 1424
北美短叶松………… 1424
长白松……………… 1425
长叶松……………… 1426
赤松………………… 1426
大别山五针松……… 1427
刚松………………… 1427
晚松………………… 1428
高山松……………… 1428
海南五针松………… 1429
黑松………………… 1430
红松………………… 1431
华南五针松………… 1432
华山松……………… 1432
黄山松……………… 1433
火炬松……………… 1434
加勒比松…………… 1434
卵果松……………… 1436
马尾松……………… 1436
雅加松……………… 1438
毛枝五针松………… 1438
萌芽松……………… 1439
南亚松……………… 1440
乔松………………… 1440
湿地松……………… 1441
思茅松……………… 1442
新疆五针松………… 1443
兴凯赤松…………… 1444
偃松………………… 1444
油松………………… 1444
黑皮油松…………… 1446
扫帚油松…………… 1446
云南松……………… 1447
樟子松……………… 1448
长苞铁杉…………… 1449
南方铁杉…………… 1450
雪松………………… 1450
银杉………………… 1452
海南油杉…………… 1453
黄枝油杉…………… 1453
油杉………………… 1454
白扦………………… 1454
红皮云杉…………… 1455
丽江云杉…………… 1456
欧洲云杉…………… 1457
青海云杉…………… 1457
青扦………………… 1458
新疆云杉…………… 1459
雪岭杉……………… 1460
鱼鳞云杉…………… 1460
云杉………………… 1462
紫果云杉…………… 1463

莎草科

荸荠………………… 1463
短叶水蜈蚣………… 1464
粗根茎莎草………… 1465
香附子……………… 1465
乌拉草……………… 1466

锁阳科

锁阳………………… 1466

檀香科

沙针………………… 1467
檀香………………… 1468

桃金娘科

桉…………………… 1469
本泌桉……………… 1471
赤桉………………… 1471
粗皮桉……………… 1472
大桉………………… 1472
邓恩桉 …………… 1473
蓝桉………………… 1474
窿缘桉……………… 1475
毛叶桉……………… 1476
美叶桉……………… 1476
柠檬桉……………… 1477
史密斯桉…………… 1478
尾叶桉……………… 1478
细叶桉……………… 1479
直杆蓝桉…………… 1480
白千层……………… 1480
白树………………… 1481
白油树……………… 1481
互叶白千层………… 1482
黄金串钱柳………… 1483
散花白千层………… 1484
下垂白千层………… 1484
番石榴……………… 1484
红果仔……………… 1486
岗松………………… 1487
垂枝红千层………… 1488
红千层……………… 1488
柳叶红千层………… 1489
美花红千层………… 1490
美丽红千层………… 1490
南美棯……………… 1491
赤楠………………… 1491
丁子香……………… 1492
海南蒲桃…………… 1493
红鳞蒲桃…………… 1494
红枝蒲桃…………… 1495
轮叶蒲桃…………… 1495
蒲桃………………… 1495
乌墨………………… 1497
洋蒲桃……………… 1497
水翁………………… 1499
桃金娘……………… 1500
香桃木……………… 1501
众香………………… 1501

参考文献…………… 1503

贵州泡花树

Meliosma henryi Diels

清风藤科　泡花树属

分布： 湖北、四川、贵州、云南、广西

【形态特征】小乔木高达3 m，树皮黑褐色，厚长块状脱落；小枝具明显的白色皮孔。单叶，革质，披针形或狭椭圆形，长7～12 cm，宽1.5～3.5 cm，先端渐尖，基部狭楔形，叶面深绿色，有光泽，全缘。圆锥花序通常顶生，有时腋生，长10～20 cm，具2～3次分枝，分枝劲直，被细柔毛。花直径约2 mm；萼片椭圆状卵形，长约1 mm，顶端钝，具缘毛；外面3片花瓣扁圆形，宽约2 mm，内面2片花瓣卵状狭椭圆形；花盘浅，具5小齿。核果倒卵形，直径7～8 mm；核近球形，顶基稍扁，直径4～5 mm，质薄，无网纹或网纹极不明显，中脉极不明显，腹孔细小，腹部不突出。花期夏季，果期9～10月。

【生长习性】生于海拔700～1400 m的常绿阔叶林中。

【芳香成分】杨再波等（2012）用微波辅助顶空固相微萃取法提取的花精油的主要成分为：反式-β-金合欢烯（10.26%）、枯茗醇（9.17%）、反式-石竹烯（7.97%）、α-佛手柑油烯（7.60%）、反式-β-大马酮（4.30%）、β-甜没药烯（3.87%）、α-古芸烯（3.55%）、α-芹子烯（3.43%）、α-葎草烯（2.90%）、δ-杜松烯（2.66%）、β-花柏烯（2.27%）、β-芹子烯（2.15%）、丁香酚（1.82%）、β-榄香烯（1.78%）、檀烯（1.59%）、4,5,6,7-四氢-1氢-吲唑（1.39%）、对-薄荷-1-烯-9-醛（1.19%）、α-柏木烯（1.19%）、朱栾倍半萜（1.17%）、石竹烯氧化物（1.04%）、大根香叶烯D（1.02%）等。

碧冬茄

Petunia hybrida Vilm.

茄科　碧冬茄属

别名： 矮牵牛、灵芝牡丹、撞羽牵牛

分布： 全国各地有栽培

【形态特征】一年生草本，高30～60 cm，全体生腺毛。叶有短柄或近无柄，卵形，顶端急尖，基部阔楔形或楔形，全缘，长3～8 cm，宽1.5～4.5 cm，侧脉不显著，每边5～7条。花单生于叶腋，花梗长3～5 cm。花萼5深裂，裂片条形，长1～1.5 cm，宽约3.5 mm，顶端钝，果时宿存；花冠白色或紫堇色，有各式条纹，漏斗状，长5～7 cm，筒部向上逐渐扩大，檐部开展，有折襞，5浅裂；雄蕊4长1短；花柱稍超过雄蕊。蒴果圆锥状，长约1 cm，2瓣裂，各裂瓣顶端又2浅裂。种子极小，近球形，直径约0.5 mm，褐色。

【生长习性】长日照植物，要求阳光充足。生长适温为13 ℃～18 ℃，冬季温度在4～10 ℃，如低于4 ℃，植株生长停

止，夏季能耐35 ℃以上的高温。宜用疏松肥沃和排水良好的砂壤土。

【精油含量】 水蒸气蒸馏鲜花的得油率为0.08%。

【芳香成分】么恩云等（1994）用水蒸气蒸馏法提取的鲜花精油的主要成分为：苯甲醇（41.29%）、苯乙醇（27.22%）、(Z,E)-α-法呢烯（2.92%）、苯甲酸乙酯（1.36%）、乙酸异戊酯（1.29%）、乙酸苯甲酯（1.24%）、叶醇（1.01%）、乙酸苯乙酯（1.00%）等。

【利用】 公园中普遍栽培供观赏。

番茄

Lycopersicon esculentum Mill.

茄科　番茄属

别名： 西红柿、洋柿子、番柿

分布： 全国各地

【形态特征】体高0.6～2 m，全体生粘质腺毛，有强烈气味。茎易倒伏。叶羽状复叶或羽状深裂，长10～40 cm，小叶极不规则，大小不等，常5～9枚，卵形或矩圆形，长5～7 cm，边缘有不规则锯齿或裂片。花序总梗长2～5 cm，常3～7朵花；花梗长1～1.5 cm；花萼辐状，裂片披针形，果时宿存；花冠辐状，直径约2 cm，黄色。浆果扁球状或近球状，肉质而多汁液，橘黄色或鲜红色，光滑；种子黄色。花果期夏秋季。

【生长习性】喜温，不耐霜冻。茎、叶生长的适温20～25 ℃，结果期昼温25～28 ℃、夜温16～20 ℃为宜。对土壤的适应性较广，耐涝力弱。喜光，喜水，一般以土壤湿度60%～80%、空气湿度45%～50%为宜。在土层深厚、排水良好、富含有机质的肥沃壤土生长良好。土壤酸碱度以pH6～7为宜。

【精油含量】水蒸气蒸馏干燥叶的得油率为0.05%。

【芳香成分】叶：何培青等（2005）用水蒸气蒸馏法提取的山东青岛产‘青研1号’番茄叶精油的主要成分为：(E)-2-己烯醛（50.83%）、愈创木酚（10.91%）、丁子香酚（10.06%）、β-水芹烯（8.07%）、苯甲醇（5.16%）、水杨酸甲酯（4.64%）、2-己烯醛（2.14%）、苯乙醛（1.66%）、(+)-2-蒈烯（1.36%）等。唐晓伟等（2004）用有机溶剂萃取法提取的野生番茄叶精油的主要成分为：十二酸（24.20%）、2-羟甲基-2-硝基-1,3-丙二醇（17.29%）、3-甲基戊酸（8.58%）、壬酸（7.93%）、十一酸（7.07%）、2-十一酮（4.83%）、邻苯二甲酸二丁酯（3.92%）、十一烷（3.26%）、戊酸癸基酯（3.14%）、烯丙基异戊酸酯（3.04%）、辛酸（2.68%）、异戊酸异丁酯（1.90%）、十二烷（1.75%）、庚基戊酸酯（1.70%）、2-十四烷醇（1.66%）、2,6-二叔丁基对甲酚（1.44%）、2-甲基丁酸酐（1.41%）、庚基己酸酯（1.13%）等。

果实：杨玉芳等（2010）用石油醚回流萃取法提取的番茄新鲜果实精油的主要成分为：棕榈酸（20.92%）、亚油酸（17.62%）、油酸乙酯（14.62%）、苯甲酸（13.59%）、棕榈酸乙酯（7.00%）、苯乙醛（3.69%）、亚油酸乙酯（2.48%）、糠醛（1.29%）、亚麻酸甲酯（1.02%）等。吕洁等（2016）用顶空固相微萃取法提取的陕西杨凌产‘黑樱桃’番茄坚熟期果实香气的主要成分为：己醛（19.23%）、正己醇（13.27%）、顺-3-己烯醇（11.09%）、水杨酸甲酯（7.14%）、1-戊醇（6.08%）、反-2-己烯醛（5.48%）、6-甲基-5-庚烯-2-酮（5.36%）、愈创木酚（5.13%）、2-甲基丁醛（2.56%）、己酸（1.93%）、反-2-辛烯醛（1.78%）、二碳酸二叔丁酯（1.77%）、顺-2-戊烯-1-醇（1.60%）、2-羟基苯甲醛（1.60%）、苯甲醛（1.15%）、1-辛烯-3-

酮（1.05%）、反-2-庚烯醛（1.02%）等。张静等（2017）用同法分析的顶空固相微萃取法提取的‘金鹏1号’番茄新鲜果实香气的主要成分为：顺-3-己烯醛（12.16%）、6-甲基-5-庚烯-2-酮（11.07%）、壬醛（9.13%）、2-甲基丁醇（5.77%）、己醇（5.70%）、顺-3-己烯醇（5.69%）、3-戊酮（4.97%）、1-戊烯-3-酮（4.36%）、反-2-辛烯醛（3.92%）、己醛（3.36%）、反-2-戊烯醛（2.61%）、2-甲基-2-丁烯醛（2.26%）、1-戊醇（1.55%）、（反，反)-2,4-己二烯醛（1.25%）、1-戊烯-3-醇（1.04%）等。

种子：周琦等（2016）用低温压榨法提取不同产地番茄种子的精油成分，甘肃产的主要成分为：反式-2,4-癸二烯醛（10.53 %）、己醛（6.60%）、反式-2,4-庚二烯醛（5.85%）、2-戊基呋喃（4.01%）、己酸丙酯（3.85 %）、反式-2-辛烯醛（3.51 %）、壬醛（2.49 %）、反式-2-壬醛（2.15%）、己酸（1.78%）、(1R)-(+)-α-蒎烯（1.60%）、α-葎草烯（1.37%）、庚醛（1.26%）等；内蒙古产的主要成分为：(1R)-(+)-α-蒎烯（19.68%）、庚醛（6.76%）、反式-2,4-癸二烯醛（6.70%）、反式-2,4-庚二烯醛（6.22%）、乙酸乙酯（5.54%）、己醛（4.97%）、苯甲醛（4.37%）、甲基庚烯酮（3.78%）、反式-2-辛烯醛（3.72%）、壬醛（3.26%）、3-辛烯-2-酮（2.10%）、2-戊基呋喃（1.79%）、2-己烯醛（1.41%）、反式-2-壬醛（1.40%）、苯乙烯（1.10%）、1-辛烯-3-醇（1.02%）等；新疆产的主要成分为：己酸甲酯（7.21%）、己酸丙酯（6.38%）、己醛（6.16%）、丁酸丙酯（3.75%）、反式-2-辛烯醛（1.76%）、马苄烯酮（1.62 %）、苯甲醛（1.51%）、甲基庚烯酮（1.43%）、正己酸乙酯（1.22%）、庚醛（1.20%）、壬醛（1.12%）等；浙江产的主要成分为：己醛（16.67%）、甲基庚烯酮（5.45%）、2-戊基呋喃（4.71%）、乙酸正壬酯（2.93%）、反式-2,4-癸二烯醛（2.83%）、庚醛（2.67%）、反式-2-辛烯醛（2.15%）、苯甲醛（1.37%）、反式-2,4-庚二烯醛（1.29%）、壬醛（1.28%）、2-异丁基噻唑（1.20%）、1-辛烯-3-醇（1.10%）等。

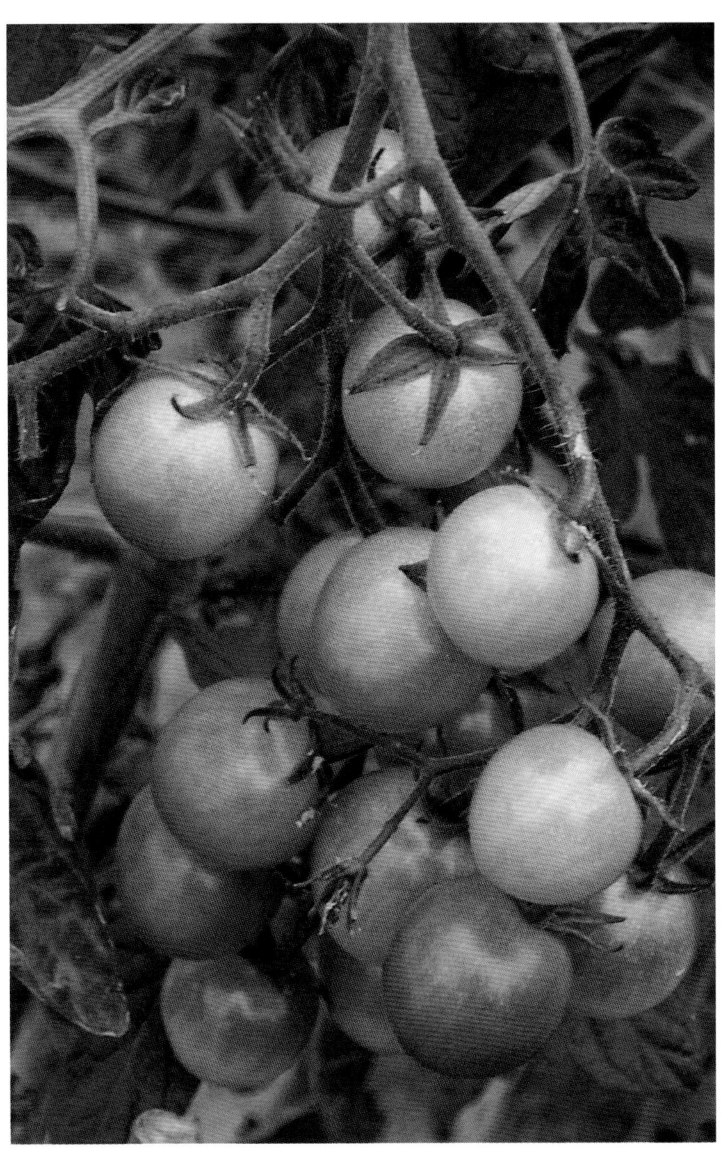

【利用】果实可以生食、熟食、加工制成番茄酱、汁或整果罐藏。

樱桃番茄

Lycopersicon esculentum Mill. var. *cerasiforme* Alef.

茄科　番茄

别名： 迷你番茄、小番茄、圣女果、小西红柿、樱桃西红柿、小柿子

分布： 全国各地

【形态特征】番茄变种。一年生或多年生草本，根系发达，再生能力强，侧根发生多，大部分分布于土表30 cm的土层内。植株生长强健，有茎蔓自封顶的，品种较少；有无限生长的，株高2 m以上。叶为奇数羽状复叶，小叶多而细，初生的一对子叶和几片真叶略小于普通番茄。果实鲜艳，有红、黄、绿等果色，单果重一般为10～30 g，果实以圆球形为主。种子比普通番茄小，心形。密被茸毛，千粒重1.2～1.5 g。

【生长习性】喜温暖，生长适温为24～31 ℃。较耐旱，不耐湿，以排水良好、土层深厚、肥沃的微酸性土壤种植为宜。

【精油含量】水蒸气蒸馏干燥茎的得油率为0.03%。

【芳香成分】茎：刘银燕等（2014）用水蒸气蒸馏法提取的吉林长春产樱桃番茄干燥茎精油的主要成分为：棕榈酸酐（41.61%）、亚油酸异丙酯（7.57%）、十八烷酸（2.95%）、十四烷酸甲乙酯（2.21%）、(E)-11-十六碳烯-1-醇（1.53%）、十五烷酸（1.40%）等。

叶：刘银燕等（2009）用水蒸气蒸馏法提取的吉林长春产樱桃番茄干燥叶精油的主要成分为：1,3,3-三甲基双环[2.2.1]庚-2-醇乙酸酯（20.72%）、(2 E)-3,7,11,15-四甲基-2-十六碳烯-1-醇（8.48%）、6,10,14-三甲基十五烷酮（7.14%）、4,11,11-三甲基-8-亚甲基双环[7.2.0]-4-十一烷烯（5.82%）、4-(2,6,6-三甲基-1-环己烯-1-基)-2-丁酮（3.99%）、石竹烯氧化物（2.63%）、2,6,6,9-四甲基-1,4,8-环十一烷三烯（2.50%）、2-己基-1-癸醇（2.33%）、(E,E)-6,10,14-三甲基-5,9,13-十五碳三烯-2-酮（1.62%）、十五烷酸甲酯（1.46%）、1-(1,3-二甲基-3-环乙烯-1-基)-乙酮（1.43%）、2,2,4-三甲基-3-环乙烯-1-甲醇（1.20%）、(2)-14-甲酸二十三烷酯（1.13%）等。

【利用】果实生食、凉拌或做成色拉食用，常作配菜或拼盘的配料。

枸杞

Lycium chinense Mill.

茄科　枸杞属

别名：枸杞菜、红珠仔刺、牛吉力、狗牙子、狗牙根、狗奶子

分布：东北、西南、华南、华中、华东及河北、山西、内蒙古、陕西、甘肃、青海、宁夏、新疆等地

【形态特征】多分枝灌木，高0.5～2 m；枝条淡灰色，有纵条纹，棘刺长0.5～2 cm，小枝顶端锐尖成棘刺状。叶纸质，单叶互生或2～4枚簇生，卵形、卵状菱形、长椭圆形、卵状披针形，顶端急尖，基部楔形，长1.5～10 cm，宽0.5～4 cm。

花在长枝上单生或双生于叶腋，在短枝上同叶簇生；花萼长3～4 mm，通常3中裂或4～5齿裂，裂片多少有缘毛；花冠漏斗状，长9～12 mm，淡紫色，筒部向上骤然扩大，5深裂，裂片卵形，顶端圆钝，平展或稍向外反曲，边缘有缘毛，基部耳显著。浆果红色，卵状、长矩圆状或长椭圆状，顶端尖或钝，长7～22 mm，直径5～8 mm。种子扁肾脏形，长2.5～3 mm，黄色。花果期6～11月。

【生长习性】常生于山坡、荒地、丘陵地、盐碱地、路旁及村边宅旁。喜阳光及凉爽气候，耐寒，抗旱，对土壤要求不严，怕浸水。在通风良好、温暖干燥之处及砂质土壤中生长特别旺盛。

【精油含量】水蒸气蒸馏的干燥果实的得油率为0.30%。

【芳香成分】张成江等（2011）用水蒸气蒸馏法提取的宁夏产枸杞果实精油的主要成分为：十六酸（29.63%）、二十八烷（7.94%）、二十四烷（7.73%）、二十五烷（7.71%）、9,12-十八碳二烯酸甲酯（7.48%）、三十烷（4.69%）、亚油酸（3.96%）、棕榈酸乙酯（2.90%）、亚油酸乙酯（2.70%）、二十七烷（2.61%）、十九烷（2.38%）、十四酸（1.88%）、1-碘十八烷（1.48%）、(Z,Z,Z)-9,12,15-十八碳三烯酸乙酯（1.28%）等。楼舒婷等（2016）用顶空固相微萃取法提取的新疆产枸杞干燥果实精油的主要成分为：戊基环己烷（21.43%）、壬醛（12.91%）、香叶基丙酮（12.09 %）、丁基环己烷（5.75%）、β-紫罗兰酮（5.31%）、癸醛（4.71%）、5-乙基-6-十一烷酮（4.22%）、(E)-1-丁氧基-2-己烯（3.90%）、对二甲苯（3.26%）、乙酸环己酯（2.89%）、β-环柠檬醛（2.22%）、2,2,4-三甲基戊二醇异丁酯（2.09%）、反式石竹烯（1.99%）、甲苯（1.97%）、乙基苯（1.63%）、金合欢基乙醛（1.53%）、β-二氢紫罗兰酮（1.52 %）、正辛醛（1.49%）、苯（1.45%）、肉桂酸甲酯（1.39%）、十六酸乙酯（1.39%）、邻苯二甲酸-异丁反式-己-3-烯酯（1.35%）、正己醛（1.28 %）等。

【利用】果实可食，可以加工成各种食品、饮料、保健酒、保健品等。果实药用，有养肝、滋肾、润肺的功效。根皮药用，有解热止咳的效用。叶药用，可补虚益精、清热明目。嫩叶可作蔬菜食用。种子油可制润滑油或食用油，还可加工成保健品。是很好的盆景观赏植物。可作为水土保持的灌木。

黑果枸杞

Lycium ruthenicum Murr.

茄科　枸杞属

别名：甘枸杞

分布：陕西、宁夏、甘肃、青海、新疆、西藏

【形态特征】多棘刺灌木，高20～150 cm，多分枝；分枝白色，有纵条纹，小枝顶端渐尖成棘刺状，有长0.3～1.5 cm的短棘刺；短枝位于棘刺两侧，在老枝上成瘤状，叶或花、叶同时簇生。叶2～6枚簇生于短枝上，在幼枝上则单叶互生，肥厚

肉质，条形、条状披针形或条状倒披针形，有时成狭披针形，顶端钝圆，基部渐狭，长0.5～3 cm，宽2～7 mm。花1～2朵生于短枝上。花萼狭钟状，果时稍膨大成半球状，不规则2～4浅裂，裂片膜质，边缘有稀疏缘毛；花冠漏斗状，浅紫色，5浅裂，裂片矩圆状卵形。浆果紫黑色，球状，有时顶端稍凹陷，直径4～9 mm。种子肾形，褐色，长1.5 mm，宽2 mm。花果期5～10月。

【生长习性】分布于高山沙林、盐化沙地、河湖沿岸、干河床、荒漠河岸林中。喜光树种。适应性很强，能忍耐38.5 ℃高温，耐寒性亦很强，在-28 ℃下无冻害。对土壤要求不严，耐盐碱，耐干旱，在荒漠地仍能生长。

【芳香成分】赵秀玲等（2016）用水蒸气蒸馏法提取的青海格尔木产黑果枸杞果实精油的主要成分为：亚油酸（39.19%）、棕榈酸（22.55%）、反油酸（12.15%）、2,3-二氢苯并呋喃（4.24%）、亚油酸甲酯（3.82%）、2-甲氧基-4-乙烯基苯酚（3.27%）、(9Z)-9,17-十八碳二烯醇（2.37%）、9,12-十八碳二烯酸甲酯（1.56%）、油酸甲酯（1.11%）、加莫尼克酸（1.08%）、棕榈酸乙酯（1.02%）等。楼舒婷等（2016）用顶空固相微萃取法提取的新疆产黑果枸杞干燥果实精油的主要成分为：戊基环己烷（17.98%）、十六酸乙酯（13.29%）、十六碳烯酸乙酯（11.45 %）、十四酸乙酯（5.04%）、丁基环己烷（4.74%）、油酸乙酯（3.26%）、(E)-1-丁氧基-2-己烯（2.92%）、香叶基丙酮（2.84%）、癸醛（2.39%）、2,2,4-三甲基戊二醇异丁酯（2.24%）、5-乙基-6-十一烷酮（2.23%）、反式石竹烯（2.19%）、乙酸环己酯（2.05%）、月桂酸乙酯（2.03%）、琥珀酸-3-庚基异丁酯（1.85%）、右旋柠檬烯（1.81%）、金合欢基乙醛（1.80%）、壬醛（1.63 %）、邻苯二甲酸-异丁反式-己-3-烯酯（1.56%）、苯甲醛（1.33%）、正己醛（1.28%）、戊醚（1.27%）、苯（1.25%）、2,6,10,10-四甲基-1-氧杂螺[4.5]癸-6-烯（1.19%）、癸酸乙酯（1.18%）、反式肉桂酸乙酯（1.14%）、肉豆蔻酸（1.11%）、十五酸乙酯（1.04%）等。

【利用】果实药用，有补肾益精、养肝明目、补血安神、生津止渴、润肺止咳的功效，治肝肾阴亏、腰膝酸软、头晕、目眩、目昏多泪、虚劳咳嗽、消渴、遗精。民间用根皮治疗尿道结石、癣疥、牙龈出血等。果实可食。是防风固沙的重要植被。可作为水土保持的灌木。

宁夏枸杞

Lycium barbarum Linn.

茄科　枸杞属

别名：中宁枸杞、津枸杞、山枸杞、枸杞果、白疙针、旁米布如

分布：河北、内蒙古、山西、陕西、甘肃、宁夏、青海、新疆有野生，中部和南部地区也有引种栽培

【形态特征】灌木，高0.8～2 m；枝有纵棱纹，灰白色或灰黄色，有不生叶的短棘刺和生叶、花的长棘刺。叶互生或簇生，披针形或长椭圆状披针形，顶端短渐尖或急尖，基部楔形，长2～12 cm，宽4～20 mm，略带肉质。花在长枝上1～2朵生于叶腋，在短枝上2～6朵同叶簇生。花萼钟状，通常2中裂；花冠漏斗状，紫堇色，裂片长5～6 mm，卵形，顶端圆钝，基部有耳。浆果红色或橙色，果皮肉质，多汁液，广椭圆状、矩圆状、卵状或近球状，顶端有短尖头或平截、有时稍凹陷，长8～20 mm，直径5～10 mm。种子常20余粒，略成肾脏形，扁压，棕黄色，长约2 mm。花果期较长，一般从5月到10月边开花边结果。

【生长习性】常生于土层深厚的沟岸、山坡、田埂和宅旁，耐盐碱、沙荒和干旱。适应性强，主产区年平均气温9.2 ℃，1

月平均气温-7.1 ℃，7月平均气温23.2 ℃。耐寒，喜光照。对土壤要求不严，耐肥、耐旱、怕水渍。以肥沃、排水良好的中性或微酸性轻壤土栽培为宜。

【芳香成分】龚媛等（2015）用顶空固相微萃取法提取的宁夏银川产宁夏枸杞新鲜果实香气的主要成分为：二十八烷醇（6.90%）、壬醛（4.89%）、已酸甲酯（4.32%）、6-甲基-5-庚烯-2-酮（3.86%）、4,6-二甲基十二烷（3.83%）、正十五烷（3.68%）、对叔丁基环己醇（3.45%）、邻苯二甲酸二甲酯（2.51%）、2,3-丁二醇（2.26%）、辛醚（2.14%）、异辛醇（2.11%）、吡喃酮（1.47%）、4-羟基-4-甲基-2-戊酮（1.34%）、正辛醇（1.23%）、2-甲基环己醇（1.15%）等。李德英等（2015）用微波萃取法提取的青海柴达木产宁夏枸杞干燥果实精油的主要成分为：9,12-十八碳二烯酸甲酯（25.33%）、十六烷酸（23.75%）、十六烷（4.20%）、二十四烷（3.70%）、二十烷（3.68%）、十六烷酸甲酯（3.66%）、2-甲基-十八烷（3.21%）、2-甲基-十三烷（2.93 %）、2-丙烯酸-2-氯代甲酯（2.30%）、咖啡酸二乙酯（2.22%）、十一烷（2.15%）、4,6-二甲基-十二烷（1.94%）、2,4-双(1,1-二甲乙基)-苯酚（1.79%）、十二烷（1.69%）、二十五烷（1.56%）、2,7,10-三甲基-十二烷（1.52%）、9-十八烷酸甲酯（1.34%）、3-甲基-5-(1-甲乙基)-苯酚甲氨基甲酸酯（1.31%）、4-(4-羧基-丁酰胺基)-苯甲酸乙酯（1.18%）、菲（1.16 %）、十三烷（1.09%）、十八烯酸（1.07%）等。

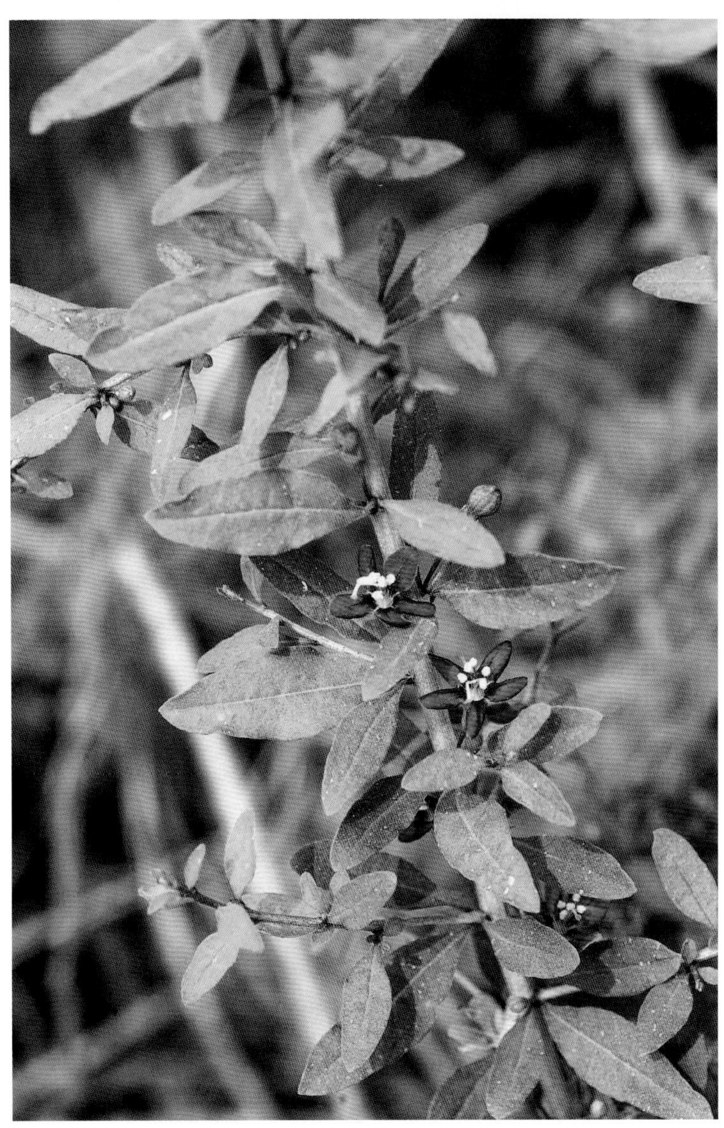

【利用】果实入药，有滋肾、润肺、补肝、明目的功效，治肝肾阴亏、腰膝酸软、头晕、目眩、目昏多泪、虚劳咳嗽、消渴、遗精。根皮药用。果柄及叶是猪、羊的良好饲料。可作水土保持和造林绿化的灌木。

辣椒

Capsicum annuum Linn.

茄科　辣椒属

别名： 海椒、辣子、辣角、番椒、翻椒、辣茄、秦椒、牛角椒、长辣椒、尖辣椒、尖椒

分布： 全国各地

【形态特征】一年生或有限多年生植物；高40～80 cm。茎近无毛或微生柔毛，分枝稍之字形折曲。叶互生，枝顶端节不伸长而成双生或簇生状，矩圆状卵形、卵形或卵状披针形，长4～13 cm，宽1.5～4 cm，全缘，顶端短渐尖或急尖，基部狭楔形；叶柄长4～7 cm。花单生，俯垂；花萼杯状，不显著5齿；花冠白色，裂片卵形；花药灰紫色。果梗较粗壮，俯垂；果实长指状，顶端渐尖且常弯曲，未成熟时绿色，成熟后红色、橙色或紫红色，味辣。种子扁肾形，长3～5 mm，淡黄色。花果期5～11月。

【生长习性】能耐高温，也能耐低温，适宜的温度为15～34 ℃。较耐旱，不耐积水。喜欢比较干爽的空气条件。

【精油含量】水蒸气蒸馏的果实得油率为0.10%～2.60%；干燥果实油树脂的得油率为15.00%；超临界萃取干燥果实的得油率为1.70%。

【芳香成分】张恩让等（2009）用水蒸气蒸馏法提取分析了贵州贵阳产不同品种辣椒果实的精油成分，‘遵椒1号’的主要成分为：油酸甲酯（49.48%）、2-乙基丙烷（23.90%）、11,14-二烯二十酸甲酯（13.36%）、十三酸甲酯（6.62%）、甲基正壬酮（2.50%）、芳樟醇（1.43%）、十四醛（1.40%）等；‘遵椒2号’的主要成分为：油酸甲酯（20.80%）、十四醛（14.26%）、2-乙基丙烷（11.20%）、2,4a,5,6,7,8,9,9a八-氢-3,5,5三-甲基-9-甲烯基苯并环庚烯（7.44%）、亚油酸甲酯（6.07%）、十六酸酸甲酯（5.64%）、亚油醛（4.59%）、十二醛（3.98%）、乙酸十二酯（3.83%）、花生醇（2.45%）、3-甲基-3-辛酮（2.45%）、2-十二（碳）烯醛（2.29%）、二异戊烷（1.52%）、十三醛（1.43%）、3,7-二甲基壬烷（1.21%）等；‘天宇3号’的主要成分为：α-紫穗槐烯（33.63%）、2-乙基丙烷（25.18%）、油酸甲酯（5.56%）、十四醛（4.13%）、甲基正壬酮（3.41%）、异戊醇（3.05%）、诺品烯（2.36%）、苯甲醇（2.11%）、(3 E)-9-甲基-3-十一烯（1.77%）、11,14-二烯二十酸甲酯（1.56%）、2-甲基丁酸己酯（1.32%）、碘壬烷（1.19%）、己酸己酯（1.11%）、1-碘十一烷（1.04%）、4,8-二甲基-1,7-壬二环-4烯（1.04%）等；‘大方线椒’的主要成分为：油酸甲酯（38.19%）、2-乙基丙烷（29.29%）、11,14-二烯二十酸甲酯（10.47%）、十三酸甲酯（4.65%）、α-紫穗槐烯（2.29%）、十四醛（1.43%）等；‘独山皱椒’的主要成分为：油酸甲酯（52.02%）、十三酸甲酯（6.35%）、2-乙基丙烷（6.00%）、α-紫穗槐烯（3.76%）、十四醛（3.23%）、异长叶烯（1.76%）、亚油醛（1.60%）等；‘党武辣椒’的主要成分为：十四醛（22.96%）、亚油醛（14.20%）、油酸甲酯（12.99%）、2-乙基丙烷（9.82%）、11,14-二烯二十酸甲酯（3.72%）、十三酸甲酯（2.50%）、2-甲基丁酸己酯（2.16%）、2,4a,5,6,7,8,9,9a八-氢-3,5,5三-甲基-9-甲烯基苯并环庚烯（1.86%）、葵花醇（1.78%）、己酸己酯（1.59%）、4 Z-4-十二烯-1-醇（1.41%）、芳樟醇（1.30%）、α-紫穗槐烯（1.05%）等。李达等（2015）用顶空固相微萃取法提取的贵州绥阳产‘米椒’干燥成熟果实香气的主要成分为：5-倍半萜烯（12.73%）、糠醛（9.30%）、β-榄香烯（7.92%）、2-甲基十三烷（7.04%）、2-甲基-1-十四烷（5.12%）、正己醛（4.48%）、十五烷（4.38%）、2-甲基十四烷（4.32%）、壬醛（4.31%）、香橙烯（3.87%）、对二甲苯（3.18%）、苯乙醇（2.95%）、α-雪松烯（2.87%）、2,6-二甲基吡嗪（2.68%）、2,5-呋喃二酮（2.25%）、2-甲基-1-十五烷（2.05%）、十六烷（1.84%）、5-甲基糠醛（1.57%）、γ-芹子烯（1.57%）、十四烷（1.51%）、9,10-脱氢异长叶烯（1.31%）、己基异丁酸酯（1.29%）、2,6-二叔丁基对甲酚（1.25%）、γ-雪松烯（1.24%）、十七烷（1.10%）、2-甲基吡嗪（1.03%）、2-甲基丁酸己酯（1.01%）等。

【利用】为重要的蔬菜和调味品，可加工成辣酱等供食用。种子油可食用。果实药用，有温中下气、散寒除湿、开郁去痰、消食、杀虫解毒的功效，治呕逆、疗噎膈、止泻痢、祛脚气。果实油树脂和酊用于食品、调味料等。

菜椒

Capsicum annuum Linn. var. *grossum* (Linn.) Sendt.

茄科　辣椒属
别名： 甜椒、青椒、灯笼椒
分布： 全国各地

【形态特征】辣椒变种。与原变种的区别是植物体粗壮而高大。叶矩圆形或卵形，长10～13 cm。果梗直立或俯垂，果实大型，近球状、圆柱状或扁球状，多纵沟，顶端截形或稍内陷，基部截形且常稍向内凹入，味不辣而略带甜或稍带椒味。

【生长习性】喜温，也能耐低温，适宜的温度为15～34 ℃。较耐旱，不耐积水。喜欢比较干爽的空气条件。

【芳香成分】潘冰燕等（2016）用顶空固相微萃取法提取的山东寿光产菜椒新鲜果实香气的主要成分为：2-甲基丙酸-3-羟基-2,4,4-三甲基戊酯（34.14%）、2,2,4-三甲基戊二醇异丁酯（26.25%）、异硫氰酸烯丙酯（6.04%）、2-甲氧基-3-异丁基吡嗪（4.84%）、2,4-二叔丁基酚（3.19%）、1-辛烯-3-醇（2.96%）、2-庚酮（2.53%）、反-2-己烯醛（2.21%）、大马士酮（2.07%）、芳樟醇（2.03%）、甲氧基苯基肟（1.89%）、2-乙基己醇（1.70%）、反式-2-己烯-1-醇（1.63%）、α-松油醇（1.54 %）等。

【利用】常作为蔬菜供食用。

朝天椒

Capsicum annuum Linn. var. *conoides* (Mill.) Irish

茄科　辣椒属
别名： 小辣椒、望天椒
分布： 全国各地

【形态特征】辣椒变种。与原变种的区别是植物体多二歧分枝。叶长4～7 cm，卵形。花常单生于二分叉间，花梗直立，花稍俯垂，花冠白色或带紫色。果梗及果实均直立，果实较小，圆锥状，长约1.5～3 cm，成熟后红色或紫色，味极辣。

【生长习性】喜欢较干燥的空气相对湿度，怕雨淋，最适宜空气相对湿度为50%～65%。耐热，不耐霜寒。喜阳光充足，略耐半阴。

【芳香成分】李达等（2015）用顶空固相微萃取法提取的贵州遵义产朝天椒干燥成熟果实香气的主要成分为：2-甲基十三烷（29.63%）、2-甲基-1-十四烷（11.71%）、2-甲基十四烷（9.55%）、β-橄香烯（8.14%）、5-倍-半萜烯（4.66%）、壬醛（4.13%）、十四烷（3.70%）、2,6-二叔丁基对甲酚（3.41%）、十五烷（2.89%）、异戊酸己酯（2.62%）、2-甲基-1-十五烷（2.48%）、2-甲基丁酸己酯（2.22%）、2-丁基-1-癸烯（2.14%）、γ-雪松烯（1.87%）、9,10-脱氢异长叶烯（1.79%）、十六烷（1.79%）、α-荜澄茄烯（1.67%）、α-雪松烯（1.20%）、芳樟醇（1.19%）等。

【利用】常作为盆景栽培。果实作为调味品供食用。全草入药，能祛风散寒、舒筋活络，并有杀虫、止痒功效。

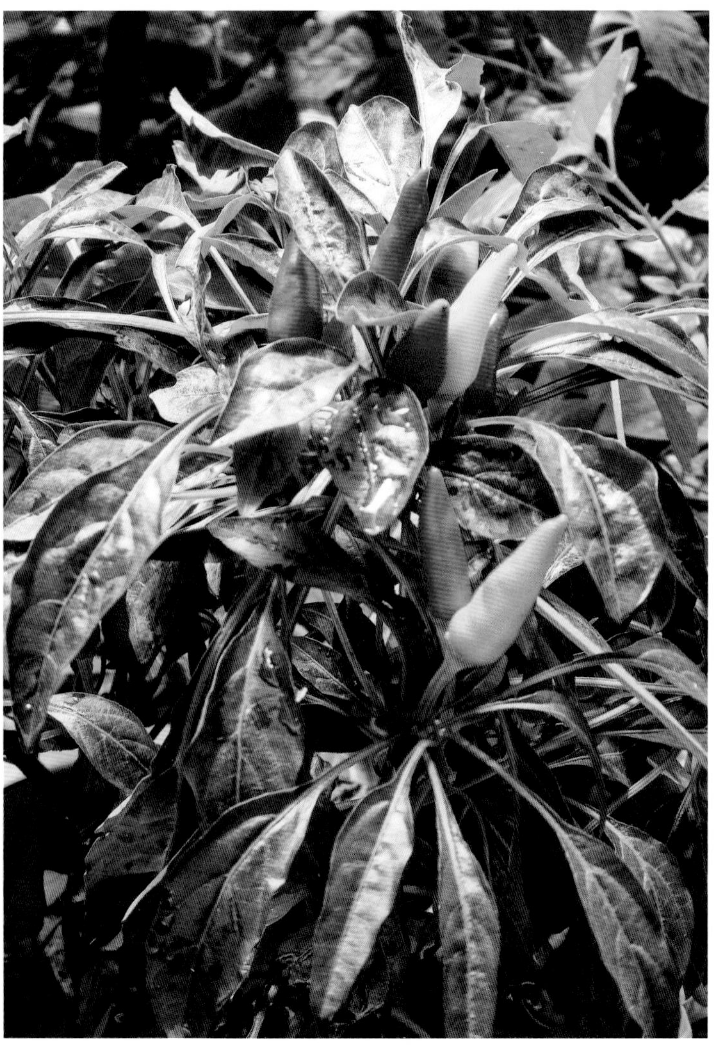

曼陀罗

Datura stramonium Linn.

茄科　曼陀罗属

别名：醉心花、枫茄花、狗核桃、洋金花、万桃花、野麻子、闹羊花、曼茶罗

分布：全国各地

【形态特征】草本或半灌木状，高0.5～1.5 m。茎淡绿色或带紫色。叶广卵形，顶端渐尖，基部不对称楔形，边缘有不规则波状浅裂，裂片顶端急尖，有时亦有波状牙齿，长8～17 cm，宽4～12 cm。花单生于枝叉间或叶腋，直立；花萼筒状，长4～5 cm，筒部有5棱角，基部稍膨大，顶端紧围花冠筒，5浅裂，裂片三角形，花后自近基部断裂；花冠漏斗状，下半部带绿色，上部白色或淡紫色，檐部5浅裂，裂片有短尖头。蒴果直立生，卵状，长3～4.5 cm，直径2～4 cm，表面生有坚硬针刺或有时无刺而近平滑，成熟后淡黄色，规则4瓣裂。种子卵圆形，稍扁，长约4 mm，黑色。花期6～10月，果期7～11月。

【生长习性】多野生在田间、沟旁、道边、河岸、山坡等地方。喜温暖、向阳及排水良好的砂质壤土。

【精油含量】水蒸气蒸馏新鲜全草的得油率为0.14%，新鲜果实的得油率为0.13%。

【芳香成分】叶：郁浩翔等（2011）用水蒸气蒸馏法提取的贵州贵阳产曼陀罗新鲜叶精油的主要成分为：二十一烷（12.20%）、二十四烷（11.59%）、二十三烷（11.15%）、四十四烷（8.58%）、二十二烷（7.72%）、二十七烷（7.22%）、4-甲基二十烷（5.53%）、3-甲基-5-氨基吡唑（5.29%）、二十烷（3.83%）、十九烷（3.61%）、十八烷（2.96%）、2,5-已二酮（2.55%）、6-戊基-5,6-二氢-2 H-吡喃-2-酮（2.36%）、正十七烷（2.11%）、2,6,10-三甲基-十二烷（1.56%）、2,3-二氢-1,1,3-三甲基-3-苯基-1 H-茚（1.20%）、正十六烷（1.02%）等。龚敏等（2014）用同法分析的海南海口产曼陀罗新鲜叶精油的主要成分为：邻苯二甲酸单(2-乙基己基)酯（67.11%）、肉豆蔻醛（2.95%）、6,10,14-三甲基-2-十五烷酮（1.56%）、叶绿醇（1.31%）、三十四烷基七氟丁酸酯（1.10%）等。

全草：金振国等（2007）用水蒸气蒸馏法提取的陕西商州产曼陀罗新鲜全草精油的主要成分为：5,6-二氢-6-戊基-2 H-吡喃-2-酮（44.29%）、二苯胺（12.50%）、四十四烷（10.41%）、二十烷（4.19%）、(E)-3-己烯-1-醇（2.38%）、叶绿醇（2.28%）、

-硝基-N-苯基苯胺（1.48%）、9-甲基十九烷（1.35%）、2-氧化香橙烯（1.19%）、2,6,10,14-四甲基十五烷（1.07%）等。

果实：金振国等（2007）用水蒸气蒸馏法提取的陕西商州产曼陀罗新鲜成熟果实精油的主要成分为：6-戊基-5,6-二氢化吡喃-2-酮（9.13%）、3,7,11,15-四甲基-2-十六碳烯-1-醇（6.71%）、二苯酮（6.16%）、1-己醇（6.10%）、(E)-3-己烯-1-醇（4.25%）、四十四烷（3.79%）、二十四烷（2.79%）、苯甲醇（2.69%）、胆甾烷（2.56%）、(E,E)-2,4-癸二烯醛（2.40%）、苯乙醇（2.36%）、豆甾烷（2.34%）、单(2-乙基己基)-1,2-苯二羧酸酯（1.54%）、9-甲基十九烷（1.35%）、菲（1.34%）、十六酸甲酯（1.31%）、2-(3-溴-5,5,5-三氯-2,2-二甲基戊基)-1,3-二氧戊环（1.19%）、长叶蒎葛缕醇（1.17%）、苯乙醛（1.17%）、2,6,10-三甲基十四烷（1.17%）等。龚敏等（2014）用同法分析的海南海口产曼陀罗新鲜果实精油的主要成分为：邻苯二甲酸单(2-乙基己基)酯（27.83%）、棕榈酸（24.19%）、二十一烷（14.14%）、正二十三烷（5.56%）、亚油酸（4.31%）、肉豆蔻醛（3.39%）、棕榈酸甲酯（2.50%）、十七烷（2.45%）、硬脂酸（1.82%）、反式-13-十八烯酸甲酯（1.64%）、二十烷（1.44%）、亚油酸乙酯（1.20%）、(Z)-9-十八烷醛（1.15%）等。

【利用】叶、花、籽均可入药，有大毒，有镇痉、镇静、镇痛、麻醉的功能，花能去风湿、止喘定痛，可治惊痫和寒哮，煎汤洗治诸风顽痹及寒湿脚气；花瓣的镇痛作用尤佳，可治神经痛等；叶和籽可用于镇咳镇痛。庭院栽培供观赏，有剧毒，可致癌致幻，不适合用于家居装饰中。种子油可制肥皂和掺合油漆。

漏斗泡囊草

Physochlaina infundibularis Kuang

茄科　泡囊草属

别名： 华山参、华山人参、秦参、二月旺、大红参、大紫参

分布： 陕西、河南、山西

【形态特征】高20～60 cm，除叶片外全体被腺质短柔毛；根状茎短而粗壮。茎分枝或稀不分枝，枝条细瘦。叶互生，叶片草质，三角形或卵状三角形，有时近卵形，长4～9 cm，宽4～8 cm，顶端常急尖，基部心形或截形、骤然狭缩成叶柄，边缘有少数三角形大牙齿。花生于顶生或腋生伞形式聚伞花序上，具小而鳞片状的苞片。花萼漏斗状钟形，长约6 mm，直径约4 mm，5中裂，裂片稍不等长、披针形，花后增大成漏斗状，果萼膜质。花冠漏斗状钟形，长约1 cm，除筒部略带浅紫色外其他部分为绿黄色，5浅裂，裂片卵形，顶端急尖。蒴果直径约5 mm。种子肾形，浅橘黄色。花期3～4月，果期4～6月。

【生长习性】生于山谷或林下。

【精油含量】水蒸气蒸馏根的得油率为0.61%。

【芳香成分】李松武等（2005）用水蒸气蒸馏法提取的河南产漏斗泡囊草根精油的主要成分为：3-甲氧基-4-丙氧基苯甲醛（40.30%）、十五烷（20.13%）、7-羟基-6-甲氧基香豆素（6.17%）、丁二醇（6.12%）、2-硝基苯甲酸（5.91%）、十三碳酸（4.94%）、1-十三碳烯（3.17%）、3,4-二甲氧基甲苯（1.78%）、1-十七碳炔（1.62%）、3-呋喃甲醇（1.49%）等。

【利用】是提取莨菪烷类生物碱的资源植物，供药用。

白英

Solanum lyratum Thunb.

茄科　茄属

别名： 白毛藤、白英、白草、白幕、毛风藤、毛葫芦、毛秀才、山甜菜、蔓茄、北风藤、生毛鸡屎藤、排风、排风草、天灯笼、和尚头草

分布： 甘肃、陕西、山西、河南、江苏、安徽，山东、福建、台湾、江西、广东、浙江、湖南、湖北、四川、云南等地

【形态特征】草质藤本，长0.5～1 m，茎与小枝均密被具节长柔毛。叶互生，多数为琴形，长3.5～5.5 cm，宽2.5～4.8 cm，

基部常3～5深裂，裂片全缘，侧裂片愈近基部的愈小，端钝，中裂片较大，通常卵形，先端渐尖，两面均被白色发亮的长柔毛。聚伞花序顶生或腋外生，疏花；萼环状，直径约3 mm，萼齿5枚，圆形，顶端具短尖头；花冠蓝紫色或白色，直径约1.1 cm，花冠筒隐于萼内，长约1 mm，冠檐长约6.5 mm，5深裂，裂片椭圆状披针形，长约4.5 mm，先端被微柔毛。浆果球状，成熟时红黑色，直径约8 mm；种子近盘状，扁平，直径约1.5 mm。花期夏秋季，果熟期秋末。

【生长习性】喜生于山谷草地或路旁、田边，海拔600～2800 m。喜温暖气候和较湿润的环境，耐旱，耐寒，怕水涝。对环境条件和土壤要求不严，适应性极强。以土层深厚、疏松肥沃、排水良好的砂质壤土为好。重黏土、盐碱地、低洼地不宜种植。

【芳香成分】徐顺等（2006）用水蒸气蒸馏法提取的浙江产白英全草精油的主要成分为：棕榈酸（42.79%）、亚油酸（19.97%）、异植醇（3.18%）、十五烷酸（2.53%）、6,10,14-三甲基-2-十五烷酮（2.25%）、十四烷酸（2.17%）、二十一烷（1.23%）等。

【利用】全草及根入药，具有清热利湿、解毒消肿、抗癌等功能，主治感冒发热、黄疸型肝炎、胆囊炎、胆结石症、子宫糜烂、肾炎水肿等症，临床上用于各种癌症，尤其对子宫颈癌、肺癌、声带癌等有一定疗效。

假烟叶树

Solanum verbascifolium Linn.

茄科　茄属

别名： 野烟叶、土烟叶、山烟、茄树、臭屎花、臭枇杷、袖钮果、大黄叶、大毛叶、酱权树、三权树、天蓬草、洗碗叶、毛叶、大发散

分布： 四川、贵州、福建、台湾、广东、海南、香港、广西、云南等地

【形态特征】小乔木，高1.5～10 m，小枝密被白色具柄头状簇绒毛。叶大而厚，卵状长圆形，长10～29 cm，宽4～12 cm，先端短渐尖，基部阔楔形或钝，叶面绿色，被具短柄的3～6不等长分枝的簇绒毛，叶背灰绿色，被具柄的10～20不等长分枝的簇绒毛，全缘或略作波状。聚伞花序多花，形成近顶生圆锥状平顶花序。花白色，直径约1.5 cm，萼钟形，直径约1 cm，毛被同叶背，内面被疏柔毛及少数簇绒毛，5半裂，萼齿卵形，长约3 mm，中脉明显；花冠筒隐于萼内，长约2 mm，冠檐深5裂，裂片长圆形，端尖，外面被星状簇绒毛。浆果球状，具宿存萼，直径约1.2 cm，黄褐色。种子扁平，直径约1～2 mm。几乎全年开花结果。

【生长习性】常见于荒山荒地灌丛中，海拔300～2100 m。

【精油含量】水蒸气蒸馏新鲜叶片的得油率为0.06%。

【芳香成分】马瑞君等（2006）用水蒸气蒸馏、两相溶剂萃取法提取的广东潮州产假烟叶树新鲜叶片精油的主要成分为：大牻牛儿烯 D（37.07%）、玷㘿烯（26.29%）、1β-(1-甲基乙基)-4,7-二甲基-1α,2,4aβ,5,8,8aα-六氢萘（13.63%）、石竹烯

8.03%）、1β-乙烯基-1α-甲基-2β,4β-双-(1-甲基乙烯基)-环己烷5.81%）、γ-榄香烯（2.16%）、α-荜澄茄油烯（2.06%）等。

【利用】根入药，有毒，有消炎解毒、止痛、祛风解表的功效，用于治胃痛、腹痛、骨折、跌打损伤、慢性粒细胞性白血病；外用治于疮毒、癣疥。全株药用，有毒，有消肿、杀虫、止痒、止血、止痛、行气、生肌的功效，用于治痈疮肿毒、蛇伤、湿疹、腹痛、骨折、跌打肿痛、小儿泄泻、阴挺、外伤出血、稻田皮炎、风湿痹痛、外伤感染。叶药用，有毒，有消肿、止痛、止血、杀虫的功效，用于治水肿、痛风、血崩、跌打肿痛、牙痛、瘰疬、痈疮肿毒、湿疹、皮炎、皮肤溃疡及外伤出血。适宜庭园栽培供观赏。

马铃薯

Solanum tuberosum Linn.

茄科　茄属

别名：土豆、洋芋、山药、山药蛋、地蛋、荷兰薯、山药豆、阳芋、薯仔、番仔薯

分布：全国各地

【形态特征】草本，高30～80 cm。地下茎块状，扁圆形或长圆形，直径3～10 cm，外皮白色，淡红色或紫色。叶为奇数不相等的羽状复叶，小叶常大小相间，长10～20 cm；小叶，6～8对，卵形至长圆形，最大者长可达6 cm，宽达3.2 cm，最小者长宽均不及1 cm，先端尖，基部稍不相等，全缘，两面均被白色疏柔毛。伞房花序顶生，后侧生，花白色或蓝紫色；萼钟形，直径约1 cm，外面被疏柔毛，5裂，裂片披针形，先端长渐尖；花冠辐状，直径2.5～3 cm，花冠筒隐于萼内，长约2 mm，冠檐长约1.5 cm，裂片5，三角形，长约5 mm。浆果圆球状，光滑，直径约1.5 cm。花期夏季。

【生长习性】耐寒、耐旱、耐瘠薄，适应性广。喜冷凉，需要疏松透气、凉爽湿润的土壤环境。块茎生长的适温是16～18 ℃，茎叶生长的适温是15～25 ℃。

【精油含量】水蒸气蒸馏茎叶的得油率为0.63%；同时蒸馏萃取茎叶的得油率为0.53%；超声波辅助-溶剂萃取干燥茎叶的得油率为0.52%。

【芳香成分】块茎：吴燕等（2016）用顶空固相微萃取法提取的浙江宁波产马铃薯新鲜块茎样品1的挥发油主要成分为：2-氯-2-硝基丙烷（17.15%）、2-戊烷基呋喃（4.29%）、苯乙醛（1.85%）、顺-2-辛烯-1-醇（1.72%）、4-乙基苯甲酸环戊基酯（1.54%）、4-甲基-2-乙基-1-戊醇（1.29%）等；样品2的主要成分为：5-氯-4,6-二苯基-2(1H)-嘧啶酮（8.26%）、油酸-3-(十八烷氧基)丙基酯（7.62%）、氯乙醇（6.83%）、3,5-二甲基-1-己烯（6.83%）、3-乙基5-(2-乙基丁基)-十八烷（5.89%）、12,13,20-三醋酸基-佛波醇（5.81%）、十四烷（5.02%）、邻二甲苯（4.56%）、甲苯（4.03%）、2-戊烷基呋喃（3.58%）、秋水仙碱（3.43%）、1-二十六烯（3.30%）、甘油三亚油酸酯（3.12%）、对二甲苯（2.94%）、苯醚（2.91%）、定碱（2.83 %）、苯乙醛（2.48%）、番木鳖碱（2.29%）、1-戊醇（2.08%）、4'-羟基-双氯芬酸二甲酯（1.69%）、4-氯胆甾-4-烯-3-酮（1.41%）、异胆酸乙酯（2.31%）、9-己基-十七烷（1.24%）、海葱次甙（1.05%）等。王慧君等（2015）用同法分析的甘肃定西产‘新大坪’马铃薯新鲜块茎挥发油的主要成分为：2-氮丙啶胺（7.95%）、异戊醇（7.15%）、反式-2-壬醛（5.12%）、癸酸乙酯（5.06%）、辛酸乙酯（3.62%）、1-辛烯-3-醇（2.82%）、甲氧基苯基丙酮肟（2.67%）、苯乙醛（2.37%）、反-2-顺-6-壬二烯醛（2.21%）、2,3,5,6-四甲基吡嗪（2.11%）、2-戊基呋喃（1.86%）、乙酸（1.83%）、苯甲醛（1.47%）、2,3,5-三甲基吡嗪（1.22%）、2-辛烯醛（1.15%）、1-己醇（1.11%）、庚二烯醛（1.02%）等。

茎叶：李伟等（2009）用水蒸气蒸馏法提取的黑龙江绥芬河产马铃薯成熟前期干燥茎叶精油的主要成分为：苯（27.81%）、n-十六烷酸（7.65%）、癸烷（4.88%）、β-蛇麻烯（2.71%）、芳樟醇（2.29%）、(+)-喇叭茶醇（2.14%）、β-杜松烯（1.93%）、β-紫罗兰酮（1.74%）、甲苯（1.64%）、石竹烯（1.54%）、倍半萜（1.49%）、环氧石竹烯（1.43%）、α-蛇麻烯（1.34%）、苯乙醛（1.27%）、α-杜松醇（1.25%）、己醛（1.20%）、3-甲基丁醇（1.05%）、β-榄香烯（1.04%）等。陆占国等（2010）用水蒸气蒸馏-溶剂萃取法提取的黑龙江绥芬河‘885号’马铃薯成熟期干燥茎叶精油的主要成分为：2,5-二甲基-5-己烯-3-醇（9.02%）、2,3-二甲基-2,3-丁二醇（8.23%）、2-甲基-2-乙氧基丁烷（5.75%）、2-甲基-3-戊酮（5.39%）、3-甲基庚烷（4.78%）、四甲基环氧乙烷（4.30%）、2,5-二甲基己烷（4.23%）、顺-1,4-二甲基环己烷（3.55%）、3-乙基-2,2-二甲基环氧乙烷（3.54%）、3-甲基-2-戊酮（3.15%）、3-甲基-1-乙基环戊烷（2.88%）、2-甲基-2-乙氧基丙烷（2.18%）、3,4-二甲基-3-

己烯醇（2.03%）、2,4-二甲基-3-戊醇（1.94%）、2,3-二甲基己烷（1.93%）、2,3,3-三甲基丁烯（1.63%）、6,10,14-三甲基-2-十五酮（1.74%）、3-乙基-2-己烯（1.46%）、倍半萜（1.21%）、十六碳烯二酸（1.07%）等。

【利用】块茎作为蔬菜供食用，为山区主粮之一，为淀粉工业的主要原料。刚抽出的芽条及果实为提取龙葵碱的原料。块茎药用，有和胃、健脾、益气、消炎的功效，用于治腮腺炎、便秘、烫伤、胃痛、痄肋、痈肿、湿疹。

少花龙葵

Solanum photeinocarpum Nakamura et Odashima

茄科　茄属

别名： 白花菜、古钮菜、古钮子、扣子草、打卜子、衣扣草、痣草、钮草、钮仔草、乌目菜、乌疔草、点归菜、乌归表、七粒扣、五宅茄

分布： 云南、广西、江西、广东、湖南、台湾等地

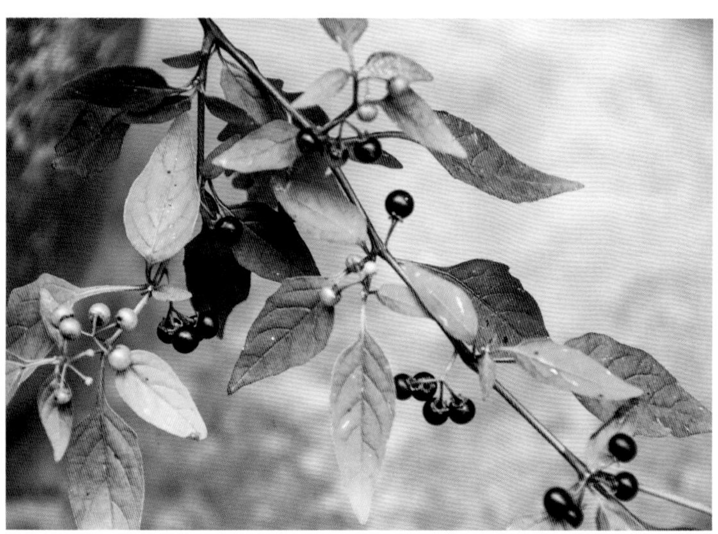

【形态特征】纤弱草本，高约1 m。叶薄，卵形至卵状长圆形，长4～8 cm，宽2～4 cm，先端渐尖，基部楔形下延至叶柄而成翅，近全缘，波状或有不规则的粗齿，两面均具疏柔毛，有时叶背近于无毛。花序近伞形，腋外生，具微柔毛，着生1～6朵花，花小，直径约7 mm；萼绿色，直径约2 mm，5裂达中部，裂片卵形，先端钝，长约1 mm，具缘毛；花冠白色，筒部隐于萼内，长不及1 mm，冠檐长约3.5 mm，5裂，裂片卵状披针形，长约2.5 mm。浆果球状，直径约5 mm，幼时绿色，成熟后黑色；种子近卵形，两侧压扁，直径为1～1.5 mm。几乎全年均开花结果。

【生长习性】生于溪边、密林阴湿处或林边荒地。既耐热，又耐寒，同时又耐旱、耐湿，对土壤要求不严格。

【芳香成分】朱慧（2011）用水蒸气冷凝法提取的广东潮州产少花龙葵新鲜叶精油的主要成分为：(E)-2-己烯醛（45.24%）、(Z)-3-己烯醇（41.00%）、7-甲氧基-2,2-二甲基-二氢-1-苯并吡喃（1.49%）、十四醛（1.09%）等。

【利用】嫩茎叶可作蔬菜食用。

水茄

Solanum torvum Swartz

茄科　茄属

别名： 金纽扣、刺茄、山颠茄、金衫扣、野茄子、西好、金茄、乌凉、天茄子、刺番茄

分布： 云南、广西、福建、广东、台湾

【形态特征】灌木，高1～3 m，小枝、叶背、叶柄、花序柄、花器均被不等长5～9分枝的尘土色星状毛。小枝疏具基部宽扁的皮刺，皮刺淡黄色，基部疏被星状毛，长2.5～10 mm，宽2～10 mm，尖端略弯曲。叶单生或双生，卵形至椭圆形，长

5～19 cm，宽4～13 cm，先端尖，基部心脏形或楔形，两边不相等，边缘半裂或作波状，裂片通常5～7，叶面绿色，毛被较叶背薄，叶背灰绿色。伞房花序腋外生，2～3歧；花白色；萼杯状，端5裂，裂片卵状长圆形，先端骤尖；花冠辐形，直径为1.5 cm，筒部隐于萼内，端5裂，裂片卵状披针形。浆果黄色，圆球形，直径为1～1.5 cm；种子盘状，直径为1.5～2 mm。全年均开花结果。

【生长习性】喜生长于热带地方的路旁、荒地、灌木丛中，沟谷及村庄附近等潮湿地方，海拔200～1650 m。具有广泛的适应性和较强的抗逆性，能够在土层极其脊薄、自然环境较为恶劣的地方生长繁衍。抗干旱、耐高温。

【精油含量】水蒸气蒸馏新鲜叶的得油率为0.04%。

【芳香成分】赵锐明等（2010）用水蒸气蒸馏、两相溶剂萃取法提取的广东潮州产水茄新鲜叶精油的主要成分为：植物醇（31.92%）、3-甲氧基-1,2-丙二醇（28.36%）、十六碳醛（12.03%）、(E,E,E)-3,7,11,15-四甲基-1,3,6,10,14-聚五烯十六烷（2.98%）、2-甲基己烷（2.04%）、6,10,14-三甲基-2-十五烷酮（1.95%）、3-甲基己烷（1.68%）、二十一烷（1.51%）、(Z)-3-己烯-1-醇（1.33%）、2,6,10,10-四甲基-1-氧杂-螺型[4.5]正-6-癸烯（1.19%）、二十烷（1.19%）、环己酮（1.14%）、十八碳醛（1.06%）等。

【利用】根入药，有小毒，有散瘀、通经、消肿、止痛、止咳的功效，用于治跌打瘀痛、腰肌劳损、胃痛、牙痛、闭经、久咳。鲜叶捣烂外敷可治无名肿毒。果实可明目。嫩果煮熟可供蔬食。用于庭院绿化或护坡绿化。

香瓜茄

Solanum muricatum Ait.

茄科　茄属

别名：南美香瓜茄、香艳茄、南美香瓜梨、香艳梨、人参果、凤果、寿仙桃、长寿果、梨瓜、仙果、艳果、草本苹果、香瓜梨、紫香茄

分布：北京、台湾

【形态特征】多年生小灌木，一年生栽培，株高60～150 cm。叶片椭圆形，叶面覆毛，绿色或紫色，有绒毛。总状花序，着生10朵花。两性花，自花授粉。花萼绿色，先端5裂；花冠淡紫色带紫条斑，5裂；雄蕊5枚，形成筒状，包围雌蕊，花药靠合，顶孔开裂；雌蕊子房2心室，内有多数胚珠。浆果，卵圆形或圆锥形，果皮淡绿色，成熟时淡黄色，因品种不同而有紫色条斑者，果形卵圆形或圆锥形、扁圆。果肉奶油色。种子浅黄色，扁圆，似茄子种子。

【生长习性】根系发达耐干旱。不耐寒，也不耐高温。植

株生长的适温为白天20～25 ℃，夜间8～15 ℃。坐果适温为20 ℃，温度高于25 ℃或低于10 ℃时易落花落果，0 ℃时易发生冻害。果实成熟时期要求光照充足。喜弱酸或中性土壤。

【芳香成分】王延平等（2017）用顶空固相微萃取法（50/30 μmDVB/CAR纤维头）提取的新鲜果实香气的主要成分为：柠檬烯（33.06%）、反式-2-己烯醛（10.75%）、对伞花烃（9.76%）、反，反-2,4-癸二烯醛（6.94%）、3-甲基-2-丁烯酸-3-甲基丁-2-烯基酯（6.80%）、己醛（6.00%）、乙醇（4.50%）、4-松油醇（3.34%）、千里酸异戊酯（2.62%）、2-正戊基呋喃（1.69%）、棕榈酸（1.62%）、反-2-辛烯醛（1.56%）、月桂酸（1.38%）、肉豆蔻酸（1.13%）、反，正-2,4-癸二烯醛（1.02%）等；用（75 μm CAR/PDMS纤维头）提取的新鲜果实香气的主要成分为：反式-2-己烯醛（33.45%）、柠檬烯（14.89%）、乙醇（6.99%）、3-甲基-2-丁烯酸-3-甲基丁-2-烯基酯（5.78%）、对伞花烃（5.75%）、己醛（5.23%）、反，反-2,4-癸二烯醛（4.48%）、月桂酸（4.00%）、肉豆蔻酸（3.70%）、棕榈酸（2.55%）、反-2-辛烯醛（1.78%）、反，正-2,4-癸二烯醛（1.47%）、千里酸异戊酯（1.37%）、反式-2-壬醛（1.34%）、癸酸（1.04%）等。

【利用】果实可作蔬菜、水果食用。栽培供观赏植物。

灯笼果

Physalis peruviana Linn.

茄科　酸浆属

别名：灯笼草、苦耽、爆卜草、小果酸浆、姑娘果

分布：广东、云南

【形态特征】多年生草本，高45～90 cm，具匍匐的根状茎。茎直立，不分枝或少分枝，密生短柔毛。叶较厚，阔卵形或心脏形，长6～15 cm，宽4～10 cm，顶端短渐尖，基部对称心脏形，全缘或有少数不明显的尖牙齿，两面密生柔毛。花单独腋

E。花萼阔钟状，密生柔毛，长7～9 mm，裂片披针形；花冠阔钟状，长1.2～1.5 cm，直径1.5～2 cm，黄色而喉部有紫色斑纹，5浅裂，裂片近三角形，外面生短柔毛，边缘有睫毛；花丝及花药蓝紫色，花药长约3 mm。果萼卵球状，长2.5～4 cm，薄纸质，淡绿色或淡黄色，被柔毛；浆果直径1～1.5 cm，成熟时黄色。种子黄色，圆盘状，直径2 mm。夏季开花结果。

【生长习性】生于海拔1200～2100 m的路旁、河谷或山坡草丛中。温度要求为12～30 ℃，要求中性或弱酸碱性、富含有机质的土壤。对光照要求不严。

【精油含量】水蒸气蒸馏干燥全草的得油率为0.10%。

【芳香成分】冯毅凡等（2006）用水蒸气蒸馏法提取的广东连南产灯笼果干燥全草精油的主要成分为：十六烷酸（14.92%）、二十烷（8.49%）、1,2-邻苯二甲酸二丁酯（7.81%）、6,10,14-三甲基-α-十五烷酮（7.39%）、3,7,11,15-四甲基-2-十六碳烯-1-醇（6.31%）、1,2-邻苯二甲酸-(2-甲基)丙基二酯（4.27%）、二十二烷（2.11%）、9,12-十八碳二烯酸（2.10%）、二十四烷（2.01%）、α-雪松醇（1.88%）、二十六烷（1.88%）、十八烷（1.87%）、9,12-十八碳二烯-1-醇（1.82%）、硬脂酸（1.75%）、二十八烷（1.61%）、1,2-邻苯二甲酸-(2-甲基)丙基丁基二酯（1.53%）、新植二烯（1.23%）、三十烷（1.15%）、十六烷（1.14%）等。

【利用】果实可生食或作果酱、果饼、果汁等多种保健食品。

果实入药，有固精涩肠、补肾壮阳、缩尿止泻、抑制高胆固醇血症、增强人体造血、提高多种酶的活力和防止细胞老化的药用功能，而且对皮肤肿瘤、神经衰弱、痢疾、黄疸、水肿、慢性咽炎及皮肤癌和早期宫颈癌等疾病有明显的治疗作用。

毛酸浆

Physalis pubescens Linn.

茄科　酸浆属

别名： 酸浆、洋姑娘、姑茑、姑娘

分布： 黑龙江、吉林、辽宁、内蒙古

【形态特征】一年生草本；茎生柔毛，常多分枝，分枝毛较密。叶阔卵形，长3～8 cm，宽2～6 cm，顶端急尖，基部歪斜心形，边缘通常有不等大的尖牙齿，两面疏生毛但脉上毛较密；叶柄长3～8 cm，密生短柔毛。花单独腋生，花梗长5～10 mm，密生短柔毛。花萼钟状，密生柔毛，5中裂，裂片披针形，急尖，边缘有缘毛；花冠淡黄色，喉部具紫色斑纹，直径6～10 mm；雄蕊短于花冠，花药淡紫色，长1～2 mm。果萼卵状，长2～3 cm，直径2～2.5 cm，具5棱角和10纵肋，顶端萼齿闭合，基部稍凹陷；浆果球状，直径约1.2 cm，黄色或有时带紫色。种子近圆盘状，直径约2 mm。花果期5～11月。

【生长习性】多生于草地或田边路旁，海拔500 m以下阳光充足的开阔地、荒废地。

【芳香成分】杨明非等（1996）用水蒸气蒸馏法提取的毛酸浆新鲜成熟果实精油的主要成分为：邻苯二甲酸二乙酯（14.22%）、邻苯二甲酸二丁基酯（13.09%）、乙酸乙酯（11.42%）、14-酮-十五酸甲酯（8.15%）、邻异丙基甲苯（7.06%）、β-古芸烯（5.44%）、十六酸（4.88%）、3,7-二

甲基-1,6-辛二烯-3-醇（3.56%）、二十醇（3.30%）、叠氮酸（2.34%）、2,5-二甲基-3,4-己二酮（2.14%）、氨基甲酸-l-甲基苄基酯（2.14%）、乙酸苄基酯（1.54%）、1-异丙基-4-甲基-二环[3.1.0]己-2-烯（1.52%）、喇叭茶醇（1.52%）、4-甲基-3-环己烯-1-叔丙醇（1.15%）、十八烷（1.12%）等。

【利用】果可食。宿存萼或带果实的宿存萼药用，有清热解毒、利咽、化痰、利尿的功效，用于治咽痛音哑、痰热咳嗽、小便不利；外治天泡疮、湿疹。

酸浆

Physalis alkekengi Linn.

茄科　酸浆属

别名： 红姑娘、锦灯笼、天泡草铃儿、挂金灯、酸泡、戈力、灯笼草、灯笼果、洛神珠、泡泡草、鬼灯、菇蔫儿、姑娘儿

分布： 甘肃、陕西、河南、湖北、四川、贵州、云南

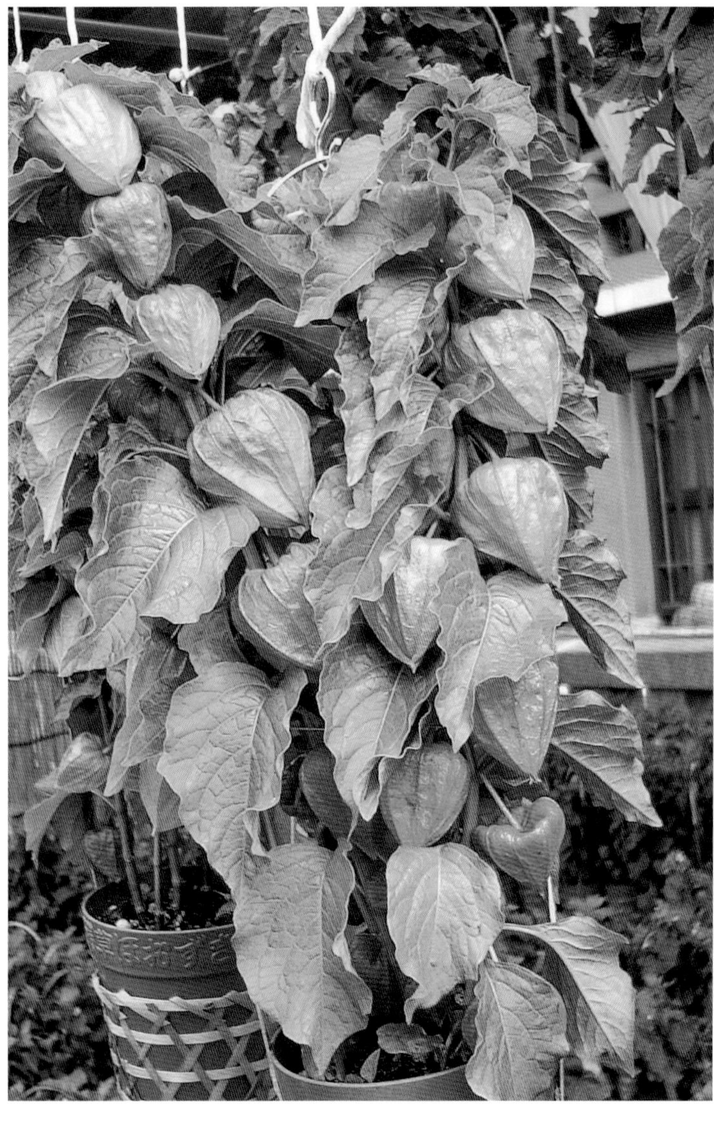

【形态特征】多年生草本，基部常匍匐生根。茎高40～80 cm，常被柔毛。叶长5～15 cm，宽2～8 cm，长卵形至阔卵形，有时菱状卵形，顶端渐尖，基部不对称狭楔形、下延至叶柄，全缘而波状或者有粗牙齿，有时具少数三角形大牙齿，两面被柔毛。花萼阔钟状，长约6 mm，密生柔毛，萼齿三角形，边缘有硬毛；花冠辐状，白色，直径15～20 mm，裂片阔而短，顶端骤然狭窄成三角形尖头，外面有短柔毛，边缘有缘毛。果萼卵状，长2.5～4 cm，直径2～3.5 cm，薄革质，橙色或火红色，被柔毛，顶端闭合，基部凹陷；浆果球状，橙红色，直径10～15 mm，柔软多汁。种子肾脏形，淡黄色，长约2 mm。花期5～9月，果期6～10月。

【生长习性】常生长于空旷地或山坡。适应性很强，耐寒耐热，喜凉爽、湿润气候。喜阳光。不择土壤。耐−25 ℃低温。

【芳香成分】许亮等（2007）用水蒸气蒸馏法提取的辽宁千山产酸浆干燥带果柄宿存萼精油的主要成分为：n-十六（碳）酸（41.97%）、3,7,11-三甲基-1,6,10-十二（碳）三烯-3-醇（17.86%）、9,12-十八（碳）二烯酸（6.26%）、杜松醇（6.06%）、辛酸（3.75%）、金合欢酮（2.42%）、肉豆蔻酸（2.37%）、1,5-二甲基-3-羟基-8-(1-甲烯基-2-羟基乙基)-二环[4.4.0]十（碳）-5-烯（1.71%）、(-)-匙叶桉油烯醇（1.64%）、六氢金合欢酮（1.12%）、邻苯二甲酸辛丁酯（1.09%）、9,12-十八（碳）二烯酸甲酯（1.05%）等。赵倩等（2005）用同法分析的干燥宿萼精油的主要成分为：辛酸（42.08%）、十六酸（22.81%）等。

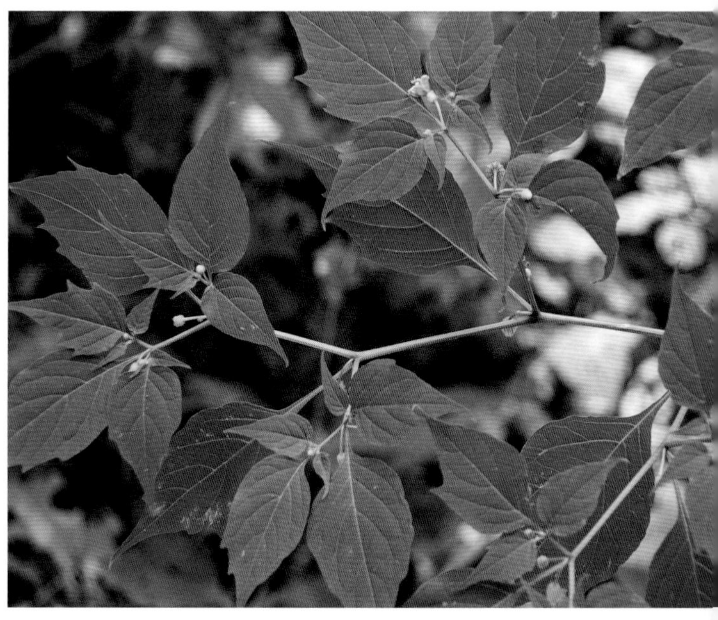

【利用】果实供食用，可生食、糖渍、醋渍或作果浆、饮料、果酒。果实入药，有清热、解毒、利尿、降压、强心、抑菌等功能，主治热咳、咽痛、音哑、急性扁桃体炎、小便不利和水肿等病。全株可配制杀虫剂。庭院栽培供观赏。

挂金灯

Physalis alkekengi Linn. var. *francheti* (Mast.) Makino

茄科　酸浆属

别名： 包铃子、灯笼儿、灯笼果、端浆果、鬼灯笼、红姑娘、红灯笼、锦灯笼、浆水罐、金灯笼、泡泡草、酸浆、王母珠、洛神珠、天泡草铃儿、天泡、天泡灯、天灯笼、天泡果、野胡椒、水辣子、勒马回

分布： 除西藏外，全国各地均有分布

【形态特征】酸浆变种。与原变种的区别：茎较粗壮，茎节膨大；叶仅叶缘有短毛；花梗近无毛或仅有稀疏柔毛，果时无毛；花萼除裂片密生毛外筒部毛被稀疏，果萼毛被脱落而光滑无毛。

【生长习性】常生于田野、沟边、山坡草地、林下或路旁水边。

【精油含量】水蒸气蒸馏干燥根茎的得油率为0.08%。

【芳香成分】周正辉等（2012）用水蒸气蒸馏法提取的吉林九台产挂金灯干燥根茎精油的主要成分为：n-十六酸（45.18%）、十六酸乙酯（14.60%）、8,9-二脱氢-9-甲酰基长叶烯（7.86%）、十九烷（3.22%）、6,9-十八碳二烯酸甲酯（3.00%）、(Z)-9-十八碳烯酰胺（2.87%）、马铃薯螺二烯酮（2.55%）、十七烷（1.86%）、二十五烷（1.58%）、十六烷（1.51%）、十八烷（1.48%）、十六酸甲酯（1.48%）、(E)-11-十六碳烯酸（1.41%）、四十四烷（1.17%）、十五烷（1.00%）等。

【利用】带宿萼的果实药用，具有清肺利咽、化痰利水的功效，用于治肺热痰咳、咽喉肿痛、骨蒸劳热、小便淋涩、天疱湿疮。果实可食，但果萼有堕胎的作用。

天仙子

Hyoscyamus niger Linn.

茄科　天仙子属

别名： 莨菪、牙痛子、牙痛草、黑莨菪、马铃草、米罐子、熏牙子

分布： 华北、西北及西南地区，华东地区有栽培或逸为野生

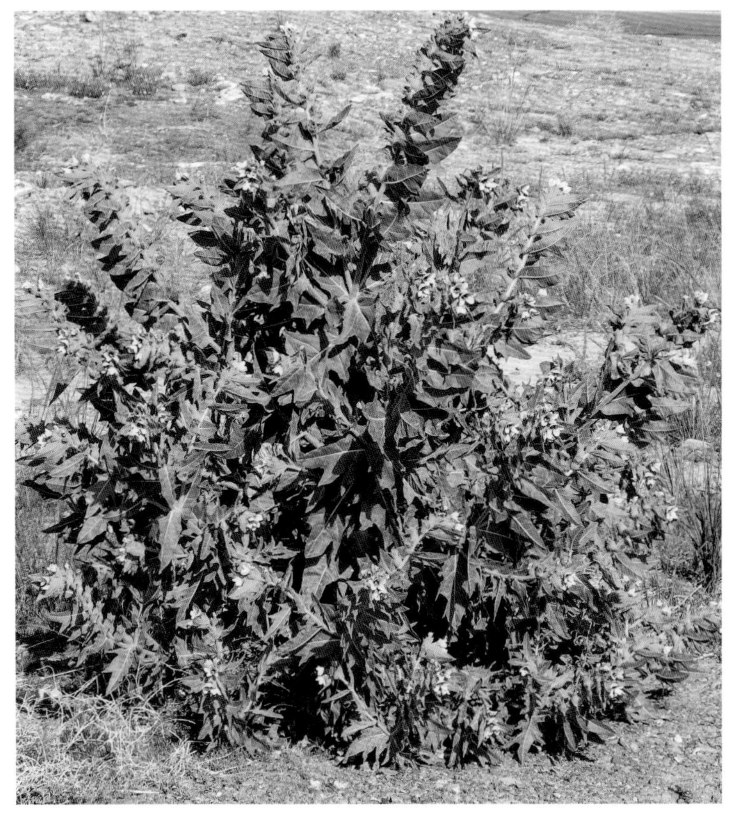

【形态特征】二年生草本，高达1 m，全体被黏性腺毛。一年生的茎极短，自根茎发出莲座状叶丛，卵状披针形或长矩圆形，长可达30 cm，宽达10 cm，顶端锐尖，边缘有粗牙齿或羽状浅裂；第二年春茎伸长而分枝，茎生叶卵形或三角状卵形，

顶端钝或渐尖，基部半抱茎或宽楔形，边缘羽状浅裂或深裂，向茎顶端的叶成浅波状，裂片多为三角形，长4～10 cm，宽2～6 cm。茎中部以下花叶腋单生，茎上端则单生于苞状叶腋内而聚集成蝎尾式总状花序，通常偏向一侧。花萼筒状钟形，生细腺毛和长柔毛，5浅裂，花后增大成坛状，顶端针刺状；花冠钟状，黄色而脉纹紫堇色。蒴果包藏于宿存萼内，长卵圆状，长约1.5 cm，直径约1.2 cm。种子近圆盘形，直径约1 mm，淡黄棕色。夏季开花结果。

【生长习性】常生于山坡、路旁、住宅区及河岸沙地。喜温暖湿润气候，生活力较强，对土壤要求不严，以排水良好、阳光充足的砂质黏壤土或砂质壤土为宜。轻碱地也可生长。

【芳香成分】王秀琴等（2013）用水蒸气蒸馏法提取的天仙子干燥成熟种子精油的主要成分为：棕榈酸（28.30%）、亚油酸（26.85%）、油酸（14.39%）、己醛（10.24%）等。

【利用】种子入药，有解痉止痛、平喘、安神的功效，常月于治胃脘挛痛、喘咳、癫狂，主治脘腹疼痛、风湿痹、痛风虫牙痛、跌打伤痛、喘嗽不止、泻痢脱肛、癫狂、惊痫、痈肿疮毒。种子油可供制造肥皂。

烟草

Nicotiana tabacum Linn.

茄科　烟草属

别名：八角草、淡把姑、淡肉要、淡巴菰、担不归、返魂烟、金丝烟、金鸡脚下红、金丝醺、烟叶、野烟、相思草、仁草、菸草、贪极草、延命草、穿墙草、土烟草、土烟

分布：全国各地

【形态特征】一年生或有限多年生草本，全体被腺毛；根粗壮。茎高0.7～2 m。叶矩圆状披针形、披针形、矩圆形或卵形，顶端渐尖，基部渐狭至茎成耳状而半抱茎，长10～70 cm，宽8～30 cm，柄不明显或成翅状柄。花序顶生，圆锥状，多花。花萼筒状或筒状钟形，长20～25 mm，裂片三角状披针形，长短不等；花冠漏斗状，淡红色，筒部色更淡，稍弓曲，长3.5～5 cm，檐部宽1～1.5 cm，裂片急尖；雄蕊中1枚显著较其余4枚短，不伸出花冠喉部，花丝基部有毛。蒴果卵状或矩圆状，长约等于宿存萼。种子圆形或宽矩圆形，径约0.5 mm，褐色。夏秋季开花结果。

【生长习性】宜肥厚、疏松、排水性好的土地。

【精油含量】水蒸气蒸馏叶的得油率为0.18%～0.96%；超临界萃取叶的得油率为2.86%；有机溶剂萃取叶的得油率为.80%～7.56%。

【芳香成分】赵铭钦等（2005）用减压蒸馏和萃取法提取的成熟叶精油的主要成分为：烟碱（40.24%）、新植二烯12.57%）、茄酮（7.85%）、10-异丙基-3,7,13-三甲基-2,6,11,13-十四碳四烯-1-醇（5.04%）等。任永浩等（1994）用水蒸气蒸馏法提取‘NC89’烟草干燥叶精油的主要成分为：新植二烯（40.32%）、烟碱（14.34%）、10-异丙基-3,7,13-三甲基-2,6,11,13-十四碳四烯-1-醇（6.32%）、茄酮（5.43%）、2,6,11-五针松三烯-4,8-二醇（5.28%）、(1 S,2 E,4 R,6 E,8 R,11 S,12 E)-,11-氧撑-2,6,12-西柏烯-4-醇（3.28%）、十六碳酸（2.82%）、1 S,2 E,4 R,6 R,7 E,11 E,11 S)-2,7,12-西柏烯-4,6,11-三醇2.38%）、(1 S,2 E,4 R,6 E,7 E,11 E)-2,7,11-西柏烯-4,6-二醇1.94%）、3,7,11-三乙基-1,3,6,10-十四碳四烯（1.54%）等。

【利用】叶片制成卷烟、旱烟、斗烟、雪茄烟等供人吸食。叶药用，有毒，有行气止痛、燥湿、消肿、解毒、杀虫等功效，主要用于治疗疔疮肿毒、头癣、白癣、秃疮、毒蛇咬伤等症，还可治疗项疽、背痈、风痰、鹤膝（包括骨结核、慢性化脓性膝关节炎）等病。全株可作农药杀虫剂。叶精油可作为日用化工原料；浸膏主要应用于烟草加香。

夜香树

Cestrum nocturnum Linn.

茄科　夜香树属

别名：洋素馨、夜丁香、夜香花、木本夜来香、夜来香、夜光花

分布：福建、广东、广西、云南有栽培

【形态特征】直立或近攀缘状灌木，高2～3 m，全体无毛；枝条细长下垂。叶片矩圆状卵形或矩圆状披针形，长6～15 cm，宽2～4.5 cm，全缘，顶端渐尖，基部近圆形或宽楔形。伞房式聚伞花序，腋生或顶生，疏散，长7～10 cm，有极多花；花绿白色至黄绿色，晚间极香。花萼钟状，5浅裂；花冠高脚碟状，长约2 cm，筒部伸长，下部极细，向上逐渐扩大，喉部稍缢缩，裂片5，直立或稍开张，卵形，急尖；雄蕊伸达花冠喉部，每花丝基部有1齿状附属物，花药极短，褐色；子房有短的子房柄，卵状，花柱伸达花冠喉部。浆果矩圆状，长约6～7 mm，直径约4 mm，有1粒种子。种子长卵状，长约4.5 mm。

【生长习性】喜光照充足，稍耐阴。喜温暖湿润气候及通风良好的环境，不耐寒，不耐严重霜冻，最好在5 ℃以上越冬。要求疏松透气、排水良好的肥沃土壤。

【精油含量】水蒸气蒸馏花的得油率为0.30%～0.60%；索氏法提取嫩枝的得油率为2.00%～2.22%，花的得油率为2.60%～4.20%。

【芳香成分】枝：陈志行等（2002）用索氏提取法提取的广东深圳产夜香树嫩枝精油的主要成分为：十九烷（9.34%）、间二甲苯（8.61%）、驱蚊叮（8.43%）、1,2,3-三甲基苯（6.84%）等。

花：朱亮锋等（1993）用水蒸气蒸馏法提取花精油的主要成分为：乙酸苯甲酯（54.89%）、苯甲醛（9.81%）、苯甲醇（4.72%）、2-甲氧基-4-(1-丙烯基)苯酚（3.94%）、苯甲酸甲酯（3.58%）、乙酸乙酯（3.08%）、乙氧基丁烷（2.65%）、1-乙氧基-2-甲基丙烷（2.22%）、苯乙醇（1.87%）、2-甲氧基-4-(2-丙烯基)苯酚（1.67%）、邻-氨基苯甲酸甲酯（1.37%）、乙酸戊酯（1.15%）等。

【利用】栽培供观赏，也用作切花。花药用，有行气止痛的功效，治胃脘痛。花可熏茶或少量用于菜肴配料。

臭荚蒾

Viburnum foetidum Wall.

忍冬科　荚蒾属

别名：冷饭团、糯米果、碎米团果、山五味子、老米酒

分布：西藏

【形态特征】落叶灌木，高达4 m；当年生小枝连同叶柄和花序均被簇状短毛，二年生小枝紫褐色。叶纸质至厚纸质，卵形、椭圆形至矩圆状菱形，长4～10 cm，顶端尖至短渐尖，基部楔形至圆形，边缘有少数疏浅锯齿或近全缘，脉腋集聚簇状毛，近基部有少数暗色腺斑。复伞形式聚伞花序生于侧生小枝之顶，直径5～8 cm，花常生于第二级辐射枝上；萼筒筒状，被簇状短毛和微细腺点，萼齿卵状三角形，极短，被簇状短毛；花冠白色，辐状，直径约5 mm，散生少数短柔毛，裂片圆卵形，有极小腺缘毛。果实红色，圆形，扁，长6～8 mm；核椭圆形，扁，有2条浅背沟和3条浅腹沟。花期7月，果熟期9月。

【生长习性】生于林缘灌丛中，海拔1200～3100 m。

【精油含量】水蒸气蒸馏干燥枝叶的得油率为0.52%。

【芳香成分】蒋金和等（2014）用水蒸气蒸馏法提取的云南楚雄产臭荚蒾干燥枝叶精油的主要成分为：对丙烯酚（64.98%）、乙酰丁香油酚（12.52%）、丁香油酚（7.80%）、冬青油（5.10%）等。

【利用】果实入药，有清热解毒、止咳的功效，主治头痛、咳嗽、肺炎、跌打损伤、甘肃麻疹、牙痛等。

鸡树条

Viburnum opulus Linn. var. *calvescens* (Rehd.) Hara

忍冬科　荚蒾属

别名：鸡树条荚蒾、天目琼花、佛头花

分布：辽宁、吉林、黑龙江、内蒙古、山东、河北、山西、陕西、甘肃、河南、安徽、四川、浙江、江西、湖北

【形态特征】欧洲荚蒾变种。落叶灌木，高达1.5～4 m。当年小枝有棱，有皮孔。冬芽卵圆形，有1对合生的外鳞片。叶轮廓圆卵形至倒卵形，长6～12 cm，通常3裂，基部圆形、截形或浅心形，边缘具不整齐粗牙齿；小枝上部的叶常较狭长，椭圆形至矩圆状披针形而不分裂，边缘疏生波状牙齿，或浅3裂；叶柄有长盘形腺体，基部有2钻形托叶。复伞形式聚伞花序直径5～10 cm，大多周围有大型的不孕花，花生于第二至第三级辐射枝上；萼筒倒圆锥形，萼齿三角形；花冠白色，辐状，裂片近圆形。果实红色，近圆形，直径8～12 mm；核扁，近圆形，直径7～9 mm，灰白色。花期5～6月，果熟期9～10月。

【生长习性】生于溪谷边、疏林下或灌丛中，海拔1000～1650 m。耐寒、喜荫。为阳性树种，稍耐阴，喜湿润空气，但在干旱气候亦能生长良好。对土壤要求不严，在微酸性及中性土壤上都能生长。好生于深厚肥沃、排水良好的轻砂土中。

【精油含量】水蒸气蒸馏干燥果实的得油率为1.76%。

【芳香成分】叶：张崇禧等（2010）用石油醚萃取法提取的吉林临江产鸡树条叶精油的主要成分为：3-甲基丁酸（40.50%）、2-甲基丁酸（14.49%）、邻苯二甲酸丁基异丁基酯（10.28%）、棕榈酸（6.02%）、α-亚麻酸（4.58%）、β-谷甾醇（3.02%）、2,5,5,8a-四甲基-3,4,4a,5,6,8a-六氢-2H-色原烯（2.02%）、3-甲基戊酸（1.89%）、叶绿醇（1.56%）、十四烷酸（1.28%）、6,10,14-三甲基-2-十五烷酮（1.24%）等。

果实：裴毅等（2006）用水蒸气蒸馏法提取的黑龙江尚志产鸡树条干燥果实精油的主要成分为：6,9-十五碳二烯（27.22%）、棕榈酸（24.86%）、二十八烷（7.43%）、十八烷

酸（5.67%）、四十四烷（3.16%）、十四烷酸（2.78%）、二十七烷（1.66%）、三十二烷（1.58%）、十八烷（1.56%）、2-己基-1-辛醇（1.53%）、丙三醇（1.23%）、2,6,10,15-四甲基十七烷（1.14%）、十八烯酸（1.05%）、乙烯十八醚（1.02%）等。

【利用】作观赏绿化树种。种子可榨油供制造肥皂或工业用。叶、枝、果入药，可治气管炎。

聚花荚蒾

Viburnum glomeratum Maxim.

忍冬科　荚蒾属

别名：丛花荚蒾、球花荚蒾

分布：陕西、甘肃、宁夏、河南、湖北、四川、云南

【形态特征】落叶灌木或小乔木，高达3～5 m；当年小枝、芽、幼叶叶背、叶柄、花序及花器均被黄色或黄白色簇状毛。叶纸质，卵状椭圆形、卵形或宽卵形，稀倒卵形或倒卵状矩圆形，长3.5～15 cm，顶钝圆、尖或短渐尖，基部圆或多少带斜微心形，边缘有牙齿。聚伞花序直径3～6 cm，萼筒长1.5～3 mm，萼齿卵形；花冠白色，辐状，直径约5 mm，筒长约1.5 mm，裂片卵圆形，长约等于或略超过筒；雄蕊稍高出花冠裂片，花药近圆形，直径约1 mm。果实红色，后变黑色；核椭圆形，扁，长5～9 mm，直径4～5 mm，有2条浅背沟和3条浅腹沟。花期4～6月，果熟期7～9月。

【生长习性】生于山谷林中、灌丛中或草坡的阴湿处，海拔1100～3200 m。

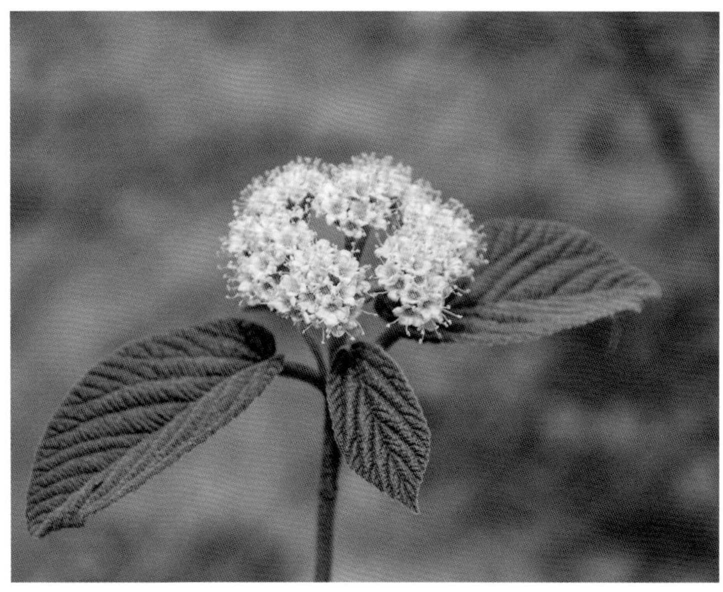

【芳香成分】根：韩璐等（2012）用水蒸气蒸馏法提取的甘肃榆中产聚花荚蒾干燥根精油的主要成分为：棕榈酸（6.39%）、亚油酸（4.82%）、十六烷酸（3.66 %）、3-己烯-1-醇（2.28%）、十八烯酸（2.06%）、正十七碳酸（1.60%）、十九烷（1.57 %）、3-环庚烯-1-酮（1.37%）、乙烯十八醚（1.36%）、苯甲醛（1.10%）、α-蒎烯（1.08%）、月桂酸（1.07%）、十三醛（1.05%）、叶绿醇（1.00%）等。

茎：韩璐等（2012）用水蒸气蒸馏法提取的甘肃榆中产聚花荚蒾干燥茎精油的主要成分为：正十七碳酸（1.87%）、硬脂酸（1.24%）、3,7,11-三甲基-2,6,10-十二烷三烯-1-醇（1.23%）、甲基异丙苯（1.23%）、α-蒎烯（1.12%）等。

叶：韩璐等（2012）用水蒸气蒸馏法提取的甘肃榆中产聚花荚蒾干燥叶精油的主要成分为：亚油酸（3.30%）、月桂酸（3.18%）、棕榈酸（2.69%）、十九烷（2.29%）、9,12-十八碳二烯酸（2.13%）、十六烷酸（1.53%）、3,7-二甲基-2,6-辛三烯醛（1.52%）等。

花：韩璐等（2012）用水蒸气蒸馏法提取的甘肃榆中产聚花荚蒾干燥花蕾精油的主要成分为：棕榈酸（8.22%）、亚油酸

(5.40%)、月桂酸（5.04%）、硬脂酸（3.51%）、2-羟基苯甲酸己酯（2.57%）、正十七碳酸（2.33%）、正十七烷（1.65%）、十五烷（1.30%）、3-己烯-1-醇（1.25%）、叶绿醇（1.17%）、二苯胺（1.15%）、十八烯酸（1.05%）等。

【利用】根入药，有祛风除热、散瘀活血的功效。

南方荚蒾

Viburnum fordiae Hance

忍冬科　荚蒾属

别名： 火柴树、荚蒾、满山红、东南荚蒾

分布： 广东、广西、安徽、浙江、江西、福建、湖南、贵州、云南、台湾等地

【形态特征】灌木或小乔木，高可达5 m；幼枝、芽、叶柄、花序、萼和花冠外面均被由暗黄色或黄褐色簇状毛组成的绒毛。叶纸质至厚纸质，宽卵形或菱状卵形，长4～9 cm，顶端钝或短尖至短渐尖，基部圆形至截形或宽楔形，边缘常有小尖齿；壮枝上的叶带革质，常较大，基部较宽，叶背被绒毛，边缘疏生浅齿或几乎全缘。复伞形式聚伞花序顶生或生于侧生小枝之顶，直径3～8 cm，花生于第三至第四级辐射枝上；萼筒倒圆锥形，萼齿钝三角形；花冠白色，辐状，直径 3.5～5 mm，裂片卵形。果实红色，卵圆形，长6～7 mm；核扁，长约6 mm，直径约4 mm，有2条腹沟和1条背沟。花期4～5月，果熟期10～11月。

【生长习性】生于山谷溪涧旁疏林、山坡灌丛中或平原旷野，海拔数十米至1300 m。

【精油含量】水蒸气蒸馏根的得油率为0.40%；超临界萃取根的得油率为3.90%。

【芳香成分】朱小勇等（2011）用水蒸气蒸馏法提取的根精油的主要成分为：对甲氧基桂皮酸乙酯（21.73%）、α-桉叶油醇（12.44%）、大茴香醚（9.89%）、(-)-异二环吉玛醛（8.38%）、枯茗醛（5.16%）、2-[2-吡啶基]-环己醇（4.43%）、γ-桉叶油醇（4.00%）、桂皮酸乙酯（2.98%）、(+)-匙叶桉油烯醇（2.85%）、邻苯二甲酸二异丁酯（2.80%）、3-甲基戊酸（1.85%）、戊酸（1.72%）、右旋樟脑（1.59%）、沉香螺醇（1.11%）、γ-古芸烯（1.03%）等。

【利用】根、茎、叶药用，有疏风解表、活血散瘀、清热解毒的功效，主治感冒、发热、月经不调、风湿痹痛、跌打损伤、淋巴结炎、疮疖、湿疹。

香荚蒾

Viburnum farreri W. T. Stearn

忍冬科　荚蒾属

别名： 香探春、探春、野绣球、翘兰、丹春、丁香花

分布： 甘肃、青海、新疆、河北、河南

【形态特征】落叶灌木，高达5 m。冬芽椭圆形，顶尖，有2～3对鳞片。叶纸质，椭圆形或菱状倒卵形，长4～8 cm，顶端锐尖，基部楔形至宽楔形，边缘基部除外具三角形锯齿。圆锥花序生于能生幼叶的短枝之顶，长3～5 cm，有多数花，花先叶开放，芳香；苞片条状披针形，具缘毛；萼筒筒状倒圆锥形，长约2 mm，萼齿卵形，长约0.5 mm，顶钝；花冠蕾时粉红色，开后变白色，高脚碟状，直径约1 cm，筒长7～10 mm，上部略扩张，裂片5(-4)枚，长约4 mm，宽约3 mm，开展。果实紫红色，矩圆形，长8～10 mm，直径约6 mm；核扁，有1条深腹沟。花期4～5月。

【生长习性】生于山谷林中，海拔1650～2750 m。喜光，耐半阴。耐寒。喜肥沃、湿润、松软土壤，不耐瘠土和积水。耐修剪，适应性强，抗性强。

【精油含量】水蒸气蒸馏新鲜花的得油率为0.59%。

【芳香成分】吕金顺（2005）用水蒸气蒸馏法提取的香荚蒾新鲜花精油的主要成分为：苯乙醇（87.80%）、苯甲醇（3.34%）等。

【利用】庭院栽培供观赏。

朝鲜接骨木

ambucus coreana Kom.& Aliss.

忍冬科　接骨木属

分布：黑龙江、吉林、辽宁、内蒙古

【形态特征】落叶灌木，高达5 m，树皮暗褐色，小枝无毛、紫褐色、有条棱及明显皮孔。叶为奇数羽状复叶，对生，披针形或广披针形，常无毛，长4～7 cm，宽1～2 cm，先端长渐尖，基部楔形，侧小叶基部常呈歪形，边缘有细锯齿。圆锥花序顶生，较小，卵状、近球状或长卵状，花较紧密，花冠带绿色。核果近球形，成熟时红色，核长圆形，有皱纹。花期5月初至6月上旬，果熟期6～7月。

【生长习性】阳性树种，长势强健，抗风力强。喜冷凉性气候，耐寒，耐干旱，萌芽力强，抗污染力强。适应性强，对土壤要求不严，喜生于河岸或林缘。

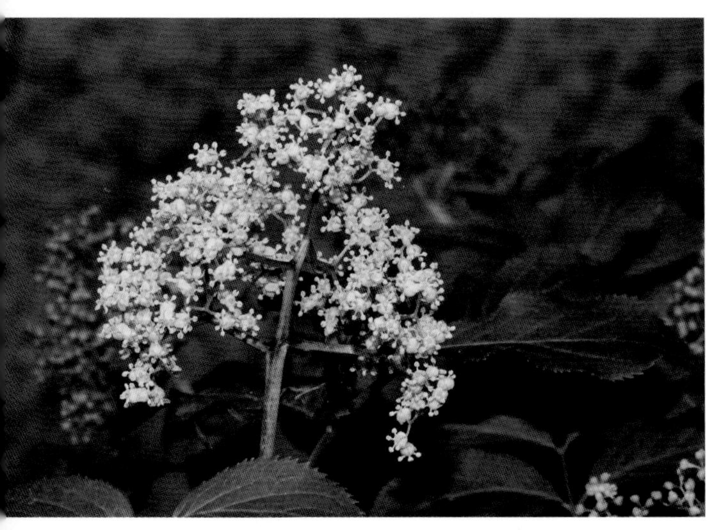

【芳香成分】李金英等（2013）用顶空固相微萃取法提取的新鲜成熟果实精油的主要成分为：正十四烷（88.97%）、十二烷（5.18%）等。

【利用】园林珍贵的观赏树种。根和枝叶均可入药，具有活血、止痛、祛风湿的功效，主治跌打损伤、骨折、风湿痹痛等症。

东北接骨木

Sambucus manshurica Kitag.

忍冬科　接骨木属

分布：黑龙江、吉林、辽宁、内蒙古

【形态特征】大灌木。树皮红灰色，一年生枝带紫灰褐色；芽卵状三角形，先端渐尖。叶为奇数羽状复叶，对生；小叶5～7枚，长圆形，稀卵状长圆形，长4.5～8.5 cm，宽1.5～3 cm，先端渐尖，短尾尖至长尾尖，顶端小叶，基部楔形，侧生小叶1～2对，基部楔形至圆形，稀微心形，边缘有密细锯齿，叶面深绿色，叶背浅绿色，老叶或发白色。顶生圆锥花序，外形椭圆形或长圆状卵形，稀卵状三角形，密花，长2.5～4 cm；花萼筒卵圆形，萼片5，卵状椭圆形，花瓣5，长圆形，长约1.7 mm，黄绿色或先端带紫堇色，盛开时花瓣向背面反折。浆果状核果，球形，径约5 mm，成熟后。花期5～6月；果期7～8月。

【生长习性】多生于山坡林缘，或疏阔叶林内。喜光，稍耐阴。耐酷寒，耐旱，耐水湿。耐中度盐碱土。

【芳香成分】李金英等（2013）用顶空固相微萃取法提取的新鲜成熟果实精油的主要成分为：1-十三醇（14.49%）、β-榄香烯（13.11%）、棕榈酸（11.78%）、长叶烯（9.92%）、β-瑟林烯（8.51%）、石竹烯（7.84%）、芳樟醇（7.69%）、2-壬酮（7.08%）、胡薄荷酮（3.99%）、异薄荷酮（3.19%）、乙酸薄荷酯

(2.40%)等。

【利用】是优良的庭院观赏树种。

接骨草

Sambucus chinensis Lindl.

忍冬科　接骨木属

别名：八棱麻、陆英、走马风、蒴藋、排风藤、大臭草、秧心草、小接骨丹

分布：华东、华北、华中、华南、西南及陕西、甘肃、宁夏等地

【形态特征】高大草本或半灌木，高1～2 m；茎有棱条，髓部白色。羽状复叶的托叶叶状或有时退化成蓝色的腺体；小叶2～3对，狭卵形，长6～13 cm，宽2～3 cm，先端长渐尖，基部钝圆，两侧不等，边缘具细锯齿，常有1或数枚腺齿；顶生小叶卵形或倒卵形，基部楔形。复伞形花序顶生，大而疏散，总花梗基部托以叶状总苞片，分枝3～5出，被黄色疏柔毛；杯形不孕性花不脱落，可孕性花小；萼筒杯状，萼齿三角形；花冠白色，仅基部联合，花药黄色或紫色；子房3室，花柱极短或几乎无，柱头3裂。果实红色，近圆形，直径3～4 mm；核2～3粒，卵形，长2.5 mm，表面有小疣状突起。花期4～5月，果熟期8～9月。

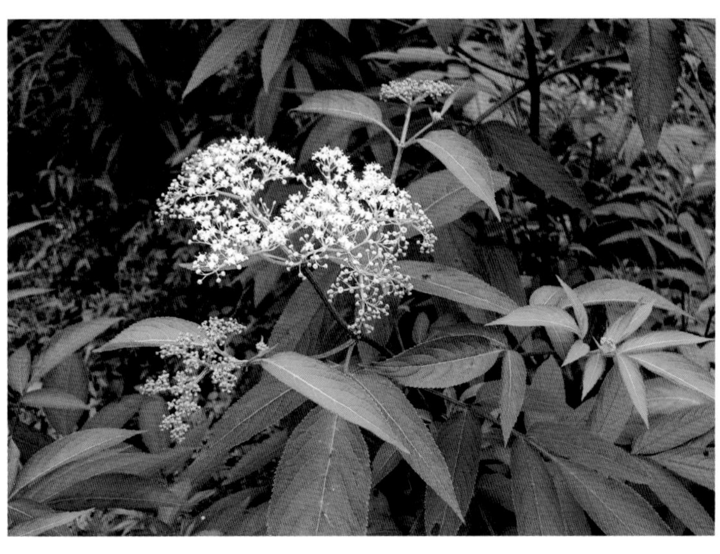

【生长习性】生于海拔300～2600 m的山坡、林下、沟边和草丛中。喜较凉爽和湿润的气候，耐寒。忌高温和连作。适应性较强，对气候要求不严。喜向阳，能稍耐阴。一般土壤均可种植，以肥沃、疏松的土壤栽培为好，涝洼地不宜种植。。

【精油含量】超临界萃取干燥全草的得油率为0.86%。

【芳香成分】蒋道松等（2003）用水蒸气蒸馏法提取的风干全草精油的主要成分为：1-甲氧基-4-(2-烯丙基)苯（35.65%）、3-甲基-丁酸（30.51%）、3,7-二甲基-1，6-辛二烯-3-醇（13.61%）、n-十六烷酸（3.83%）、2-甲氧基-3-(烯丙基)-苯酚（3.40%）、2-甲氧基-4-乙烯基苯酚（1.66%）、植醇（1.22%）等。姜红宇等（2017）用超临界CO_2萃取法提取的湖南永州产接骨草干燥全草精油的主要成分为：3-甲基戊酸（29.37%）、3-甲基丁酸（13.83%）、E-4-己烯-1-醇（8.27%）、2-甲基-5-异丙基环己酮（6.50%）、3-乙硫基丁醛（6.46%）、柠檬烯（5.85%）、E-3-己烯-1-醇（5.26%）、苯并呋喃-2(3H)-酮（5.00%）、间甲基异丙基苯（3.63%）、正己醇（3.37%）、1-十三炔-4-醇（1.62%、左旋-β-蒎烯（1.01%）等。

【利用】枝叶药用，有祛瘀生新、舒筋活络的功效，治风湿痹痛、痛风、大骨节病、急慢性肾炎、风疹、跌打损伤、骨折肿痛、外伤出血。傣药根治感冒、咳嗽、气管炎、扁桃体炎、关节脱位、小儿腹泻。民间多用嫩叶煮豆腐食，也可将嫩叶煮熟后蘸辣椒酱食，味略臭。

接骨木

Sambucus williamsii Hance

忍冬科　接骨木属

别名：公道老、蓝节朴、扦扦活、马尿骚、大接骨丹

分布：黑龙江、吉林、辽宁、河北、陕西、甘肃、山东、江苏、安徽、浙江、福建、河南、湖北、湖南、广东、广西、四川、云南等地

【形态特征】落叶灌木或小乔木，高5～6 m；老枝淡红褐色，具皮孔。羽状复叶有小叶1～5对，侧生小叶片卵圆形、狭椭圆形至倒矩圆状披针形，长5～15 cm，宽1.2～7 cm，顶端尖、渐尖至尾尖，边缘具不整齐锯齿，有时具1至数枚腺齿，基部楔形或圆形，有时心形，两侧不对称，顶生小叶卵形或倒卵形，顶端渐尖或尾尖，基部楔形，叶搓揉后有臭气；托叶狭带形，或退化成带蓝色的突起。花与叶同出，圆锥形聚伞花序顶生，长5～11 cm，宽4～14 cm；花小而密；萼筒杯状，萼齿三角状披针形；花冠蕾时带粉红色，开后白色或淡黄色，筒短，裂片矩圆形或长卵圆形。果实红色，极少蓝紫黑色，卵圆形或近圆形，直径3～5 mm；分核2～3枚，卵圆形至椭圆形，长2.5～3.5 mm。花期一般4～5月，果熟期9～10月。

【生长习性】生于海拔540～1600 m的山坡、灌丛、沟边、路旁、宅边等地。适应性较强，对气候要求不严。喜光，稍耐荫蔽。耐寒，耐旱。以肥沃、疏松的土壤为好，忌水涝。抗污染性强。

【精油含量】超声波-微波法提取干燥果实的得油率为4.57%。

【芳香成分】茎枝：付克等（2008）用水蒸气蒸馏法提取的内蒙古通辽产接骨木干燥茎枝精油的主要成分为：1-甲氧基-4-(2-丙烯基)苯（6.79%）、1-甲基-4-(1-丙烯基)-苯（6.29%）、2-庚酮（3.86%）、4-甲氧基-6-(2-丙烯基)-1,3-氧杂环戊二烯

基苯（3.10%）、3-甲基-1-丁醇（2.11%）、辛醛（2.11%）、庚醛（1.53%）、1-庚烯-3-醇（1.33%）、癸醛（1.30%）、1,1-二氧化-1,2-二硫环戊烷（1.26%）等。

果实：李金英等（2013）用顶空固相微萃取法提取的接骨木新鲜成熟果实精油的主要成分为：β-榄香烯（30.16%）、长叶烯（28.03%）、石竹烯（13.95%）、2,6,10-三甲基十五烷（9.43%）、壬基-环丙烷（6.18%）、长叶蒎烯（5.19%）、α-蒎烯（4.54%）、乙酸薄荷酯（2.52%）等。

【利用】全株均可入药，茎枝有祛风、利湿、活血、止痛的功效，用于治风湿筋骨痛、腰痛、水肿、风疹、瘾疹、产后血晕、跌打肿痛、骨折、创伤出血；根或根皮用于风湿关节痛、痰饮、水肿、泄泻、黄疸、跌打损伤、烫伤；叶有活血、行瘀、止痛的功效，用于治跌打骨折、风湿痹痛、筋骨疼痛；花用于发汗、利尿。可盆栽或配置花境观赏。

锦带花

Weigela florida (Bunge) A. DC.

忍冬科　锦带花属

别名：锦带、海仙、五色海棠、山脂麻、海仙花

分布：黑龙江、吉林、辽宁、内蒙古、山西、陕西、河南、山东、江苏等地

【形态特征】落叶灌木，高达1～3 m；幼枝稍四方形，有2列短柔毛；树皮灰色。芽顶端尖，具3～4对鳞片。叶矩圆形、椭圆形至倒卵状椭圆形，长5～10 cm，顶端渐尖，基部阔楔形至圆形，边缘有锯齿，上面疏生短柔毛。花单生或成聚伞花序生于侧生短枝的叶腋或枝顶；萼筒长圆柱形，疏被柔毛，萼齿长约1 cm，不等，深达萼檐中部；花冠紫红色或玫瑰红色，长3～4 cm，直径2 cm，外面疏生短柔毛，裂片不整齐，开展，内面浅红色；花丝短于花冠，花药黄色；子房上部的腺体黄绿色，花柱细长，柱头2裂。果实长1.5～2.5 cm，顶有短柄状喙，疏生柔毛；种子无翅。花期4～6月。

【生长习性】生于海拔100～1450 m的杂木林下、山顶灌木丛中、湿润沟谷、阴或半阴处。喜光，耐阴，耐寒。对土壤要求不严，能耐瘠薄土壤，以深厚、湿润而腐殖质丰富的土壤生长最好，怕水涝。

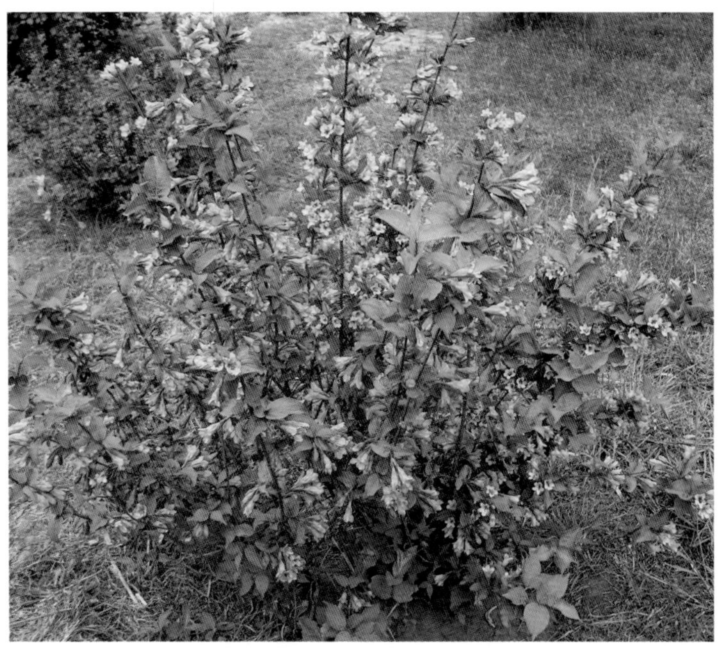

【芳香成分】徐文晖等（2012）用水蒸气蒸馏法提取的云南昆明产锦带花干燥花蕾精油的主要成分为：十六烷酸（53.05%）、亚油酸（9.65%）、正二十五烷（8.97%）、正二十七烷（8.56%）、正二十三烷（5.67%）、亚麻酸（3.85%）、正二十九烷（3.31%）、十四烷酸（1.61%）、降姥鲛-2-酮（1.37%）、正二十四烷（1.33%）等。

【利用】是重要的园艺观花灌木，花枝可供瓶插。

长白忍冬

Lonicera ruprechtiana Regel

忍冬科　忍冬属

别名：王八骨头、扁旦胡子

分布：黑龙江、吉林、辽宁

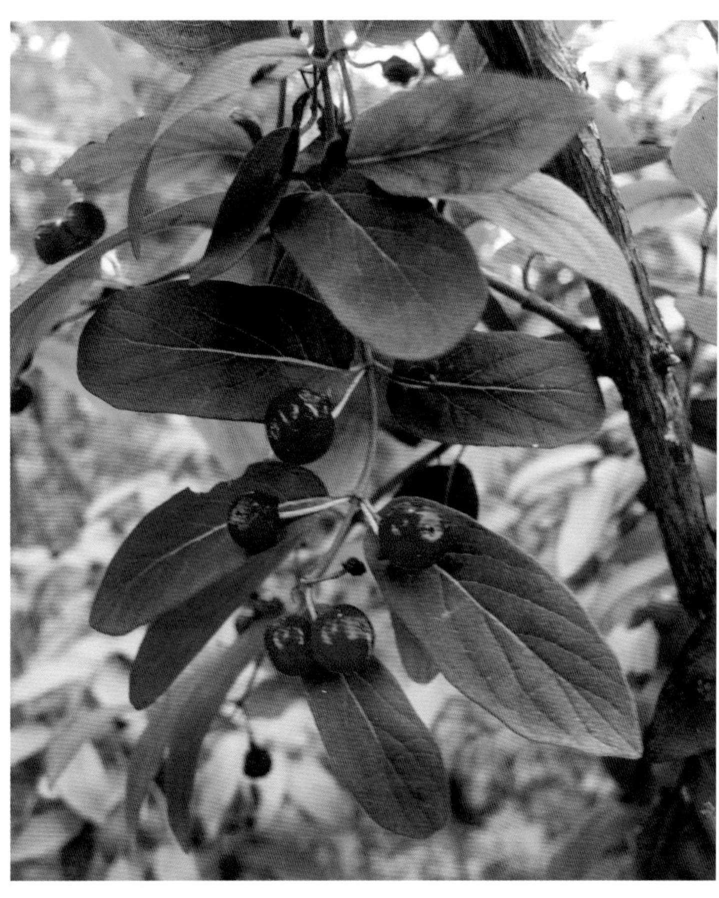

【形态特征】落叶灌木，高达3 m；小枝、叶柄、叶两面、总花梗和苞片均疏生黄褐色微腺毛。冬芽约有6对鳞片。叶纸质，矩圆状倒卵形、卵状矩圆形至矩圆状披针形，长3～10 cm，顶渐尖或急渐尖，基部圆至楔形或近截形，边缘略波状起伏或有时具不规则浅波状大牙齿，有缘毛；苞片条形，长5～6 mm，被微柔毛；小苞片分离，圆卵形至卵状披针形；相邻两萼筒分离，萼齿卵状三角形至三角状披针形，干膜质；花冠白色，后变黄色，筒粗短，基部有1深囊，唇瓣长8～11 mm，反曲。果实橘红色，圆形，直径5～7 mm；种子椭圆形，棕色，长3 mm左右，有细凹点。花期5～6月，果熟期7～8月。

【生长习性】生于阔叶林下或林缘，海拔300～1100 m。喜光，耐阴，耐旱，喜湿润。

【精油含量】水蒸气蒸馏干燥花蕾的得油率为0.20%。

【芳香成分】樊庆林等（2006）用水蒸气蒸馏法提取的长白忍冬干燥花蕾精油的主要成分为：二十碳烷（16.93%）、二十二碳烷（13.95%）、十九碳烷（12.06%）、二十九碳烷（6.12%）、二十四碳酸甲酯（5.72%）、二十二烷酸甲酯（5.31%）、二十一碳烷（4.44%）、2,6,10,14-四甲基十六烷（4.23%）、正十六烷酸（3.84%）、十八碳烷（3.81%）、十七碳烷（3.60%）、十六碳烷（3.39%）、十五碳烷（3.18%）、α-法呢烯（3.06%）、十四碳烷（2.97%）、β-大马酮（2.85%）、萘（2.61%）、苯（2.01%）等。

【利用】庭院栽植供观赏。

淡红忍冬

Lonicera acuminata Wall.

忍冬科　忍冬属

别名：米子银花、巴东忍冬、肚子银花

分布：陕西、甘肃、安徽、浙江、江西、福建、台湾、湖北、湖南、广东、广西、四川、贵州、云南、西藏

【形态特征】落叶或半常绿藤本，幼枝、叶柄、叶和总花梗均被棕黄色糙毛或糙伏毛，有时夹杂微腺毛，或仅着花小枝顶端有毛，更或无毛。叶薄革质至革质，卵状矩圆形、矩圆状披针形至条状披针形，长4～14 cm，顶端长渐尖至短尖，基部圆至近心形，有时宽楔形或截形，有缘毛。双花在小枝顶集合成近伞房状花序或单生于小枝上部叶腋；苞片钻形；小苞片宽卵形或倒卵形，顶端钝或圆，有时微凹，有缘毛；萼筒椭圆形或倒壶形，萼齿卵形、卵状披针形至狭披针形或有时狭三角形。花冠黄白色而有红晕，漏斗状，唇形，基部有囊，上唇直立，下唇反曲。果实蓝黑色，卵圆形，直径6～7 mm；种子椭圆形至矩圆形，稍扁，长4～4.5 mm，有细凹点，两面各有1凸起的脊。花期6月，果熟期10～11月。

【生长习性】生于山坡和山谷的林中、林间空旷地或灌丛中，海拔500～3200 m。

【精油含量】水蒸气蒸馏干燥成熟花蕾的得油率为0.03%。

【芳香成分】苟占平等（2008）用水蒸气蒸馏法提取的四川沐川产淡红忍冬干燥成熟花蕾精油的主要成分为：棕榈酸(39.07%)、亚油酸(20.87%)、二十一烷(11.76%)、11,14,17-二十碳三烯酸甲酯(7.35%)、(Z,Z,Z)-9,12,15-十八碳三烯酸甲酯(3.07%)、(Z,Z)-9,12-十八碳二烯酸(2.07%)、十八烷(1.68%)、6,10,14-三甲基-2-十四酮(1.07%)、(Z,Z)-9,12-十八碳二烯酸甲酯(1.01%)等。

【利用】花在四川部分地区和西藏昌都作“金银花”收购入药。

菰腺忍冬

Lonicera hypoglauca Miq.

忍冬科　忍冬属

别名： 红腺忍冬、大银花、大金银花、大叶金银花、山银花

分布： 山西、陕西、宁夏、甘肃、青海、河南、四川、云南

【形态特征】落叶藤本；幼枝、叶柄、叶背和叶面中脉及总花梗均密被上端弯曲的淡黄褐色短柔毛。叶纸质，卵形至卵状矩圆形，长6～11.5 cm，顶端渐尖或尖，基部近圆形或带心形，叶背有时粉绿色。双花单生至多朵集生于侧生短枝上，或于小枝顶集合成总状；苞片条状披针形，有缘毛；小苞片圆卵形或卵形，顶端钝，有缘毛；萼齿三角状披针形，有缘毛；花冠白色，有时有淡红晕，后变黄色，长3.5～4 cm，唇形，外面疏生倒微伏毛，常具腺。果实熟时黑色，近圆形，有时具白粉，直径约7～8 mm；种子淡黑褐色，椭圆形，中部有凹槽及脊状凸起，两侧有横沟纹，长约4 mm。花期4～6月，果熟期10～11月。

【生长习性】生于灌丛或疏林中，海拔200～1500 m。

【精油含量】水蒸气蒸馏干燥花蕾的得油率为0.54%。

【芳香成分】叶：辛华等（2011）用水蒸气蒸馏法提取的广西忻城产菰腺忍冬新鲜叶精油的主要成分为：棕榈酸(11.90%)、叶绿醇(11.79%)、亚麻酸甲酯(7.08%)、二十四烷(6.72%)、十八烷(5.20%)、十九烷(5.13%)、亚麻酸乙酯(5.04%)、芳樟醇(4.62%)、二十六烷(4.27%)、(Z,Z,Z)-9,12,15-十八碳三烯-1-醇(4.24%)、二十二烷(3.27%)、二十七烷(3.22%)、十五醛(1.74%)、二十烷(1.22%)、(Z)-9-十八醛(1.18%)等；干燥叶精油的主要成分为：芳樟醇(27.62%)、叶绿醇(7.57%)等。

花： 王振中等（2008）用水蒸气蒸馏法提取的湖南隆回产菰腺忍冬干燥花蕾精油的主要成分为：棕榈酸甲酯(20.48%)、棕榈酸(12.59%)、十五酸(8.09%)、9,12,15-十八酸-甲酯(7.29%)、茴香脑(7.26%)、6,10,14-三甲基-2-十五烷酮(6.59%)、3,7,11-三甲基-1,6,10-十二烷三烯-3-醇(4.05%)、十氢-4a-甲基-萘(3.19%)、苯甲酸苄酯(3.02%)、8,11-十八酸-

甲酯（2.94%）、2,3,4,7,8,8a-六氢-3,6,8,8-四甲基，1H-3a,7-亚甲基薁（1.89%）、α-玷𤣰烯（1.29%）、石竹烯（1.09%）、邻苯二甲酸二丁酯（1.08%）、金合欢二醇（1.06%）等。刘亚等（2017）用同法分析的贵州安龙产菰腺忍冬干燥花蕾精油的主要成分为：芳樟醇（48.45%）、α-松油醇（11.30%）、香叶醇（10.78%）、3,7,11-三甲基-2,6,10-十二烷三烯-1-醇（4.70%）、(-)-4-萜品醇（3.48%）、橙花醇（2.74%）、反式-橙花叔醇（2.26%）、(Z)-3,7-二甲基-1,3,6-十八烷三烯（1.73%）、3,7-二甲基辛-1,5,7-三烯-3-醇（1.60%）、苯乙醛（1.12%）、萜品烯（1.09%）等。

【利用】花蕾作“金银花”供药用，有清热解毒的功效。

华南忍冬

Lonicera confusa (Sweet) DC.

忍冬科　忍冬属

别名：山银花、假金银花、华南忍冬、土忍冬、土银花、大金银花、山金银花、左转藤、土花、黄鳝花

分布：四川、广东、广西、海南、湖南、贵州、云南

【形态特征】半常绿藤本；幼枝、叶柄、总花梗、苞片、小苞片和萼筒均密被灰黄色卷曲短柔毛，并疏生微腺毛；小枝淡红褐色或近褐色。叶纸质，卵形至卵状矩圆形，长3～7 cm，顶端尖或稍钝而具小短尖头，基部圆形、截形或带心形。花有香味，双花腋生或于小枝或侧生短枝顶集合成具2～4节的短总状花序，有明显的总苞叶；苞片披针形，长1～2 mm；小苞片圆卵形或卵形，顶端钝，有缘毛；萼筒长1.5～2 mm，被短糙毛；萼齿披针形或卵状三角形，长1 mm，外密被短柔毛；花冠白色，后变黄色，长3.2～5 cm，唇形。果实黑色，椭圆形或近圆形，长6～10 mm。花期4～5月，有时9～10月开第二次花，果熟期10月。

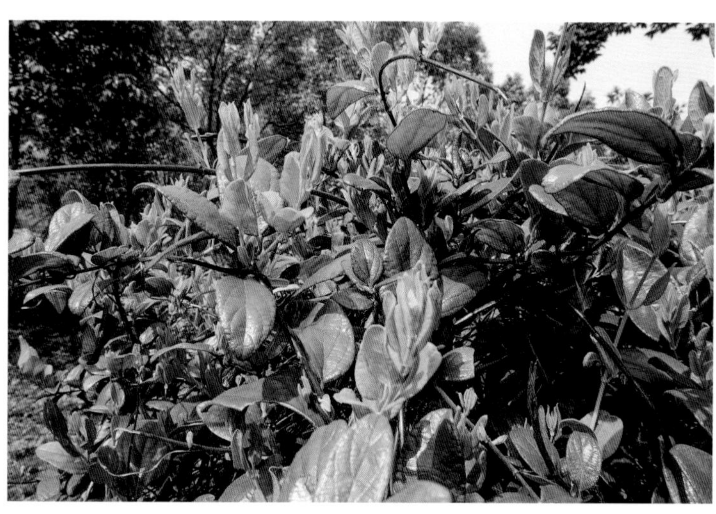

【生长习性】生于丘陵地的山坡、杂木林和灌丛中及平原旷野路旁或河边，海拔最高达800 m。

【芳香成分】王振中等（2008）用水蒸气蒸馏法提取的湖南隆回产华南忍冬干燥花蕾精油的主要成分为：棕榈酸甲酯（20.59%）、棕榈酸（15.29%）、茴香脑（7.59%）、9,12,15-十八酸-甲酯（7.29%）、6,10,14-三甲基-2-十五烷酮（6.29%）、十五酸（5.97%）、3,7,11-三甲基-1,6,10-十二烷三烯-3-醇（4.29%）、9,12-十八酸(Z,Z)-甲酯（3.75%）、苯甲酸苄酯（3.07%）、8,11-十八酸-甲酯（2.67%）、二十烷（2.01%）、2,3,4,7,8,8a-六氢-3,6,8,8-四甲基，1H-3a,7-亚甲基薁（1.85%）、石竹烯（1.59%）、金合欢二醇（1.09%）、邻苯二甲酸二丁酯（1.08%）等。朱亮锋等（1993）用树脂吸附法收集的花头香的主要成分为：顺式-氧化芳樟醇（吡喃型）(23.92%)、苯乙醇（13.08%）、α-罗勒烯（3.79%）、顺式-氧化芳樟醇（呋喃型）(3.18%)、3-己烯醇（3.11%）、苯甲酸甲酯（2.34%）、2-亚甲基丁酸甲酯（2.02%）、十六烷（1.20%）、芳樟醇（1.18%）、反式-氧化芳樟醇（呋喃型）(1.05%）等。

【利用】花蕾入药，为华南地区“金银花”中药材的主要品种，有清热解毒的功效；果实入药，治肠风泄泻、赤痢；茎枝入药，可清热解毒、通络；花蕾的挥发油入药，可清热、消暑、解毒。花可煮食；嫩茎叶及新芽可作蔬菜食用；成熟的茎叶可代茶叶用。

黄褐毛忍冬

Lonicera fulvotomentosa Hsu et S. C. Cheng

忍冬科　忍冬属

别名：山银花、银花、金银花

分布：贵州、广西、云南

【形态特征】藤本；幼枝、叶柄、叶背、总花梗、苞片、小苞片和萼齿均密被开展或弯伏的黄褐色毡毛状糙毛，幼枝和叶两面还散生橘红色短腺毛。冬芽约具4对鳞片。叶纸质，卵状矩圆形至矩圆状披针形，长3～11 cm，顶端渐尖，基部圆形、浅心形或近截形，叶面疏生短糙伏毛。双花排列成腋生或顶生的短总状花序；总花梗下托以小形叶1对；苞片钻形，长5～7 mm；小苞片卵形至条状披针形；萼筒倒卵状椭圆形，萼齿条状披针形；花冠先白色后变黄色，长3～3.5 cm，唇形，筒略短于唇瓣，上唇裂片长圆形，长约8 mm，下唇长约1.8 cm。花期6～7月。果实不详。

【生长习性】生于山坡岩旁灌木林或林中，海拔850～1300 m。温带及亚热带树种，喜阳光和温和、湿润的环境，适应性很强，喜阳、耐阴，耐寒性强，也耐干旱和水湿，对土壤要求不严，酸性、盐碱地均能生长，以湿润、肥沃的深厚砂质壤上生长最佳。

【精油含量】水蒸气蒸馏花蕾的得油率为0.26%，银花的得油率为0.30%，金花的得油率为0.33%。

【芳香成分】黄丽华等（2011）用水蒸气蒸馏法提取的黄

褐毛忍冬新鲜花蕾精油的主要成分为：邻甲苯异腈（39.39%）、L-芳樟醇（21.95%）、苯乙醛（5.38%）、香叶醇（5.29%）、α-松油醇（4.51%）、苯甲醛（2.83%）、4-乙烯基-2-甲氧基苯酚（1.58%）、3-乙烯基吡啶（1.32%）、棕榈酸（1.30%）、β-大马酮（1.17%）等；银花期花精油的主要成分为：L-芳樟醇（27.29%）、藜芦醚（13.86%）、环氧芫荽醇（8.92%）、邻甲苯异腈（7.93%）、邻胺基苯甲酸甲酯（7.58%）、(Z)-3-己烯醇（6.78%）、3,7-二甲基-1,2,7-辛三烯-3-醇（2.58%）、棕榈酸甲酯（2.53%）、α-松油醇（1.81%）、糠醛（1.80%）、香叶醇（1.73%）、苯乙醛（1.54%）、亚油酸甲酯（1.42%）、苯乙醇（1.32%）等；金花期花精油的主要成分为：L-芳樟醇（30.06%）、邻胺基苯甲酸甲酯（19.39%）、3,7-二甲基-1,2,7-辛三烯-3-醇（8.21%）、苯乙醛（8.13%）、α-松油醇（5.98%）、环氧芫荽醇（5.57%）、邻甲苯异腈（5.55%）、藜芦醚（4.14%）、Z,E-α-金合欢烯（1.94%）、(Z)-芳樟醇氧化物（1.72%）、(Z)-3-己烯醇（1.44%）、香叶醇（1.12%）、(E)-芳樟醇氧化物（1.07%）等。刘亚等（2017）用同法分析的贵州安龙产黄褐毛忍冬干燥花蕾精油的主要成分为：邻苯二甲酸二丁酯（21.45%）、9,12,15-十八烷三烯酸甲酯（15.59%）、棕榈酸乙酯（10.59%）、香叶醇（9.63%）、芳樟醇（4.58%）、亚麻酸乙酯（3.02%）、玫瑰醚（2.93%）、油酸乙酯（2.39%）、二环己基甲酮（1.75%）、叶绿醇（1.61%）、苯乙醇（1.55%）、(E)-3,7-二甲基-2,6-辛二烯醛（1.17%）、大马士酮（1.12%）、(Z)-11-十四烯醋酸酯（1.02%）等。

【利用】花蕾入药，有清热解毒、消肿的功效，用于治暑热感冒、咽喉痛、风热咳喘、泄泻。

灰毡毛忍冬

Lonicera macranthoides Hand.-Mazz.

忍冬科　忍冬属

别名： 大花忍冬、拟大花忍冬、银花、大金银花、左转藤、金银花、山银花、大解毒茶、大山花、大银花、岩银花、木银花

分布： 浙江、江西、福建、湖南、湖北、广东、广西、四川、贵州、云南、西藏

【形态特征】藤本；幼枝、总花梗有薄绒状短糙伏毛，有时兼具微腺毛。叶革质，卵形、卵状披针形、矩圆形至宽披针形，长6～14 cm，顶端尖或渐尖，基部圆形、微心形或渐狭，叶背被由短糙毛组成的灰白色或有时带灰黄色毡毛，并散生暗橘黄色微腺毛。花有香味，双花常密集于小枝梢成圆锥状花序；苞片披针形或条状披针形，连同萼齿外面均有细毡毛和短缘毛；小苞片圆卵形或倒卵形，有短糙缘毛；萼筒常有蓝白色粉，萼齿三角形；花冠白色，后变黄色，外被倒短糙伏毛及橘黄色腺毛，唇形，筒纤细，上唇裂片卵形，基部具耳，下唇条状倒披针形，反卷。果实黑色，常有蓝白色粉，圆形，直径6～10 mm。花期6月中旬至7月上旬，果熟期10～11月。

【生长习性】生于山谷溪流旁、山坡或山顶混交林内或灌丛中，海拔500～1800 m。

【精油含量】水蒸气蒸馏花蕾的得油率为0.01%～0.05%；超临界萃取花蕾的得油率为0.71%～4.42%。

【芳香成分】唐丽君等（2010）用水蒸气蒸馏法提取的湖南隆回产灰毡毛忍冬干燥花蕾精油的主要成分为：棕榈酸（30.00%）、六氢金合欢基丙酮（5.49%）、金合欢醇异构体（5.17%）、亚麻酸甲酯（5.02%）、葡萄籽油（3.84%）、肉豆蔻酸（3.65%）、反式橙花叔醇（3.52%）、松油醇（3.35%）、十二炔酸（3.21%）、植醇（3.21%）、芳樟醇（2.66%）、橙花醇（2.45%）、十四烷（1.71%）、α-没药醇氧化物B（1.70%）、3,7-二甲基-1,5,7-辛三烯-3-醇（1.69%）、棕榈酸甲酯（1.55%）、亚油酸甲酯（1.55%）、癸醇（1.51%）、硬脂酸（1.50%）、3,5,11,15-四甲基-1-十六烯-3-醇（1.15%）等。王朝晖等（2006）用同法分析的湖南溆浦产‘湘蕾一号’灰毡毛忍冬花蕾精油的主要成分为：芳樟醇（28.85%）、亚油酸甲酯（10.61%）、α-松油醇（6.01%）、顺-5-乙烯基-四氢-a,a,5-三甲基-2-呋喃甲醇（4.06%）、香叶醇（2.92%）、3,7-二甲基-1,6-辛二烯-3-醇（2.91%）、1-癸炔-4-醇（2.84%）、α,α,4-三甲基-3-甲己烯-1-甲醇（2.45%）、1-辛醇（2.15%）、3,7-二甲基-1,5,7-辛三烯-3-醇（1.78%）、2,2-二亚甲基-双-1,3-二氧戊环（1.75%）、十八酸（1.66%）、α,4-二甲基-3-甲己烯-1-乙醛（1.60%）、苯基乙醇（1.26%）、n-乙酸丙酯（1.22%）、[E]-3,7-二甲基-2,6-辛二烯丁酸酯（1.18%）、环戊醇（1.15%）、(Z)-3,7,11-三甲基-1,6,10-十二烷三烯-3-醇（1.04%）、3-己烯-1-醇（1.03%）等。刘亚等（2017）用同法分析的贵州安龙产灰毡毛忍冬干燥花蕾精油的主要成分为：芳樟醇（43.36%）、α-松油醇（10.51%）、香叶醇（10.41%）、亚油酸甲酯（6.84%）、3,4-二甲氧基苯乙

烯（3.64%）、棕榈酸甲酯（2.97%）、橙花醇（2.64%）、十九醇（1.72%）、顺-α,α-5-三甲基-5-乙烯基四氢化呋喃-2-甲醇（1.09%）、(Z)-氧代环十七碳-8-烯-2-酮（1.07%）、油酸乙酯（1.04%）等。

【利用】花入药，为“金银花”中药材的主要品种之一。

金银忍冬

Lonicera maackii (Rupr.) Maxim.

忍冬科　忍冬属

别名：金银木、鸡骨头、狗脊骨、王八骨头、胯杷果

分布：黑龙江、吉林、辽宁、河北、山西、陕西、甘肃、山东、江苏、安徽、浙江、河南、湖北、湖南、四川、贵州、云南、西藏

【形态特征】落叶灌木，高达6 m；凡幼枝、叶两面脉上、叶柄、苞片、小苞片及萼檐外面都被短柔毛和微腺毛。冬芽小，卵圆形，有5～6对或更多鳞片。叶纸质，通常卵状椭圆形至卵状披针形，稀矩圆状披针形或倒卵状矩圆形，长5～8 cm，顶端渐尖或长渐尖，基部宽楔形至圆形。花芳香，生于幼枝叶腋；苞片条形，有时条状倒披针形而呈叶状；小苞片多少连合成对；相邻两萼筒分离，萼檐钟状，干膜质，萼齿宽三角形或披针形，不相等，顶尖；花冠先白色后变黄色，长1～2 cm，唇形。果实暗红色，圆形，直径5～6 mm；种子具蜂窝状微小浅凹点。花期5～6月，果熟期8～10月。

【生长习性】生于林中或林缘溪流附近的灌木丛中，海拔达1800～3000 m。喜光，耐半阴。耐旱，耐瘠薄。喜温暖的环境，较耐寒，北方绝大多数地区可露地越冬。喜湿润肥沃及深厚的土壤。

【精油含量】水蒸气蒸馏干燥花蕾的得油率为0.20%；索氏法提取新鲜叶的得油率为0.95%，新鲜花的得油率为0.83%，果实的得油率为13.00%。

【芳香成分】**叶：**高欣妍等（2018）用索氏法提取的黑龙江哈尔滨产金银忍冬新鲜叶精油的主要成分为：(-)-异长叶醇（22.63%）、2,7,10-三甲基-十二烷（10.48%）、(E)-乙基-3-己烯碳酸酯（8.58%）、滨蒿内酯（8.16%）、2,3-二氢-4,4-二甲基-吲哚-4-醇-2-酮（6.26%）、苯甲醛（4.65%）、环己醇（4.39%）、2-羟基-4,4,8-三甲基-三环[6.3.1.0^{1,5}]十二烷基-9-酮（3.21%）、5,9,9-三甲基-5-磷杂-三环[6.1.1.0^{2,6}]-2(6)-癸烯（3.10%）、(-)-异长叶醇甲醚（2.97%）、(Z)-3-甲基-4-十一烯（2.25%）、2,4,7,14-四甲基-4-乙烯基-三环[5.4.3.0^{1,8}]十四烷基-6-醇（2.01%）、3-(2,6,6-三甲基-1-环己烯基)-2-丙烯-1-醇（1.80%）、D-荷包牡丹碱（1.52%）、5-乙基-2-糠醛（1.37%）、6-氯-6-甲基-双环[3.1.0]己烷（1.28%）、邻苯二甲酸二丁酯（1.10%）、3,5-二(1,1-二甲基-乙基)-苯酚（1.02%）、斑螯素（1.00%）等。

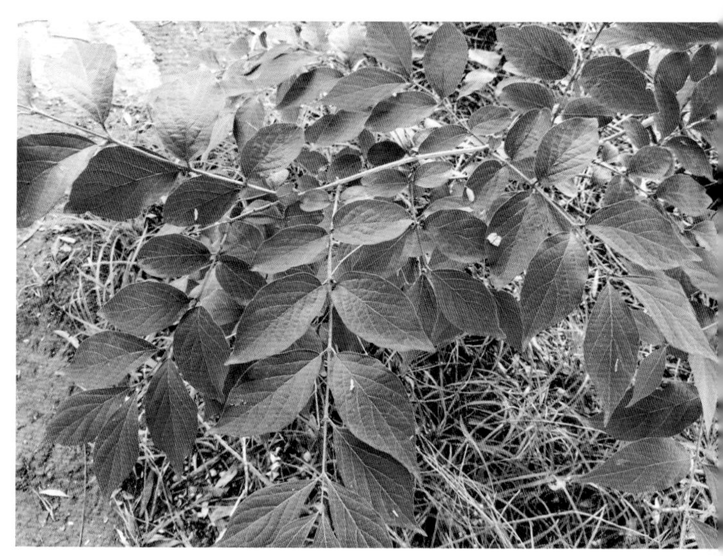

花：王广树等（2009）用水蒸气蒸馏法提取的吉林长春产金银忍冬干燥花蕾精油的主要成分为：二十九碳烷（6.12%）、二十四碳酸甲酯（5.72%）、二十二烷酸甲酯（5.31%）、二十三碳烷（4.65%）、二十一碳烷（4.44%）、2,6,10,14-四甲基十六烷（4.23%）、二十碳烷（4.23%）、十九碳烷（4.02%）、正十六烷酸（3.84%）、十八碳烷（3.81%）、十七碳烷（3.60%）、十六碳烷（3.39%）、十五碳烷（3.18%）、法呢烯（3.06%）、十四碳烷（2.97%）、1-(2,6,6-三甲基-1,3-环己二烯基)-2-丁烯-1-酮（2.85%）、1,1,6-三甲基-1,2,3,4-四氢萘（2.61%）、1-乙基-2,3-二甲基苯（2.01%）等。高欣妍等（2018）用索氏法提取新鲜花精油的主要成分为：2,7,10-三甲基-十二烷（14.16%）、邻苯二甲酸二丁酯（9.60%）、二十四烷酸甲酯（6.08%）、(E)-乙基-3-己烯碳酸酯（5.39%）、十六烷酸（4.45%）、12,15-十八碳二烯酸甲酯（4.22%）、(1,1-二甲基乙基)-环己烷（3.23%）、二十二烷酸甲酯（3.14%）、2-叠氮-2,4,4,6,6-五甲基庚烷（2.92%）、3-(2-甲氧基乙氧基甲氧基)-2-甲基-1-戊醇（2.57%）、(Z)-13-十八烯醛（1.98%）、2,4-二(1,1-二甲基乙基)-苯酚（1.72%）、2,3-二氢-4,4-二甲基吲哚-4-醇-2-酮（1.61%）、十六烷酸甲酯（1.27%）、4-环己基-间苯二酚（1.17%）、对二甲苯（1.00%）等。

果实：姬晓灵等（2011）用乙醚作溶剂的索氏提取法提取的宁夏银川产金银忍冬果实精油的主要成分为：甲基己基过氧化氢（1.31%）、洋地黄毒苷（1.17%）、2,2-二甲基3-甲叉基二环[2,2,1]己烷（1.15%）、亚甲基双[6-叔丁基]对甲酚（1.08%）、7-甲基-Z-十六碳酸（1.01%）等。李金英等（2015）用顶空固相微萃取法提取的野生金银忍冬新鲜成熟果实精油的主要成分为：2-已烯醛（50.74%）、反式-2-己烯-1-醇（26.28%）、3-庚烯（12.73 %）、苯乙醛（3.19%）、壬醛（1.26%）、苯乙醇（1.11%）等。

【利用】茎皮可制人造棉。花可提取芳香油。种子榨油可制肥皂。庭园栽培供观赏。

蓝果忍冬

onicera caerulea Linn.

忍冬科　忍冬属

别名：蓝锭果、黑瞎子果、山茄子、狗奶子

分布：黑龙江、吉林、辽宁、内蒙古、河北、山西、宁夏、甘肃、青海、四川、云南

【形态特征】落叶灌木；幼枝和叶柄无毛或具散生短糙毛。冬芽有1对铅形外鳞片。叶宽椭圆形，有时圆卵形或倒卵形，厚纸质，长1.5～5 cm，无毛或沿中脉有疏硬毛。小苞片合生成一坛状壳斗，完全包被相邻两萼筒，果熟时变肉质；花冠黄白色，筒状漏斗形，稍不整齐，长9.5～13 mm，筒比裂片长2倍；花药与花冠等长。复果蓝黑色，圆形。

【生长习性】生于落叶林下或林缘荫处灌丛中，海拔2600～3500 m。

【精油含量】水蒸气蒸馏果实的得油率为0.04%。

【芳香成分】吴信子等（1999）用水蒸气蒸馏法提取的吉林长松产蓝果忍冬果实精油的主要成分为：正十五烷（12.21%）、十六烷（11.60%）、十七烷（9.46%）、1-氯-十八烷（6.26%）、十二烷酸乙酯（5.10%）、十四烷（5.08%）、十二烷（4.58%）、-氨基苯癸基醚（4.11%）、2-甲基-十四烷（3.94%）、辛酸甲酯（3.28%）、2-甲基辛烷（3.11%）、十一烷醇乙酯（2.97%）、11,14-二十烷二烯酸甲酯（2.89%）、已酸乙酯（2.69%）、四癸基环氧己烷（2.58%）、2,3-二甲基戊烷（2.04%）、9-氧杂二环[6,1,0]壬烷（1.95%）、2-癸氧基-苯胺（1.92%）、2,6,10,14-四甲基十七烷（1.58%）、邻-2甲丙基氧基苯胺（1.53%）、1,3,5,7-α,α，α,α-1-甲基-5-(1-甲乙基)-4,8-二氧三环[5,1,$0^{3,5}$]辛烷（1.48%）、2-碘-2-甲基丁烷（1.32%）、1-乙烯氧基十八烷（1.31%）、2,5,5-三甲基-1,6-庚二烯（1.28%）、2,3-二氢-5 H-1,4-二氧杂草（1.22%）、-丙基-1-癸醇（1.00%）等。刘朋等（2016）用顶空固相微萃取法提取的黑龙江哈尔滨产'蓓蕾'蓝果忍冬转色期果实香气的主要成分为：二丁基羟基甲苯（16.74%）、1-丁醇（13.70%）、(E)-3-己烯-1-醇（12.88%）、3,7-二甲基-1,6-辛二烯-3-醇（8.62%）、异辛醇（6.06%）、(Z)-2-己烯-1-醇（3.38%）、己醛（2.43%）、(E)-2-己烯醛（2.42%）、壬醛（2.35%）、特丁基环己烷（2.35%）、正庚醚（1.82%）、(E)-2-庚烯醛（1.32%）、辛烷（1.17%）、2-叔丁基对甲苯酚（1.13%）、(Z)-4-甲基-十一碳烯（1.11%）、1,1,3,5-四甲基-环己烷（1.08%）、(Z)-乙酸-3-己烯酯（1.05%）等；成熟期果实香气的主要成分为：(E)-2-己烯醛（18.46%）、二丁基羟基甲苯（18.37%）、己醛（11.19%）、3-甲基戊-1,4-二烯-3-醇（5.68%）、三甲氨基硼烷（4.86%）、1-丁醇（4.22%）、甲酸叶醇酯（3.64%）、α-松油醇（2.31%）、丙基-环丙烷（2.07%）、辛烷（1.59%）、(Z)-2-己烯-1-醇（1.51%）、2-叔丁基对甲苯酚（1.36%）、乙酸己酯（1.28%）、八甲基硅油（1.23%）、正十三烷（1.13%）、4-甲基-1,4-己二烯（1.10%）、苯乙醇腈（1.09%）、壬醛（1.04%）等；'长白山1号C-1'冷冻坐果期果实香气的主要成分为：(E)-2-己烯醛（41.49%）、己醛（10.88%）、3-己烯醛（7.28%）、3,7-二甲基-1,6-辛二烯-3-醇（6.87%）、二丁基羟基甲苯（2.67%）、1-戊烯-3-酮（2.49%）、2-己烯酸甲酯（1.99%）、环己烷（1.93%）、壬醛（1.77%）、萜品油烯（1.76%）、甲基环己烷（1.75%）、1-丁醇（1.34%）、(E,E)-2,4-庚二烯醛（1.24%）、草酸环己辛酯（1.15%）、己酸甲酯（1.14%）、(E)-2-戊烯醛（1.14%）、五氟酸辛酯（1.12%）、正辛醛（1.02%）等；转色期果实香气的主要成分为：3,7-二甲基-1,6-辛二烯-3-醇（20.52%）、二丁基羟基甲苯（15.39%）、叶醇（8.00%）、α-松油醇（7.30%）、1-丁醇（6.54%）、辛烷（5.71%）、异辛醇（4.17%）、壬醛（3.10%）、5-甲基-1-己烯（2.55%）、己醛（2.33%）、(Z)-2-己烯-1-醇（2.06%）、(E)-2-己烯醛（1.79%）、2-乙基-1-己醇（1.74%）、7-甲基-3-亚甲基-7-辛烯-1-醇，丙酸甲酯（1.42%）、(E)-3-己烯-1-醇（1.26%）、顺-α,α-5-三甲基-5-乙烯基四氢化呋喃-2-甲醇（1.13%）、2-叔丁基对甲苯酚（1.13%）、(E)-2-庚烯醛（1.05%）等；成熟期果实香气的主要成分为：二丁基羟基甲苯（17.66%）、1-甲基-丙烯基醚（15.48%）、(E)-2-己烯醛（11.02%）、3,7-二甲基-1,6-辛二烯-3-醇（10.90%）、辛烷（6.45%）、α-松油醇（5.85%）、三甲氨基硼烷（5.27%）、己醛（5.23%）、1-丁醇（2.02%）、5-甲基-1-己烯（1.78%）、壬醛（1.52%）、5-十八烯（1.35%）、2-叔丁基对甲苯酚（1.28%）、苯甲酸，4-甲基-2-三甲基硅氧烷基，三甲基甲硅烷酯（1.26%）、正十三烷（1.23%）、正庚醚（1.21%）、(E)-3-己烯-1-醇（1.07%）等。

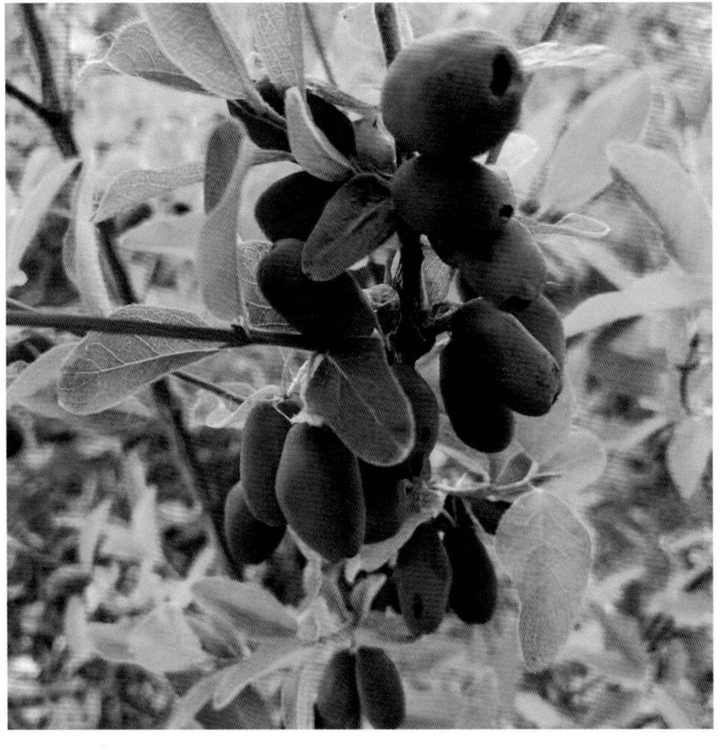

【利用】果实可食用。

忍冬

Lonicera japonica Thunb.

忍冬科　忍冬属

别名： 金银花、金银藤、二花、二色花藤、二宝腾、二宝花、右转藤、子风藤、蜜角藤、鸳鸯藤、老翁须、金花、银花、银藤、双花、金藤花、双苞花、通灵草、双宝花

分布： 除黑龙江、内蒙古、宁夏、青海、新疆、海南、西藏外的全国各地

【形态特征】半常绿藤本；幼枝暗红褐色，密被黄褐色硬直糙毛、腺毛和短柔毛。叶纸质，卵形至矩圆状卵形，有时卵状披针形，长3～9.5 cm，顶端尖或渐尖，少有钝、圆或微凹缺，基部圆或近心形，有糙缘毛，小枝上部叶通常两面均密被短糙毛。总花梗通常单生于小枝上部叶腋；苞片大，叶状，卵形至椭圆形；小苞片顶端圆形或截形，有短糙毛和腺毛；萼齿卵状三角形或长三角形，顶端尖而有长毛，外面和边缘有密毛；花冠白色，有时基部向阳面呈微红，后变黄色，唇形，外被糙毛和长腺毛。果实圆形，直径6～7 mm，成熟时蓝黑色；种子卵圆形或椭圆形，褐色，长约3 mm，中部有一凸起的脊，两侧有浅的横沟纹。花期4～6月（秋季亦常开花），果熟期10～11月。

【生长习性】生于山坡灌丛或疏林中、乱石堆、山路旁及村庄篱笆边，海拔最高达1500 m。适应性很强，对土壤和气候的选择不严格，以湿润、肥沃、土层较厚的砂质壤土为最佳。耐旱、耐寒、耐瘠薄，也耐水湿。喜阳、耐阴。

【精油含量】水蒸气蒸馏干燥茎叶的得油率为0.01%，干燥叶的得油率为0.15%，嫩枝的得油率为0.05～0.20%，干燥藤茎的得油率为0.10%，花蕾的得油率为0.01%～3.02%，干燥花的得油率为0.30%，新鲜果实的得油率为0.13%；超临界萃取花蕾的得油率为0.56%～16.81%；亚临界萃取干燥花的得油率为2.17%；有机溶剂萃取花蕾的得油率为0.03%。

【芳香成分】茎枝：杨廼嘉等（2008）用水蒸气蒸馏法提取的四川产忍冬干燥茎枝精油主要成分为：芳樟醇（7.98%）、丹皮酚（3.73%）、苯甲醛（3.46%）、壬醛（3.19%）、3-乙烯基吡啶（3.11%）、正庚醛（2.56%）、3-羟基-1-辛烯（2.02%）、石竹烯（1.78%）、西洋丁香醛（1.75%）、6-甲基-5-庚烯-2-酮（1.66%）、樟脑（1.64%）、4-氨基苯乙烯（1.64%）、芒[illegible]（1.59%）、α-萜品烯醇（1.50%）、水杨酸甲酯（1.40%）、β-紫罗兰酮（1.37%）、δ-杜松萜烯（1.32%）、β-雪松醇（1.29%）、正辛醇（1.28%）、(+)-花侧柏烯（1.27%）、顺-3-己烯醇（1.26%）、紫穗槐烯（1.24%）、α-雪松醇（1.24%）、白焦油（1.22%）、β-萜品烯醇（1.14%）、2-戊基呋喃（1.12%）、正己醇（1.11%）、香叶丙酮（1.08%）、2-蒎烯（1.01%）等。肖敏等（2012）用同法分析的重庆秀山产干燥茎叶精油的主要成分为：十六烷酸（20.65%）、9,12,15-十八碳三烯酸甲基酯（9.16%）、9,12-十八碳二烯酸乙基酯（6.32%）、十六烷酸乙基酯（5.09%）、亚油酸（4.18%）、二十五烷（4.12%）、香叶醇（2.95%）、芳樟醇（2.46%）、2-十七酮（2.44%）、十四烷酸甲基酯（2.11%）、亚油酸乙酯（1.94%）、壬醛（1.88%）、苯甲醛（1.63%）、月桂酸（1.41%）、叶醇（1.37%）、十四烷酸（1.32%）、9,12-十八碳二烯酸甲基酯（1.21%）、β-红没药烯（1.21%）、金合欢基丙酮（1.16%）、亚油酸甲酯（1.12%）、α-荜澄茄烯（1.09%）、9,12,15-十八碳三烯酸乙基酯（1.05%）、二十七烷（1.04%）等。

叶： 杨俊杰等（2015）用水蒸气蒸馏法提取的河南信阳产野生忍冬阴干叶精油的主要成分为：苯甲醛（14.18%）、(Z,E)-3,7,11-三甲基-2,6,10-十二碳三烯-1-醇（14.16%）、苯乙醇（12.99%）、3-乙烯基-吡啶（9.24%）、芳樟醇（6.57%）、(Z)-3-己烯-1-醇（6.52%）、[S-(E,E)]-1-甲基-5-亚甲基-8-(1-甲基乙基)-1,6-环癸二烯（4.01%）、1-(2-呋喃)-乙酰（3.32%）、(E)-1-(2,6,6-三甲基色氨酸-1,3-环己二烯-1-烷基)-2-环氧丁烯-1-酮（3.08%）、苯甲醇（2.46%）、2-呋喃（2.08%）、烟酸甲酯（1.52%）、4-乙烯基苯胺（1.30%）、1,2-二氢-1,1,6-三甲基色氨酸-萘（1.02%）等。吴彩霞等（2009）用固相微萃取法提取的河南封丘产忍冬阴干叶精油的主要成分为：邻苯二甲酸二乙酯（11.90%）、壬醛（6.57%）、2-己醛（5.85%）、(E)-4-(2,6,6-三甲基-1-环己烯-1-基)-3-丁烯-2-酮（5.11%）、(E)-6,10-二甲基-5,9-十一二烯-2-酮（4.44%）、5-戊基-间苯二酚（3.84%）、癸醛（3.49%）、α-金合欢烯（2.65%）、6-甲基-5-庚烯-2-酮（2.29%）、十四烷（2.00%）、十五烷（1.89%）、6,10,14-三甲基-2-十五烷酮（1.58%）、邻苯二甲酸二异丁酯（1.42%）、丁香醛（1.41%）、2,6,10,14-四甲基-十六烷（1.16%）、14-甲基-十五烷酸甲酯（1.09%）等。

花： 宋兴良等（2010）用水蒸气蒸馏法提取的安徽产忍

干燥花蕾精油的主要成分为：棕榈酸（22.54%）、二十九烷1.97%）、3-甲氧基-1,2-丙二醇（7.73%）、11,14,17-二十碳三酸甲酯（6.21%）、十六烷酸甲酯（5.45%）、(Z,Z)-9,12-十八二烯酸甲酯（3.96%）、亚麻醇（3.55%）、柏木醇（2.94%）、2-甲基-十四酸甲酯（2.70%）、二十一烷（2.09%）、十八（1.68%）、十七烷（1.47%）、6～10,14-三甲基-2-十五烷（1.08%）等。杜洪飞等（2009）用同法分析的重庆产忍冬鲜花蕾精油的主要成分为：环戊甲基环己烷（18.35%）、n-六酸（12.56%）、顺式-氧化芳樟醇（9.98%）、环己基甲基苯.77%）、环己醇（8.06%）、2,2,6-三甲基-6-乙烯基-四氢-2H-喃-2-醇（6.61%）、环己基异丁基草酸酯（3.45%）、十五（1.99%）、3,4-二甲基-1,1-二氯-吉玛环戊-3-烯（1.73%）、基环己烷（1.69%）、环己酮（1.58%）、邻苯二甲酸二甲酯.48%）、1-溴-三十烷（1.41%）、十八酸（1.38%）、二(2-甲丙基)-1,2-苯二羧酸酯（1.27%）、乙苯（1.11%）、3,7-二甲-1,6-辛二烯-3-醇（1.08%）、(1-甲基丁基)-环己烷（1.08%）、十一烷（1.00%）等。管仁伟等（2014）用同法分析的山东平产‘九丰一号’忍冬新鲜花蕾精油的主要成分为：正二十九（17.38%）、抗坏血酸二棕榈酸酯（9.49%）、木蜡酸甲酯.44 %）、正三十四烷（5.36%）、芳樟醇（5.21%）、山嵛酸甲（5.00%）、正四十四烷（4.39%）、十九烷-2,4-二酮（4.32%）、三十六烷（4.28%）、香叶基香叶醇（4.27%）、亚麻酸乙酯.55%）、β-荜澄茄油烯（2.63%）、金合欢醇（2.60%）、(R)-(-)-4-甲基-8-十六炔-1-醇（2.47%）、正四十烷（2.21%）、叶绿醇.42%）、α-荜澄茄醇（1.11%）、d-杜松烯（1.05%）等。杜成等（2014）用同法分析的广西产忍冬干燥花蕾精油的主要成分为：软脂酸（29.79%）、ζ-依兰油烯（5.33%）、亚麻酸甲酯.51%）、十八烷-9,12-二烯酸（3.54%）、α-法呢烯（3.35%）、Z,E)-α-金合欢烯（3.27%）、异植物醇（3.18%）、橙花叔醇.15%）、β-桉叶醇（3.15%）、亚油酸（2.92%）、[1 S-(1a,4a a)]-1,2,3,4,5,6,7,8-八氢化-1,4-二甲基-7-(1-甲基乙烯基)薁.75%）、卡达烯（2.50%）、8,11-十八碳二烯酸甲酯（2.31%）、-倍半水芹烯（2.27%）、14-甲基十五烷酸甲酯（2.02%）、硬酸（1.51%）、薑萜（1.13%）等。徐小娜等（2016）用同分析的湖南隆回产忍冬干燥花蕾精油的主要成分为：环己（49.93%）、棕榈酸（11.10%）、反-α,α-5-三甲基-5-乙烯基氢化-2-呋喃甲醇（6.32%）、β-芳樟醇（5.63%）、2,6-二甲-3,7-辛二烯-2,6-二醇（5.39%）、环氧芳樟醇（4.67%）、六氢呢基丙酮（1.97%）、2-乙烯基四氢-2,6,6-三甲基-2H-吡喃1.49%）、十六烷酸甲酯（1.42%）、优香芹酮（1.38%）、十四烷（1.33%）等。

解民等（2015）用同时蒸馏萃取法提取的山东沂蒙山产冬干燥花蕾精油的主要成分为：芳樟醇（8.25%）、β-大酮（5.20%）、橙花醇（4.82%）、β-紫罗兰酮（4.64%）、新二烯（4.45%）、香叶醇（4.13%）、棕榈酸（3.34%）、苯甲（2.81%）、油酸（2.75%）、糠醇（2.71%）、植醇（2.62%）、-蒎烯（2.26%）、松樟脑（2.03%）、金合欢醇（2.03%）、苯醛（1.89%）、吲哚（1.79%）、对苯酚（1.62%）、苯甲醇1.45%）、苯酚（1.42%）、樟烯（1.40%）、α-库毕烯（1.35%）、甲醛（1.18%）、丁香醛（1.13%）、康酸（1.01%）等。张静等（2016）用顶空固相微萃取法提取的山东平邑产‘北花1号’忍冬干燥花蕾挥发油的主要成分为：十六烷（4.50%）、苯乙醇（4.30%）、1-辛醇（3.90%）、苯甲醇（3.20%）、十五烷（3.10%）、2,6,10,14-四甲基十五烷（3.10%）、2,6,10-三甲基十五烷（1.90%）、糠醇（1.80%）、烟酸甲酯（1.50%）、苯甲酸卞酯（1.50%）、十七烷（1.40%）、十四烷（1.10%）等；‘大毛花’的主要成分为：苯乙醇（9.30%）、反式-3,5-辛二烯酮（4.30%）、烟酸甲酯（4.20%）、4-氢吡喃酮-2,3-二氢-3,5-二羟基-6-甲基（4.00%）、十六烷（3.40%）、苯酚（2.90%）、十五烷（2.80%）、邻苯二甲酸异丁基辛基酯（2.50%）、棕榈酸乙酯（2.40%）、雪松醇（2.30%）、邻苯二甲酸异丁酯（2.20%）、环辛烷（1.80%）、1-辛醇（1.70%）、月桂酸乙酯（1.60%）、二氢猕猴桃内酯（1.60%）、苯甲醇（1.50%）、反式-2,4-庚二烯醛（1.50%）、十四烷（1.50%）、肉豆蔻酸乙酯（1.40%）、苯甲醛（1.30%）、2,6,10-三甲基十五烷（1.00%）、(E)-1,2,3-三甲基-4-丙烯基-萘（1.00%）等。杨俊杰等（2015）用水蒸气蒸馏法提取的河南信阳产野生忍冬阴干花精油的主要成分为：(Z,E)-3,7,11-三甲基-2,6,10-十二碳三烯-1-醇（42.51%）、[S-(E,E)]-1-甲基-5-亚甲基-8-(1-甲基乙基)-1,6-环癸二烯（8.38%）、芳樟醇（6.55%）、2,15-十六烷二酮（3.11%）、吲哚（2.97%）、3,7,11-三甲基-1,6,10-十二碳三烯-3-醇（2.55%）、3,7-二甲基-1,6-辛二烯-3-醇（2.31%）、苯甲醇（2.08%）、τ-依兰油醇（2.07%）、(Z)-3-甲基-2-(2-戊烯)-2-环戊烯-1-酮（1.89%）、苯乙醛（1.68%）、(E,E)-3,7,11-三甲基-2,6,10-十二碳三烯醛（1.65%）、（1 S-顺)-1，2,3,5,6,8a-六氢-4,7-二甲基-1-(1-甲基乙基)-萘（1.20%）、(E,E,E)-3,7,11,16-四甲基-十六-2,6,10,14-四甲基-1-醇（1.08%）等。

果实：杨俊杰等（2015）用水蒸气蒸馏法提取的河南信阳产野生忍冬阴干果实精油的主要成分为：2,7-二甲基-十一烷（26.18%）、芳樟醇（6.03%）、3-(1-乙氧基乙氧基)-2-甲基-丁酸乙酯（5.07%）、(2-甲氧基乙氧基)-乙烯（4.75%）、3,7-二甲基-1,6-辛二烯-3-醇（4.60%）、柏木醇（2.90%）、1-(2-氯苯基)-乙酮（2.72%）、(S)-α,α,4-三甲基-3-环己烯-1-甲醇（1.82%）、十三烷（1.61%）、[1aR-(1aα,4aα,7α,7aβ,7 bα)]-十氢-1,1,7-三甲基-4-亚甲基-1 H-环丙[e]薁（1.58%）、2,4-二甲基-十一烷（1.56%）、1,4-二氢-1,4-亚甲基萘（1.50%）等。毕淑峰等（2015）用同法分析的安徽黄山产忍冬新鲜成熟果实精油的主要成分为：棕榈酸（15.59%）、反式-2-己烯-1-醇（8.23%）、亚油酸（7.26%）、芳樟醇（5.73%）、反式-橙花叔醇（5.18%）、叶醇（3.18%）、2-己烯醛（2.63%）、1-石竹烯（2.29%）、β-大马烯酮（1.87%）、法呢醇（1.83%）、2,6-二叔丁基对甲酚（1.58%）、α-松油醇（1.54%）、香叶醇（1.53%）、表圆线藻烯（1.35%）、正己醛（1.31%）、反式-2,4-癸二烯醛（1.27%）、苯甲醇（1.24%）、糖醛（1.18%）、植物醇（1.17%）、葎草烯（1.06%）等。

【**利用**】适合于做地被栽培；还可以做绿化矮墙；亦可制作花廊、花架、花栏、花柱以及缠绕假山石等。花为常用中药，有清热解毒、抗炎、补虚疗风的功效，主治胀满下疾、温病发热、热毒痈疡和肿瘤等症；对于头昏头晕、口干作渴、多汗烦闷、肠炎、菌痢、麻疹、肺炎、乙脑、流脑、急性乳腺炎、败血症、阑尾炎、皮肤感染、痈疽疔疮、丹毒、腮腺炎、化脓性扁桃体炎等病症均有一定疗效。叶、藤对小孩湿疹等皮肤瘙痒有一定治疗作用，对畜禽的多种病菌、病毒有抑制作用。花可泡茶饮用。花蕾精油可用于治疗各种感染；还是卷烟、食品、医药以及高级化妆品等行业的上等香精香料。嫩茎叶可作蔬菜食用。

细毡毛忍冬

Lonicera similis Hemsl.

忍冬科　忍冬属

别名： 细苞忍冬、金银花

分布： 陕西、甘肃、浙江、福建、湖北、湖南、广西、四川、贵州、云南

【形态特征】落叶藤本；幼枝、叶柄和总花梗均被淡黄褐色长糙毛和短柔毛，并疏生腺毛，或全然无毛。叶纸质，卵形、卵状矩圆形至卵状披针形或披针形，长3～13.5 cm，顶端急尖至渐尖，基部圆或截形至微心形，两侧稍不等，叶背被灰白色或灰黄色细毡毛。双花单生于叶腋或少数集生枝端成总状花序；苞片三角状披针形至条状披针形；小苞片极小，卵形至圆形；萼筒椭圆形至长圆形，萼齿近三角形；花冠先白色后变淡黄色，长4～6 cm，唇形，筒细，上唇裂片矩圆形或卵状矩圆形，下唇条形。果实蓝黑色，卵圆形，长7～9 mm；种子褐色，稍扁，卵圆形或矩圆形，长约5 mm，有浅的横沟纹，两面中部各有1棱。花期5～7月，果熟期9～10月。

【生长习性】生于山谷溪旁或向阳山坡灌丛或林中，海拔550～2200 m。

【精油含量】水蒸气蒸馏干燥花蕾的得油率为0.01%～2.52%。

【芳香成分】刘家欣等（1999）用水蒸气蒸馏法提取的湖南吉首产细毡毛忍冬阴干花蕾精油主要成分为：芳樟醇（19.82%）、环氧芳樟醇（5.76%）、α-松油醇（5.51%）、顺-3-己烯醇（5.25%）、顺式-3-己烯酯惕各酸（4.42%）、香叶醇（4.07%）、金合欢醇（3.37%）、对甲酰基苯甲酸甲酯（3.18%）、顺-茉莉酮（2.49%）、顺-氧化芳樟醇（2.14%）、2-甲基丁烯酸（1.84%）、E,E-α-金合欢烯（1.80%）、反-氧化芳樟醇（1.77%）、大牻牛儿烯D（1.62%）、苯乙醛（1.61%）、橙花醇（1.49%）、δ-杜松烯（1.42%）、苯甲醛（1.38%）、橙花叔醇（1.12%）、2-甲基-2-丁烯酸（1.10%）、苯甲醇（1.06%）等。

【利用】花蕾作金银花入药，有清热解毒、截疟的功效。全株药用，有镇惊、祛风、败毒的功效，用于小儿急惊风、疮毒。叶药用，用于蛔虫病、寒热腹胀。

峨眉忍冬

Lonicera similis Hemsl. var. *omeiensis* Hsu et H. J. Wan

忍冬科　忍冬属

别名： 毛银花

分布： 四川、重庆

【形态特征】细毡毛忍冬变种。与原变种的区别是：叶背除密被由短柔毛组成的细毡毛外，还夹杂长柔毛和腺毛。花冠较短，长1.5～3 cm，唇瓣与筒几乎等长。

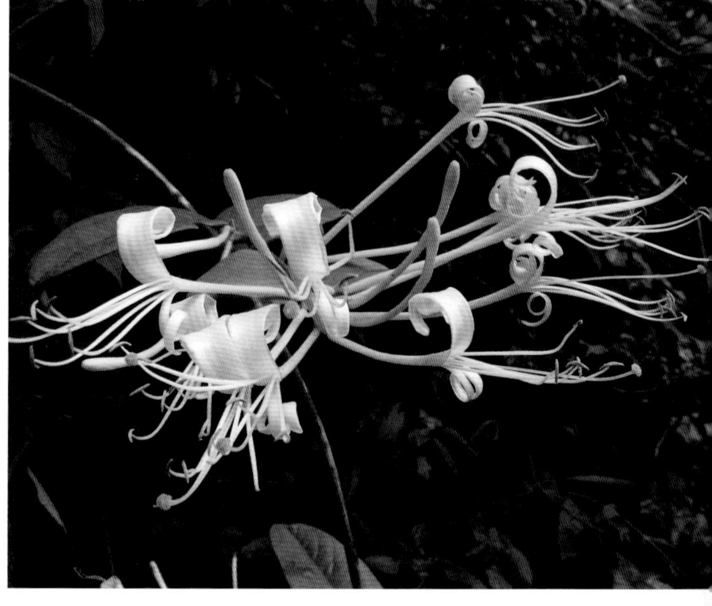

【生长习性】生于山沟或山坡灌丛中，海拔400～1700 m。

【精油含量】水蒸气蒸馏干燥花蕾的得油率为0.08%。

【芳香成分】苟占平等（2007）用水蒸气蒸馏法提取的四川旺苍产野生峨眉忍冬干燥成熟花蕾精油的主要成分为：棕榈酸（28.71%）、二十烷（10.61%）、二十二烷（10.15%）、十八烷（9.29%）、二十五烷（7.55%）、二十一烷（7.49%）、9,12,15-十八碳三烯酸甲酯（6.95%）、三十烷（3.99%）、10,13-十八碳

二烯酸甲酯（3.08%）、十九烷（2.79%）、14-β-H-孕烷（1.61%）等。

【利用】花在四川旺苍、江油等地作“金银花”收购入药。

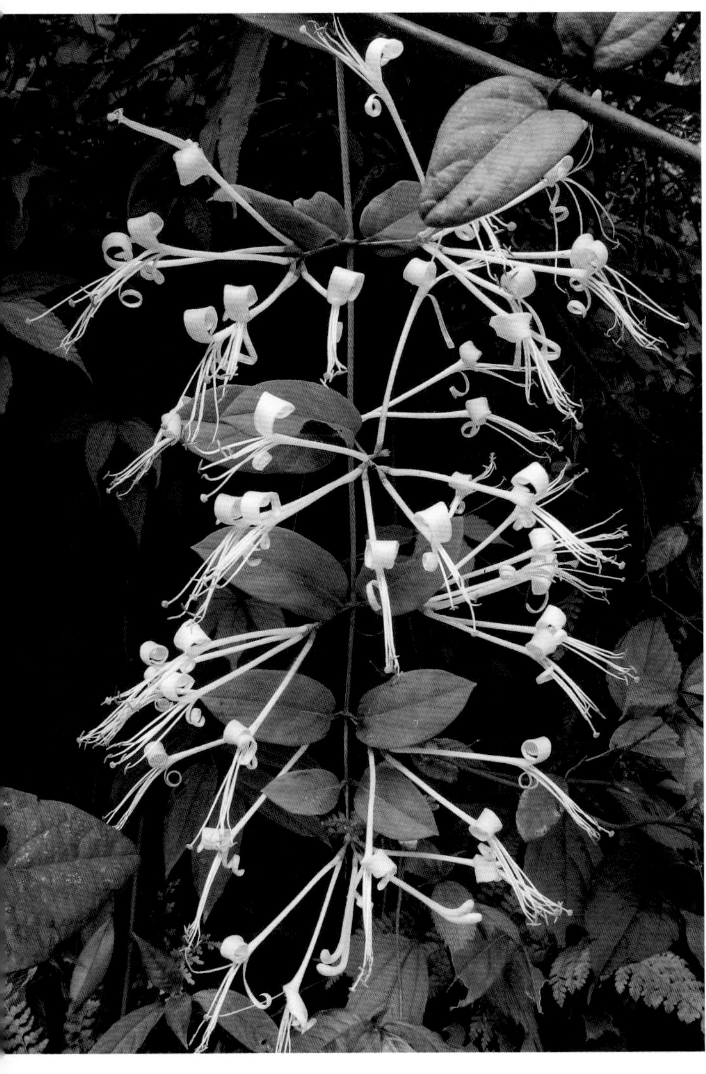

海南风吹楠

Horsfieldia hainanensis Merr.

肉豆蔻科　风吹楠属

别名：海南荷斯菲木、咪桉、水枇杷、海南霍而飞、假玉果、血树

分布：广东、海南、广西

【形态特征】乔木，高9～15 m，胸径20～30 cm；小枝密被锈色星状毛。叶坚纸质至近革质，长圆状卵圆形至长圆状宽披针形，长12～30 cm，宽5～12 cm，先端短渐尖，基部楔形或宽楔形，干时褐色，通常密布泡状突起的小粒。雄花序腋生，总状花序式圆锥花序，长1.5～7 cm；苞片卵状披针形；小花密集，几乎成团，圆球形；雄蕊聚合成球形，花药20枚；雌花序着生老枝落叶腋部；花蕾圆球形；花被裂片3～5，厚革质，广卵形。果通常单生，黄色，椭圆形，长约4.5 cm，直径2.5～3 cm；果柄长约1.5 cm，冠以宿存、不规则的花被片；果皮厚约4 mm，肉质；假种皮肉质，红色。花期5～8月，果期7～11月。

【生长习性】生于海拔400～450 m的山谷、丘陵阴湿的密林中。

【精油含量】水蒸气蒸馏新鲜叶的得油率为0.11%，树皮的得油率为0.14%；乙醇萃取枝叶的得油率为0.13%。

【芳香成分】树皮：党金玲等（2009）用水蒸气蒸馏法提取的海南琼中产海南风吹楠树皮精油的主要成分为：胡椒烯（25.55%）、1,2,3,5,6,8a-六氢-4,7-二甲基-1-(1-甲乙基)-萘（11.14%）、己二酸-二(2-乙基己基)-酯（8.09%）、油酸（7.04%）、2,3,4,7,8,8a-六氢-3,6,8,8-四甲基-1 H-3a,7-甲醇甘菊环（3.83%）、亚油酸（3.71%）、n-棕榈酸（3.70%）、硬脂酸（3.49%）、2,4a,5,6,9a-六氢-3,5,5,9-四甲基（1 H)-苯基环庚烯（3.40%）、α-石竹烯（3.04%）、4(14)，11-二烯-桉叶烷（2.68%）、1,2,3,4,4a,5,6,8a-八氢-7-甲基-4-亚甲基-1-(1-甲乙基)-萘（2.33%）、4,11,11-三甲基-8-亚甲基-双环[7.2.0]十一（碳）烷-4-烯（2.22%）、1,2,3,5,6,8a-六氢-4,7-二甲基-1-(1-甲乙基)-萘（1.51%）、表蓝桉醇（1.42%）、α-杜松醇（1.36%）、邻苯二甲酸二乙酯（1.27%）、α-荜澄茄油烯（1.21%）、十氢-4,8,8-三甲基-9-亚甲基-1,4-甲醇甘菊环（1.17%）、1,2,3,4-四氢-1,6-二甲基-4-(1-甲乙基)-萘（1.04%）、3-蒈烯（1.03%）、1,2,3,4,4a,7-六氢-1,6-二甲基-4-(1-甲乙基)-萘（1.00%）等。

叶：党金玲等（2009）用水蒸气蒸馏法提取的海南琼中产海南风吹楠新鲜叶精油的主要成分为：3,7,11-三甲基-1,6,10-十二碳三烯-3-醇（46.03%）、(-)-蓝桉醇（8.39%）、己二酸

二辛酯（7.03%）、喇叭茶醇（7.00%）、1,3,5-三甲基金刚烷（6.03%）、胡椒烯（5.86%）、1,2,3,5,6,8a-六氢-4,7-二甲基-1-(1-甲乙基)-萘（5.58%）、6-(3-异丙烯基环丙烷-1-烯基)-6-甲庚-3-烯-2-酮（3.90%）、2-(1,1-二甲基乙基)-5-甲基-苯酚（3.65%）、罗汉柏烯（3.33%）、α-杜松醇（3.20%）等。

【利用】海南黎族人常用树皮或树叶泡酒，作为妇女产后补血、活血的滋补药。叶、树皮可以治疗小儿疳积。

长形肉豆蔻

Myristica argentea Warb.

肉豆蔻科　肉豆蔻属

分布：海南、台湾、广东、云南有栽培

【形态特征】常绿乔木，有时树干基部有少量气根。叶坚纸质，背面通常带白色或被锈色毛。花序腋生或从落叶腋生出；花在总花梗或其分枝顶端成假伞形或总状排列；小苞片发达，包围在花被基部而很少脱落，花壶形或钟形，罕为管状，花被2～3裂，雄蕊柱状，花药7～30枚；柱头合生成2浅裂的沟槽。果皮肥厚，肉质状脆壳质，通常被毛；假种皮撕裂至基部或成条裂状、胚乳嚼烂状。种子长椭圆形，长3～4 cm，直径1.6～2.5 cm，表面灰褐色，全体有浅色纵沟纹及不规则网纹，原种脐部位于宽端，呈浅色圆形突起，合点部位略呈凹陷，种脊部位呈纵沟状连接两端，质坚硬，气香浓烈，味辛。

【生长习性】喜热带和亚热带气候，适宜生长的温度为25～30 ℃。

【芳香成分】王远志等（2008）用水蒸气蒸馏法提取的干燥成熟长形肉豆蔻种仁精油的主要成分为：β-水芹烯（30.66%）、1-甲基-5-异丙烯基-环己烯（15.77%）、黄樟醚（11.93%）、4-甲基-1-(1-甲基乙基)-环己烯-1-醇（7.41%）、1,4-环己二烯（4.00%）、α-蒎烯（3.03%）、1-甲基-3-(1-甲乙基)苯（2.69%）、4-蒈烯（2.55%）、2-甲基-异丙基-双环[3.1.0]己-2-烯（2.26%）、β-香叶烯（2.02%）、β-蒎烯（2.00%）等。

【利用】种仁药用，具有温中行气、涩肠止泻的功效，用于治疗脾胃虚寒、久泻不止、脘腹胀痛、食少呕吐等症，临床主要用于治疗消化道紊乱、呕吐、腹泻、风湿病、霍乱、胃胀气、心慌和精神错乱等疾病。也可作食用香料。

肉豆蔻

Myristica fragrans Houtt.

肉豆蔻科　肉豆蔻属

别名：肉蔻、肉果、豆蔻、玉果、顶头肉

分布：海南、台湾、广东、云南有栽培

【形态特征】小乔木；幼枝细长。叶近革质，椭圆形或椭圆状披针形，先端短渐尖，基部宽楔形或近圆形。雄花序长1～3 cm，着花3～20，稀1～2，小花长4～5 mm；花被裂片3～4，三角状卵形，外面密被灰褐色绒毛；花药9～12枚，线形，长约雄蕊柱的一半；雌花序较雄花序为长；总梗粗壮，着花1～2朵；花长6 mm，直径约4 mm；花被裂片3，外面密被微绒毛；花梗长于雌花；小苞片着生在花被基部，脱落后残存通常为环形的疤痕；子房椭圆形，外面密被锈色绒毛，花柱极短，柱头先端2裂。果通常单生，具短柄，有时具残存的花被片；假种皮红色，至基部撕裂；种子卵珠形；子叶短，蜷曲，基部连合。

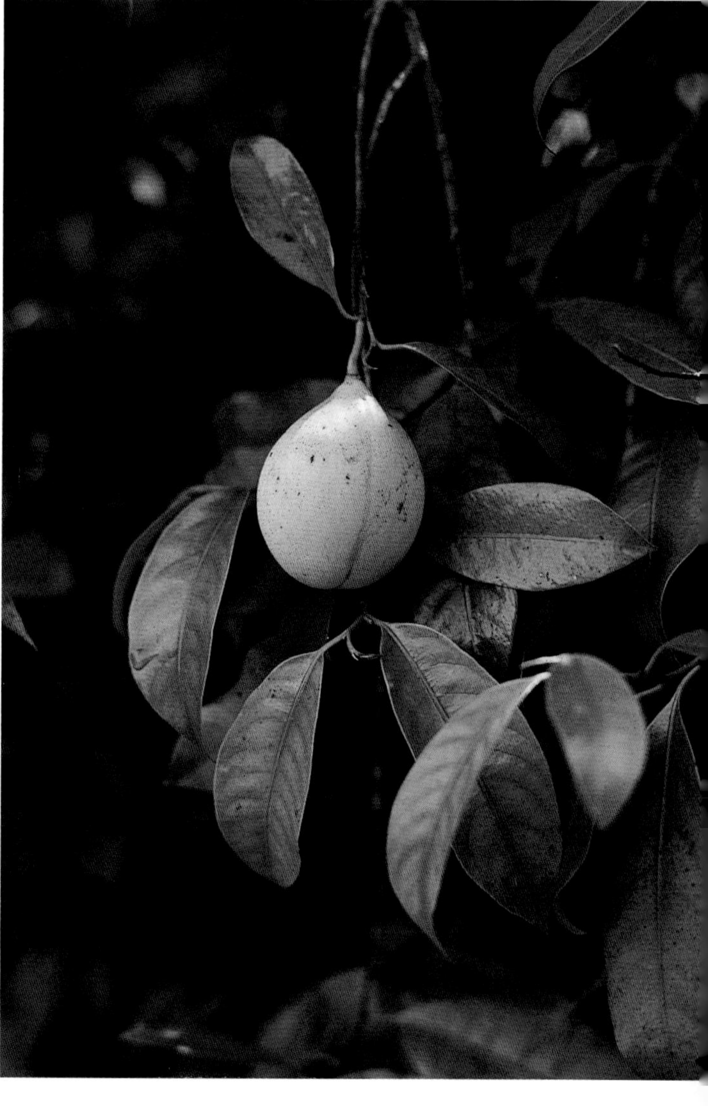

【生长习性】喜热带和亚热带气候，适宜生长的温度为25～30 ℃，抗寒性弱，在6 ℃时即受寒害。年降雨量应为1700～2300 mm，忌积水。幼龄树喜阴，成龄树喜光。以土层深厚、松软、肥沃和排水良好的壤土栽培为宜。

【精油含量】水蒸气蒸馏叶的得油率为0.41%～1.40%，种仁的得油率为1.36%～12.59%，假种皮的得油率为

.00%～14.10%，种子的得油率为3.61%～6.33%；超临界萃取种仁的得油率为10.10%～11.70%；微波萃取的种仁的得油率为.23%。

【芳香成分】叶：赵祥升等（2012）用水蒸气蒸馏法提取的海南兴隆11月采收的肉豆蔻新鲜叶精油的主要成分为：β-蒎烯（19.64%）、4-萜品醇（13.58%）、α-蒎烯（12.47%）、柠檬烯（8.61%）、γ-松油烯（7.50%）、异松油烯（5.20%）、2-蒈烯（4.75%）、3-蒈烯（3.52%）、α-松油醇（3.19%）、α-水芹烯（2.30%）、Z-罗勒烯（2.26%）、肉豆蔻醚（1.65%）、α-荜澄茄油烯（1.37%）、3-崖柏烯（1.25%）、异丁香酚（1.04%）等。

花：朱亮锋等（1993）用水蒸气蒸馏法提取的干燥花精油的主要成分为：α-蒎烯（27.63%）、桧烯（26.84%）、β-蒎烯（15.52%）、肉豆蔻醚（7.39%）、α-水芹烯（4.45%）、松油醇-4(3.30%）、γ-松油烯（2.72%）、β-月桂烯（2.05%）、α-松油烯（1.95%）、黄樟油素（1.54%）、蒈烯-2(1.33%）、α-侧柏烯（1.16%）、蒈烯-3(1.01%）等。

种子：李荣等（2011）用水蒸气蒸馏法提取的云南产肉豆蔻种仁精油的主要成分为：肉豆蔻醚（27.25%）、4-萜品醇（14.67%）、γ-松油烯（6.81%）、β-蒎烯（6.07%）、黄樟素（5.31%）、α-蒎烯（4.24%）、甲基丁香酚（4.19%）、榄香素（3.00%）、对伞花烃（2.88%）、α-松油烯（2.83%）、柠檬烯（2.61%）、β-水芹烯（2.38%）、肉豆蔻酸（2.23%）、α-松油醇（1.71%）、α-荜澄茄油烯（1.69%）、δ-萜品油烯（1.67%）、α-崖柏烯（1.45%）等。张根荣等（2016）用同法分析的广西产肉豆蔻干燥种仁精油的主要成分为：4-亚甲基-1-(1-甲基乙基)-环己烯（15.72%）、4-萜烯醇（11.19%）、甲基丁香酚（10.91%）、肉豆蔻醚（9.97%）、榄香素（5.51%）、2-蒎烯（5.32%）、萜品烯（4.10%）、异丁香酚甲醚（3.82%）、黄樟素（3.05 %）、左旋-β-蒎烯（2.82%）、(+)-4-蒈烯（2.70%）、肉豆蔻酸（2.16%）、-异丙基甲苯（1.93%）、4-亚甲基-1-(1-甲基乙基)-双环[3.1.0]己烷（1.84%）、双戊烯（1.27%）、α-松油醇（1.22%）等。林宗等（2017）用同法分析的春季采收的肉豆蔻干燥种仁精油的主要成分为：皮蝇磷（39.23%）、蒎烯（13.38%）、双戊烯（9.63%）、顺式-环己醇（4.21%）、榄香素（3.92%）、(-)--萜品醇（2.98%）、双噻唑（2.80%）、萜品烯（2.69%）、3-蒈烯（2.52%）、黄樟素（1.37%）、α-水芹烯（1.05%）等。曾志等（2012）用同法分析的广东产肉豆蔻干燥成熟种子精油的主要成分为：柠檬烯（17.10%）、γ-萜品烯（15.57%）、α-萜品烯（12.88%）、α-异松油烯（12.23%）、α-蒎烯（9.72%）、肉豆蔻醚（7.52%）、4-松油醇（7.36%）、1-甲基-4-(1-甲基乙基)苯（5.21%）、黄樟素（3.15%）、α-水芹烯（2.67%）、莰烯（1.44%）、β-月桂烯（1.08%）等。李东星等（2010）用同法分析的干燥假种皮（肉豆蔻衣）精油的主要成分为：肉豆蔻醚（14.19%）、β-水芹烯（11.18%）、4-萜品醇（9.61%）、异枞油烯（8.71%）、α-蒎烯（7.97%）、黄樟醚（6.84%）、γ-萜品烯（5.99%）、α-萜品烯（4.06%）、α-侧柏烯（3.65%）、α-萜品油烯（3.35%）、β-蒎烯（3.26%）、β-香叶烯（2.75%）、3-蒈烯（2.43%）、α-萜品醇（1.81%）、α-水芹烯（1.51%）、(E)-异丁香酚（1.38%）、丁香酚（1.23%）、甲基丁香酚（1.14%）等。

【利用】种仁入药，有温中涩肠，行气消食的功效，可治虚泻冷痢、脘腹冷痛、食少呕吐、宿食不消等；外用可作寄生虫驱除剂，治疗风湿痛等。产地用假种皮捣碎加入凉菜或其他腌渍品中作为调味食用。种子含固体油，可供工业用油。种子和叶可提取精油，用于食品和化妆品香精中，也可药用。

沉香

Aquilaria agallocha Roxb.

瑞香科　沉香属

别名：蜜香树、印度沉香、奇楠沉香、越南沉香

分布：云南、广东、广西等地有栽种

【形态特征】中型常绿乔木，高20～30 m，胸径60～80 cm；树皮粗糙，深灰色或暗灰色。叶片细长，薄革质，长圆形或长圆状宽披针形，基部窄楔形；长5～10 cm，宽3～5 cm；叶尖先端渐尖，具有短尖头，尖长1～1.5 cm，部分叶片叶尖向下卷曲；边缘扇形。花序顶生或腋生，常成1～2个伞形花序；花萼筒钟形，长6～7 mm；黄绿色，两面均密被短柔毛；萼片5～6裂，三角形，长4～5 mm，先端渐尖，两面被短柔毛；花瓣10片，鳞片状，密被毛，花瓣附属体先端圆，长约1.5 mm，密被疏柔毛。种子黄褐色，卵球形，先端钝，基部具有尾状附属体，密被锈黄色绒毛；长0.5～0.8 cm，宽约4.5 mm；附属体瘦弱。

【生长习性】喜高温多雨、湿润的热带和南亚热带季风气候。

【芳香成分】枝：郑科等（2015）用同时蒸馏萃取法提取的云南西双版纳种植的沉香新鲜枝条精油的主要成分为：十六烷酸（6.65%）、二十七烷（4.37%）、二十六烷（4.16%）、二十五烷（3.86%）、二十九烷（3.67%）、二十八烷（3.58%）、二十四烷（3.05%）、三十烷（2.77%）、二十三烷（1.80%）、壬酸（1.19%）、十八碳烯酸（1.22%）、二十二烷（1.12%）、十七碳二烯（1.08%）等。

叶：郑科等（2015）用同时蒸馏萃取法提取的云南西双纳种植的沉香新鲜叶片精油的主要成分为：二十六烷（4.35%二十七烷（4.02%）、二十九烷（3.52%）、二十八烷（3.51%二十五烷（3.04%）、三十烷（2.59%）、6,10,14-三甲基-2-十烷酮（2.48%）、三十一烷（2.34%）、二十四烷（2.16%）、十烷酸甲酯（1.83%）、二十三烷（1.56%）、2-乙基己酸十酯（1.35%）、二十二烷（1.31%）、壬酸（1.27%）、苯并噻（1.23%）、二氢猕猴桃内酯（1.22%）、植醇（1.11%）、己（1.08%）、辛酸（1.00%）等。

【利用】树脂药用，具有降气温中、暖肾纳气的功能，主用于治疗喘息、呕吐呃逆、脘腹胀痛、腰膝虚冷、大肠虚秘小便气淋、男子精冷等症。

【形态特征】乔木，高5～15 m，树皮暗灰色。叶革质，圆形、椭圆形至长圆形，有时近倒卵形，长5～9 cm，宽2.8～6 cm，先端锐尖或急尖而具短尖头，基部宽楔形，叶面暗绿色或紫绿色，叶背淡绿色。花芳香，黄绿色，多朵，组成伞形花序；萼筒浅钟状，长5～6 mm，两面均密被短柔毛，5裂，裂片卵形，先端圆钝或急尖，两面被短柔毛；花瓣10，鳞片状，密被毛。蒴果卵球形，幼时绿色，长2～3 cm，直径约2 cm，顶端具短尖头，基部渐狭，密被黄色短柔毛，2瓣裂，2室，每室具有1种子，种子褐色，卵球形，长约1 cm，宽约5.5 mm，疏被柔毛，基部具有附属体，下端成柄状。花期春夏，果期夏秋。

【生长习性】喜生于低海拔的山地、丘陵以及路边阳处疏林中，海拔400～1000 m。为弱阳性树种，幼时尚耐庇荫。喜土厚、腐殖质多的温湿疏松的砖红壤或山地黄壤土。适应能力较强，海拔800～1000 m避风向阳的缓坡、丘陵，pH4.5～6.5的红壤或山地黄壤土均可栽植。分布区属高温多雨、湿润的热带和南亚热带季风气候，年平均气温19～25 ℃，1月平均气温13～20 ℃，7月平均气温约28 ℃以上，极端最低温偶可下达-1.8 ℃，年降水量1600～2400 mm，相对湿度为80～88%。

【精油含量】水蒸气蒸馏木材的得油率为0.19%～9.70%，叶的得油率为0.07%～0.08%；超临界萃取木材的得油率为0.62%～1.89%，叶的得油率为0.14%～1.30%；亚临界萃取木材的得油率为0.88%；有机溶剂萃取木材的得油率为1.70%～5.00%，果实的得油率为0.06%，种子的得油率为22.50%，新鲜果皮的得油率为2.50%，花的得油率为0.07%；纤维素酶辅助法提取木材的得油率为1.62%；乙醚超声萃取树皮的得油率为3.92%～8.16%。

土沉香

quilaria sinensis (Lour.) Spreng.

瑞香科　沉香属

别名： 白木香、沉香、蜜香、沉水香、牙香树、女儿香、栈香、海南沉香、香材、芫香、青桂香、崖香

分布： 广东、广西、海南、云南、福建、台湾

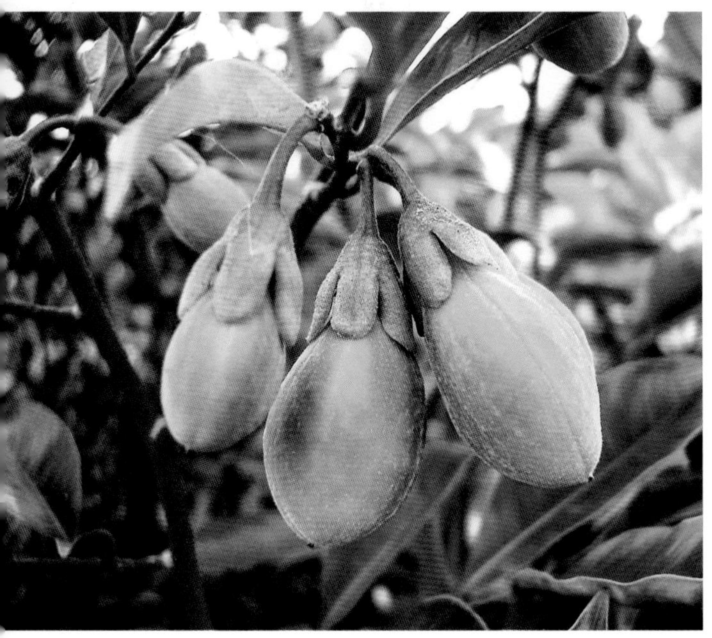

【芳香成分】茎：梅文莉等（2008）用水蒸气蒸馏法提取的海南屯昌产土沉香木材精油主要成分为：β-沉香呋喃（8.96%）、愈创木醇（7.82%）、(-)-沉香雅槛蓝醇（5.04%）、沉香螺萜醇（4.53%）、白木香呋喃酸（4.09%）、苄基丙酮（2.97%）、绿花白千层醇（2.32%）、沉香呋喃醇（2.26%）、α-白檀油烯醇（1.79%）、(S)-4α-甲基-2-(1-甲基亚乙基)-1,2,3,4,4a,5,6,7-八氢萘（1.74%）、2,3,4,4a,5,6,7,8-八氢-3β-(1-甲基乙烯基)-4aβ,5β-二甲基萘-2-酮（1.60%）、棕

榈酸（1.60%）、(1 R,2 R,6 S,9 R)-6,10,10-三甲基-11-氧杂三环[7.2.1.0$^{1\ 6}$]十二烷-2-醇（1.47%）、二氢卡拉酮（1.46%）、白木香醛（1.17%）、二氢-β -沉香呋喃（1.07%）等。谷田等（2012）用同法分析的海南尖峰岭产土沉香干燥木材的精油主要成分为：白木香醛（36.31%）、α-愈创木烯（14.12%）、雅槛蓝-7(11)，9-二烯-8-酮（4.66%）、二十四（碳）烷（3.83%）、白檀油烯醇（3.80%）、α-沉香呋喃（3.18%）、肉豆蔻酸（2.75%）、α-古芸烯（2.17%）、顺式-9-十六碳烯酸（2.14%）、α-蛇麻烯（2.02%）、苍术醇（2.01%）、沉香螺萜醇（1.73%）、愈创木-1(10)，11-二烯-9-酮（1.60%）、十五烷醛（1.52%）、(1 S)-1,2,3,4,4a,5,6,8aα-八氢-4β,7-二甲基-1-异丙基萘-4aβ-酚（1.15%）、二十五（碳）烷（1.14%）等。赵艳艳等（2013）用同法分析的通体造香技术形成的广东产土沉香木材精油的主要成分为：2-异丙基-5-甲基-9-亚甲基-双环[4.4.0]-十一-烯（12.05%）、β-瑟林烯（6.30%）、α-檀香醇（4.78%）、苄基丙酮（2.77%）、新异长叶烯（2.37%）、沉香螺旋醇（2.34%）、8-差向-γ-桉叶油醇（2.32%）、3,5,6,7,8,8a-六氢化-4,8a-二甲基-6-(1-甲基乙烯基)-2(1 H)萘酮（1.48%）、α-榄香醇（1.40%）、4,6,6-三甲基-2-(3-甲基丁-1,3-二烯)-3-[5.1.0.0^{2,4}]乙二酸环辛烷（1.33%）、β-愈创木烯（1.18%）、γ-桉叶油醇（1.16%）、去氢-蜂斗菜酮（1.15%）、β-榄香烯异构体（1.11%）、圆柚酮（1.03%）等。王健松等（2017）用超临界CO_2萃取法提取的广东产土沉香干燥木材精油的主要成分为：γ-谷甾酮（14.78%）、2-(2-苯乙基)色酮（8.20%）、γ-谷甾醇（7.77%）、6-甲氧基-2-苯乙基色酮（异构体1）(6.78%)、6,7-二甲氧基-2-苯乙基色酮（6.11%）、邻苯二甲酸二-(2-乙基己基)酯（2.18%）、5,8-二羟基-4a-甲基-4,4a,4 b,5,6,7,8,8a,9,10-十氢-2(3 H)-菲酮（1.86%）、3,4,4a,5,6,7-六氢-4a,5-二甲基-3-(1-甲基乙烯基)-3 S-[(3α,4aα,5α)]-1(2 H)-萘酮（1.73%）、(4aR,5 S)-1-羟基-4a,5-二甲基-3-(丙-2-亚甲基)-4,4a,5,6-四氢萘-2(3 H)-酮（1.72%）等。

杨锦玲等（2016）用乙醚超声萃取法提取的海南文昌产约40年树龄的野生土沉香树皮结香精油（皮油）的主要成分为：白木香醛（26.14%）、甜橙-1(10)，8-二烯-11-醇（10.15%）、异白木香醇（4.60%）、枯树醇（3.87%）、6,7-二甲氧基-2-(2-苯乙基)色酮（3.47%）、艾里莫芬-9,11(13)-二烯-12-醇（2.93%）、5,8-二羟基-2-(2-苯乙基)色酮（2.79%）、(S)-4a-甲基-2-(1-甲基乙基)-3,4,4a,5,6,7-六氢化萘（2.58%）、沉香呋喃醇（2.52%）、6,7-二甲氧基-2-[2-(4-甲氧基苯乙基)]色酮（2.36%）、沉香雅槛蓝醇（2.09%）、11-羟基-甜橙-1(10)-烯-2-酮（2.03%）、7-H-9(10)-烯-11,12-环氧-8-氧化艾里莫芬烷（1.95%）、2-(2-苯乙基)色酮（1.93%）、(4αβ,7β,8αβ)-3,4,4α,5,6,7,8,8α-八氢-7-[1-(羟甲基)乙基]-4α-甲基萘-1-糠醛（1.90%）、6-甲氧基-2-[2-(4-甲氧基苯乙基)]色酮（1.47%）、表橐吾醚（1.39%）、2-[2-(4-甲氧基苯)乙基]色酮（1.36%）、沉香螺旋醇（1.33%）等；海南琼海产约40年树龄的野生土沉香树皮结香精油（皮油）的主要成分为：2-(2-苯乙基)色酮（50.87%）、2-[2-(4-甲氧基苯)乙基]色酮（8.81%）、6-羟基-2-(2-苯乙基)色酮（6.48%）、1,5-二苯基-1-戊烯-3-酮（6.11%）、6,7-二甲氧基-2-(2-苯乙基)色酮（5.20%）、苄基丙酮（3.24%）、1,5-二苯基-3-戊酮（1.98%）、6-甲氧基-2-[2-(4-甲氧基苯乙基)]色酮（1.61%）等。

叶：张伟等（2011）用水蒸气蒸馏法提取的海南海口产土沉香新鲜叶精油的主要成分为：二十二烷（5.84%）、9-二十烯（4.17%）、N'-羟基-4-(三氟甲基)吡啶-3-甲酰胺（3.95%、二十八烷（3.76%）、二十四烷（3.50%）、1-碘十六烷（2.82%、4,6-二甲基十二烷（2.76%）、1-溴二十二烷（2.58%）、7,9二甲基十六烷（1.87%）、三十烷（1.78%）、1-二十六烷（1.65%）、1-二十六烯（1.46%）、十七烷（1.41%）、N-[4-溴-丁酯]-2-哌啶酮（1.36%）、木栓酮（1.28%）、顺式-14-二十烯（1.02%）等。王加深等（2014）用同法分析的广东化州土沉香干燥叶精油的主要成分为：十二烷醇（8.14 %）、十烷酸（7.89%）、十一烷酸（7.82%）、十四碳酸甲酯（7.69%、十四烷酸（6.99%）、十二烷酸（6.02%）、十三烷酸（5.82%、十三烷醇（5.78 %）、十六烷酸（5.78%）、顺式-9-十八碳酸甲酯（3.45%）、反式-9-十八碳烯酸（3.12%）、油酸酰（2.51%）、4,8,12,16-四甲基十七碳烷酸内酯（2.15%）、叶绿（2.11%）、木醛酮（1.49%）、邻苯二甲酸二异丁酯（1.46 %、异叶绿醇（1.25%）、棕榈酰胺（1.25%）、二十七烷（1.18%、壬酸（1.05%）等。黄惠芳等（2016）用同法分析的广西灵产土沉香干燥叶精油的主要成分为：肉豆蔻醚（35.13%）、酮（15.14%）、棕榈酸（11.92%）、植物醇（6.76%）、石竹（2.57%）、十六酸乙酯（1.91%）、α-姜黄烯（1.79%）、法呢基酮（1.65%）、棕榈酸甲酯（1.51%）、香橙烯（1.44%）、2-乙氧基-1-[(乙酰氧基)甲基]-(顺)-9-十八碳烯酸乙酯（1.18%）、倍半水芹烯（1.12%）、亚麻酰氯（1.05%）等。

花：梅文莉等（2009）用溶剂萃取法提取的海南海口产沉香花精油的主要成分为：硬脂酸（13.43%）、油酸（13.23%、十八醛（12.04%）、二十八烷（11.28%）、二十一烷（10.91%、4',7-二甲氧基-洋芹素（9.76%）、二十七烷醇（4.39%）、三十（3.15%）、β-谷甾醇（2.84%）、17-三十五碳烯（2.44%）、十烷（1.19%）、邻苯二甲酸单-2-乙基己酯（1.08%）等。

果实：梅文莉等（2009）用溶剂萃取法提取的海南海产土沉香果实精油的主要成分为：十八醛（35.92%）、硬脂（16.77%）、油酸（15.28%）、4',7-二甲氧基-洋芹素（7.40%、9-十六碳烯酸（3.87%）、三十烷（3.41%）、肉豆蔻酸（2.46%、邻苯二甲酸二异辛酯（1.70%）、二十八烷（1.32%）等。徐维等（2010）用三氯甲烷萃取法提取的广东恩平产土沉香新鲜皮精油的主要成分为：8-甲氧基-2-(2-苯乙基)色酮（6.85%、2-(2-苯乙基)色酮（4.91%）、白木香醛（2.35%）、邻苯二甲丁酯（2.21%）、木香烯内酯（1.70%）、1-碳酸-8-十七碳烯.35%）等。

种子：刘俊等（2008）用石油醚浸提法提取的海南文昌产沉香干燥种子精油的主要成分为：棕榈酸（23.61%）、壬二酸双-1-甲基丙酯（13.76%）、9-氧代壬酸丁酯（13.02%）、9-氧代-壬酸乙酯（4.41%）、亚油酸乙酯（3.65%）、油酸（3.58%）、亚油酸丁酯（3.07%）、2,4-二叔丁基苯酚（2.06%）、硬脂酸.86%）、9-氧代-壬酸丁酯（1.81%）、肉豆蔻酸（1.78%）、油酸乙酯（1.60%）、壬二酸单甲酯（1.08%）等。

【利用】树脂及花均可供制香料，花浸膏具有行气止痛、温中止呕、纳气平喘的功效，主要用于治胸腹疼痛、胃寒呕逆、肾虚气逆喘急。木质部可提取精油，用于胸腹疼痛、胃寒呕逆、肾虚气逆喘急。树脂是传统名贵药材，有镇静、止痛、收敛、祛风的功效。是上等的雕刻材料。树皮可作高级纸及人造棉原料。可作庭园观赏树木。

阿尔泰假狼毒

Stelleropsis altaica (Thieb.) Pobed.

瑞香科　假狼毒属

别名：假狼毒

分布：新疆

【形态特征】多年生直立草本，高20～50 cm；茎单一，直立，不分枝，具较多的叶痕迹。叶密，散生，草质，椭圆形，长20～25 mm，宽5～10 mm，先端钝形或急尖，基部楔形，稀椭圆形，边缘全缘，两面绿色。花带红色，芳香，穗状花序初较短，后伸长，长3～7 cm；花萼筒细圆筒状，长8～10 mm，裂片4，宽披针形，长5～6 mm，宽2.5～3 mm，先端渐尖；雄蕊8,2轮，均着生花萼筒的中部以上，两轮间相距1～5 mm，花丝短，花药长，长圆形，顶端和基部均凹陷；花盘偏斜，全缘，包围子房柄；子房椭圆形，具柄，顶端被毛，柱头球状。坚果暗绿色，梨形，为花萼筒关节之下部包围。花期5～6月，果期7～8月。

【生长习性】生长于海拔1000～2000 m的干旱石坡、丘陵干旱山坡、丘陵灌丛等处。

【芳香成分】侯婧等（2007）用索氏法提取的阿尔泰假狼毒阴干根精油的主要成分为：十六酸（15.78%）、(Z,Z)-9,12-十八碳二烯酸（14.43%）、炔诺酮（10.16%）、十八酸（5.79%）、1,8-二甲基-4-异丙基-螺[4.5]环十酮-7-烯-8(4.94%)、十八烷（4.00%）、十六烷（3.11%）、二十七烷（2.97%）、9-十六碳烯-1-醇（2.88%）、3-甲基-5,6-二甲氧基-2,3-二氢-1 H-1-酮（2.68%）、24-亚甲基-9,19-环羊毛甾-3β-醇（2.53%）、二十九烷（2.00%）、3-二甲基-3,4,5,6-四氢-2(1 H)嘧啶酮（1.97%）、3-羟基-13,14-环-乌苏烷（1.85%）、雪松烯（1.75%）、(5α)-3-乙基-3羟基-雄（甾）烷-17-酮（1.54%）、2-甲基十六烷醇（1.40%）、2-(1-丁基-2硝基烯丙基)环己酮（1.22%）、1,3,5-杜松三烯（1.15%）、5-(2-羟基乙基)-4-甲基-3-咪唑乙酸十六醇酯（1.14%）、2,6,10-三甲基十四烷（1.02%）、9-(2`，2`-二甲基丙氧基亚联氨基)-3,6-二氯-2,7-双-[2-(二乙基氨基)-乙氧基（1.01%）、芬维A胺（1.00%）等。

天山假狼毒

Stelleropsis tianschanica Pobed.

瑞香科　假狼毒属

分布：新疆

【形态特征】多年生草本，高15～30 cm；茎直立，10～20条自基部发出，不分枝，具小的叶脱落后的痕迹。叶散生，草质，长圆状椭圆形至长椭圆形，长14～20 mm，宽3～5 mm，顶端急尖或稍渐尖，基部宽楔形，边缘全缘，不反卷或有时微反卷，通常散生少数白色细柔纤毛，绿色。花淡粉红色，多花组成头状或短穗状花序，顶生；花萼筒漏斗状圆筒形，长9～12 mm，花后在子房上部收缩，具关节，关节之下宿存，关节之上脱落，裂片4，长卵形或卵状披针形，长5～7 mm，宽1.5～2.2 mm，先端钝尖。坚果绿色，包藏于宿存的花萼筒基部，椭圆形。花期6月，果期8月。

【生长习性】生于海拔1700～2000 m的山坡草地。

【芳香成分】根：侯婧等（2007）用水蒸气蒸馏法提取的阴干根精油的主要成分为：1,1,2,2-四氯乙烷（11.30%）、3,5,6,7,8,8α-六氢-4,8α-二甲基-6-(1-甲基乙烯基)-2(1 H)萘酮（10.82%）、十六碳酸（7.97%）、表蓝桉醇（4.72%）、棕榈酸乙酯（4.19%）、4,7,8-三甲基-3,4-二氢-1(2 H)萘酮（3.83%）、(3β,5α)2-亚甲基胆甾-3-醇（3.69%）、6,9-十八-碳二炔酸甲酯（3.31%）、5,11(13)-二烯-8,12-十二交酯桉叶烷（2.64%）、

1(10)，11-愈创木二烯（2.57%）、十七碳烯（2.42%）、α-法呢烯（2.26%）、反-4α,5,6,7,8,8α-六氢-4α-甲基-2(1H)萘酮（2.20%）、2,3,5,6,7,8-六氢-3α,8α-亚甲基-1H，4H-甘菊环-1-酮（1.99%）、苯乙醇（1.97%）、(Z)7-甲基-8-十五碳烯醇乙酸酯（1.76%）、1-甲氧基-D-果糖（1.64%）、三甲基乙酸柠檬-6-醇酯（1.58%）、2-己基-环丙乙酸（1.47%）、邻苯二甲酸丁基辛基酯（1.46%）、6-脱氧甲基-2,4-二-O-甲基-α-L-吡喃甘露糖甲酯（1.42%）、4-氯丁基苯甲酮（1.39%）、2-乙酰氨基-3-羟基丙酸（1.37%）、苯甲醇（1.31%）、苯丁醇（1.28%）、苯甲醛（1.18%）、甲酸二十一烷醇酯（1.18%）、1,8-二甲基-4-(1-甲基乙基)-螺[4,5]-辛-8-烯-7-酮（1.15%）、3-羟基-十二烷酸（1.11%）等。石磊岭等（2018）用索氏法（乙醚）提取的新疆昭苏产天山假狼毒根精油的主要成分为：(Z,Z)-9,12-十八碳二烯酸（22.49%）、布藜烯（4.67%）、1-庚酰三醇（4.45%）、异胆酸乙酯（3.45%）、E,E-12-甲基-2,13-十八碳二烯-1-醇（3.40%）、角鲨烯（2.75%）、17-十八炔酸（2.10%）、1(22)，7(16)-双环氧-三环[20.8.0.0^{7,16}]蜂花烷（1.45%）、2,7,10-三甲基-二十烷（1.31%）、3-乙基-5-(2-乙基丁基)-十八烷（1.31%）、2-甲基-Z,Z-3,13-十八碳二烯醇（1.30%）、丙酸睾酮（1.29%）、豆甾-4-烯-3-酮（1.29%）、2-(3-乙酰氧基-4,4,14-三甲基雄甾-8-烯-17-基)-丙酸（1.27%）、2,6-二甲基-十七烷（1.19%）、二十烷（1.19%）、正十一苯酮（1.17%）、9-己基-十七烷（1.08%）等。

叶：石磊岭等（2018）用索氏法（乙醚）提取的新疆昭苏产天山假狼毒叶精油的主要成分为：(Z,Z)-9,12-十八碳二烯酸（11.12%）、(Z,Z,Z)-9,12,15-十八碳三烯酸（11.04%）、三十四烷（6.72%）、正十六烷酸（4.86%）、谷甾醇（3.62%）、1-(+)-维生素C，2,6-二十六烷酸（2.86%）、2-甲基-二十烷（2.22%）、(Z,Z)-1,1'-[1,2-二乙烷基-双（氧基）]双-9-十八烯（2.21%）、顺式-11-二十碳烯酸（2.19%）、1-二十七烷醇（2.17%）、二十烷（2.12%）、1-庚酰三醇（2.03%）、(Z,Z,Z)-9,12,15-十八碳三烯酸-2,3-二羟丙基酯（1.69%）、假唾液酸酶原-5,20-二烯（1.69%）、顺式-10-十九烯酸（1.56%）、7-己基-二十二烷（1.52%）、2-甲基-1-十六烷醇（1.46%）、异胆酸乙酯（1.40%）、3,7,12-三-O-乙酰基-巨戟醇（1.23%）、玫红品（1.21%）、17-三十五烯（1.20%）、二十一烷（1.13%）、1-环戊基二十烷（1.13%）、Z-(13,14-环氧）十四碳-11-烯-1-醇乙酸酯（1.10%）、2-十九烷酮-2,4-二硝基苯肼（1.06%）、1(22)，7(16)-双环氧-三环[20.8.0.0^{7,16}]蜂花烷（1.03%）、顺式-13-二十碳烯酸（1.01%）、E,E-12-甲基-2,13-十八碳二烯-1-醇（1.00%）等。

花：石磊岭等（2018）用索氏法（乙醚）提取的新疆昭苏产天山假狼毒花精油的主要成分为：(Z,Z)-9,12-十八碳二烯酸（9.80%）、(Z,Z,Z)-9,12,15-十八碳三烯酸（8.56%）、(Z,Z,Z)-8,11,14-二十碳三烯酸（6.56%）、三十四烷（3.50%）、Z-7-甲基十四碳烯-1-醇乙酸酯（3.47%）、二十一烷（2.65%）、(E,E,E)-9-十八碳烯酸-1,2,3-丙三醇的酯（2.37%）、异胆酸乙酯（2.35%）、(Z,Z,Z)-9,12,15-十八碳三烯酸-2,3-二羟丙基酯（2.10%）、3-乙基-5-(2-乙基丁基)-十八烷（1.89%）、1,54-二溴-五十四烷（1.89%）、2-溴十四烷酸（1.71%）、雌二醇-1,3,5(10)-三烯-17á-醇（1.71%）、[1,1'-双环丙基]-2-辛酸-2'-己基-甲酯（1.71%）、二十烷（1.65%）、9-甲基-十九烷（1.59%）、2-甲基-二十烷（1.51%）、顺式-13-二十碳烯酸（1.47%）、叔十六烷硫醇（1.44%）、1-庚酰三醇（1.35%）、E,E-12-甲基-2,13-十八碳二烯-1-醇（1.08%）、2,6-二十六烷酸（1.03%）、正十六烷酸（1.01%）等。

【利用】根有毒性，民间常用于驱虫，外敷可治疥癣。

结香

Edgeworthia chrysantha Lindl.

瑞香科　结香属

别名：白蚁树、打结树、打结花、黄瑞香、野蒙花、新蒙花、雪花树、梦花、雪里花、雪里开、喜花、金腰带、梦冬花、雪花皮、山棉花、蒙花、三叉树、三桠皮、岩泽兰、家香

分布：河南、陕西及长江流域以南各地

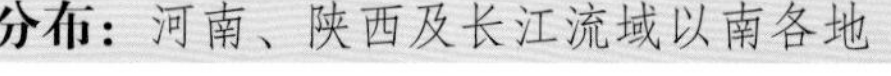

【形态特征】灌木，高0.7～1.5 m，小枝粗壮，褐色，常作三叉分枝，叶痕大。叶在花前凋落，长圆形，披针形至倒披针形，先端短尖，基部楔形或渐狭，长8～20 cm，宽2.5～5.5 cm，两面均被银灰色绢状毛，叶背较多。头状花序顶生或侧生，具花30～50朵成绒球状，外围以10枚左右被长毛而早落的总苞；花芳香，花萼长1.3～2 cm，宽4～5 mm，外面密被白色丝状毛，内面无毛，黄色，顶端4裂，裂片卵形，长3.5 mm，宽3 mm；雄蕊8,2列，上列4枚与花萼裂片对生，下列4枚与花萼裂片互生。果椭圆形，绿色，长约8 mm，直径约3.5 mm，顶端被毛。花期冬末春初，果期春夏间。

【生长习性】喜生于阴湿肥沃土地。喜半阴，也耐日晒。为暖温带植物，喜温暖，耐寒性略差。忌积水，适宜排水良好的肥沃土壤。

【芳香成分】曹姣仙等（2005）用乙醚萃取浓缩、水蒸气蒸馏法提取的浙江杭州产结香鲜花精油的主要成分为：2,2-二甲基-3-辛烯（10.41%）、2,5-二甲基-1-异丁基-顺环己烷（5.01%）、3,6-二甲基十一烷（4.73%）、2,2,3-三甲基-5-乙基庚烷（4.49%）、3-甲基-3-乙基庚烷（3.62%）、2,2-二甲基辛烷（2.84%）、4-甲基十二烷（2.77%）、2,2,4-三甲基庚烷（2.53%）、2,2,6,6-四甲基庚烷（1.95%）、石竹烯（1.46%）、二十二烷（1.38%）、2,2-二甲基癸烷（1.25%）、4,6,8-三甲基-1-壬烯（1.08%）等。

【利用】茎皮纤维可做高级纸及人造棉原料。枝条可供编筐。全株入药，能舒筋活络、消炎止痛，可治跌打损伤、风湿痛；也可作兽药，治牛跌打损伤。根可舒筋活络、消肿止痛，用于治风湿性关节痛、腰痛；外用治跌打损伤、骨折。花可祛风明目，用于治目赤疼痛、夜盲。庭园或盆栽供观赏。

狼毒

Stellera chamaejasme Linn.

瑞香科　狼毒属

别名： 瑞香狼毒、断肠草、打碗花、闷头花、闷头草、馒头花、山丹花、一把香、洋火头花、拔萝卜、燕子花、续毒、川狼毒、白狼毒、猫儿眼根草

分布： 东北、华北、西北、西南各地

【形态特征】多年生草本，除生殖器官外无毛。根肉质。茎单一不分枝，高15～45 cm。叶互生，茎下部叶鳞片状，卵状长圆形，长1～2 cm，宽4～6 mm，向上渐大；茎生叶长圆形，长4～6.5 cm，宽1～2 cm，先端圆或尖，基部近平截；总苞叶同茎生叶，常5枚；伞幅5，长4～6 cm；次级总苞叶常3枚，卵形；苞叶2枚，三角状卵形，先端尖，基部近平截。花序单生二歧分枝的顶端，总苞钟状，具白色柔毛，边缘4裂，裂片圆形，具白色柔毛；腺体4，淡褐色。雄花多枚，伸出总苞之外；雌花1枚。蒴果卵球状，长约6 mm，直径6～7 mm，被白色长柔毛；花柱宿存；成熟时分裂为3个分果爿。种子扁球状，灰褐色。花果期5～7月。

【生长习性】生于海拔2600～4200 m的干燥而向阳的高山草坡、草坪或河滩台地。

【精油含量】水蒸气蒸馏干燥叶的得油率为0.01%，新鲜花的得油率为0.48%；有机溶剂萃取茎叶的得油率为0.16%；超临界萃取干燥根的得油率为3.57%～3.75%。

【芳香成分】根：杨伟文等（1985）用石油醚浸提后水蒸气蒸馏法提取的青海湟源产狼毒根精油的主要成分为：3,7,11-三甲基十二碳-2-反-6-顺-10-三烯醇（22.07%）、7,10-十八二烯酸甲酯（17.89%）、正辛烷（6.18%）、正-十三烷（4.07%）、正十二烷（3.57%）、5-甲基癸烷（1.90%）、2,6-二甲基庚烷（1.56%）、肉桂醇（1.44%）、2,6-二甲基辛烷（1.12%）、1-苯基-1,2-丙二酮（1.04%）等。关永强等（2018）用索氏法（乙醚）提取的青海西宁产狼毒根精油的主要成分为：9,12-顺式十八碳二烯酸（31.88%）、角鲨烯（16.10%）、十六酸甲酯（13.31%）、14-十五碳烯酸（2.58%）、氧杂环十四烷-2,11-二酮（2.58%）、环十五酮（2.58%）等。

叶：冯娜等（2002）用水蒸气蒸馏法提取的内蒙古阿鲁科尔沁旗产野生狼毒干燥叶精油的主要成分为：肼基甲酰二苯胺（17.26%）、3,7,11,15-十六烯-2-醇-1(9.33%）、1-(环己烷-1-基)-1-丁酮（6.31%）、十六碳酸（5.07%）、2,5-己二酮（4.26%）、丁酸烯丙酯（4.19%）、十八碳醛（4.03%）、6,10-二甲基-十一酮-2(3.19%）、5,6,7,7a-四氢-4,4,7a-三甲基苯并呋喃烯-2-酮（3.10%）、苯甲醇（3.03%）、十一烷（2.70%）、十四烷（2.62%）、十八炔（2.44%）、4-(2,6,6-三甲基-7-氧-双环[4.1.0]庚烷-1-基)-2-丁烯酮（2.38%）、α-松油醇（2.26%）、6-十二酮（2.15%）、4-(2,6,6-三甲基-1-环己烯)-2-丁烯酮（2.11%）等。石磊岭等（2017）用索氏法（乙醚）提取的青海西宁产狼毒叶精油的主要成分为：亚麻醇（7.71%）、角鲨烯（7.31%）、2-[2-[(2-乙基环丙基)甲基]环丙基]甲基]-甲酯环丙烷辛酸（6.71%）、棕榈酸乙酯（6.15%）、1-环戊基二十烷（5.84%）、熊去氧胆酸（5.24%）、顺式-(2-苯基-1,3-二氧戊环-4-基)甲酯-9-十八碳烯酸（4.48%）、香树脂醇（4.24%）、棕榈酸（4.15%）、2-十九烷酮-2,4-二硝基苯肼（2.99%）、2,6,10-三甲基-十四烷（2.44%）、(全-E)-2,2-二甲基-3-(3,7,12,16,20-五甲基-3,7,11,15,19-二十一碳五烯酸)-环氧乙烷（2.02%）、异植醇（1.96%）、(Z,Z,Z)-9,12,15-亚麻酸（1.96%）、3-乙基-5-(2-乙基丁基)-十八烷（1.82%）、1(22),7(16)-二环氧-三环[20.8.0.0^{7,16}]三十烷（1.72%）、(2-丙基戊基)酯邻苯二甲酸（1.48%）、2-(9-十八烯氧基)-(Z)-乙醇（1.34%）、24-甲基-5-胆甾烯-3-醇（1.28%）、(3α,5α)-2-亚甲基-胆甾烷-3-醇（1.08%）、3-乙酰氧基-7,8-环氧木聚糖-11-醇（1.08%）等。

花：皮立等（2012）用水蒸气蒸馏法提取的青海海北产狼毒新鲜花精油的主要成分为：苯甲酸苄酯（24.22%）、十氢-1,1,4,7-四甲基-4aH-环丙[e]薁-4a-醇（14.09%）、丁香酚（9.31%）、正二十三烷（8.77%）、橙花叔醇（6.35%）、紫丁香醇C(6.17%）、正二十一烷（4.76%）、α-没药醇（2.98%）、2-羟基-苯甲酸苯甲基酯（2.57%）、紫丁香醇B(2.56%）、正二十五烷（2.52%）、喇叭茶醇（1.91%）、正十九烷（1.89%）、(E)-7,11-二甲基-3-甲烯基-1,6,10-十二烷三烯（1.24%）、正二十二烷（1.23%）等。

全草：郭鸿儒等（2016）用顶空固相微萃取法提取的肃榆中产花期刚结束的狼毒新鲜地上部分精油的主要成分为2-己基-1-癸醇（14.05%）、甲基庚烯酮（12.81%）、肼基甲二苯胺（10.66%）、硬脂烷醛（6.96%）、癸醛（6.60%）、醛（4.46%）、十四烷（3.08%）、十六烷（2.67%）、香叶基酮（2.49%）、十五烷（2.14%）、十一醛（1.95%）、2,6,10,14四甲基十五烷（1.76%）、邻苯二甲酸二异丁酯（1.48%）、酮（1.47%）、4,4’-双(1-甲基亚乙基)酚（1.25%）、2,6,10-三基十五烷（1.11%）等；甘肃天祝产花期刚结束的狼毒新鲜上部分精油的主要成分为：邻苯二甲酸二异丁酯（12.23%2,6,10,14-四甲基十五烷（11.57%）、肼基甲酰二苯胺（7.25%十六烷（5.32%）、2,6,10-三甲基十五烷（5.32%）、邻苯二酸二丁酯（3.95%）、十五烷（2.90%）、植烷（2.60%）、十醇（2.43%）、2,6-二甲基癸烷（1.64%）、苯甲酸苄酯（1.55%十六酸甲酯（1.43%）、正二十一烷（1.41%）、十一烷（1.37%十九烷（1.35%）、3-甲基十四烷（1.20%）、十四烷（1.08%2,3-环氧-2-甲基丁烷（1.06%）、2-己基-1-辛醇（1.01%）、3-基十五烷（1.00%）、3,3-二甲基己烷（1.00%）等。

【利用】根入药，有毒，有逐水祛痰、破积杀虫的功效，水肿腹胀，痰、食、虫积，心腹疼痛，慢性气管炎，咳嗽，喘，淋巴结、皮肤、骨、附睾等结核，疥癣，痔瘘。可以杀虫根还可提取工业用酒精。根及茎皮可造纸。

了哥王

Wikstroemia indica (Linn.) C. A. Mey

瑞香科　荛花属

别名： 白棉儿、曝牙郎、大黄头树、地棉麻树、地棉皮、地棉根、地巴麻、毒鱼藤、鬼辣椒、狗颈树、哥春光、黄皮子、红灯笼、火索木、九信菜、鸡子麻、鸡断肠、鸡儿苦、鸡杧头、金腰带、假黄皮、了哥麻、南岭荛花、蒲仑、铺银草、雀儿麻、千年矮、山棉皮、山麻、山之一、山豆子、山黄皮、山雁皮、山石榴、山六麻、山络麻、桐皮子、铁乌散、小金腰带、消山药、乌子麻、熟薯、铁骨伞、野麻朴、小叶金腰带、石谷皮

分布： 广东、海南、广西、福建、台湾、湖南、四川、贵州、云南、浙江等地

【形态特征】灌木，高0.5～2 m或过之；小枝红褐色，无毛。叶对生，纸质至近革质，倒卵形、椭圆状长圆形或披针形，长2～5 cm，宽0.5～1.5 cm，先端钝或急尖，基部阔楔形或窄楔形，干时棕红色，无毛，侧脉细密，极倾斜；叶柄长约1 mm。花黄绿色，数朵组成顶生头状总状花序，花序梗长5～10 mm，无毛，花梗长1～2 mm，花萼长7～12 mm，近无毛，裂片4；宽卵形至长圆形，长约3 mm，顶端尖或钝；雄蕊2列，着生于花萼管中部以上，子房倒卵形或椭圆形，无毛或在顶端被疏柔毛，花柱极短或近于无，柱头头状，花盘鳞片通常2或4枚。果椭圆形，长7～8 mm，成熟时红色至暗紫色。花果期夏秋间。

【生长习性】喜生于海拔1500 m以下地区的开旷林下或石山上。

【芳香成分】根茎：刘明等（2011）用95%乙醇冷浸后再用石油醚萃取法提取干燥根茎精油的主要成分为：棕榈酸（19.98%）、亚油酸（15.78%）、油酸（13.78%）、甲基亚油酸（6.04%）、4-豆甾烯醇（3.99%）、甲基十八烷酸（3.97%）、γ-谷甾醇（3.81%）、棕榈酸甲酯（3.48%）、硬脂酸（2.49%）、正十四烷（1.48%）、α-香附酮（1.20%）、十三烷（1.12%）、(5α)-豆甾烷-3,6-二酮（1.02%）等。

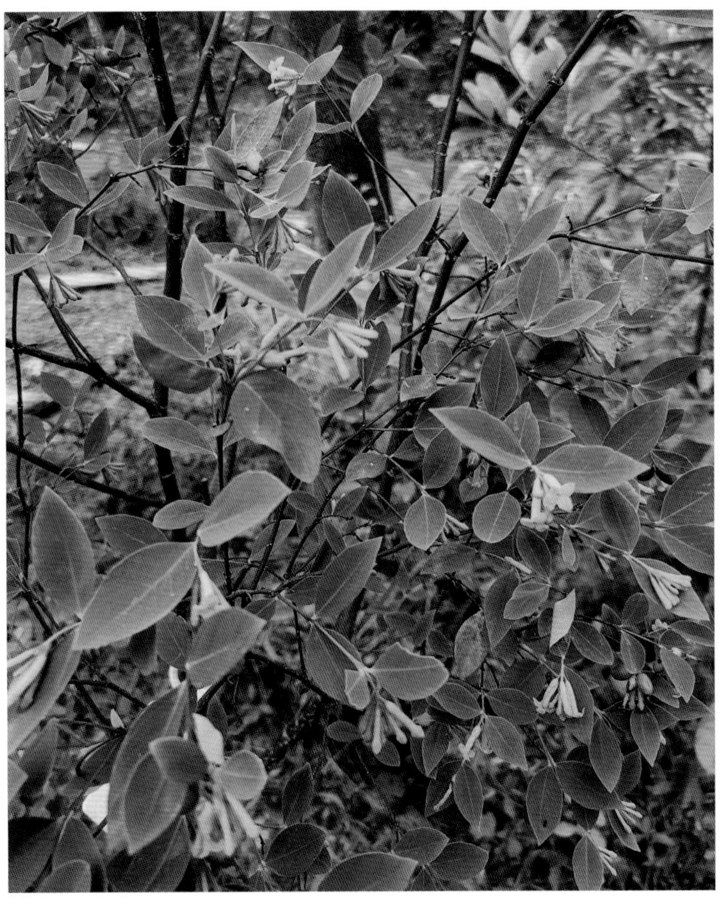

全草：梁勇等（2005）用水蒸气蒸馏法提取的广东广州产了哥王全草精油的主要成分为：十六烷酸（60.44%）、9-十八碳烯酸（7.13%）、9,12-十八碳二烯酸（5.48%）、9,12,15-十八碳三烯酸甲酯（2.88%）、9-十六碳烯酸（2.42%）、5-十八碳烯（1.94%）、β-桉叶油醇（1.45%）、十五烷酸（1.21%）、3-甲基-3-乙烯基-2,6-二异丙撑环己酮（1.06%）、3,7,11,15-四甲基-2-十六碳烯-1-醇（1.02%）、6,10,14-三甲基-2-十五酮（1.00%）等。

【利用】全株有毒，可药用。茎皮纤维可作造纸原料。

黄瑞香

Daphne giraldii Nitsche

瑞香科　瑞香属

别名： 祖师麻、野蒙花、新蒙花

分布： 黑龙江、辽宁、陕西、甘肃、青海、新疆、四川等地

【形态特征】落叶直立灌木，高45～70 cm。叶互生，常密生于小枝上部，膜质，倒披针形，长3～6 cm，稀更长，宽0.7～1.2 cm，先端钝形或微突尖，基部狭楔形，边缘全缘，叶面绿色，叶背带白霜，干燥后灰绿色。花黄色，微芳香，常

3～8朵组成顶生的头状花序；花萼筒圆筒状，长6～8 mm，直径2 mm，裂片4，卵状三角形，覆瓦状排列，相对的2片较大或另一对较小，长3～4 mm，顶端开展，急尖或渐尖；雄蕊8,2轮，花药长圆形，黄色；花盘不发达，浅盘状，边缘全缘；子房椭圆形，柱头头状。果实卵形或近圆形，成熟时红色，长5～6 mm，直径3～4 mm。花期6月，果期7～8月。

【生长习性】生于海拔1600～2600 m的山地林缘或疏林中。

【精油含量】水蒸气蒸馏阴干叶的得油率为0.09%。

【芳香成分】张和平等（2012）用水蒸气蒸馏法提取的甘肃陇南产黄瑞香阴干叶精油的主要成分为：3-己烯-1-醇（7.00%）、顺式-α,α,5-三甲基-5-四氢呋喃-2甲醇（6.79%）、天然壬醛（4.90%）、十六烷（4.71%）、二噻吩乙酸，3-三癸酯（4.41%）、柏木脑（4.13%）、2-乙氧基丁烷（3.94%）、β-紫罗酮（3.65%）、1-乙氧基丙烷（3.61%）、苯乙醛（3.54%）、6,10-二甲基-5,9-十一双烯-2-酮（3.11%）、十五烷（2.56%）、(2R,3R)-(-)-2,3-丁二醇（2.41%）、杜松烯（2.40%）、六氢金合欢丙酮（2.38%）、(E)-呋喃基芳樟醇氧化物（2.29%）、邻苯二甲酸二异丁酯（1.83%）、3-甲基丁醛（1.74%）、芳樟醇（1.63%）、己醛（1.41%）、反式-4-甲基环己醇（1.37%）、(+)-葑酮（1.35%）、2,6,10,14-四甲基十五烷（1.25%）、植物醇（1.24%）、二十烷（1.18%）、正己醇（1.17%）、3,8-二甲基-十一烷（1.12%）、溴代十二烷（1.08%）等。

【利用】茎皮纤维可造纸和人造棉。根药用，有舒筋活络消肿止痛的功效，用于治风湿性关节痛、腰痛；外用治跌打伤、骨折。花药用，有祛风明目的功效，用于治目赤疼痛、盲。茎叶可作土农药用。栽培供观赏用。

唐古特瑞香

Daphne tangutica Maxim.

瑞香科　瑞香属

别名：甘肃瑞香、陕甘瑞香、斯多麦平、冬夏青、甘青瑞香金腰带、千年矮

分布：山西、青海、甘肃、贵州、云南、西藏、陕西、湖北四川等地

【形态特征】常绿灌木，高0.5～2.5 m，多分枝；枝肉质叶互生，革质或亚革质，披针形至长圆状披针形或倒披针形长2～8 cm，宽0.5～1.7 cm，先端钝形；稀凹下，基部下延于柄，楔形，边缘全缘，反卷，叶面深绿色，叶背淡绿色，干后为茶褐色。花外面紫色或紫红色，内面白色，头状花序生于小枝顶端；苞片卵形或卵状披针形，顶端钝尖，具1束白色毛，边缘具白色丝状纤毛；花萼筒圆筒形，具显著的纵棱，片4，卵形或卵状椭圆形，先端钝形，脉纹显著。果实卵形近球形，长6～8 mm，直径6～7 mm，幼时绿色，成熟时红色干燥后紫黑色；种子卵形。花期4～5月，果期5～7月。

【生长习性】生于海拔1000～3800 m的湿润林中。

【芳香成分】朱亮锋等（1993）用水蒸气蒸馏法提取的青海

于唐古特瑞香新鲜花精油的主要成分为：苯甲醇（35.08%）、苯甲酸苯甲酯（13.92%）、8,11-十八碳二烯酸甲酯（6.33%）、苯甲酸-2-苯基乙酯（5.72%）、2-羟基苯甲酸苯甲酯（4.06%）、-苯基-2-丙烯醇（3.55%）、丁香酚甲醚（2.54%）、苯乙醇（2.05%）、顺式-氧化芳樟醇（呋喃型）(1.90%）、N-苯基苯胺（1.48%）、植醇（1.43%）、乙酸苯甲酯（1.20%）等。

【利用】茎皮纤维为很好的造纸原料。茎皮、根皮、花、果药用，有毒，有祛风除湿、散瘀止痛的功效，用于治梅毒性鼻炎、下疳、骨痛及关节腔积水；花用于治肺痈；果实具有滋生肾火、祛风除湿、止痛散瘀的作用。花浸膏用于香料工业。茎叶及果实可杀虫。园林栽培供观赏植物。

芫花

Daphne genkwa Sieb. et Zucc.

瑞香科　瑞香属

别名：药鱼草、闹鱼花、闷头花、泡米花、芫、去水、赤芫、败花、毒鱼、杜芫、头痛花、头痛皮、石棉皮、老鼠花、棉花条、大米花、芫条花、地棉花、九龙花、芫花条、癞头花、南芫花、毒老鼠花、紫金花、老鼠花、泥秋树、黄大戟、蜀桑、鱼毒

分布：山东、河南、河北、山西、陕西、甘肃、江苏、安徽、浙江、江西、福建、台湾、湖北、湖南、四川、贵州

【形态特征】落叶灌木，高0.3～1 m，多分枝；树皮褐色。叶对生，稀互生，纸质，卵形或卵状披针形至椭圆状长圆形，长3～4 cm，宽1～2 cm，先端急尖或短渐尖，基部宽楔形或钝圆形，边缘全缘，叶面绿色，干燥后黑褐色，叶背淡绿色，干燥后为黄褐色。花比叶先开放，紫色或淡紫蓝色，无香味，常3～6朵簇生于叶腋或侧生；花萼筒细瘦，筒状，外面具丝状柔毛，裂片4，卵形或长圆形，顶端圆形，外面疏生短柔毛。果实肉质，白色，椭圆形，长约4 mm，包藏于宿存的花萼筒的下部，具1颗种子。花期3～5月，果期6～7月。

【生长习性】生于海拔300～1000 m的路旁及山坡林间。适宜温暖的气候，耐旱怕涝，以肥沃疏松的砂质土壤栽培为宜。

【精油含量】水蒸气蒸馏干燥花蕾的得油率为0.20%～0.28%。

【芳香成分】枝：刘滋武等（2005）用石油醚超声萃取法提取的安徽南部产芫花干燥枝条精油的主要成分为：十八碳酸甲酯（24.27%）、正二十八烷（18.45%）、正十六碳酸（10.09%）、(Z,Z)-9,12-十八二烯酸甲酯（7.50%）、十六碳酸甲酯（5.90%）、壬烷（4.67%）、对二甲苯（4.49%）、(Z,Z,Z)-9,12,15-十八三烯酸甲酯（3.60%）、正四十四烷（2.62%）、β-谷甾醇（2.29%）、1,2-苯二甲酸二异辛酯（2.23%）、2,3-二甲基双环[2.2.1]庚烷（1.94%）、2-乙基双环[2.2.1]庚烷（1.55%）、反式-1-丁烯基环戊烷（1.15%）等。

花：陈利军等（2008）用水蒸气蒸馏法提取的河南信阳产芫花新鲜花蕾精油的主要成分为：十三醛（12.79%）、四十四烷（7.63%）、壬醛（7.43%）、二十一烷（6.87%）、十四酸（6.51%）、十二醛（4.56%）、8-壬烯-2-酮（3.72%）、癸醛（2.68%）、Z-8-十六烯（2.41%）、十一醛（2.03%）、十二烷（2.00%）、十六烷（1.81%）、庚醛（1.66%）、2-甲基-环[2.2.2]辛烷（1.35%）、壬酸（1.30%）、9-辛基十七烷（1.27%）、(Z,Z,Z)-9,12,15-十八碳三烯酸甲酯（1.25%）、1-二十六醇（1.22%）、5-十二酮（1.21%）、1,1-二异丁基丙酮（1.02%）、十四烷（1.00%）等。

【利用】花蕾药用，有泻水逐饮、解毒的功效，主治水肿胀满、痰饮喘满、急性乳腺炎。根皮药用，有小毒，有消肿解毒、活血止痛的功效，主治腹水、淋巴结核、痈疖肿毒、乳腺炎、风湿痛、跌打损伤。根可毒鱼。全株可制作农药，煮汁可杀虫。茎皮纤维可作造纸和人造棉原料。栽培供观赏植物。

蕺菜

Houttuynia cordata Thunb.

三白草科　蕺菜属

别名： 蕺草、菹菜、鱼腥草、侧耳根、狗贴耳、臭腥草、臭根草、臭牡丹、臭灵丹、鱼鳞草、辣子草、折耳根

分布： 中部、东南至西南各地，东起台湾，西南至云南、西藏，北达陕西、甘肃

【形态特征】腥臭草本，高30～60 cm；茎下部伏地，节上轮生小根，上部直立，有时带紫红色。叶薄纸质，有腺点，背面尤甚，卵形或阔卵形，长4～10 cm，宽2.5～6 cm，顶端短渐尖，基部心形，背面常呈紫红色；托叶膜质，长1～2.5 cm，顶端钝，下部与叶柄合生而成长8～20 mm的鞘，且常有缘毛，基部扩大，略抱茎。花序长约2 cm，宽5～6 mm；总花梗长1.5～3 cm，无毛；总苞片长圆形或倒卵形，长10～15 mm，宽5～7 mm，顶端钝圆；雄蕊长于子房，花丝长为花药的3倍。蒴果长2～3 mm，顶端有宿存的花柱。花期4～7月。

【生长习性】生于低湿沼泽地、沟边、溪旁或林下潮湿、稍荫的环境中。对温度的适应范围广。喜湿耐涝，要求土壤湿润。喜弱光和阴雨环境，在强光下生长缓慢。

【精油含量】水蒸气蒸馏法提取全草的得油率为0.01%～0.97%，根及根茎的得油率为0.04%～1.09%，茎的得油率为0.01%～0.12%，叶的得油率为0.02%～0.46%，花的得油率为0.28%～1.25%；超临界CO_2萃取干燥叶的得油率为1.95%，全草的得油率为1.73%～1.98%；有机溶剂萃取全草的得油率为0.08%～3.15%；超声波法萃取全草的得油率为0.22%。

【芳香成分】根（根茎）：姜博海等（2011）用水蒸气蒸馏法提取的云南大理产野生蕺菜新鲜根精油的主要成分为：癸酸（25.38%）、软脂酸（23.09%）、甲基正壬酮（9.63%）、硬脂酸（5.36%）、十二酸（3.63%）、亚油酸（3.10%）、亚麻酸（3.01%）、油酸（2.65%）、十一酸（1.98%）、β-松油（1.56%）、β-蒎烯（1.33%）、柠檬烯（1.24%）、2-十三烷（1.08%）、癸酸乙酯（1.07%）、4-松油醇（1.03%）等。甘丹等（2012）用同法分析的湖南怀化产蕺菜新鲜根精油的要成分为：甲基正壬酮（26.20%）、β-蒎烯（20.65%）、α-烯（11.65%）、月桂烯（10.83%）、D-柠檬烯（8.69%）、桧（4.25%）、癸酰乙醛（4.01%）、乙基癸酸酯（2.89%）、4-萜品（1.92%）、芳樟烯（1.80%）等。黄春燕等（2007）用同法分的四川雅安产‘W01-100’蕺菜根茎精油的主要成分为：甲正壬酮（30.58%）、β-蒎烯（18.18%）、β-水芹烯（10.28%）、蒎烯（9.08%）、1,13-十四烷酮（6.30%）、α-柠檬烯（6.09%β-月桂烯（5.96%）、4-松油烯（3.11%）、2-乙基-十二（3.00%）、γ-松油烯（1.37%）、乙酸龙脑酯（1.06%）等。

茎：甘丹丹等（2012）用水蒸气蒸馏法提取的湖南怀产蕺菜新鲜茎精油的主要成分为：甲基正壬酮（39.82%）、桂烯（13.18%）、癸酸（4.90%）、香叶酯（4.71%）、2-十酮（4.26%）、4-萜品醇（4.16%）、癸酰乙醛（3.46%）、乙癸酸酯（3.37%）、β-蒎烯（2.56%）、石竹烯（2.56%）、α-蒎（2.47%）、D-柠檬烯（1.78%）、氧化石竹烯（1.51%）、反-β-勒烯（1.38%）、β-对伞花烃（1.18%）、α-萜品醇（1.09%）等王鸿等（2012）用同法分析的浙江丽水产蕺菜新鲜茎精油主要成分为：甲苯（14.72%）、叶绿醇（12.89%）、左旋-β-烯（8.55%）、2-十三烷酮（8.15%）、g-芹子烯（6.89%）、基壬基甲酮（3.51%）、4-乙烯基4,8,8-三甲基-2-亚甲基-环[5.2.0]壬烷（3.35%）、α-人参烯（2.96%）、棕榈酸异丙（2.92%）、1-(4-甲基-1-哌嗪基)-1-十八烷酮（2.86%）、3-茴

.50%）、D-别苏氨酸（2.24%）、左旋乙酸龙脑酯（2.22%）、竹烯（1.91%）、5-甲基-2-(1-甲基乙烯基)-4-己烯-1-醇乙酸酯.27%）等。

叶：甘丹丹等（2012）用水蒸气蒸馏法提取的湖南怀化产菜新鲜叶精油的主要成分为：甲基正壬酮（41.20%）、月桂（16.27%）、癸酸（6.30%）、4-萜品醇（4.12%）、乙基癸酸（4.05%）、癸酰乙醛（4.04%）、反-β-罗勒烯（3.97%）、香酯（2.80%）、2-十二酮（2.66%）、石竹烯（2.39%）、β-蒎烯.73%）、α-蒎烯（1.25%）、桧萜（1.21%）等。王鸿等（2012）同法分析的浙江丽水产蕺菜新鲜叶精油的主要成分为：叶绿（26.89%）、左旋-β-蒎烯（10.34%）、月桂酸（7.70%）、2-三烷酮（7.27%）、g-芹子烯（6.09%）、3-蒈烯（5.63%）、脂醇（4.53%）、5-甲基-2-(1-甲基乙烯基)-4-己烯-1-醇乙酸（3.47%）、4-乙烯基4,8,8-三甲基-2-亚甲基-二环[5.2.0]壬烷.32%）、甲基壬基甲酮（1.21%）等。黄春燕等（2007）用同分析的四川雅安产‘W01-100’蕺菜叶精油主要成分为：癸（21.61%）、β-月桂烯（18.40%）、β-水芹烯（14.01%）、E-罗烯（8.44%）、十二烷醛（7.65%）、4-松油烯（6.87%）、甲基壬酮（6.24%）、γ-松油烯（4.11%）、β-蒎烯（2.81%）、α-蒎（2.27%）、α-松油烯（2.18%）、1,13-十四烷酮（1.66%）等。

全草：刘雷等（2010）用水蒸气蒸馏法提取的四川峨眉山野生蕺菜全草精油的主要成分为：甲基正壬酮（29.20%）、桂烯（19.56%）、β-水芹烯（13.00%）、反式-β-罗勒（5.07%）、β-蒎烯（4.97%）、4-松油醇（4.94%）、α-蒎烯.62%）、1,13-十四烷酮（3.35%）、γ-松油烯（2.71%）、乙酸樟酯（2.27%）、癸醛（1.67%）、乙酸龙脑酯（1.29%）、α-油烯（1.14%）等。张薇等（2008）用同法分析的湖南长产野生紫色茎蕺菜新鲜全草精油的主要成分为：2-十一烷（22.11%）、癸醛（18.36%）、鱼腥草素（11.37%）、(2R-顺)-2,3,4,4a,5,6,7-八氢化-α,α,4a,8-四甲基-2-萘甲醇（7.81%）、)-3,7-二甲基-2,6-辛二烯-1-醇（5.00%）、[1R-(1R*,4Z,9S*)]-11,11-三甲基-8-亚甲基-[7.2.0]二环-4-十一碳烯（4.97%）、S-(1à,4à,7à)]-1,4-二甲基-7-(1-甲基乙基)-1,2,3,4,5,6,7,8-八化薁（3.45%）、3-十六炔（3.13%）、柠檬烯醇（2.12%）、9-八炔（1.62%）、龙脑乙酯（1.58%）、1-十二炔（1.45%）、氧石竹烯（1.29%）、(Z,E)-2,5-二甲基-2,4,6-辛三烯（1.25%）、醇（1.02%）等。宋琛超等（2013）用同法分析的云南产蕺新鲜全草精油的主要成分为：桧烯（26.00%）、甲基正壬（19.12%）、β-蒎烯（12.77%）、β-月桂烯（10.61%）、α-蒎（7.05%）、(-)-4-萜品醇（4.70%）、柠檬烯（4.29%）、γ-萜烯（1.84%）、正庚酸-3-甲基丁基酯（1.76 %）、乙酸龙脑酯.43%）、1-癸烯-3 酮（1.35%）、(+)-4-蒈烯（1.12%）、莰烯.08 %）等；湖南长沙产蕺菜新鲜全草精油的主要成分为：β-桂烯（53.31%）、Z-罗勒烯（14.77%）、甲基正壬酮（7.68%）、十三烷酮（4.81%）、β-蒎烯（2.91%）、乙酸香叶酯（1.97%）、蒎烯（1.91%）、2-十三烷酮（1.91%）、乙酸龙脑酯（1.22%）、檬烯（1.18%）等。吕都等（2016）用同法分析的干燥全草油的主要成分为：β-蒎烯（12.97%）、β-月桂烯（9.61%）、α-烯（8.52%）、β-水芹烯（5.59%）、柠檬烯（4.69%）、癸醛.16%）、石竹烯（3.81%）、4-萜品醇（3.74%）、香叶醇乙酸（3.19%）、4-十三烷酮（2.17%）、甲基正壬酮（2.16%）、罗勒烯（1.56%）、乙酸香叶酯（1.55%）、2-十三烷酮（1.39%）、莰烯（1.35%）、正庚酸-3-甲基丁基酯（1.33%）、2,2-双甲烷[6-(1,1-二甲基乙基)-4-甲基苯酚]-苯乙烯（1.25%）、β-萜品醇（1.24%）、β-金合欢烯（1.17%）等。

花：甘丹丹等（2012）用水蒸气蒸馏法提取的湖南怀化产蕺菜新鲜花精油的主要成分为：甲基正壬酮（44.20%）、月桂烯（21.40%）、癸酸（3.90%）、α-蒎烯（3.15%）、癸酰乙醛（3.07%）、β-蒎烯（2.93%）、香叶酯（2.58%）、乙基癸酸酯（2.27%）、4-萜品醇（2.24%）、石竹烯（2.13%）、反-β-罗勒烯（2.12%）、2-十二酮（2.01%）、桧萜（1.86%）、D-柠檬烯（1.08%）等。杨文凡等（2006）用同法分析的干燥花精油的主要成分为：癸酸（44.00%）、甲基正壬酮（21.60%）、石竹烯（5.10%）、十二酸（3.90%）、冰片乙酸酯（3.70%）、棕榈酸（3.30%）、石竹烯氧化物（3.20%）、癸酰乙醛（3.10%）、香叶基乙酸酯（2.60%）、十二酮（2.60%）、甲基十一酮（2.30%）、1-壬醇（1.30%）、氧化石竹烯（1.20%）等。

【利用】全株入药，有清热、解毒、清肠、利尿、化痰止咳之功效，主治肺炎、百日咳、气管炎、扁桃体炎、肺脓疡、疟疾、水肿、淋病、白带、肠炎、痢疾、肾炎水肿及乳腺炎、中耳炎等；外用可治疥癣、湿疹、痔疮及脱肛等。嫩根茎可食，我国西南地区人民常作蔬菜或调味品。嫩茎叶可食用和作调料。日本有饮用蕺菜茶的习惯。观赏植物。全草精油配制成鱼腥草注射剂或复方鱼腥草注射剂，对上呼吸道感染、大叶性肺炎、支气管炎、支气管肺炎、肺脓肿、慢性气管炎、慢性宫颈炎和百日咳等均有较好的疗效；对急性结膜炎和尿路感染等也有一定疗效；临床上用于治疗上感、支气管炎、扁桃腺炎、乳腺炎、中耳炎、尿路感染、肾炎水肿、咽喉炎、蜂窝组织炎、湿疹、宫颈炎、附件炎等。

三白草

Saururus chinensis (Lour.) Baill.

三白草科　三白草属

别名： 五路叶白、塘边藕、白花莲

分布： 河北、山东、河南和长江流域及其以南各地

【形态特征】湿生草本，高约1 m；茎粗壮，有纵长粗棱和沟槽，下部伏地，常带白色，上部直立，绿色。叶纸质，密生腺点，阔卵形至卵状披针形，长10～20 cm，宽5～10 cm，顶端短尖或渐尖，基部心形或斜心形，上部的叶较小，茎顶端的2～3片于花期常为白色，呈花瓣状；叶柄长1～3 cm，无毛，基部与托叶合生成鞘状，略抱茎。花序白色，长12～20 cm；总花梗长3～4.5 cm，无毛，但花序轴密被短柔毛；苞片近匙形，上部圆，无毛或有疏缘毛，下部线形，被柔毛，且贴生于花梗上；雄蕊6枚，花药长圆形，纵裂，花丝比花药略长。果近球形，直径约3 mm，表面多疣状凸起。花期4～6月。

【生长习性】生于低湿沟边、塘边或溪旁。喜温暖湿润气候，耐阴。

【精油含量】水蒸馏蒸馏法提取的茎叶的得油率为0.50%，全草的得油率为0.32%。

【芳香成分】根：陈宏降等（2011）用水蒸气蒸馏法提取的根茎精油的主要成分为：n-十六烷酸（25.50%）、榄香脂

素（17.70%）、(Z,Z)-9,12-十八碳二烯酸（15.20%）、肉豆蔻醚（12.80%）、(Z)-9,17-十八碳二烯醛（7.76%）、(-)-匙叶桉油烯醇（3.04%）、1-亚乙基八氢雌酮-7a-甲基-(1 Z,3aα,7aβ)-1 H-茚（2.47%）、异榄香素（1.64%）、1,5-二甲基-8-(1-甲基亚乙基)-(E,E)-1,5-环癸二烯（1.46%）、二十七烷（1.10%）等。

茎：尹震花等（2013）用顶空固相微萃取法提取的河南新县产三白草阴干茎精油的主要成分为：柠檬烯（51.41%）、柠檬醛（13.22%）、橙花醛（10.91%）、β-月桂烯（5.56%）、(1 S)-α-蒎烯（5.23%）、β-蒎烯（4.13%）、莰烯（1.55%）、芳樟醇（1.29%）、石竹烯（1.04%）等。

叶：尹震花等（2013）用顶空固相微萃取法提取的河南新县产三白草阴干叶精油的主要成分为：柠檬烯（52.95 %）、柠檬醛（11.16%）、橙花醛（9.26%）、β-月桂烯（6.83%）、(1 S)-α-蒎烯（5.61%）、(1 S)-β-蒎烯（4.52%）、莰烯（2.14%）、芳樟醇（1.09%）等。

全草：陈宏降等（2011）用水蒸气蒸馏法提取的干燥地上部分三白草精油的主要成分为：n-十六烷酸（23.77%）、叶绿醇（7.74%）、6,10,14-三甲基-2-十五烷酮（5.54%）、(E)-5-十八碳烯（4.85%）、十氢-1,1,7-三甲基-4-亚甲基-1 H-环丙[e]甘菊环（4.14%）、(Z,Z)-9,12-十八碳二烯酸（2.17%）、3-亚丁基-1(3 H)-异苯并呋喃酮（1.93%）、二十三烷（1.81%）、二十一烷（1.77%）、邻苯二甲酸二-2-甲基丙酯（1.53%）、二十二烷（1.40%）、二十四烷（1.39%）、1,2,3,4-四氢-1,6-二甲基-4-(1-甲基乙基)-(1 S-顺)-萘（1.22%）、二十烷（1.05%）、榄香脂素（1.04%）、(-)-匙叶桉油烯醇（1.03%）、1-乙烯基-1-甲基-2-(1-甲基乙烯基)-4-(1-甲基亚乙基)-环己烯（1.00%）等。

花：尹震花等（2013）用顶空固相微萃取法提取的河南新县产三白草阴干花精油的主要成分为：柠檬烯（38.94%）、柠檬醛（10.05%）、橙花醛（8.35 %）、β-月桂烯（5.81%）、大根香叶烯D（4.97%）、(1R)-α-蒎烯（4.11%）、β-蒎烯（3.44%）、姜黄烯（2.58%）、1-b-红没药烯（2.47%）、β-倍半水芹烯（2.01%）、莰烯（1.86%）、石竹烯（1.43%）、芳樟醇（1.10%）、γ-榄香烯（1.04%）等。

【利用】全株药用，内服治尿路感染、尿路结石、脚气水肿及营养性水肿；外敷治痈疮疖肿、皮肤湿疹等。民间用药，有清热、消炎、利尿功效。嫩根状茎和嫩苗可食。

三尖杉

Cephalotaxus fortunei Hook. f.

三尖杉科　三尖杉属

别名：桃松、山榧树、藏杉、狗尾松、三尖松、头形杉

分布：我国特有浙江、安徽、福建、江西、湖北、湖南、河南陕西、甘肃、四川、云南、贵州、广西、广东等地

【形态特征】乔木，高达20 m，胸径达40 cm；树皮褐色红褐色，裂成片状脱落；枝条较细长，稍下垂。叶排成两列披针状条形，通常微弯，长4～13 cm，宽3.5～4.5 mm，上部窄，先端有渐尖的长尖头，基部楔形或宽楔形，叶面深绿色叶背气孔带白色。雄球花8～10聚生成头状，径约1 cm，基及总花梗上部有18～24枚苞片，每一雄球花有6～16枚雄蕊花药3；雌球花的胚珠3～8枚发育成种子。种子椭圆状卵形近圆球形，长约2.5 cm，假种皮成熟时紫色或红紫色，顶端小尖头；子叶2枚，条形；初生叶镰状条形，最初5～8片，背有白色气孔带。花期4月，种子8～10月成熟。

【生长习性】生于海拔200～3000 m地带。分布范围较广气候为半湿润的高原气候，干湿季节交替较为明显，气温的变化及年变化较大，热量条件较差。可生长在土层瘠薄的生中。能适应林下光照强度较差的环境条件。

【精油含量】水蒸气蒸馏法提取三尖杉叶的得油率0.20%。

【芳香成分】叶：苏应娟等（1995）用水蒸气蒸馏法提取的广东乳源产三尖杉叶精油的主要成分为：β-石竹烯（9.34%）、α,4aα,8aα)-1,2,4a,5,6,8a-六氢化-4,7-二甲基-1-(1-甲基代乙基)萘（7.69%）、α-葎草烯（7.20%）、棕榈酸（7.14%）、δ-荜澄茄烯（6.34%）、1,2-苯二羧酸丁基2-甲基丙基二酯（6.21%）、1,2-苯二羧酸二异辛酯（6.13%）、(1α,4aα,8aα)-1,2,3,4,4a,5,6,8a-八氢化-7-甲基-4-亚甲基-1-(1-甲基代乙基)萘（5.48%）、11,15-松香三烯（5.40%）、α-玷㺃烯（4.11%）、β-古芸烯（3.44%）、二十二烷（2.56%）、金合欢醇（2.14%）、二十四烷（2.04%）、(Z)-3-己烯-1-苯甲酸酯（1.85%）、β-波旁烯（1.60%）、3,7,11,15-四甲基-2-十六碳烯-1-醇（1.55%）、α-愈创木烯（1.47%）、(1-甲基代乙基)环氧乙烷（1.32%）、二十三烷（1.32%）、依兰烯（1.08%）等。

种子：解修超等（2013）用索氏法提取的陕西汉台产三尖杉干燥种仁精油的主要成分为：油酸（34.53%）、棕榈酸（12.04%）、亚油酸丁酯（9.56%）、油酸乙酯（9.31%）、硬脂酸（5.29%）、壬酸（5.23%）、亚油酸（4.97%）、环丁基甲酸（3.28%）、α-松油烯（3.06%）、月桂酸乙酯（2.74%）、罗汉柏烯（2.10%）、月桂酸（1.55%）等。

【利用】木材可供建筑、桥梁、舟车、农具、家具及器具等用材。叶、枝、种子、根可提取多种植物碱，对治疗食道癌、胃癌、直肠癌、肺癌、白血病、淋巴网状细胞瘤、淋巴肉瘤等有一定的疗效。种仁可榨油，供工业用。

大果阿魏

Ferula lehmannii Boiss.

伞形花科　阿魏属
别名： 阿魏
分布： 新疆

【形态特征】多年生多次结果的草本，高约40 cm，全株有强烈的葱蒜样臭味。根纺锤形，残存有枯萎叶鞘纤维。茎单一，从近基部向上分枝成圆锥状。基生叶柄的基部扩展成鞘；叶片轮廓广卵形，三出，二回羽状全裂，末回裂片长卵形，基部下延，长达20 mm，再羽状深裂，小裂片基部下延，上部具3～5齿，灰绿色被柔毛；茎生叶向上简化，叶鞘披针形，草质，被短柔毛。复伞形花序生于茎枝顶端，直径约60 cm；伞辐3～8；小伞形花序有花6～10；萼有短齿；花瓣淡黄色，卵状长圆形，外面有疏柔毛。分生果广椭圆形，背腹扁压，长12～14 mm，宽6～7 mm，背棱丝状突起，侧棱呈狭翅状。花期5月，果期6月。

【生长习性】生长于黏土砾砂质的低山坡上。

【精油含量】水蒸气蒸馏法提取新鲜基生叶的得油率为13.50%；溶剂浸取法提取树脂精油的得油率为14.10%。

【芳香成分】叶：赵文彬等（2009）用水蒸气蒸馏法提取的新疆石河子产大果阿魏基生叶精油的主要成分为：3-蒈烯（14.62%）、愈创木醇（13.61%）、(E)-3,7,11-三甲基-1,6,10-十二烷烯-3-醇（5.58%）、莰烯（4.19%）、双环[2.2.1]庚-2-醇，1.7.7-甲氧苄啶（1 S,二甲基亚砜)(4.14%）、莰烯（3.71%）、月桂烯（3.63%）、(反)-2-甲氧基-4-甲基-2-(1-甲乙基)苯（3.22%）、(E)-7,11-二甲基-3-甲基-1,6,10-十二烷烯（2.45%）、1-甲基-4-(1-甲乙基)环已烯（2.30%）、[2 R-(2α,4aα,8aβ)]-α,α,4a-三甲基-8-甲烯基-2-萘甲醇十二环烷（1.94%）、(+)-4-蒈烯（1.74%）、莳基酸（1.70%）等。

树脂：赵文彬等（2009）用水蒸气蒸馏法提取的新疆石河子产大果阿魏树脂精油的主要成分为：7,7-三甲基-2-亚甲基双环[2.2.1]庚烷（14.17%）、愈创木醇（11.47%）、3,7,7-三甲基-双环[3.1.0]庚-2-烯（9.87%）、(E)-3,7,11-三甲基-1,6,10-十二烷烯-3-醇（7.96%）、(Z)-7,11-二甲基-3-甲烯-1,6,10-十二烷烯（6.83%）、(1 S-内)-左旋-1,7,7-三甲基-双环[2.2.1]庚-2-醇-醋酸（6.16%）、α-法呢烯（3.35%）、醋酸（2.92%）、莰烯（2.85%）、(+)-4-蒈烯（2.82%）、6,6-二甲基-2-亚甲基双环[3.1.0]庚烷（2.77%）、(Z,E)-3,7,11-三甲基-1,3,6,10-十二烷-1-烯（2.62%）、3-蒈烯（2.57%）、2-甲氧基-4-甲基-1-(1-甲乙基)苯（2.05%）、[S-(R*,S*)]-2-甲基- 5-(1, 5-二甲基-4-己烷)-1,3-环已烯（1.41%）、(2 R-反)-α,α,4a,8-四甲基-1,1,2,3,4,4a,5,6,7-辛醇-2-萘甲醇（1.25%）、1-甲基-4-(1-甲乙基)环已烯（1.20%）、癸烷-α,α,4a-四甲基-8-甲烯基-萘甲醇（1.19%）等。

【利用】根入药，治虫积、肉积、心腹冷痛。

多伞阿魏

Ferula ferulaeoides (Steud.) Korov.

伞形花科　阿魏属
别名： 香阿魏
分布： 新疆

【形态特征】多年生一次结果的草本，高1～1.5 m。根纺锤形，存留有枯萎叶鞘纤维。茎通常单一，稀2～4，被疏柔毛。基生叶叶柄基部扩展成鞘；叶片轮廓为广卵形，三出四回羽状全裂，末回裂片卵形，长10 mm，再深裂为全缘或具齿的小裂片；叶淡绿色，密被短柔毛；茎生叶向上简化，变小，至上部仅有叶鞘，叶鞘卵状披针形，草质。复伞形花序生于茎枝顶端，直径约2 cm；伞辐通常4，近等长；侧生枝上的花序为单伞形花序，3～8轮生，形如串珠状；小伞形花序有花10，小总苞片鳞片状；萼齿小；花瓣黄色，卵形。分生果椭圆形，背腹扁压，背棱丝状，侧棱为狭翅状。花期5月，果期6月。

【生长习性】生长于海拔430～1040 m的地区，一般生于沙地、沙丘或砾石质的蒿属植物荒漠。

【精油含量】水蒸气蒸馏法提取多伞阿魏树脂的得油率为7.77%～10.30%，根的得油率为0.43%～2.77%；超临界萃取法提取根的得油率为10.90%～12.69%；有机溶剂萃取法提取根的得油率为15.00%～17.91%；超声波萃取法提取干燥根的得油率为17.29%；微波萃取法提取干燥根的得油率为11.70%；超声波协调微波萃取法提取干燥根的得油率为19.81%；渗漉法提取干燥根的得油率为21.60%。

【芳香成分】根：盛萍等（2013,2015）用水蒸气蒸馏法提取的新疆沙湾产多伞阿魏干燥根精油的主要成分为：L-柠檬烯（25.16%）、δ-3-蒈烯（17.65%）、愈创木醇（8.88%）、橙花叔醇（4.89%）、α-异松油烯（4.75%）、β-月桂烯（4.55%）、外-乙酸龙脑酯（3.77%）、2-异丙基-5-甲基茴香醚（3.67%）、反式-石竹烯（3.66%）、(-)-α-蒎烯（2.12%）、1-甲基-4-(1-异丙基)苯（1.65%）、γ-蛇床烯（1.20%）、月桂烯（1.04%）等；新疆富蕴产多伞阿魏干燥根精油的主要成分为：愈创木醇（55.80%）、右旋柠檬烯（2.84%）、乙酸龙脑酯（2.78 %）、橙花叔醇（2.41%）、β-金合欢烯（1.83 %）、异愈创木醇（1.72%）、人参新萜醇（1.58%）、γ-桉叶油醇（1.38%）、龙脑（1.31%）等。

树脂：雷林洁等（2013）用水蒸气蒸馏法提取的新疆奇台产多伞阿魏树脂精油的主要成分为：2-异丙基-5-甲基茴香醚（20.78%）、左旋樟脑（19.41%）、左旋乙酸冰片酯（17.78%）、1-甲氧基-4-甲基-1-(1-甲基乙基)-苯（15.18%）、愈创木醇（11.44%）、(E)-β-金合欢烯（11.26%）、D-柠檬烯（9.07%）、α-法呢烯（7.48%）、反式-橙花叔醇（6.33%）、(3Z,6E)-3,7,11-三甲基-1,3,6,10-十二烷四烯（4.74%）、莰烯（4.68%）、3-蒈烯（4.15%）、(1R)-α-蒎烯（3.64%）、(1S,2 S,4R)-醋酸-1,3,3-甲基-双环[2.2.1]庚烯-2-醇（3.13%）、异松油烯（3.00%）、蒎烯（2.28%）、石竹烯（1.51%）、可巴烯（1.08%）、(4αR 2,4α,5,6,7,8-六氢-3,5,5,9-四甲基-1H-酮（1.07%）等。罗等（2015）用同法分析的新疆阿勒泰产多伞阿魏树脂精的主要成分为：愈创木醇（43.55%）、(1S-内型)-1,7,7-甲基-二环[2.2.1]庚-2-醇乙酸酯（6.79%）、(2R-顺式)-2 1,2,3,4,4a,5,6,7-八氢-π,π,4a,8-四甲基-2-萘甲醇（5.05%）、反式橙花叔橘（4.21%）、(Z)-3-亚甲基-7,11-二甲基-1,6,10-十二三烯（2.86%）、γ-桉叶醇（2.39%）、异长叶烯-8-醇（2.09% (1π,4aπ,8aπ)-1,2,3,4,4a,5,6,8a-八氢-7-甲基-4-亚甲基-1-(1-甲乙基)萘（1.69%）、π-金合欢烯（1.69%）、1S-1,2,3,4,5,6,7,8-氢-1,4-二甲基萘-7-(1-甲基乙烯基)薁苷菊环（1.35%）、α-法烯（1.21%）、1,6-壬二烯-3-醇硅烷（1.21%）、佛术烯（1.17% [3S-(3π,3aπ,5π)-1,2,3,3a,4,5,6,7-八氢-π,π,3,8-四甲基-5-余甲乙酸酯（1.13%）等。

【利用】根和树脂入药，在民间作中药‘阿魏’的代用品治心腹冷痛、腹部肿块、慢性肠胃炎、虫积、肉积、慢性支管炎及风湿性关节炎等症。

阜康阿魏

Ferula fukanensis K. M. Shen

伞形花科　阿魏属

分布：新疆

【形态特征】多年生一次结果的草本，高0.5～1.5 m，株有强烈的葱蒜样臭味。根圆锥或倒卵形，根颈上残存有枯纤维。茎单一，粗壮。基生叶柄的基部扩展成鞘，叶片轮廓为卵形，三出，二回羽状全裂，裂片长圆形，基部下延，20 mm，裂片下部再深裂，上部浅裂或具齿，基部下延，淡，下面有短柔毛；茎生叶逐渐简化，变小，叶鞘披针形，草。复伞形花序生于茎枝顶端，直径6～10 cm；伞辐5～31；生花序1～4；小伞形花序有花7～21，小总苞片披针形；萼小；花瓣黄色，长圆状披针形，顶端渐尖，向内弯曲，外面疏毛。分生果椭圆形，背腹扁压；果棱突起。花期4～5月，期5～6月。

【生长习性】生长于沙漠边缘地区，海拔约700 m有黏质土的冲沟边。

【精油含量】水蒸气蒸馏法提取树脂的得油率为11.25%～.25%。

【芳香成分】倪慧等（1997）用水蒸气蒸馏法提取的新疆阜康阿魏树脂精油的主要成分为：另丁基-顺-丙烯基二硫烷6.08%）、另丁基-反-丙烯基二硫烷（24.78%）、甲基-(另丁基-反-亚乙烯基)二硫烷（6.05%）、α-蒎烯（3.24%）、Δ3-蒈（2.10%）、另丁基乙烯基二硫烷（1.67%）、甲基-(另丁硫基-1-亚丙烯基)二硫烷（1.45%）等。

【利用】树脂和根供药用，有消积、散痞、杀虫等功效，用治疗肉食积滞、虫积腹痛等症。

铜山阿魏

erula licentiana Hand.-Mazz. var. *tunshanica* (Su) han et Q. X. Liu

伞形花科　阿魏属

分布：江苏、山东、安徽

【形态特征】太行阿魏变种。多年生草本，全株无毛。根圆形，根颈上残存有枯萎叶鞘纤维。茎细，单一。基生叶叶柄部扩展成鞘，叶片轮廓为广卵形，三至四回羽状全裂，末回片椭圆形，再羽状深裂，小裂片披针形，长2～4 mm，叶淡色；茎生叶向上简化，至上部无叶片，叶鞘披针形，抱茎。伞形花序生于茎枝顶端，总苞片缺或有1～3片，披针形或针；伞辐3～7，长1.5～3 cm；侧生花序12，单生或对生；小伞花序有花7～11，小总苞片4～5，披针形；萼齿三角形；花黄色，卵状披针形，顶端向内弯曲。分生果长圆形或长圆状卵形，背腹扁压，背部突起，浅褐色，长10 mm以下，果棱状突起；每棱槽内有油管1～3，合生面油管4～6。花期5～6，果期6～7月。

【生长习性】生长于向阳山坡的石缝中。

【精油含量】石油醚萃取法提取铜山阿魏根的得油率为1.20%。

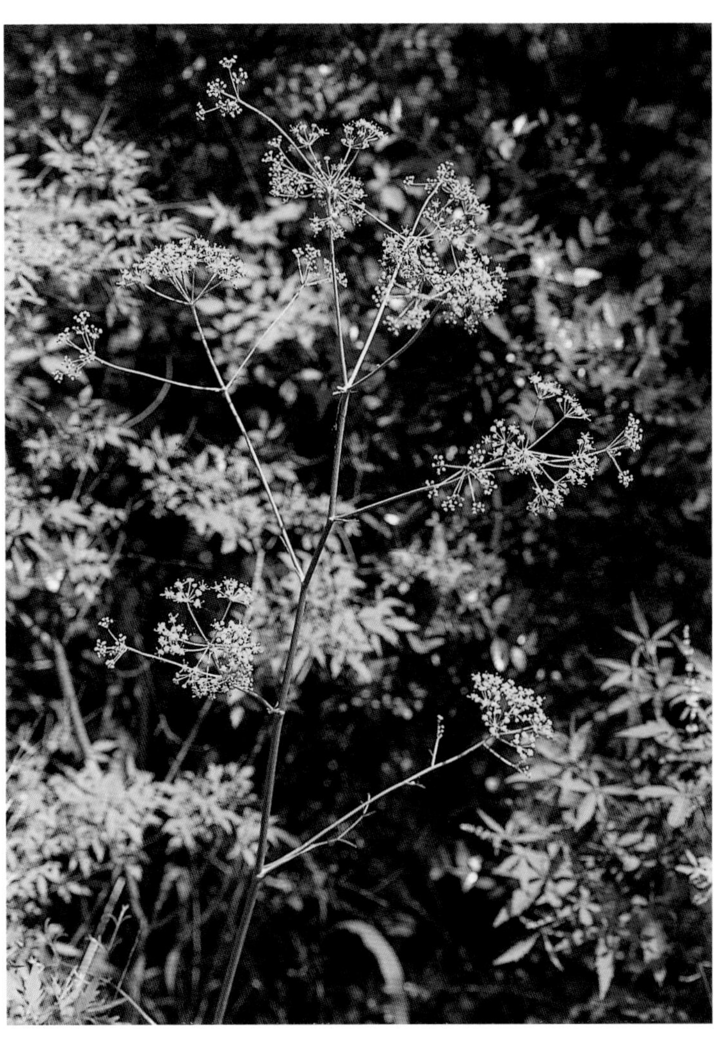

【芳香成分】朱耕新等（1996）用石油醚萃取法提取的山东济南产铜山阿魏根精油的主要成分为：亚油酸乙酯（7.78%）、9-十六碳烯酸乙酯（6.41%）、2-甲基-2-丁烯酸（5.73%）、顺式石竹烯（5.46%）、十五烷酸乙酯（5.41%）、白菖烯环氧化物（5.33%）、β-雪松烯（5.21%）、α-雪松烯（3.52%）、肉豆蔻酸甲酯（3.50%）、5-甲氧基-3,4-亚甲基二氧基苯丙酮（3.04%）、亚油酸甲酯（2.97%）、苯甲酸，4-羟基-3-甲氧基甲基酯（2.69%）、1,2,4-三甲基苯（2.18%）、油酸乙酯（2.14%）、马兜铃烯（1.96%）、N-十五烷酸乙酯（1.77%）、樟烯酮（1.70%）、α-蒎烯（1.41%）、1,2,3-三甲氧基-5-(2-丙烯基)苯（1.11%）等。

【利用】铜山民间将嫩叶烫熟拌菜吃或腌制咸菜食用。

新疆阿魏

Ferula sinkiangensis K. M. Shen

伞形花科　阿魏属

分布：新疆

【形态特征】多年生一次结果的草本，高0.5～1.5 m，全株有强烈的葱蒜样臭味。根纺锤形或圆锥形，根颈上残存有枯萎叶鞘纤维。茎通常单一，稀2～5，通常带紫红色。基生叶柄基部扩展成鞘；叶片轮廓为三角状卵形，三出式三回羽状全裂，末回裂片广椭圆形，浅裂或上部具齿，基部下延，长10 mm；

灰绿色，叶面有疏毛，叶背被密集的短柔毛；茎生叶逐渐简化，变小，叶鞘卵状披针形，草质。复伞形花序生于茎枝顶端，直径8～12 cm；伞辐5～25，近等长，被柔毛，侧生花序1～4，较小；小伞形花序有花10～20，小总苞片宽披针形；萼齿小；花瓣黄色，椭圆形。分生果椭圆形，背腹扁压，有疏毛，果棱突起；每棱槽内有油管3～4，大小不一，合生面油管12～14。花期4～5月，果期5～6月。

【生长习性】生长于海拔850 m左右的荒漠中和带砾石的黏质土坡上。要求冷凉、干旱、少雨气候条件。耐寒、耐旱、喜光。

【精油含量】水蒸气蒸馏法提取树脂的得油率为1.00%～24.15%；超临界萃取树脂的得油率为11.70%。

【芳香成分】邓卫萍等（2007）用水蒸气蒸馏法提取的干燥树脂块精油的主要成分为：2,3-二甲基-3-已醇（18.34%）、2-乙硫基-丁烷（8.00%）、丙基丁基二硫醚（6.95%）、十八烷基三烯（6.64%）、乙酸乙酯（6.21%）、油酸（5.10%）等。谭秀芳等（2003）用同法分析的树脂精油的主要成分为：1,2-二硫戊环（52.95%）、1,3-二硫戊环（28.44%）、3,6-二乙基-2,4,5,7-四硫代辛烷（6.61%）等。盛萍等（2013）用同法分析的新疆伊宁产新疆阿魏树脂精油的主要成分为：正丙基-正丁基二硫化合物（46.80%）、1,3-二硫戊环（27.70%）、水芹烯（2.70%）、1,1-二甲氧基丙烷（2.58%）、α-蒎烯（2.50%）、罗勒烯（1.45%）、乙基-已基二硫化合物（1.20%）、α-石竹烯（1.13%）等。郭亭亭等（2014）用同法分析的树脂精油的主要成分为：1,2-二硫戊烷（29.41%）、2-乙硫基丁烷（29.10%）、正丁基亚砜（13.27%）、1,1-二乙硫基乙烷（3.60%）、喇叭茶醇（3.04%）、γ-桉叶醇（2.16%）、1,4-双-t-丁基硫代-2-丁烯（1.93%）、2,2-二甲硫基烷（1.59%）、n-丙基仲丁基二硫化物（1.40%）、3-甲基-2-苯酰-4-戊烯酸甲酯（1.36%）、(1R)-α-蒎烯（1.29%）、1～1-丙基-2～2-硫基-3-二硫化物（1.28%）、2,3-二羟基丙酸（1.24%异长叶烷-8-醇（1.18%）、α-罗勒烯（1.03%）等。

【利用】树脂入药，有消积、杀虫等功能，主治虫积、积、痞块、心腹冷痛、疟疾、痢疾等症。在新疆民间除传统法外，多单味内服治关节疼痛；根也可用作树脂的代用品，服同样有效。在烹调中可做香辛调料，西餐用作酸椰菜、色拉麦包等的调味品。树脂精油为我国允许使用的食用香料，主用于肉类、鱼类的调味增香，也可配制辛香类香精。

圆锥茎阿魏

Ferula conocaula Korov.

伞形花科　阿魏属

分布： 新疆

【形态特征】多年生一次结果的草本，高达2 m，全株强烈的葱蒜样臭味。根圆柱形或纺锤状，根颈上残存有枯鞘维。茎单一，具细棱槽，粗糙有毛，带紫红色或淡紫红色。生叶柄基部扩展成鞘，叶片轮廓三角形，三出羽状分裂，片披针形或披针状椭圆形，羽片长达30 cm，宽达7 cm，裂边缘有圆锯齿；淡绿色，叶背被密集的短柔毛；茎生叶逐渐化，变小，叶鞘三角形卵形。复伞形花序生于茎枝顶端，直8～14 cm；伞辐12～50；侧生花序2～4；小伞形花序着花1小总苞片披针形，小；萼齿小；花瓣黄色，长椭圆形，顶端内弯曲。分生果椭圆形，背腹扁压，背部果棱突起，侧棱延成狭翅；每棱槽内有油管1～2，合生面在幼果时有油管8，熟果为14。花期5～6月，果期6月。

【生长习性】生长于海拔2700～3200 m的山坡洪积扇地域生长环境的年平均气温 3 ℃，干旱和强光照，昼夜温差大。长的土壤为砾石和粗砂混合基质的戈壁基质。

【精油含量】水蒸气蒸馏法提取树脂的得油率为29.40%。

【芳香成分】倪慧等（1997）用水蒸气蒸馏法提取的新乌恰产圆锥茎阿魏树脂精油的主要成分为：另丁基-顺-丙基二硫烷（52.08%）、甲基-(另丁硫基-反-亚乙烯基)二硫（40.12%）、乙基-(另丁硫基-顺-2-亚丙烯基)二硫烷（1.80%另丁基-顺-丁烯-2-基二硫烷（1.31%）、α-蒎烯（1.26%）等。

【利用】尚未利用，是一种可以开发的药材资源。

准噶尔阿魏

Ferula songorica Pall. ex Spreng.

伞形花科　阿魏属

分布： 新疆

【形态特征】多年生草本，高1～1.5 m。根圆柱形，存留褐色枯萎叶鞘。茎细，通常2～3，带紫红色。基生叶有长柄基部具叶鞘；叶片轮廓为宽三角形，三出多回（3～4）羽状裂，末回裂片线形或线状披针形，长达3 cm，宽1～2 mm，缘或深裂，叶绿色；茎生叶向上简化，变小，叶鞘披针形，质。复伞形花序生于茎枝顶端，直径4～7 cm；伞辐10～20；

花序通常2～4；小伞形花序有花15～20，小总苞片5，披针；萼齿小，三角形，花瓣椭圆形，顶端向内弯曲，长1 mm。生果椭圆形，背腹扁压，长8 mm，宽5 mm，背棱丝状，侧呈狭翅状；每棱槽内有油管1，合生面油管2。花期6月，果7月。

【生长习性】生长于山地草坡和灌丛中。

【精油含量】水蒸气蒸馏法提取新鲜根的得油率为11.00%。

【芳香成分】堵年生等（1989）用水蒸气蒸馏法提取的疆托里产准噶尔阿魏新鲜根精油的主要成分为：Δ3-蒈烯1.69%）、对-薄荷-1(7),8-二烯（15.52%）、柠檬烯（7.80%）、罗勒烯（2.73%）、α-蒎烯（2.19%）、β-金合欢烯（1.98%）、丁基丙烯基二硫化物（1.93%）、古芸烯（1.92%）、β-月桂烯.75%）等。

【利用】全株入药，有消积杀虫的功效，用于治疗虫积、腹肿块、肝脾肿大、胃脘腹冷痛等症。

阿米糙果芹

rachyspermum ammi (Linn.) Sprague

形花科　糙果芹属

名：香旱芹、细叶糙果芹、阿米芹、阿魏育

布：新疆

【形态特征】直立草本。茎圆柱形，有分枝，常被细柔毛，少无毛。叶有柄，叶片羽状分裂或三出式2～3回羽状深裂，回裂片无柄或有短柄，通常先端渐尖，基部阔楔形、截形、心形至狭楔形，边缘疏生不规则的裂齿或缺刻，有时全缘，面无毛。复伞形花序疏生，花序梗细弱，顶生与侧生，总苞和小总苞片通常没有；伞辐少数，纤细；花柄不等长；萼齿化；花瓣倒卵形，顶端有内折的小舌片，叶背疏生糙毛；花基圆锥形，花柱短，外展；心皮柄2裂至基部。果实卵圆形微心形，两侧扁压，分生果主棱5条，表面有白色糙毛；胚腹面平直，每棱槽内有油管2～3。

【精油含量】水蒸气蒸馏法提取果实的得油率为5.20%～80%。

【芳香成分】刘力等（2004）用水蒸气蒸馏法提取的新疆和产阿米糙果芹果实精油的主要成分为：γ-萜品烯（41.67%）、p-伞花烃（28.62%）、麝香草酚（26.38%）等。李国玉等（2009）用同法分析的新疆产阿米糙果芹果实精油的主要成分为：麝香草酚（57.45%）、2.6.6-三甲基-二环[3.1.1]庚-2-烯（23.69%）、1-甲基-2-(1-甲基乙基)苯（16.72%）、反式-1,2-双(1-甲基乙烯基)环丁烷（1.15%）等。

【利用】果实是传统的维吾尔药材‘阿育魏实’，具有散寒祛湿、理气开胃、行气宽中、软坚消炎的功能，用于治疗瘫痪、抽搐、胃寒腹痛、消化不良、膀胱及尿道结石。果实作香辛料。果实精油用于配制食品香精；还可作化妆品和油膏产品的添加剂。

阿尔泰柴胡

Bupleurum krylovianum Schischk. ex Kryl.

伞形花科　柴胡属

分布：新疆

【形态特征】多年生草本。根部粗。数茎，高40～80 cm，有粗槽纹。叶近革质，叶面黄绿色，叶背绿白色；基生叶披针形，顶端短渐尖或圆钝，有硬尖，中部以下收缩成长叶柄，连叶柄长10～20 cm，宽1～2 cm；中部叶披针形，顶端急尖，有硬尖头，基部楔形；上部叶很小，椭圆形。复伞形花序多数，直径3～7 cm；中央花序伞辐10～20，侧生花序伞辐6～8；总苞片4～8片，质硬挺；小伞形花序小总苞片5，黄绿色，卵状披针形，顶端渐尖，基部广楔形；小伞形花序有花18～22；花瓣黄色，顶端反折处呈圆形，小舌片小，方形，顶端2裂。果实深棕褐色，圆柱形，棱明显或呈翼状，棱槽中油管1，很少2或3，合生面2。花期7～8月，果期8～9月。

【生长习性】生长于海拔1200～2000 m的山坡上或灌丛下，多生长于干旱砾质土中。

【精油含量】水蒸气蒸馏法提取的根的得油率为0.15%。

【芳香成分】杨瑶等（2005）用水蒸气蒸馏法提取的新疆阿尔泰产阿尔泰柴胡根精油的主要成分为：α-荜澄茄油烯（21.10%）、1-甲基-1乙烯基-2,4-双(1-甲基乙基)-环己烷（6.91%）、氧化香树烯（2）(6.61%）、α-石竹烯（4.65%）、反-石竹烯（4.62%）、氧化喇叭烯（Ⅱ）(3.89%）、1,2,4a,6,8a-六氢-4,7-二甲基-1-(1-甲基乙基)萘酚（3.84%）、2,2,7,7-四甲基-三环[6,2,$10^{1,6}$]-4-十一酸-3-酮（2.13%）、氧化石竹烯（1.96%）、

(-)-斯巴醇（1.79%）、马兜铃烯（1.43%）、十二醛（1.33%）、佛波醇（1.17%）、邻苯二甲酸二丁酯（1.03%）等。

【利用】根在产地作‘柴胡’药用。

北柴胡

Bupleurum chinense DC.

伞形花科　柴胡属

别名： 竹叶柴胡、柴胡、硬苗柴胡、韭叶柴胡、大柴胡、狗头柴胡

分布： 东北、华北、西北、华东和华中各地

【形态特征】多年生草本，高50～85 cm。茎单一或数茎，有细纵槽纹。基生叶倒披针形或狭椭圆形，长4～7 cm，宽6～8 mm，顶端渐尖，基部收缩成柄；茎中部叶倒披针形或广线状披针形，长4～12 cm，宽6～18 mm，顶端渐尖或急尖，有短芒尖头，基部收缩成叶鞘抱茎，常有白霜；茎顶部叶同形，更小。复伞形花序很多，成疏松的圆锥状；总苞片2～3，或无，甚小，狭披针形；伞辐3～8；小总苞片5，披针形，顶端尖锐；小伞花5～10；花瓣鲜黄色，上部向内折，小舌片矩圆形。果广椭圆形，棕色，两侧略扁，长约3 mm，宽约2 mm，棱狭翼状，淡棕色，每棱槽内有油管3，很少4，合生面4条。花期9月，果期10月。

【生长习性】常野生于较干燥的山坡、林缘、林中隙地、草丛及路旁。喜暖和湿润气候，耐寒、耐旱怕涝，适宜在土层厚、肥沃的砂质壤土中种植。

【精油含量】水蒸气蒸馏法提取根的得油率为0.02%～1.87%，茎的得油率为0.01%，果实的得油率为0.30%，茎的得油率为0.06%～0.08%；超临界萃取法提取根的得油率0.46%～4.52%，果实的得油率为6.60%。

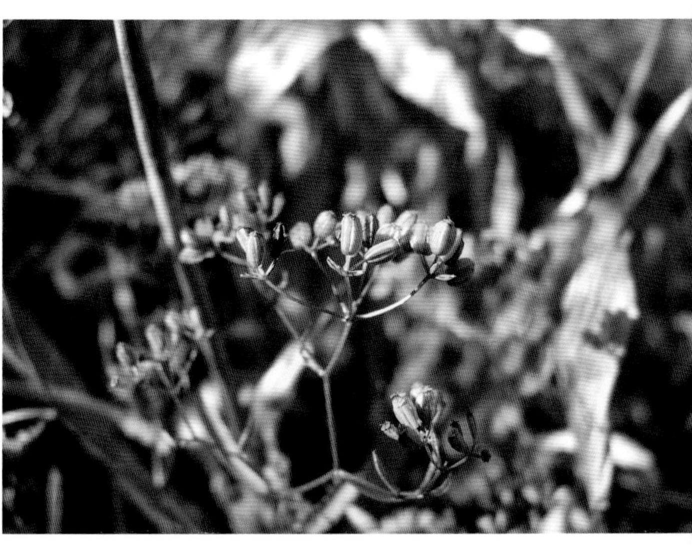

【芳香成分】**根：** 不同研究者用水蒸气蒸馏法提取的柴胡根精油的成分不同。韩晓伟等（2017）分析的河北涉产北柴胡根精油的主要成分为：L-抗坏血酸-2,6-二棕榈酯（23.85%）、炔醇（9.55%）、2,4-癸二烯醛（7.02%）、(Z,Z顺,顺-9,12-十八碳二烯-1-醇（5.63%）、十三醛（2.55%）、正戊基呋喃（2.46%）、十五醛（2.36%）、肉豆蔻酸（2.13%正二十烷（1.98%）、1-甲基-3-环己烯-1-吡咯甲醛（1.79%十五烷酸（1.74%）、2,4-十二碳二烯醛（1.60%）、5-己基氢-2(3 H)-呋喃酮（1.58%）、庚醛（1.43%）、2-甲基二十六（1.40%）、乙酸十五酯（1.36%）、(R)-1-甲基-4-(1,2,2-三甲环戊烷)-苯（1.13%）、十四烷（1.05%）、十二烷酸（1.04%3-苯基-1-乙酰唑胺-二环[1.1.0]丁烷（1.02%）等。符玲（2010）分析的河南龙浴湾产北柴胡干燥根精油的主要成为：石竹烯（13.19%）、α-法呢烯（11.35%）、石竹烯氧化（6.86%）、α-葎草烯（5.41%）、2-甲基-4-(2,6,6-四甲基环己烯基)-2-烯-1-醇（3.89%）、(E)-2-己烯-1-醇（3.43%）、十碳酸（3.43%）、绿叶醇（3.27%）、α-蒎烯（3.19%）、反-α-柠檬烯（2.44%）、α-没药醇（1.81%）、己醛（1.58%）、十六（1.12%）、顺-6-烯基-4-十三炔（1.06%）、3,7,11,15-四甲基-十六碳烯-1-醇（1.04%）等。周严严等（2013）分析的干燥精油的主要成分为：2-正戊基呋喃（23.04%）、反式-2,4-癸烯醛（13.65%）、庚醛（8.28 %）、β-蒎烯（5.10%）、反式-2-烯醛（4.04%）、反-2-辛烯醛（3.72%）、α-蒎烯（3.02%）、乙烯基愈创木酚（2.88%）、3-亚甲基-1(3 H)-异苯并呋喃（2.71%）、丙位癸内酯（2.60%）、丙酸乙酯（2.56%）、(+)-花柏烯（2.54%）、2-正丁基呋喃（2.39%）、2,4-癸二烯醛（2.28%糠醛（2.19%）、2,4-二甲基苯乙烯（1.75%）、反反-2,4-壬二醛（1.55%）、苯乙酮（1.38%）、邻异丙基甲苯（1.28%）、椰醛（1.27%）、[1aR-(1α,4αα,7β,7 bα)]-十氢-1,1,7-三甲基-4-甲基-1H-环丙[e]甘菊环（1.20%）、(S)-1-甲基-4-(5-甲基-亚甲基-4-己烯基)-环己烯（1.09%）、2-乙基呋喃（1.07%）、

烯-3-醇（1.06%）、9,12-十八二烯酸甲酯（1.02%）等。闫等（2014）分析的四川汶川产北柴胡干燥根精油的主要成分为：月桂醛（9.06%）、乙酸十二烯基酯（5.43%）、6-异丙基-4,8a-二甲基-1,2,3,5,6,7,8,8a-八氢-萘-2-醇（4.67%）、氧石竹烯（4.59%）、斯巴醇（4.36%）、葎草烯-1,6-二烯醇.42%）、(+)-花侧柏烯（3.88%）、月桂醇（3.64%）、反式-2,4-二烯醛（3.57%）、镰叶芹醇（2.80%）、3,4,4-三甲基-3-(3-氧-丁-1-烯基)-二环[4.1.0]庚烷-2-酮（2.29%）、2-正戊基呋（2.12%）、D-杜松烯（1.83%）、正十五烷（1.64%）、胆固醇酰氯（1.62%）、氧化香橙烯（1.51%）、水菖蒲烯（1.40%）、蛇床烯（1.20%）、α-依兰油烯（1.18%）、2-叔丁基-1,4-二甲基苯（1.08%）等。罗兰等（2013）分析的干燥根精油的主成分为：棕榈酸（21.37%）、亚油酸（10.73%）、芥酸酰胺.47%）、壬酸（3.32%）、庚醛（2.86%）、肉豆蔻酸（2.16%）、醛（2.12%）、2-戊基呋喃（2.00%）、β-桉叶醇（1.83%）、一烷（1.64%）、糠醛（1.53%）、胡薄荷酮（1.45%）、肉豆醚（1.38%）、辛酸（1.36%）、十五烷酸（1.34%）、苯乙酮.32%）、正丁基苯酞（1.23%）、甲苯（1.22%）、丁烯基苯酞.17%）、邻苯二甲酸二异丁酯（1.10%）、花侧柏烯（1.03%）、苍术醇（1.03%）等。孙宗喜等（2012）分析的陇西产北胡根精油的主要成分为：正己醛（17.00%）、2-戊基呋喃.10%）、棕榈酸（6.71 %）、5-异丙基-2-甲苯酚（6.65%）、百香酚（5.23%）、正庚醛（4.64%）、氧代环十七碳-8-烯-2-（3. 49%）、八氢-7a-羟基-1 H-茚-1-酮（3.11%）、戊醛.66%）、壬醛（2.46%）、(E)-2-辛烯醛（1.94%）、(Z)-2-癸烯醛.86%）、辛醛（1.82 %）、薄荷醇（1.80%）、苯乙醛（1.58%）、5-辛烷二酮（1.57%）、2-庚酮（1.55%）、4-甲氧基-6-(2-丙烯)-1,3-苯并间二氧杂环戊烯（1.24%）、1-乙基-2,3-二甲基苯.23%）、2-甲氧基-4-甲基-1-(1-甲基乙基)苯（1.18%）、邻-丙基苯（1.15%）、3-乙基-2-甲基-1,3-已二烯（1.11%）、癸（1.10%）、3-辛烯-2-酮（1.09%）等。张艺等（1998）用水蒸蒸馏法提取的四川中江产三岛柴胡须根精油的主要成分为：樟醇（8.15%）、柠檬烯（4.43%）、β-古芸烯（4.32%）、已醛.39%）、松油烯-4-醇（2.99%）、反式-2-壬烯醛（2.34%）、α-黄烯（2.16%）、庚醛（2.12%）、萘（2.10%）、辛醛（1.98%）、侧柏烯（1.71%）、氧化石竹烯（1.32%）、Z-丁酯-Z-辛（1.22%）、麝香草酚甲醚（1.21%）、十八碳二烯酸甲酯.20%）、β-桉叶油醇（1.14%）、棕榈酸甲酯（1.10%）、2-戊基-喃（1.02%）、辛酮（1.02%）E,E-2,4-癸二烯醛（1.02%）等。

茎：孙宗喜等（2012）用水蒸气蒸馏法提取的陇西产北胡茎精油的主要成分为：棕榈酸（10.79%）、3-甲基-4-异丙苯酚（8.31%）、香芹酚（6.19%）、正已醛（6.09%）、2-戊呋喃（4.42%）、1 R-α-蒎烯（3.43%）、正庚醛（3.41%）、薄醇（2.53%）、壬醛（2.47%）、1 S-α-蒎烯（2.33%）、亚油（2.31%）、(E)-2-壬烯醛（2.29%）、1-甲基-4-(1-甲基乙基)（2.14%）、邻-异丙基苯（2.06%）、萘（1.94%）、1-甲基-4--甲基乙基)-1,4-环已二烯（1.64%）、1-甲基-3-环已烯-1-甲（1.45%）、桃金娘烯醛（1.33%）、辛醛（1.22%）、花侧柏（1.09%）、4-甲氧基-6-(2-丙烯基)-1,3-苯并间二氧杂环戊烯.02%）等。

全草：刘泽坤等（2011）用水蒸气蒸馏法提取的山东烟台产北柴胡地上部分精油的主要成分为：(全-Z)-4,7,10,13,16,19-十二碳六烯酸甲酯（17.51%）、大根香叶烯D（14.84%）、维生素A醋酸酯（7.33%）、8,9-去氢-9-甲酰基-环异长叶烯（6.91%）、α-荜澄茄醇（5.61%）、τ-紫穗槐醇（5.26%）、α-荜澄茄油烯（4.88%）、依兰烷-3,9(11)-二烯-10-过氧（3.62%）、匙叶桉油烯醇（3.45%）、2,2'-亚甲基双（4-甲基-6-叔丁基)-苯酚（3.18%）、4-(2,2-二甲基-6-甲基已酮)-3-甲基丁烷-2-酮（2.73%）、石竹烯氧化物（2.68%）、ë-杜松烯（2.62%）、香橙烯氧化物-(1)（2.09%）、τ-榄香烯（1.94%）、τ-依兰油烯（1.84%）、1-甲基-4-异丙基-7,8-二羟基-螺[三环[4.4.0.0^{5,9}]癸-10,2'-环氧乙烷]（1.57%）、(3 E)-4-(1-过氧化氢-2,2-二甲基-6-甲基环已基)-3-戊烯-2-酮（1.52%）、金合欢醇（1.31%）、石竹烯（1.26%）、7-双环[4.1.0]庚-7-亚基-双环[4.1.0]庚烷（1.09%）等。

果实：刘玉法等（2005）用水蒸气蒸馏法提取干燥果实精油的主要成分为：(-)-石竹烯氧化物（13.33%）、β-杜松烯（6.76%）、(+)-β-木香醇（4.91%）、八氢-7-甲基-3-亚甲基-4-(1-甲乙基)-1 H-五环[1,3]三环[1,2]苯（4.63%）、3,5-二氯苯甲酸甲酯（4.58%）、β-石竹烯氧化物（3.71%）、(+)-α-没药醇（3.29%）、α-胡椒烯（2.90%）、八氢-1,4,9,9-四甲基-1 H-3 A，7-甲撑甘菊蓝（2.88%）、E-7-异丙基-4-甲基-10-亚甲基-4-环癸烯-1-酮（2.86%）、二表-α-柏松烃（2.67%）、α-荜澄烯（1.94%）、反-石竹烯（1.82%）、3,7-二甲基-1,6-辛二烯-3-醇（2.17%）、新植二烯（1.33%）、十六烷酸（1.85%）、6,10,14-三甲基-2-十五烷酮（1.56%）、α-石竹烯氧化物（1.43%）、1,2,3,4-四氢-1,6-二甲基-4-(1-甲乙基)-(1 S-cis)-萘（1.23%）、香橙烯氧化物（1.08%）等。

种子：刘绣华等（2000）用石油醚萃取后再用水蒸气蒸馏法提取的云南文山产三岛柴胡种子精油的主要成分为：4,4,5-三甲基-2-已烯（38.00%）、2,2,4-三甲基-3-戊烯-1-醇（14.00%）、2,3-二甲基-3-丁烯-醇（10.00%）、庚烷（9.50%）、2,3-二甲基戊烷（8.90%）、3-乙基-1-戊炔-3-醇（1.90%）、3-甲基-3-乙基-1-戊烯（1.80%）、3-甲基-3-已烯-醇（1.80%）、胡椒烯（1.40%）、2-甲基十二烷（1.30%）等。

【利用】根入药，有和解退热、疏肝解郁、提升中气、抗病毒、消炎、强壮的功效，用于治疗感冒发热、胸胁胀痛、头痛目眩、疟疾、肝炎、脱肛、月经不调、创伤等症。根精油具有解热止痛作用，已用于临床并有较好的退热效果。

大叶柴胡

Bupleurum longiradiatum Turcz.

伞形花科　柴胡属

分布：黑龙江、吉林、辽宁、内蒙古、甘肃等地

【形态特征】多年生高大草本，高80～150 cm，根茎弯曲，质坚。茎单生或2～3，有粗槽纹，多分枝。叶大，背面带粉蓝绿色，基生叶广卵形到椭圆形或披针形，顶端急尖或渐尖，下部楔形或广楔形，收缩成宽扁有翼的长叶柄，至基部扩大成叶鞘抱茎，叶片长8～17 cm，宽2.5～8 cm；叶柄常带紫色；茎中部叶卵形或狭卵形；茎上部叶渐小，卵形或广披针形，抱茎。伞形花序宽大，多数，伞辐3～9；总苞1～5，黄绿色，不等大，披针形；小总苞片5～6，广披针形或倒卵形；小伞形花序有花5～16，花深黄色；花瓣扁圆形，顶端内折，舌片基部较阔，顶端有2裂。果暗褐色，被白粉，长圆状椭圆形，长4～7 mm，宽2～2.5 mm，每棱槽内有油管3～4，合生面4～6。花期8～9月，果期9～10月。

【生长习性】生于海拔500～2700 m的草甸、沟边潮湿地、灌丛、林缘、山谷、草丛、山坡阴湿地。喜暖和湿润气候，耐寒、耐旱怕涝，适宜土层深厚、肥沃的砂质壤土。

【芳香成分】符玲等（2010）用水蒸气蒸馏法提取的河南龙浴湾产大叶柴胡干燥根精油的主要成分为：α-蒎烯（46.79%）、十五烷（6.79%）、3-己烯-1-醇（4.73%）、α-法呢烯（4.70%）、α-香茅醇（4.21%）、柠檬烯（2.81%）、α-榄香烯（2.31%
α-石竹烯（2.11%）、己醛（1.92%）、1-己醇（1.89%）、庚
（1.75%）等。

【利用】根茎及根有较大的毒性，如不注意鉴别，便会引
中毒死亡。

多枝柴胡

Bupleurum polyclonum Ying Li et S. L. Pan

伞形花科　柴胡属

分布：云南

【形态特征】多年生草本，直立硬挺，株高 20～60 cm。
根略增粗，圆柱形，支根少，外皮红棕色；茎从基部开始
枝，且分枝极多；花小，黄色；果长圆形，长 2～3 mm，
1.2～1.8 mm，棕色。花期 7～8 月，果期 8～9 月。

【生长习性】野生于海拔 2500～2800 m，较干燥的山坡
林缘、灌丛、丘陵的荒坡、草地、路边及沟旁。适应性较强
喜冷凉而湿润的气候环境，比较耐寒耐旱，忌高温和涝洼
水。宜在壤土、砂壤土或腐土种植，盐碱地、黏土地块不宜
植。

【芳香成分】刘书芬等（2005）用水蒸气蒸馏法提取的
海产多枝柴胡带根全草精油的主要成分为：十五烷（29.47%
十三烷（15.12%）、十一烷（13.03%）、石竹烯氧化物（7.89%
异石竹烯（2.64%）、庚醛（1.85%）、斯帕苏烯醇（1.75%
十七烷（1.72%）、[lR-(1 R,3 E,7 E,11 R)]-1,5,5,8-四甲基-12-氧
二环[9.1.0]十二-3,7-二烯（1.48%）、l-甲基-8-异丙基-1,2,3,
四氢萘（1.43%）、8-十七烯（1.22%）、反式-Z-a-没药烯环氧
物（1.04%）等。

【利用】根有解热、镇静、镇痛、抗菌、抗肝损伤、抗病
等作用，主治感冒发烧、疟疾、月经不调等。

黑柴胡

Bupleurum smithii Wolff

伞形花科　柴胡属

别名：小五台柴胡

分布：河北、山西、陕西、河南、甘肃、青海、内蒙古等地

【形态特征】多年生草本，常丛生，高25～60 cm，根黑褐色，质松，多分枝。有纵槽纹。叶多，质较厚，基部叶丛生，狭长圆形或长圆状披针形或倒披针形，长10～20 cm，宽～2 cm，顶端钝或急尖，有小突尖，基部渐狭成叶柄，叶基紫红色，扩大抱茎，叶缘白色，膜质；中部的茎生叶狭长圆形或倒披针形，下部较窄，顶端短渐尖，基部抱茎；托叶长卵形，基部扩大，顶端长渐尖；总苞片1～2或无；伞辐4～9，不等长，有明显的棱；小总苞片6～9，卵形至阔卵形，顶端有小短尖头，黄绿色；小伞花序直径1～2 cm；花瓣黄色，有时背面淡紫红色。果棕色，卵形，长3.5～4 mm，宽2～2.5 mm，棱狭，狭翼状；每棱槽内有油管3，合生面3～4。花期7～8月，果期8～9月。

【生长习性】生长于海拔1400～3400 m的山坡草地、山谷、山顶阴处。喜暖和湿润气候，耐寒、耐旱，怕涝，适宜在土层深厚、肥沃的砂质壤土中种植。

【精油含量】水蒸气蒸馏法提取干燥根的得油率为0.71%～0.82%，地上部分的得油率为0.25%。

【芳香成分】根：符玲等（2010）用水蒸气蒸馏法提取的河南龙浴湾产黑柴胡干燥根精油的主要成分为：十一碳烷（22.16%）、α-蒎烯（10.42%）、石竹烯（6.76%）、月桂烯（6.23%）、可巴烯（6.21%）、α-罗勒烯（4.83%）、十三碳烷（4.32%）、柠檬烯（3.99%）、萸（3.10%）、杜松烯（2.77%）、吉玛烯D（1.88%）、α-古芸烯（1.82%）、石竹烯氧化物（1.42%）、十六烷（1.33%）等。

全草：杨瑶珺等（2005）用水蒸气蒸馏法提取的河北易县产黑柴胡地上部分精油的主要成分为：石竹烯（12.84%）、(-)-斯巴醇（9.72%）、1 R-α-蒎烯（4.52%）、α-荜澄茄油烯（4.21%）、α-月桂烯（4.20%）、香树烯氧化物（1）(3.73%）、柠檬烯（3.68%）、罗汉柏烯（3.61%）、植醇（3.48%）、3,7,11,15-四甲基-2-十六醇（3.32%）、α-杜松醇（3.31%）、α-石竹烯（3.19%）、十六烷酸甲酯（2.62%）、7 R,8 R-8-羟基-4-异亚丙基-7-甲基-双环[5,3,1]-十一烯（2.20%）、1 S-顺-4,7-二甲基-1-(甲基乙基)-1,2,2,5,6,8a-六羟基-萘（2.19%）、R-1-甲基-4-(1,2,2-三甲基环戊基)-苯（2.07%）、反-杜松醇（1.86%）、氧化喇叭烯（Ⅱ）(1.67%）、氧化香树烯（2）(1.56%）、异香树烯（1.25%）、2-己烯醛（1.16%）、己醛（1.09%）等。

【利用】根入药，主治外感发热、寒热往来、疟疾、肝郁胁痛乳胀、头痛头眩、月经不调、气虚下陷之脱肛、子宫脱垂、胃下垂。

小叶黑柴胡

Bupleurum smithii Wolff var. *parvifolium* Shan et Y. Li

伞形花科　柴胡属

分布： 内蒙古、宁夏、甘肃、青海等地

【形态特征】黑柴胡变种。本变种植株矮小，高15～40 cm。茎丛生更密，茎细而微弯成弧形，下部微触地。叶变窄，变小，长6～11 cm，宽3～7 mm。小伞形花序小，直径8～11 mm；小总苞有时减少至5片，长3.5～6 mm，宽2.5～3.5 mm，稍超过小伞形花序。

【生长习性】生长于海拔2700～3700 m的山坡草地，偶见于林下。喜暖和湿润气候，耐寒、耐旱，怕涝，适宜在土层深厚、肥沃的砂质壤土中种植。

【精油含量】水蒸气蒸馏法提取根的得油率为0.15%。

【芳香成分】杨永健等（1993）用水蒸气蒸馏法提取的宁夏海源产小叶黑柴胡根精油的主要成分为：5-甲基麝香草醚（18.72%）、对-聚伞花素（9.25%）、环己醇（7.79%）、(Z)-3-烯-5-十七炔（2.91%）、5-甲基麝香草醚异构体（2.90%）、2-

戊基呋喃（2.71%）、二甲基乙缩醛己醛（2.69%）、正十一烷（1.68%）、顺-十氢萘（1.40%）、5,7-二甲氧基-间-聚伞花素（1.31%）、正十五烷（1.25%）、β-蒎烯（1.12%）、2,4,6-三甲基辛烷（1.11%）、辛醛（1.09%）等。

【利用】根或全草入药，有和解退热、疏肝解郁的功效，用于治伤寒邪在少阳、寒热往来、胸胁苦满、口苦、咽干、目眩、肝气郁结、胁肋胀痛、月经不调及痛经等症。

红柴胡

Bupleurum scorzonerifolium Willd.

伞形花科　柴胡属

别名：南柴胡、狭叶柴胡、春柴胡、香柴胡、软柴胡、软苗柴胡

分布：黑龙江、吉林、辽宁、河北、山东、山西、陕西、江苏、安徽、广西、内蒙古、甘肃

【形态特征】多年生草本，高30～60 cm。茎单一或2～3，基部密覆叶柄残余纤维，有细纵槽纹，上部有多回分枝。叶细线形，基生叶下部略收缩成叶柄，叶长6～16 cm，宽2～7 mm，顶端长渐尖，基部稍变窄抱茎，质厚，稍硬挺，常对折或内卷，叶缘白色，骨质，上部叶小，同形。伞形花序自叶腋间抽出，花序多，直径1.2～4 cm，形成较疏松的圆锥花序；伞辐3～8，长1～2 cm，很细，弧形弯曲；总苞片1～3，极细小，针形；小伞形花序直径4～6 mm，小总苞片5，紧贴小伞，线状披针形，细而尖锐；小伞形花序有花 6～15；花瓣黄色，顶端2浅裂。果广椭圆形，长2.5 mm，宽2 mm，深褐色，棱浅褐色，粗钝凸出，油管每棱槽中5～6，合生面4～6。花期7～8月，果期8～9月。

【生长习性】生于干燥的草原及向阳山坡上，灌木林边缘，海拔160～2250 m。喜暖和湿润气候，耐寒、耐旱，怕涝，适宜在土层深厚、肥沃的砂质壤土中种植。

【精油含量】水蒸气蒸馏法提取根的得油率为0.04%～1.27%。

【芳香成分】谢东浩等（2008）用水蒸气蒸馏法提取的江苏镇江产红柴胡（春柴胡，红柴胡一栽培种）根精油的主要成分为：n-十六烷酸（27.62%）、(Z,Z)-9,12-亚油酸（14.58%）、(E)-9-十八碳烯酸（9.78%）、匙叶桉油烯醇（4.71%）、硬脂（3.26%）、花侧柏烯（1.26%）等。庞吉海等（1992）用同法分析的陕西永寿产红柴胡干燥根精油的主要成分为：1-特丁基-香醚（14.08%）、2,4-癸二烯醛（8.32%）、β-蒎烯（7.27%）、对聚伞花素（5.32%）、麦由酮（4.34%）、α-蒎烯（3.94%）、α-麻烯（3.15%）、γ-松油烯（2.79%）、菖蒲二烯（2.71%）、柠烯（2.53%）、2-甲基-环戊醇（1.97%）、4-甲基-己醛（1.64%）β-石竹烯（1.58%）、2-戊基呋喃（1.35%）、γ-松油醇（1.18%）等。

【利用】根入药，为中药‘柴胡’的重要来源，有解表退热、疏肝解郁、升举阳气的功效，用于治疗表证发热、肝郁气滞、气虚下陷等。

黄花鸭跖柴胡

Bupleurum commelynoideum de Boiss. var. *flaviflorum* Shan et Y. Li

伞形花科　柴胡属

别名：小柴胡、宽苞柴胡

分布：四川、云南、西藏

【形态特征】紫花鸭跖柴胡变种。多年生草本。高38～48 cm。基部叶细长，线形，长8～18 cm，宽2.5～4 mm，顶端渐尖，抱茎，背面有时带紫色，基部紫色；茎中部叶披状披针形，抱茎，顶端渐尖，往往呈长尾状，长8～11 cm，宽5～10 mm，边缘白膜质，茎顶部叶较短，狭卵形，顶端渐尖或有短尾尖。伞形花序单生于枝顶，总苞片1～2，不等大，卵形或披针形；伞辐3～7；小伞形花序直径1.2～1.8 cm；小总苞片7～9，二轮排列，卵形或广卵形，表面绿色，背面多带粉紫色；小伞形花序有花16～30；花瓣背面紫色，边缘鲜黄，腹面紫或黄色，内卷，舌片梯形，深紫色。果实成熟时棕红色，短圆柱形，长2～2.5 mm，直径1.5 mm，棱条色淡，略成翼状，每棱槽中有油管3，合生面油管4。花期8～9月，果期9～10月。

【生长习性】生长于海拔3000～4320 m的山顶或高山草地，山坡草丛中。耐寒、耐旱，忌水浸。宜选土层深厚肥沃、土层疏松、排灌良好的砂质壤土地。

【芳香成分】王燕萍（2005）用超临界CO_2萃取法提取

甘肃岷县产野生黄花鸭趾柴胡根精油的主要成分为：呋烷-20(22)-烯-26-醇（8.72%）、十六烷酸（8.00%）、油（5.58%）、酞酸二丁酯（3.26%）、N-(3,4-二甲氧基苯基)-唑-5-胺（2.79%）、顺-9,12-十八碳二烯酸（2.42%）、壬酮.72%）、十五醛（1.64%）、3,4,5-三甲氧基-苯甲醛（1.53%）、脂酸（1.09%）等。

【利用】根作为‘柴胡’入药。

马尔康柴胡

upleurum malconense Shan et Y. Li

伞形花科　柴胡属

别名： 马尾柴胡、竹叶柴胡

分布： 四川、甘肃、青海等地

【形态特征】多年生草本。茎3～5，高30～65 cm，基部紫。基生叶多，狭线形，深绿色，质稍硬挺而厚，叶背绿色，10～15 cm，宽2.5～5 mm，顶端渐尖，基部抱茎；茎中、上叶与基生叶同形而小，顶端渐尖，基部略窄半抱茎。复伞形花序多而小，花序直径1～2 cm；花序梗常带紫色；总苞片很，2～3片，线形或鳞片状，不等大，顶端渐尖；伞辐3～5，挺；小伞形花序很小，花7～11；小总苞片5，披针形；花色，直径约1 mm；花瓣的小舌片小，近方形，顶端2裂。果卵状椭圆形，褐色，长2.5～3 mm，宽1.5～1.8 mm，果柄长1～1.5 mm。每棱槽中有油管3，合生面油管4。花期7～9月，果期9～10月。

【生长习性】生长于海拔2040～2950 m的山坡草地及灌丛边缘，有时也生长在河边及耕作地旁。耐寒、耐旱，忌水浸。宜选土层深厚肥沃、土质疏松、排灌良好的砂质壤土。

【芳香成分】根：闫婕等（2014）用水蒸气蒸馏法提取的四川汶川产马尔康柴胡根精油的主要成分为：镰叶芹醇（17.74%）、胆固醇甲酰氯（4.05%）、2-正戊基呋喃（3.99%）、6-异丙烯基-4,8a-二甲基-1,2,3,5,6,7,8,8a-八氢-萘-2-醇（3.23%）、氧化石竹烯（2.46%）、月桂醛（2.20%）、棕榈酸甲酯（1.81%）、月桂醇（1.31%）、氧化香橙烯（1.31%）、正十五烷（1.26%）、植酮（1.23%）、7,9-二叔丁基-1-氧杂螺[4,5]癸烯二酮（1.23%）、2,4-二叔丁基苯酚（1.16%）、2-十一烯醛（1.04%）、斯巴醇（1.04%）等。

全草：闫婕等（2014）用水蒸气蒸馏法提取的四川汶川产马尔康柴胡地上部分精油的主要成分为：氧化石竹烯（15.69%）、6-异丙烯基-4,8a-二甲基-1,2,3,5,6,7,8,8a-八氢-萘-2-醇（6.92%）、斯巴醇（6.06%）、β-石竹烯（5.24%）、葎草烯-1,6-二烯醇（2.98%）、胆固醇甲酰氯（2.89%）、葎草烯-1,2-环氧化物（2.76%）、氧化香橙烯（2.57%）、3,4,4-三甲基-3-(3-氧杂-丁-1-烯基)-二环[4.1.0]庚烷-2-酮（2.27%）、大根香叶烯D（2.22%）、植酮（2.14%）、T-依兰油醇（2.03%）、依兰烷-3,9(11)-二烯-10-过氧化物（1.99%）、二十一烷（1.08%）等。

【利用】根作为‘柴胡’入药。

银州柴胡

Bupleurum yinchowense Shan et Y. Li

伞形花科　柴胡属

别名： 红柴胡、红软柴胡、软柴胡、卧银花

分布： 陕西、甘肃、宁夏、内蒙古等地

【形态特征】多年生草本，高25～50 cm。。茎有细纵槽纹，基部常带紫色。叶小，薄纸质。基生叶常早落，倒披针形，长5～8 cm，宽2～5 mm，顶端圆或急尖，有小突尖头，中部以下收缩成长柄；中部茎生叶倒披针形，顶端长圆或急尖，有小硬尖头，基部很快收缩几乎成短叶柄。复伞形花序小而多，直径10～18 mm；总苞片无或1～2，针形，顶端尖锐；伞辐 3～9，

极细；小总苞片5，线形，很小，紧贴花柄，顶端尖锐；小伞形花序直径2.5～4 mm，花6～9；花很小，直径0.8～1.1 mm；花瓣黄色，中肋棕色，小舌片大，长方形，顶端微凹。果广卵形，长2.8～3.2 mm，宽2～2.2 mm，深褐色。棱在嫩果时明显，翼状，成熟后细线形，每棱槽中有油管3，合生面油管4。花期8月，果期9月。

【生长习性】生长于干燥山坡及多沙地带瘠薄的土壤中，海拔500～1900 m。耐寒、耐旱，忌水浸。宜选土层深厚肥沃、土质疏松、排灌良好的砂质壤土地。

【精油含量】水蒸气蒸馏法提取根的得油率为0.13%，地上部分的得油率为0.07%。

【芳香成分】李映丽等（1997）用水蒸气蒸馏法提取的陕西神木产银州柴胡根精油的主要成分为：十六烷酸（26.03%）、亚麻酸（20.97%）、十五烷酸（2.50%）、十二烷酸（1.50%）、花侧柏烯（1.15%）、菲（1.15%）等。

【利用】根药用。

竹叶柴胡

Bupleurum marginatum Wall. ex DC.

伞形花科　柴胡属

别名： 紫柴胡、竹叶防风

分布： 西南、中部和南部各地

【形态特征】多年生高大草本。茎高50～120 cm，带紫棕色，有粗条纹。叶鲜绿色，背面绿白色，革质或近革质，叶缘软骨质，较宽，白色，下部叶与中部叶同形，长披针形或线形，长10～16 cm，宽6～14 mm，顶端急尖或渐尖，有硬尖头，基部微收缩抱茎，茎上部叶同形，逐渐缩小。复伞形花序很多；直径1.5～4 cm；伞辐3～7，不等长，长1～3 cm；总苞片2～5，很小，不等大，披针形或小如鳞片；小伞形花序直径4～9 mm；小总苞片5，披针形，顶端渐尖，有小突尖头，有白色膜质边缘，小伞形花序有花 6～12，直径1.2～1.6 mm；花瓣浅黄色，顶端反折处较平而不凸起，小舌片较大，方形。果长圆形，长3.5～4.5 mm，宽1.8～2.2 mm，棕褐色，棱狭翼状，每棱槽中有油管3，合生面油管4。花期6～9月，果期9～11月。

【生长习性】生长在海拔750～2300 m的山坡草地或林下。耐寒、耐旱，忌水浸。生长在土层深厚肥沃、土质疏松、排灌良好的砂质壤土地。

【芳香成分】王砚等（2014）用固相微萃取法提取的四川荣县产竹叶柴胡风干根精油的主要成分为：n-十六烷酸（19.13%）、油酸乙酯（13.09%）、亚油酸甲酯（11.59%）、十六酸乙酯（10.21%）、油酸（4.51%）、乙基-9-十六酸盐（4.10%）、9,12-十八碳二烯酸（3.18%）、顺式-9-十六烯酸（2.41%）、邻苯二甲酸二丁酯（1.42%）、2,4-二异氰氧基-1-甲基苯（1.15%）、十二烷酸邻苯甲二酸丁基酯（1.14%）、十五烷酸（1.09%）等。

【利用】全草药用，治感冒、腮腺炎、扁桃体炎。

川明参

Chuanminshen violaceum Sheh et Shan

伞形花科　川明参属

别名： 明参、沙参、土明参

分布： 四川、湖北等地

【形态特征】多年生草本，高30～150 cm。茎单一或数茎，多分枝。基生叶多数，莲座状，叶柄基部有宽阔叶鞘抱茎，叶鞘带紫色，边缘膜质；叶片轮廓阔三角状卵形，长6～20 cm，宽4～14 cm，三出式2～3回羽状分裂，一回羽片3～4对，卵形，二回羽片1～2对，卵形，末回裂片卵形或长卵形；茎上部叶二回羽状分裂，叶片小；顶端叶更小，3裂。复伞形花序多分枝，伞形花序直径3～10 cm，无总苞片或仅有1～2片，线形，伞辐4～8；小总苞片无或有1～3片，线形，膜质；花瓣椭圆形，暗紫红色、浅紫色或白色；萼齿显著，狭长三角形或线形。分生果卵形或长卵形，长5～7 mm，宽2～4 mm，暗褐色，背腹扁压，背棱和中棱线形突起；棱槽内有油管2～3，合生面油管4～6。花期4～5月，果期5～6月。

【生长习性】生长于山坡草丛中或沟边、林缘路旁。喜凉爽、湿润气候，较能耐寒，不耐高温。宜在土层深厚、疏松肥沃、排水良好的砂质壤土或壤土栽种，切忌在黏重、汗湿和含砾石多的土壤栽培。

【精油含量】超声波辅助水蒸气蒸馏法提取干燥根的得油率为2.21%。

【芳香成分】董红敏等（2015）用超声波辅助水蒸气蒸馏法提取的四川产川明参干燥根精油的主要成分为：亚油酸(26.13%)、镰叶芹醇（18.88%）、棕榈酸（9.80%）、亚磷酸二(十二烷基)酯（6.40%）、3,4-双氢-8-羟基-6-甲氧基-3-甲基-苯并吡喃酮（5.20%）、欧前胡素（3.87%）、亚油酸甲酯（2.76%）、1,2,3,4-四甲苯（2.65%）、佛手苷内酯（2.58%）、棕榈酸乙酯(1.98%)、十六烷（1.19%）、1,7-二甲基-4-(1-甲基乙基)螺环[4,5]癸-6-烯-8-酮（1.13%）、1,3-二甲基-2-乙基苯（1.11%）、1,5-苯二异丙酯（1.09%）等。

【利用】根入药，有利肺、和胃、化痰、解毒作用，主要用于治热病伤阴、肺燥咳嗽、脾虚食少、病后体弱。

刺芹

Eryngium foetidum Linn.

伞形花科　刺芹属

别名：洋芫荽、野芫荽、假芫荽、刺芫荽、大芫荽、节节花、刺锯草、野香草、洋香菜、欧芹、旱芹菜、荷兰芹

分布：广东、广西、云南、贵州等地

【形态特征】二年生或多年生草本，高11～40 cm。茎有数条槽纹。基生叶披针形或倒披针形，革质，长5～25 cm，宽1.2～4 cm，顶端钝，基部渐窄有膜质叶鞘，边缘有骨质尖锐锯齿，表面深绿色，背面淡绿色；叶柄基部有鞘可达3 cm；茎生叶着生在每一叉状分枝的基部，对生，边缘有深锯齿，齿尖刺状，顶端不分裂或3～5深裂。头状花序生于茎的分叉处及上部枝条的短枝上，呈圆柱形，长0.5～1.2 cm，宽3～5 mm；总苞片4～7，叶状，披针形，边缘有1～3刺状锯齿；小总苞片阔线形至披针形，边缘透明膜质；萼齿卵状披针形至卵状三角形；花瓣倒披针形至倒卵形，顶端内折，白色、淡黄色或草绿色。果卵圆形或球形，长1.1～1.3 mm，宽1.2～1.3 mm，表面有瘤状凸起，果棱不明显。花果期4～12月。

【生长习性】通常生长在海拔100～1540 m的丘陵、山地林下、路旁、沟边等湿润处。喜温、喜肥、喜湿、喜阴、耐热。对土壤的适应性较强，适宜的土壤pH为5.5～6.5。应选择通风透光、排灌方便、土质疏松肥沃的壤土进行种植。

【精油含量】水蒸气蒸馏法提取新鲜全草的得油率为0.09%，新鲜叶的得油率为0.10%；微波法提取干燥全草的得油率为0.61%。

【芳香成分】叶：刘顺珍等（2011）用水蒸气蒸馏法提取的广西南宁产刺芹新鲜叶精油的主要成分为：月桂醇（33.50%）、2-烯-十二酸（10.06%）、月桂酸（6.70%）、反-7-烯-十四醛（6.30%）、月桂醛（5.44%）、桃醛（3.70%）、环十二烷（2.53%）、壬烯（1.80%）、癸酸（1.43%）、癸醛（1.35%）、壬酸（1.15%）、正十四碳酸（1.07%）、3,4-二甲基环己醇（1.00%）等。

全草：叶碧波等（1996）用水蒸气蒸馏法提取的广东陆河产刺芹新鲜全草精油的主要成分为：对乙基丙基苯（42.31%）、环己基辛酮（11.94%）、十四烷醛（3.76%）、2-甲醇基-环己基己酮（2.76%）、2,4,6-三甲基苯甲醛（2.75%）、胡萝卜醇（2.11%）、邻-甲酸乙酯-乙酸苯甲酯（1.75%）、1-甲基-3-亚乙基-环戊烯（1.40%）、对甲基苯乙酸酯（1.38%）、癸醛（1.23%）等。翟锐锐等（2014）用同法分析的海南海口产野生刺芹新鲜全草精油的主要成分为：2,4,5 三甲基苯甲醛（14.27%）、1,11-十二二烯（11.15%）、2-十二碳烯酸（8.95%）、十二烷酸（7.78%）、环癸烷（7.32%）、N-棕榈酸（5.15%）、十六烷醛（2.84%）、十二烯醛（2.18%）、1 H-吲哚-4-羟基-3-羧酸（2.00%）、胡萝卜醇（1.76%）、2-硝基-2-丙烯基环己烷（1.65%）、叶绿醇（1.50%）、9,12-十八碳二烯酸（1.45%）、(2 H)-1,3,4,5,6,7-六氢-1,1-二甲基-2-氧-4a(2 H)-萘甲酸乙酯（1.30%）、3,3,6-三甲基-1,5-庚二烯-4-酮（1.05%）等。高燕等（2013）用同时蒸馏萃取法提取的云南西双版纳产野生刺芹干燥全草精油的主要成分为：2-十二碳烯醛（45.24%）、2,4,5-三甲基苯甲醛（6.12%）、(Z)-14-甲基-8-十六碳烯醛（4.23%）、β-瑟林烯（2.32%）、癸醛（1.72%）、1-甲基-8-亚甲基-4-异丙基-三环[$4.3.0.0^{1,7}$]癸烷（1.33%）等。

【利用】全草药用，有疏风散寒、引气消滞之功效，可治风寒感冒、胃寒呃逆、跌打肿疼、急性传染性肝炎等疾病，用于利尿、治水肿病与蛇咬伤有良效。嫩茎叶可作蔬菜食用，也是傣族、景颇族、佤族群众喜食的调料菜。

白芷

Angelica dahurica (Fisch. ex Hoffm.) Benth. et Hook. f. ex Franch. et Sav.

伞形花科　当归属

别名： 祁白芷、禹白芷、香白芷、川白芷、杭白芷、兴安白芷、东北独活、河北独活、大活、香大活、走马芹、走马芹筒子、狼山芹

分布： 东北、华北地区及四川、浙江、湖南、湖北、江西、安徽、福建、台湾、江苏、甘肃、河北、河南等地

【形态特征】多年生高大草本，高1～2.5 m。基生叶一回羽状分裂，叶柄下部有管状抱茎叶鞘；茎上部叶2～3回羽状分裂，叶片轮廓为卵形至三角形，长15～30 cm，宽10～25 cm，叶柄下部为囊状膨大的叶鞘，常带紫色；末回裂片长圆形，卵形或线状披针形，急尖，边缘有粗锯齿，具短尖头，沿叶轴下延成翅状；花序下方的叶成囊状叶鞘。复伞形花序顶生或侧生，直径10～30 cm；伞辐18～40，中央主伞有时伞辐多至70；总苞片通常缺或有1～2，成长卵形膨大的鞘；小总苞片5～10余，线状披针形，膜质，花白色；花瓣倒卵形，顶端内曲成凹头状。果实长圆形至卵圆形，黄棕色，有时带紫色，长4～7 mm，宽4～6 mm，背棱扁，厚而钝圆，近海绵质，侧棱翅状；棱槽中有油管1，合生面油管2。花期7～8月，果期8～9月。

【生长习性】常生长于林下、林缘、溪旁、灌丛及山谷草地。喜温和、湿润气候，能耐寒，喜向阳、光照充足的环境。宜栽种在土层深厚、疏松肥沃、湿润而又排水良好的土壤。盐碱地不宜种植。

【精油含量】水蒸气蒸馏法提取根的得油率为0.02%～0.58%，果实的得油率为0.90%；超临界萃取根的得油率为1.00%～4.17%。

【芳香成分】根：赵爱红等（2011）用水蒸气蒸馏法提取的河北安国产‘祁白芷’干燥根精油的主要成分为：3-蒈烯（12.70%）、正十二烷醇（11.57%）、环十四烷（8.07%）、β-榄香烯（6.20%）、β-萜品烯（3.53%）、正十六酸（3.11%）、顺式-11-十四烯酸（2.68%）、反式-9-十八碳烯-1-醇（2.39%）、香叶烯（1.97%）、γ-榄香烯（1.82%）、β-水芹烯（1.65%）、马阿里烯（1.61%）、丙酰乙酯（1.60%）、α-亚油酸（1.50%）、消旋-4-萜品醇（1.39%）、左旋-匙叶桉油烯醇（1.27%）、乙酸乙酯（1.23%）、石竹烯（1.21%）、δ-榄香烯（1.16%）、左旋-蒎烯（1.03%）等。舒任庚等（2011）用同法分析的浙江杭州产‘杭白芷’根精油的主要成分为：十二碳醇（25.68%）、榈酸（16.76%）、十五碳醇（15.68%）、角鲨烯（10.79%）、油酸（8.63%）、邻苯二甲酸单乙基己酯（6.03%）、环十二烷（1.78%）、Z-9-十五碳烯醇（1.68%）等。朱立俏等（2012）用同法分析的安徽产白芷干燥根精油的主要成分为：(E)-1-甲基-丙烯基硫醚（61.32%）、氯乙炔（12.51%）、环十二烷（6.80%）、E-3-二十碳烯（4.95%）、丹皮酚（1.90%）、3-甲基-2-丁烯-醇（1.87%）、(Z)-7-十六烯（1.61%）等。郑立辉等（2014）用同法分析的干燥根精油的主要成分为：环十二烃（38.71%）、十五烯醇（16.78%）、丁子香酚（11.56%）、γ-松油烯（3.98%）、丁子香酚乙酸酯（2.07%）、十二醇乙酸酯（1.96%）、芳樟醇（1.91%）、(Z)-9-十五烯醇（1.88%）、石竹烯（1.50%）、8-异丙烯基-1,5-二甲基十环-1,5-二烯（1.22%）、对伞花烃（1.21%）

茗醛（1.17%）、十二醛（1.08%）、桉叶油素（1.06%）等。赵红等（2012）用同法分析的吉林通化产白芷干燥根精油的主成分为：十四烷醇（19.43%）、α-柠檬烯（15.25%）、3-蒈烯0.94%）、正十二醇（5.74%）、1 R-α-蒎烯（3.85%）、顺式-9-四烯酸（2.76%）、左旋匙叶桉油烯醇（1.68%）、μ-十四烷内（1.67%）、姜黄烯（1.65%）、正十五醇（1.44%）、β-榄香烯.15%）、β-没药醇（1.11%）、蛇床烷-6-烯-4-醇（1.09%）等。

果实：严仲铠等（1990）用水蒸气蒸馏法提取的果实精油主要成分为：α-蒎烯（16.61%）、β-水芹烯（9.53%）、γ-荜澄烯（2.72%）、δ-榄香烯（2.43%）、反式-石竹烯（2.42%）、γ-香烯（2.37%）、莰烯（1.92%）、β-榄香烯（1.50%）、对-聚伞素（1.42%）、β-蒎烯（1.31%）、δ-荜澄茄烯（1.22%）、葎草（1.13%）、α-依兰油烯（1.06%）等。

【利用】根入药，具有散风除湿、通窍止痛、消肿排脓的作，用于治疗感冒头痛、眉棱骨痛、鼻塞、风湿性关节疼痛及腿酸痛等症。根的水煎剂有杀虫、灭菌作用，对防治菜青虫、豆蚜虫、小麦杆锈病等有一定效果。叶具有祛风解毒作用，治隐疹、丹毒等。嫩茎剥皮后可供食用。根精油可用于食品精的调配，也可用于化妆品或制药。酊剂用于调配烟草香精。

朝鲜当归

ngelica gigas Nakai

形花科　当归属

名：大独活、土当归、野当归、大野芹、紫花芹

布：东北各地

【形态特征】多年生高大草本，高1～2 m。叶2～3回三式羽状分裂，基生叶及茎下部叶的叶片轮廓近三角形，长～40 cm，宽20～30 cm；茎中部叶的叶柄基部渐成抱茎的狭；末回裂片长圆状披针形，基部楔形，有时具缺刻状裂片，端尖或渐尖，边缘有锐尖锯齿或重锯齿；上部的叶简化成囊膨大的叶鞘，顶端有细裂的叶片，外面紫色。复伞形花序近形，伞辐20～45，长2～3 cm；总苞片1至数片，膨大成囊，深紫色，花蕾期包裹着花序，呈球形；小伞形花序密集成的球形；小总苞数片，卵状披针形，紫色、膜质；花瓣倒卵，深紫色。果实卵圆形，幼时紫红色，成熟后黄褐色，长～8 mm，宽3～5 mm，背棱隆起，侧棱翅状，每棱槽内有油管1～2，合生面油管2～4。花期7～9月，果期8～10月。

【生长习性】常生于海拔1000 m以上的高山坡、沟旁、林缘和林下，喜富含砂石质的土壤。

【精油含量】水蒸气蒸馏法提取根的得油率为0.10%～0.30%，果实的得油率为1.25%。

【芳香成分】根：康廷国（1990）用水蒸气蒸馏法提取的辽宁宽甸产朝鲜当归根精油的主要成分为：壬烯（20.98%）、γ-松油烯（14.60%）、β-侧柏烯（12.56%）、α-檀香萜（5.32%）、δ-愈创木烯（3.61%）、月桂烯（3.30%）、β-甜没药烯（1.53%）、α-异松油烯（1.51%）、γ-荜澄茄烯（1.50%）、荜澄茄烯（1.19%）、橙花叔醇（1.10%）、花柏烯（1.10%）、2-甲基辛烷（1.03%）等。严仲铠等（1990）用同法分析的根精油的主要成分为：正-壬烷（21.97%）、α-蒎烯（20.75%）、柠檬烯（5.00%）、月桂烯（2.68%）、莰烯（2.30%）、γ-榄香烯（2.03%）、α-异松油烯（1.48%）、萘（1.25%）、β-蒎烯（1.14%）、榄香醇（1.08%）、对-聚伞花素（1.04%）等。

果实：严仲铠等（1990）用水蒸气蒸馏法提取的果实精油的主要成分为：β-水芹烯（52.00%）、α-蒎烯（14.24%）、正-壬烷（5.21%）、α-水芹烯（4.11%）、月桂烯（3.53%）、β-蒎烯（2.34%）、桧烯（2.33%）、莰烯（1.34%）、β-荜澄茄烯（1.06%）等。

【利用】根入药，有祛风通络、活血止痛的功效，主治风湿痹痛、跌打肿痛。

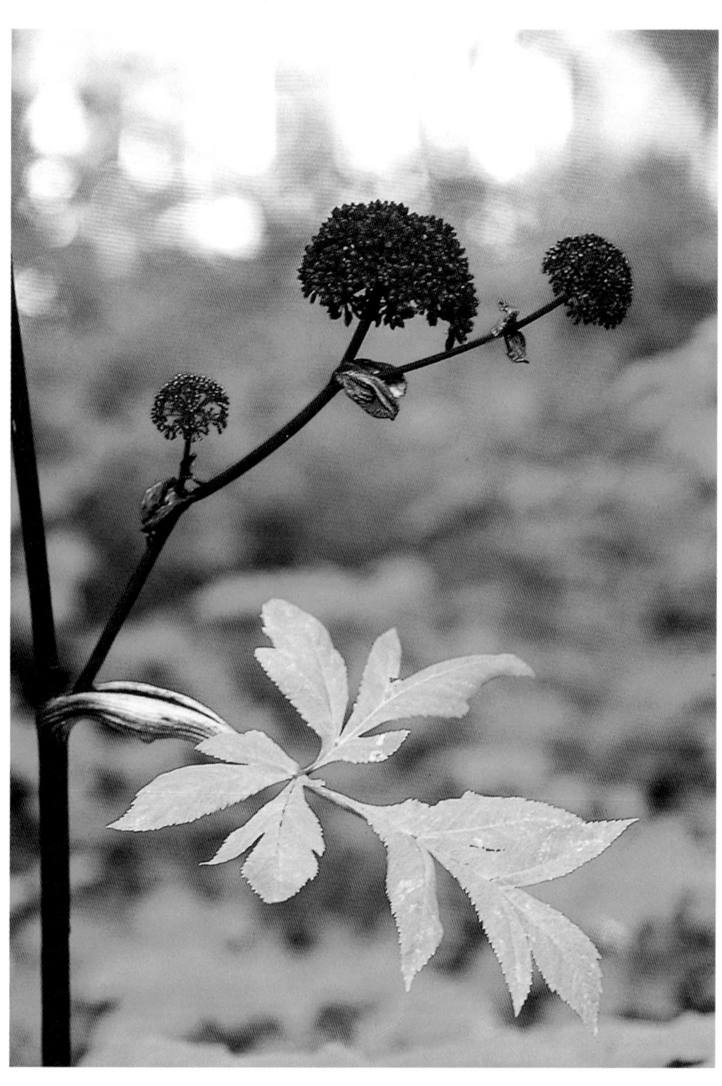

重齿当归

Angelica biserrata (Shan et Yuan) Yuan et Shan

伞形花科　当归属

别名：独活、香独活、绩独活、山大活、浙独活、川独活、肉独活、资邱独活、巴东独活、恩施独活、重齿毛当归、大活、玉活

分布：四川、湖北，甘肃、陕西、江西、安徽、浙江

【形态特征】多年生高大草本。茎高1～2 m。叶二回三出式羽状全裂，宽卵形，长20～40 cm，宽15～25 cm；茎生叶叶柄基部膨大成长5～7 cm的长管状、半抱茎的厚膜质叶鞘，末回裂片膜质，卵圆形至长椭圆形，顶端渐尖，基部楔形，边缘有尖锯齿或重锯齿，齿端有内曲的短尖头，顶生的末回裂片多3深裂，基部下延成翅状。序托叶简化成囊状膨大的叶鞘。复伞形花序顶生和侧生；总苞片1，长钻形，有缘毛；伞辐10～25，长1.5～5 cm，密被短糙毛；伞形花序有花17～36朵；小总苞片5～10，阔披针形，顶端有长尖，背面及边缘被短毛。花白色，无萼齿，花瓣倒卵形，顶端内凹。果实椭圆形，长6～8 mm，宽3～5 mm，背棱线形，隆起，棱槽间有油管1～3，合生面有油管2～6。花期8～9月，果期9～10月。

【生长习性】生长于阴湿山坡、林下草丛中或稀疏灌丛中。为低温长日照作物，适宜高寒凉爽气候，在海拔1500～3000 m均可栽培。幼苗期喜阴，忌烈日直晒；成株能耐强光。适宜土层深厚、疏松、排水良好、肥沃富含腐殖质的砂质壤土栽培，不宜在低洼积水或者易板结的黏土和贫瘠的砂质土栽种，忌连作。

【精油含量】水蒸气蒸馏法提取根的得油率为0.20%～0.60%；超临界萃取根的得油率为3.50%。

【芳香成分】杨秀伟等（2006）用水蒸气蒸馏法提取的湖北五峰产三年生重齿当归阴干根精油的主要成分为：3-蒈烯（8.89%）、β-水芹烯（8.35%）、α-甜没药萜醇（6.03%）、间-异伞花素（4.99%）、1,8-二甲基-4-异丙基-螺环[4.5]十碳-8-烯-7-酮（4.37%）、桉叶烷-4(14),11-二烯（4.36%）、壬烷（3.03%）、8-甲基-1-癸烯（2.83%）、4-羟基-3-甲基苯乙酮（2.41%）、Z-十四碳烯酸（2.03%）、4-(异丙基)-2-环己烯-1-酮（1.67%）、[1S-(1α,2β,4β)]-1-乙烯基-1-甲基-2,4-二(1-甲基乙烯基)-环己烷（1.64%）、正十四碳烯（1.61%）、α-芹子烯（1.36%）、甲氧基异芹酚（1.30%）、喇叭醇（1.14%）、1,3,3-三甲基三环[2.2.1.0^{2,6}]庚烷（1.07%）等。黄蕾蕾等（2002）用同法分析的浙江临安产

生重齿当归干燥根精油的主要成分为：α-蒎烯（22.37%）、β-芹烯（18.43%）、δ-3-蒈烯（12.80%）、1-甲基-2-(1-甲基乙)苯（5.44%）、1-水芹烯（4.84%）、β-侧柏烯（3.14%）、1-(2-基-5-甲基苯基)乙酮（1.58%）、2-β-蒎烯（1.26%）、4-甲-1-(1-甲基)-3-环己烯醇（1.21%）、香桧烯（1.18%）、1-柠檬（1.14%）、α-红没药醇（1.05%）、3-亚乙基-1-甲基-环戊烯.03%）、3-甲基苯酚（1.01%）等。谢显珍等（2012）用同法分的干燥根精油的主要成分为：4-甲氧基-6-(2-丙烯基)-1,2-亚二氧基苯（38.96%）、1-[3-甲氧基-5-羟基苯]-1,2,3,4-四甲基-喹啉（9.30%）、α-甜没药醇（6.73%）、2,6,6,9-四甲基-三环.4.0.0^{2,8}]十一-9-烯（2.83%）、n-十六烷醇（1.60%）、雪松醇.85%）、4-羟基-3-甲基苯乙酮（1.78%）、茄酮（1.44%）、(E)-7,11-三甲基-1,6,10-十二烷三烯-3-醇（1.30%）、1,2,3,4,5,6,7,8-氢-α,α,3,8-四甲基-5-薁甲醇（1.17%）、反式斯巴醇（1.07%）、8-二甲基-4-(1-甲基乙基)-螺[4.5]癸-7-醇（1.06%）、1,7,7-三基二环[2.2.1]庚-5-烯-2-酮（1.05%）等。姚惠平等（2016）同法分析的干燥根精油的主要成分为：4-甲氧基-6丙烯基-1,3并二噁茂（16.96%）、α-红没药醇（9.30%）、(+)-环异洒剔烯.83%）、3-甲氧基-5-羟苯基]-1,2,3,4-四甲基异喹啉（6.73%）、榈酸（4.36%）、β-倍半水芹烯（3.92%）、茄酮（3.74%）、4-基-3-甲基苯乙酮（2.78%）、雪松醇（2.85%）、双环[3.1.0]酰-3醇（2.10%）、[-]-斯巴醇（2.07%）、萘（1.75%）、环己（1.72%）、蛇床子素（1.70%）、α-蒎烯（1.66%）、2,2,3-三甲-3-环戊烯-1-乙醛（1.49%）、Cadina-1[10],4-二烯（1.32%）、叭醇（1.30%）、(-)-蓝桉醇（1.17%）、Z-α-反式-佛手柑油烯（1.06%）、6-莰烯酮（1.05%）等。

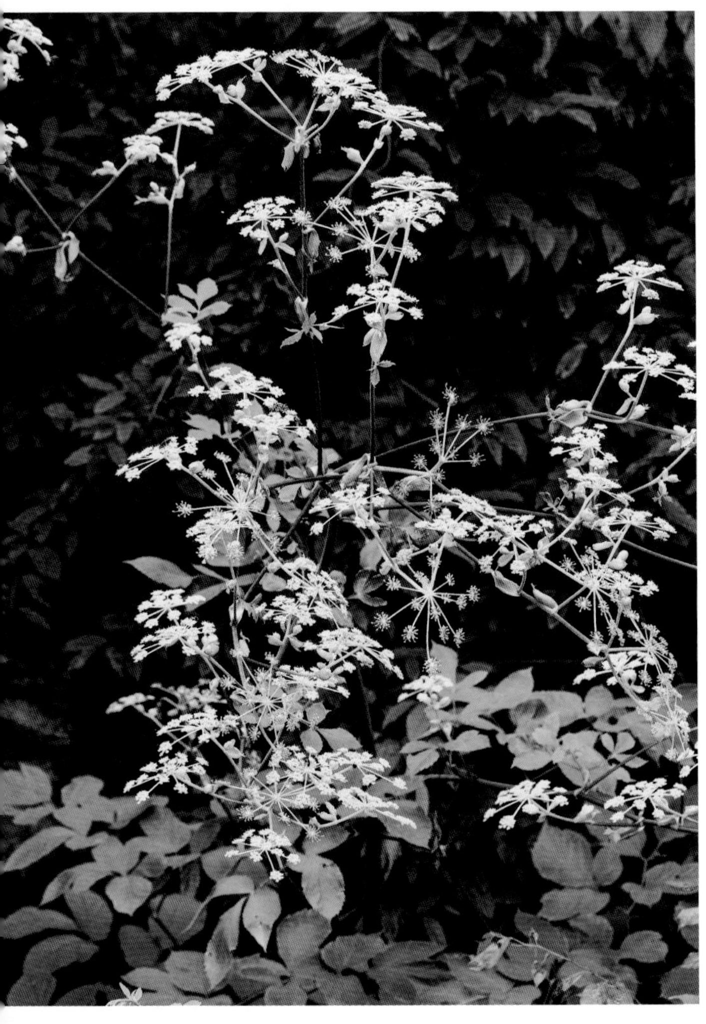

【利用】根为常用中药‘独活’的主要品种，有补血、活血的功效，主治风寒湿痹、腰膝酸痛、月经不调、经闭、痛经、崩漏、头痛、齿痛、痈疡、肌肤麻木、跌打损伤等症。

当归

Angelica sinensis (Oliv.) Diels

伞形花科　当归属
别名：千归、文无、山蕲、秦归、云归
分布：陕西、甘肃、湖北、云南、四川、贵州

【形态特征】多年生草本，高0.4～1 m。叶三出式二至三回羽状分裂，叶柄基部膨大成管状的薄膜质鞘，紫色或绿色，基生叶及茎下部叶轮廓为卵形，长8～18 cm，宽15～20 cm，小叶片3对，末回裂片卵形或卵状披针形，2～3浅裂，边缘有缺刻状锯齿，齿端有尖头；叶下表面及边缘被稀疏的乳头状白色细毛；茎上部叶简化成囊状的鞘和羽状分裂的叶片。复伞形花序；伞辐9～30；总苞片2，线形，或无；小伞形花序有花13～36；小总苞片2～4，线形；花白色；萼齿5，卵形；花瓣长卵形，顶端狭尖，内折。果实椭圆至卵形，长4～6 mm，宽3～4 mm，背棱线形，隆起，侧棱成宽而薄的翅，翅边缘淡紫色，棱槽内有油管1，合生面油管2。花期6～7月，果期7～9月。

【生长习性】喜高寒凉爽气候，适宜选择高寒潮湿地区，土层深厚肥沃、排水良好的砂质壤土栽培。幼苗期喜阴，移栽第二年能耐强光。

【精油含量】水蒸气蒸馏法提取根的得油率为0.10%～4.60%，干燥根须的得油率为0.43%，地上部分的得油率为0.10%，新鲜叶的得油率为0.40%；超临界CO_2萃取的根的得油率为0.44%～5.00%；有机溶剂萃取根的得油率为0.33%～3.40%；微波萃取根的得油率为0.97%～4.40%；超声波萃取根的得油率为1.04%～2.21%。

【芳香成分】根：刘春美等（2008）用水蒸气蒸馏法提取的甘肃岷县产当归根精油的主要成分为：Z-藁本内酯（70.73%）、顺-罗勒烯（3.47%）、斯巴醇（2.42%）、3-丁烯基苯酞（2.40%）、2-甲氧基-4-乙烯基苯酚（1.80%）、2,4,6-三甲基苯甲醛（1.60%）、E-藁本内酯（1.50%）等。张金渝等（2009）用同法分析的云南大理产当归根精油的主要成分为：顺-罗勒烯（45.20%）、α-蒎烯（21.61%）、Z-双氢藁苯内酯（14.10%）、

6-丁基-1,4-环庚二烯（2.34%）、双环大香叶烯（2.06%）、E-双氢藁苯内酯（1.36%）、壬烷（1.32%）、十一烷（1.06%）、β-金合欢烯（1.00%）等。李涛等（2015）用同法分析的四川松潘产野生当归干燥根精油的主要成分为：α-蒎烯（49.02%）、β-反式罗勒烯（33.81%）、(E,Z)-2,6-二甲基-2,4,6-辛三烯（2.75%）、α-1-丙烯基-苯甲醇（2.44%）、6-丁基-1,4-环庚二烯（2.16 %）、2(10)-蒎烯（1.51%）、6-羟甲基-2,3-二甲基苯基-甲醇（1.29%）、β-月桂烯（1.16%）等。陈凌霞等（2012）用同法分析的根精油的主要成分为：3-蒈烯（32.09%）、Z-藁本内酯（15.03%）、1,3,5,5-四甲基-1,3-环己二烯（13.59%）、α-蒎烯（8.85%）、布藜烯（3.17%）、α-雪松烯（2.80%）、6-丁基-1,4-环庚二烯（2.26%）、3-丁烯基-1(3 H)-异苯并呋喃酮（2.05%）、雪松烯（1.95%）、斯巴醇（1.79%）、芸香烯（1.65%）、花侧柏烯（1.63%）、喇叭烯（1.61%）、异香树烯（1.60%）、花柏烯（1.01%）、2-丁基-1-辛醇（1.00%）等。裴建云等（2017）用同法分析的甘肃岷县产当归干燥根须精油的主要成分为：藁本内酯（17.59%）、2,6,6-三甲基-[3.1.1]庚-2-烯（5.41%）、α-蒎烯（4.92%）、丁烯基酞内酯（4.82%）、香芹酚（3.92%）、罗勒烯（3.56%）、2-甲氧基-4-乙烯基苯酚（3.48%）、硬脂炔酸（2.28%）、4-甲基-2-叔辛基酚（2.24%）、异丁烯基酞内酯（2.23%）、十二醛（2.16%）、2,4,5-三甲基苯甲醛（1.93%）、7-甲基-3-甲基-1,6-辛二烯（1.72%）、2,9-二甲基癸烷（1.56%）、6-丁基-1,4-环庚二烯（1.53%）、D-柠檬烯（1.52%）、2-甲基十二烷（1.47%）、2-丁烯基己酯（1.47%）、4-甲基-5-癸醇（1.41%）、2-甲基壬烷（1.37%）、5,6-二氢-4-[2,3-二甲基-2-丁烯-4-基]-2 H-吡喃（1.25%）、[-]-4-松油醇（1.13%）、[-]-α-松油醇（1.05%）、E-7-十四醇（1.05%）等。

叶：陈耀祖等（1985）用水蒸气蒸馏法提取的甘肃岷县产当归新鲜叶精油主要成分为：2,4,6-三甲基苯甲醛（23.90%）、α-蒎烯（23.40%）、佛手烯（13.30%）、3,4-二甲基苯甲醛（5.71%）、反式-β-金合欢烯（4.68%）、马鞭草烯酮（3.02%）、藏红花醛（2.76%）、月桂烯（2.64%）、对乙基苯甲醛（2.23%）、柠檬烯（2.09%）、β-芹子烯（1.93%）、γ-杜松烯（1.45%）、玷㺃烯（1.43%）、1,1,5-三甲基-2-甲酰基-2,5-环己二烯-4-酮（1.29%）、δ-杜松烯（1.19%）、优葛缕酮（1.07%）等。

全草：刘晖等（2004）用水蒸气蒸馏法提取的甘肃岷县产当归地上部分精油的主要成分为：马兜铃烯（2.39%）、喇叭烯（2.16%）、罗汉柏烯（2.12%）、十七烷（1.95%）、α-杜松醇（1.93%）、朱栾倍半萜（1.92%）、荜澄茄醇（1.83%）、α-竹萜烯（1.81%）、δ-荜澄茄烯（1.62%）、β-松油烯（1.57% 2-亚甲基-5-(1-甲基乙烯基)-环己醇（1.47%）、β-乙香草（1.35%）、β-葎草烯（1.35%）、β-法呢烯（1.31%）、3-正丁基肽内酯（1.27%）、倍半玫瑰呋喃（1.27%）、依兰烷-3,9(11二烯-10-过氧（1.25%）、τ-依兰油醇（1.25%）、双环[4,2,1]烷-2,4-二烯-9-酮（1.22%）、τ-小豆蔻烯（1.17%）、1,3-顺式5-反式-辛三烯（1.09%）、匙叶桉油烯醇（1.04%）、别香树（1.04%）、τ-荜澄茄烯（1.03%）、甲基庚酮（1.00%）等。

【利用】根为著名中药，能补血、和血、调经止痛、润滑肠，治月经不调、经闭腹痛、症瘕结聚、崩漏、血虚头痛眩晕、痿痹、肠燥便难、赤痢后重、痈疽疮疡、跌打损伤。精油为我国允许使用的食品香料，用于配制食用香精；具有静、抗焦虑等作用，可治疗月经不调、痛经等病症；也可用多种香型的日用香精中，为良好的定香剂。叶精油制成“当叶油霜”对治疗面部黄褐斑有一定的疗效。果实精油也可用酒类等饮品的加香。

东当归

Angelica acutiloba (Sieb. et Zucc.) Kitagawa

伞形花科　当归属

别名：延边当归、日本当归、大和当归

分布：吉林

【形态特征】多年生草本。茎高30～100 cm，绿色，常带色，有细沟纹。叶一至二回三出羽状分裂，膜质，叶面亮绿色叶背苍白色，末回裂片披针形至卵状披针形，3裂，长2～9 cm宽1～3 cm，先端渐尖至急尖，基部楔形或截形，边缘有尖锯齿；叶柄基部膨大成管状的叶鞘，叶鞘边缘膜质；茎顶部叶简化成长圆形的叶鞘。复伞形花序；总苞片1至数个，有无，线状披针形或线形，长1～2 cm；小总苞片5～8，线状针形或线形；小伞花序有花约30朵；花白色；萼齿不明显；瓣倒卵形至长圆形。果实狭长圆形，略扁压，长4～5 mm，1～1.5 mm，背棱线状，尖锐，侧棱狭翅状，较背棱宽，棱槽有油管3～4，合生面油管4～8。花期7～8月，果期8～9月。

【生长习性】适宜于栽培在排水良好且湿润的砂质土壤上。

【精油含量】超临界萃取法提取根的得油率为0.90%。

【芳香成分】杜蕾蕾等（2002）用水蒸气蒸馏法提取的四川县产东当归根精油的主要成分为：藁本内酯（22.80%）、丁基酞内酯（19.50%）、十六酸（17.80%）、十二烷基乙酸酯.50%）、9,12-十八碳二烯酸（6.20%）、丁基-2-甲基丙酯-1,2-二羧酸（3.80%）、10,13-十八碳二烯酸甲酯（3.30%）、壬基-丙烷（1.80%）、十六酸甲酯（1.80%）、环十六烷（1.60%）、四酸（1.30%）、十二烷酸（1.30%）、丁基（3-n）苯酞.30%）、石竹烯（1.00%）、1-十四醇乙酸酯（1.00%）等。

【利用】吉林省延边地区栽培作“当归”药用，具有补血活、调经止痛、润燥滑肠之功效。常用于血虚证、月经不调、经、经闭、产后腹痛、肠燥便秘。

拐芹

ngelica polymorpha Maxim.

伞形花科　当归属

别名：怪子芹、倒钩芹、紫杆芹、山芹菜、独活、白根独活、芹当归、紫金砂

分布：东北各地及河北、山东、江苏等地

【形态特征】多年生草本，高0.5～1.5 m。叶二至三回三出羽状分裂，叶片轮廓为卵形至三角状卵形，长15～30 cm，宽～25 cm；茎上部叶简化为略膨大的叶鞘，叶鞘薄膜质，常紫色。末回裂片卵形或菱状长圆形，纸质，3裂，两侧裂片又深裂，基部截形至心形，顶端具长尖，边缘有粗锯齿、重锯或缺刻状深裂，齿端有锐尖头。复伞形花序直径4～10 cm；辐11～20；总苞片1～3或无，狭披针形，有缘毛；小苞片～10，狭线形，紫色，有缘毛；萼齿退化，少为细小的三角状形；花瓣匙形至倒卵形，白色，渐尖，顶端内曲。果实长圆至近长方形，基部凹入，长6～7 mm，宽3～5 mm，背棱短状，侧棱膨大成膜质的翅，棱槽内有油管1，合生面油管2，管狭细。花期8～9月，果期9～10月。

【生长习性】生长于山沟溪流旁、杂木林下、灌丛间及阴湿草丛中。

【精油含量】水蒸气蒸馏法提取根的得油率为0.05%～2.29%，果实的得油率为0.22%；有机溶剂萃取法提取根的得油率为2.00%～3.27%；超声波萃取干燥根的得油率为4.13%；微波法萃取干燥根的得油率为3.78%。

【芳香成分】根：蒋庭玉等（2010）用水蒸气蒸馏法提取的山东昆嵛山产拐芹根精油的主要成分为：2,6,6-三甲基-二环[3.1.1]庚-2-烯（20.21%）、异石竹烯（10.57%）、(-)-乙酸龙脑酯（10.39%）、α-雪松烯（8.70%）、α-蒎烯（5.88%）、顺式-罗勒烯（4.94%）、二表雪松烯-1-氧化物（3.68%）、(Z)-α-金合欢烯（3.60%）、(+)-酒剔烯（3.09%）、2-亚甲基-6,8,8-三甲基-三环[5.2.2.0^{1,6}]十一烷-3-醇（3.07%）、乙酸小茴香酯（3.02%）、α-花柏烯（2.01%）、α-乙酸松油酯（1.88%）、(E)-长叶蒎烷（1.58%）、莰烯（1.34%）、正乙酸十二酯（1.33%）、喇叭烯氧化物-(1)（1.23%）等。汪鋆植等（2008）用同法分析的湖北神农架产拐芹干燥根精油的主要成分为：β-水芹烯（23.91%）、α-水芹烯（13.35%）、α-蒎烯（11.86%）、2,5-二乙基噻吩（6.34%）、对-聚伞花素（3.48%）、3-甲基丁酸-3-甲基丁酯（2.72%）、异松油烯（2.60%）、4-甲基苯酚（2.60%）、月桂烯（1.97%）、4-羟基-3-甲基苯乙酮（1.87%）、3-蒈烯（1.72%）、α-红没药醇（1.67%）、1-甲基-4-异丙基-2-环己烯-1-醇（1.01%）等。

种子：蒋庭玉等（2010）用水蒸气蒸馏法提取的山东昆嵛山产拐芹种子精油的主要成分为：柠檬烯（48.30%）、6,6-二甲基-2-亚甲基双环[3.1.1]庚烷（14.08%）、植醇（6.26%）、α-榄

香烯（5.53%）、α-雪松烯（4.14%）、1,7,7-三甲基二环[2.2.1]庚-2-基乙酸酯（2.97%）、正乙酸十二酯（2.06%）、雪松烯（2.01%）、α-依兰油烯（1.89%）、α-波旁烯（1.84%）、刺蕊草烯（1.81%）、(+)-洒剔烯（1.77%）、正乙酸癸酯（1.74%）、α-蒎烯（1.38%）、莰烯（1.20%）、α-金合欢烯（1.07%）、α-花柏烯（1.01%）等。

【利用】根与根茎具有祛风散寒、消肿止痛的功效，在陕南及湖北神农架地区作民间用药，在山东等地还曾被用作白芷入药，用于治疗风寒表证、风温痹痛、脘腹、胸胁疼痛、跌打损伤。

辽宁有些地区采集幼苗作春季山菜，供食用。根精油具有良好的抗溃疡、镇痛、解痉作用。

黑水当归

Angelica amurensis Schischk.

伞形花科　当归属

别名： 朝鲜当归、叉子芹、碗儿芹

分布： 东北各省及内蒙古

【形态特征】多年生草本。茎高60～150 cm。基生叶长25～40 cm，宽25～30 cm；茎生叶二至三回羽状分裂，叶片轮廓为宽三角状卵形，长15～25 cm，宽20～25 cm，有一回裂片2对；叶柄基部膨大成椭圆形的叶鞘，末回裂片卵形至卵状针形，急尖，基部多为楔形，边缘有不整齐的三角状锯齿，白色软骨质，叶面深绿色，叶背带苍白色，最上部的叶生于化成管状膨大的阔椭圆形的叶鞘上。伞辐20～45；小总苞5～7，披针形，膜质，被长柔毛；小伞形花序有花30～45；白色，萼齿不明显；花瓣阔卵形，顶端内曲。果实长卵形至形，长5～7 mm，宽3～5 mm，背棱隆起，线形，侧棱宽翅棱槽中有油管1，黑褐色，合生面油管多为4。花期7～8月，期8～9月。

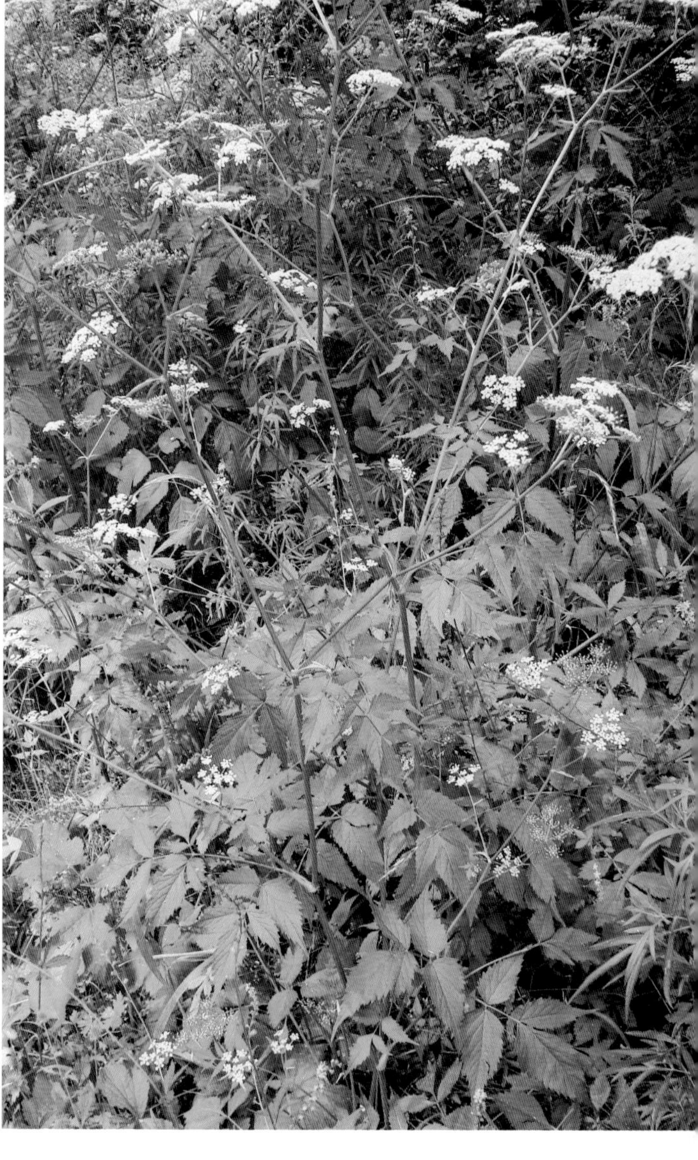

【生长习性】生长于山坡、草地、杂木林下、林缘、灌丛河岸溪流旁。

【精油含量】水蒸气蒸馏法提取根的得油率为1.20%，果的得油率为2.00%。

【芳香成分】根：严仲铠等（1990）用水蒸气蒸馏法提的根精油的主要成分为：α-蒎烯（63.61%）、柠檬烯（4.55%桧烯（4.11%）、月桂烯（3.66%）、莰烯（3.47%）、β-蒎（3.43%）、乙酸龙脑酯（2.57%）、对-聚伞花素（1.39%）、榄香（1.01%）等。

果实：严仲铠等（1990）用水蒸气蒸馏法提取的果实精的主要成分为：β-水芹烯（42.00%）、桧烯（25.43%）、δ-3-烯（5.91%）、α-蒎烯（5.74%）、α-水芹烯（2.59%）、月桂（2.52%）、正十一烷（1.80%）等。

【利用】根入药，对妇女的经、带、胎、产各种疾病都有治效果。叶柄和嫩茎用水煮后可做菜食。带花蕾的顶梢部分和叶用做饲料。

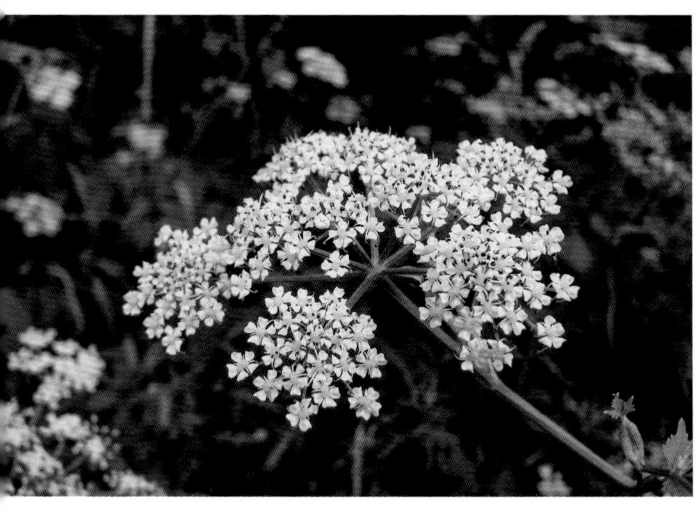

灰叶当归

ngelica glauca Edgew.

形花科　当归属

名：新疆羌活、灰绿叶当归

布：新疆

【形态特征】多年生草本，高0.8～2 m。基生叶和茎下叶具长柄和长卵状至囊状膨大的叶鞘；叶二至三回三出羽分裂，末回裂片披针形至卵形，先端渐尖，基部楔形，长5～8 cm，宽1～4 cm，边缘有较粗大锯齿，表面暗绿色，背灰白色；茎上部叶简化成仅具一阔兜状凸出的无叶片叶鞘，茎。复伞形花序顶生或侧生，顶生者直径10～20 cm；伞辐～30；总苞片2或无，线形；小伞形花序花多数；小总苞片数，线形；花瓣白色，倒卵形。果实长圆形，长1～1.2 cm，0.4～0.7 cm，背棱突出，圆钝，侧棱宽翅状，棱槽极狭，棱内有油管1，合生面有油管2～4，胚乳腹面内凹。花期7月，期8～9月。

【生长习性】生于海拔900～1100 m的河谷、林下、林缘、泽塘边和潮湿的杂草丛中。

【精油含量】水蒸气蒸馏法提取根的得油率为0.48%～)0%。

【芳香成分】戴斌等（1996）用水蒸气蒸馏法提取的新疆尼克产灰叶当归干燥根及根茎精油的主要成分为：蛇床酞内酯4.37%）、藁本内酯（17.33%）、正丁烯基酞内酯（2.91%）、川内酯（2.10%）、愈创木醇（1.11%）、辛醛（1.02%）等。张涵等（1992）用同法分析的根精油的主要成分为：β-甜没药烯2.07%）、6-丙基-二环[3.2.0]庚-6-烯-2-酮（24.29%）、去氢叽醇（5.33%）、十氢-1,1,4-三甲基-7-亚甲基（4.70%）、戊基（4.43%）、榄香醇类似物（2.58%）、愈创醇类似物（2.07%）、aR-(1aα,4α,7aβ,7 bα)]-1,1,4,7-四甲基-4-醇-十氢-1 H-环丙[e]（1.35%）、β-杜松烯（1.20%）等。

【利用】新疆地区作为中药羌活的代用品，根有祛风湿、发解表的功能，用于治感冒发热、周身疼痛、风湿性关节痛、节肿痛等症。

林当归

Angelica silvestris Linn.

伞形花科　当归属

别名：森林当归、新疆羌活

分布：新疆

【形态特征】多年生草本，高0.8～2 m。直根，稍有香气。基生叶和茎下部叶具长柄和长卵状至囊状膨大的叶鞘；叶片二至三回羽状分裂，末回裂片披针形至卵形，顶部渐尖，基部楔形，长2.5～8 cm，宽1～4 cm，边缘有细尖锯齿，上表面沿叶脉稍有短糙毛，茎上部叶简化成仅具一阔兜状凸出的无叶片的叶鞘，抱茎。复伞形花序顶生或侧生，顶生的直径10～20 cm，伞辐15～30，被短柔毛；总苞片缺或1～2，线形，早落；小伞形花序直径1～2.5 cm，花多数；小总苞片多数，线形，绿色；萼齿不明显，花瓣白色，卵形至倒卵形，长约1.5 mm；果实阔卵形，长5～6 mm，宽3.5～5 mm，背棱细、稍隆起，侧棱翅状，棱槽中有油管1，合生面油管2。花期7月，果期8～9月。

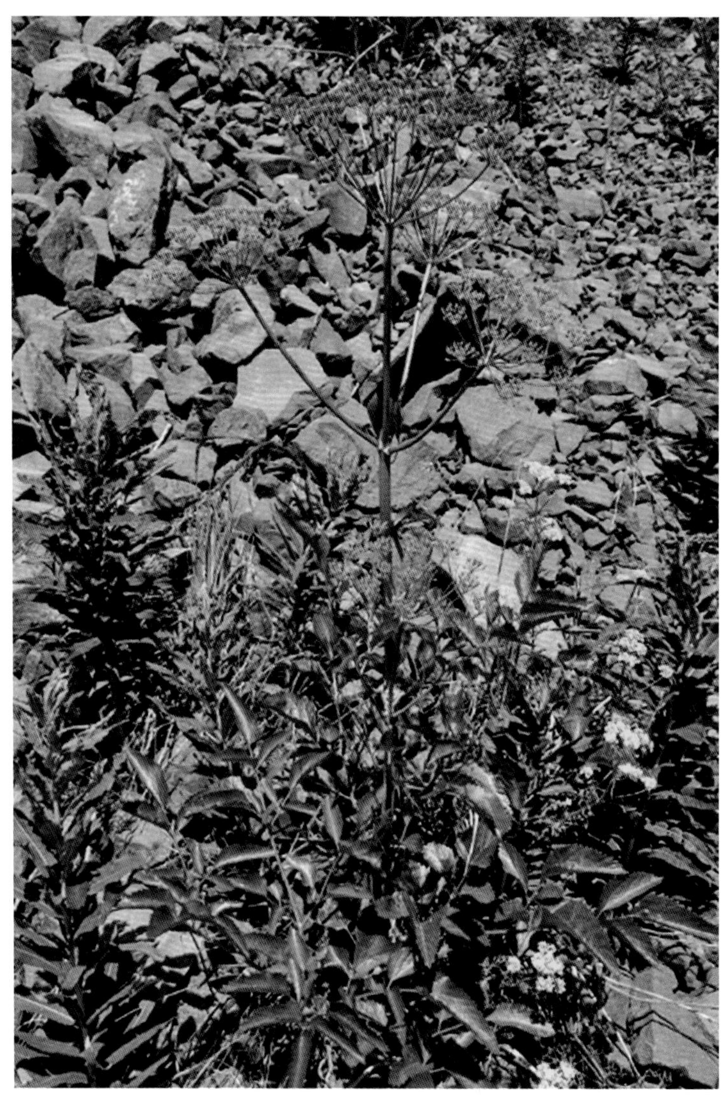

【生长习性】生长于海拔900～1100 m的河谷、林下、林缘、沼泽塘边和潮湿的杂草丛中。

【精油含量】水蒸气蒸馏法提取干燥根及根茎的得油率为0.21%～0.90%。

【芳香成分】王曙等（1997）用水蒸气蒸馏法提取的新疆产林当归干燥根及根茎精油的主要成分为：氧杂环十六碳烷-2-

酮（42.00%）、氧杂环十四碳烷-2-酮（11.90%）、13-甲基-氧杂环十三碳烷-2-酮（7.10%）、(-)-3,7,11-三甲基-1,6,10-癸三烯-3-醇（7.00%）、榄香醇（5.80%）、1aR-(1a,2,4a,2,7,2,7)-长叶蒎烯（3.90%）、(S)-1-甲基-4-(甲基-1-亚甲基-4-己烯基)环己烷（3.70%）、(1 S-内)-1,7,7-三甲基-二环[2.2.1]-庚-2-醇-乙酸酯（2.90%）、(-)-斯巴醇（2.40%）、3,7,11-三甲基-1,6,10-癸三烯-3-醇（2.40%）、1 S-(1α,4α)-1,2,3,4,4a,7,8,8a-八氢-1,6-二甲基-4-(1-甲乙基)-1-萘醇（2.00%）、13-甲基-2,11-二酮-氧杂环十四碳烷（1.60%）、别香树烯（1.40%）、4-(1-甲氧基)苯甲醇（1.30%）、2,3,3a,4,7,7a-六氢-2,2,4,4,7,7-六甲基-1 H-茚（1.20%）、十氢-1,1,7-三甲基-1-亚甲基-1 H-环丙[e]甘菊环（1.10%）、2,6,6,9-四甲基-三环[5.4.0^{2,8}]十一碳-9-烯（1.00%）等。车明凤等（1993）用同法分析的新疆伊犁产林当归干燥根及根茎精油的主要成分为：戊基苯（36.32%）、6-正丁基-环庚三烯并-1,4-二烯烃（24.33%）、δ-杜松烯（1.60%）、γ-杜松烯（1.00%）等。

【利用】根入药，有发汗解表、祛风除湿的功效，用于治外感风寒发热、周身疼痛等。

明日叶

Angelica keiskei (Miq.) Koidz.

伞形花科　当归属

别名： 碱草、明日草、八丈草、长寿草、长寿菜、八丈芹、海峰人参、滨海当归

分布： 国内有零星栽培

【形态特征】多年生大草本；株高 80～120 cm，茎叶内黄色液汁，茎直立，多分枝。依植株外形，可分成青茎种、茎种与混合种三个品种。基生叶丛生，具长柄，基部扩大抱叶大形 1～2 回羽状 3 出复叶，浅裂或深裂，小羽叶卵形或卵形，宽 4～8 cm，先端尖，细锯齿缘，两面光滑无毛；茎叶渐小。复繖形花序，被短毛；无总苞，小苞片数枚，广线小花多数，乳黄色；花瓣 5 片，内曲；雄蕊 5 枚；子房下果实长椭圆形，稍扁平。花期 5～10 月。果期 9～12 月。

【生长习性】喜冷凉至温暖，忌高温高湿，生长适温约12～22 ℃。

【精油含量】水蒸气蒸馏法提取干燥全草的得油率0.04%。

【芳香成分】张晓燕等（2010）用水蒸气蒸馏法提取干燥全草精油的主要成分为：异香橙烯（8.08%）、γ-榄烯（7.42%）、1,2,4a,5,8,8a-六氢-4,7-二甲基-1-(1-甲基基)-(1 à,4aà,8aà)-萘（3.74%）、荜澄茄烯（3.54%）、荜澄醇（3.48%）、1,2,3,5,6,7,8,8a-八氢-1,8a-二甲基-7-(1-甲基基)-[1 R-(1 à,7 á,8aà)]-萘（3.37%）、1,2,4a,5,6,8a-六氢-4,7-二基-1-(1-甲基乙基)-(1 à,4aà,8aà)-萘（2.63%）、1,2,3,4,4a,5,6,八氢-4a,8-二甲基-2-(1-甲基亚乙基)-4aR-反式萘（2.35%）、乙烯基-1-甲基-2,4-二(1-甲基乙基)-[1 S-(1à,2á,4á)]-环己（2.07%）、1,2,4a,5,6,8a-六氢-4,7-二甲基-1-(1-甲基乙基)-（2.06%）、1-甲基-3-(1-甲基乙基)-苯（2.00%）、石竹烯（1.98等。付涛等（2016）用超声辅助有机溶剂（甲醇）萃取法提的江苏丹阳产明日叶新鲜茎叶精油的主要成分为：(+)-4-蒈（28.63%）、γ-榄香烯（17.60%）、1,3,8-p-薄荷三烯（13.43%γ-依兰油烯（8.59%）、[1 R-(1α,3aβ,4α,7β)]-1,2,3,3a,4,5,6,7-氢-1,4-二甲基-7-异丙烯基-薁（8.06%）、10S,11S-雪松-3(12)二烯（7.00%）、α-玷玬烯（6.37%）、β-罗勒烯（5.25%）、式-p-薄荷-1(7),8-双烯雌酚-2-醇（1.93%）、萘（1.62%）、三基-6-(1-甲基亚乙基)-环己烯（1.52%）等。

【利用】嫩茎叶可作蔬菜食用。全草可供药用，有清热、尿、强壮、催乳之效，治高血压、低血压、动脉硬化症、狭症、心悸、糖尿病、肝病、肝硬化、感冒、气喘、蓄脓症、肠病、风湿病、坐骨神经痛、失眠症、乳汁不足、肺癌、癌。

疏叶当归

Angelica laxifoliata Diels

伞形花科　当归属

别名： 红果当归、骚羌活、猪独活

分布： 陕西、湖北、四川、甘肃

【形态特征】多年生草本。茎高30～150 cm。基生叶及茎叶均为二回三出式羽状分裂，叶片长12～17 cm，宽10～12 c有小叶片3～4对，叶鞘长4～7 cm，半抱茎，边缘膜质；茎端叶简化成长管状的膜质鞘；末回裂片披针形至宽披针形，质，基部钝圆形至楔形，顶端渐尖，边缘有细密锯齿，齿端短尖头，叶背粉绿色。复伞形花序顶生，直径5～10 cm；伞30～50，总苞片3～9，披针形，带紫色，有缘毛；小伞形花有花10～35，小总苞片6～10，长披针形，有缘毛；花瓣白

心形，基部渐狭，顶端内折。果实卵圆形，长4～6 mm，宽～5 mm，黄白色，边缘常带紫色或紫红色，背棱和中棱线形，隆起，侧棱翅状，厚膜质，棱槽内有油管1，合生面油管2。期7～9月，果期8～10月。

【生长习性】生长于海拔2300～3000 m的山坡草丛中。

【芳香成分】顾新宇等（1999）用乙醚萃取法提取的四川茂产疏叶当归根精油的主要成分为：当归内酯（65.62%）、十六酸（9.19%）、δ-(1-甲基乙基乙烯基)-当归内酯（3.94%）、2-基-2-丁烯酸（2.63%）、9,12-十八碳二烯酸（1.31%）、乙酸乙（1.31%）等。

【利用】四川阿坝藏族自治州有些地区用根称"猪独活"入，具有祛风胜湿、通络止痛之功效。用于治疗风寒湿痹、腰酸痛、头痛、跌打伤痛、疮肿。嫩叶可作猪饲料。

狭叶当归

ngelica anomala Ave-Lall.

形花科　当归属

名：额水独活、白山独活、异形当归、库页白芷、水大活

布：黑龙江、吉林、内蒙古

【形态特征】多年生草本。茎高80～150 cm。基生叶开展，乎贴伏地面，三回羽状全裂；茎生叶二至三回羽状全裂，叶轮廓为卵状三角形，长15～20 cm，宽8～15 cm，有一回羽片～4对；叶柄基部膨大成长椭圆状披针形的叶鞘，抱茎，末回裂片椭圆形至披针形，渐尖至急尖，边缘具尖锐细锯齿，有白色软骨质边缘；茎上部叶的叶柄全部成长圆筒状的鞘，贴伏抱茎，带紫色。伞辐20～45；无总苞或1片早落；小总苞片3～7，线状锥形，膜质，被短毛；小伞形花序有花20～40；花白色，花瓣倒卵形。果实长圆形至卵形，长4～6 mm，宽3～4 mm，背棱线形，隆起，侧棱宽翅状；棱槽内有油管1，黑褐色，合生面油管2，油管宽而扁。花期7～8月，果期8～9月。

【生长习性】生长于山坡、路旁、草地、林缘、水溪旁、阔叶林下和石砾质河滩上。

【精油含量】水蒸气蒸馏法提取根的得油率为0.10%，果实的得油率为0.75%。

【芳香成分】根：严仲铠等（1990）用水蒸气蒸馏法提取的根精油的主要成分为：2,3-丁二醇（20.36%）、月桂烯（15.25%）、柠檬烯（3.01%）、乙酸龙酯（2.80%）、乙酸乙酯（2.00%）、橙花叔醇（1.64%）、松油醇-4(1.50%）、辛醇（1.47%）、β-罗勒烯（1.26%）、对-聚伞花素（1.20%）、葎草烯（1.09%）、β-榄香烯（1.08%）、反式-石竹烯（1.06%）等。

果实：严仲铠等（1990）用水蒸气蒸馏法提取的果实精油的主要成分为：月桂烯（5.37%）、α-蒎烯（2.21%）、葎草烯（1.80%）、柠檬烯（1.79%）、喇叭醇（1.61%）、反式-石竹烯（1.44%）、对-聚伞花素（1.34%）、牻牛儿醇丙酸酯（1.30%）、正-壬烷（1.05%）等。

【利用】根药用，具有祛风除湿、消肿止痛之功效，用于治风寒感冒、头痛鼻塞、鼻渊、牙龈肿痛、疮肿、带下。

紫花前胡

Angelica decursiva (Miq.) Franch. et Sav.

伞形花科　当归属

别名：土当归、鸭脚七、野当归、独活、麝香菜、野辣菜、山芫荽、桑根子苗、鸭脚前胡、鸭脚当归、鸭脚板、老虎爪

分布：辽宁、陕西、河北、河南、四川、湖北、江西、安徽、江苏、浙江、江西、湖南、山东、广西、广东、台湾等地

【形态特征】多年生草本。茎高1～2 m。根生叶和茎生叶叶柄基部膨大成圆形的紫色叶鞘，抱茎；叶片三角形至卵圆形，坚纸质，长10～25 cm，一回三全裂或一至二回羽状分裂；末回裂片卵形或长圆状披针形，边缘有白色软骨质锯齿，齿端有尖头，表面深绿色，背面绿白色，主脉常带紫色；茎上部叶简化成囊状膨大的紫色叶鞘。复伞形花序顶生和侧生；伞辐10～22；总苞片1～3，卵圆形，反折，紫色；小总苞片3～8，线形至披针形，绿色或紫色；花深紫色，萼齿明显，线状锥形或三角状锥形，花瓣倒卵形或椭圆状披针形。果实长圆形至卵状圆形，长4～7 mm，宽3～5 mm，背棱线形隆起，尖锐，侧棱有较厚的狭翅，棱槽内有油管1～3，合生面油管4～6，胚乳腹面稍凹入。花期8～9月，果期9～11月。

【生长习性】生长于山坡林缘、溪沟边或杂木林灌丛中。对土壤要求不严，一般土壤都可种植，最好选择排水性好、土层深厚、透气性好、有一定荫蔽的缓坡地。

【精油含量】水蒸气蒸馏法提取干燥根的得油率为0.03%。

【芳香成分】根：闫吉昌等（1995）用水蒸气蒸馏法提取的吉林长白山产紫花前胡干燥根精油的主要成分为：红没药烯（7.42%）、姜烯（6.35%）、金合欢烯（6.34%）、十六烷酸（5.94%）、9,12-十八碳二烯酸（5.93%）、榄香烯（5.77%）、玷玭烯（3.29%）、杜松烯（2.97%）、1,3-环辛二烯（2.85%）、葎草烯（2.41%）、3-甲基-2-丁醇（2.21%）、2,9-二甲基-3,7-癸二烯（1.93%）、石竹烯（1.93%）、1-甲基-2-乙烯基环戊烷（1.90%）、榄香烷（1.79%）、1-十五烯（1.56%）、1-(2-基-5-甲基苯)乙烯酮（1.45%）、蛇床烯（1.30%）等。王玉等（1992）用同法分析的江苏南京产紫花前胡干燥根精油的要成分为：3-侧柏烯（12.98%）、对-特丁基茴香醇（11.24%4(10)-侧柏烯（7.91%）、间伞花烃（6.13%）、4-甲基-1-(1-基乙基)-3-环己烯-1-醇乙酸酯（4.91%）、2,2,4-三甲基-3-环烯-1-甲醇（3.64%）、4,11,11-三甲基-8-甲叉基-二环[7.2.0]-十一碳烯（3.11%）、(E)-3,7-辛二烯-2-酮（3.10%）、乙酸龙酯（3.01%）、1,8a-二甲基-7-(1-甲基乙烯基)-[1aR-(1α,7α,8aα1,2,3,5,6,7,8,8a-八氢化萘（2.06%）、乙酸松香油酯（2.02%2,10-二莰醇（1.77%）、1,4-二甲氧基-2,3,5,6-四甲苯（1.61%(E)-8-甲基-6-(1-甲基乙基)-6,8-壬二烯-2-酮（1.41%）、2(1蒎烯（1.28%）等。鲁曼霞等（2015）用同法分析的湖南长沙紫花前胡干燥根精油的主要成分为：α-蒎烯（32.44%）、D-檬烯（16.05%）、壬烷（4.85%）、α-石竹烯（3.85%）、β-水烯（2.70%）、(-)-β-蒎烯（2.33%）、大牻牛儿烯D（1.74%）、水芹烯（1.65%）、石竹烯（1.62%）、正十一烷（1.57%）、莰（1.56%）、2-萘甲醚（1.43%）、依兰油烯（1.35%）、δ-杜松（1.31%）、3-蒈烯（1.25%）、佛术烯（1.05%）、百里香酚甲（1.01%）等。

茎：雷华平等（2016）用水蒸气蒸馏法提取的湖南宜章紫花前胡阴干茎精油的主要成分为：甲基-环己烷（35.76%p-薄荷脑-1-醇（14.21%）、壬烷（11.92%）、α-蒎烯（5.62 %乙基-环戊烷（4.53%）、反式-1,2-双(1-甲次乙基)-环丁（2.21%）、乙基-环己烷（1.55%）、1-薄荷酮（1.42%）、2-甲基-4-乙烯基苯酚（1.17%）、己醛（1.10%）等。

叶：雷华平等（2016）用水蒸气蒸馏法提取的湖南宜章紫花前胡阴干叶精油的主要成分为：p-薄荷脑-1-醇（39.27%甲基-环己烷（26.95 %）、乙基-环戊烷（3.86%）、1-薄荷（1.51%）、2-丁烯酸-3-甲基-3-甲丁酯（1.37%）、反式-1,2-双(甲次乙基)-环丁烷（1.06%）等。

花：鲁曼霞等（2015）用水蒸气蒸馏法提取的湖南长沙产
花前胡干燥花精油的主要成分为：α-蒎烯（18.86%）、石竹烯
6.23%）、大根香叶烯 D（12.98%）、(-)-β-蒎烯（8.15%）、大牻
儿烯D（5.42%）、β-月桂烯（3.82%）、柠檬烯（3.59%）、β-水
烯（1.89%）、依兰油烯（1.65%）、D-柠檬烯（1.48%）、(-)-β-
香烯（1.37%）、4-松油醇（1.09%）、库贝醇（1.05%）等。

【利用】根入药，为解热、镇咳、祛痰药，用于治感冒、发
、头痛、气管炎、咳嗽、胸闷等症。果实可提取精油。幼苗
作春季野菜。

滇芹

inodielsia yunnanensis Wolff

形花科　滇芹属

名：黄藁本、昆明芹、秦归

布：云南

【形态特征】多年生草本。茎直立，高40～70 cm，有纵条
，基生叶柄基部有短的阔膜质叶鞘；叶片2～3回羽状分裂，
片4～6对，阔卵形，长5～15 mm，宽4～12 mm，边缘深裂
有不规则的缺刻状锯齿，齿缘稍增厚；最上部的茎生叶小。
伞形花序顶生或侧生，有长的花序梗；总苞片无或少数；伞辐通常6～8，开展，长2～6 cm；小伞形花序有多数小花；小总苞片7～9，狭线形，长约5 mm；花柄长短不一；萼齿明显，钻形，急尖；花瓣近圆形，长约1.2 mm，顶端有内折的小舌片，中脉1条；花柱基圆锥形，花柱短，结果时向外反曲。果实狭卵形，长约3 mm，宽2 mm，分生果有时发育不均匀，主棱明显。

【生长习性】生长在山坡草地，疏林或岩石缝中，海拔2000～2520 m。

【精油含量】水蒸气蒸馏法提取根茎的得油率为0.08%。

【芳香成分】叶晓雯等（2000）用水蒸气蒸馏法提取的云南丽江产滇芹干燥根精油的主要成分为：乙酸龙脑酯（23.24%）、丁香烯氧化物（6.05%）、辛醛（5.62%）、匙叶桉油烯醇（4.98%）、丁香烯（3.36%）、庚醛（2.79%）、壬醛（2.41%）、γ-桉叶油醇（2.07%）、β-桉叶油醇（2.04%）、胡萝卜醇（1.90%）、香树烯（1.53%）、β-蒎烯（1.35%）、对聚伞花素（1.35%）、δ-杜松烯（1.34%）、α-愈创烯（1.30%）、棕榈酸（1.20%）、α-木罗烯（1.07%）、己醛（1.03%）、蛇麻烯（1.03%）等。

【利用】根入药，民间称黄藁本，用于治风寒感冒、发热头痛，彝族用于治疗上呼吸道感染，急、慢性肾盂肾炎，偏头痛。

白亮独活

Heracleum candicans Wall. ex DC.

伞形花科　独活属
别名：藏当归、白羌活
分布：西藏、四川、青海、云南等地

【形态特征】多年生草本，高达1 m。植物体被有白色柔毛或绒毛。茎直立，中空，有棱槽，上部多分枝。茎下部叶轮廓为宽卵形或长椭圆形，长20～30 cm，羽状分裂，末回裂片长卵形，长5～7 cm，呈不规则羽状浅裂，裂片先端钝圆，下表面密被灰白色软毛或绒毛；茎上部叶有宽展的叶鞘。复伞形花序顶生或侧生；总苞片1～3，线形；伞辐17～23 cm，不等长，长3～7 cm，具有白色柔毛；小总苞片少数，线形，长约4 mm；每小伞形花序有花约25朵，花白色；花瓣二型；萼齿线形细小。果实倒卵形，背部极扁平，长5～6 mm；分生果的棱槽中各具1条油管，合生面油管2；胚乳腹面平直。花期5～6月，果期9～10月。

【生长习性】生长于山坡林下及路旁，海拔2000～4200 m。

【精油含量】水蒸气蒸馏法提取干燥根的得油率为0.20%。

【芳香成分】高必兴等（2014）用水蒸气蒸馏法提取的四川炉霍产白亮独活干燥根精油的主要成分为：萜品油烯（13.36%）、环苜蓿烯（7.17%）、γ-榄香烯（5.71%）、石竹烯（5.18%）、(1R)-(+)-α-蒎烯（4.30%）、右旋萜二烯（4.27%）、蒎烯（3.65%）、吉玛烯（3.59%）、甲基丁香酚（2.08%）、蛇床子素（2.05%）、g-桉叶烯（2.04%）、双环大牻牛儿烯（2.02%）丁香烯（1.86%）、氧化石竹烯（1.67%）、芳樟醇（1.50%）、辛醛（1.49%）、巴伦西亚橘烯（1.39%）等。

【利用】根系藏族用药，有杀虫、止血、愈疮痈、治麻风病的功效。

独活

Heracleum hemsleyanum Diels

伞形花科　独活属
别名：重齿毛独活、牛尾独活、川独活、假羌活、大活
分布：四川、湖北

【形态特征】多年生草本，高达1～1.5 m。茎单一，中空，有纵沟纹和沟槽。叶膜质，茎下部叶一至二回羽状分裂，有3～5裂片，被稀疏的刺毛，顶端裂片广卵形，3分裂，长8～13 cm，两侧小叶较小，近卵圆形，3浅裂，边缘有楔形锯齿和短凸尖；茎上部叶卵形，3浅裂至3深裂，边缘有不整齐的锯齿。复伞形花序顶生和侧生。总苞少数，长披针形，长1～2 cm，宽约1 mm；伞辐16～18，不等长；小总苞片5～8，线披针形，被有柔毛。每小伞形花序有花约20朵；花瓣白色，二型。果实近圆形，长6～7 mm，背棱和中棱丝线状，侧棱有翅。背部每

槽中有油管1，棒状，棕色，合生面有油管2。花期5～7月，期8～9月。

【生长习性】野生于山坡阴湿的灌丛林下。

【精油含量】水蒸气蒸馏法提取根的得油率为0.12%～13%；超临界萃取干燥根的得油率为0.65%；微波萃取法提取燥根的得油率为0.72%。

【芳香成分】张才煜等（2005）用水蒸气蒸馏法提取的庆武隆产独活根精油的主要成分为：(1S)-6,6-二甲基-2-甲基-双环[3.1.1]庚烷（12.60%）、8-异丙烯基-1,5-二甲-环十碳-1,5-二烯（10.42%）、匙叶桉油烯醇（7.63%）、正醇（7.35%）、3-甲基壬烷（4.28%）、α,α,4-三甲基-3-环己-1-甲醇（2.52%）、(R)-2,4a,5,6,7,8-六氢-3,5,5,9-四甲基-1H-并环庚烯（2.38%）、(S)-1-甲基-4-(5-甲基-1-亚甲基-4-己基)-环己烷（2.29%）、(E)-2-癸烯醛（2.11%）、(E)-3,7二基-1,3,6-辛三烯（1.69%）、(-)-匙叶桉叶油醇（1.60%）、R-(1α,3aβ,4α,7β)-1,2,3,3a,4,5,6,7-八氢-1,4-二甲基-7-(1-甲基烯基)-薁（1.47%）、己醛（1.43%）、壬醛（1.40%）、2-壬酮.23%）、正十六烷酸（1.21%）、1-(1,5-二甲基-4-己烯基)-4-基苯（1.07%）、6,6-二甲基-2-甲烯基-双环[2.2.1]庚烷-3-酮.05%）、2,6-二甲基-6-(4-甲基-3-戊烯基)-双环[3.1.1]庚-2-烯.05%）等。

【利用】根药用，可治风寒湿痹、腰膝酸痛症。

短毛独活

Heracleum moellendorffii Hance

伞形花科　独活属

别名： 东北牛防风、大叶芹、老山芹、毛羌、臭独活、独活、水独活、小法罗海、香白芷、川白芷、牛尾独活、大活、山独活、川独活、九眼独活

分布： 黑龙江、吉林、辽宁、内蒙古、河北、山东、陕西、湖北、安徽、江苏、浙江、江西、湖南、云南等地

【形态特征】多年生草本，高1～2 m。茎直立，有棱槽。叶长10～30 cm；叶片轮廓广卵形，薄膜质，三出式分裂，裂片广卵形至圆形、心形、不规则的3～5裂，长10～20 cm，宽7～18 cm，裂片边缘具粗大的锯齿，尖锐至长尖；茎上部叶有显著宽展的叶鞘。复伞形花序顶生和侧生；总苞片少数，线状披针形；伞辐12～30，不等长；小总苞片5～10，披针形；萼齿不显著；花瓣白色，二型。分生果圆状倒卵形，顶端凹陷，背部扁平，直径约8 mm，背棱和中棱线状突起，侧棱宽阔；每棱槽内有油管1，合生面油管2，棒形。胚乳腹面平直。花期7月，果期8～10月。

【生长习性】生长于阴坡山沟旁、林缘、湿草甸子、山沟溪边、灌木丛、河旁沙土或石砾质土中。

【精油含量】水蒸气蒸馏法提取干燥根的得油率为0.10%～0.78%；超临界萃取干燥根的得油率为2.61%；有机溶剂萃取干燥根的得油率为2.67%；超声波萃取干燥根的得油率为2.73%。

【芳香成分】张知侠等（2009）用水蒸气蒸馏法提取的陕西秦岭产短毛独活干燥根精油的主要成分为：虎耳草素（8.12%）、Z,E-2,13-十八二烯醇（6.43%）、斯巴醇（5.85%）、2,6,10-三甲基十四烷（4.03%）、正二十一碳烷（3.86%）、正十八烷（3.21%）、2,6,10-三甲基十二烷（2.89%）、视黄醇（2.84%）、9-辛基十七碳烷（2.69%）、二十七碳烷（2.63%）、维生素E（2.56%）、香叶基异戊酸（2.16%）、石竹烯（2.04%）、谷甾醇（1.92%）、香柑内酯（1.90%）、2-甲基十六醇（1.85%）、3-乙基-5-(2-乙基丁基)-十八烷（1.57%）、花椒毒素（1.54%）、叶斯特拉-1,3,5(10)-三烯醇（1.37%）、正十四碳烷（1.14%）、芬维A胺（1.14%）、(E,E)-1-苯基-1,4,9-癸三烯（1.10%）、补骨脂素（1.03%）等。马潇等（2005）用同法分析的甘肃岷县产短毛独活干燥根精油主要成分为：β-蒎烯（24.32%）、1-甲基-4-异丙烯基-环已烯（8.60%）、α-蒎烯（8.17%）、斯巴醇（6.21%）、3.4-二甲基-2,4,6-癸三烯（3.67%）、异-蒎烯（2.81%）、醋酸冰片酯（2.54%）、莰烯（2.34%）、2-甲基-辛烷（2.11%）、3-羰基-丁酸丁酯（1.41%）、异戊酸辛酯（1.08%）等。

【利用】根入药，具有祛风湿、活血排脓、生肌止痛的功效，用于治疗头痛、牙痛、鼻渊、肠风痔漏、赤白带下、痈疽疮疡、皮肤瘙痒。

康定独活

Heracleum souliei de Boiss.

伞形花科　独活属

别名： 肉独活

分布： 四川

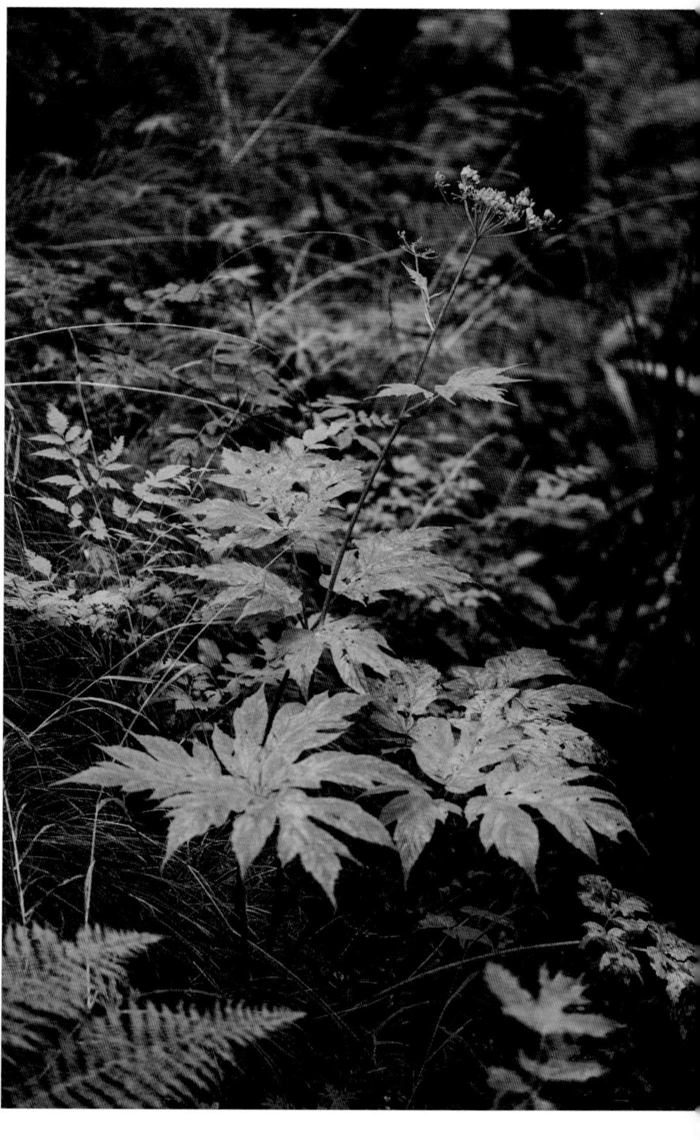

【形态特征】多年生草本。高约1m。根肉质。茎直立，有纵沟槽及沟纹，被有白色长茸毛。基生叶轮廓为广卵形或近圆形，二回羽状深裂，末回裂片披针形或倒卵形，中间裂片为菱状倒卵形，长17～18 cm，基部沿叶轴下延成翅状，顶端渐尖，边缘及翅上有齿，叶面绿色，叶背淡绿色，被有细毛；茎生叶与基生叶相似，叶柄基部成鞘状抱茎；茎上部的叶柄具膨大的叶鞘，叶片羽状分裂。复伞形花序顶生或侧生，直径13～14 cm；伞辐30～35；小伞形花序有花20余朵；小总苞线形，少数；花瓣白色，二型；萼齿三角形。果实椭圆形，长6～7 mm，宽4～5 mm，每棱槽内有油管1，合生面有油管2。花果期8～9月。

【生长习性】生长于海拔2600～3500 m的山坡上。

【精油含量】水蒸气蒸馏法提取干燥根的得油率为0.20%。

【芳香成分】艾青青等（2016）用水蒸气蒸馏法提取的四川康定产康定独活干燥根精油的主要成分为：乙酸-2-氯-1,3-苯丙基酯（12.14%）、1-辛醇（7.12%）、异戊酸龙脑酯（5.55%）、环十二烷（4.89%）、斯巴醇（3.45%）、十九醇（3.12%）、丁酯

酯（2.94%）、S-(Z)-3,7,11-三甲基-1,6,10-十二烷三烯-3-醇
.58%）、1-十六烷醇（1.91%）、(9Z,15Z)-9,15-十八碳二烯酸甲
（1.70%）、3-氯-3-苯丙基丙酸酯（1.15%）等。

【利用】在主产地四川甘孜州、阿坝州人们常将其根作为临
止血良药。

裂叶独活

eracleum millefolium Diels

伞形花科　独活属

别名：藏当归、千叶独活

分布：西藏、青海、甘肃、四川、云南

【形态特征】多年生草本，高5～30 cm，有柔毛。根长
20 cm，棕褐色；颈部被有褐色枯萎叶鞘纤维。茎直立，分
，下部叶有柄，叶柄长1.5～9 cm；叶片轮廓为披针形，长
5～16 cm，宽达2.5 cm，三至四回羽状分裂，末回裂片线形或
针形，长0.5～1 cm，先端尖；茎生叶逐渐短缩。复伞形花序
生和侧生，花序梗长20～25 cm；总苞片4～5，披针形，长
～7 mm；伞辐7～8，不等长；小总苞片线形，有毛；花白色；
齿细小。果实椭圆形，背部极扁，长5～6 mm，宽约4 mm，
柔毛，背棱较细；每棱槽内有油管1，合生面油管2，其长度
分生果长度的一半或略超过。花期6～8月，果期9～10月。

【生长习性】生长于海拔3800～5000 m的山坡草地、山顶或砂砾沟谷草甸。

【芳香成分】根：顿珠次仁等（2017）用顶空固相微萃取法提取的西藏贡嘎产裂叶独活干燥根精油的主要成分为：辛醛（17.18%）、己醛（15.98%）、庚醛（11.12%）、邻异丙基甲苯（8.48%）、2-戊基呋喃（7.33%）、1-甲基-4-(1-甲基乙基)-1,4-环己二烯（5.56%）、异松油烯（5.39%）、己酸（4.06%）、三甲基苯甲醇（3.25%）、己酸-1-环戊基酯（2.82%）、壬醛（2.64%）、左旋-β-蒎烯（1.44%）、β-环柠檬醛（1.08%）、2-壬酮（1.00%）等。

茎：顿珠次仁等（2017）用顶空固相微萃取法提取的西藏贡嘎产裂叶独活干燥茎精油的主要成分为：三甲基苯甲醇（10.81%）、4-异丙基甲苯（10.37%）、4-异丙烯基甲苯（9.68%）、γ-松油烯（8.34%）、β-环柠檬醛（5.61%）、辛醛（5.00%）、正己醛（4.46%）、2,3-去氢-1,8-桉叶素（3.57%）、3,7,7-三甲基二环[4.1.0]庚烷（3.45%）、庚醛（3.28%）、己酸（2.67%）、(1S)-(-)-β-蒎烯（2.30%）、2-甲基丁酸（2.04%）、松油烯（2.03%）、1,3,4-三甲基-3-环己烯-1-羧醛（1.98%）、苯甲醛（1.93%）、1-甲基-4-(1-甲基乙烯基)环己醇乙酸酯（1.73%）、桧烯（1.48%）、2-甲基-辛-2-烯二醇（1.47%）、苯乙醛（1.39%）、4-萜烯醇（1.33%）、壬醛（1.26%）、3-甲基-2-丁烯醛（1.22%）、α-蒎烯（1.21%）等。

叶：顿珠次仁等（2017）用顶空固相微萃取法提取的西藏贡嘎产裂叶独活干燥叶精油的主要成分为：异松油烯（15.34%）、邻-异丙基苯（11.45%）、γ-松油烯（9.61%）、(R)-(+)-柠檬烯（9.56%）、三甲基苯甲醇（7.48%）、(E)-(3,3-二甲基环己亚基)-乙醛（4.94%）、2,3-去氢-1,8-桉叶素（3.99%）、溴化香叶酯（2.62%）、桧烯（2.38%）、2-甲基丁酸（2.32%）、(+)-α-蒎烯（2.02%）、松油烯（2.01%）、正己醛（1.99%）、β-环柠檬醛（1.99%）、辛醛（1.93%）、罗勒烯（1.59%）、反式-β-罗勒烯（1.46%）、苯甲醛（1.37%）、苯乙醛（1.35%）、2-甲基-1,5-(1-甲基乙基)-双环[3.1.0]-2-己烯（1.34%）、庚醛（1.21%）、4-萜烯醇（1.11%）、己酸（1.02%）、2-甲基-辛-2-烯二醇（1.01%）等。

花：顿珠次仁等（2017）用顶空固相微萃取法提取的西藏贡嘎产裂叶独活干燥花精油的主要成分为：邻-异丙基苯（16.88%）、γ-松油烯（15.29%）、异松油烯（14.81%）、β-石竹烯（5.52%）、三甲基苯甲醇（4.36%）、(E)-(3,3-二甲基

环已亚基)-乙醛（3.61%）、(-)-β-蒎烯（2.47%）、溴化香叶酯（2.44%）、1,3,4-三甲基-3-环己烯-1-羧醛（2.43%）、3-异丙基-6-亚甲基-1-环己烯（2.23%）、1-甲基-4-(1-甲基乙烯基)环己醇乙酸酯（2.21%）、(Z)-3,7-二甲基-1,3,6-十八烷三烯（1.98%）、2-蒎烯（1.81%）、正辛醛（1.57%）、优葛缕酮（1.57%）、苯甲醛（1.47%）、正己醛（1.45%）、2,3-去氢-1,8-桉叶素（1.38%）、反式-β-罗勒烯（1.23%）、苯乙醛（1.10%）、庚醛（1.07%）等。

【利用】根是一种常用药材，有祛风湿、止痛的功效，主要用于治疗风寒湿痹、腰膝疼痛、少阴伏风头痛、头痛、牙痛等症。

毒芹

Cicuta virosa Linn.

伞形花科　毒芹属

分布：黑龙江、吉林、辽宁、内蒙古、河北、陕西、甘肃、四川、新疆等地

【形态特征】多年生粗壮草本，高70～100 cm。茎单生，有条纹。基生叶叶鞘膜质，抱茎；叶片轮廓呈三角形或三角状披针形，长12～20 cm，2～3回羽状分裂；最下部的一对羽片3裂至羽裂，裂片线状披针形或窄披针形，边缘疏生钝或锐锯齿；较上部的茎生叶的分裂形状同基生叶；最上部的茎生叶1～2回羽状分裂，末回裂片狭披针形，边缘疏生锯齿。复伞形花序顶生或腋；总苞片无或有1线形苞片；伞辐6～25，近等长；小总苞片多数，线状披针形。小伞形花序有花15～35；萼齿明显，卵状三角形；花瓣白色，倒卵形或近圆形，长1.5～2 mm，1～1.5 mm，顶端有内折的小舌片。分生果近卵圆形，长、宽2～3 mm，合生面收缩，主棱阔，每棱槽内有油管1，合生面管2。花果期7～8月。

【生长习性】生于海拔400～2900 m的杂木林下、湿地或沟边。

【芳香成分】王鸿梅等（2000）用水蒸气蒸馏法提取根精油的主要成分为：二十二碳烷（16.76%）、对-聚伞花（8.93%）、毒芹素（7.56%）、二十四碳烷（6.24%）、十八碳（5.75%）、L-柠檬烯（5.51%）、γ-松油烯（5.14%）、十八碳（5.03%）、二十一碳烷（3.88%）、L-α-蒎烯（3.06%）、二十三烷（2.67%）、十八碳酸乙酯（2.62%）、3,7-二甲基-1,3,6-辛三（2.57%）、侧柏酮（2.32%）、2-甲基-己二烯（2.08%）、香木烯（1.85%）、2-甲基-庚烷（1.84%）、苯甲醇（1.80%）、2-α-喃乙醇（1.71%）、苯乙醇（1.59%）、戊醇（1.47%）、3-甲基醇（1.35%）、莰烯（1.22%）、糠醛（1.10%）等。

【利用】植株有毒，牲畜误食会引起中毒。

防风

Saposhnikovia divaricata (Turcz.) Schischk.

伞形花科　防风属

别名：关防风、北防风、东防风、哲里根呢

分布：黑龙江、吉林、辽宁、内蒙古、甘肃、陕西、山西、东等地

【形态特征】多年生草本，高30～80 cm。根头处被有维状叶残基及明显的环纹。茎单生，有细棱。基生叶丛生叶柄基部有宽叶鞘。叶片卵形或长圆形，长14～35 cm，6～18 cm，二回或近于三回羽状分裂，第一回裂片卵形或长

，末回裂片狭楔形。茎生叶与基生叶相似，但较小，顶生叶化，有宽叶鞘。复伞形花序多数，生于茎和分枝顶端；伞5~7，长3~5 cm；小伞形花序有花4~10；小总苞片4~6，形或披针形，萼齿短三角形；花瓣倒卵形，白色，长约 mm，先端微凹，具内折小舌片。双悬果狭圆形或椭圆形，4~5 mm，宽2~3 mm；每棱槽内通常有油管1，合生面油管花期8~9月，果期9~10月。

【生长习性】生长于草原、丘陵、多砾石山坡。喜凉爽气，耐寒，耐干旱。宜选阳光充足、土层深厚、疏松肥沃、排良好的砂质壤土栽培，不宜在酸性大、黏性重的土壤中种。

【精油含量】水蒸气蒸馏法提取根的得油率为0.09%~77%，果实的得油率为0.11%；溶剂法萃取根的得油率为50%；超临界萃取根的得油率为2.28%~10.20%。

【芳香成分】根：梁臣艳等（2012）用水蒸气蒸馏法提取的黑龙江产防风干燥根精油的主要成分为：人参炔醇（60.87%）、9,12-十八碳二烯酸（16.88%）、十六酸（4.93%）、辛醛（3.35%）、姜黄烯（2.02%）、壬醛（1.17%）、匙叶桉油烯醇（1.15%）、油酸（1.09%）等；安徽产防风干燥根精油的主要成分为：9,12-十八碳二烯酸（34.38%）、十六酸（23.96%）、人参炔醇（9.61%）、油酸（4.15%）、辛醛（3.97%）、匙叶桉油烯醇（2.50%）、壬醛（1.87%）、肉豆蔻醚（1.65%）、芹菜脑（1.64%）、2-壬酮（1.63%）、十五酸（1.39%）等。戴静波等（2011）用同法分析的辽宁产防风干燥根精油的主要成分为：β-甜没药烯（19.86%）、人参醇（16.92%）、反式-长松香芹醇（5.06%）、9,10-脱氢异长叶烯（4.30%）、2,4-癸二烯醛（4.03%）、蓝桉醇（2.86%）、辛酸（2.79%）、辛醛（2.60%）、环戊酮-2-(5-己酮)(2.60%)、乙酸龙脑酯（2.04%）、环己基苯（1.80%）、石竹烯氧化物（1.79%）、E-2-壬烯醛（1.77%）、2-癸醛（1.67%）、澳白檀醇（1.50%）、壬醛（1.48%）、柏木烯（1.47%）、十三炔（1.43%）、β-蒎烯（1.36%）、顺-2-甲基-3-丁醛基-环己酮（1.10%）等。严云丽等（2009）用同法分析的内蒙古产防风根精油的主要成分为：镰叶芹醇（46.12%）、(S)-1-甲基-4-(5-甲基-1-亚甲基-4-己烯基)环己烯（13.80%）、(Z,Z)-9,12-十八烷二烯酸（2.51%）、4-(1,2-二甲基-2-烯环戊基)丁-2-酮（1.89%）、(E,E)，2,4-癸二烯醛（1.87%）、十六烷酸（1.54%）、[3 R-(3α,3aβ,7β,8aα)]-八氢-3,8,8-三甲基-6-亚甲基-1 H-3a,7-亚甲基苷菊环（1.42%）、[1 S-(1α,4β,5α)]，螺环[4,5]-7-癸烯，1,8-二甲基-4-异丙烯基（1.08%）等。刘倩等（2014）用同法分析的干燥根精油的主要成分为：α-蒎烯（13.15%）、γ-萜品烯（10.42%）、1-甲基-2-(1-甲基)-苯（9.47%）、6,6-二甲基-2-亚甲基-二环[3.1.1]庚烷（9.19%）、1,2-二(1-甲基乙烯基)-跨环丁烷（8.55%）、4-甲氧基-6-(2-丙烯基)-1,3-二氧基苯（7.64%）、芹菜脑（4.15%）、4-甲基-1-(1-甲基乙基)-3-环己烯-1-醇（3.15%）、辛醛（3.00%）、乙酸龙脑酯（2.15%）、镰叶芹醇（1.90%）、2-甲氧基-4-甲基-1-(1-甲基)-苯（1.36%）等。

果实：王建华等（1991）用水蒸气蒸馏法提取的黑龙江杜尔伯特产防风果实精油的主要成分为：氧化石竹烯（9.68%）、香桧烯+β-蒎烯（8.18%）、对聚伞花素（2.72%）、α-蒎烯（2.35%）、壬酸（2.26%）、2-戊基呋喃+月桂烯（1.37%）、松油

烯醇-4（1.21%）、α-松油醇+桃金娘醛+桃金娘烯醇（1.21%）、菖蒲烯（1.19%）、正壬醛（1.18%）、六氢法呢基丙酮（1.18%）、正辛烷+正己醛（1.11%）、1,4-二甲基-7～1 H-甲基乙基-薁（1.10%）、乙酸辛酯（1.08%）、柠檬烯（1.05%）、辛醛（1.03%）等。

【利用】根供药用，为东北地区著名的药材，有发汗、祛痰、驱风、发表、镇痛的功效，用于治感冒、头痛、周身关节痛、神经痛等症。根精油有镇痛活性。

长茎藁本

Ligusticum thomsonii C. B. Clarke

伞形花科　藁本属
别名： 长茎川芎
分布： 甘肃、青海、西藏

【形态特征】多年生草本，高20～90 cm。根颈密被纤维状枯萎叶鞘。茎多条自基部丛生，具条棱及纵沟纹。基生叶柄基部扩大为具白色膜质边缘的叶鞘；叶片轮廓狭长圆形，长2～12 cm，宽1～3 cm，羽状全裂，羽片5～9对，卵形至长圆形，边缘具不规则锯齿至深裂；茎生叶1～3，向上渐简化。复伞形花序顶生或侧生，顶生者直径4～5 cm，侧生者常不发育；总苞片5～6，线形，具白色膜质边缘；伞辐12～20；小总苞10～15，线形至线状披针形，具白色膜质边缘；花瓣白色，形，具内折小舌片。分生果长圆状卵形，长4 mm，宽2.5 m主棱突起，侧棱较宽；每棱槽内有油管3～4，合生面油管花期7～8月，果期9月。

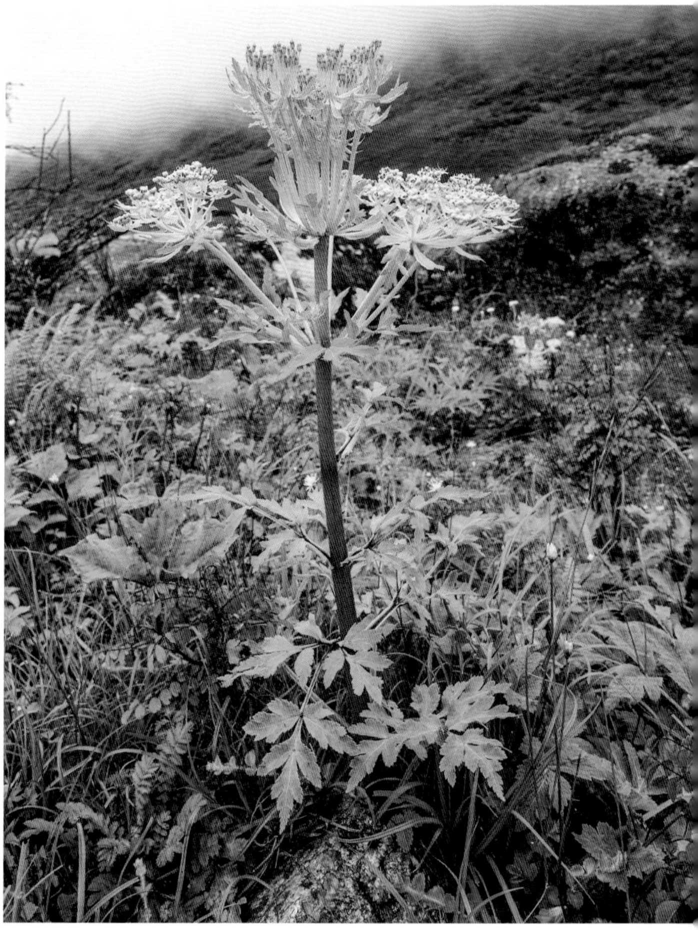

【生长习性】生于海拔2200～4200 m的林缘，灌丛及草地

【精油含量】水蒸气蒸馏法提取全草的出油率为0.20%。

【芳香成分】朱亮锋等（1993）用水蒸气蒸馏法提取的海产长茎藁本全草精油的主要成分为：欧芹酚甲醚（7.02%当归素（4.91%）、桧烯（3.65%）、松油醇-4（3.41%）、柠烯（3.22%）、3-己烯醇（2.61%）、苯乙醇（1.97%）、α-蒎（1.33%）、乙酸龙脑酯（1.24%）、苯甲醇（1.19%）、榄香脂（1.04%）、丁酸-3-己烯酯（1.03%）等。

【利用】为一种民间芳香草药。

川芎

Ligusticum chuanxiong Hort.

伞形花科　藁本属
别名： 芎穷
分布： 四川、贵州、云南、广西、浙江、陕西、湖北、上海江苏、甘肃、内蒙古、河北、福建、江西、山东、广东等地

【形态特征】多年生草本，高40～60 cm。根茎为结节状形团块，具浓烈香气。茎直立，具纵条纹，上部多分枝，下茎节膨大呈盘状（苓子）。茎下部叶具柄，基部扩大成鞘；叶轮廓卵状三角形，长12～15 cm，宽10～15 cm，3～4回三出羽状全裂，羽片4～5对，卵状披针形，末回裂片线状披针形

卵形，具小尖头；茎上部叶渐简化。复伞形花序顶生或侧生；苞片3～6，线形；伞辐7～24；小总苞片4～8，线形，粗糙；瓣白色，倒卵形至心形，长1.5～2 mm，先端具内折小尖头。果两侧扁压，长2～3 mm，宽约1 mm；背棱槽内油管1～5，棱槽内油管2～3，合生面油管6～8。花期7～8月，幼果期-10月。

【生长习性】喜温暖湿润和充足的阳光，但幼苗怕烈日高。宜在土质疏松肥沃、排水良好、富含腐殖质的砂质壤土中培，忌涝洼地，不可重茬。

【精油含量】水蒸气蒸馏法提取根茎的得油率为0.18%～30%，新鲜叶的得油率为0.02%～0.03%，阴干叶的得油率为.3%～0.22%；超临界萃取根茎的得油率为2.63%～8.24%；亚界萃取干燥根茎的得油率为2.82%；有机溶剂萃取干燥根茎得油率为1.00%～9.20%。

【芳香成分】根茎：曾志等（2011）用水蒸气蒸馏法提取四川都江堰产川芎干燥根茎精油的主要成分为：(Z)-藁本内（49.63%）、4-双缩松油醇（12.34%）、丁烯基苯酞（6.02%）、氢-4a-甲基-1-亚甲基-7-(1-甲基-乙烯基)-萘（3.55%）、异松烯（3.10%）、4-松油烯（3.02%）、1-甲基-4-(1-甲基乙基)-（3.00%）、丁基苯酞（2.41%）、顺式-3-丁基-4-乙烯基环烯（2.06%）、2-甲氧基-4-乙烯基苯酚（1.69%）、(-)-斯巴醇.28%）、4-苯基-1-(1-甲基乙基)-二环[3.1.0]己烷（1.23%）、芹子烯（1.18%）、1,2,3,4,4a,7-六氢-1,6-二甲基-4-(1-甲基乙)萘（1.13%）等。朱立俏等（2013）用同法分析的干燥根茎油的主要成分为：1-(2,5-二甲基苯基)哌嗪（35.35%）、4-甲-1-(1-甲基乙基)-(R)-3-环己烯-1-醇（9.61%）、2-苯基-1,3-硫杂环戊烷-5-酮（5.64%）、3-亚丁基-1(3 H)-异苯并呋喃（5.43%）、2-甲氧基-4-乙烯基苯酚（2.35%）、1-甲基-4-(1-基乙基)-1,4-环己二烯（1.60%）、1-甲基-2-(1～1-异氰酸酯-3-甲基苯（2.60%）、1,3-苯二胺（1.70%）、甲基乙基)-苯.45%）、[4aR-4aα,7α,8aβ]-十氢-4a-甲基-1-亚甲基-7-(1-甲基烯基)-萘（1.30%）、8a-甲基-1,2,3,5,8,8a-六氢萘（1.16%）、R)-α-蒎烯（1.07%）等。张聪等（2009）用闪蒸法提取的河安国产川芎根茎精油的主要成分为：川芎内酯（28.45%）、十八碳酸（16.41%）、3-丁烯基酞内酯（9.42%）、乙酸.57%）、9,12-十八碳二烯酸甲酯（5.86%）、1-(2,4-二甲基苯基)-1-丙酮（5.74%）、4-甲基-2-氨基吡啶（5.61%）、n-十六酸（3.65%）、苯戊醇（3.20%）、糠醛（3.07%）、2-甲氧基-4-乙烯基-苯酚（2.58%）、4-蒈烯（2.54%）、1,3-丁二醇（1.38%）、6-丁基-1,4-环庚二烯（1.15%）等。

叶：黄相中等（2011）用水蒸气蒸馏法提取的云南保山春季产川芎阴干叶精油的主要成分为：3,4-二亚甲基环戊酮（22.37%）、5,7,8-三甲基苯并二氢吡喃酮（14.23%）、桉叶烷-4(14)，11-二烯（11.87%）、石竹烯（6.66%）、顺-罗勒烯（3.41%）、9-二十炔（3.17%）、(+)-香桧烯（2.42%）、反-罗勒烯（2.36%）、石竹烯氧化物（2.10%）、α-芹子烯（2.05%）、(Z)-β-金合欢烯（1.86%）、大根香叶烯D（1.64%）、β-蒎烯（1.58%）、α-蒎烯（1.41%）、α-佛手柑油烯（1.31%）、胡萝卜醇（1.25%）、β-水芹烯（1.18%）、γ-依兰油烯（1.17%）、9-甲基二环[3.3.1]壬烷（1.17%）、α-金合欢烯（1.07%）等。黄远征等（1988）用同法分析的四川灌县4月采收的川芎新鲜叶片精油的主要成分为：桧烯（25.62%）、藁本内酯（16.92%）、新蛇床内酯（13.40%）、γ-广藿香烯（7.79%）、月桂烯（5.67%）、γ-木罗烯（3.31%）、松油醇-4(2.47%）、β-芹子烯（2.15%）、γ-松油烯（2.15%）、反式-β-金合欢烯（1.88%）、β-榄香烯（1.35%）、β-石竹烯（1.32%）、柠檬烯（1.30%）、β-罗勒烯（1.25%）等。

【利用】根茎供药用，有行气开郁、祛风燥湿、活血止痛的功能，治头痛眩晕、肋痛腹疼、经闭、难产、痈疽疮疡等症。根茎和嫩叶可作蔬菜食用。根精油广泛用于制药、香料、烟草等工业。

短片藁本

Ligusticum brachylobum Franch.

伞形花科　藁本属

别名： 川防风、短裂藁本、毛前胡

分布： 四川、贵州、云南

【形态特征】多年生草本，高1 m，全株具有微毛。根分叉；根颈密被粗硬的纤维状残留叶鞘。茎直立，多分枝，具细直纵条纹。基生叶叶柄基部扩大成叶鞘；叶片轮廓三角状卵形，长10～20 cm，宽8～18 cm，3～4回羽状全裂，末回裂片线形；茎生叶向上渐小。复伞形花序顶生或侧生；总苞片2～4，叶状，长2～3 cm，多糙毛；伞辐15～33，长2～6 cm，粗糙，常向外反曲；小总苞片10～12，线形，长8～10 mm，密被白色

糙毛；萼齿5，极显著，近钻形，花瓣白色，心形，长1.5 mm，宽1.5 mm，先端具内折小尖头。分生果长圆形，长5 mm，宽4 mm，背棱显著突起，侧棱扩成宽1 mm的翅；背棱槽内有油管2～3，侧棱槽内油管3，合生面油管4；胚乳腹面平直。花期7～8月，果期9～10月。

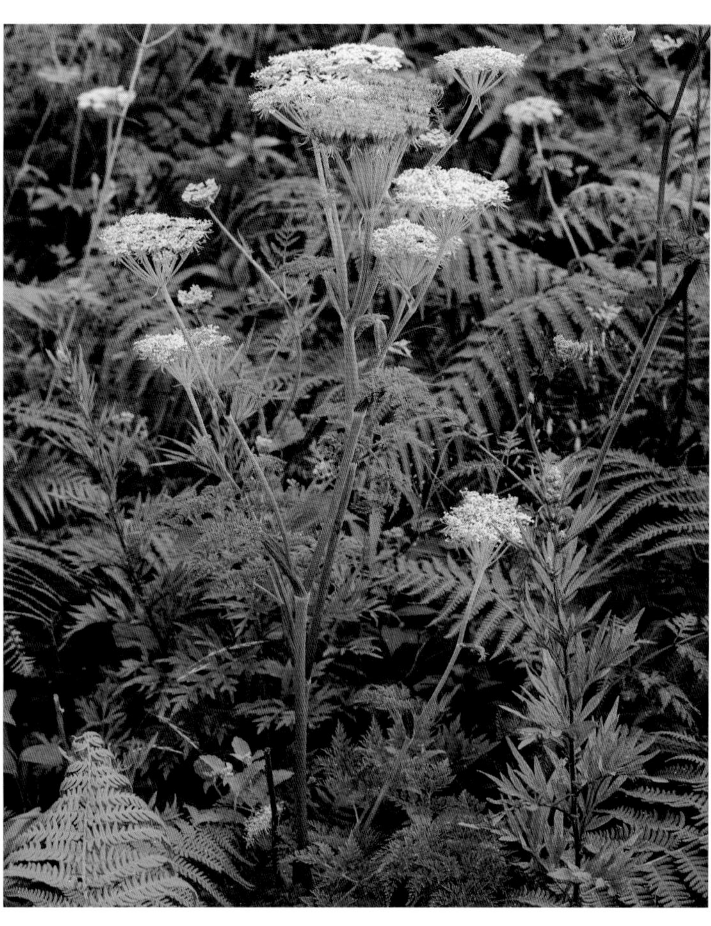

【生长习性】生于海拔1600～3300 m的林下、荒坡草地。旱生、阳性。

【精油含量】水蒸气蒸馏法提取根的得油率为0.35%。

【芳香成分】根：吉力等（1993）用水蒸气蒸馏法提取的四川南川产短片藁本根精油的主要成分为：α-蒎烯（77.83%）、β-蒎烯（2.89%）等。

全草：黄远征等（1990）用水蒸气蒸馏法提取的云南鹤庆产短片藁本干燥全草精油的主要成分为：α-蒎烯（45.46%）、β-蒎烯（18.01%）、柠檬烯（8.19%）、桧烯（6.06%）、月桂烯（4.76%）、莰烯（3.13%）、榧烯醇（1.29%）等。

【利用】根在四川作防风使用，又名“川防风”，用于发镇痛、祛风除湿，治疗外感头痛、四肢拘挛、关节疼痛、目疮疡及破伤风。

藁本

Ligusticum sinense Oliv.

伞形花科　藁本属

别名：川芎、西芎、茶芎

分布：湖北、四川、湖南、河南、江西、浙江、陕西等地

【形态特征】多年生草本，高达1 m。根茎具膨大的结节基生叶轮廓宽三角形，长10～15 cm，宽15～18 cm，2回三式羽状全裂；第一回羽片轮廓长圆状卵形，下部羽片基部略大，小羽片卵形，边缘齿状浅裂，具小尖头，顶生小羽片先渐尖至尾状；茎中部叶较大，上部叶简化。复伞形花序顶生侧生，果时直径6～8 cm；总苞片6～10，线形；伞辐14～3四棱形；小总苞片10，线形；花白色，花瓣倒卵形，先端凹，具内折小尖头。分生果长圆状卵形，背腹扁压，长4 mm宽2～2.5 mm，背棱突起，侧棱略扩大呈翅状；背棱槽内有管1～3，侧棱槽内有油管3，合生面油管4～6。花期8～9月果期10月。

【生长习性】生于海拔1000～2700 m的林下，沟边草丛中喜冷凉湿润气候，耐寒，忌高温，怕涝。对土壤要求不严格但以疏松肥沃、排水良好的砂壤土为好。忌连作。

【精油含量】水蒸气蒸馏法提取干燥根茎的得油率0.17%～0.85%。

【芳香成分】马玎等（2009）用水蒸气蒸馏法提取的四川县产藁本根茎精油的主要成分为：3-亚丁基苯酞（31.53%）、檬烯（10.35%）、二环[4.1.0]庚烯（8.67%）、2-甲基苯并（6.11%）、香树烯（5.72%）、β-罗勒烯（4.53%）、甲基苯酚.48%）、萜品油烯（1.71%）、对甲氧基乙酰苯酮（1.32%）、α-烯（1.45%）、α-甜没药烯（1.26%）、γ-松油烯（1.09%）、β-芹烯（1.05%）等。冷天平等（2008）用同法分析的云南思茅藁本根茎精油的主要成分为：肉豆蔻醚（36.29%）、榄香素1.80%）、2-甲基-6-(2-烯丙基)-苯酚（9.11%）、2-甲基苯并唑.29%）、亚丁基苯酞（4.90%）、邻甲基苯酚（3.28%）、α,α,4-甲基-3-环已烯-1-甲醇（3.06%）、1,2-2甲氧基-4-(2-烯丙基)（1.03%）等。

【利用】根茎为我国传统药材，具有祛风散寒、除湿止痛之效，治风寒头痛、寒湿腹痛、泄泻，外用治疥癣、神经性皮等皮肤病。根状茎可炖肉食。

尖叶藁本

igusticum acuminatum Franch.

形花科　藁本属

名：藁本菜、水藁本、黄藁本

布：云南、四川、湖北、河南、陕西

【形态特征】多年生草本，高可达2 m。茎具条纹，略带紫。茎上部叶具柄，下部略扩大呈鞘状；叶片纸质，轮廓宽三角状卵形，长约15 cm，宽约17 cm，3回羽状全裂，第一回羽片三角状卵形，长8～10 cm，宽6～7 cm；第二回羽片长圆状披针形，先端常延伸呈尾尖状；末回羽片近卵形，基部楔形，上部羽状分裂，裂齿具小尖头。顶生伞形花序直径4 cm，侧生的略小；总苞片6，线形，长约1 cm；伞辐12～23，长2～3 cm；小总苞片6～10，线形。分生果背腹扁压，卵形，长约3 mm，宽约2 mm，背棱突起或呈翅状，侧棱扩大成翅；每棱槽内有油管2～4，合生面油管6～8。花期7～8月，果期9～10月。

【生长习性】生于海拔1500～3500 m的林下、草地及石崖上。

【芳香成分】**根：**冷天平等（2008）用水蒸气蒸馏法提取的四川阿坝产尖叶藁本根及根茎精油的主要成分为：间异丙基甲苯（39.83%）、肉豆蔻醚（19.07%）、1-(2-羟基-5-甲基苯基)-乙酮（10.16%）、4-乙烯基-2甲氧基苯酚（4.87%）、对甲苯酚（4.25%）、棕榈酸（3.03%）、D-柠檬烯（1.95%）、4-甲基-1-(1-异丙基)-3环已烯-1-醇（1.69%）、邻甲基苯酚（1.24%）等。

全草：黄远征等（1989）用水蒸气蒸馏法提取的云南泸水产尖叶藁本风干全草精油的主要成分为：α-蒎烯（28.13%）、3-丁基苯酞（7.07%）、3-亚丁基苯酞（6.12%）、桧烯（5.64%）、γ-松油烯（3.90%）、1-(4-甲氧基苯基)-乙酮（3.34%）、柠檬烯（2.48%）、松油醇-4（1.69%）、1-乙氧基-4-甲基苯（1.63%）、β-蒎烯（1.31%）、对伞花烃（1.28%）、马鞭草烯酮（1.00%）等。

【利用】根为民间芳香草药，有祛风散寒、祛湿止痛的功效，用于治疗外感风寒头巅顶痛、风寒所致肌肉疼、关节疼等痛症。

蕨叶藁本

Ligusticum pteridophyllum Franch.

伞形花科　藁本属
别名： 黑藁本、岩川芎、岩林
分布： 云南、四川

【形态特征】多年生草本，高30～80 cm。基生叶及茎下部叶叶柄基部扩大成鞘；叶片轮廓卵形，长15～20 cm，宽10～15 cm，2～3回羽状全裂，羽片5～7对，长圆状卵形，小羽片3～5对，卵形，末回羽片倒卵形至扇形，不规则齿状浅裂，裂片先端具小尖头；茎上部叶渐简化。复伞形花序顶生或侧生，直径5～7 cm；总苞片8～10，线形，长0.8～1.5 cm；伞辐13～20，长2～3 cm，粗糙；小总苞片6～10，线形，长约5 mm；萼齿不发育；花瓣白色，倒卵形，长约1 mm，先端具内折小舌片。分生果背腹扁压，椭圆形，长约5 mm，宽约3 mm，背棱显著突起，侧棱扩大成翅；每棱槽内有油管3，合生面油管6。花期8～9月，果期10月。

【生长习性】生于海拔2400～3300 m的林下、草坡、水沟边。

【芳香成分】冷天平等（2008）用水蒸气蒸馏法提取的云南大理产蕨叶藁本根及根茎精油的主要成分为：肉豆蔻醚（68.44%）、β-水芹烯（8.16%）、邻甲基苯酚（5.32%）、α,α,三甲基-3-环己烯-1-甲醇（3.18%）、6-正丁基-1,4环庚二（1.60%）、榄香素（1.11%）等。叶晓雯等（2003）用同法分析云南产蕨叶藁本根茎精油的主要成分为：肉豆蔻醚（83.95%榄香酯素（1.73%）等。

【利用】根药用，具有散寒、去湿、镇静、止痛等功效，用于治疗风寒感冒、头痛、偏头痛、神经性头痛、胃寒痛及肉关节痛等症。

辽藁本

Ligusticum jeholense (Nakai et kitag.) Nakai et Kitag.

伞形花科　藁本属
别名： 藁本、热河藁本、香藁本、北藁本
分布： 辽宁、吉林、内蒙古、河北、山西、山东等地

【形态特征】多年生草本，高30～80 cm。茎具纵条纹常带紫色，上部分枝。叶片轮廓宽卵形，长10～20 cm，8～16 cm，2～3回三出式羽状全裂，羽片4～5对，轮廓

；小羽片3～4对，卵形，基部心形至楔形，边缘通常3～5裂；裂片具齿，齿端有小尖头。复伞形花序顶生或侧生，直3～7 cm；总苞片2，线形，粗糙，边缘狭膜质；伞辐8～10，侧粗糙；小总苞片8～10，钻形，被糙毛；小伞形花序具花～20；内侧粗糙；花瓣白色，长圆状倒卵形，具内折小舌。分生果背腹扁压，椭圆形，长3～4 mm，宽2～2.5 mm，棱突起，侧棱具狭翅；每棱槽内有油管1～2，合生面油管～4。花期8月，果期9～10月。

【生长习性】生于海拔1250～2500 m的林下、草甸及沟边阴湿处。

【精油含量】水蒸气蒸馏法提取根的得油率为0.46%～3%。

【芳香成分】冷天平等（2008）用水蒸气蒸馏法提取的辽宁辽藁本根及根茎精油的主要成分为：亚丁基苯酞（16.23%）、甲基-6-(2-烯丙基)-苯酚（16.10%）、β-水芹烯（9.95%）、邻基苯酚（6.40%）、肉豆蔻醚（5.06%）、1-(2-羟基-5-甲基苯)-乙酮（1.90%）、蒈烯-4(1.79%)、间异丙基甲苯（1.58%）、乙烯基-2-己烯基环丙烷（1.36%）等。张迎春等（2011）用法分析的根茎精油的主要成分为：β-水芹烯（27.77%）、丁苯酞（23.03%）、α-蒎烯（9.47%）、反式-β-罗勒烯（6.74%）、品油烯（4.13%）、2-氨基-4-甲基吡啶（3.30%）、3-正丁烯苯酞（2.77%）、间甲氧基苯乙酮（1.63%）、(±)-网翼藻烯A 63%）、(+)-匙叶桉油烯醇（1.19%）、α-水芹烯（1.11%）、月烯（1.04%）等。

【利用】根及根茎供药用，具有发表散寒、祛风胜湿、止痛的功效，治风寒感冒头痛、偏头痛、寒湿腹痛、泄泻、风湿痹痛、肢节疼痛，外用治疥癣、神经性皮炎等皮肤病。

膜苞藁本

Ligusticum oliverianum (de Boiss.) Shan

伞形花科　藁本属

分布：我国特有种，云南、湖北、四川、西藏

【形态特征】多年生草本，高20～40 cm。根颈被有纤维状残留叶鞘。茎多条簇生，具细条纹。基生叶及茎下部叶叶柄基部略扩大成鞘；叶片轮廓长卵形至长圆状披针形，长2～6 cm，宽1～2 cm，2～3回羽状全裂，羽片5～7对，轮廓卵形，末回裂片线形，先端具小尖头；茎上部叶少，极简化。复伞形花序顶生或侧生，直径2～3 cm；总苞片1～3，下部全缘，上部羽状分裂；伞辐6～13；小总苞片5～10，边缘白色膜质，先端1～2回羽状分裂；花瓣白色，长圆状倒卵形。分生果背腹扁压，长圆形至长圆状卵形，长5～6 mm，宽3～4 mm，背棱略突起，侧棱稍宽；每棱槽内有油管1，合生面油管4。花期8月，果期9～10月。

【生长习性】生于海拔2000～4300 m的山坡草地。

【芳香成分】黄远征等（1989）用水蒸气蒸馏法提取的松潘产膜苞藁本新鲜根茎精油的主要成分为：肉豆蔻醚（22.55%）、β-水芹烯（19.33%）、3-蒈烯（8.41%）、α-侧柏烯（3.66%）、桧烯（3.65%）、对伞花烃（2.96%）、马鞭草烯酮（2.18%）、月桂烯（2.13%）、松油醇-4（1.63%）、γ-松油烯（1.50%）、新蛇床内酯（1.44%）、α-蒎烯（1.40%）、β-杜松烯（1.40%）、β-石竹烯（1.11%）等。

葛缕子

Carum carvi Linn.

伞形花科　葛缕子属

别名：藏茴香、贡蒿、香芹、贡午

分布：东北、华北、西北地区以及西藏、四川

【形态特征】多年生草本，高30～70 cm，根圆柱形，长4～25 cm，径5～10 mm，表皮棕褐色。茎通常单生，稀2～8。基生叶及茎下部叶轮廓长圆状披针形，长5～10 cm，宽2～3 cm，2～3回羽状分裂，末回裂片线形或线状披针形，长3～5 mm，宽约1 mm，茎中、上部叶与基生叶同形，较小。总苞片，稀1～3，线形；伞辐5～10，极不等长，长1～4 c[m]；无小总苞或偶有1～3片，线形；小伞形花序有花5～15，花[杂]性，无萼齿，花瓣白色，或带淡红色，花柄不等长，花柱长[约]为花柱基的2倍。果实长卵形，长4～5 mm，宽约2 mm，成[熟]后黄褐色，果棱明显，每棱槽内有油管1，合生面油管2。花期5～8月。

【生长习性】生于河滩草丛中、林下或高山草甸。耐寒。[向]阳或阳光不直射的明亮处都能生长良好。需要土壤排水良好[、]富含有机质地块栽培。

【精油含量】水蒸气蒸馏法提取干燥果实的得油率4.18%；超声波辅助水蒸气蒸馏法提取干燥果实的得油[率]为5.42%；微波辅助水蒸气蒸馏法提取干燥果实的得油率4.20%。

【芳香成分】全草：白雪等（2016）用超临界CO_2萃取法[提]取的青海贵德产葛缕子干燥全草精油的主要成分为：右旋香[芹]酮（43.10%）、双戊烯（8.50%）、右旋萜二烯（6.88%）、(R)-[(+)-]化柠檬烯（2.49%）等。

果实：谭睿等（2003）用水蒸气蒸馏法提取的西藏产葛子干燥果实精油的主要成分为：香芹酮（51.62%）、柠檬烯8.26%）等。

【利用】根和嫩叶可作蔬菜食用。果实是常用香辛调味料，用于烹调。花可作切花材料。全草和果实入药，具有减轻或除肠胃气胀，防治消化系统的疾病以及健胃理气等作用，治腕腹冷痛、呕逆、消化不良、疝气痛、寒致腰痛。果实油为我国规定允许使用的食用香料，广泛用作食品添加剂、味品；也用于化妆品香精。提取精油后剩下的残渣可作为家饲料。

野胡萝卜

aucus carota Linn.

形花科　胡萝卜属

名：土参、鹤虱风、南鹤虱

布：四川、贵州、湖北、江西、安徽、江苏、河南、山西、江等地

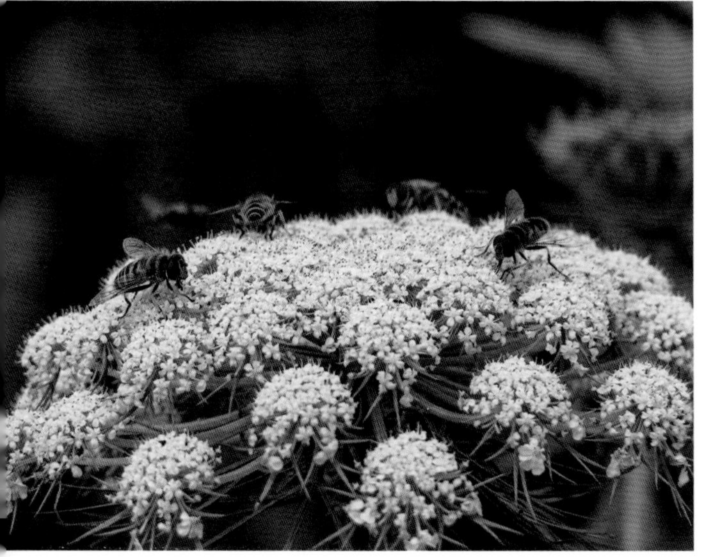

【形态特征】二年生草本，高15～120 cm。茎单生，全体白色粗硬毛。基生叶薄膜质，长圆形，二至三回羽状全裂，回裂片线形或披针形，长2～15 mm，宽0.5～4 mm，顶端尖，有小尖头，光滑或有糙硬毛；茎生叶有叶鞘，末回裂片小细长。复伞形花序，有糙硬毛；总苞有多数苞片，呈叶状，羽状分裂，少有不裂的，裂片线形，长3～30 mm；伞辐多数，长2～7.5 cm；小总苞片5～7，线形，不分裂或2～3裂，边缘膜质，具纤毛；花通常白色，有时带淡红色；花柄不等长，长3～10 mm。果实圆卵形，长3～4 mm，宽2 mm，棱上有白色刺毛。花期5～7月，果期7～8月。

【生长习性】生长于山坡路旁、旷野或田间。生命力强，耐旱，极易生长。

【精油含量】水蒸气蒸馏法提取干燥果实的得油率为1.00%～4.10%。

【芳香成分】全草：陈青等（2007）用同时蒸馏萃取法提取的贵州花溪产野胡萝卜地上部分精油的主要成分为：β-丁香烯（16.08%）、大根香叶烯D（11.25%）、α-细辛脑（9.80%）、α-葎草烯（7.13%）、顺式-α-甜没药烯（4.11%）、δ-榄香烯（3.06%）、植醇（2.94%）、异丁子香酚（2.94%）、α-异松香烯（2.49%）、α-蒎烯（2.28%）、反式-β-金合欢烯（2.02%）、(+)-β-芹子烯（1.72%）、丁香烯氧化物（1.69%）、(E,E)-α-金合欢烯（1.63%）、α-荜澄茄醇（1.56%）、柠檬烯（1.55%）、α-甜没药醇（1.48%）、顺式-罗勒烯（1.44%）、大根香叶烯B（1.13%）等。

花：李美等（2012）用水蒸气蒸馏法提取的野生野胡萝卜晾干花精油的主要成分为：β-红没药烯（63.06%）、α-细辛脑（13.65%）、4(14)，11-桉叶二烯（5.71%）、Z,Z,Z-1,5,9,9-四甲基-1,4,7-环十一碳三烯（5.26%）、1R-α-蒎烯（2.55%）、胡萝卜次醇（2.21%）、石竹烯（1.43%）、β-倍半水芹烯（1.32%）等。

果实：秦巧慧等（2011）用水蒸气蒸馏法提取的陕西周至产野胡萝卜风干果实精油的主要成分为：α-蒎烯（54.72%）、β-红没药烯（11.35%）、β-细辛脑（10.14%）、月桂烯（6.67%）、柠檬烯（4.11%）、莰烯（2.58%）、β-蒎烯（2.53%）、β-石竹烯（1.19%）等。王锡宁等（2003）用同法分析的湖北十堰产野胡萝卜干燥成熟果实精油的主要成分为：β-红没药烯（34.73%）、罗汉柏二烯（7.50%）、香柠檬醇乙酸酯（5.40%）、γ-榄香烯（5.27%）等。

【利用】果实入药，有止痒、消积、驱虫的作用，用于治虫积腹痛、小儿疳积、阴痒、斑秃。全草入药，有驱虫、祛痰、解毒消肿、明目、理气、活血的功效。嫩茎叶可作蔬菜食用。果实精油为我国允许使用的食用香料，主要用于调味品、酒和烟草等的加香；也可用于日用化妆品、医药的加香。

胡萝卜

Daucus carota Linn.var. *sativa* DC.

伞形花科　胡萝卜属植物

别名：红萝卜、黄萝卜、番萝卜、丁香萝卜、胡芦菔金、赤珊瑚、黄根、土人参、金笋、金参

分布：全国各地

【形态特征】野胡萝卜变种，二年生草本。高60～90 cm。直根上部包括少部分胚轴肥大，形成肉质根，其上着生四列细侧根。肉质根形状有圆、扁圆、圆锥、圆筒形等。根有紫色、橘红色、粉红色、黄色、白青绿色。主要由次生韧皮部成，木质部细小，称心柱。直根外部光滑。叶丛生于短缩茎上，为三回羽状复叶，叶色浓绿，叶面密生茸毛，肉质根贮藏越冬后抽薹开花，先发生主薹，再生侧枝，每一花枝都由许多小伞形花序组成一个大的复伞形花序。一株上常有千朵以上小花，完全花，白色或淡黄色。双悬果，成熟时分裂为2，椭圆形，皮革质，纵棱上密生刺毛。花期4～5月，果期5～6月。

【生长习性】为半耐寒性蔬菜，喜冷凉多湿的环境条件。种子在4～6 ℃即可萌动，发芽最适温度为20～25 ℃，幼苗能忍耐短时间-3～-4 ℃的低温，也能在27 ℃以上的高温条件下正常生长；肉质根膨大以20～22 ℃为适宜。喜光、长日照植物。对土壤酸碱度的适应范围较广，在pH为5～8的土壤中均能良好生长。

【精油含量】冷磨法提取新鲜直根的得油率为0.20%～0.40%；蒸气蒸馏法提取干燥果实的得油率为0.60%～2.50%。

【芳香成分】根：李丛民等（2000）用冷磨法提取的湖北来凤产胡萝卜新鲜直根精油的主要成分为：胡萝卜次醇（20.05%）、β-蒎烯（10.31%）、α-蒎烯（7.79%）、β-石竹烯（4.38%）、氧化石竹烯（3.91%）、柠檬烯（3.53%）、丙酸香叶酯（3.17%）、α-雪松烯（3.10%）、乙酸橙花醇酯（2.71%）、雪松醇（2.58%）、罗汉柏烯（1.87%）、胡萝卜脑（1.74%）、β-古芸烯（1.67%）、橙花醇（1.42%）、对-伞花烃（1.21%）、莰烯（1.04%）等。陈瑞娟等（2013）用固相微萃取法提取的胡萝卜新鲜直根香气的主要成分为：石竹烯（16.78%）、1-甲基-4-(1-亚甲基-5-甲基-4-己烯基)环己烯（10.27%）、γ-松油烯（9.24%）、4-蒈烯（4.43%）、1-甲基-2-(1-甲基乙基)苯（3.41%）、α-姜黄烯（2.72%）、(E)-7,11-二甲基-3-亚甲基-1,6,10-十二碳三烯（2.59%）、苯酚（2.16%）、4-(1,5-二甲基-1,4-己二烯基)-1-甲基环己烯（1.91%）、β-蒎烯（1.31%）、β-月桂烯（1.23%）、邻苯二甲酸二正丁酯（1.18%）、香叶基丙酮（1.12%）、环氧石竹烯（1.05%）等。

叶：祁增等（2017）用顶空固相微萃取法提取的吉林抚松产胡萝卜新鲜叶挥发油的主要成分为：β-蒎烯（28.98%）、α-蒎烯（22.66%）、石竹烯（15.63%）、(+)-柠檬烯（8.00%）、罗勒烯（6.95%）、荜澄茄油烯（3.60%）、δ-榄香烯（2.05%）、γ-松油烯（1.54%）、π-石竹烯（1.38%）、莰烯（1.24%）等。

果实：刘睿婷等（2011）用水蒸气蒸馏法提取的新疆乌鲁木齐产胡萝卜果实精油的主要成分为：胡萝卜醇（50.27%）、

β-甜没药烯（9.58%）、α-佛手柑烯（5.29%）、γ-荜澄茄烯（5.12%）、β-金合欢烯（4.85%）、石竹烯（3.61%）、β-月桂烯（2.64%）、β-荜澄茄烯（2.43%）、β-蒎烯（2.05%）、8-异丙烯基-1,5-二甲基-1,5-环癸二烯（1.81%）、柠檬烯（1.69%）、胡萝卜脑（1.57%）、α-蒎烯（1.48%）、细辛醚（1.44%）等。

【利用】肉质根为主要蔬菜之一。果实有治疗久痢、杀虫、降低血压、强心、消炎、抗过敏等作用，对贫血、肠胃、肺病等疾病也有治疗作用。果实精油可用于香皂加香和食品调香。

环根芹

Cyclorhiza waltonii (Wolff) Sheh et Shan

伞形花科　环根芹属
别名： 当归恩
分布： 我国特有种，西藏、云南、四川

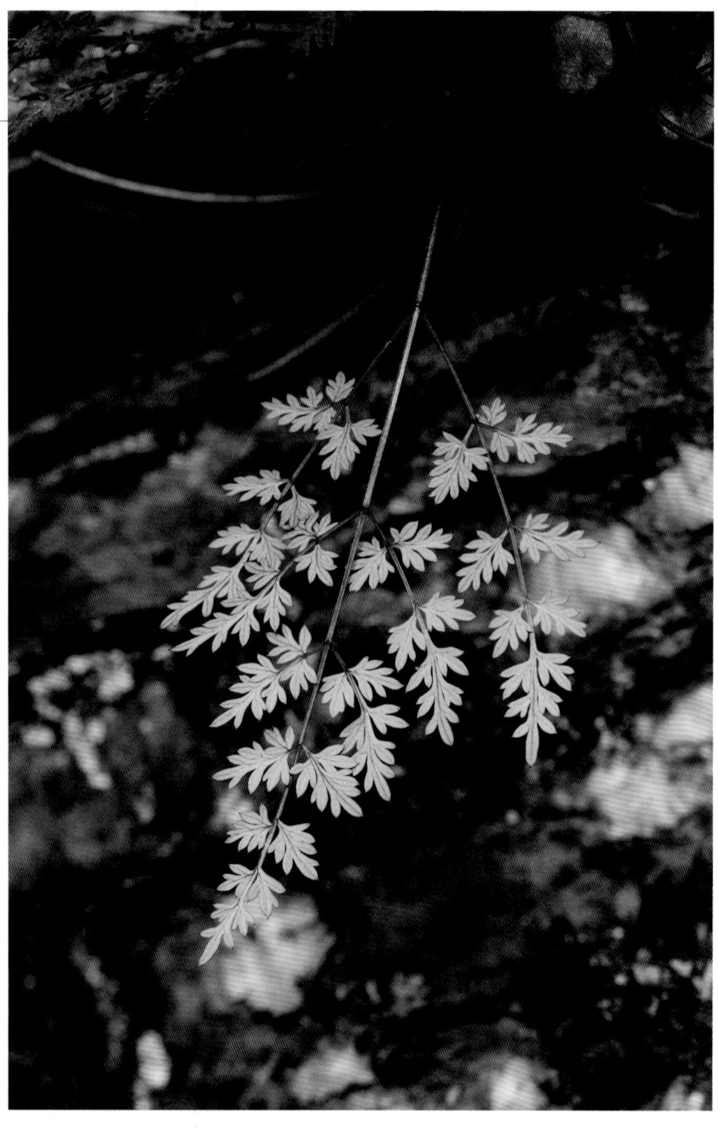

【形态特征】多年生草本，高16～100 cm。根颈存留紫黑色宽阔的叶柄残基；二年以上的老根有密集的环纹突起。茎单一，具细长条纹，基部常为暗紫色。基生叶轮廓三角状卵形，长8～20 cm，宽5～18 cm，四回羽状全裂，一回羽片5～6对，二回羽片4对，三回羽片1～2对，末回裂片线形，卵状长圆形或线状椭圆形，先端急尖，略带粉绿色。复伞形花序顶生或侧生，伞形花序直径3～16 cm；伞辐4～14；每小伞形花序有花10～20朵；花瓣黄色，不规则方形或圆形，小舌片急尖，内曲；萼齿显著，狭三角形。分生果卵形或椭圆形，长约4 mm，宽约2.5 mm，两侧扁压，棕褐色，5条果棱粗大，作龙骨状起或呈狭翅状；棱槽内有油管1，合生面油管2；胚乳腹面深呈沟槽状。花期7～8月，果期9～10月。

【生长习性】生长于海拔2500～4600 m的高山向阳草坡栎林下、灌丛中以及潮湿的沟边或路旁，干燥砾石地或砂岩中也能生长，但植株较为矮小。

【芳香成分】方洪钜等（1990）用水蒸气蒸馏法提取的西林芝产环根芹根精油的主要成分为：桧烯（18.09%）、对伞烃（12.17%）、松油醇-4（11.44%）、α-蒎烯（9.03%）、β-水烯（7.26%）、γ-松油烯（7.04%）、杜基醛（4.87%）、顺式-石烯（4.45%）、α-松油烯（3.07%）、异松油烯（2.51%）、α-侧烯（1.69%）、月桂烯（1.68%）、玷巴烯（1.57%）等。

【利用】根药用，有清热解毒之功效。

短果茴芹

Pimpinella brachycarpa (Kom.) Nakai

伞形花科　茴芹属
别名： 山芹菜、大叶芹、二甲芹、假回芹
分布： 吉林、辽宁、河北、贵州

【形态特征】多年生草本，高70～85 cm。基生叶及茎中下部叶叶鞘长圆形；叶片三出分裂，成三小叶，稀2回三出裂，两侧的裂片卵形，长3～8 cm，宽4～6.5 cm，偶2裂，端的裂片宽卵形，长5～8 cm，宽4～6 cm，基部楔形，顶端尖，边缘有钝齿或锯齿；茎上部叶片3裂，裂片披针形。通无总苞片，稀1～3，线形；伞辐7～15，长2～4 cm；小总苞2～5，线形；小伞形花序有花15～20；萼齿较大，披针形；瓣阔倒卵形或近圆形，白色，基部楔形，顶端微凹，有内折小舌片。果实卵球形，无毛，果棱线形；每棱槽内有油管2～合生面油管6；胚乳腹面平直。花果期6～9月。

【生长习性】生于海拔500～900 m的河边或林缘。

【精油含量】水蒸气蒸馏法提取果实的得油率为0.78%；临界萃取法提取果实的得油率为5.50%。

【芳香成分】孙广仁等（2009）用水蒸气蒸馏法提取吉林蛟河产短果茴芹果实精油的主要成分为：4,11-桉叶烯（67.01%）、β-倍半水芹烯（8.63%）、2-异丙烯基-4a,8-二

-1,2,3,4,4a,5,6,7-八氢萘（3.97%）、石竹烯（3.89%）、乙酸龙酯（2.88%）、α-佛手油烯（2.65%）、α-蒎烯（2.45%）、柠檬（2.42%）、β-蒎烯（2.20%）、γ-松油烯（1.22%）等。

【利用】药食兼用的蔬菜，具有活血降压、清热解毒、利、止痛等功效。

茴芹

impinella anisum Linn.

形花科　茴芹属

名：西洋茴香、欧洲茴香

布：新疆

【形态特征】一年生草本，高10～80 cm，被柔毛，茎圆柱，有细条纹，上部分枝。基生叶有柄，叶片为单叶不分裂或裂，末回裂片肾形，边缘有缺刻状齿；茎上部叶羽状分裂或3，末回裂片线状披针形。复伞形花序顶生或腋生，无总苞片仅1片；伞辐7～20，不等长，最长达4 cm，被微柔毛；小总片少数，线形，不等长；无萼齿；花柱基短圆锥形；花瓣白，长圆形。果实卵状长圆形，长3～5 mm，宽2～2.5 mm，被柔毛；心皮柄2裂至中部；每棱槽内油管2～4，合生面油管~8；胚乳腹面微凹。花期5～6月，果期6～7月。

【生长习性】不耐寒。喜日照充足、通风良好的环境。以排良好的砂质壤土或土质深厚、疏松壤土为佳。

【精油含量】同时蒸馏-萃取法提取新鲜花的得油率为2.25%。

【芳香成分】何新萍等（2011）用同时蒸馏-萃取法提取的新疆乌鲁木齐产茴芹新鲜花精油的主要成分为：柠檬烯（15.64%）、香芹酮（14.39%）、顺式二氢香芹酮（11.55%）、3,6-二甲基-2,3,3a,4,5,7a-六氢香豆酮（11.31%）、顺式-异芹菜脑（6.28%）、α-蒎烯（3.75%）、2-甲基-5-(1-甲基乙烯基)环己酮（3.48%）、月桂烯（3.06%）、5-异丙基-6-甲基-庚二烯醛（2.39%）、2-羟基桉树脑（1.48%）、柠檬烯二氧化物（1.44%）、2,4-二甲基苯乙烯（1.34%）、4,5-异桉树脑（1.17%）等。

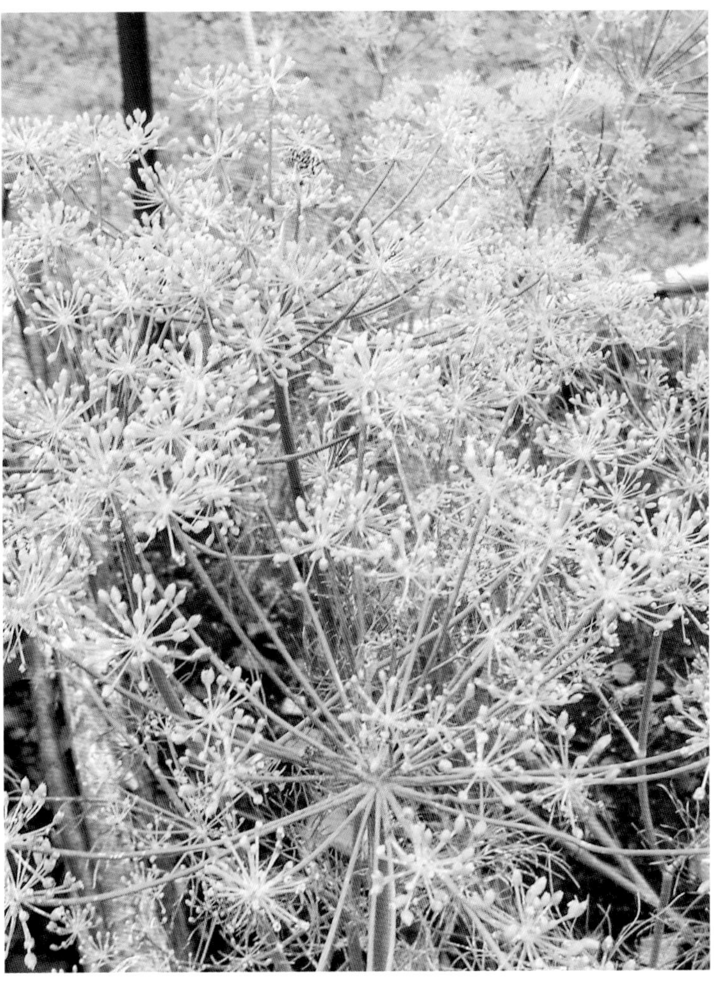

【利用】种子是世界上最古老的草药之一，有减轻各种疾病的疼痛、消肿、驱虫等作用，用于治疗感冒、咳嗽、支气管炎、幼儿腹痛、恶心等症；还是催乳剂、健胃品和温和的利尿剂。种子煮汤或泡茶，具有健胃、促进消化、增进食欲、祛风、止呕、化痰、防止口臭之功效。花可作水果沙拉食用，也可入茶。种子提取的精油可用于香水、牙膏、肥皂、口腔清洁剂等。

杏叶茴芹

Pimpinella candolleana Wight et Arn.

伞形花科　茴芹属

别名：杏叶防风、蜘蛛香、骚羊古、消气草、大寒药

分布：云南、四川、广西

【形态特征】多年生草本，高10～100 cm。基生叶4～10，含叶鞘长2～20 cm，有毛；叶片不分裂，心形，长2～8 cm，宽2～7 cm，或较小，近革质；中、下部茎生叶单叶或三出分裂，

稀为羽状分裂；上部叶较小，叶片3裂或1～2回羽状分裂，裂片披针形，裂片两面有柔毛，边缘有齿。复伞形花序少；常无总苞片，偶有1～7，线形，顶端全缘或3裂；伞辐 6～25，有毛；小总苞片1～6，线形；小伞形花序有花10～20；花瓣白色，间或微带红色，倒心形，基部楔形，顶端凹陷，有内折的小舌片，叶背有毛。果实卵球形，基部心形，有瘤状突起，果棱线形；每棱槽内有油管2～3，或单生，合生面油管2～4。花果期6～10月。

【生长习性】生于海拔1350～3500 m的灌丛中、草坡上、沟边、路旁或林下。

【精油含量】水蒸气蒸馏法提取全草的得油率为0.10%。

【芳香成分】危英等（2005）用水蒸气蒸馏法提取的贵州贵阳产杏叶茴芹全草精油的主要成分为：姜烯（14.47%）、古玛烯D（11.17%）、反-β-法内散（10.24%）、十六烷酸（6.09%）、β-石竹烯（4.47%）、α-香柠檬烯（3.97%）、法内散（3.70%）、δ-杜松烯（2.73%）、亚油酸（1.87%）、吉玛烯B（1.71%）、β-蛇床烯（1.56%）、α-石竹烯（1.56%）、α-杜松醇（1.30%）、α-可巴烯（1.21%）、β-荜澄茄烯（1.19%）、辛植二烯（1.04%）等。邢煜君等（2011）用顶空固相微萃取法提取的贵州产杏叶茴芹阴干全草精油的主要成分为：(S)-1-甲基-4-(5-甲基-1-亚甲基-4-己烯基)环己烯（48.83%）、1-(1,5-二甲基-4-己烯基)-4-甲基苯（6.15%）、(1α,4aα,8aα)-(1α,4aα,8aα)-1,2,3,4,4a,5,6,8a-八氢-7-甲基-4-亚甲基-1-(1-甲基乙烯基)-萘（3.97%）、α-香柠檬烯（3.21%）、[4R-(4aα,7α,8aβ)]-十氢-4a-甲基-1-亚甲基-7-(1-甲基乙烯基)-萘（2.76%）、(R)-2,4a,5,6,7,8-六氢-3,5,5,9-四甲基-1H-苯并环庚烯（2.49%）、石竹烯（2.36%）、芹脑（2.29%）、1,2,3-三甲氧基-5-(2-丙烯基)苯（2.26%）、棕榈酸（2.19%）、6,10,14-三甲基-2-十五烷酮（1.87%）、[1a(1aα,4aα,7β,7aβ,7bα)]-1a,2,3,4,4a,5,6,7b-十八氢-1,1,4,7-四基-4-亚甲基-1H-环丙烷[e]苷菊环（1.82%）、δ-荜澄茄烯（1.%）等。

【利用】全草为贵州民间常用草药，具有温中散寒、行止痛、祛风活血、解毒消肿的功效。用于治疗脘腹寒痛、消不良、痢疾、风寒感冒、跌打肿痛、痈肿疮毒、毒蛇咬伤等症。

羊红膻

Pimpinella thellungiana Wolff

伞形花科　茴芹属

别名：缺刻叶茴芹

分布：山西、陕西、山东、河北、内蒙古及东北各地

【形态特征】多年生草本，高30～80 cm。茎基部有残留叶鞘纤维束。基生叶和茎下部叶轮廓卵状长圆形，长4～17 cm宽2～6 cm，1回羽状分裂，小羽片3～5对，卵形或卵状披形，基部楔形或钝圆，边缘缺刻状齿或近于羽状条裂；茎中叶较小，与基生叶同形或为2回羽状分裂，末回裂片线形；上部叶较小，叶鞘长卵形或卵形，边缘膜质；叶片羽状分裂羽片2～3对，或3裂，裂片线形。伞辐10～20，不等长；伞形花序有花10～25；花瓣卵形或倒卵形，白色，基部楔形顶端凹陷，有内折的小舌片。果实长卵形，长约3 mm，宽2 mm，果棱线形；每棱槽内有油管3，合生面油管4～6。花期6～9月。

【生长习性】生于海拔600～1700 m的河边、林下、草坡灌丛中。

【精油含量】水蒸气蒸馏法提取根的得油率为0.36%。

【芳香成分】王长岱等（1988）用水蒸气蒸馏法提取的精油的主要成分为：2,6-二甲基-6-烯丙基苯酚（58.84%）、甲基丁酸（16.82%）、2,6-二甲基十一烷（1.40%）、β-甜没药（1.05%）等。

【利用】山西、陕西等地长期以来用全草作兽药。全草能健胃、活血、补血、平肝、止泻，对治疗头昏、心悸等症状及山病有效。

异叶茴芹

Pimpinella diversifolia DC.

伞形花科　茴芹属

别名：鹅脚板、苦爹菜、山当归、蛇倒退、八月白

分布：西藏、云南、贵州、四川、陕西、甘肃、河南、江苏、浙江、江西、湖南、湖北、广西、广东、安徽、福建、台湾

【形态特征】多年生草本，高0.3～2 m。叶异形，基生叶有柄，包括叶鞘长2～13 cm；叶片三出分裂，裂片卵圆形，两侧的裂片基部偏斜，顶端裂片基部心形或楔形，长1.5～4 cm，宽1～3 cm，稀不分裂或羽状分裂，纸质；茎中、下部叶片三出分裂或羽状分裂；茎上部叶较小，具有叶鞘，叶片羽状分裂或全裂，裂片披针形，全部裂片边缘有锯齿。通常无总苞片，稀1～5，披针形；伞辐6～30，长1～4 cm；小总苞片1～8；小伞形花序有花6～20；花瓣倒卵形，白色，基部楔形，顶端凹陷，小舌片内折，背面有毛。成熟的果实卵球形，基部心形，果棱线形；每棱槽内有油管2～3，合生面油管4～6。花果期5～10月。

【生长习性】生于海拔160～3300 m的山坡草丛中、沟边或林下。

【精油含量】水蒸气蒸馏法提取新鲜全草的得油率为0.70%。

【芳香成分】根：林崇良等（2010）用水蒸气蒸馏法提取的浙江温州产异叶茴芹新鲜根精油的主要成分为：4-羟基-3-甲氧基苯丙酮（23.13%）、n-棕榈酸（17.66%）、亚油酸（13.08%）、香草烯-(v1)（10.90%）、3-羟基苯并呋喃苯酚（6.37%）、5-甲酰水杨酸（5.22%）、5-溴-2-甲基-2-戊烯（3.93%）、3-环己烯-1-醇（3.50%）、3,6-二甲基氧唑（5,4-c）哒嗪-4-胺（3.29%）、(1-乙酰氧基-7-甲基-1,4a,5,6,7,7a-六氢环戊二烯并[c]吡喃-4-基)乙酸甲酯（2.87%）、双环己基丙烷二腈（2.33%）、倍半水芹烯（2.12%）、丁香油酚（1.57%）、5,6-二乙烯基-1-甲基-环己烯（1.36%）、2-氯-1,4-二（环己烷氧基)苯（1.31%）、细辛脑（1.31%）等。

全草：危英等（2004）用水蒸气蒸馏法提取的贵州贵阳产异叶茴芹新鲜全草精油的主要成分为：棕榈酸（13.99%）、亚油酸（7.00%）、吉玛烯D（5.70%）、反-β-法内散（5.48%）、姜烯（4.48%）、β-红没药烯（4.43%）、[Z,E]-α-法内散（4.02%）、α-香柠檬烯（2.39%）、β-石竹烯（1.87%）、植醇（1.79%）、辛植二烯（1.55%）、4-甲基-2,6-二叔丁基苯酚（1.36%）、β-荜澄茄烯（1.23%）、α-可巴烯（1.14%）、α-愈创木烯（1.09%）、绿花白干层醇（1.03%）、硬脂酸（1.01%）等。

花：林崇良等（2010）用水蒸气蒸馏法提取的浙江温州产异叶茴芹新鲜花序精油的主要成分为：1 H-苯骈庚烯（22.80%）、倍半水芹烯（17.77%）、β-花柏烯（15.94%）、氧化石竹烯（5.98%）、α-愈创烯（3.97%）、1 H-环丙[a]萘（2.57%）、3-羟基苯并呋喃（2.27%）、4-(1,5-二甲基-4-甲烯基)环己-2-烯酮（2.22%）、n-十六酸（1.98%）、γ-苯丁醛（1.81%）、1,3,3-三甲基-2-羟甲基-3,3-二甲基-4-(3-甲基-2-丁烯基)-环己烯（1.54%）、α-桉叶油醇（1.51%）、α-胡椒烯-11-醇（1.31%）、石竹烯（1.29%）、(E,Z)-α-法呢烯（1.29%）、9-乙氧基-10-氧杂三环[7.2.1.0^{1,6}]十二-11-酮（1.27%）、β-倍半水芹烯（1.19%）、橙花叔醇（1.04%）、(2 R,4 R)-对-蓋-[1(7)，8]-二烯-2-过氧化氢物（1.02%）、二十碳烷（1.00%）等。

【利用】根具有解毒止痛的功效，能治胃痛及蛇虫咬伤等。全草具有散寒、化积、祛瘀、消肿的功效，用于治疗感冒风寒、痢疾、小儿疳积、皮肤瘙痒等。果可做调香原料。

茴香

Foeniculum vulgare Mill.

伞形花科　茴香属

别名：怀香、小茴香、土茴香、野茴香、茴香子、小香、小茴、谷茴香、香丝菜

分布：北京、山西、内蒙古、甘肃、新疆、山东、四川、辽宁等地

【形态特征】草本，高0.4～2 m。茎多分枝。较下部的茎生叶柄长5～15 cm，中部或上部的叶柄部分或全部成鞘状，叶鞘

边缘膜质；叶片轮廓为阔三角形，长4～30 cm，宽5～40 cm，4～5回羽状全裂，末回裂片线形，长1～6 cm，宽约1 mm。复伞形花序顶生与侧生；伞辐6～29，不等长，长1.5～10 cm；小伞形花序有花14～39；花瓣黄色，倒卵形或近倒卵圆形，长约1 mm，先端有内折的小舌片；花丝略长于花瓣，花药卵圆形，淡黄色；花柱基圆锥形，花柱极短，向外叉开或贴伏在花柱基上。果实长圆形，长4～6 mm，宽1.5～2.2 mm，主棱5条，尖锐；每棱槽内有油管1，合生面油管2。花期5～6月，果期7～9月。

【生长习性】喜冷凉，耐寒，耐热，生长适宜温度为15～20 ℃。喜光。适应性强，对土壤要求不严，喜湿润、肥沃土壤，耐盐，以地势平坦、肥沃疏松、排水良好的砂壤土或轻碱性黑土为宜。

【精油含量】水蒸气蒸馏法提取根的得油率为0.17%～2.20%，干燥茎的得油率为0.93%，干燥叶的得油率为1.20%，全草的得油率为0.61%～1.81%，干燥花序梗的得油率为1.29%，干燥花序的得油率为2.88%，果实的得油率为1.25%～7.69%；超临界萃取果实的得油率为4.00%～12.67%；微波法提取果实的得油率为0.30%～2.74%，超声波法提取果实的得油率为8.78%～8.87%。

【芳香成分】根：何金明等（2005）用同时蒸馏萃取法提取的广东韶关产茴香新鲜根精油的主要成分为：莳萝芹菜脑（84.70%）、反式-茴香脑（6.94%）、肉豆蔻醚（3.08%）等。

叶：赵淑平等（1991）用水蒸气蒸馏法提取的北京产茴香新鲜叶精油的主要成分为：柠檬烯（57.80%）、反式-茴香脑（21.80%）、α-蒎烯（10.00）、爱草脑（2.90%）、反式葑醇乙酸酯（2.50%）、月桂烯（1.50%）、β-蒎烯（1.10%）等。

全草：肖艳辉等（2010）用水蒸气蒸馏法提取的广东韶关产茴香新鲜全草精油的主要成分为：反式-茴香脑（47.40%）、柠檬烯（31.69%）、莳萝芹菜脑（5.72%）、水芹烯（5.36%）、γ-萜品烯（1.77%）、草蒿脑（1.68%）、萜品油烯（1.11%）、对伞花素（1.08%）等。

花：赵淑平等（1991）用水蒸气蒸馏法提取的北京产茴香花精油的主要成分为：反式-茴香脑（41.20%）、柠檬烯（34.20%）、γ-松油烯（10.30%）、α-蒎烯（6.10%）、爱草

00%）、β-蒎烯（1.20%）等。

果实：任安祥等（2006）用水蒸气蒸馏法提取的内蒙托克托产茴香干燥果实精油的主要成分为：反式茴香脑2.22%）、D-柠檬烯（5.71%）、爱草脑（3.38%）、小茴香酮.09%）、γ-萜品烯（1.55%）等。肖艳辉等（2007）用同法分的内蒙古呼和浩特产'茴油1号'茴香果实精油的主要成为：反式-茴香脑（68.43%）、小茴香酮（21.52%）、爱草脑94%）、α-蒎烯（1.10%）等。

【利用】嫩茎叶可作蔬菜食用或作调味用。果实和全草均可药，具有驱风行气，祛寒温、止痛健脾，促进消化，健胃、痰、利尿、解毒之功效，可用于治胃气胀痛、消化不良、腰、经痛、疝气痛、呕吐和寒喘等疾病。果实用作调味料。果精油为我国允许使用的食用香料，主要用于配制食品、化妆等香精；可作提取茴香脑的原料；果实精油具有驱风、解痉、减轻疼痛以及抗菌作用，入药可作驱风剂，治胃病。果实剂、根酊剂用于食品及酒类的调味加香。果实提取精油后的渣是很好的饲料。

球茎茴香

oeniculum vulgare Mill. var. *dulce* (Mill.) Batt. et Trab.

形花科　茴香属

名：结球茴香

布：北京、上海、广东、云南、湖北、浙江、江苏和华北有培

【形态特征】茴香变种。一年生草本，高70～100 cm。主根入土深达30～40 cm，上有5～7条支根。羽状复叶，小叶呈毛状，当新叶展开10片左右时，叶柄基部肥大抱合而成扁圆形肉质假球茎，重400～800 g。花茎高80～120 cm，有3～7个侧枝，伞形花序，花黄色，小型，雌雄同花，异花授粉。双悬果，长椭圆形，果实长5～6 mm，两室，各室中有种子1粒，较小，具有较浓的香味。

【生长习性】喜凉爽气候，生长温度为4～36 ℃，最适宜生长温度为12～20 ℃，较耐低温，苗期又耐高温。生长阶段喜光怕阴，充足的阳光有利于球茎膨大。对土壤的适应性较广。

【芳香成分】王羽梅等（2002）用水蒸气蒸馏法提取的叶精油的主要成分为：苧烯（47.70%）、茴香脑（45.90%）、α-蒎烯（2.70%）、茴香酮（2.50%）、1,8-桉叶油素（1.10%）等。

【利用】柔嫩的球茎及嫩叶供食用。

积雪草

Centella asiatica (Linn.) Urban

伞形花科　积雪草属

别名：大叶金钱草、崩大碗、老鸭碗、缺碗草、马蹄草、雷公根、蚶壳草、铜钱草、大金钱草、线齿草、铁灯盏、落得打、十八缺

分布：陕西、江苏、安徽、浙江、江西、湖南、湖北、福建、台湾、广东、广西、四川、云南等地

【形态特征】多年生草本，茎匍匐，细长，节上生根。叶片膜质至草质，圆形、肾形或马蹄形，长1～2.8 cm，宽1.5～5 cm，边缘有钝锯齿，基部阔心形；叶柄基部叶鞘透明，膜质。伞形花序聚生于叶腋，长0.2～1.5 cm；苞片通常2，很少3，卵形，膜质，长3～4 mm，宽2.1～3 mm；每一伞形花序有花3～4，聚集呈头状；花瓣卵形，紫红色或乳白色，膜质，长1.2～1.5 mm，宽1.1～1.2 mm；花柱长约0.6 mm；花丝短于花瓣，与花柱等长。果实两侧扁压，圆球形，基部心形至平截形，长2.1～3 mm，宽2.2～3.6 mm，每侧有纵棱数条，棱间有明显的小横脉，网状，表面有毛或平滑。花果期4～10月。

【生长习性】喜温暖潮湿环境。生于阴湿的田野、草地、水沟边，海拔200～1900 m。生性强健。

【芳香成分】徐晓卫等（2011）用水蒸气蒸馏法提取的浙江温州产积雪草新鲜全草精油的主要成分为：α-石竹烯（18.90%）、石竹烯（18.78%）、氧化石竹烯（9.64%）、β-橄香烯（8.01%）、[1 R-(1 R*,3 E,7 E,11 R*)]-1,5,5,8-四甲基-12-氧杂二环[9.1.0]十二-3,7-二烯（6.17）、[3 R-(3α,3aβ,7β,8aα)]-2,3,4,7,8,8a-六氢-3,6,8,8-四甲基-1 H-3a,7-亚甲基薁（3.08%）、[S-(E,E)]-1-甲基-5-亚甲基-8-(1-甲基乙基)-1,6-环癸二烯（2.68%）、[1aR-(1aα,4aβ,7α,7aβ,7 bα)]-十氢-1,1,7-三甲基-4-亚甲基-1 H-环丙[e]薁（2.15%）、(E)-7,11-二甲基-3-亚甲基-1,6,10-十二碳三烯（2.07%）、[4aR-(4aα,7α,8aβ)]-十氢-4a-甲基-1-亚甲基-7-(1-甲基乙烯基)-萘（1.88%）、[1 R-(1α,3aβ,4α,7β)]-1,2,3,3a,4,5,6,7-八氢-1,4-二甲基-7-(1-甲基乙烯基)-薁（1.85%）、α-顺式-檀香脑（1.41%）、1-十二烷醇（1.32%）、(Z)-3,7-二甲基-2,6-辛二烯-1-醇（1.29%）、棕榈酸（1.11%）、(1aα,7α,7aα,7 bα)]-1a,2,3,5,6,7,7a,7 b-八氢-1,1,7,7a-四甲基-1 H-环丙[a]萘（1.11%）、1-(1-丁烯-3-基)-2-乙烯基-苯（1.07%）、2,6-二甲二环[3.2.1]辛烷（1.02%）等。

【利用】全草入药，具有清热利湿、解毒消肿、祛瘀生新活血止血和镇痛之功效，用于治疗感冒、目赤、牙痛、喉痹传染性肝炎、胆囊炎、肺热咳嗽、肠炎、痢疾、泌尿系统石、跌打损伤、中暑腹泻、胸膜炎、血热吐血、衄血、皮肤疡、各种中毒等；外用治疗蛇咬伤、疔疮肿毒、带状疱疹及伤出血。嫩叶可作蔬菜食用。

瘤果棱子芹

Pleurospermum wrightianum de Boiss.

伞形花科　棱子芹属

分布：西藏、四川

【形态特征】多年生草本，高30～50 cm。根颈部残存多褐色叶鞘。茎、伞辐常有细疣状突起。茎有条纹，带紫红色基生叶轮廓狭长圆形至狭卵形，长约10 cm，2～3回羽状分裂一回羽片5～7对，末回裂片线状披针形，顶端尖锐；叶柄缘有狭翅，基部扩展但不呈鞘状；茎生叶简化。顶生的复伞花序大，直径15～20 cm；总苞片7～9，线状披针形，先端状分裂，基部变狭窄，有狭窄的膜质边缘，伞辐10～20，不长；小总苞片与总苞片同形，简化；小伞形花序有花10～1果实卵形，长5～6 mm，表面密生细水泡状微突起，果棱有显的鸡冠状翅，沿沟槽散生小瘤状突起，每棱槽有油管1，生面2。果期9～10月。

【生长习性】生于海拔3600～4600 m的山坡草地上。

【精油含量】水蒸气蒸馏法提取种子的得油率为0.64%；临界萃取种子的得油率为5.86%。

【芳香成分】刘珍伶等（2004）用水蒸气蒸馏法提取的海唐古拉山产瘤果棱子芹种子精油主要成分为：1,3,5,7-环辛烯（15.26%）、苯胺（5.12%）、4-甲基-3-戊烯-2-酮（3.99%二丁基酞酸酯（3.77%）、1-甲基-4-(1-甲基乙基)-苯（3.55%桉油精（2.15%）、1-(2-甲基苯基)-乙酮（2.06%）、4-(1-甲乙基)-2-环已烯-1-酮（1.59%）、氧化石竹烯（1.53%）、芹脑（1.28%）、(R)-1-甲基-4-(1,2,2-三甲基环戊基)-苯（1.16%1-(2-羟基-5-甲基苯基)-乙酮（1.04%）、2-甲氧基苯酚（1.04%2-甲基-5-(1-甲基乙基)-苯酚（1.00%）等。

太白棱子芹

eurospermum giraldii Diels

形花科　棱子芹属

名：心草、药茴香

布：陕西、湖北、四川、甘肃等地

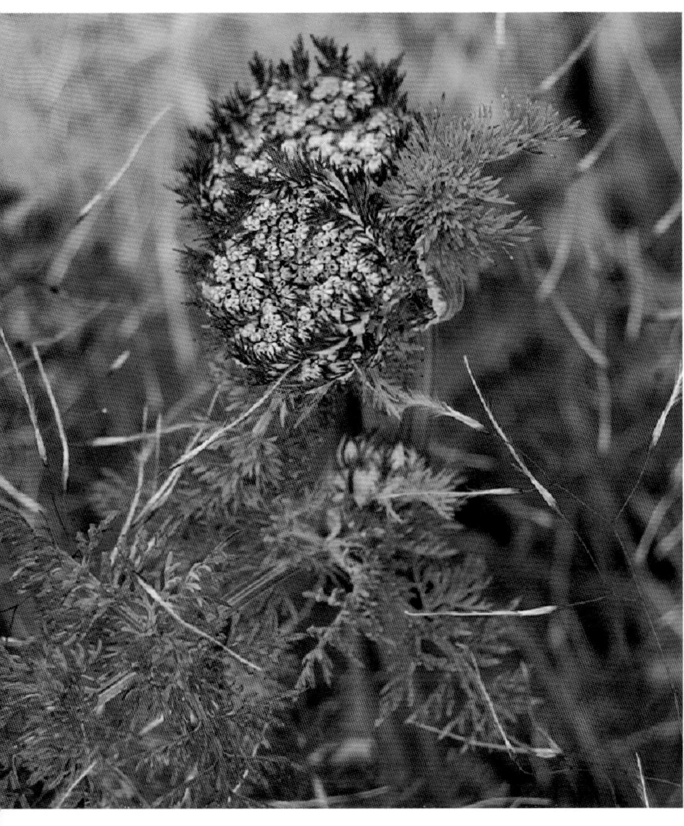

【形态特征】多年生草本，高20～35 cm，全体无毛。茎带色，有条棱。基生叶或下部的叶有长柄，基部扩展成膜质茎的鞘，叶片轮廓三角状卵形，长5～8 cm，3～4回羽状全，末回裂片线形，长1.5～3 mm，宽0.3～0.5 mm。复伞形花通常单一，稀2～3，径3.5～4.5 cm；总苞片5～7，卵状椭圆或倒卵形，长1.5～2 cm，宽5～8 mm，大部分白色膜质，顶呈叶状细裂，通常带紫色；伞辐9～15，长1.5～2.5 cm；小苞片与总苞片同形；小伞形花序有花18～30；花瓣白色，倒形，长约1 mm，顶端有尾状内曲的小舌片，基部有爪。果实圆形，长3.5～4 mm，果棱有翅，每棱槽有油管3，合生面6。期7～8月，果期9～10月。

【生长习性】生于海拔3000～3600 m的山坡草地。

【精油含量】水蒸气蒸馏法提取果实的得油率为3.00%。

【芳香成分】刘谦光等（1998）用水蒸气蒸馏法提取的陕西秦岭太白山产太白棱子芹果实精油的主要成分为：L-藏茴香酮（75.69%）、柠檬烯（19.02%）等。

【利用】全草入药，能温中、化食、止带，主治胃寒腹痛、腹胀、不思饮食、白带。

天山棱子芹

Pleurospermum lindleyanum (Lipsky) B. Fedtsch.

伞形花科　棱子芹属

别名：心草

分布：新疆

【形态特征】多年生草本，高5～30 cm。根颈部被褐色膜质残鞘。茎通常单一，不分枝，有条棱，带紫红色。茎下部叶1～3,2回羽状全裂，叶片轮廓卵状长椭圆形，长1～8 cm，宽0.8～3 cm，一回羽片3～5对，末回裂片长圆形至线形；叶柄基部扩大呈鞘。顶生复伞形花序直径3～5 cm；伞辐4～7，不等长；总苞片2～4，长圆状卵形，基部呈紫红色膜质鞘状，顶端叶状分裂，小总苞片8～12，卵形或披针状卵形，中肋带红紫色，有宽的白色膜质边缘，花多数；花柄有翅状棱；萼齿不明显；花瓣淡紫红色，宽倒卵形，长约1.2 mm。果实长圆形，红紫色，长4～5 mm，果棱有明显的膜质翅，每棱槽有油管2，合生面4。花果期8月。

【生长习性】生长于海拔4000 m左右的山坡草地上。

【精油含量】水蒸气蒸馏法提取干燥全草的得油率为1.30%。

【芳香成分】阿吉艾克拜尔·艾萨等（2002）用水蒸气蒸馏法提取的新疆帕米尔产天山棱子芹干燥全草精油的主要成分为：1-丙氧基-2-丙醇（20.77%）、肉豆蔻醚（19.71%）、1,2,3-三甲氧基-5-(2-丙烯基)-苯（7.76%）、顺式-细辛脑（6.84%）、正己烷（6.53%）、芹菜脑（4.99%）、二甲醚（3.73%）、1,2-二甲氧基-4-(2-丙烯基)-苯（2.49%）、乙酸乙酯（2.35%）、斯巴醇（1.87%）、α,α,4-三甲基-苯甲醇（1.67%）、反式-甲基异丁香油酚（1.44%）、水芹烯（1.21%）等。

【利用】全草入药，用于治疗肝炎、高血压、冠心病、神经性头痛、暑热、高山型头痛、各种高山反应及胆结石、肾结石等。

西藏棱子芹

Pleurospermum hookeri C. B. Clarke

伞形花科　棱子芹属
别名：加哇
分布：西藏、云南、四川、青海、甘肃等地

【**形态特征**】多年生草本，高20～40 cm。茎有条棱。基生叶连柄长10～20 cm，基部扩展呈鞘状抱茎；叶片轮廓三角形，2～3回羽状分裂，羽片7～9对，一回羽片披针形或卵状披针形，羽片长达3～5 cm，宽1.5～2.5 cm，末回裂片宽楔形，羽状深裂呈线形小裂片；茎上部的叶少数，简化。复伞形花序顶生，直径5～7 cm；总苞片5～7，披针形或线状披针形，顶端尾状分裂，边缘淡褐色透明膜质；伞辐6～12，有条棱；小总苞片7～9，与总苞片同形；花多数，白色，花瓣近圆形，有内折的小舌片，基部有短爪；萼齿狭三角形。果实卵圆形，长3～4 mm，果棱有狭翅，每棱槽有油管3，合生面6。花期8月，果期9～10月。

【**生长习性**】生长于海拔3500～4500 m的山梁草坡上。

【**精油含量**】水蒸气蒸馏法提取干燥根及根茎的得油率为0.18%。

【**芳香成分**】李涛等（2001）用水蒸气蒸馏法提取的西藏拉萨产西藏棱子芹根及根茎精油的主要成分为：棕榈酸（24.80%）、亚油酸（9.20%）、(Z,E)-2,9-十七碳二烯-4,6-二炔-8-醇（8.20%）、4,7-二甲氧基-5-(2-丙烯基)-1,3-苯并间二氧杂环戊烯（5.60%）、2,4,5-三甲基-苯甲醛（5.00%）、(Z)-2-癸烯醛（4.40%）、癸酸（3.70%）、薄荷二烯醛（3.00%）、壬醛（2.90%）、正丁烯基内酯（2.50%）、辛酸（2.50%）、3,7,11-三甲基-1,3,6,10-十二四烯（1.90%）、藁本内酯（1.80%）、(3,3-二甲基戊烷基)-环己烷（1.30%）、壬酸（1.30%）、二十一烷（1.30%）、二十四烷（1.30%）、壬醛（1.10%）、二十二烷（1.10%）、十八烷酸（1.10%）、肉豆蔻酸（1.00%）等。

【**利用**】全草入药，有理气止痛、活血祛瘀的功效，治气滞腹痛、肝气郁滞、两乳胀痛、痛经、月经不调、瘀滞腹痛，以及外伤后瘀血作痛等症。

心叶棱子芹

Pleurospermum rivulorum (Diels) K. T. Fu et Y. C. Ho

伞形花科　棱子芹属
别名：蛇头羌活
分布：云南

【**形态特征**】多年生草本，高70～150 cm。茎有细条棱。基生叶长可达30 cm，叶柄大部分扩展呈鞘状抱茎，叶片通常为三出式1～2回羽状复叶，末回裂片心状卵形，长5～8 cm，宽4～6 cm，顶端多呈尾状尖，基部心形，多少偏斜，边缘有具小尖头的圆锯齿；茎上部的叶逐渐简化成3小叶。顶生复伞形花序，直径8～10 cm；总苞片数个，线状披针形，有膜质边缘，伞辐16～18，有细条棱，有鳞片状毛；小总苞片6～8，与总苞片同形；小伞形花序有花约20；花瓣绿白色，倒心形，长约3 mm，顶端有内曲的小舌片。果实长圆形，暗褐色，长约8 mm，宽约4 mm，果棱有狭翅，每棱槽有油管1，合生面油管2。花期8月，果期8～9月。

【**生长习性**】生长于海拔3500～4000 m的山坡草地或溪边阴湿处。

【**精油含量**】水蒸气蒸馏法提取干燥根茎及根的得油率为0.34%～0.52%。

【芳香成分】车明凤等（1993）用水蒸气蒸馏法提取的南丽江产心叶棱子芹干燥根茎及根精油主要成分为：β-蛇烯（9.92%）、β-榄香烯（3.49%）、十一烯-5(1.99%)、癸醛70%）等。

【利用】云南民间用其根茎及根作‘羌活’药用。

迷果芹

hallerocarpus gracilis (Bess.) K.-Pol.

形花科　迷果芹属

名：黄参、小叶山红萝卜、达扭

布：黑龙江、吉林、辽宁、河北、山西、内蒙古、甘肃、新、青海等地

【形态特征】多年生草本，高50～120 cm。根块状或圆锥。茎多分枝，有细条纹。基生叶早落或凋存；茎生叶2～3羽状分裂，2回羽片卵形或卵状披针形，长1.5～2.5 cm，宽～1 cm，顶端长尖；末回裂片边缘羽状缺刻或齿裂；叶柄基有阔叶鞘，鞘棕褐色，边缘膜质，被白色柔毛；序托叶的柄鞘状，裂片细小。复伞形花序顶生和侧生；伞辐6～13；小总片通常5，长卵形以至广披针形，边缘膜质，有毛；小伞形序有花15～25；萼齿细小；花瓣倒卵形，有内折的小舌片。实椭圆状长圆形，长4～7 mm，宽1.5～2 mm，两侧微扁，背有5条突起的棱，棱槽内有油管2～3，合生面油管4～6。花期为7～10月。

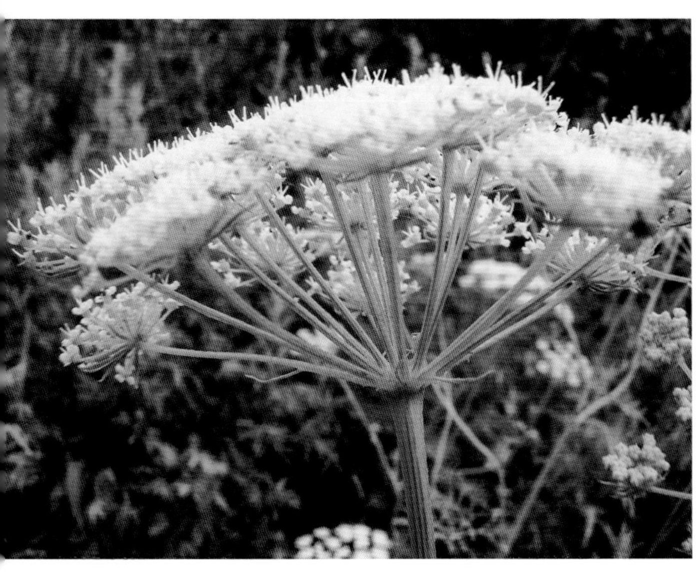

【生长习性】生长在山坡路旁、村庄附近、菜园地以及荒草地上，海拔580～2800 m。

【精油含量】水蒸气蒸馏法提取干燥果实的得油率为1.90%；超临界萃取法提取干燥果实的得油率为3.52%。

【芳香成分】高春燕等（2015）用水蒸气蒸馏法提取的甘肃山丹产迷果芹干燥果实精油的主要成分为：α-细辛醚（33.12%）、γ-松油烯（25.58%）、对伞花烃（17.42%）、β-蒎烯（1.97%）、β-石竹烯（1.97%）、大牻牛儿烯D（1.46 %）、香芹酚（1.41%）、胡椒烯（1.34%）、反式丁香烯（1.09%）等；用顶空固相微萃取法提取的干燥果实挥发油的主要成分为：γ-松油烯（28.14 %）、β-蒎烯（25.34 %）、对伞花烃（11.12%）、β-月桂烯（5.69 %）、α-松油烯（4.69%）、β-石竹烯（3.06%）、β-水芹烯（2.49%）、(1S)-(-)-β-蒎烯（2.39%）、γ-荜澄茄烯（1.60 %）、α-蒎烯（1.52%）、α-侧柏烯（1.37 %）等。

【利用】根及根茎入药，有祛肾寒、敛黄水的功效。块茎或汁可制成营养饮品，有一定的保健功能。

明党参

Changium smyrnioides Wolff

伞形花科　明党参属

别名：山花根、山萝卜、粉沙参、明参、土人参

分布：江苏、上海、安徽、浙江、江西、四川等地

【形态特征】多年生草本。茎高50～100 cm。基生叶三出式的2～3回羽状全裂，一回羽片广卵形，长4～10 cm，二回羽片卵形或长圆状卵形，长2～4 cm，三回羽片卵形或卵圆形，长1～2 cm，基部截形或近楔形，边缘3裂或羽状缺刻，末回裂片长圆状披针形；茎上部叶缩小呈鳞片状或鞘状。复伞形花序顶生或侧生；总苞片无或1～3；伞辐4～10，长2.5～10 cm；小总苞片少数，长4～6 mm，顶端渐尖；小伞形花序有花8～20，花蕾时略呈淡紫红色，开放后呈白色；萼齿小；花瓣长圆形或卵状披针形，长1.5～2 mm，宽1～1.2 mm，顶端渐尖而内折。果实圆卵形至卵状长圆形，长2～3 mm，油管多数。花期4月。

【生长习性】野生，多见于土层深厚、肥沃的向南或半阴半阳的山坡上、山脚稀疏林下及草丛、竹林、石缝中间。喜凉爽湿润环境，耐旱，怕涝。具有一定的耐寒性，但不耐高温，当

日平均气温高于25 ℃时，植株生长受阻。幼苗期忌阳光直晒。种子在10 ℃左右，经30 d左右胚才能完成后熟过程，发芽适宜温度为10 ℃左右。

【精油含量】水蒸气蒸馏法提取根的得油率为0.04%～0.08%，根外皮的得油率为0.14%，新鲜嫩茎叶的得油率为0.14%。

【芳香成分】根：李祥等（2001）用水蒸气蒸馏法提取的江苏句容产明党参新鲜根精油的主要成分为：明党参炔（70.95%）、辛醛（6.48%）、异松油烯（2.79%）、牻牛儿醇乙酸酯（2.12%）、1-(4-甲基苯基)-1 H-吡咯（1.92%）、α-蒎烯（1.83%）、β-金合欢烯（1.79%）、1-癸烯（1.39%）、柠檬烯（1.17%）等。郑汉臣等（1994）用同法分析的上海佘山产明党参新鲜根精油的主要成分为：2,3-二氢-3,3,6-三甲基-1 H-茚-1-酮（87.93%）、鲸蜡醇（2.22%）、1-甲基乙烯基-环丙基苯（1.67%）、油醇（1.06%）等。

茎叶：陈建伟等（2000）用水蒸气蒸馏法提取的江苏句容产明党参新鲜嫩茎叶精油的主要成分为：牻牛儿醇乙酸酯（46.64%）、明党参炔（11.48%）、β-金合欢烯（10.99%）、β-石竹烯（7.28%）、牻牛儿醇（5.73%）、1,1,4,8-四甲基-顺式，顺式，顺式-4,7,10-环十一碳三烯（4.04%）、里哪醇（3.77%）、新植二烯（1.49%）、β-红没药烯（1.24%）、环十六烷（1.14%）、叶绿醇（1.07%）等。

【利用】根茎是华东地区著名药材之一，有润肺化痰、养阴和胃、平肝、解毒的功效，用于治疗肺热咳嗽、呕吐反胃、食少口干、目赤眩晕、疔毒疮疡等症。

❀ 欧当归

Levisticum officinale Koch

伞形花科　欧当归属

别名：保当归、圆叶当归、拉维纪草、独活草

分布：河北、山东、河南、内蒙古、辽宁、陕西、山西、江苏

【形态特征】多年生草本，有香气，高1～2.5 m。根茎顶部有叶鞘残基。基生叶和茎下部叶二至三回羽状分裂，基部膨大成长圆形带紫红色的叶鞘；茎上部叶一回羽状分裂；叶片轮廓为宽倒卵形至宽三角形，最上部的叶为顶端三裂的小叶片；末回裂片倒卵形至卵状菱形，上部2～3裂，有少数粗大锯齿，端锐尖或有长尖，基部楔形。复伞形花序直径约12 cm，伞12～20，总苞片7～11，小总苞片8～12，均为披针形，顶长渐尖，反曲，边缘白色，膜质，有稀疏的短糙毛；小伞花序近圆球形，花黄绿色，花瓣椭圆形，基部有短爪，顶端凹入。分生果椭圆形，黄褐色，背部稍扁压，长5～7 cm，3～4 cm，侧棱和背棱呈阔翅状，每棱槽内有油管1，合生面管2。花期6～8月，果期8～9月。

【生长习性】喜向阳温和凉爽环境，忌积水。喜肥沃的壤。

【精油含量】水蒸气蒸馏法提取根的得油率为0.22%0.48%；已烷萃取法提取干燥根的得油率为3.20%。

【芳香成分】方洪钜等（1979）用水蒸气蒸馏法提取的干根精油的主要成分为：藁本内酯（33.51%～35.81%）、丁烯苯酞（3.27%～8.15%）等。楚建勤等（1991）用XAD-4树脂附法提取的根头香的主要成分为：藁本内酯（20.94%）、β-水烯（16.47%）、香茅醛（12.85%）、柠檬烯（9.06%）、顺式-罗烯（5.10%）等。

【利用】根和根茎入药，有活血、通经、利尿、祛痰的用，用于利尿、健胃、祛痰、芳香兴奋、驱风发汗，治疗妇病、神经疾病、水肿和慢性心脏病等。嫩茎叶可作蔬菜食用全株榨汁，或捣碎后取浸出液，可作饮料。根精油及浸膏为国允许使用的食用香料，广泛应用于香料行业。

滨海前胡

ucedanum japonicum Thunb.

形花科　前胡属

布：山东、江苏、浙江、福建、台湾

【形态特征】多年生粗壮草本，高1 m左右，常呈蜿蜒状。粗条纹突起。基生叶具有宽阔叶鞘抱茎，边缘耳状膜质；叶宽大质厚，轮廓为阔卵状三角形，一至二回三出式分裂，第回羽片卵状圆形或三角状圆形，羽片3裂，基部心形，第二羽片卵形或倒卵状楔形，具3～5粗大钝锯齿，粉绿色。总苞2～3，有时无，卵状披针形至线状披针形，有柔毛，中央伞花序直径约10 cm；伞辐15～30，有短柔毛；小伞形花序有20余；小总苞片8～10，线状披针形或卵状披针形，长渐尖；瓣紫色，少为白色，卵形至倒卵形，背部有小硬毛。分生果圆状卵形至椭圆形，背部扁压，长4～6 mm，宽2.5～4 mm，短硬毛，侧棱翅状较厚；每棱槽内有油管3～5，合生面油管-10。花期6～7月，果期8～9月。

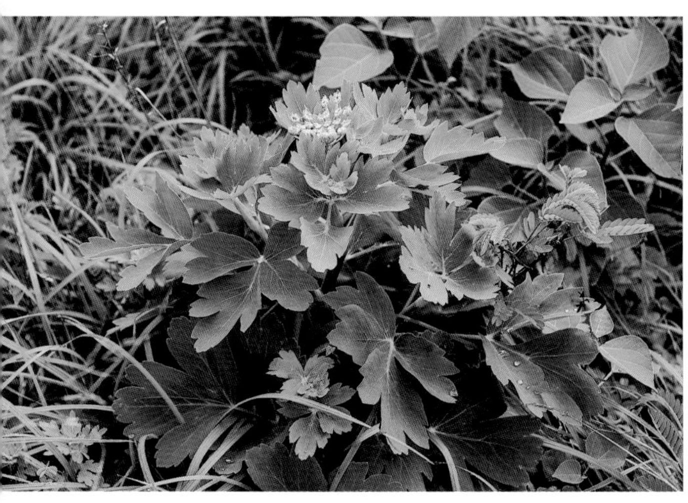

【生长习性】生长于滨海滩地或近海山地。

【精油含量】水蒸气蒸馏法提取新鲜根的得油率为0.15%，鲜茎叶的得油率为0.30%，新鲜花的得油率为0.40%，新鲜果的得油率为0.65%，干燥果实的得油率为0.75%。

【芳香成分】**根：**李烈辉等（2015）用水蒸气蒸馏法提的福建莆田产滨海前胡新鲜根精油的主要成分为：侧柏（27.78%）、罗勒烯（19.03%）、β-蒎烯（18.50%）、α-蒎烯.14%）、邻-异丙基苯（4.26%）、4-萜烯醇（3.35%）、γ-松油（2.17%）、β-月桂烯（1.52%）等。

茎叶：李烈辉等（2015）用水蒸气蒸馏法提取的福建莆田滨海前胡新鲜茎叶精油的主要成分为：侧柏烯（33.04 %）、)-柠檬烯（20.52%）、β-蒎烯（19.43%）、α-蒎烯（12.91%）、萜烯醇（2.44%）、β-月桂烯（1.33%）、榄香烯（1.31%）、石烯（1.11%）、邻-异丙基苯（1.03%）、γ-松油烯（1.00%）。

花：李烈辉等（2015）用水蒸气蒸馏法提取的福建莆田产海前胡新鲜花精油的主要成分为：(±)-柠檬烯（34.26 %）、蒎烯（28.36%）、γ-松油烯（14.02%）、α-蒎烯（9.15%）、β-桂烯（1.60%）、邻-异丙基苯（1.58%）、4-萜烯醇（1.35%）、香烯（1.12%）等。

果实：李烈辉等（2015）用水蒸气蒸馏法提取的福建莆田产滨海前胡新鲜果实精油的主要成分为：(±)-柠檬烯（34.21%）、γ-松油烯（20.40%）、β-蒎烯（18.64%）、α-蒎烯（12.72%）、β-月桂烯（2.05%）、榄香烯（1.09%）、对伞花烃（1.04%）、莰烯（1.01%）等。兰瑞芳等（2000）用同法分析的福建福清产滨海前胡干燥果实精油的主要成分为：β-侧柏烯（16.91%）、β-蒎烯（15.14%）、间伞花烯（11.98%）、菠烯（11.57%）、石竹烯（7.15%）、α-蒎烯（4.65%）、β-榄香烯（3.58%）、4-(2-羰基丙基-2-环己烯)-1-酮（2.88%）、橙花叔醇（2.77%）、δ-杜松醇（2.73%）、α-橙椒烯（2.01%）、2,4-二甲基-α-(4-甲基-5-戊烯基)-3-环己烯-1-甲醇（1.68%）、3,7-二甲基-2,6-辛二烯丙酸酯（1.48%）、α-金合欢烯（1.45%）、龙脑乙酸酯（1.43%）、β-檀香烯（1.19%）、β-甜没药烯（1.11%）、2,2a,5,6,7,9,9a-八氢-3,5,5-三甲基-9-甲基-1H-苯并环庚烷（1.09%）等。

【利用】根入药，有清热止咳、利尿解毒的功效，主治肺热咳嗽、湿热淋痛、疮痈红肿。

广西前胡

Peucedanum guangxiense Shan et Sheh

伞形花科　前胡属

别名：土防风

分布：广西

【形态特征】多年生草本，高30～80 cm。基生叶轮廓为卵状长圆形，长3～14 cm，宽2～8 cm，二回羽状分裂，具一回羽片2～4对，末回裂片卵形、卵圆形或歪斜卵形，先端渐尖或急尖，基部楔形、截形或近圆形，边缘具有不整齐钝锯齿，有时呈2～3浅裂状，质厚，略带革质；茎上部叶细小，叶片一回羽状分裂。复伞形花序生于茎和分枝的顶端，无总苞片或偶有1片，线形，膜质，伞形花序直径3～7 cm，伞辐7～13，四棱形，有棕色短绒毛；每小伞形花序有花14～28，具有小总苞片3～5，线状披针形，大小不等，花瓣长圆形，小舌片内曲，白色，中肋黄色，外部有短毛。分生果长椭圆形，长4～5 mm，宽2～2.5 mm，背棱和中棱显著突起，侧棱扩展成狭翅，棱槽内油管3～4，合生面油管6～10。花期9～10月，果期10～12月。

【生长习性】生长于海拔300 m左右的石灰质山坡疏灌丛下或石隙中，喜腐殖质土壤。

【精油含量】水蒸气蒸馏法提取新鲜地上部分的得油率为0.40%，地下部分的得油率为0.50%。

【芳香成分】**根：**刘布鸣等（1996）用水蒸气蒸馏法提取的广西靖西产广西前胡根精油的主要成分为：α-石竹烯（18.93%）、α-葎草烯（12.08%）、β-侧柏烯（10.21%）、β-蒎烯（8.27%）、γ-杜松烯（3.24%）、叩巴烯（2.37%）、β-芹子烯（2.28%）、α-芹子烯（2.13%）、芹子-11-烯-4-α-醇（1.84%）、对-聚伞花素（1.82%）、α-侧柏烯（1.38%）、α-玷玐烯（1.33%）、α-蒎烯（1.27%）、α-松油烯（1.08%）等。

全草：刘布鸣等（1996）用水蒸气蒸馏法提取的广西靖西产广西前胡新鲜地上部分精油的主要成分为：α-石竹烯（28.53%）、β-侧柏烯（13.55%）、α-葎草烯（9.79%）、β-蒎烯（9.19%）、γ-杜松烯（2.03%）、β-芹子烯（2.01%）、芹子-11-

烯-4-α-醇（1.76%）、对-聚伞花素（1.65%）、α-蒎烯（1.38%）、α-芹子烯（1.09%）、α-荜澄茄油烯（1.08%）等。

【利用】产地民间以根入药，具有止咳、祛痰、散风热等功效，用于治疗感冒、头痛等症。

华中前胡

Peucedanum medicum Dunn

伞形花科　前胡属
别名：光头独活
分布：四川、贵州、湖北、湖南、江西、广西、广东等地

【形态特征】多年生草本，高0.5～2 m。叶基部有宽阔叶鞘；叶片轮廓广三角状卵形，长14～40 cm，宽7～20 cm，二至三回三出式分裂或二回羽状分裂，第一回羽片3～4对，羽片3全裂，两侧的裂片斜卵形，中间裂片卵状菱形，3裂，略带革质，叶面绿色，叶背粉绿色，边缘具有粗大锯齿，齿端有小尖头。伞形花序直径7～20 cm；伞辐15～30或更多；小总苞片多数，线状披针形；小伞形花序有花10～30，伞辐及花柄均有短柔毛；花瓣白色。果实椭圆形，背部扁压，长6～7 mm，宽3～4 mm，褐色或灰褐色，中棱和背棱线形突起，侧棱呈狭翅状，每棱槽内有油管3，合生面油管8～10。花期7～9月，果期10～11月。

【生长习性】生长于海拔700～2000 m的山坡草丛中和湿润的岩石上。

【芳香成分】**根：**雷华平等（2016）用水蒸气蒸馏法提取的湖南宜章产华中前胡阴干根精油的主要成分为：2-甲氧基-4-乙烯基苯酚（10.66%）、p-薄荷脑-1-醇（6.90%）、顺-α-甜没药烯（5.34 %）、α-依兰烯（3.93 %）、α-姜黄烯（3.65%）、(-)-油烯醇（3.62 %）、à-没药醇（3.62 %）、甲基-环已烷（3.61%）、壬烷（2.73%）、桧酮（2.72%）、2-丁烯酸-3-甲基-3-甲丁酯（2.67%）、α-蒎烯（2.54%）、蛇麻烯氧化物Ⅱ（2.23%）、马鞭草烯酮（2.20%）、(Z)-7-十六烯酸甲酯（2.12 %）、4-(1-甲乙基)-环已醇（2.09%）、顺-马鞭烯醇（2.06%）、2,6,6-三甲基-双环[3.1.1]庚-3-酮（1.59%）、乙酸龙脑酯（1.59%）、2,4-癸二烯醛（1.55%）、9,12-十八碳二烯酸甲酯（1.50%）、麝香草酚甲醚（1.38%）、甲基异棕榈酸（1.30%）、(R)-薰衣草乙酸酯（1.25%）、4-萜烯醇（1.22%）、β-侧柏烯（1.05%）等。

茎：雷华平等（2016）用水蒸气蒸馏法提取的湖南宜章华中前胡阴干茎精油的主要成分为：p-薄荷脑-1-醇（34.10%甲基-环已烷（17.17%）、2-甲氧基-4-乙烯基苯酚（4.38 %）、基-环戊烷（2.31%）、α-依兰烯（1.89 %）、桧酮（1.77%）、à-药醇（1.70%）、顺-α-甜没药烯（1.66%）、4-萜烯醇（1.56%顺-马鞭烯醇（1.30%）、1-乙烯基-1-甲基-2,4-双(1-甲乙烯基环已烷（1.10%）、反式-1,2-双(1-甲次乙基)-环丁烷（1.07等。

叶：雷华平等（2016）用水蒸气蒸馏法提取的湖南宜章华中前胡阴干叶精油的主要成分为：甲基-环已烷（26.37%p-薄荷脑-1-醇（25.75%）、α-姜黄烯（3.79%）、乙基-环戊（3.53%）、4-乙烯基愈创木酚（3.21%）、桧酮（2.73%）、2-甲基-4-乙烯基苯酚（2.52%）、对伞花-8-醇（1.25%）、顺-α-甜药烯（1.25%）、反式-1,2-双(1-甲次乙基)-环丁烷（1.22%）、蒎烯（1.20%）、4-萜烯醇（1.19%）、1-薄荷酮（1.18%）、α-兰烯（1.10%）、β-侧柏烯（1.01%）等。

【利用】根部供药用，有散寒、祛风除湿的功效，用于治风寒感冒、风湿痛、小儿惊风。

马山前胡

Peucedanum mashanense Shan et Sheh

伞形花科　前胡属
别名：防风
分布：广西

【形态特征】多年生草本，高40～70 cm。基生叶具有卵披针形叶鞘，边缘膜质；叶片轮廓为三角状卵形或阔三角状形，二至三回羽状全裂或分裂，长4～18 cm，宽3～14 cm，回羽片2～4对，二回羽片1～2对，末回裂片为卵形、菱形，部为楔形或卵状披针形，边缘具有缺刻状牙齿或浅裂，坚革质，叶背带苍白色；茎中部叶与下部叶相似；有叶鞘，二羽状全裂，末回裂片较狭窄而细小。复伞形花序侧生和顶伞形花序直径2～5 cm；伞辐9～18，近等长，有褐色绒毛；小伞形花序有花10～15；小总苞片4～5，线状披针形，有毛；花瓣长卵形，白色。分生果椭圆形，棕褐色，背棱和中丝线形，轻微突起，侧棱扩展呈狭翅状，黄白色；棱槽内有

3～4，合生面油管6。花期8～9月，果期10～11月。

【生长习性】生长于海拔300 m左右的山坡灌丛中或半阴处石缝。

【精油含量】水蒸气蒸馏法提取新鲜根的得油率为0.30%。

【芳香成分】刘布鸣等（1995）用水蒸气蒸馏法提取的广西山产马山前胡新鲜根精油的主要成分为：α-蒎烯（72.26%）、蒎烯（5.64%）、松油-4-醇（4.47%）、γ-松油烯（2.73%）、β-柏烯（2.70%）、α-葎草烯（1.52%）、α-侧柏烯（1.15%）、罗烯（1.11%）、α-松油烯（1.02%）等。

【利用】产地居民以根入药，治疗感冒、头痛等症。

前胡

ucedanum praeruptorum Dunn

形花科　前胡属

名：白花前胡、官前胡、山独活、姨妈菜、罗鬼菜、水前胡、芹菜、岩风、南石防风、坡地石防风、鸡脚前胡、岩川芎

布：甘肃、河南、贵州、广西、四川、湖北、湖南、江西、徽、江苏、浙江、福建

【形态特征】多年生草本，高0.6～1 m。基生叶有卵状披形叶鞘；叶片轮廓宽卵形或三角状卵形，三出式二至三回分，末回裂片菱状倒卵形，先端渐尖，基部楔形至截形，边缘有3～4锯齿；茎下部叶形状与茎生叶相似；上部叶叶鞘稍，边缘膜质，叶片三出分裂，裂片狭窄，基部楔形。复伞形序多数，顶生或侧生，伞形花序直径3.5～9 cm；总苞片无或数片，线形；伞辐6～15；小总苞片8～12，卵状披针形，短糙毛；小伞形花序有花15～20；花瓣卵形，小舌片内曲，色。果实卵圆形，长约4 mm，宽3 mm，棕色，背棱线形稍起，侧棱呈翅状；棱槽内有油管3～5，合生面油管6～10。期8～9月，果期10～11月。

【生长习性】生长于海拔250～2000 m土壤肥沃深厚的山坡缘、路旁或半阴性的山坡草丛中。喜寒冷湿润气候。

【精油含量】水蒸气蒸馏法提取根的得油率为0.01%～05%，茎叶的得油率为0.40%，新鲜果实的得油率为1.00%，燥果实的得油率为1.80%。

【芳香成分】**根：**刘布鸣等（1995）用水蒸气蒸馏法提取的广西贵港产前胡新鲜根精油的主要成分为：α-蒎烯（35.90%）、β-蒎烯（23.90%）、α-侧柏烯（11.54%）、β-侧柏烯（5.40%）、对聚伞花素（3.82%）、γ-松油烯（1.78%）、蒈烯（1.67%）、菖蒲烯酮（1.45%）、6-甲基-2-甲叉-6-(4-甲基-3-戊烯基)-二环[3.1.1]庚烷（1.10%）、香芹酚甲醚（1.09%）等。徐国兵等（2010）用同法分析的安徽宁国产前胡根精油的主要成分为：二甲氧基胺（36.78%）、肼羧酸乙酯（13.91%）、丙酸乙酯（12.80%）、乙酸正丙酯（7.69%）、羧酸酰肼（5.73%）、α-蒎烯（4.82%）、1-甲基常山酯（2.19%）、邻苯二甲酸二乙酯（1.95%）、1,3-二甲基萘（1.55%）、β-蒎烯（1.36%）等。刘亚旻等（2012）用同法分析的干燥根精油的主要成分为：左旋-β-蒎烯（17.38%）、萜品醇（15.46%）、α-蒎烯（15.07%）、2-羟基-5-甲基苯乙酮（9.96%）、2-癸酮（4.86%）、1-甲基-3-(1-甲基乙基)苯（4.15%）、月桂烯（3.50%）、柏木脑（3.27%）、(R)-1-甲基-4-(1-甲基乙烯基)环己烯（2.62%）、3,7,7-三甲基二环[4.1.0]庚-3-烯（1.24%）等。雷华平等（2016）用同法分析的湖南宜章产前胡阴干根精油的主要成分为：p-薄荷脑-1-醇（17.99%）、甲基-环己烷（14.35%）、壬烷（9.93%）、2-甲氧基-4-乙烯基苯酚（5.98%）、α-蒎烯（5.90%）、桧酮（2.03%）、乙基-环戊烷（1.95%）、反式-1,2-双(1-甲次乙基)-环丁烷（1.95%）、2-丁烯酸-3-甲基-3-甲丁酯（1.45%）、2-甲氧基-4-甲基-1-(1-甲基乙基)-苯（1.37%）、β-蒎烯（1.25%）、麝香草酚甲醚（1.22%）、1-薄荷酮（1.18%）、(R)-薰衣草乙酸酯（1.12 %）、十一烷（1.07 %）、4-(1-甲乙基)-环己醇（1.01%）等。

茎：雷华平等（2016）用水蒸气蒸馏法提取的湖南宜章产前胡阴干茎精油的主要成分为：甲基-环己烷（25.25%）、p-薄荷脑-1-醇（15.73%）、壬烷（13.65%）、乙基-环戊烷（7.80%）、α-蒎烯（4.29%）、2-甲氧基-4-乙烯基苯酚（3.16%）、己醛（2.18%）、反式-1,2-双(1-甲次乙基)-环丁烷（1.31%）、1-薄荷酮（1.12%）、2,4-二(1,1-二甲基乙基)苯酚（1.02%）、十一烷（1.00%）等。梁利香等（2017）用同法分析的河南信阳产前胡新鲜茎精油的主要成分为：1 R-α-蒎烯（15.54%）、[S-(E,E)]-1-甲基-5-亚甲基-8-(1-异丙基)-1,6-环己烯（14.21%）、石竹烯（11.55%）、1 S-顺-1,2,3,5,6,8a-六氢化-4,7-二甲基-1-(1-异丙基)-萘（7.72%）、β-月桂烯（5.00%）、D-柠檬

烯（3.93%）、α-石竹烯（2.88%）、(1S)-6,6-二甲基-2-亚甲基双环[3.1.1]庚烷（2.35%）、白菖烯（2.25%）、莰烯（2.24%）、[3R-(3α,3aβ,7β,8aα)]-3,8,8-三甲基-6-亚甲基-1H-3a,7-亚甲基薁-甲酸酯（1.78%）、(1α,4aα,8aα)-1,2,3,4,4a,5,6,8a-八氢-7-甲基-4-亚甲基-1-(1-异丙基)-萘（1.58%）、α-荜澄茄油烯（1.55%）、氧化石竹烯（1.32%）、γ-榄香烯（1.27%）、α-水芹烯（1.17%）、2,6-二甲基-2,6-辛二烯（1.13%）等。

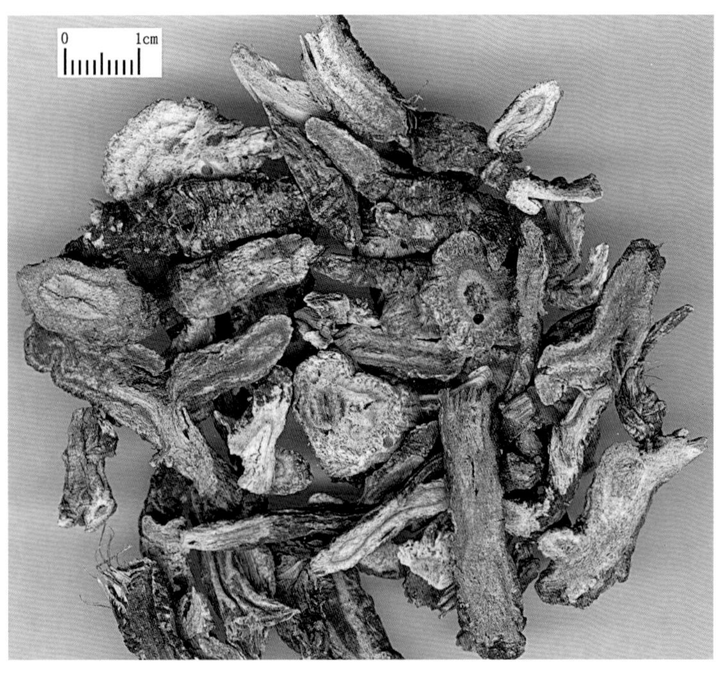

叶：雷华平等（2016）用水蒸气蒸馏法提取的湖南宜章产前胡阴干叶精油的主要成分为：p-薄荷脑-1-醇（58.84%）、甲基-环己烷（14.80%）、乙基-环戊烷（1.79%）、1-薄荷酮（1.28%）、反式-1,2-双(1-甲次乙基)-环丁烷（1.16%）、乙基-环己烷（1.03%）等。梁利香等（2017）用同法分析的河南信阳产前胡新鲜叶柄精油的主要成分为：(1α,4aα,8aα)-1,2,3,4,4a,5,6,8a-八氢-7-甲基-4-亚甲基-1-(1-异丙基)-萘（33.67%）、[S-(E,E)]-1-甲基-5-亚甲基-8-(1-异丙基)-1,6-环己烯（22.47%）、1R-α-蒎烯（11.48%）、1S-顺-1,2,3,5,6,8a-六氢化-4,7-二甲基-1-(1-异丙基)-萘（7.05%）、Z,Z,Z-1,5,9,9-四甲基-1,4,7-环十一碳三烯（5.08%）、β-葎草烯（2.38%）、β-月桂烯（2.30%）、D-柠檬烯（1.53%）、玷㸆烯（1.36%）、香橙烯环氧化物（1.11%）等。

全草：刘布鸣等（1995）用水蒸气蒸馏法提取的广西港产前胡茎叶精油的主要成分为：β-蒎烯（70.30%）、菖蒲酮（4.40%）、石竹烯（3.48%）、γ-杜松烯（3.54%）、β-侧柏（3.45%）、α-蒎烯（2.73%）、γ-松油烯（1.52%）等。

花：梁利香等（2017）用水蒸气蒸馏法提取的河南信阳前胡新鲜花精油的主要成分为：氧化石竹烯（26.59%）、(+)-2,6,6-三甲基双环[3.1.1]-2-烯（13.61%）、石竹烯（3.17%）、荜澄茄油烯（2.25%）、(1α,4aα,8aα)-1,2,3,4,4a,5,6,8a-八氢-7-基-4-亚甲基-1-(1-异丙基)-萘（1.69%）、[1S-(1α,4β,5α)]-1二甲基-4-(1-异丙基)-螺[4.5]癸-6-烯（1.23%）、2-异丙基-5-基-9-亚甲基-双环[4.4.0]-1-烯（1.20%）、β-水芹烯（1.20%）α-石竹烯（1.10%）等；

果实：梁利香等（2015,2017）用水蒸气蒸馏法提取河南信阳产前胡干燥果实精油的主要成分为：氧化石竹（30.25%）、石竹烯（21.11%）、1R-α-蒎烯（8.38%）、α-石竹（4.68%）、白菖烯（1.67%）、β-泼旁烯（1.58%）、α-荜澄茄烯（1.23%）、1S-顺-1,2,3,5,6,8a-六氢化-4,7-二甲基-1-(1-异基)-萘（1.06%）、香叶酸甲酯（1.02%）等；新鲜果实精油的要成分为：石竹烯（34.59%）、1R-α-蒎烯（14.44%）、氧化竹烯（12.75%）、α-石竹烯（8.17%）、1[S-(E,E)]-1-甲基-5-亚基-8-(1-异丙基)-1,6-环癸二烯（4.25%）、S-顺-1,2,3,5,6,8a-六化-4,7-二甲基-1-(1-异丙基)-萘（2.28%）、(1S)-6,6-二甲基亚甲基双环-[3.1.1]-庚烷（1.78%）、壬烷（1.19%）等。

【**利用**】根为常用中药，能解热、祛痰，治感冒咳嗽、支管炎及疖肿。嫩根和嫩叶可作蔬菜食用。

泰山前胡

Peucedanum wawrae (Wolff) Su

伞形花科　前胡属

别名：前胡、防风

分布：山东、安徽、江苏等地

【**形态特征**】多年生草本，高0.3～1 m。基生叶具有叶鞘边缘白色膜质抱茎；叶片轮廓三角状扁圆形，长4～22 cm，5～23 cm，二至三回三出分裂，末回裂片楔状倒卵形，基部形或近圆形，边缘具有尖锐锯齿，顶端有小尖头；茎上部叶叶鞘，分裂次数减少；序托叶具有宽阔的叶鞘，叶片细小，裂，有短绒毛。复伞形花序顶生和侧生，分枝很多，伞形花径1～4 cm，伞辐6～8，不等长；总苞片1～3，有时无；小形花序有花10余，小总苞片4～6，线形；萼齿钻形显著；花白色。分生果卵圆形至长圆形，长约3 mm，宽约1.2 mm，有毛；每棱槽内有油管2～3，合生面油管2～4。花期8～10月，期9～11月。

【生长习性】生长于山坡草丛中和林缘路旁。喜冷凉湿润气，耐旱、耐寒。适应性较强，在山地及平原均可生长。

【芳香成分】王玉玺等（1992）用水蒸气蒸馏法提取的江苏京产泰山前胡干燥根精油的主要成分为：(E)-3,7-辛二烯-2-（14.08%）、2(10)-蒎烯（12.83%）、间伞花烃（11.68%）、-甲基-3-(2-甲基乙基)-2,4,5,6,7,7a-六氢化-1 H-茚（3.79%）、-特丁基茴香醇（3.60%）、1,3,3-三甲基-乙-降冰片烷醇56%）、乙酸龙脑酯（2.78%）、1,4-二甲氧基-2,3,5,6-四甲苯68%）、3-侧柏烯（2.43%）、1,3a,4,5,6,7-六氢化-4-羟基-3,8-甲基-5-乙酰基薁（2.43%）、(E,Z)-6,10-二甲基-3,5,9-十一碳烯-2-酮（2.27%）、2,10-二莰醇（2.14%）等。

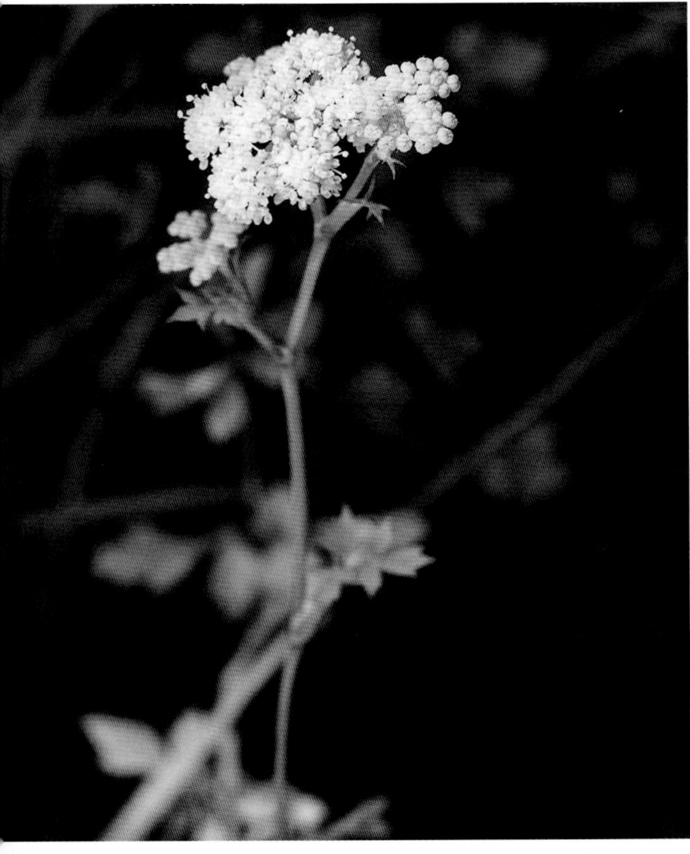

【利用】根供药用，有镇咳祛痰的功效。嫩主根可作蔬菜用。

竹节前胡

eucedanum dielsianum Fedde ex Wolff

形花科　前胡属

名：川防风、竹节防风

布：四川、湖北

【形态特征】多年生草本，高60～90 cm。基生叶有卵状鞘；叶片轮廓为广三角状卵形，三回羽状分裂或全裂，长～30 cm，宽9～26 cm，一回羽片5～7对，二回羽片1～4对，回裂片卵状披针形，基部渐狭窄，边缘具有1～3锯齿或浅裂或深裂状，质厚，略带革质；茎生叶与基生叶同形，但较小，分裂次数向上渐少。复伞形花序顶生或侧生于叶腋中，伞形花序直径4～8 cm，无总苞片或偶有1～2片，线形，膜质；伞辐12～26，四棱形；每小伞形花序有花10～20；小总苞片2～4，线形至锥形，膜质；花瓣长圆形，弯曲，小舌片细长内折，白色。分生果长椭圆形，长约6 mm，宽约3 mm，背棱及中棱线形突起，侧棱扩展成宽翅，翅较厚；棱槽内有油管1～2，合生面油管4～6。花期7～8月，果期9～10月。

【生长习性】生长于海拔600～1500 m的山坡湿润岩石上。

【精油含量】水蒸气蒸馏法提取根的得油率为0.70%。

【芳香成分】吉力等（1999）用水蒸气蒸馏法提取的四川成都产竹节前胡根精油的主要成分为：9,12-十八碳二烯酸+9-十八烯酸（20.52%）、十六酸（15.86%）、9,12-十八碳二烯酸甲酯（5.11%）、邻苯二甲酸二丁酯（4.08%）等。

【利用】民间将根作防风用，习称'川防风'，有发表、祛风、胜湿、止痛之功效。

宽叶羌活

Notopterygium forbesii de Boiss.

伞形花科　羌活属

别名：鄂羌活、大头羌

分布：我国特有种，山西、陕西、湖北、四川、内蒙古、甘肃、青海等地

【形态特征】多年生草本，高80～180 cm。基生叶及茎下部叶有抱茎的叶鞘；叶大，三出式2～3回羽状复叶，一回羽片2～3对，末回裂片长圆状卵形至卵状披针形，长3～8 cm，宽1～3 cm，顶端钝或渐尖，基部略带楔形，边缘有粗锯齿；茎上部叶简化，仅有3小叶，叶鞘发达，膜质。复伞形花序顶生和腋生，直径5～14 cm；总苞片1～3，线状披针形；伞辐10～23；小伞形花序有多数花；小总苞片4～5，线形；萼齿卵状三角形；花瓣淡黄色，倒卵形，顶端渐尖或钝，内折。分生果近圆形，长5 mm，宽4 mm，背棱、中棱及侧棱均扩展成翅；油管明显，每棱槽3～4，合生面4；胚乳内凹。花期7月，果期8～9月。

【生长习性】生长于海拔1700～4500 m的林缘及灌丛内。

【精油含量】水蒸气蒸馏法提取根及根茎的得油率为1.46%～5.20%；超临界萃取干燥根的得油率为8.80%。

【芳香成分】杨秀伟等（2006）用水蒸气蒸馏法提取的青海湟中产宽叶羌活干燥根及根茎精油的主要成分为：布藜醇（9.48%）、γ-松油烯（8.70%）、(1 S)-β-蒎烯（5.78%）、α-没药醇（5.35%）、间甲基异丙基苯（4.05%）、(1R)-α-蒎烯（3.98%）、3,7-二甲基-1,3,7-辛三烯（3.98%）、柠檬油精（3.55%）、(1 S)-内乙酸冰片酯（2.62%）、香桧烯（2.51%）、(-)-马兜铃烯（1.99%）、苯甲醚（1.78%）、(±)-β-桉叶油醇（1.77%）、(±)-榄香醇（1.42%）、α-布藜烯（1.40%）、(+)-β-红没药烯（1.21%）、(+)-β-榄香烯（1.17%）、愈创木醇（1.14%脱羟基异水菖蒲二醇（1.13%）、愈创木-1(10)-烯-11-（1.12%）等。吉力等（1997）用同法分析的甘肃天水产宽叶活干燥根茎及根精油的主要成分为：α-蒎烯（28.88%）、β-蒎（17.92%）、γ-松油烯（12.23%）、对-聚伞花素（7.71%）、香烯（4.22%）、柠檬烯（3.00%）、β-水芹烯（2.24%）、缬草萜醇（1.93%）、α-甜没药醇（1.44%）、β-反-罗勒烯（1.42%）等李春丽等（2012）用同法分析的青海乐都产栽培两年的宽叶活干燥根及根茎精油的主要成分为：γ-萜品烯（19.57%）、β-烯（18.89%）、α-蒎烯（17.65%）、D-柠檬烯（13.73%）、4-异基-甲苯（9.27%）、β-非兰烯（3.34%）、愈创醇（3.10%）、(罗勒烯（1.95%）、乙酸龙脑酯（1.74%）、β-香叶烯（1.37%芹菜脑（1.26%）、乙酸癸烯酯（1.12%）、3-甲氧基-4-异丙甲苯（1.08%）、α-红没药醇（1.05%）等。

【利用】根及根茎入药，有散表寒、祛风湿、利关节之效。

羌活

Notopterygium incisum Ting ex H. T. Chang

伞形花科　羌活属

别名： 竹节羌活、蚕羌、姜活、太姜活、大头姜活、狭叶羌

分布： 我国特有种青海、甘肃、陕西、四川、西藏

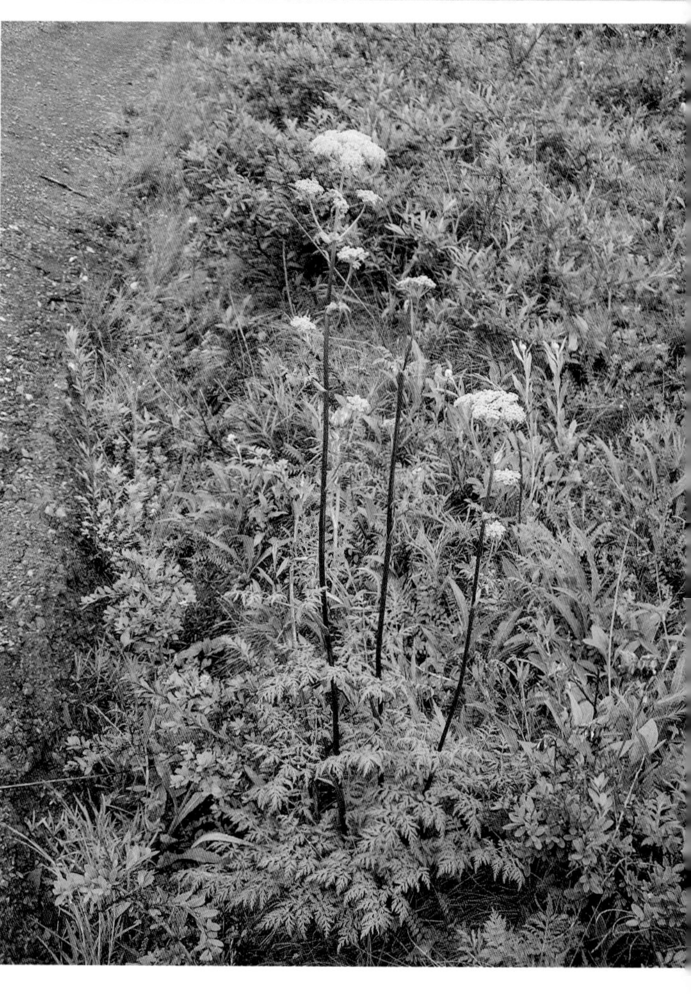

【形态特征】多年生草本，高60～120 cm，根茎伸长呈节状。根颈部有枯萎叶鞘。基生叶及茎下部叶有长2～7 cm膜质叶鞘；叶为三出式三回羽状复叶，末回裂片长圆状卵形披针形，长2～5 cm，宽0.5～2 cm，边缘缺刻状浅裂至羽状

；茎上部叶常简化，叶鞘膜质，长而抱茎。复伞形花序直径~13 cm；总苞片3～6，线形；伞辐7～39，长2～10 cm；小形花序直径1～2 cm；小总苞片6～10，线形；花多数；萼卵状三角形；花瓣白色，卵形至长圆状卵形，长1～2.5 mm，端钝，内折。分生果长圆状，长5 mm，宽3 mm，主棱扩展宽约1 mm的翅；油管明显，每棱槽3，合生面6。花期7月，期8～9月。

【生长习性】生长于海拔1700～4000 m的林缘及高山灌丛。喜冷凉，耐寒，怕强光，喜肥，适宜于寒冷湿润气候。土以亚高山灌丛草甸土、山地森林土为主。

【精油含量】水蒸气蒸馏法提取根及根茎的得油率为81%～8.70%，全草的得油率为0.25%～0.30%，干燥种子的得率为2.30%；超临界萃取根及根茎的得油率为7.76%～8.91%，燥种子的得油率为7.60%；有机溶剂萃取干燥根茎和根的得率为3.20%，干燥种子的得油率为12.90%。

【芳香成分】根：刘卫根等（2012）用水蒸气蒸馏法提取的青海班玛产羌活‘蚕羌’精油的主要成分为：β-蒎烯（37.11%）、α-蒎烯（29.78%）、4-亚甲基-1-(1-甲基乙基)-二环[3.1.0]已烷（9.07%）、(R)-4-甲基-1-(1-甲基乙基)-3-环已烯-1-醇（2.87%）、(1 S)-3,7,7-三甲基-二环[4.1.0]庚烷-3-烯（2.78%）、乙酸冰片酯（2.74 %）、1-甲基-4-(1-甲基乙基)-1,4-环已二烯（2.45%）、(+)-4-蒈烯（1.46%）、莰烯（1.38%）、(1 S-顺)-1,2，3,5,6,8a-六氢化-4,7-二甲基- 1-(1-甲基乙基)-萘（1.37%）、1-甲基- 4-(1-甲基亚乙基)环已烯（1.33%）等；‘竹节羌’精油的主要成分为：β-蒎烯（38.92%）、α-蒎烯（28.49 %）、4-亚甲基-1-(1-甲基乙基)-二环[3.1.0]已烷（8.54%）、(1 S)-3,7,7-三甲基-二环[4.1.0]庚烷-3-烯（4.22%）、乙酸冰片酯（2.36%）、(1 S-顺)-1,2，3,5,6,8a-六氢化- 4,7-二甲基-1-(1-甲基乙基)-萘（1.99%）、(R)-4-甲基-1-(1-甲基乙基)-3-环已烯-1-醇（1.68%）、1-甲基-4-(1-甲基乙基)-1,4-环已二烯（1.38%）、莰烯（1.26%）等；‘大头羌’精油的主要成分为：α-蒎烯（32.11%）、β-蒎烯（20.42%）、4-亚甲基-1-(1-甲基乙基)-二环[3.1.0]已烷（15.37%）、乙酸冰片酯（5.33%）、1-甲基-4-(1-甲基乙基)-1,4-环已二烯（3.77%）、(R)-4-甲基-1-(1-甲基乙基)-3-环已烯-1-醇（3.41%）、莰烯（2.38%）、(+)-4-蒈烯（1.80%）、(1 S-顺)-1,2，3,5,6,8a-六氢化- 4,7-二甲基-1-(1-甲基乙基)-萘（1.53%）、1-甲基- 4-(1-甲基亚乙基)环已烯（1.33%）、3,7,7-三甲基-二环[4.1.0]庚烷-2-烯（1.16%）、3,4-二甲基苯甲醇（1.03%）等；‘条羌’精油的主要成分为：β-蒎烯（41.02%）、α-蒎烯（29.97%）、4-亚甲基-1-(1-甲基乙基)-二环[3.1.0]已烷（9.48%）、乙酸冰片酯（3.47%）、(1 S)-3,7,7-三甲基-二环[4.1.0]庚烷-3-烯（2.11%）、(R)-4-甲基-1-(1-甲基乙基)-3-环已烯-1-醇（1.81%）、1-甲基-4-(1-甲基乙基)-1,4-环已二烯（1.64%）、莰烯（1.41%）等；须根精油的主要成分为：β-蒎烯（40.57%）、α-蒎烯（31.77%）、4-亚甲基-1-(1-甲基乙基)-二环[3.1.0]已烷（9.06%）、乙酸冰片酯（3.52%）、(R)-4-甲基-1-(1-甲基乙基)-3-环已烯-1-醇（2.31%）、1-甲基-4-(1-甲基乙基)-1,4-环已二烯（2.00%）、莰烯（1.52%）、(1 S)-3,7,7-三甲基-二环[4.1.0]庚烷-3-烯（1.13%）、(+)-4-蒈烯（1.06%）等。

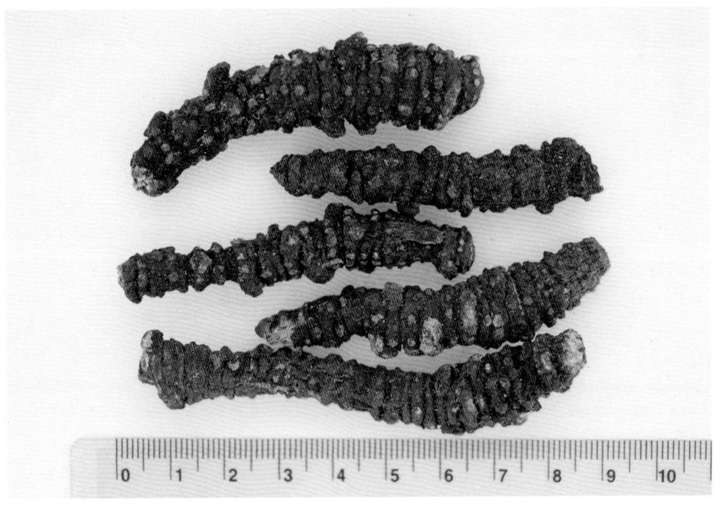

全草：朱亮锋等（1993）用水蒸气蒸馏法提取的羌活全草精油的主要成分为：芳樟醇（29.17%）、β-水芹烯（8.73%）、γ-松油烯（3.94%）、对伞花烃（3.57%）、桂酸甲酯（1.67%）、3-已烯醇（1.00%）等。

种子：刘卫根等（2012）用水蒸气蒸馏法提取的青海班玛

产羌活阴干种子精油的主要成分为：β-蒎烯（31.37%）、(1S)-6,6-二甲基-2-亚甲基-二环[3.1.1]庚烷（16.85%）、α-蒎烯（8.93%）、1-甲基-4-(1-甲基乙基)-1,4-环己二烯（7.17%）、(S)-2-甲基-5-(1-甲基乙烯基)-2-环己烯-1-酮（5.42%）、1-甲基-4-(1-甲基亚乙基)环己烯（4.00%）、(Z,Z)-9,12-十八烷二烯酸（2.87%）、(R)-4-甲基-1-(1-甲基乙基)-3-环己烯-1-醇（2.19%）、反-2-甲基-5-(1-甲基乙烯基)-环己酮（2.14%）、[S-(E,E)]-1-甲基-5-亚甲基-8-(1-甲基乙基)-1,6-环癸二烯（1.99%）、(1S-cis)-1,2,3,5,6,8a-六氢化-4,7-二甲基-1-(1-甲基乙基)-萘（1.92%）等。

【利用】根茎为民间草药，具有解热镇痛、抗炎、抗过敏、抗菌作用。根茎精油可药用，有抗炎抑菌、镇痛解热等作用，对心脑血管疾病也有疗效。

旱芹

Apium graveolens Linn.

伞形花科　芹属
别名：芹菜、药芹、香芹、莳萝、洋芹菜、西芹、西洋芹
分布：全国各地

【形态特征】二年生或多年生草本，高15～150 cm，有强烈香气。茎有棱角和直槽。根生叶基部略扩大成膜质叶鞘；叶片轮廓为长圆形至倒卵形，长7～18 cm，宽3.5～8 cm，通常3裂达中部或3全裂，裂片近菱形，边缘有圆锯齿或锯齿；较上部的茎生叶轮廓为阔三角形，通常分裂为3小叶，小叶倒卵形，边缘疏生钝锯齿以至缺刻。复伞形花序顶生或与叶对生；伞辐细弱，3～16；小伞形花序有花7～29；花瓣白色或黄绿色，圆卵形，长约1 mm，宽0.8 mm，顶端有内折的小舌片。分生果形或长椭圆形，长约1.5 mm，宽1.5～2 mm，果棱尖锐，合面略收缩；每棱槽内有油管1，合生面油管2，胚乳腹面平直花期4～7月。

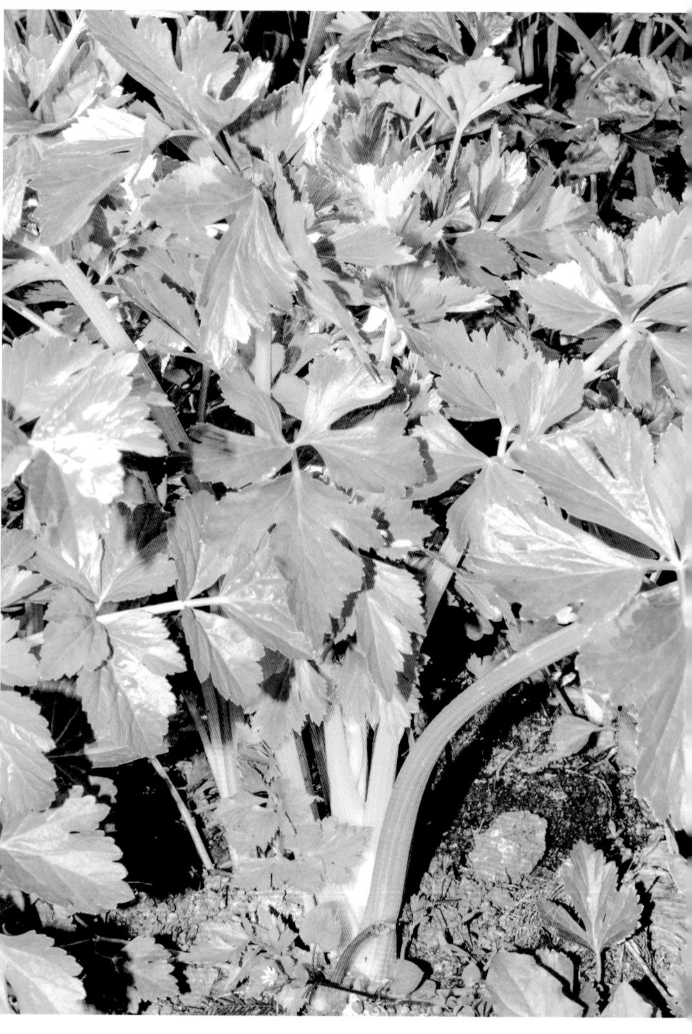

【生长习性】喜冷凉和湿润气候，较耐阴湿，耐寒，生适温为15 ℃，成株能忍受-8 ℃以上低温。以一定大小的幼苗在低温（2～5 ℃）条件下通过春化阶段，在长日照下通过光阶段而抽薹开花。喜半遮阴。选肥沃、排水良好、湿润的地栽培。

【精油含量】水蒸气蒸馏法提取新鲜茎的得油率为0.40%新鲜叶的得油率为1.00%，干燥叶的得油率为1.23%～1.27%果实的得油率为0.60%～3.96%；超临界萃取果实的得油率为0.93%～12.25%；用有机溶剂萃取法提取果实的得油率11.12%～12.80%。

【芳香成分】茎叶：曹树明等（2008）用水蒸气蒸馏法取的云南昆明产旱芹新鲜茎叶精油的主要成分为：对聚伞素（36.67%）、邻苯二甲酸二丁酯（15.77%）、1,1-二氮乙（13.19%）、1,1-二乙氧基乙烷（5.92%）、C-β-罗勒烯（4.25%柠檬烯（4.25%）、乙酸乙酯（3.33%）、γ-松油烯（2.75%）、芬萜烯（1.94%）、丁香烯（1.13%）、乙酸苯氧基-2-丙烯（1.07%）、1,2-二甲苯（1.05%）等；旱芹新鲜茎叶精油的要成分为：1,1-二氮乙烷（30.38%）、对聚伞花素（20.60%1,1-二乙氧基乙烷（12.54%）、乙酸乙酯（10.02%）、C-β-罗烯（5.77%）、邻苯二甲酸二丁酯（5.39%）、月桂烯（3.22%柠檬烯（2.13%）、别芬萜烯（1.38%）、1,2-二乙氧基乙

32%)、1,1-二乙氧基丁烷(1.32%)、莰烯(1.03%)、丁香烯02%)等。

果实：段光东等(2009)用水蒸气蒸馏法提取的‘白骨黄芹’旱芹果实精油的主要成分为：柠檬烯(49.59%)、2-(2-酰氧基-1-丙基)呋喃(18.72%)、β-芹子烯(18.24%)、α-烯(7.65%)、6-丁基-1,4-环庚二烯(1.37%)等。阿布力米·伊力等(2004)用同法分析的新疆墨玉产旱芹干燥成熟果精油的主要成分为：γ-萜品烯(41.60%)、1-甲基-2-异丙基(27.80%)、2-甲基-5-异丙基苯酚(17.44%)、邻苯二甲酸正基异丁基二酯(4.26%)、邻苯二甲酸二丁酯(4.13%)、α-苧(1.14%)等。

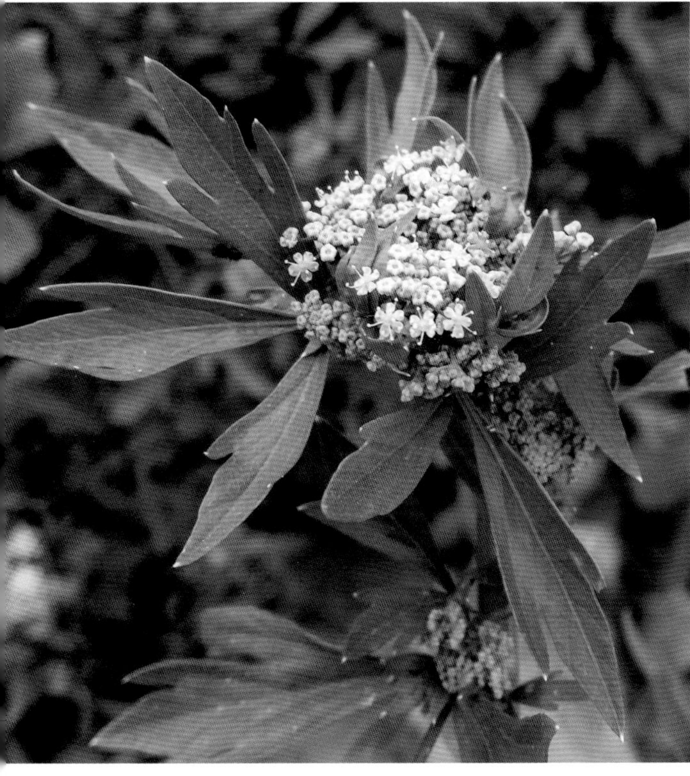

【利用】肥厚的叶柄和嫩叶是常用蔬菜。全株入药，有降、利尿、凉血、止血、促进消化、镇静、消毒、消肿的功，治高血压、眩晕头痛、面目红赤、湿浊内盛、暴热烦渴、病、水肿、痰多胸满、崩漏带下、痄腮等症。果实精油和油脂为我国允许使用的食用香料和调味料，用于配制食品香精多种食品的调香；果实精油可用以预防和治疗化学致癌物诱的胃癌、结肠癌、肺癌、皮肤癌、肝癌、胰腺癌等，也可用改善中枢神经的辅助治疗，还有强壮、利尿、抗风湿等保健用；果实精油常用于日用香精如化妆品、香皂等。

珊瑚菜

lehnia littoralis Fr. Schmidt ex Miq.

形花科　珊瑚菜属

名：莱阳参、莱阳沙参、辽沙参、北沙参

布：山东、辽宁、河北、江苏、浙江、广东、福建、台湾等

【形态特征】多年生草本，全株被白色柔毛。叶多数基生，质；叶片轮廓呈圆卵形至长圆状卵形，三出式分裂至三出二回羽状分裂，末回裂片倒卵形至卵圆形，长1～6 cm，宽0.8～3.5 cm，顶端圆形至尖锐，基部楔形至截形，边缘有缺刻状锯齿，齿边缘为白色软骨质；茎生叶与基生叶相似，基部逐渐膨大成鞘状，有时退化成鞘状。复伞形花序顶生，径3～6 cm；伞辐8～16，不等长，长1～3 cm；小总苞数片，线状披针形；小伞形花序有花15～20，花白色；萼齿5，卵状披针形，长0.5～1 mm；花瓣白色或带堇色。果实近圆球形或倒广卵形，长6～13 mm，宽6～10 mm，果棱有木栓质翅。花果期6～8月。

【生长习性】生长于海边沙滩或栽培于肥沃疏松、排水良好的砂质土壤。喜温暖、湿润气候，能抗寒，耐干旱，耐盐碱，忌水涝，忌连作和花生茬。喜阳光。

【精油含量】水蒸气蒸馏法提取干燥根的得油率为0.06%；超临界萃取干燥根的得油率为4.85%。

【芳香成分】根：王红娟等(2010)用水蒸气蒸馏法提取的山东莱阳产珊瑚菜干燥根精油的主要成分为：反,反-2,4-癸二烯醛(21.27%)、反-2-辛烯-1-醇(8.53%)、人参炔醇(8.15%)、β-柏木烯(6.10%)、壬醛(5.17%)、γ-榄香烯(3.08%)、α-姜黄烯(2.91%)、(Z)-14-甲基-8-十六碳烯-1-缩醛(2.51%)、4-甲基己醛(2.14%)、β-雪松烯(2.12%)等。崔海燕等(2013)用同法分析的山东莱阳产珊瑚菜干燥根精油的主要成分为：花侧柏烯(6.35%)、(E,E)-2,4-癸二烯醛(5.84%)、α-柏木烯(4.39%)、芳香姜黄烯(4.21%)、十五烷酸(3.69%)、γ-榄香烯(3.59%)、β-柏木烯(3.38%)、软脂酸

乙酯（3.21%）、乙酸（3.21%）、(R)-2,4a,5,6,7,8-六羟基-3,5,5,9-四甲基-1氢-苯并环庚烯（3.02%）、辛醛（2.73%）、亚油酸乙酯（2.54%）、β-菖蒲二烯（2.33%）、正辛酸（2.14 %）、(Z)-β-金合欢烯（1.95%）、α-花柏烯（1.94%）、正已醛（1.72%）、14-甲基十五烷酸甲酯（1.55%）、2-异丙基-5-甲基-9-亚甲基二环[4.4.0]十-1-烯（1.48%）、α-长叶松烯（1.41%）、十四烷酸（1.31%）、丁香酚（1.21 %）、壬酸（1.13%）、亚油酸甲酯（1.13%）、(E)-2-壬烯醛（1.08%）、1,2,3,4-四氢-5,7-二甲萘（1.01 %）等。廖华军等（2010）用同法分析的干燥根精油的主要成分为：α-蒎烯（36.51%）、β-蒎烯（15.21%）、3-蒈烯（5.89%）、1-甲基-2-异丙基-苯酚（4.01%）、D-柠檬烯（3.87%）、2-叔丁基-1,4-二甲氧基苯（3.60%）、(Z)-9-十八烯酸甲酯（3.37%）、α,α,4-三甲基-3-环乙烯-1-甲醇（3.16%）、2-戊基呋喃（2.92%）、4-甲基-4-羟基-2-亚硝酸异戊酯（2.37%）、1,7-二甲基-4-异丙基-螺[4.5]萘-6-烯-8-酮（2.27%）、2-甲氧基-4-甲基-1-异丙基苯（1.43%）、7,7-三甲基二环[4.1.0]庚-2-烯（1.41%）、3,7,7-三甲基-1-(S)-二环[4.1.0]庚-3-烯（1.16%）、4-甲基-1-异丙基-3-环乙烯-1-醇（1.05%）等。吴玉梅等（2015）用同法分析的干燥根精油的主要成分为：镰叶芹醇（56.62%）、2,6,10,15-四甲基十七烷（2.83%）、1,5-二氮双环十一烯（2.73%）等。

叶：崔海燕等（2016）用水蒸气蒸馏法提取的山东莱阳产珊瑚菜7月份采收的干燥叶精油的主要成分为：β-水芹烯（28.62%）、α-水芹烯（8.50%）、γ-榄香烯（5.38%）、4-(1-甲乙基)-2-环己烯-1-酮（5.00%）、对伞花-1-醇（4.34%）、α-蒎烯（3.05%）等；10月份采收的干燥叶片精油的主要成分为：4-(1-甲乙基)-2-环己烯-1-酮（5.64%）、叶绿醇（5.35%）、顺式蒎烷（5.06%）、β-水芹烯（3.7%）、3-甲基-2-丁烯-1-醇（3.16%）、对伞花-1-醇（3.01%）等。

果实：崔海燕等（2013）用水蒸气蒸馏法提取的山东莱阳产珊瑚菜干燥果实精油的主要成分为：β-水芹烯（33.44%）、α-水芹烯（12.90%）、3-甲基-2-丁烯-1-醇（8.57%）、胡萝卜次醇（7.82%）、2-甲基-3-丁烯-2-醇（6.42%）、γ-榄香烯（5.27%）、4-(1-甲乙基)-2-环己烯-1-酮（2.28%）、β-蒎烯（2.20%）、β-榄香烯（1.99%）、对-伞花烃（1.77%）、石竹烯（1.20%）、α-佛手柑烯（1.06%）等。

【利用】根经加工后药用，即商品药材“北沙参”，有清肺、养阴、止咳的功效，用于治疗阴虚肺热干咳、虚痨久咳、热病伤津、咽干口渴诸症。江苏新海民间也有将根磨粉供食用的。根和嫩苗可作蔬菜食用。

大齿山芹

Ostericum grosseserratum (Maxim.) Kitag.

伞形花科　山芹属

别名：大齿当归、朝鲜独活、朝鲜羌活、大齿独活、碎叶山

分布：辽宁、吉林、河北、山西、陕西、河南、江苏、安徽、浙江、福建等地

【形态特征】多年生草本，高达1 m。叶有狭长而膨大的鞘，边缘白色；叶片轮廓为广三角形，薄膜质，二至三回三出式分裂；末回裂片阔卵形至菱状卵形，长2～5 cm，宽1.5～3 cm，基部楔形，顶端尖锐，边缘有粗大缺刻状锯齿，齿端有白色小突尖；上部叶3裂，小裂片披针形至长圆形；最上部叶为带小叶的线状披针形叶鞘。复伞形花序直径2～10 cm，伞辐6～1[illegible]；总苞片4～6，线状披针形；小总苞片5～10，钻形；花白色，萼齿三角状卵形；花瓣倒卵形，顶端内折。分生果广椭圆形，长4～6 mm，宽4～5.5 mm，基部凹入，背棱突出，尖锐，侧棱为薄翅状，棱槽内有油管1，合生面油管2～4。花期7～9月，果期8～10月。

【生长习性】生长于山坡、草地、溪沟旁、林缘灌丛中。

【芳香成分】薛怡琛等（1995）用水蒸气蒸馏法提取的江苏宜兴产大齿山芹新鲜根精油的主要成分为：3,7,11-甲基-2,6,1[illegible]十二碳三烯-1-醇（6.24%）、辛醛（5.93%）、β-蒎烯（5.62%）、4-甲基-1-(1-甲基乙基)-双环[3,1,0]己烷-3-醇（4.55%）、[illegible]氢-1,9,9-三甲基-4-亚甲基-1 H-7-甲烷并薁（3.89%）、对-[illegible]花烃（3.50%）、α-蒎烯（3.39%）、庚醛（3.17%）、3,7-二[illegible]基-1-辛烯（2.95%）、(1aS,6aR)-1,1aα,2,3,3a,3 bβ,4,6 bα-[illegible]氢-1,1,3aα-2,6-四甲基环戊二烯并[2,3]环丙[1,2-a]环丙并[[illegible]苯（2.95%）、1,3-二甲基-8-(1-甲基乙基)-三环十二碳-3-[illegible]（2.84%）、2-癸烯醛（2.69%）、1,2,3,4,6,8-六氢-4,7-二甲基-[illegible](1-甲基乙基)萘（2.63%）、十一烷（2.48%）、1-乙基-3-(1-甲[illegible]乙基)苯（2.45%）、间-2-叔丁基甲酚（2.33%）、4,5,6,7,8,8-[illegible]氢-7-异丙基-4,8-二甲基-2(1 H)萘（2.25%）、壬醛（2.23%

金合欢烯（2.11%）、β-水芹烯（2.09%）、α-红没药烯.99%）、2-壬酮（1.93%）、6,10,10-三甲基-2-亚甲基-三环一烷（1.89%）、十氢-4-甲基-1-亚甲基-7-(1-甲基乙烯基)萘.79%）、己醛（1.68%）、八氢-7-甲基-4-甲基-1-(1-甲基乙基)（1.67%）、2-壬醛（1.59%）、6-甲基-3-(1-甲基乙基)-2-环己-1-酮（1.47%）、1-十二烯（1.32%）、可巴烯（1.20%）、榄香（1.13%）等。

【利用】根药用，有些地区用以代"独活"或"当归"使。幼苗做野菜供食用。

隔山香

stericum citriodorum (Hance) Yuan et Shan

形花科　山芹属

名：金鸡爪、鸡爪参、香前胡、鸡爪前胡、柠檬香碱草、前、正香前胡、香白、山竹香、山竹青、九步香、山党参、十香、野茴香、土柴胡、构橼当归

布：广东、广西、福建、浙江、江西、湖南等地

【形态特征】多年生草本，高0.5～1.3 m。根茎有残存的状叶鞘。基生叶及茎生叶均为二至三回羽状分裂，基部略膨成短三角形的鞘，稍抱茎；叶片长圆状卵形至阔三角形，长～22 cm，宽13～20 cm，末回裂片长圆披针形至长披针形，尖，有小凸尖头，边缘波状皱曲，密生极细的齿。复伞形序；总苞片6～8，披针形；伞辐5～12；小伞花序有花十余朵；小总苞片5～8，狭线形，反折。花白色，萼齿明显，三角状卵形；花瓣倒卵形，顶端内折。果实椭圆形至广卵圆形，长3～4 mm，宽3～3.5 mm，金黄色；表皮突起，背棱有狭翅，侧棱有宽翅，棱槽中有油管1～3，合生面有油管2。花期6～8月，果期8～10月。

【生长习性】生长于山坡灌木林下或林缘、草丛中。

【芳香成分】根：张军等（2009）用水蒸气蒸馏法提取的广西产隔山香干燥根精油的主要成分为：异芹菜脑（49.29%）、人参炔醇（7.18%）、肉豆蔻醚（3.36%）、异榄香脂素（2.55%）、十六烷酸（1.95%）、丁香烯（1.83%）、亚油酸（1.32%）等。苏孝共等（2011）用同法分析的浙江温州产隔山香新鲜根精油的主要成分为：左旋-α-蒎烯（42.17%）、洋芹脑（35.26%）、D-柠檬烯（4.14%）、榄香素（3.91%）、α-蒎烯（3.67%）、β-蒎烯（2.59%）、γ-萜品烯（1.39%）等。

叶：苏孝共等（2011）用水蒸气蒸馏法提取的浙江温州产隔山香新鲜叶精油的主要成分为：α-石竹烯（24.85%）、葎草烯氧化物（13.67%）、石竹素（11.94%）、β-石竹烯（8.45%）、δ-荜澄茄烯（6.42%）、α-荜澄茄醇（5.89%）、β-桉叶醇（4.85%）、蒎烷（4.41%）、顺式橙花叔醇（3.80%）、萜品油烯（3.19%）、4,4,6-三甲基-环己-2-烯-1-醇（2.20%）、植酮（1.95%）等。

果实：苏孝共等（2011）用水蒸气蒸馏法提取的浙江温州产隔山香新鲜果实精油的主要成分为：洋芹脑（74.80%）、D-柠檬烯（11.04%）、(+)-4-蒈烯（3.07%）、石竹素（2.64%）、α-石竹烯（1.54%）、β-石竹烯（1.26%）等。

【利用】根和全草可入药，有疏风清热、活血化瘀、行气止痛等功能，用于治风热咳嗽、心绞痛、胃痛、疟疾、痢疾、经闭、白带、跌打损伤等。

鞘山芎

Conioselinum vaginatum (Spreng.) Thell.

伞形花科　山芎属
别名：新疆藁本
分布：新疆

【形态特征】多年生草本，高60～120 cm。根多分叉，根茎较粗厚。茎直立，圆柱形，中空，具有纵条纹，上部分枝。基生叶早枯；茎中部叶具有柄，柄长6～9 cm，基部扩大成鞘，叶片轮廓三角状卵形，长16～25 cm，宽15～23 cm，二至三回三出式羽状全裂；末回羽片长卵形至披针形，长1.5～2 cm，宽4.5～0.8 cm，边缘羽状深裂；茎上部叶渐简化。复伞形花序顶生和侧生，直径5～10 cm；总苞片无，伞辐10～14，长2～4 cm；小总苞片5～8，线形，长约5 mm；花白色；萼齿不明显；花瓣倒卵形，具有内折小舌片；花柱基略隆起，花柱2，反曲。分生果（未成熟）背腹略扁，主棱突起；每棱槽内有油管2～3，合生面油管4～6。

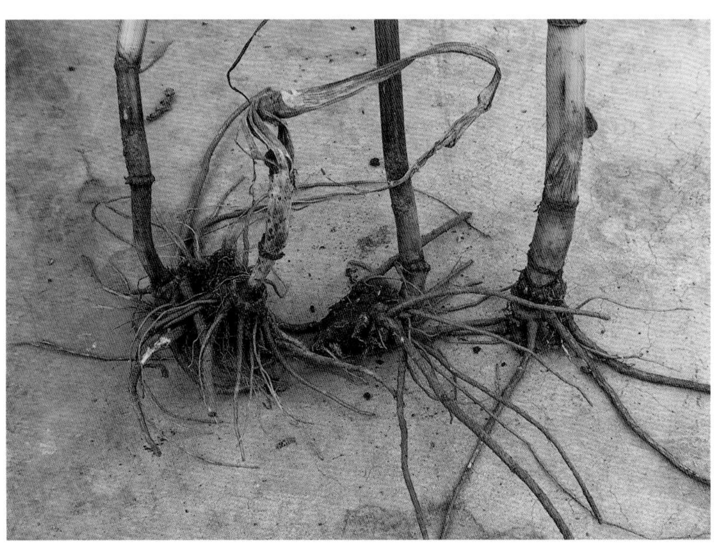

【生长习性】生长于山坡草地或灌丛中。

【精油含量】水蒸气蒸馏法提取干燥根茎的得油率为1.03%～2.41%；回流阀提取干燥根茎的得油率为6.75%；有机溶剂萃取法提取干燥根茎的得油率为9.73%；超声波萃取干燥根茎的得油率为6.43%。

【芳香成分】张迎春等（2011）用水蒸气蒸馏法提取的新疆产鞘山芎根茎精油的主要成分为：肉豆蔻醚（71.09%）、4-N-庚基苯酚（7.53%）、藁本内酯（4.08%）、乙酸松油酯（3.87%）、β-水芹烯（2.99%）、榄香素（1.41%）、间甲氧基苯乙酮（1.13%）等。戴斌（1988）用同法分析的新疆察布查尔产的鞘山芎干燥根茎精油的主要成分为：β-水芹烯（25.40%）、蛇床酞内酯（14.57%）、藁本内酯（10.95%）、α-醋酸松油酯（9.87%）、δ-3-蒈烯（2.77%）、α-蒎烯（2.52%）、δ-杜松烯（2.25%）、正丁烯基酞内酯（2.01%）、胡椒烯酮（1.94%）、萜品油烯（1.76%）、4,10-二甲基-7-异丙基二环[4.4.0]-1,4-癸二烯（1.65%）、1-苯基-1-戊酮（1.14%）、肉豆蔻醚（1.13%）等。

【利用】根茎入药，有散风寒、止痛、燥湿的功效，用于治疗风寒感冒、头痛、胃痉挛及风湿性关节痛等症。

东川芎

Cnidium officinale Makino

伞形花科　蛇床属
别名：日本川芎、洋芎、和芎、大和川芎、延边川芎、土川芎
分布：吉林

【形态特征】多年生草本，茎绿色，粗 0.8 cm 左右，长达 80 cm，节间长 10 cm 左右。叶深绿色，三回羽状复叶，常叶身长 23.2 cm 左右，基生叶，上位叶大，小叶片三出深裂，叶鞘较短。花着生在茎顶，复伞形花序，两性花，雄蕊 5，子房下位，2 心皮合生，花柱 2。9 月上旬开花，不结实。

【生长习性】是典型的寒地型植物，耐寒性强，耐暑性弱，喜海拔高且寒冷的气候，栽培适合于阳光充足、排水良好、土质肥沃的平坦砂质地。

【芳香成分】王自梁等（2016）用甲醇回流法提取吉林延井产东川芎干燥根茎浸膏，气流吹扫–微注射器萃取法提取的浸膏挥发油的主要成分为：(1Z,4Z)-6-丁基环庚-1,4-二烯（15.76%）、2-羟基-苯乙酸异丁酯（13.46%）、(11E,14E)-二十碳二烯酸甲酯（9.32%）、1-(2,4-二甲基苯基)-1-丙酮（5.61%）、反式亚油酸乙酯（3.72%）、藁本内酯（3.50%）、15-甲基十六烷酸甲酯（2.81%）、4-乙烯基愈创木酚（1.82%）、1,2,3,5,6,7-六氢茚-4-酮（1.77%）、反式油酸甲酯（1.56%）、15-甲基十六烷酸乙酯（1.21%）等。

【利用】根茎作为朝药入药，具有活血行瘀、疏肝解郁、散止痛的功效，用于风寒头痛、风湿痹痛、月经不调、瘀滞腹、肝气郁结、痈疽肿痛、经闭痛经、难产以及心绞痛等症的疗。在延边地区曾代川芎使用。

蛇床

idium monnieri (Linn.) Cusson

形花科　蛇床属

名：蛇麻子、蛇床子、蛇米、蛇珠、蛇床实、假芹菜

布：华东、中南、西南、西北、华北、东北

【形态特征】一年生草本，高10～60 cm。根圆锥状。茎表具深条棱，粗糙。下部叶具有短柄，叶鞘短宽，边缘膜质，部叶柄全部鞘状；叶片轮廓卵形至三角状卵形，长3～8 cm，2～5 cm，2～3回三出式羽状全裂，羽片轮廓卵形至卵状披形，先端常略呈尾状，末回裂片线形至线状披针形，具有尖头。复伞形花序直径2～3 cm；总苞片6～10，线形至线披针形，边缘膜质，具有细睫毛；伞辐8～20；小总苞片多，线形，边缘具有细睫毛；小伞形花序具有花15～20；花瓣色，先端具内折小舌片。分生果长圆状，长1.5～3 mm，宽~2 mm，主棱5均扩大成翅；每棱槽内有油管1，合生面油管花期4～7月，果期6～10月。

【生长习性】生于田边、路旁、草地及河边湿地。对土壤及作选择不严格，但以向阳的缓坡和排水良好的农田砂壤土和黏壤土较好。

【精油含量】水蒸气蒸馏法提取果实的得油率为0.22%～2.00%；超临界萃取果实的得油率为8.46%～24.03%。

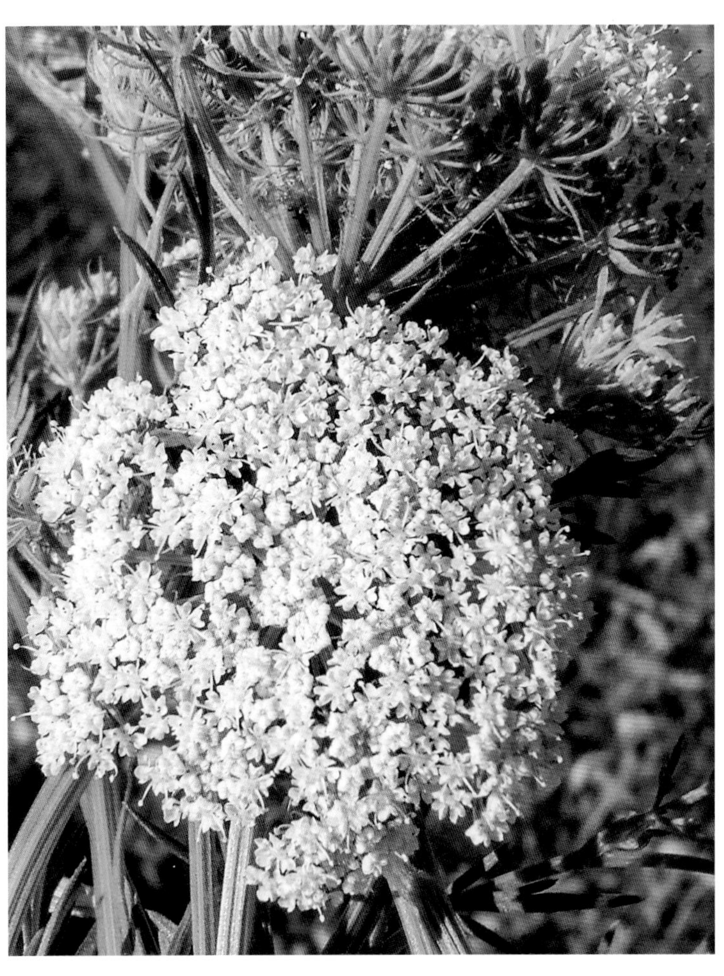

【芳香成分】朱化雨等（2006）用水蒸气蒸馏法提取的山东临沂产蛇床果实精油的主要成分为：D-柠檬烯（24.43%）、乙酸龙脑酯（16.41%）、α-蒎烯（5.34%）、3(10)-蒈烯-4-醇乙酰乙酸酯（4.97%）、(4-异丙烯基-1-环己烯-1-烯基)甲基乙酸酯（4.04%）、马鞭草烯醇（2.70%）、β-蒎烯（2.59%）、(S)-顺-马鞭草烯醇（2.56%）、1,2-环氧柠檬油精（2.45%）、2,7,7-三甲基-3-氧代三环[4.1.1.0^{2,4}]辛烷（1.83%）、蛇床子素（1.65%）、(S)-顺-2-甲基-5-异丙烯基-2-环己烯-1-酮（1.62%）、顺-2-甲基-5-异丙烯基-2-环己烯-1-醇（1.60%）、马鞭草烯酮（1.31%）、桧烯（1.24%）、2,2,3-三甲基-3-环戊烯-1-乙醛（1.13%）、(2 R,4 R)-对薄荷-2,8-二烯-1-过氧化氢（1.11%）、石竹烯氧化物（1.11%）、6,6-二甲基-二环[3.1.1]庚-2-烯-2-甲醇（1.05%）、(1 S,4 R)-对薄荷-2,8-二烯-1-过氧化氢（1.05%）、反-柠檬烯氧化物（1.02%）、(1 R,4 R)-对薄荷-2,8-二烯-1-过氧化氢（1.00%）等。邱琴等（2002）用同法分析的山东沂水产蛇床干燥成熟果实精油的主要成分为：反-罗勒烯（37.96%）、苧烯（35.44%）、1,7,7-三甲基-双环[2.2.1]庚烷-2-醇-乙酸酯（6.78%）、莰烯（6.28%）、β-月桂烯（2.29%）、β-蒎烯（1.16%）等。赵富春等（2008）用同法分析的干燥成熟果实精油的主要成分为：冰片乙酸酯（29.51%）、D-柠檬烯（19.20%）、α-蒎烯（13.95%）、三环[4.4.0.0^{2,8}]癸-4-醇（12.64%）、三环[4.3.1.0^{3,8}]癸-10-醇（9.31%）、3-蒈烯（4.62%）、5-异丙烯基-2-甲基-环己-2-烯基丙酸酯（1.35%）等。

【利用】果实"蛇床子"入药，有燥湿、杀虫止痒、壮阳之效，用于治疗皮肤湿疹、阴道滴虫、肾虚阳痿、宫冷、寒湿带下、湿痹腰痛等症；外治外阴湿疹、妇人阴痒、滴虫性阴道炎及白带。

莳萝

Anethum graveolens Linn.

伞形花科　莳萝属

别名：土茴香、野茴香、草茴香、洋茴香、小茴香、时美中、慈谋勒

分布：东北地区和甘肃、四川、广西、广东有栽培

【形态特征】一年生草本，稀为二年生，高60～120 cm，全株无毛，有强烈香味。茎单一。基生叶基部有宽阔叶鞘，边缘膜质；叶片轮廓宽卵形，3～4回羽状全裂，末回裂片丝状，长4～20 mm，宽不及0.5 mm；茎上部叶较小，分裂次数少，有叶鞘。复伞形花序常呈二歧式分枝，伞形花序直径5～15 cm；伞辐10～25，稍不等长；小伞形花序有花15～25；花瓣黄色，中脉常呈褐色，长圆形或近方形，小舌片钝，近长方形，内曲。分生果卵状椭圆形，长3～5 mm，宽2～2.5 mm，成熟时褐色，背部扁压状，背棱细但明显突起，侧棱狭翅状，灰白色；每棱槽内有油管1，合生面油管2。花期5～8月，果期7～9月。

【生长习性】喜阳光充足、通风良好、排水良好、土质松的环境。幼苗不仅具有耐水湿的特点，还具有一定程度的旱性。

【精油含量】水蒸气蒸馏法提取新鲜茎叶的得油率0.20%，果实的得油率为1.20%～4.80%，果皮的得油率4.60%，种子的得油率为0.66%；超临界萃取果实的得油率4.60%。

【芳香成分】陆占国等（2010）用水蒸气蒸馏法提取的西产莳萝果实精油的主要成分为：香芹酮（54.59%）、柠檬（18.49%）、芹菜脑（11.95%）、二氢香芹酮（3.66%）、茴香（1.77%）、二氢香芹醇（1.38%）、新二氢香芹醇（1.30%）、γ-油烯（1.04%）等。

【利用】果实可入药，有驱风、健胃、散瘀、催乳等作用。茎叶供作蔬菜食用。茎叶及果实有茴香味，作为调味料使用。和茎可做成醋渍料理或香草醋。种子经过煎煮后的汁液具有健指甲、美容的作用。也可入茶。花可用于切花。果实精油我国允许使用的食用香料，主要用于各种调味品的食用香精烟草中；果实精油也药用，可缓解肠痉挛和绞痛，常用于治咳嗽、感冒、流感、利尿的处方中；也有催乳等作用。

水芹

enanthe javanica (Blume) DC.

形花科　水芹属

名：水芹菜、野芹菜、小叶芹

布：全国各地

【形态特征】多年生草本，高15～80 cm。基生叶有叶鞘；片轮廓三角形，1～2回羽状分裂，末回裂片卵形至菱状披形，长2～5 cm，宽1～2 cm，边缘有牙齿或圆齿状锯齿；茎部叶裂片和基生叶的裂片相似，较小。复伞形花序顶生；伞6～16，不等长；小总苞片2～8，线形；小伞形花序有花余朵；萼齿线状披针形；花瓣白色，倒卵形，长1 mm，宽mm，有一长而内折的小舌片。果实近于四角状椭圆形或筒长圆形，长2.5～3 mm，宽2 mm，侧棱较背棱和中棱隆起，栓质，分生果横剖面近于五边状的半圆形；每棱槽内有油管合生面油管2。花期6～7月，果期8～9月。

【生长习性】多生于浅水低洼地方或池沼、水沟旁，农舍附常见栽培。适应性广，耐寒性强，喜冷凉湿润的气候，最适生长温度为15～25 ℃，高于30 ℃生长不良。怕干旱，生长期要充足的水分。

【精油含量】水蒸气蒸馏法提取干燥全草的得油率为53%，干燥根的得油率为0.85%。

【芳香成分】根：刘朝晖等（2014）用水蒸气蒸馏法提的湖南长沙产水芹干燥根精油的主要成分为：β-水芹烯4.78%）、β-蒎烯（14.50%）、β-罗勒烯（9.89%）、γ-萜品烯（7.85%）、4,11,11-三甲基-8-亚甲基双环[7.2.0]十一碳-4-烯（7.14%）、间-聚伞花素（5.24%）、β-月桂烯（4.60%）、桧萜（4.06%）、α-蒎烯（3.94%）、大根香叶烯B（1.72%）、右旋大根香叶烯（1.61%）、反式-α-香柑油烯（1.59%）等。

茎：徐中海等（2010）用水蒸气蒸馏法提取的野生水芹新鲜茎精油的主要成分为：1-甲基-2-(1-甲乙基)苯（32.11%）、β-蒎烯（11.54%）、(E)-3,7-二甲基-1,3,6-辛三烯（11.07%）、1-甲基-4-(1-甲乙基)-1,4-环己二烯（7.70%）、4-甲基-1-(1-甲乙基)-2-甲氧基苯（4.00%）、柠檬烯（3.91%）、α-蒎烯（3.81%）、β-月桂烯（2.47%）、(Z)-3,7-二甲基-1,3,6-辛三烯（1.72%）、(E)-7,11-二甲基-3-亚甲基-1,6,10-十二碳三烯（1.30%）、丁香烯（1.30%）、3,4-二甲基-2,4,6-辛三烯（1.29%）、2,6-二甲基-6-(4-甲基-3-戊烯基)二环[3.1.1]-2-庚烯（1.27%）、(1 S-顺)-4,7-二甲基-1-(1-甲乙基)-1,2,3,5,6,8a-六氢萘（1.00%）等。

叶：徐中海等（2010）用水蒸气蒸馏法提取的野生水芹新鲜叶精油的主要成分为：[1 S-(1,2,4)]-1-甲基-1-乙烯基-2,4-双(1-甲基乙烯基)环已烷（10.18%）、吉玛烯D（9.84%）、1-甲基-4-(1-甲乙基)苯（7.50%）、丁香烯（7.32%）、(E)-7,11-二甲基-3-亚甲基-1,6,10-十二碳三烯（7.00%）、(1,2,5)-2,6,6-三甲基二环[3.1.1]庚烷（5.80%）、(Z,E)-3,7,11-三甲基-1,3,6,10-十二碳四烯（5.59%）、α-金合欢烯（5.59%）、1-甲基-1-乙烯基-2-(1-甲基乙烯基)-4-(1-甲基亚乙烯基)环已烷（4.21%）、(1 S-顺)-4,7-二甲基-1-(1-甲乙基)-1,2,3,5,6,8a-六氢萘（3.84%）、(E,E)-3,7-二甲基-10-(1-甲基亚乙烯基)-3,7-环癸二-1-酮（3.08%）、(E)-3,7-二甲基-1,3,6-辛三烯（2.93%）、胡椒烯（2.51%）、4-甲基-1-(1-甲乙基)-2-甲氧基苯（2.00%）、α-丁香烯（1.74%）、β-蒎烯（1.48%）、β-橄香酮（1.48%）、D-柠檬烯（1.43%）、丁香烯氧化物（1.42%）、[1aR-(1a,4,4a,7,7a,7 b)]-1,1,4,7-四甲基-十氢-4aH-环丙烯并[e]薁-4a-醇（1.39%）、吉玛烯B（1.35%）等。

全草：张兰胜等（2010）用水蒸气蒸馏法提取的云南大理产水芹干燥全草精油的主要成分为：苯氧乙酸烯丙酯（80.17%）、桉叶-4(14)，11-二烯（6.83%）、2,3-二氢-3-甲基-3-苯并呋喃甲醇（2.94%）、柠檬烯（1.63%）等。

【利用】嫩茎叶可作蔬菜食用，还可腌渍、制作泡菜或酱菜。全草民间作药用，有降低血压的功效。全草精油有兴奋中枢神经、促进呼吸、提高心肌兴奋性、加强血液循环的作用，局部外用有扩张血管、促进循环、提高渗透性的作用；内服能促进胃液分泌、增进食欲，并有祛痰作用。

肾叶天胡荽

Hydrocotyle wilfordi Maxim.

伞形花科　天胡荽属

别名： 水雷公根、冰大海、透骨草、大样雷公根、山灯盏、鱼藤草

分布： 浙江、江西、福建、广东、广西、四川、云南等地

【形态特征】多年生草本。茎直立或匍匐，高15～45 cm，有分枝，节上生根。叶片膜质至草质，圆形或肾圆形，长1.5～3.5 cm，宽2～7 cm，边缘不明显7裂，裂片通常有3钝圆齿，基部心形，或弯缺处开展成锐角，两面光滑或在背面脉上被极疏的短刺毛；托叶膜质，圆形。花序单生于枝条上部，与叶对生；常有2～3个花序簇生节上，小伞形花序有多数花；花无柄或有极短的柄，密集成头状；小总苞片膜质，细小，具有紫色斑点；花瓣卵形，白色至淡黄色。果实长1.2～1.8 mm，宽1.5～2.1 mm，基部心形，两侧扁压，中棱明显地隆起，幼时草绿色，成熟时紫褐色或黄褐色，有紫色斑点。花果期5～9月。

【生长习性】生长在阴湿的山谷、田野、沟边、溪旁等处，海拔350～1400 m。

【精油含量】水蒸气蒸馏法提取开花前期干燥全草的得油率为0.51%；超临界萃取干燥全草的得油率为5.32%。

【芳香成分】胡艳莲等（2008）用水蒸气蒸馏法提取的江西井冈山产肾叶天胡荽开花前期干燥全草精油的主要成分为：雪松醇（45.67%）、(1 S)-3,7,7-三聚体-二甲基-[1 S]环[4.1.0]庚-3-烯（19.34%）、石竹烯氧化物（10.51%）、2,4,5-三甲基-噻唑（4.82%）、[1aR-(1aα,4aα,7β,7aβ,7 bα)]-十氢化-1,1,7-三甲基-4-亚甲基-1 H-环丙烯并[e]薁-7-醇（4.11%）、α-荜澄茄油萜（2.37%）、石竹烯（1.41%）、3,5-二甲基环己烯-4-醛基-1-烯（1.22%）、(Z,Z,Z)-1,5,9,9-四甲基-1,4,7-环十一碳三烯（1.10%）、3,7,7-三甲基-1,3,5-环庚三烯（1.04%）等。

【利用】在江西民间常常将全草捣烂用于毒鱼。

天胡荽

Hydrocotyle sibthorpioides Lam.

伞形花科　天胡荽属

别名： 破铜钱、小叶破铜钱、小叶铜钱草、石胡荽、鹅不食草、细叶钱凿口、金钱草、雨点草、天星草、满天星、星宿草、得打、龙灯碗、圆地炮、盆上芫茜、遍地锦、铺地棉、水芫荽、桂花草、鱼鳞草、血见愁

分布： 陕西、江苏、安徽、浙江、江西、福建、台湾、湖南、湖北、广东、广西、四川、贵州、云南等地

【形态特征】多年生草本，有气味。茎细长而匍匐，平铺地上成片，节上生根。叶片膜质至草质，圆形或肾圆形，长0.5～1.5 cm，宽0.8～2.5 cm，基部心形，两耳有时相接，不分裂或5～7裂，裂片阔倒卵形，边缘有钝齿；托叶略呈半圆形，薄膜质，全缘或稍有浅裂。伞形花序与叶对生，单生于节上；小总苞片卵形至卵状披针形，长1～1.5 mm，膜质，有黄色透明腺点；小伞形花序有花5～18，花瓣卵形，长约1.2 mm，绿白色，有腺点。果实略呈心形，长1～1.4 mm，宽1.2～2 mm，两侧扁压，中棱在果熟时极为隆起，幼时表面草黄色，成熟时有紫色斑点。花果期4～9月。

【生长习性】通常生长在湿润的草地、河沟边、林下，海拔475～3000 m。适生性强，对土壤条件要求不十分严格。喜阴湿、多肥，惧强光、干旱。

【精油含量】水蒸气蒸馏法提取全草的得油率为0.20%～0.59%。

【芳香成分】秦伟瀚等（2011）用水蒸气蒸馏法提取的重庆产天胡荽新鲜全草精油的主要成分为：β-没药烯（21.38%）、氧化石竹烯（6.43%）、叶绿醇（6.22%）、(-)-镰叶芹醇（3.76%）、顺式-橙花叔醇（3.68%）、(Z)-2,6,10-三甲基-1,5,9-十一碳三烯（2.55%）、庚醛（2.54%）、反式-石竹烯（2.16%）、α-…烯（1.51%）、3-甲基-2-庚酮（1.24%）、樟脑（1.14%）、α-没药萜醇（1.15%）、反式-β-金合欢醇（1.02%）、β-波旁…

00%）等。张兰等（2008）用同法分析的江西上栗产天胡荽干全草精油的主要成分为：人参醇（19.15%）、(-)-匙叶桉油醇（7.66%）、α-甜没药萜醇（6.27%）、十六烷酸（4.25%）、花麻烯（1.70%）、1,7-二甲基-7-(4-甲基-3-戊烯基)-三环丙2.2.1.0[2,6]]庚烷（1.23%）、1-甲基-4-(1-甲乙烯基)-环己烯08%）、3,7,11,15-四甲基-2-十六碳烯-1-醇（1.03%）等。吴冬等（2012）用同法分析的贵州榕江产天胡荽新鲜全草精的主要成分为：镰叶芹醇（27.28%）、三甲基-9-亚甲基-5-杂三环[8.2.0.0[4,6]]十二烷（21.45%）、β-橄香烯（7.38 %）、酮酸（3.76%）、2,4,4-三甲基-1-己烯（2.83%）、β-瑟林烯7%）、异亚丙基-4-亚甲基-7-甲基-1,2,3,4,4a,5,6,8a-八氢萘4%）、α-依兰油烯（2.13%）、四十四烷（1.81%）、2,6-二甲6-(4-甲基-3-戊烯基)-醇二环[3.1.1]-2-烯（1.40%）、环戊并2]苯（1.39%）、角鲨烯（1.36%）、3-羟基丁醛（1.31%）、6-基-2-(4-甲基-3-环己烯-1-基)-5-庚烯-2-醇（1.21%）、α-二睾酮（1.20%）、[[(2,6,6-三甲基-1-环己烯基)-甲基]-磺酰苯（1.01%）等。康文艺等（2003）用同法分析的江西井山产天胡荽全草精油的主要成分为：苯丙腈（57.28%）、植（13.06%）、六氢化法呢基丙酮（4.41%）、n-软脂酸（3.43%）

【利用】全草入药，有清热、利尿、消肿、解毒的功效，治疸、赤白痢疾、目翳、喉肿、痈疽疔疮、跌打瘀伤。嫩叶可蔬菜炖食和炒食，具有清热开胃作用。

松叶西风芹

seli yunnanense Franch.

形花科　西风芹属

名： 松叶防风、云防风、竹叶防风、三时防风、鸡爪防风

布： 云南、四川

【形态特征】多年生草本，高30～80 cm。根颈被覆枯鞘维。基生叶有叶鞘，边缘膜质；叶片2～4回三出全裂，末裂片狭线形、线形；茎生叶1～2,1～2回三出全裂，末回裂与基生叶形状相同，更狭窄和短小，基部有膜质边缘的叶。复伞形花序常呈二歧式分枝；序托叶线形渐尖，基部有质边缘的叶鞘；伞形花序直径2～4 cm；总苞片无或有1片，状披针形或钻形；伞辐6～10；小总苞片8～10，基部联合，针形，边缘膜质；小伞形花序有花15～20；花瓣圆形，长形或近方形等多种形状，小舌片内曲，很大，浅黄色。分生卵形；每棱槽内有油管1～2，合生面油管2～4。花期8～9，果期9～10月。

【生长习性】生于海拔600～3100 m的山坡、林下、灌木和丛中，也有生长于疏林山沟阴湿处和干旱草坡的。

【精油含量】水蒸气蒸馏法提取干燥根的得油率为0.81%。

【芳香成分】吉力等（1999）用水蒸气蒸馏法提取的云南鹤产松叶西风芹干燥根精油的主要成分为：人参醇（62.81%）、酸（5.88%）、十六酸（3.30%）、辛醛（2.64%）、β-花柏烯23%）等。

【利用】根入药，有祛风、解表、解毒的功效，用于治疗风胃痛、风寒感冒、伤风头痛等症；彝药用于治疗手足不灵、疾、草乌中毒、雪上一枝篙中毒。

鸭儿芹

Cryptotaenia japonica Hassk.

伞形花科　鸭儿芹属

别名： 山芹菜、鸭脚板草、野芹菜、三叶草、野蜀葵

分布： 河北、安徽、江苏、浙江、福建、江西、广东、广西、湖北、湖南、山西、陕西、甘肃、四川、贵州、云南

【形态特征】多年生草本，高20～100 cm。基生叶或上部叶叶鞘边缘膜质；叶片轮廓三角形至广卵形，长2～14 cm，宽3～17 cm，通常为3小叶；中间小叶片呈菱状倒卵形或心形，顶端短尖，基部楔形；两侧小叶片斜倒卵形至长卵形，边缘有重锯齿，表面绿色，背面淡绿色，最上部的茎生叶卵状披针形至窄披针形，边缘有锯齿。复伞形花序呈圆锥状，总苞片1，呈线形或钻形；伞辐2～3，不等长；小总苞片1～3。小伞形花序有花2～4；萼齿细小，呈三角形；花瓣白色，倒卵形，顶端有内折的小舌片。分生果线状长圆形，长4～6 mm，宽2～2.5 mm，每棱槽内有油管1～3，合生面油管4。花期4～5月，果期6～10月。

【生长习性】通常生于海拔200～2400 m的山地、山沟及林下较阴湿的地区。喜冷凉气候。

【精油含量】水蒸气蒸馏法提取干燥全草的得油率为0.06%～0.75%；超临界萃取种子的得油率为1.17%。

【芳香成分】**根：** 李娟等（2011）用水蒸气蒸馏法提取的广西桂林产鸭儿芹阴干根精油的主要成分为：γ-芹子烯（42.65%）、α-芹子烯（22.50%）、石竹烯（7.57%）、对伞花烃（6.04%）、β-环氧石竹烯（4.15%）、甜没药烯（4.15%）、乙酸乙酯（3.62%）、长叶蒎烯（2.37%）、β-蒎烯（2.09%）、α-葎草烯（1.82%）、β-橄香烯（1.65%）等。胡思一等（2015）用同法分析的浙江文成产鸭儿芹新鲜根精油的主要成分为：[2 R-(2α,4aα,8aβ)]-1,2,3,4,4a,5,6,8a-八氢-4a,8-二甲基-2-(1-甲基乙烯基)-萘（43.03%）、[4aR-(4aα,7α,8aβ)]-十氢-4a-甲基-1-亚甲基-7-(1-甲基乙烯基)-萘（17.79%）、石竹烯（6.53%）、石竹素（2.02%）、α-细辛脑（1.73%）、[1 S-(1α,7α,8aα)]-1,2,3,5,6,7,8,8a-八氢-1,8a-二甲基-7-(1-甲基乙烯基)-萘（1.38%）、δ-杜松烯（1.35%）、α-石竹烯（1.07%）等。

茎： 胡思一等（2015）用水蒸气蒸馏法提取的浙江文成产鸭儿芹新鲜茎精油的主要成分为：[1 R-(1α,3aβ,4α,7β)]-1,2,3,3a,4,5,6,7-八氢-1,4-二甲基-7-(1-甲基乙烯基)-薁

(41.28%)、[4aR-(4aα,7α,8aβ)]-十氢-4a-甲基-1-亚甲基-7-(1-甲基乙烯基)-萘(19.77%)、石竹烯(5.56%)、石竹素(3.49%)、α-细辛脑(1.98%)、间-伞花烃(1.80%)、诺卡酮(1.72%)、β-榄香烯(1.27%)、蛇麻烷-1,6-二烯-3-醇(1.17%)、异黄樟素(1.15%)、α-蒎烯(1.08%)、α-石竹烯(1.06%)等。李娟等(2011)用同法分析的广西桂林产鸭儿芹阴干茎精油的主要成分为:α-芹子烯(22.04%)、松油烯(20.00%)、β-蒎烯(18.64%)、β-月桂烯(11.02%)、β-芹子烯(9.66%)、金合欢烯(2.50%)、对-伞花烃(2.33%)、石竹烯(2.08%)、β-榄香烯(1.80%)、荜澄茄烯(1.44%)、α-石竹烯(1.34%)、D-柠檬烯(1.31%)、α-杜松烯(1.00%)等。

叶: 胡思一等(2015)用水蒸气蒸馏法提取的浙江文成产鸭儿芹新鲜叶精油的主要成分为:[1R-(1α,3aβ,4α,7β)]-1,2,3,3a,4,5,6,7-八氢-1,4-二甲基-7-(1-甲基乙烯基)-薁(45.10%)、[4aR-(4aα,7α,8aβ)]-十氢-4a-甲基-1-亚甲基-7-(1-甲基乙烯基)-萘(18.93%)、石竹烯(10.25%)、异黄樟素(4.02%)、α-细辛脑(2.03%)、β-榄香烯(1.54%)、叶绿醇(1.54%)、石竹素(1.48%)、α-石竹烯(1.33%)、δ-杜松烯(1.28%)等。李娟等(2011)用同法分析的广西桂林产鸭儿芹阴干叶精油的主要成分为:α-芹子烯(47.50%)、β-芹子烯(20.03%)、β-石竹烯(15.09%)、β-榄香烯(3.61%)、α-石竹烯(2.20%)、甜没药烯(1.80%)、α-杜松烯(1.82%)、α-金合欢烯(1.76%)、橙花叔醇(1.29%)、反式橙花叔醇(1.04%)等。

全草: 瞿万云等(2003)用水蒸气蒸馏法提取的湖北恩施产野生鸭儿芹带根全草精油的主要成分为:β-水芹烯(27.72%)、(Z)-β-金合欢烯(21.72%)、β-芹子烯(14.77%)、γ-松油烯(10.96%)、对伞花烃(6.95%)、1-甲基-8-异丙基-5-亚甲基-1,6-环癸二烯(5.28%)、枞油烯(4.29%)、[2R-(2α,4aα,8aβ)]-1,2,3,4,4a,5,6,8a-八氢-4a,8-二甲基-2-(1-甲基乙烯基)萘(3.77%)、α-蒎烯(1.07%)等。

果实: 胡思一等(2015)用水蒸气蒸馏法提取的浙江文成产鸭儿芹新鲜果实精油的主要成分为:[1R-(1α,3aβ,4α,7β)]-1,2,3,3a,4,5,6,7-八氢-1,4-二甲基-7-(1-甲基乙烯基)-薁(40.99%)、[4aR-(4aα,7α,8aβ)]-十氢-4a-甲基-1-亚甲基-7-(1-甲基乙烯基)-萘(17.75%)、石竹烯(6.46%)、松油烯(3.19%)、间-伞花烃(2.89%)、δ-杜松烯(2.02%)、α-细辛脑(1.82%)、红没药醇(1.59%)、石竹素(1.50%)、β-榄香烯(1.47%)等。

【利用】 全草入药,具有消炎、解毒、活血、消肿之功效,治虚弱、尿闭、肿毒、肺炎肺肿、风寒感冒、带状疱疹等症。民间有用全草捣烂外敷治蛇咬伤。种子含油约22%,可用于制肥皂和油漆。嫩苗或嫩茎叶可作蔬菜食用,有健胃消食的功能。

宽萼岩风

Libanotis laticalycina Shan et Sheh

伞形花科　岩风属

别名: 水防风

分布: 山西

【形态特征】 多年生草本,高40～70 cm。茎中部以上呈棱角状突起。基生叶数片,轮廓宽卵形或三角状卵形,长9～12 cm,宽4～6 cm,2回羽状分裂,第一回羽片3～4对,末回裂片倒卵形,菱形或倒卵状楔形,顶端裂片较侧裂片大,有3齿或呈3浅裂状,小裂片呈三角状卵形或椭圆形,顶端有头；茎生叶稀少，有三角形宽阔叶鞘抱茎，仅有少数羽片，窄短小。花序多分枝；伞形花序直径0.5～1.5 cm；总苞片-3，卵状披针形，白色膜质；伞辐2～4，每小伞形花序有花-6；小总苞片4～5，披针形，有短糙毛；花瓣近圆形，背部生短毛；萼齿较宽大。每棱槽内有油管1，合生面油管2。花8月，果期9月。

【生长习性】生长于海拔1600 m的山坡。

【精油含量】水蒸气蒸馏法提取干燥根的得油率为0.05%～2%。

【芳香成分】吉力等（1999）用水蒸气蒸馏法提取的河南阳产宽萼岩风干燥根精油的主要成分为：人参醇（12.12%）、2-十八碳二烯酸+9-十八烯酸（12.06%）、十六酸（4.19%）、苯二甲酸二丁酯（2.11%）、石竹烯氧化物（1.30%）、β-甜药烯+可巴萜（1.22%）、9,12-十八碳二烯酸甲酯（1.04%）。唐欣时等（1992）用同法分析的山西运城产宽萼岩风干根精油的主要成分为：辛醛（10.01%）、己醛（7.41%）、花烯（3.76%）、2-戊基呋喃（3.60%）、β-蒎烯（3.25%）、庚（2.88%）、壬醛（2.02%）、反式-2-癸烯醛（1.97%）、棕榈（1.51%）、2-壬烯醛（1.29%）、α-蒎烯（1.25%）、2-十一烯（1.18%）、氧化石竹烯（1.15%）、十六烷（1.11%）、油酸11%）、反式-2-辛烯醛（1.03%）、亚油酸（1.00%）等。

【利用】根为民间用药，作“防风”用。

香芹

banotis seseloides (Fisch. et Mey.) Hurcz.

形花科　岩风属

名：邪蒿

布：东北和内蒙古、河南、山东、江苏等地

【形态特征】多年生草本，高30～120 cm。根颈有环纹，上存留枯鞘纤维。茎有显著条棱，沟棱宽而深。基生叶有叶；叶片轮廓椭圆形或宽椭圆形，长5～18 cm，宽4～10 cm，3羽状全裂，末回裂片线形或线状披针形，顶端有小尖头，边反卷；茎生叶与基生叶相似，2回羽状全裂，逐渐变短小。形花序多分枝，复伞形花序直径2～7 cm；无总苞片，偶有-5，线形或锥形；伞辐8～20，内侧和基部有粗硬毛；小伞花序有花15～30；小总苞片8～14，线形或线状披针形，边有毛；萼齿明显，三角形或披针状锥形；花瓣白色，宽椭圆形，顶端凹陷处小舌片内曲，背面中央有短毛。分生果卵形，长2.5～3.5 mm，宽约1.5 mm，5棱显著；每棱槽内有油管3～4，合生面油管6。花期7～9月，果期8～10月。

【生长习性】生于草甸、开阔的山坡草地、林缘灌丛间。要求冷凉的气候和湿润的环境。耐寒力较强，植株生长适温15～20 ℃，幼苗能忍受-4～5 ℃的低温，成长株能忍受短期-7～10 ℃的低温。不耐热，不耐干旱，也不耐涝。要求保水力强、富含有机质的肥沃壤土或砂壤土，最适宜土壤pH5～7，对硼肥反应较敏感。

【精油含量】水蒸气蒸馏法提取阴干茎叶的得油率为1.33%。

【芳香成分】潘素娟等（2011）用水蒸气蒸馏法提取的甘肃天水产香芹阴干茎叶精油的主要成分为：肉豆蔻醚（64.05%）、芹菜脑（8.98%）、3-甲基-5-(2,2-二甲基-6-氧代亚环己基)乙酸-3-戊烯酯（4.49%）、2-甲氧基丁烷（2.02%）、香豆酮

（1.87%）、7,7-二甲基-5-异丙基-2-异丙烯基双环[4.1.0]-3-己烯（1.76%）、α-愈创木烯（1.37%）、香树烯（1.35%）、氧化别香树烯（1.28%）、莰酮（1.23%）等。

【利用】叶片大多用作香辛调味品，作沙拉配菜、装饰及调香，医学界推荐用于治疗膀胱炎和前列腺炎的蔬菜膳食谱中。叶可除口臭，消除口齿中的异味。

岩风

Libanotis buchtormensis (Fisch.) DC.

伞形花科　岩风属

别名：长春七、长虫七

分布：新疆、宁夏、甘肃、陕西、四川等地

【形态特征】多年生亚灌木状草本，高0.2～1 m。根茎存留枯鞘纤维。茎有突起的条棱和纵沟。基生叶多数丛生，三角状扁平，内面为宽阔浅纵槽，外面有纵长条纹，基部为宽阔叶鞘，边缘膜质；叶片轮廓长圆形或长圆状卵形，长7～25 cm，宽5～12 cm，2回羽状全裂或3回羽状深裂，末回裂片卵形或倒卵状楔形，有3～5锐锯齿，齿端有小尖头；上部茎生叶仅有狭长披针形叶鞘。复伞形花序多分枝；总苞片少数或无，线形或线状披针形；伞辐30～50，有条棱和短硬毛；小伞形花序有花25～40；小总苞片10～15，线形或线状披针形；花瓣白色，近圆形，有小舌片，内曲，外部多柔毛；萼齿披针形。分生果椭圆形，果棱尖锐突起，密生短粗毛；每棱槽内有油管1，合生面油管2。花期7～8月，果期8～9月。

【生长习性】生于海拔1000～3000 m的向阳石质山坡、石隙、路旁以及河滩草地。

【精油含量】水蒸气蒸馏法提取干燥根茎的得油率为0.20%，新鲜花的得油率为0.25%，干燥果实的得油率为0.76%；索氏法提取干燥根茎的得油率为1.13%～1.78%。

【芳香成分】**根茎：**葛晓晓等（2015）用水蒸气蒸馏法提取的陕西太白产岩风干燥根茎精油的主要成分为：二十六烷（5.97%）、二十二烷（5.71%）、百秋李醇（4.08%）、I-卡拉烯（3.73%）、[1S,4R,8R]-1,4,10,10-四甲基-2,3,4,5,6,7,8,9-八氢-1 H-甲桥环戊基[8]轮烯（3.64%）、长叶烯（3.08%）、3-甲基戊（2.73%）、二十四烷（2.28%）、1-石竹烯（2.27%）、塞舌尔（1.91%）、2,2-二甲氧基丁烷（1.34%）、4,8a-二甲基-6-(1-甲乙烯基)-1,2,3,5,6,7,8,8a-八氢-2-萘醇（1.33%）、(6R,7E,9R)-9-基-4,7-巨豆二烯-3-酮（1.15%）等；索氏（乙醚）萃取法提的干燥根茎精油的主要成分为：2,2-二甲氧基丁烷（35.68% 3,3-二甲氧基-2-丁酮（11.01%）、芥酸酰胺（9.62%）、正十一（7.83%）、异丁醛二乙缩醛（6.67%）、3-戊酮（5.54%）、异酸（5.46%）等；索氏（正己烷）萃取法提取的干燥根茎精油主要成分为：亚油酸乙酯（32.60%）、亚麻酸（15.61%）、异酸烯丙酯（8.73%）、十六烷酸（8.54%）、4,8a-二甲基-6-(1-基乙烯基)-八氢萘-1(2 H)-酮（4.89%）、异戊酸（3.54%）、2二叔丁基苯酚（2.14%）、硬脂酸（1.73%）、2,4,6-三甲基癸（1.46%）、(Z)-7-甲基-8-十四烯-1-乙酸酯（1.44%）、二十酸酯（1.37%）、十六烷（1.27%）、戊曲酯（1.26%）、3-乙基-5-乙基丁基)十八烷（1.07%）等。

花：梁波等（2009）用水蒸气蒸馏法提取的陕西太白产岩风新鲜花精油的主要成分为：β-水芹烯（34.31%）、表桉醇（18.51%）、大根香叶烯D（14.88%）、α-蒎烯（10.04% α-水芹烯（7.86%）、δ-榄香烯（1.81%）、草烷-1,6-双烯-3-（1.41%）、2-甲基里哪醇丁酯（1.29%）、β-蒎烯（1.22%）、对荷-1(7)，3-双烯（1.17%）等。

果实：梁波等（2009）用水蒸气蒸馏法提取的陕西太白产岩风干燥果实精油的主要成分为：大根香叶烯D（19.84% 表蓝桉醇（18.92%）、β-水芹烯（9.86%）、(R)-2,4α,5,6,7六羟基-3,5,5,9-四甲基-1氢-苯并环庚烯（6.69%）、愈木-1(5),11-双烯（6.08%）、α-水芹烯（4.41%）、2-甲基里哪丁酯（3.51%）、(E)-3,7-二甲基-2,6-辛二烯丁酸酯（3.03% 反-橙花叔醇（2.87%）、β-蒎烯（1.82%）、长叶烯（1.69%）、松烯（1.66%）、草烷-1,6-双烯-3-醇（1.61%）、杜松-1(10)双烯（1.59%）、α-蒎烯（1.57%）、(R)-(-)-对薄荷-1-烯-4-（1.19%）、δ-榄香烯（1.15%）、[1S-(1α,2α,3α)]-1-乙烯基-1-基-2,4-二甲基乙烯基环己烯（1.02%）等。

【利用】根部入药，称‘长虫七’，能发散风寒、祛风镇痛、健脾胃、止咳、解毒，主治感冒、咳嗽、牙痛、关节痛、跌打损伤、风湿筋骨痛。

芫荽

oriandrum sativum Linn.

形花科　芫荽属

名：香荽、香菜、胡荽、松须菜

布：全国各地

【形态特征】一年生或二年生，有强烈气味的草本，高～100 cm。根生叶1或2回羽状全裂，羽片广卵形或扇形半，长1～2 cm，宽1～1.5 cm，边缘有钝锯齿、缺刻或深裂，部的茎生叶3回以至多回羽状分裂，末回裂片狭线形，顶端，全缘。伞形花序顶生或与叶对生；伞辐3～7；小总苞片~5，线形，全缘；小伞形花序有孕花3～9，花白色或带淡紫；萼齿通常大小不等，小的卵状三角形，大的长卵形；花瓣卵形，顶端有内凹的小舌片。果实圆球形，背面主棱及相邻次棱明显。胚乳腹面内凹。油管不明显，或有1个位于次棱下方。花果期4～11月。

【生长习性】喜冷凉气候，具有一定的耐寒力，但不耐热。

【精油含量】水蒸气蒸馏法提取新鲜根的得油率为0.30%，茎叶的得油率为0.04%～0.95%，果实的得油率为0.40%～1.90%；超临界萃取新鲜根茎的得油率为0.50%，新鲜茎的得油率为0.27%，果实的得油率为4.74%～12.00%；超声波萃取新鲜茎叶的得油率为0.28%；有机溶剂萃取新鲜茎叶的得油率为0.25%。

【芳香成分】根：陆占国等（2007）用水蒸气蒸馏法提取的黑龙江哈尔滨产芫荽新鲜根精油的主要成分为：糠醛（23.05%）、2-亚甲基环戊醇（14.39%）、2-十二烯醛（12.95%）、亚油酸甲酯（6.35%）、苯乙醛（5.41%）、1 R-α-蒎烯（4.23%）、环癸烷（2.81%）、壬烷（2.21%）、(E,E)-2,4-壬二烯醛（2.15%）、癸醛（1.65%）、4-甲基-2,3-二氢吲哚（1.57%）、十四醛（1.36%）、4-乙烯基愈创木酚（1.32%）、(E)-2-十一碳烯-1-醇（1.25%）等。孙小媛等（2002）用同法分析的辽宁鞍山产芫荽新鲜根精油的主要成分为：十五醛（15.48%）、E-2-十四烯-1-醇（11.61%）、十二醛（8.26%）、癸醛（1.40%）、壬烷（1.22%）等。

茎叶：张京娜等（2009）用水蒸气蒸馏法提取的云南玉溪产芫荽新鲜茎叶精油的主要成分为：月桂醛（14.69%）、9-烯-十四醛（13.49%）、癸醛（13.04%）、2-烯-十二醛（9.46%）、1,2,3-三甲基环戊烷（6.80%）、2-烯-十二醇（6.64%）、十四醛（4.62%）、反-2—烯-十四醇（4.38%）、壬烷（3.28%）、2-烯-十五醛（3.17%）、十一醛（2.51%）、十三醛（2.30%）、2-烯-十三醛（1.58%）、2-烯-十八醛（1.32%）、2-环己烯醇（1.26%）、棕榈醛（1.05%）、芳樟醇（1.00%）等。刘信平等（2008）用同法分析的湖北恩施产芫荽茎叶精油的主要成分为：环己酮（20.89%）、(E)-2-十三烯醛（8.98%）、月桂醛（6.76%）、芫荽醇（5.10%）、薄荷呋喃（4.94%）、1,5-二苯基-3-(2-乙苯)-2-戊烯（4.26%）、肉豆蔻醛（3.76%）、肉珊瑚甙元酮（3.35%）、3-苯基-2-丁醇（3.28%）、2-十二烯醛醇（2.99%）、(Z)-乙酸叶醇酯（2.95%）、羊脂醛（2.91%）、2-十二烯醛醇（2.78%）、肉桂-á-苯丙酸甲酯（2.72%）、二环[2.2.1]庚-5-烯-2-基-1,1-二苯-2-戊炔-1,4-二醇（2.19%）、棕榈酸（1.87%）、(Z)-甲酸叶醇酯（1.86%）、乙苯（1.82%）、乳酸顺-3-己烯酯（1.56%）、苯并扁桃腈（1.26%）、甲酸-3-己烯酯（1.22%）等。

果实：陆占国等（2007）用水蒸气蒸馏法提取的黑龙

江产芫荽果实精油的主要成分为：芳樟醇（73.61%）、樟脑（5.73%）、β-松油烯（5.47%）、乙酸橙花醇酯（2.85%）、p-伞花烃（2.36%）、桔茗醛（1.34%）、D-柠檬烯（1.15%）等。

【利用】全株作为蔬菜和调料蔬菜食用。果实入药，有驱风、透疹、健胃、祛痰之效，可用于治疗牙痛、胃寒痛和腹泻等症。全草入药，可用于治疗感冒鼻塞、麻疹不透、饮食乏味。果实精油为我国允许使用的食用香料，主要用于配制食用香精、烟草香精、日用化妆品香精。果实精油具有振奋、清新、增进记忆力、减少晕眩感的功效。

东北羊角芹

Aegopodium alpestre Ledeb.

伞形花科　羊角芹属
别名：小叶芹
分布：辽宁、吉林、黑龙江、新疆等地

【形态特征】多年生草本，高30～100 cm。基生叶叶鞘膜质；叶片轮廓呈阔三角形，长3～9 cm，宽3.5～12 cm，通常三出式2回羽状分裂；羽片卵形或长卵状披针形，长1.5～3.5 cm，宽0.7～2 cm，先端渐尖，基部楔形，边缘有不规则的锯齿或缺刻状分裂，齿端尖；最上部的茎生叶小，三出式羽状分裂，羽片卵状披针形，先端渐尖至尾状，边缘有缺刻状的锯齿或不规则的浅裂。复伞形花序顶生或侧生；伞辐9～17；小伞形花序有多数小花；花瓣白色，倒卵形，顶端微凹，有内折的小舌片。果实长圆形或长圆状卵形，长3～3.5 mm，宽2～2.5 mm，主棱明显，棱槽较阔，无油管；心皮柄顶端2浅裂。花果期6～8月。

【生长习性】生长于海拔300～2400 m的地区，常见于杂木林下及山坡草地。

【精油含量】水蒸气蒸馏法提取果实的得油率为1.80%；临界萃取果实的得油率为5.38%。

【芳香成分】孙广仁等（2009）用水蒸气蒸馏法提取吉林蛟河产东北羊角芹干燥果实精油的主要成分为：十烷（41.14%）、芹菜脑（21.63%）、柠檬烯（13.04%）、β-水芹烯（6.82%）、十三烷（3.70%）、吉玛烯D（2.73%）、γ-萜品烯（2.69%）、β-蒎烯（2.45%）、α-蒎烯（1.46%）等。

【利用】茎叶药用，有祛风止痛的功效，用于治流感、风痹痛、眩晕。

孜然芹

Cuminum cyminum Linn.

伞形花科　孜然芹属
别名：孜然、安息茴香、野茴香、香旱芹、枯茗
分布：新疆、甘肃、内蒙古

【形态特征】一年生或二年生草本，高20～40 cm，全（除果实外）光滑无毛。叶柄有狭披针形的鞘；叶片三出式2羽状全裂，末回裂片狭线形，长1.5～5 cm，宽0.3～0.5 mr 复伞形花序多数，多呈二歧式分枝，伞形花序直径2～3 cr 总苞片3～6，线形或线状披针形，边缘膜质，白色，顶端长芒状的刺，有时3深裂；伞辐3～5，不等长；小伞形花序常有7朵花，小总苞片3～5，与总苞片相似，顶端针芒状，折，较小；花瓣粉红色或白色，长圆形，顶端微缺，有内折小舌片；萼齿钻形。分生果长圆形，两端狭窄，长6 mm，1.5 mm，密被白色刚毛；每棱槽内有油管1，合生面油管2。期4月，果期5月。

【生长习性】耐旱怕涝，不耐盐碱，要求总盐含量在0.2以下，前茬为小麦、玉米、棉花、豆类、瓜类等的壤土、壤土。

【精油含量】水蒸气蒸馏法提取的果实得油率为1.10% 4.50；超临界萃取果实的得油率为3.46%～15.69%；有机溶萃取果实的得油率为7.82%～18.56%；微波萃取法提取果实得油率为2.46%～4.87%。

【芳香成分】**果实：**卢帅等（2015）用水蒸气蒸馏法提取新疆吐鲁番产孜然芹4月份采收的晾干果实精油的主要成分为萜品烯（54.09%）、β-水芹烯（14.06%）、β-蒎烯（14.06%）、

丙基甲苯（9.23%）、枯茗醛（5.35%）等；6月份采收的晾干实精油的主要成分为：1-苯基-1,2-乙二醇（28.17%）、枯茗（15.18%）、β-水芹烯（14.62%）、β-蒎烯（14.62%）、萜品烯.72%）、2-蒈烯-10-醛（6.26%）、邻异丙基甲苯（4.81%）等。

种子：谢喜国等（2011）用水蒸气蒸馏法提取的新疆和田孜然芹干燥种子精油的主要成分为：枯茗醛（39.03%）、1-基-2-枯烯（12.85%）、3-蒈烯-10-醛（ 9.15%）、4-乙基-3-壬-5-炔（ 8.28%）、β-蒎烯（5.83%）、枯茗酸（4.63%）、4-异丙苯乙酸（3.23%）、1-(1,2-环氧-2-甲基-环己基)乙酮（2.96%）、芹醛（1.96%）、氢-2,5-二甲基并环戊二烯（1.57%）、萜品（1.19%）、氮杂环辛酮（1.06%）等。李大强等（2012）用法分析的新疆吐鲁番产孜然芹干燥种子精油的主要成分为：蒈烯-10-醛（44.34%）、枯茗醛（30.24%）、3-蒈烯-10-醛2.86%）、γ-松油烯（4.19%）、4-萜品醇（2.38%）、p-伞花烃.81%）、α-蒎烯（1.64%）等。

【利用】果实用作食品的调味料，为印度咖喱粉的主要配。果实入药，有散寒止痛、理气调中的功能，主治腕腹冷痛、化不良、寒疝坠痛、月经不调。果实精油为我国允许使用的用香料，广泛应用于食品调味品、食品香精、烟用香精、酒香精；精油还可用作防腐剂、杀虫剂等；果实油树脂用途同油。嫩茎叶可作蔬菜食用。

大苞鞘花

ytranthe albida (Blume) Blume

寄生科　大苞鞘花属

布：云南

【形态特征】灌木，高2～3 m，全株无毛；枝条披散，老灰色，粗糙。叶革质，长椭圆形至长卵形，长8～16 cm，宽5～6 cm，顶端短尖，基部圆钝。穗状花序，1～3个生于老枝已落叶腋部或生于叶腋，具花2～4朵，总花梗基部具2～3对鳞片；苞片卵形，长6～10 mm，宽4～6 mm，顶端急尖，具有脊棱；小苞片长卵形，长8～12 mm，宽5～7 mm，顶端钝尖，具有脊棱；花托长卵状，长约2 mm；副萼杯状，长1～1.5 mm，全缘；花冠红色，长6～7 cm，冠管下半部稍膨胀，上半部具有六浅棱，裂片6枚，披针形，长约2 cm，反折。果球形，长约3 mm，顶端具有宿存副萼和乳头状花柱基。花期11月至翌年4月。

【生长习性】海拔1000～2300 m山地常绿阔叶林中，寄生于栎属、榕属等植物上。

【精油含量】水蒸气蒸馏法提取晾干叶的得油率为0.01%。

【芳香成分】陈睿等（2012）用水蒸气蒸馏法提取的寄生于牡荆的大苞鞘花晾干叶精油的主要成分为：棕榈酸（12.66%）、植醇（12.18%）、沉香醇（11.09%）、苯甲醛（8.44%）、邻二氯苯（4.29%）、石竹烯（3.99%）、6,10,14-三甲基-2-十五烷酮（3.43%）、α-松油醇（2.67%）、己酸己酯（1.97%）、异植醇（1.92%）、β-红没药烯（1.58%）、1,1,6-三甲基-1,2-去氢萘（1.29%）、亚油酸乙酯（1.20%）、3,7-二甲基-2,6-辛烯-1-醇（1.21%）、十四烷酸（1.17%）等。

广寄生

Taxillus chinensis (DC.) Danser

桑寄生科　钝果寄生属

别名： 桑寄生、桃树寄生、寄生茶

分布： 广西、广东、福建

【形态特征】灌木，高0.5～1 m；嫩枝、叶密被锈色星状毛，后枝、叶变无毛；小枝灰褐色，具细小皮孔。叶对生或近对生，厚纸质，卵形至长卵形，长2.5～6 cm，宽1.5～4 cm，顶端圆钝，基部楔形或阔楔形。伞形花序，1～2个腋生或生于小枝已落叶腋部，具花1～4朵，通常2朵，花序和花被星状毛；苞片鳞片状；花褐色，花托椭圆状或卵球形，长2 mm；副萼环状；花冠花蕾时管状，长2.5～2.7 cm，稍弯，下半部膨胀，顶部卵球形，裂片4枚，匙形，长约6 mm，反折。果椭圆状或近球形，果皮密生小瘤体，具疏毛，成熟果浅黄色，长8～10 mm，直径5～6 mm，果皮变平滑。花果期4月至翌年1月。

【生长习性】产于海拔20～400 m平原或低山常绿阔叶林中，寄生于桑树、桃树、李树、龙眼、荔枝、杨桃、油茶、油桐、橡胶树、榕树、木棉、马尾松、水松等多种植物上。

【芳香成分】霍昕等（2008）用水蒸气蒸馏法提取的贵州产广寄生干燥带叶茎枝精油的主要成分为：苯甲醛（13.97%）、苯乙烯（11.42%）、芳姜黄烯（7.89%）、桉树脑（3.89%）、姜烯（3.50%）、γ-姜黄烯（2.78%）、壬醛（2.07%）、里哪醇（1.94%）、α-香柠檬烯（1.42%）、2-戊基呋喃（1.34%）、橙花醇（1.25%）、薄荷酮（1.25%）、反式-β-金合欢烯（1.15%）、芹醛（1.11%）、(E,E)-2,4-庚二烯醛（1.06%）、苯乙酮（1.04%）、反里哪醇氧化物（1.00%）、β-红没药烯（1.00%）等。廖彭等（2012）用同法分析的广西南宁产寄生于柚子的广寄生晾干全草精油的主要成分为：二十二烷（14.24%）、2,4-二叔丁基苯酚（9.88%）、十五烷（5.83%）、二十一烷（4.07%）、二十烷（2.87%）、二十五烷（2.32%）、三十五烷（1.88%）、2,6,1…三甲基-十五烷（1.77%）、二十六烷（1.77%）、二十三…（1.64%）、2,4,6-三甲基辛烷（1.63%）、十二烷（1.45%）、十…烷（1.40%）、三十四烷（1.38%）、1-甲氧基-4-(1-丙烯基)-…（1.37%）、三十六烷（1.08%）等。李永华等（2012）用同法分析的广西钦州产寄生于广东桑的广寄生阴干全草精油的主要…分为：桉叶素（43.80%）、1 S-α-蒎烯（6.69%）、1-甲基-2-(…甲基乙基)-苯酚（6.66%）、(R)-4-甲基-1-(1-甲基乙基)-3-环…烯-1-醇（3.99%）、(1 S)-6,6-二甲基-2-次甲基-二环[3.1.1]庚…（3.39%）、β-水芹烯（3.18%）、石竹烯氧化物（2.95%）、樟…萜（2.87%）、1-甲基-4-(1-甲基乙基)-1,4-环己二烯（2.81%）、…甲基-1-(1-甲基乙基)-3-环己烯-1-醇（1.81%）、壬醛（1.70%）…(1R)-1,7,7-三甲基-二环[2.2.1]庚-2-酮（1.61%）、螺环[4.4]-…壬酮（1.61%）、丁子香烯（1.24 %）、香叶烯（1.15%）、1,7,…三甲基-二环[2.2.1]庚-2基-醋酸酯（1.07%）等；寄生于阴香…广寄生阴干全草精油的主要成分为：n-十六酸（31.39%）、桉…素（12.55%）、1 S-α-蒎烯（5.49%）、(Z,Z)-9,12-十八碳二烯…（5.33%）、1-甲基-4-(1-甲基乙基)-苯酚（2.93%）、樟脑萜（2.…%）、(1 S)-6,6-二甲基-2-次甲基-二环[3.1.1]庚烷（2.00%）、…

乙酸冰片酯（1.89%）、(1aα,2β,3aα,6aβ,6 bα)-八氢化-2,6a-甲-6ah-茚并[4,5-b]环氧乙烯（1.55%）、(Z)-9,17-十八碳二烯（1.42%）、丁子香烯（1.29%）、1-甲基-4-(1-甲基乙基)-1,4-己二烯（1.26%）、3,7-二甲基-1,6-辛二烯-3-醇（1.26%）、4-甲基-1-(1-甲基乙基)-二环[3.1.0]己烷（1.24 %）、十四烷酸21%）、香叶烯（1.13%）、邻苯二甲酸二异丁酯（1.04%）、菲（1.00%）等。李兵等（2013）用同法分析的广西南宁产寄于桂花树的广寄生干燥全草精油的主要成分为：α-依兰油（14.71%）、植物醇（8.58%）、(-)-4-萜品醇（5.88%）、(Z)-萜品醇（3.25%）、马索亚内酯（2.91%）、苯乙醛（2.18%）、-二甲基-2,3,3a,4,5,7a-六氢苯并呋喃（2.08%）、6,10,14-三基-2-十五烷酮（1.95%）、天然壬醛（1.76%）、4-异丙基甲（1.71%）、雪松醇（1.67%）、(+)-α-长叶蒎烯（1.61%）、α-基-α-(4-甲基-3-戊烯基)-oriranem-ethanol（1.57%）、十五醛33%）、3-甲基-8-羟基香豆素（1.28%）、2,6-二甲基-6-(4-甲-3-戊烯基)二环[3.1.1]-2-庚烯（1.24%）、6-甲基-6-(3,5-二甲-2-呋喃基)-2-庚酮（1.15%）、顺式氧化芳樟醇（1.13%）、苯腈（1.01%）、2,6,6-三甲基-环己烯-1,4-二酮（1.01%）等；生于相思树的广寄生干燥全草精油的主要成分为：6,10,14-甲基-2-十五烷酮（10.60%）、S-(Z)-3,7,11-三甲基-1,6,10-二烷三烯-3-醇（7.86%）、1,8-二甲基-4-异丙基螺[4.5]-癸-8-烯-7-酮（6.63%）、长叶烯（6.33%）、(2 E,6 E)-3,7,11-三甲-2,6,10-十二碳三烯-1-醇（4.66%）、α-柏木烯（4.44%）、α-参烯（4.32%）、乙酸柏木酯（2.80%）、(10 Z,12 Z)-十六二烯（2.60%）、γ-十一烷酸内酯（2.00%）、4,8-二甲基-1-异丙基[4.5]-8-烯-7-醇（1.94%）、(1α,4aβ,8aα)-1,2,3,4,4a,5,6,8a-八-7-甲基-4-亚甲基-1-异丙基-萘（1.80%）、4-(2,6,6-三甲基-1-辛烯-1-基)-3-丁烯-2-酮（1.65%）、2,6-二叔丁基对甲基苯酚29%）、1,6-二甲基-4-异丙基萘（1.27%）等。

【利用】全株入药，药材称“广寄生”，可治风湿痹痛、腰酸软、胎动、胎漏、高血压等。民间草药以寄生于桑树、桃、马尾松的疗效较佳；寄生于夹竹桃的有毒，不宜药用。

桑寄生

xillus sutchuenensis (Lecomte) Danser

寄生科　钝果寄生属

名：桑上寄生、寄生、四川桑寄生

布：云南、四川、甘肃、陕西、山西、河南、贵州、湖北、南、广西、广东、江西、浙江、福建、台湾

【形态特征】灌木，高0.5～1 m；嫩枝、叶密被褐色或红褐星状毛，小枝黑色，具散生皮孔。叶近对生或互生，革质，形、长卵形或椭圆形，长5～8 cm，宽3～4.5 cm，顶端圆钝，部近圆形，叶背被绒毛。总状花序，1～3个生于小枝已落叶部或叶腋，具花2～5朵，密集呈伞形，花序和花均密被褐色状毛；苞片卵状三角形，长约1 mm；花红色，花托椭圆状，2～3 mm；副萼环状，具4齿；花冠花蕾时管状，稍弯，下部膨胀，顶部椭圆状，裂片4枚，披针形，长6～9 mm，反，开花后毛变稀疏。果椭圆状，长6～7 mm，直径3～4 mm，端均圆钝，黄绿色，果皮具有颗粒状体，被疏毛。花期6～8。

【生长习性】生于海拔500～1900 m山地阔叶林中，寄生于桑树、梨树、李树、梅树、油茶、厚皮香、漆树、核桃、栎属、柯属、水青冈属、桦属、榛属等植物上。

【芳香成分】刘晓龙等（2013）用水蒸气蒸馏法提取的贵州贵阳产寄生于玉兰的桑寄生干燥带叶茎枝精油的主要成分为：辛醇（14.08%）、己醛（8.35%）、金合欢醇（7.55%）、芳樟醇（7.19%）、对伞花烃（6.45%）、(Z)-3-己烯醇（6.15%）、(E,E)-α-金合欢烯（3.54%）、1,8-桉树脑（3.14%）、(E)-2-己烯醛（3.12%）、香叶醇（2.67%）、α-萜品醇（2.44%）、壬醛（2.36%）、氧化石竹烯（1.93%）、斯巴醇（1.58%）、丁香酚（1.37%）、β-蒎烯（1.27%）、4-萜品醇（1.17%）等；寄生于油茶的桑寄生干燥带叶茎枝精油的主要成分为：α-蒎烯（26.07%）、辛醇（19.28%）、刺柏烯（8.95%）、己醛（7.42%）、(E)-2-己烯醛（6.79%）、芳樟醇（5.12%）、(Z)-3-己烯醇（4.22%）、壬醛（4.03%）、β-石竹烯（1.25%）、α-萜品醇（1.24%）、β-蒎稀（1.13%）、氧化石竹烯（1.01%）等。王誉霖等（2015）用同法分析的贵州贵阳产寄生于厚朴的桑寄生干燥带叶茎枝精油的主要成分为：(Z)-3-己烯-1-醇（36.14 %）、壬醛（14.74%）、3,7-二甲基-1,6-辛二烯-3-醇（9.07 %）、十九烷（5.09%）、二十一烷（5.09%）、二十五烷（5.06%）、(E)-2-己烯醛（4.12%）、甲酸己酯（4.09%）、1-己醇（4.09%）、己醛（4.06%）、二十七烷（2.66%）、二十九烷（2.36%）、二十二烷（2.19%）、辛烷（1.78 %）、2,4-二甲基-庚烷（1.78%）、1-溴二十烷（1.27%）、9-乙基-9-庚基-十八烷（1.27%）、四十四烷（1.21%）、二十烷（1.21%）、1,2-二甲基-环戊烷（1.13%）、十七烷（1.05%）等；寄生于广玉兰的桑寄生干燥带叶茎枝精油的主要成分为：3,7-二甲基-1,6-辛二烯-3-醇（27.69%）、(Z)-3-己烯-1-醇（23.48%）、壬醛（9.58%）、庚烷（7.87%）、α,α,4-三甲基-3-环己烯-1-甲醇（6.82%）、(Z)-3-己烯-1-醇，乙酸酯（5.21%）、己醛（3.41%）、辛烷（2.73%）、异植物醇（2.38%）、植醇（2.38%）、4-甲基-1-戊醇（1.77%）、顺式氧化芳樟醇（1.57%）、三十四烷（1.46%）、3-蒈烯（1.42%）、1-氯-二十七烷（1.27%）等；寄生于玉兰的桑寄生干燥带叶茎枝精油的主要成分为：β-水芹烯（12.94%）、(Z)-3-己烯-1-醇（9.86%）、二十八烷（7.53%）、庚烷（6.71%）、二十五烷（6.64%）、二十七烷（6.64%）、1-溴二十二烷（4.00 %）、3,7-二甲基-2,6-辛二烯-1-

醇（3.77%）、石竹烯（3.74%）、二十一烷（3.09%）、三十烷（3.09%）、1-甲基-4-(1-甲基乙基)-1,4-环己二烯（3.04%）、(1S-顺式)-1,2,3,5,6,8a-六氢化-甲基-4,7-二甲基-1-(1-甲基乙基)-萘（2.88%）、己醛（2.69%）、1-甲基-4-(1-甲基乙基)-苯（2.68%）、甲酸己酯（2.33%）、1-己醇（2.33%）、石竹烯氧化物（2.31%）、十氢-1,1,7-三甲基-4-亚甲基-1H-环丙[e]薁-7-醇（2.19%）、(-)-蓝桉醇（2.11 %）、5-甲基-己醛（1.80%）、辛基-环氧乙烷（1.80%）、十氢-1,1,7-三甲基-4-亚甲基-1H-环丙[e]薁（1.77%）、3,7-二甲基-1,3,6-辛三烯（1.74%）、桉叶醇（1.61%）、α-香柠檬（1.39%）、1,2,3,4,4α,5,6,8α-八氢-4α,8-二甲基-2-(1-异丙烯基)-萘（1.10%）等；寄生于洋槐的桑寄生干燥带叶茎枝精油的主要成分为：(Z)-3-己烯-1-醇（38.11%）、3,7-二甲基-2,6-辛二烯-1-醇（15.59%）、1-己醇（9.66%）、壬醛（6.37%）、1,4-二甲基-哌嗪（6.37%）、庚烷（4.55%）、(E)-2-己烯醛（4.01%）、己醛（3.43%）、(S)-α,α,4-三甲基-3-环己烯-1-甲醇（3.34%）、(Z)-3-己烯-1-醇，乙酸酯（3.12%）、植醇（3.11%）、(Z)-2-己烯-1-醇（1.99%）、1,2,3,4,4α,5,6,8α-八氢-4α,8-二甲基-2-(1-异丙烯基)-萘（1.56%）、2,4-二甲基-己烷（1.49%）、2-乙基-呋喃（1.19%）、顺式氧化芳樟醇（1.05%）、顺-α,α,5-三甲基-5-乙烯基四氢化呋喃-2-甲醇（1.05%）、3,7-二甲基-2,6-辛二烯-1-醇（1.02%）等；寄生于皂荚的桑寄生干燥带叶茎枝精油的主要成分为：(Z)-3-己烯-1-醇（24.49%）、1-己醇（19.39%）、(Z)-3-己烯-1-醇，乙酸酯（4.75%）、己醛（2.05%）、三十四烷（2.03%）等；寄生于朴树的桑寄生干燥带叶茎枝精油的主要成分为：1-己醇（19.39%）、(Z)-3-己烯-1-醇（16.46%）、3,7-二甲基-1,6-辛二烯-3-醇（15.50%）、己醛（11.51%）、壬醛（9.88%）、庚烷（6.21%）、橙花叔醇（3.58%）、(S)-α,α,4-三甲基-3-环己烯-1-甲醇（3.54%）、(E)-2-己烯醛（3.08%）、2-戊酮（2.16%）、2-乙烯基-2,5-二甲基-4-己烯-1-醇（1.40%）、3,7-二甲基-2,6-辛二烯-1-醇（1.40%）等；寄生于榆树的桑寄生干燥带叶茎枝精油的主要成分为：壬醛（25.31%）、3,7-二甲基-1,6-辛二烯-3-醇（15.33%）、庚烷（7.57%）、己醛（4.76%）、1-氯-二十七烷（4.76 %）、2,4-二甲基-庚烷（4.28 %）、(Z)-3-己烯-1-醇（4.20%）、四十四烷（3.72 %）、橙花叔醇（3.44%）、邻苯二甲酸异丁酯（3.40%）、顺-α,α,5-三甲基-5-乙烯基四氢化呋喃-2-甲醇（2.95%）、3,7-二甲基-2,6-辛二烯-1-醇（1.84%）、二十一烷（1.56%）、3,7-二甲基-1,3,6-辛三烯（1.26%）、异植物醇（1.26%）、植醇（1.26 %）、β-月桂烯（1.12%）、顺式氧化芳樟醇（1.06%）等；寄生于樱树的桑寄生干燥带叶茎枝精油的主要成分为：3,7-二甲基-1,6-辛二烯-3-醇（30.97%）、顺-α,α,5-三甲基-5-乙烯基四氢化呋喃-2-甲醇（10.42 %）、壬醛（9.80%）、(S)-α,α,4-三甲基-3-环己烯-1-甲醇（8.42%）、橙花叔醇（6.58%）、庚烷（4.24%）、顺式氧化芳樟醇（4.07%）、己醛（3.10%）、(Z)-3-己烯-1-醇（3.06 %）、1-己醇（2.70%）、辛烷（1.75%）、α-香柠檬（1.66%）、苯甲醛（1.59%）、α-金合欢烯（1.27%）、植醇（1.26%）、丁香油酚（1.04%）等；寄生于紫薇的桑寄生干燥带叶茎枝精油的主要成分为：3,7-二甲基-1,6-辛二烯-3-醇（28.41 %）、3,7-二甲基-2,6-辛二烯-1-醇（26.80%）、3,7-二甲基-2,6-辛二烯-3-醇（26.80%）、壬醛（17.04%）、橙花叔醇（8.89%）、α,α,4-三甲基-3-环己烯-1-甲醇（6.39%）、庚烷（5.59 %）、己醛（5.51%）、(Z)-3-己烯-1-醇（3.05%）、2,4-二甲基-庚烷（3.03 %）、顺-α,α,5-三甲基-5-乙烯基四氢化呋喃
甲醇（2.85%）、4-甲基-1,5-庚二烯（1.69%）、(E)-2-己烯
（1.60%）、顺式氧化芳樟醇（1.57%）、异植物醇（1.54%）、植
（1.54%）、1-乙基-3,5-二甲基-苯（1.33%）、十六烷（1.21%
二十五烷（1.06%）、1-己醇（1.02%）等；寄生于皂荚的桑寄
干燥带叶茎枝精油的主要成分为：二十九烷（12.21%）、壬
（10.82%）、(Z)-3-己烯-1-醇（10.56%）、二十八烷（10.33%
(4-甲基-3-戊烯基)呋喃（10.33%）、(E)-2-己烯醛（9.40%）、
溴-十四烷（6.43%）、3,7-二甲基-1,6-辛二烯-3-醇（5.69%）、
丙基十四烷基酯亚硫酸（5.18%）、庚烷（4.32%）、顺-α,α,5-
甲基-5-乙烯基四氢化呋喃-2-甲醇（2.36%）、1-溴-3-甲基-2-
烯（2.33%）、丁香酚（2.31%）、(Z)-3-己烯醇乙酸酯（2.10%
己醛（2.05%）等。

【利用】全株入药，是中药材‘桑寄生’的正品，有治疗
湿痹痛、腰痛、胎动、胎漏等功效。

枫香槲寄生

Viscum liquidambaricolum Hayata

桑寄生科　槲寄生属

别名： 枫树寄生、桐树寄生、赤柯寄生

分布： 西藏、云南、四川、甘肃、陕西、湖北、贵州、广西、广东、湖南、江西、福建、浙江、台湾

【形态特征】灌木，高0.5～0.7 m，茎基部近圆柱状，枝小枝均扁平；枝交叉对生或二歧地分枝。叶退化呈鳞片。聚伞花序，1～3个腋生，总花梗几乎无，总苞舟形，长～2 mm，具花3～1朵，通常仅具一朵雌花或雄花，或中一朵为雌花，侧生的为雄花；雄花：花蕾时近球形，长约m，萼片4枚；花药圆形，贴生于萼片下半部；雌花：花蕾椭圆状，长2～2.5 mm，花托长卵球形，长1.5～2 mm，基具杯状苞片或无；萼片4枚，三角形，长0.5 mm；柱头乳头。果椭圆状，长5～7 mm，直径约4 mm，有时卵球形，长m，直径约5 mm，成熟时为橙红色或黄色，果皮平滑。花期4～12月。

【生长习性】生于海拔200～2500 m的山地阔叶林中或常绿叶林中，寄生于枫香、油桐、柿树、壳斗科等多种植物上。

【精油含量】水蒸气蒸馏法提取枝叶的得油率为0.28%。

【芳香成分】沈娟等（2007）用水蒸气蒸馏法提取的广西枫香槲寄生枝叶精油的主要成分为：2-甲氧基-4-乙烯苯酚.13%）、丁基羟甲苯（15.05%）、苯甲醇（7.43%）、2,3-二香豆酮（6.60%）、苯酚（4.43%）、糠醇（3.57%）、乙酰丁酚（3.44%）、甲基儿茶酚（2.69%）、苯乙酮（2.35%）、芍酮（2.14%）、苯甲醛（2.03%）、豆蔻酸（1.70%）、芳樟醇44%）、葛缕醇（1.02%）等。

【利用】全株入药，有祛风湿、补肝肾、强筋骨、降血压、胎、养血、抗心律失常、抗血栓形成、抑制血小板凝集的作，用于治疗风湿痹痛、腰膝酸软、筋骨无力、崩漏经多、妊漏血、胎动不安、高血压等症，民间以寄生于枫香树上的为。云南思茅地区民间则以本种用于治疗急性膀胱炎。

槲寄生

scum coloratum (Kom.) Nakai

寄生科　槲寄生属

名：北寄生、台湾槲寄生、柳寄生、飞来草、寄屑、冬青、寄生、黄寄生、冻青、寄生子

布：除新疆、西藏、云南、广东外，全国各地均有

【形态特征】灌木，高0.3～0.8 m；茎、枝二歧或三歧、稀歧分枝，节稍膨大，干后具有不规则皱纹。叶对生，稀3枚生，厚革质或革质，长椭圆形至椭圆状披针形，长3～7 cm，0.7～2 cm，顶端圆形或圆钝，基部渐狭。雌雄异株；花序顶或腋生于茎叉状分枝处；雄花序聚伞状，总苞舟形，通常具有花3朵，中央的花具有2枚苞片或无；雄花：花蕾时卵球形，萼片4枚，卵形。雌花序聚伞式穗状，具花3～5朵，顶生的花具2枚苞片或无，交叉对生的花各具1枚苞片；苞片阔三角形；雌花：花蕾时长卵球形；花托卵球形，萼片4枚，三角形。果球形，直径6～8 mm，成熟时为淡黄色或橙红色，果皮平滑。花期4～5月，果期9～11月。

【生长习性】生于海拔500～2000 m的阔叶林中，寄生于榆树、杨树、柳树、桦树、栎树、梨树、李树、苹果树，枫杨、赤杨、椴属植物上。

【精油含量】水蒸气蒸馏法提取枝芽的得油率为0.68%。

【芳香成分】高玉琼等（2005）用水蒸气蒸馏法提取的

贵州兴义产槲寄生干燥带叶茎枝精油的主要成分为：柠檬烯（5.81%）、萜品烯-4-醇（5.16%）、芳姜黄酮（4.91%）、苯甲醛（3.89%）、1-甲乙醚十六烷酸（2.85%）、壬醛（2.71%）、芳樟醇（2.68%）、对伞花烃（2.57%）、癸烯醛（2.41%）、β-紫罗酮（2.20%）、香叶基丙酮（2.13%）、β-芳姜黄酮（2.11%）、6-甲基-5-庚烯-2-酮（1.88%）、2-戊基呋喃（1.80%）、庚醛（1.76%）、辛醛（1.73%）、芳姜黄烯（1.71%）、β-倍半水芹烯（1.66%）、(E,E)-2,4-庚二烯醛（1.50%）、α-芳姜黄酮（1.48%）、1-薄荷醇（1.31%）、2,4-癸二烯醛（1.26%）、E-2-庚烯醛（1.24%）、L-龙脑（1.21%）、2,3-辛二酮（1.09%）、α-姜烯（1.07%）、1-辛烯-3-醇（1.02%）等。侯冬岩等（1996）用水蒸气蒸馏-溶剂萃取法提取的辽宁千山产寄生于梨树的槲寄生枝芽精油的主要成分为：2-乙酰基环己酮（7.65%）1,2-丙二烯基环己烷（7.56%）、亚甲基丁二酸（6.81%）、3-丁烯-1-醇（6.08%）、1-乙基丙基过氧化氢（5.76%）、苯甲醛（4.04%）、1,11-十二碳二烯（3.86%）、4-甲基-1,3-二氧醇烷（3.51%）、1-(环己酮-1-基)乙烷基酮（3.47%）、3,5-环庚二烯-1-酮（3.24%）、1,5-己二烯（2.73%）、2,5-二甲基呋喃（2.07%）、6-氧杂双环[3.1.0]己烷-2-酮（1.87%）、3-乙基-环丁酮（1.45%）、1-戊烯（1.12%）等。

【利用】全株入药，是中药材‘槲寄生’的正品，具有祛风湿、补肝肾、强筋骨、安胎的功效，治风湿痹痛、腰膝酸软、胎动不安、胎漏及降低血压等。全株精油是一种良好的天然香料，并且具有很高的药用价值。

瘤果槲寄生

Viscum ovalifolium DC.

桑寄生科　槲寄生属
别名：柚寄生、柚树寄生、缘柚寄生
分布：云南、广西、广东

【形态特征】灌木，高约0.5 m；枝交叉对生或二歧地分枝，干后具细纵纹，节稍膨大。叶对生，革质，卵形、倒卵形或长椭圆形，长3～8.5 cm，宽1.5～3.5 cm，顶端圆钝，基部骤狭或渐狭。聚伞花序，一个或多个簇生于叶腋；总苞舟形，长约2 mm，具花3朵；中央1朵为雌花，侧生的2朵为雄花，或雄花不发育，仅具一朵雌花；雄花：花蕾时卵球形，长约1.5 mm，萼片4枚，三角形；花药椭圆形；雌花：花蕾时椭圆状，长2.5～3 mm，花托卵球形，长1.5～2 mm；萼片4枚，三角形，长约1 mm。果近球形，直径4～6 mm，基部骤狭呈柄状，长1 mm，果皮具小瘤体，成熟时为淡黄色，果皮变平滑。花果几乎全年。

【生长习性】生于海拔5～1100 m的沿海红树林中或平原盆地、山地亚热带季雨林中，寄生于柚树、黄皮、柿树、无患子、柞木、板栗、海桑、海莲等多种植物上。

【芳香成分】廖彭莹等（2013）用水蒸气蒸馏法提取的寄生于柚树的瘤果槲寄生干燥带叶茎枝精油的主要成分为：龙脑（5.14%）、植酮（4.80%）、植醇（4.60%）、石竹烯氧化物（4.50%）、2,6-二叔丁基对甲酚（4.37%）、丁香酚甲醚（3.04%）、愈创木酚（2.75%）、对丙烯基茴香醚（2.31%）、(-)-斯巴醇（1.99%）、(1R)-4-萜烯醇（1.98%）、2-甲氧基-4-乙烯基苯酚（1.86%）、β-紫罗酮（1.81%）、石竹烯（1.75%）、红没药烯（1.73%）、2-异丙基-5-甲基-3-环己烯-1-酮（1.47%）、胡薄荷酮（1.37%）、棕榈酸甲酯（1.30%）、杜松烯（1.24%）、柏木脑（1.24%）、苯甲醛（1.17%）、4-乙基愈创木酚（1.12%）、α-松油醇（1.09%）、1,2,4a,5,6,8a-六氢-4,7-二甲基-1-(1-甲基乙基)-萘（1.08%）、α-石竹烯（1.07%）等。

【利用】枝、叶入药，有祛风、止咳、清热解毒等功效，民间草药以寄生于柚树上的为佳。

双花鞘花

Macrosolen bibracteolatus (Hance) Danser

桑寄生科　鞘花属
分布：云南、贵州、广西、广东

【形态特征】灌木，高0.3～1 m，全株无毛；小枝灰色。叶革质，卵形、卵状长圆形或披针形，长8～12 cm，宽2～5 cm，顶端渐尖或长渐尖，稀略钝，基部楔形。伞形花序，1～4个腋生或生于小枝已落叶腋部，具有花2朵；苞片半圆形，长约1 mm；小苞片2枚，合生，近圆形，长1 mm；花托圆柱状，长约4 mm；副萼杯状，长1.5 mm；花冠红色，长3.2～3.5 cm，冠管下半部膨胀，喉部具6棱，裂片6枚，披针形，长约1.4 cm，反折，青色。果长椭圆状，长约9 mm，直径7 mm，红色，果皮平滑，宿存花柱基喙状，长约1.5 mm。花期11～12月，果期12月至翌年4月。

【生长习性】生于海拔300～1800 m的山地常绿阔叶林中，寄生于樟属、山茶属、五月茶属、灰木属等植物上。

【芳香成分】廖彭莹等（2016）用水蒸气蒸馏法提取的双
梢花晾干带叶茎枝精油的主要成分为：α-芹子烯（23.30%）、
(R-反式)-十氢-4α-甲基-1-亚甲基-7-(1-甲基亚乙基)-萘
.07%）、2-异丙烯基-4α,8-二甲基-1,2,3,4,4α,5,6,7-八氢萘
69%）、(+/-)-5-表-十氢二甲基甲乙烯基萘酚（3.33%）、β-
叶醇（3.09%）、β-榄香烯（2.74%）、蛇床烯醇（2.66%）、1-
竹烯（2.59%）、红没药烯（2.01%）、苯甲醛（1.39%）、松
醇（1.38%）、杜松烯（1.26%）、α-荜澄茄油烯（1.25%）、
Z,Z-1,5,9,9-四甲基-1,4,7-环十一烷三烯（1.21%）、巴伦西亚
烯（1.14%）、大根香叶烯D（1.07%）、塞瑟尔烯（1.04%）等。
【利用】带叶茎枝入药，具有祛风湿之功效，用于治疗风湿
痛。

椆树桑寄生

ranthus delavayi Van Tiegh.

寄生科　桑寄生属
名：椆寄生
布：西藏、云南、四川、甘肃、陕西、湖北、湖南、贵州、
西、广东、江西、福建、浙江、台湾

【形态特征】灌木，高0.5～1 m，全株无毛；小枝淡黑色，散生皮孔，有时具有白色蜡被。叶对生或近对生，纸质或质，卵形至长椭圆形，稀长圆状披针形，长5～10 cm，宽～3.5 cm，顶端圆钝或钝尖，基部阔楔形，稀楔形，稍下延。雄异株；穗状花序，1～3个腋生或生于小枝已落叶腋叶，长-4 cm，具花8～16朵，花单性，对生或近对生，黄绿色；苞杓状；花托杯状，长约1 mm，副萼环状；花瓣6枚；雄花：蕾时棒状，花瓣匙状披针形，长4～5 mm，上半部反折；雌：花蕾时柱状，花瓣披针形，长2.5～3 mm。果椭圆状或卵形，长约5 mm，直径4 mm，淡黄色，果皮平滑。花期1～3，果期9～10月。

【生长习性】生于海拔200～3000 m的山谷、山地常绿阔叶中，常寄生于壳斗科植物上，稀寄生于云南油杉、梨树等。
【芳香成分】廖彭莹等（2013）用水蒸气蒸馏法提取的生于香椿树的椆树桑寄生阴干带叶茎枝精油的主要成分：桉叶醇（22.88%）、4(14),11-桉叶二烯（10.84%）、β-芹烯（8.50%）、红没药烯（7.64%）、叶绿醇（3.77%）、芳醇（3.52%）、石竹烯（2.09%）、2-异丙基-4a,8-二甲基-1,2,3,4,4a,5,6,7-八氢萘（1.91%）、松油醇（1.80%）、d-杜松烯（1.51%）、玷玔烯（1.36%）、反式-橙花叔醇（1.12%）、1-乙基-1-甲基-2,4-二(1-甲基乙烯基)-环己烷（1.11%）、Z,Z,Z-1,5,9,9-四甲基-1,4,7-环十一碳三烯（1.08%）、苯甲醛（1.07%）等。

【利用】带叶茎枝入药，功效为祛风湿、补肝肾、续骨，主治风湿痹症、腰膝疼痛、骨折。

波罗蜜

Artocarpus heterophyllus Lam.

桑科　波罗蜜属
别名：菠萝蜜、树菠萝、木菠萝、包蜜、苞萝、牛肚子果
分布：福建、台湾、广东、广西、海南、云南

【形态特征】常绿乔木，高10～20 m，胸径达30～50 cm；老树常有板状根；托叶抱茎环状。叶革质，螺旋状排列，椭圆形或倒卵形，长7～15 cm或更长，宽3～7 cm，先端钝或渐尖，基部楔形，成熟叶全缘，幼树和萌发枝上的叶常分裂，表面墨绿色，背面浅绿色，略粗糙；托叶抱茎，卵形，长1.5～8 cm。花雌雄同株，花序生长在老茎或短枝上，雄花序有时着生于枝端叶腋或短枝叶腋，圆柱形或棒状椭圆形，长2～7 cm，花多数；雄花花被管状，上部2裂；雌花花被管状，顶部齿裂，基部陷于花序轴内。聚花果椭圆形至球形，或不规则形状，长30～100 cm，直径25～50 cm，幼时浅黄色，成熟时黄褐色，表面有坚硬的六角形瘤状凸体和粗毛；核果长椭圆形，长约3 cm，直径1.5～2 cm。花期2～3月。

【生长习性】较耐旱、耐寒，栽培范围较广，以肥沃、潮湿、深厚的土壤为最好。

【精油含量】水蒸气蒸馏法提取新鲜果肉的得油率为0.23%～0.44%；吸附法提取新鲜果肉的得油率为0.30%；有机溶剂萃取法提取果肉的得油率为0.43%～0.91%。

【芳香成分】**叶：**汪洪武等（2007）用水蒸气蒸馏法提取的广东肇庆产波罗蜜阴干叶精油的主要成分为：正十六酸（30.63%）、7,10,13-十六三烯醛（8.45%）、长叶烯-5-酮（5.78%）、植醇（2.41%）、乙酸肉桂酯（1.91%）、大牻牛儿烯B（1.90%）、朱栾倍半萜（1.89%）、丁香烯（1.79%）、喇叭烯（1.60%）、α-桉醇（1.51%）、α-愈创木烯（1.37%）、9,12-十八碳二烯酸（1.35%）、匙叶桉油烯醇（1.24%）、芳樟醇（1.06%）、异愈创木醇（1.03%）、橙花叔醇（1.03%）等。

果实：郭飞燕等（2010）用水蒸气蒸馏法提取的海南万宁产波罗蜜新鲜果肉精油的主要成分为：9,12-十八碳二烯酸（24.59%）、3-甲基-丁酸丁酯（8.44%）、n-十六碳酸（5.79%）、α-羟基丙酸甲酯（4.45%）、乙酸丁酯（3.73%）、丁酸丁酯（3.56%）、己酸丁酯（3.50%）、9-十八碳烯酸（3.49%）、9,12,15-十八碳三烯-1-醇（3.06%）、2-(甲氧基)丙酸（2.80%）、异戊酸正戊酯（2.07%）等。张玲等（2018）用浸提（乙醇）蒸馏法提取的波罗蜜干燥果肉浸膏香气的主要成分为：1,6-二甲基十氢化萘（15.06%）、5-[N（2）-(异亚丙基丙酮)]咪唑（14.58%）、4-(1-甲基乙基)苯甲醇（6.22%）、2-乙基-5-甲基呋喃（4.97%）、石竹烯氧化物（4.79%）、二十烷（4.57%）、2-乙基咪唑（4.06%）、石竹烯（3.89%）、(E)-1-(2,4-二羟基苯基)-3-(4-羟基苯基)-2-丙烯-1-酮（3.85%）、β-谷甾醇（3.31%）、4-氨基哒嗪（3.24%）、1,21-二十二烷二烯（3.20%）、十六基环氧乙烷（2.77%）、6,10,14-三甲基-2-十五烷酮（2.19%）、匙桉醇（1.87%）、十二甲基五硅氧烷（1.71%）、2-二乙氧基丙烷（1.66%）、1-萘甲醛-2-呋喃甲酸（1.63%）、毛果芸香碱盐酸盐（1.20%）、1,2-苯二甲酸癸基辛基酯（1.18%）、13-三十二烷（1.14%）、3,7-二甲基辛二烯-[1,6]-3-醇（1.13%）、二十一烷（1.12%）、2-溴-5-氟乙酰-2-糠酸（1.10%）、亚硫酸-2-十一烷基酯（1.01%）等。郑华等（2010）用热脱附-动态顶空密闭循环吸附法捕集的波罗蜜新鲜果皮香气的主要成分为：N-甲氧基-(1,1-二甲基-3-羟基)-丙胺（23.10%）、2-甲基-3-庚醇（9.06%）、2-羟基戊酸乙酯（8.57%）、乙酸正丙酯（7.12%）、异硫氰酸巴豆基酯（6.41%）、2-甲基丁酸乙酯（6.41%）、2,4-二甲基硫杂环丁烷（5.18%）、乙酸（4.85%）、戊酸（3.75%）、乙酸正己酯（3.74%）、1-乙酰氨基-2,3-氧-异亚丙基-1-甲氧基-D-葡萄糖醇（3.68%）、戊酸-2-甲基丁酯（3.53%）、3-甲基-1-烯-3-醇（2.15%）、戊酸丁酯（1.74%）、己酸丁酯（1.74%）、甲基-2-丁烯-1-醇（1.51%）、四氢-3-甲基噻吩（1.38%）、戊乙酯（1.37%）、N-硝基-1-丁胺（1.04%）等。

种子：林丽静等（2013）用顶空固相微萃取法提取的罗蜜新鲜种子精油的主要成分为：氨基脲（33.38%）、甲（22.32%）、乙酸（4.36%）、氨基甲酸甲酯（3.40%）、乙酸甲（3.25%）、2-乙烯氧基乙醇（2.81%）、甲基乙酰甲醇（1.63%戊醛（1.52%）、DL-丙氨酰-L-丙氨酸（1.21%）、邻苯二甲酸乙酯（1.09%）等。

【利用】果实为热带著名水果，供食用；也可酿波罗蜜酒制波罗蜜干、蜜饯等。种子可炒食或煮食。木材可供制家具车轮用，木屑可作黄色染料。叶水煎代茶饮用，可治消化不良胃肠炎。树汁和叶可药用，有消肿解毒的功效。树脂外用，治疮肿痛、溃疡。

二色波罗蜜

Artocarpus styracifolius Pierre

桑科　波罗蜜属

别名：奶浆果、木皮、红枫荷、半枫荷

分布：广东、海南、广西、云南

【形态特征】乔木，高达20 m；树皮暗灰色，粗糙；小幼时密被白色短柔毛。叶互生排为2列，皮纸质，长圆形或卵状披针形，有时椭圆形，长4～8 cm，宽2.5～3 cm，先端

为尾状，基部楔形，全缘，表面深绿色，疏生短毛，背面被白色粉末状毛；托叶钻形。花雌雄同株，花序单生叶腋，雄序椭圆形，长6～12 mm，直径4～7 mm，密被灰白色短柔，头状腺毛细胞1～6，苞片盾形或圆形；雌花花被片外面被毛，先端2～3裂，长圆形。聚花果球形，直径约4 cm，黄色，时红褐色，被毛，表面着生很多弯曲、圆柱形长达5 mm的圆突起；核果球形。花期秋初，果期秋末冬初。

【生长习性】常生于海拔200～1500 m森林中。

【精油含量】水蒸气蒸馏法提取阴干叶的得油率为0.09%。

【芳香成分】任刚等（2015）用水蒸气蒸馏法提取的广西桂产二色波罗蜜阴干叶精油的主要成分为：植酮（24.55%）、香基丙酮（16.15%）、柏木脑（13.21%）、壬醛（9.06%）、芳樟（8.81%）、α-紫罗兰酮（6.13%）、β-紫罗兰酮（4.78%）、α-油醇（4.03%）、突厥酮（2.07%）、金合欢基丙酮（2.04%）、-二氢-2,2,6-三甲基benzalhyde（1.78%）等。

【利用】木材可作家具用材。果酸甜，可作果酱。树皮傣族来染牙齿。民间以根入药，具有祛风除湿、舒筋活血的功效，于治疗风湿关节炎、腰肌劳损、半身不遂、跌打损伤、扭挫等症。

大麻

nnabis sativa Linn.

科　大麻属

名：火麻、麻子、汉麻、麻子仁、大麻子、山丝苗、线麻、麻、野麻

布：全国各地

【形态特征】一年生直立草本，高1～3 m，枝具纵沟槽，生灰白色贴伏毛。叶掌状全裂，裂片披针形或线状披针形，7～15 cm，中裂片最长，宽0.5～2 cm，先端渐尖，基部狭形，表面深绿色，微被糙毛，背面幼时密被灰白色贴状毛后无毛，边缘具有向内弯的粗锯齿；托叶线形。雄花序长达cm；花黄绿色，花被5，膜质，外面被细伏贴毛，雄蕊5，丝极短，花药长圆形；小花柄长约2～4 mm；雌花绿色；花1，紧包子房，略被小毛；子房近球形，外面包于苞片。瘦为宿存黄褐色苞片所包，果皮坚脆，表面具细网纹。花期5～6月，果期为7月。

【生长习性】喜光，耐大气干旱而不耐土壤干旱，生长期间不耐涝，对土壤的要求比较严格，常以土层深厚、保水保肥力强且土质松软肥沃、含有机质、地下水位较低的地块为宜。

【精油含量】水蒸气蒸馏法提取干燥成熟果实的得油率为0.10%～0.37%；超临界萃取干燥成熟果实的得油率为2.58%。

【芳香成分】**叶**：蒋勇等（2011）用同时蒸馏萃取法提取的北京产‘云南一号’大麻干燥叶精油的主要成分为：石竹烯氧化物（14.36%）、石竹烯（8.08%）、α-石竹烯（7.05%）、4,11,11-三甲基-8-亚甲基双环[7.2.0]十一碳-4-烯（6.02%）、叶绿醇（5.25%）、蛇麻烯氧化物Ⅱ（4.99%）、α-没药醇（4.94%）、2-甲氧基-4-乙烯基苯酚（4.11%）、10,10-二甲基-2,6-二亚甲基双环[7.2.0]十一碳-5-β-醇（3.25%）、1 R,3 Z,9 S-4,11,11-三甲基-8亚甲基双环[7.2.0]十一碳-3-烯（2.40%）、4α,8-二甲基-2-(1-甲基乙基)-1,2,3,4,4α,5,6,8α-八氢化萘（2.35%）、3,4-二甲基-3-环己烯-1-甲醛（2.02%）、丁香酚（2.02%）、6,10,14-三甲基-2-十五烷酮（1.44%）、4-异丙基-1,6-二甲基-1,2,3,7,8,8α-六氢化萘（1.24%）、2-己烯醛（1.17%）、(Z)-α-没药烯（1.09%）、(1 S-顺)-4,7-二甲基-1-(1-甲基乙基)-1,2,3,5,6,8α-六氢化萘（1.06%）等。

果实： 沈谦等（2008）用水蒸气蒸馏法提取的广西巴马产大麻干燥成熟果实精油的主要成分为：亚油酸（43.21%）、α-亚麻酸（38.25%）、γ-亚麻酸（9.10%）、棕榈酸（7.58%）、十八碳二烯酸甲酯（2.96%）、硬脂酸甲酯（1.36%）、棕榈酸甲酯（1.21%）等。戴煌等（2010）用同时蒸馏萃取法提取的大麻干燥成熟果实精油的主要成分为：α-石竹烯（7.59%）、十五烷酸（5.74%）、4-羟基-2-苯乙酮（5.45%）、石竹烯氧化物（3.59%）、α,α,4-三甲基苯甲醇（5.38%）、1-甲氧基-4-(1-丙烯)-苯（3.71%）、D-柠檬烯（3.16%）、八氢-4a,8-二甲基-2-(1-甲基乙烯基)-萘（3.07%）、苯乙醛（3.03%）、3-甲氧基-1,2-丙二醇（2.97%）、二氢-5-戊基-2-呋喃酮（2.95%）、葎草烯（2.56%）、2,6-二丁基-4-甲基苯酚（1.77%）、吲哚（1.64%）、1,3,3-三甲基-环庚烷-2-醇（1.41%）、己醛（1.18%）、8-甲基-1-十一碳烯（1.15%）、十四烷（1.07%）、柠檬醛（1.02%）等。

【利用】 茎皮可用以织麻布或纺线，制绳索，编织渔网和造纸。种子含油量30%，榨油，可供作油漆、涂料等，油渣可作饲料。果实为中医常用药，称“火麻仁”或“大麻仁”入药，有润肠功能，主治大便燥结。花入药，称“麻勃”，主治恶风、经闭、健忘。果壳和苞片称“麻蕡”，有毒，治痨伤、破积、散脓，多服令人发狂。叶含麻醉性树脂可以配制麻醉剂。种子籽炒熟供食用。

葎草

Humulus scandens (Lour.) Merr.

桑科　葎草属

别名： 勒草、葛勒蔓、葛勒子秧、来莓草、金葎、山苦瓜、苦瓜草、乌仔曼、玄乃草、拉拉秧、拉拉藤、锯锯藤、五爪龙、大叶五爪龙、铁五爪龙、拉狗蛋、割人藤、穿肠草、锯子草、降龙草、刺刺秧、刺刺藤

分布： 除新疆、青海外，全国各地均有

【形态特征】 缠绕草本，茎、枝、叶柄均具有倒钩刺。叶纸质，肾状五角形，掌状5～7深裂稀为3裂，长宽约7～10 cm，基部心脏形，表面粗糙，疏生糙伏毛，背面有柔毛和黄色腺体，裂片卵状三角形，边缘具有锯齿；叶柄长5～10 cm。雄花小，黄绿色，圆锥花序，长约15～25 cm；雌花序球果状，径约5 mm，苞片纸质，三角形，顶端渐尖，具白色绒毛；子房为苞片包围，柱头2，伸出苞片外。瘦果成熟时露出苞片外。花期春夏，果期秋季。

【生长习性】 常生于沟边、荒地、废墟、林缘边。喜阴、耐寒、耐旱，喜肥。适应能力非常强，适生幅度特别宽，年均气温5.7～22 ℃，年降水350～1400 mm，土壤pH在4.0～8.5的环境均能生长。

【精油含量】 水蒸气蒸馏法提取干燥全草的得油率为0.05%；有机溶剂（石油醚）萃取法提取新鲜全草的得油率为1.42%。

【芳香成分】 **茎：** 彭小冰等（2014）用顶空固相微萃取法提取的贵州贵阳产葎草新鲜茎精油的主要成分为：1-辛烯-3-醇（10.90%）、β-石竹烯（8.30%）、(E)-β-金合欢烯（5.96%）、β-榄香烯（5.48%）、δ-杜松烯（4.29%）、β-蒎烯（4.11%）、环氧石竹烯（2.88%）、2,6-二叔丁基对甲酚（2.41%）、十七烷（2.17%）、α-蒎烯（1.81%）、(+)-γ-古芸烯（1.10%）等。

叶： 彭小冰等（2014）用顶空固相微萃取法提取的贵州贵阳产葎草新鲜叶精油的主要成分为：β-石竹烯（32.40%）、(β-金合欢烯（6.73%）、可巴烯（5.16%）、δ-杜松烯（4.38%α-石竹烯（3.84%）、(+)-γ-古芸烯（3.74%）、(-)-马兜铃（3.42%）、β-蒎烯（3.31%）、β-月桂烯（3.29%）、环氧石竹（3.16%）、α-荜澄茄油烯（2.19%）、正十五烷（1.03%）等。

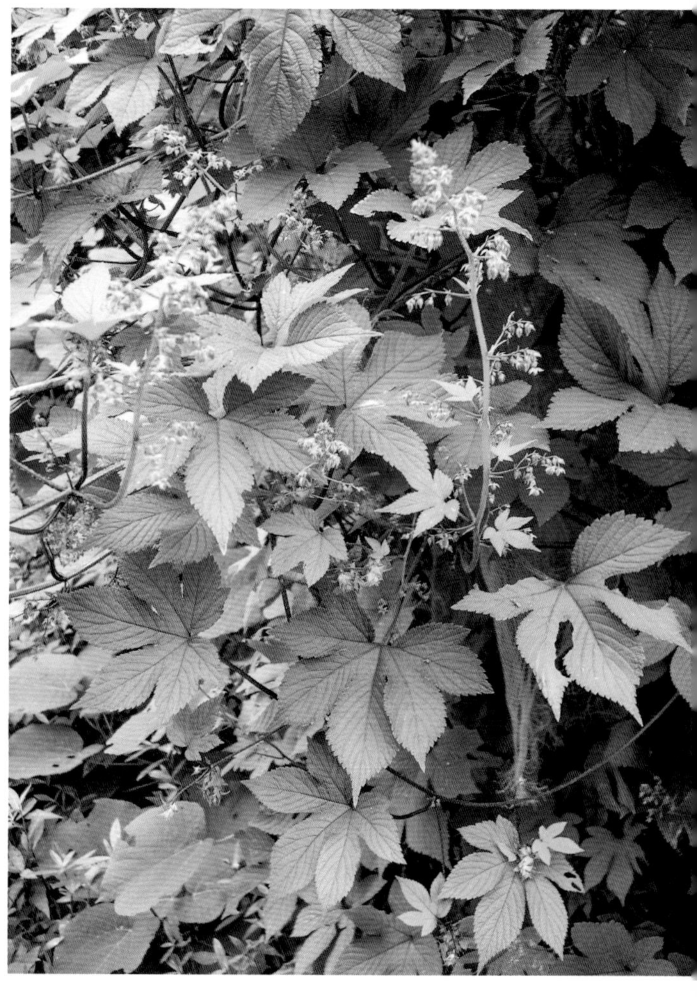

全草： 殷献华等（2010）用水蒸气蒸馏法提取的干燥草精油的主要成分为：二丁基羟基甲苯（11.60%）、十六酸酯（5.13%）、十七烷（4.80%）、棕榈酸（4.43%）、十六酸酯（3.63%）、十五烷（3.01%）、石竹烯氧化物（2.97%）、十烷（2.63%）、β-石竹烯（2.14%）、二十烷（2.08%）、十五（1.69%）、六氢法呢基丙酮（1.66%）、植烷（1.50%）、十九（1.34%）、三十烷（1.23%）、二十四碳烷（1.22%）、叔丁基环烷（1.14%）、α-蛇麻烯（1.06%）、2,5-二叔丁基苯酚（1.04%三十烷（1.03%）等。

花： 彭小冰等（2014）用顶空固相微萃取法提取的贵州阳产葎草新鲜雄花精油的主要成分为：β-石竹烯（22.70%）树烯（12.47%）、、β-月桂烯（10.30%）、β-榄香烯（8.25%β-瑟林烯（6.89%）、(E)-β-金合欢烯（6.81%）、α-石竹（3.78%）、3-蒈烯（3.74%）、(+)-γ-古芸烯（3.74%）、β-蒎（2.58%）、环氧石竹烯（2.40%）、可巴烯（2.07%）、反式-勒烯（1.95%）、δ-杜松烯（1.82%）、α-荜澄茄烯（1.33%）等新鲜雌花精油的主要成分为：β-石竹烯（26.67%）、可巴（13.59%）、δ-杜松烯（6.77%）、(E)-β-金合欢烯（6.50%）、(-γ-古芸烯（6.10%）、α-石竹烯（5.79%）、β-月桂烯（4.80%

氧石竹烯（2.84%）、香树烯（2.68%）、吉玛烯D（2.28%）、β-烯（2.23%）、白菖烯（1.96%）、1,6-二甲基萘（1.95%）、α-烯（1.82%）、β-榄香烯（1.60%）、丙酮醛缩二甲醇（1.60%）、瑟林烯（1.24%）、反式-罗勒烯（1.17%）等。

【利用】全草药用，有清热解毒、利尿通淋的功效，用于治肺热咳嗽、肺痈、虚热烦渴、热淋、水肿、小便不利、湿热痢、热毒疮疡、皮肤瘙痒。全草可作青饲料。茎皮纤维可作纸原料。种子油可制肥皂。果穗可代啤酒花用。嫩苗或嫩芽调味食用。

啤酒花

mulus lupulus Linn.

科　葎草属

名：忽布花、香蛇麻花、酒花、野酒花、蛇麻草

布：新疆、四川全国有栽培

【形态特征】多年生攀缘草本，茎、枝和叶柄密生绒毛和倒刺。叶卵形或宽卵形，长4～11 cm，宽4～8 cm，先端急尖，部心形或近圆形，不裂或3～5裂，边缘具有粗锯齿，表面密小刺毛，背面疏生小毛和黄色腺点；叶柄长不超过叶片。雄排列为圆锥花序，花被片与雄蕊均为5；雌花每两朵生于一片腋间；苞片呈覆瓦状排列为一近球形的穗状花序。果穗球状，直径3～4 cm；宿存苞片干膜质，果实增大，长约1 cm，无毛，具油点。瘦果扁平，每苞腋1～2个，内藏。花期秋季。

【生长习性】喜冷凉干燥气候，耐寒不耐热，生长发育适宜温度为14～25 ℃，种子发芽适宜温度为18～22 ℃。长日照作物，喜光。对土壤要求不严格，但以土层深厚、肥沃、疏松、通气性较好的壤土或砂质壤土为宜，pH中性或酸微碱土壤。稍耐干旱，但不耐积水。

【精油含量】水蒸气蒸馏法提取花的得油率为0.31%～1.66%；超临界萃取干燥花的得油率为5.30%；超声波辅助水酶法提取干燥花的得油率为5.27%。

【芳香成分】李玉晶等（2017）用水蒸气蒸馏法提取的新疆产‘齐洛克’啤酒花新鲜花精油的主要成分为：α-葎草烯（19.79%）、反式-石竹烯（12.11%）、δ-杜松烯（6.72%）、β-月桂烯（5.36%）、γ-依兰油烯（4.81%）、3,7(11)-桉叶二烯（3.87%）、(E,E)-3,7,11-三甲基-2,6,10-十二烷三烯-1-醇（3.46%）、α-蛇床烯（3.10%）、β-蛇床烯（2.37%）、γ-杜松烯（2.31%）、τ-杜松醇（1.94%）、β-杜松醇（1.66%）、葎草烯杂氧化物（1.54%）、4-癸烯酸乙酯（1.52%）、1 S,顺-去氢白菖烯（1.42%）、反式-α-玷粑烯（1.32%）、4-癸烯酸甲酯（1.26%）、香叶醇（1.20%）等；顶空固相微萃取法提取的新疆产‘齐洛克’啤酒花新鲜花精油的主要成分为：β-月桂烯（24.57%）、α-葎草烯（14.71%）、反式-石竹烯（9.13%）、丁酸-3-甲基丁酯（3.49%）、γ-依兰油烯（2.70%）、α-蛇床烯（2.59%）、δ-杜松烯（2.42%）、反式-α-玷粑烯（1.94%）、间异丙基甲苯（1.84%）、6-甲基庚酸甲酯（1.79%）、3,7(11)-桉叶二烯（1.78%）、4-癸烯酸乙酯（1.64%）、丙酮（1.61%）、3,5-二甲基庚酸甲酯（1.61%）、1 S,顺-去氢白菖烯（1.49%）、芳樟醇乙酯（1.23%）、β-蛇床烯（1.22%）、对-薄-1,4(8)-二烯（1.20%）等。刘玉梅等（2000）用水蒸气蒸馏法提取的新疆产‘扎一’的啤酒花花精油的主要成分为：α-葎草烯（20.41%）、法呢烯（8.76%）、反-石竹烯（6.22%）等；‘齐洛克’花精油的主要成分为：香叶烯（15.64%）、α-葎草烯（14.14%）、反-石竹烯（8.48%）等；‘奴革特’花精油的主要成分为：α-葎草烯（36.88%）、香叶烯（16.69%）、反-石竹烯（16.63%）、杜松烯（2.64%）等；‘马克波罗’花精油的主要成分为：α-葎草烯（15.82%）、香叶烯（14.59%）、反-石竹烯（12.98%）、杜松烯（2.76%）等；‘麒麟丰绿’花精油的主要成分为：α-葎草烯（21.48%）、反-石竹烯（11.28%）、杜松烯（6.35%）等；‘青岛大花’花精油的

主要成分为：α-葎草烯（25.83%）、反-石竹烯（11.61%）、香叶烯（6.37%）等；‘余勒比特’花精油的主要成分为：α-葎草烯（17.81%）、反-石竹烯（9.21%）、杜松烯（8.96%）等；‘阜北-1’花精油的主要成分为：α-葎草烯（29.54%）、法呢烯（11.08%）、反-石竹烯（10.22%）、香叶烯（2.42%）、杜松烯（1.61%）等。

【利用】未成熟绿色果穗即‘啤酒花’药用，有健胃消食、安神、利尿的功效，用于消化不良、腹胀、浮肿、小便淋痛、肺痨、失眠。园林上用于攀缘花架或篱棚。花为酿造啤酒的原料。花精油、酊剂、浸膏均为我国允许使用的食用香料，主要供啤酒类饮料用。

粗叶榕

Ficus hirta Vahl

桑科　榕属

别名：五爪龙、五爪毛桃、五指榕、五指香、指槟榔、土黄芪、南芪、佛掌榕、五指牛奶、五指毛桃、丫凤小树、大青叶

分布：福建、广东、广西、海南、湖南、江西、贵州、云南等地

【形态特征】灌木或小乔木，小枝、叶和榕果均被金黄色开展的长硬毛。叶互生，纸质，多型，长椭圆状披针形或广卵形，长10～25 cm，边缘具细锯齿，有时全缘或3～5深裂，先端急尖或渐尖，基部圆形，浅心形或宽楔形，表面疏生贴伏粗硬毛，背面生白色或黄褐色绵毛和糙毛；托叶卵状披针形，长10～30 mm，膜质，红色，被柔毛。榕果成对腋生或生于已落叶枝上，球形或椭圆球形，幼时顶部苞片形成脐状凸起，基生苞片卵状披针形，长10～30 mm，膜质，红色，被柔毛；雌花果球形，雄花及瘿花果卵球形，直径10～15 mm，幼嫩时顶部苞片形成脐状凸起，基生苞片卵状披针形；雄花生于榕果内壁近口部，花被片4，披针形，红色。瘦果椭圆球形，花柱贴生于一侧微凹处，细长，柱头棒状。

【生长习性】常见于村寨附近旷地、山坡林边、沟谷、路旁或灌丛中。

【精油含量】水蒸气蒸馏法提取干燥根皮的得油率为0.30%，干燥根木质部的得油率为0.25%。

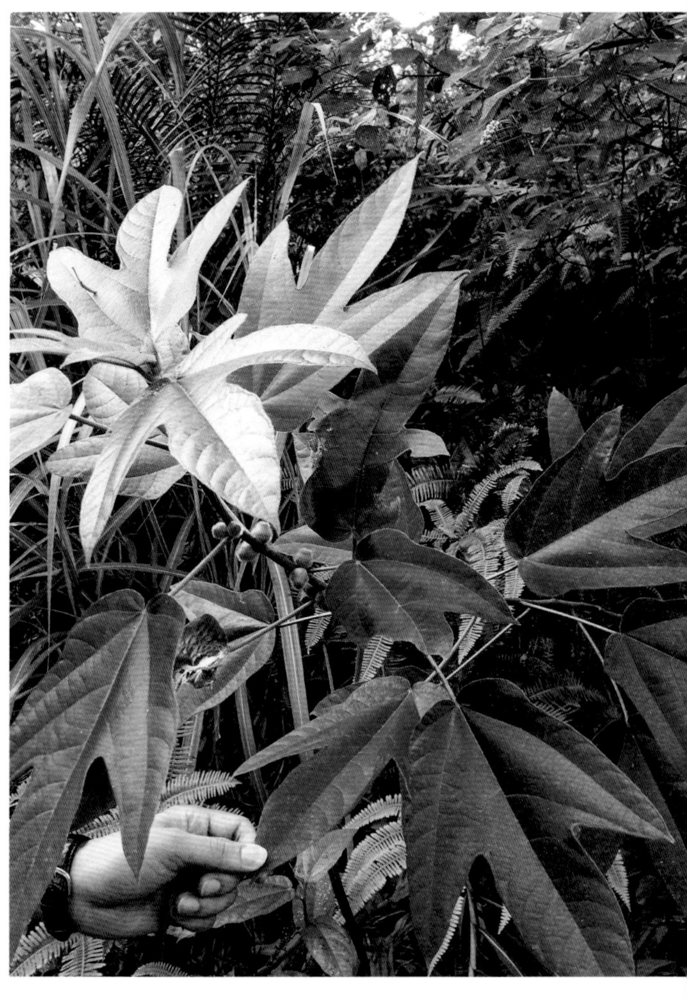

【芳香成分】李京雄等（2010）用水蒸气蒸馏法提取的广河源产粗叶榕干燥根精油的主要成分为：壬酸（6.80%）、辛（5.34%）、十四酸（4.55%）、癸酸（4.28%）、6,10,14-三甲基十五酮（3.64%）、十三酮-2(3.48%）、正壬醛（3.05%）、八萘酚（2.88%）、戊酸（2.73%）、十五酸（2.67%）、E-2-壬烯（2.44%）、正己醛（2.25%）、5-羟基正十一酸内酯（2.06%）、庚醛（2.02%）、正辛醛（1.99%）、十二烷酸（1.80%）、2-戊呋喃（1.52%）、2-辛烯酸（1.41%）、6,10-二甲基-5,9-二烯十一酮（1.26%）、2,4-癸二烯醛（1.20%）、1-癸醛（1.16%正十八烷（1.05%）、E-2-辛烯醛（1.00%）等。林励等（20用同法分析的广东广州产粗叶榕干燥根精油的主要成分为十六酸（34.05%）、亚油酸（10.84%）、油酸（8.76%）、酸乙酯（7.52%）、2,3-二丁醇（6.11%）、1,1-二乙氧基乙（4.34%）、1,3-二丁醇（4.16%）、2-丁醇（4.07%）、3-羟基-2-酮（2.39%）、2-乙氧基丙烷（1.92%）、苯（1.43%）等。刘春等（2004）用同法分析的广东河源产粗叶榕干燥根皮精油的要成分为：十六酸（45.20%）、油酸+亚油酸（21.92%）、硬酸酰胺（10.68%）、软脂酸酰胺（5.39%）、邻苯二甲酸二丁（2.39%）、亚油酸酰胺（2.17%）等。

【利用】根部入药，中药名为‘五指毛桃’，有祛风除湿去瘀消肿、健脾补肺、舒筋活络等功效，主治风湿痿痹、腹浮肿、腰腿痛、食少无力、肺虚咳嗽、带下、瘰疬、经闭、后无乳及跌打损伤等症状；临床则应用于风湿、痢疾、小儿热咳嗽、肝硬化腹水及睾丸肿大等治疗上。茎皮纤维可制麻麻袋。根可作汤料。

大果榕

cus auriculata Lour.

科　榕属

名：木瓜榕、馒头榕、大无花果、波罗果、大木瓜、蜜枇杷、石榴

布：广西、云南、海南、贵州、四川

【形态特征】乔木或小乔木，高4～10 m。树皮灰褐色。叶生，厚纸质，广卵状心形，长15～55 cm，宽15～27 cm，先钝，具短尖，基部心形，稀圆形，边缘具有整齐细锯齿，背多被开展短柔毛；托叶三角状卵形，长-1.52 cm，紫红色，面被短柔毛。榕果簇生于树干基部或老茎短枝上，大而梨形扁球形至陀螺形，直径3～6 cm，具有明显的纵棱8～12条，褐色，顶生苞片宽三角状卵形，4～5轮覆瓦状排列而成莲座，基生苞片3枚，卵状三角形；雄花，花被片3，匙形，薄膜，透明；瘿花花被片下部合生，上部3裂；雌花，生于另一株榕果内，花被片3裂。瘦果有黏液。花期8月至翌年3月，期5～8月。

【生长习性】喜生于低山沟谷潮湿雨林中。喜高温湿润气，耐旱、耐寒。

【精油含量】水蒸气蒸馏法提取新鲜叶的得油率为0.53%。

【芳香成分】叶：邵泰明等（2013）用水蒸气蒸馏法提取海南尖峰岭产大果榕新鲜叶精油的主要成分为：4-苄基吡啶5.07%）、酞酸二丁酯（17.26%）、叶绿醇（11.58%）、乙酸羽醇酯（9.20%）、正十八烷（3.63%）、二十一烷（2.88%）、苯醇（2.44%）、苯乙醇（2.13%）、1-氯-二十七烷（1.32%）、β-树脂醇乙酸乙酯（1.07%）等。

花：李宗波等（2012）用动态顶空采样法收集的大果榕雌果雌花期挥发性主要成分为：客烯（14.72%）、双环吉玛烯（12.89%）、顺式-β-雪松烯（8.67%）、表prezizaene（7.07%）、α-金合欢烯（6.01%）、反式-β-雪松烯（5.65%）、反式-β-金合欢烯（4.10%）、(E)-β-罗勒烯（3.41%）、芳樟醇（3.07%）、β-石竹烯（2.90%）、α-榄香烯（2.89%）、α-古芸烯（2.38%）、α-雪松烯（1.90%）、δ-荜澄茄烯（1.86%）、三环烯（1.51%）、(Z)-3-己烯乙酸酯（1.49%）、大根香叶烯D（1.32%）、香桧烯（1.14%）、白千层醇（1.06%）、柠檬烯（1.02%）、α-石竹烯（1.00%）等。

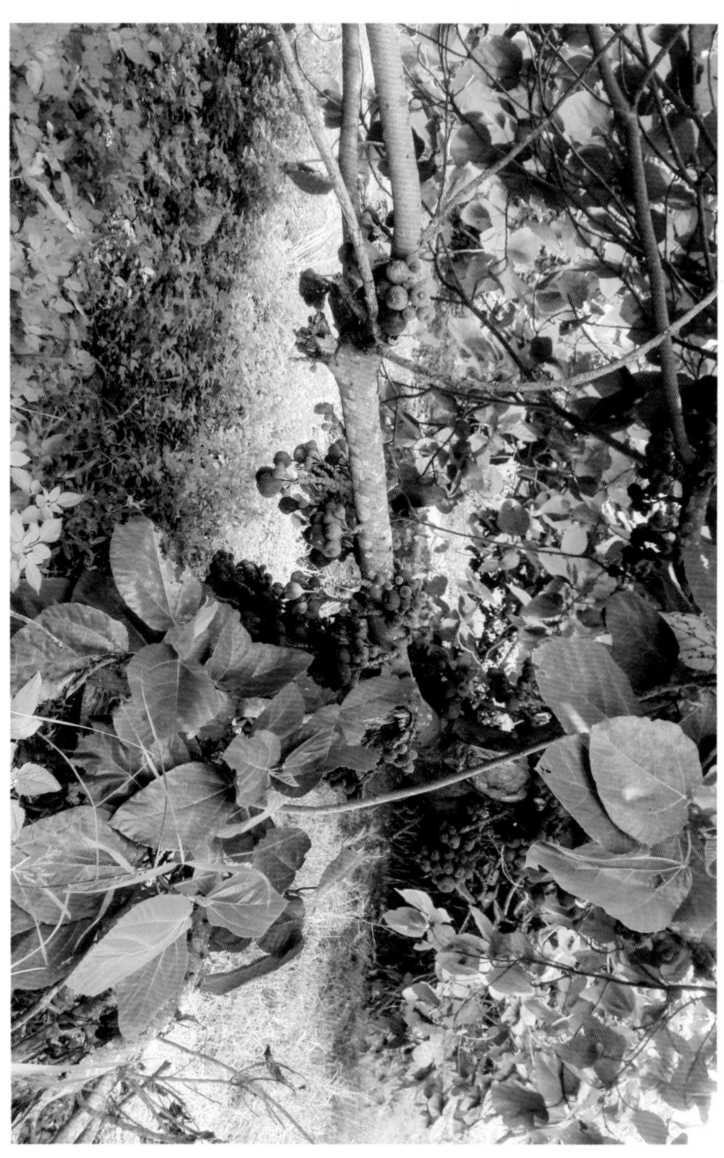

【利用】果实可食。嫩叶和嫩芽作蔬菜食用。

地果

Ficus tikoua Bur.

桑科　榕属

别名：地石榴、地瓜、野地瓜、地枇杷、地瓜藤、过山龙

分布：湖南、湖北、广西、贵州、云南、西藏、四川、甘肃、陕西

【形态特征】匍匐木质藤本，茎上生细长不定根，节膨大；幼枝偶有直立的，高达30～40 cm，叶坚纸质，倒卵状椭圆形，长2～8 cm，宽1.5～4 cm，先端急尖，基部圆形至浅心形，边缘具有波状疏浅圆锯齿；托叶披针形，长约5 mm，被柔毛。榕

果成对或簇生于匍匐茎上，常埋于土中，球形至卵球形，直径1～2 cm，基部收缩成狭柄，成熟时深红色，表面多圆形瘤点，基生苞片3，细小；雄花生长于榕果内壁孔口部，无柄，花被片2～6，雄蕊1～3；雌花生长于另一植株榕果内壁，有短柄。无花被，有黏膜包被子房。瘦果卵球形，表面有瘤体，花柱侧生，长，柱头2裂。花期5～6月，果期7月。

【生长习性】常生于荒地、草坡或岩石缝中。

【芳香成分】杨秀群等（2016）用顶空固相微萃取法提取地果冰冻后的新鲜果实香气的主要成分为：愈创木酚（14.71%）、环丁烷羧酸十二烷基酯（13.54%）、正十三烷（6.05%）、2-十三烷酮（4.72%）、环己硅氧烷（4.44%）、环丁烷羧酸癸酯（4.18%）、甲基壬基甲酮（3.62%）、乙酸（2.98%）、环戊烷羧酸十三酯（2.48%）、2-十四烷醇（2.31%）、苯酚（2.21%）、甲肼（2.11%）、甲醇（1.75%）、(Z)-5-甲基-6-二十二烯-11 酮（1.51%）、氧气（1.41%）、丙酮醇（1.32%）、3-羟基丁酸乙酯（1.07%）、乙醇（1.03%）等。

【利用】果实可食。是水土保持植物。

对叶榕

Ficus hispida Linn.

桑科　榕属

别名： 牛奶子

分布： 广东、广西、云南、海南、贵州

【形态特征】灌木或小乔木，被糙毛，叶通常对生，纸质，卵状长椭圆形或倒卵状矩圆形，长10～25 cm，5～10 cm，全缘或有钝齿，顶端急尖或短尖，基部圆形或近形，表面粗糙，被短粗毛，背面被灰色粗糙毛，侧脉6～9对叶柄长1～4 cm，被短粗毛；托叶2，卵状披针形，生长在无的果枝上，常4枚交互对生，榕果腋生或生于落叶枝上，或茎发出的下垂枝上，陀螺形，成熟后为黄色，直径1.5～2.5 c散生侧生苞片和粗毛，雄花生于其内壁口部，多数，花被片薄膜状，雄蕊1；瘿花无花被，花柱近顶生，粗短；雌花无被，柱头侧生，被毛。花果期6～7月。

【生长习性】海拔120～1600 m，喜生于沟谷潮湿地带。

【芳香成分】夏尚文等（2007）用顶空收集法提取的叶发物的主要成分为：1,1-二甲基-3-亚甲基-2-乙烯基环己（59.23%）、反-β-罗勒烯（16.81%）、顺-3-乙酸己烯酯（8.37%甲基水杨酸（8.06%）、反-3-己烯丁酸酯（4.79%）等。

【利用】叶入药，中草药名‘牛奶树’，有疏风解热、消化痰、行气散瘀的功效，治感冒发热、支气管炎、消化不良痢疾、跌打肿痛。

高山榕

cus altissima Bl.

科　榕属
名：鸡榕、高榕、大叶榕、大青树、万年青
布：广西、云南、海南、四川

【形态特征】大乔木，高25～30 m，胸径40～90 cm；树皮色，平滑；幼枝绿色，粗约10 mm，被微柔毛。叶厚革质，卵形至广卵状椭圆形，长10～19 cm，宽8～11 cm，先端钝，尖，基部宽楔形，全缘；托叶厚革质，长2～3 cm，外面被灰绢丝状毛。榕果成对腋生，椭圆状卵圆形，直径17～28 mm，时包藏于早落风帽状苞片内，成熟时红色或带黄色，顶部脐凸起，基生苞片短宽而钝，脱落后环状；雄花散生于榕果内，花被片4，膜质，透明，雄蕊一枚，花被片4，花柱近顶，较长；雌花无柄，花被片与瘿花同数。瘦果表面有瘤状凸，花柱延长。花期3～4月，果期5～7月。

【生长习性】生于海拔100～2000 m的山地或平原。适应性。极耐阴，喜高温多湿气候，耐干旱瘠薄，抗风、抗大气污，生长迅速，移栽容易成活。

【芳香成分】夏尚文等（2007）用顶空收集法提取叶挥发物主要成分为：β-萜品烯（52.30%）、α-荜澄茄油烯（21.69%）、莰宁烯（8.01%）、β-荜澄茄油烯（7.50%）、α-丁子香烯（4.23%）、十六烷（2.18%）、樟脑（2.06%）、δ-杜松烯（1.64%）等。

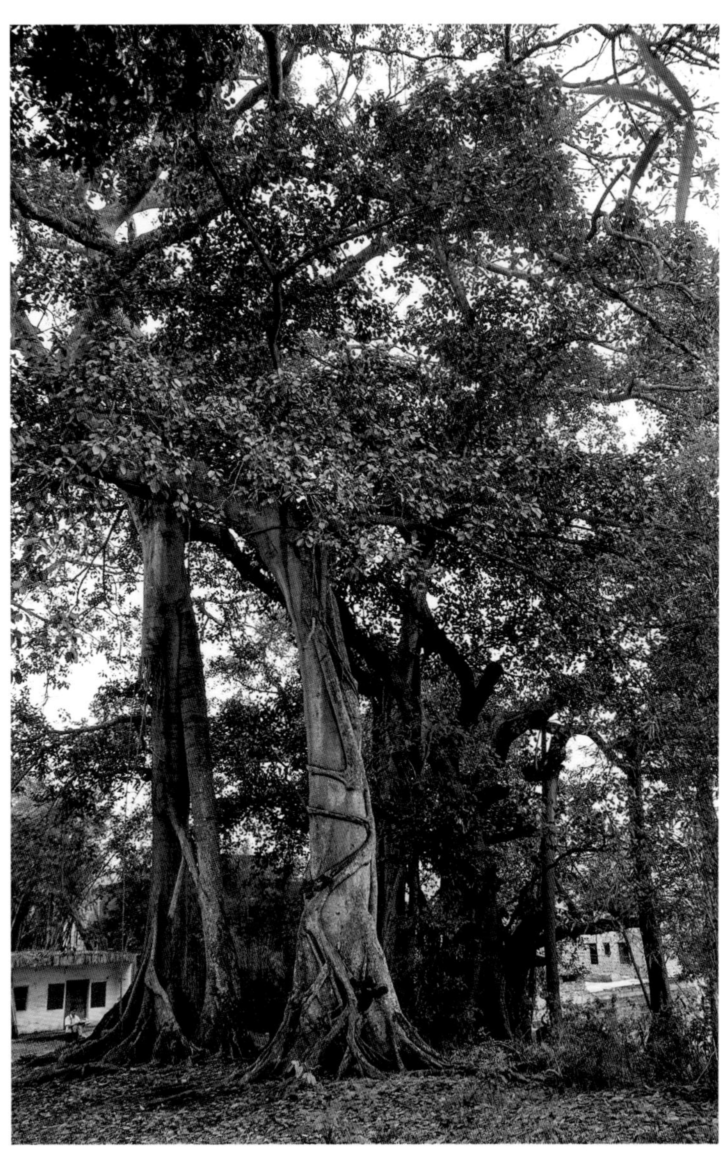

【利用】是极好的城市绿化树种和制作盆景的树种。为优良的紫胶虫寄主树。

聚果榕

Ficus racemosa Linn.

桑科　榕属
别名：马郎果
分布：广西、云南、贵州

【形态特征】乔木，高达25～30 m，胸径60～90 cm，树皮灰褐色，平滑，幼枝嫩叶和果被平贴毛，小枝褐色。叶薄革质，椭圆状倒卵形至椭圆形或长椭圆形，长10～14 cm，宽3.5～4.5 cm，先端渐尖或钝尖，基部楔形或钝形，全缘，表面深绿色，背面浅绿色，稍粗糙；托叶卵状披针形，膜质，外面被微柔毛，长1.5～2 cm。榕果聚生于老茎瘤状短枝上，稀成对生长于落叶枝叶腋，梨形，直径2～2.5 cm，顶部脐状，压平，基部缢缩成柄，基生苞片3，三角状卵形；雄花生长于榕果内壁近口部，花被片3～4，雄蕊2；瘿花和雌花有柄，花被线形，先端有3～4齿，花柱侧生，柱头棒状。成熟榕果橙红色。花期5～7月。

【生长习性】喜生于潮湿地带，常见于河畔、溪边，偶见生长在溪沟中。

【芳香成分】夏尚文等（2007）用顶空收集法提取的叶挥发物的主要成分为：顺-3-乙酸己烯酯（32.61%）、反-β-罗勒烯（19.40%）、1,1-二甲基-3-亚甲基-2-乙烯基环己胺（17.60%）、甲基水杨酸（8.22%）、α-愈创烯（5.61%）、α-芹子烯（3.17%）、α-金合欢醇（2.76%）、顺-3-己烯基异戊酸（2.11%）、1,1,4a,5,6-五甲基萘烷（1.84%）、叶醛（1.17%）等。

【利用】成熟果实可食。为良好的紫胶虫寄主树。

苹果榕

Ficus oligodon Miq.

桑科　榕属

别名： 地瓜、橡胶树、木瓜果

分布： 海南、广西、云南、贵州、西藏

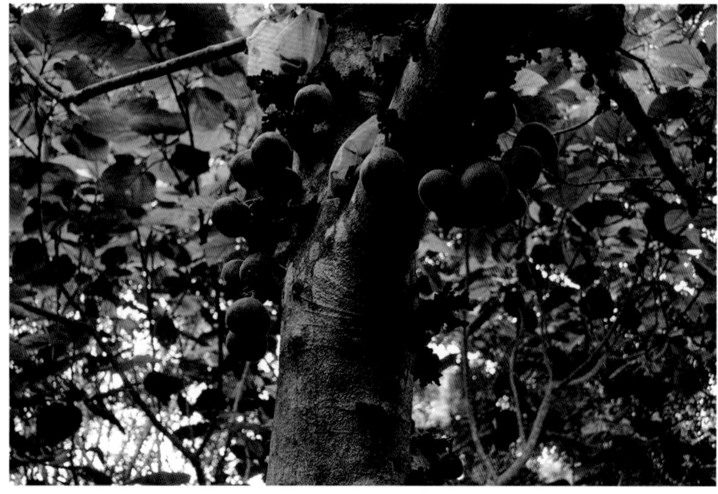

【形态特征】小乔木，高5～10 m，树皮灰色。叶互生，纸质，倒卵椭圆形或椭圆形，长10～25 cm，宽6～23 cm，顶端渐尖至急尖，基部浅心形至宽楔形；边缘具有不规则粗锯齿数对，背面密生小瘤体；托叶卵状披针形，长1～1.5 cm。榕果簇生于老茎发出的短枝上，梨形或近球形，直径2～3.5 cm，表面有4～6条纵棱和小瘤体，成熟时为深红色，顶部压扁，基部缢缩为短柄，顶生苞片卵圆形，排列为莲座状，基生苞片3，三角状卵形；雄花生长于榕果内壁口部，花被薄膜质，顶端2裂；瘿花生内壁中下部，多数，花被合生，薄膜质；雌花生长于另一植株榕果内壁，花被3裂。瘦果倒卵圆形，光滑。花期9月至翌年4月，果期5～6月。

【生长习性】喜生于低海拔山谷、沟边、湿润土壤地区。

【芳香成分】夏尚文等（2007）用顶空收集法提取的叶挥发物的主要成分为：α-金合欢醇（52.11%）、反-β-罗勒烯（31.11%）、1,1-二甲基-3-亚甲基-2-乙烯基环己胺（9.23%）、叶绿素（2.81%）、顺-β-罗勒烯（2.02%）等。

【利用】成熟果实可食。为紫胶虫寄主树。嫩叶和嫩茎可作蔬菜食用。

榕树

Ficus microcarpa Linn.

桑科　榕属

别名： 小叶榕、细叶榕、万年青

分布： 福建、广东、广西、湖北、贵州、云南、海南、台湾、浙江

【形态特征】大乔木，高达15～25 m，胸径达50 cm；树常有锈褐色气根。树皮深灰色。叶薄革质，狭椭圆形，长4～8 cm，宽3～4 cm，先端钝尖，基部楔形，表面深绿色，干后深褐色，有光泽，全缘，基生叶脉延长，侧脉3～10对；叶柄长5～10 mm，无毛；托叶小，披针形，长约8 mm。榕果成对腋生或生于已落叶枝叶腋，成熟时黄色或微红色，扁球形，直径6～8 mm，无总梗，基生苞片3，广卵形，宿存；雄花、雌花、瘿花同生于一榕果内，花间有少许短刚毛；雄花无柄或具柄，散生内壁，花丝与花药等长；雌花与瘿花相似，

片3，广卵形，花柱近侧生，柱头短，棒形。瘦果卵圆形。期5～6月。

【生长习性】生于海拔174～1900 m。适应性强，对土壤要不严，喜疏松肥沃的酸性土，在瘠薄的砂质土中也能生长。耐旱，较耐水湿。在潮湿的空气中能发生大气生根。喜阳光足、温暖湿润气候，不耐寒。怕烈日曝晒。

【精油含量】水蒸气蒸馏法提取干燥叶的得油率为0.10%。

【芳香成分】李彦文等（2008）用水蒸气蒸馏法提取的贵兴义产榕树干燥叶精油的主要成分为：叶绿醇（32.74%）、酸乙酯（14.67%）、6,10,14-三甲基-2-十五烷酮（13.18%）、,E)-6,10,14-三甲基-5,9,13-十五碳三烯基-2-酮（5.80%）、广香醇（4.05%）、3,5,3',5'-四甲基-1,1'-联二苯（2.16%）、异醇（1.83%）、十七烷（1.47%）、4-(2,6,6-三甲基-1-环己烯-1-)-3-丁烯-2-酮（1.32%）、6,10-二甲基-5,9-十一碳二烯-2-酮.30%）、石竹烯氧化物（1.25%）等。

【利用】可作行道树和庭园树观赏；大型盆栽树种。树皮维可制渔网和人造棉。气根入药，有祛风清热、活血解毒的效，用于治感冒、顿咳、麻疹不透、乳蛾、跌打损伤；叶入，有清热利湿、活血散瘀的功效，用于治疗咳嗽、痢疾、泄；树皮入药，用于治疗泄泻、疥癣、痔疮；果实入药，用于疗臁疮；树胶汁入药，用于治疗目翳、目赤、瘰疬、牛皮。

无花果

Ficus carica Linn.

桑科　榕属

别名：文先果、天生子、圣果、天仙果、奶浆果、隐花果、明目果、映日果、蜜果

分布：全国各地

【形态特征】落叶灌木，高3～10 m，多分枝；树皮灰褐色，皮孔明显；小枝直立，粗壮。叶互生，厚纸质，广卵圆形，长宽近相等，10～20 cm，通常3～5裂，小裂片卵形，边缘具有不规则钝齿，表面粗糙，背面密生细小钟乳体及灰色短柔毛，基部浅心形；托叶卵状披针形，长约1 cm，红色。雌雄异株，雄花和瘿花同生于一榕果内壁，雄花生长于内壁口部，花被片4～5，雄蕊3，有时1或5，瘿花花柱侧生，短；雌花花被与雄花同，子房卵圆形，光滑，花柱侧生，柱头2裂，线形。榕果单生叶腋，大而梨形，直径3～5 cm，顶部下陷，成熟时紫红色或黄色，基生苞片3，卵形；瘦果透镜状。花果期5～7月。

【生长习性】喜温暖、湿润和阳光充足的环境。对土壤要求不严，但以土层深厚、肥沃、排水良好的砂质土壤或腐殖质壤土为好。

【精油含量】水蒸气蒸馏法提取新鲜叶的得油率为0.56%，干燥叶的得油率为1.30%；乙醇萃取法提取干燥叶的得油率为5.97%；超临界萃取干燥果实的得油率为3.36%～4.35%。

【芳香成分】叶：赵萍等（2004）用水蒸气蒸馏法提取的河南洛阳产无花果新鲜叶精油的主要成分为：补骨脂素（44.83%）、植醇（7.05%）、檀香醇（6.20%）、佛手内酯（5.62%）、二十五烷（4.67%）、异植醇（2.58%）、顺-β-檀香醇（2.56%）、顺-α-檀香萜醇（2.29%）、棕榈酸异丙酯（2.03%）、三十烷（1.41%）、β-檀香醇（1.09%）、α-反-佛手柑（1.04%）等。田景奎等（2005）用同法分析的山东牟平产无花果干燥叶精油的主要成分为：6,7-呋喃香豆素（81.32%）、邻苯二甲酸异丁酯（5.92%）等。

果实：蔡君龙等（2014）用水蒸气蒸馏法提取的干燥果实精油的主要成分为：亚麻酸（49.23%）、棕榈酸（42.35%）、Z-11-十六烯酸（3.45%）、亚麻酸甲酯（2.11%）等。张峻松等（2003）用超临界CO_2萃取法提取的河南登封产无花果干燥果实精油的主要成分为：十六酸（31.24%）、亚油酸（15.79%）、

亚麻酸（7.86%）、糠醛（7.51%）、植醇（3.99%）、二十五烷（2.64%）、2-乙酰基吡咯（2.56%）、邻苯二甲酸二辛酯（2.47%）、苯乙醛（2.40%）、邻苯二甲酸二异丁酯（2.36%）、5-甲基糠醛（1.96%）、亚油酸乙酯（1.46%）、亚麻酸甲酯（1.39%）、β-大马酮（1.33%）、十八烷（1.04%）、十六酸甲酯（1.01%）等。

【利用】成熟果实可生食，也可入菜肴，干制后可煲汤；还可酿酒或加工成罐头、蜜饯、果干、糖果等。新鲜幼果及鲜叶治疗痔疮疗效良好。供庭园观赏。果实有健脾、止泻、消肿、解毒、助消化、润肺止咳、清热润肠之效；叶内服治黄疸，外用治痔疮、肿痛；根能消肿、解毒、止泻。果实精油可广泛应用于食品、保健品、化妆品、烟草等行业；叶精油能促进人体黑色素的形成，对治疗白癜风效果显著。

岩木瓜

Ficus tsiangii Merr. ex Corner

桑科　榕属
别名： 阿巴果
分布： 贵州、云南、四川、广西、湖北、湖南等地

【形态特征】灌木或乔木，高4～6 m，小枝密生硬毛。叶螺旋状排列，纸质，卵形至倒卵椭圆形，长8～23 cm，宽5～15 cm，先端稍宽，渐尖为尾状；尾长7～13 mm，基部圆形至浅心形或宽楔形，表面被粗糙硬毛，背面有钟乳体，密被灰白色或褐色糙毛，叶基有2腺体；托叶披针形，被贴伏毛。榕果簇生于老茎基部或落叶瘤状短枝上，卵圆形至球状圆形，长2～3.5 cm，宽1.5～2 cm，被粗糙短硬毛，成熟时为色，表面有侧生苞片，顶生苞片直立，榕果内壁有刚毛；雄两型，无柄雄花生长于口部；有柄雄花散生，花被片3～5枚线状披针形；雌花；散生刚毛；不育花小。瘦果透镜状，背微具龙骨。花期5～8月。

【生长习性】多生于海拔200～2400 m的山谷、沟边、潮地区。

【精油含量】水蒸气蒸馏法提取树皮的得油率为0.10%。

【芳香成分】段松冷等（2009）用水蒸气蒸馏法提取的庆产岩木瓜树皮精油的主要成分为：棕榈酸（36.56%）、(Z,Z)-9,12-亚油酸（11.46%）、2-羟基环十五碳酮（4.00%）、十五（3.55%）、醋酸乙酯（2.39%）、十四烷酸（2.08%）等。

【利用】树皮在四川部分地区作为民间药用，治疗心血管病，主要用于抗血栓。

桑

Morus alba Linn.

桑科　桑属
别名： 桑仁、桑白皮、桑实、桑枣、桑树、桑果、家桑、铁子
分布： 全国各地

【形态特征】乔木或为灌木，高3～10 m或更高，胸径达50 cm，树皮厚，灰色，具有不规则浅纵裂；冬芽红褐色卵形，芽鳞覆瓦状排列，灰褐色，有细毛。叶卵形或广卵形长5～15 cm，宽5～12 cm，先端急尖、渐尖或圆钝，基部形至浅心形，边缘锯齿粗钝，有时叶为各种分裂，表面鲜色，背面脉腋有簇毛；托叶披针形，外面密被细硬毛。花性，腋生或生长于芽鳞腋内，与叶同时生出；雄花序下垂，2～3.5 cm，密被白色柔毛，雄花：花被片宽椭圆形，淡绿色雌花序长1～2 cm，被毛，雌花花被片倒卵形，顶端圆钝，外和边缘被毛。聚花果卵状椭圆形，长1～2.5 cm，成熟时呈红或暗紫色。花期4～5月，果期5～8月。

【生长习性】喜光，幼时稍耐阴。喜温暖湿润气候，耐寒

干旱，耐水湿能力极强。对土壤的适应性强，耐瘠薄和轻碱，喜土层深厚、湿润、肥沃土壤。根系发达，抗风力强。萌力强，耐修剪。有较强的抗烟尘能力。

【精油含量】水蒸气蒸馏法提取干燥嫩枝的得油率为8%，叶的得油率为0.03%～0.10%；同时蒸馏萃取法提取干嫩枝的得油率为1.05%；乙醚超声萃取-水蒸气蒸馏阴干叶的油率为0.10%。

【芳香成分】根：胡建楣等（2012）用水蒸气蒸馏法提取干燥根皮精油的主要成分为：硬脂炔酸（30.20%）、正十六（27.45%）、(Z,Z)-9,12-十八碳二烯酰氯（12.34%）、补身（6.78%）、顺-2,3,4,4a,5,6,7,8-八氢-1,1,4a,7-四甲基-1氢-苯环庚烯-7-醇（6.23%）、4-(4-乙基环己烷)-1-戊基-1-环戊烯39%）、菖蒲螺烯酮（2.86%）、绿花白千层醇（1.89%）、十四（1.16%）等。

枝：孙莲等（2017）用水蒸气蒸馏法提取的新疆托克逊桑干燥嫩枝精油的主要成分为：雪松醇（13.90%）、己醛3.09%）、2-戊基-呋喃（10.38%）、亚油酸甲酯（10.19%）、六碳酸甲酯（10.08%）、邻苯二甲酸二丁酯（8.43%）、对甲氧苯丙烯（4.50%）、D-柠檬烯（4.34%）、邻苯二甲酸-3-己基异酯（3.75%）、2-甲基-4,6-二丁基-苯酚（3.51%）、甲基水杨（3.46%）、丙酸乙酯（3.32%）、E,E-2,4-癸二烯醛（3.22%）、Z-亚麻酰氯（3.09%）、2-羟基-4-甲氧基苯乙酮（2.66%）、氧化碳（1.08%）等；用同时蒸馏萃取法提取的干燥嫩枝油的主要成分为：3,4,4-三甲基-2-环戊烯-1-酮（7.65%）、0,14-三甲基-2-十五烷酮（7.48%）、2-戊基-呋喃（7.15%）、十七烷（6.48%）、(E,E)-2,4-癸二烯醛（6.29%）、E-12-甲-2,13-十八碳二烯-1-醇（6.23%）、5,5-二甲基-2(5 H)-呋喃（5.90%）、己醛（5.63%）、油酸（5.58%）、苯乙醛（5.21%）、呋喃甲醛（4.83%）、2-甲氧基-4-乙烯基苯酚（4.73%）、2,3-氢-香豆酮（4.53%）、6-甲基-5-庚烯-2-酮（3.48%）、2-溴-八烷（3.45%）、Z-7-甲基-十四烯-1-醇乙酸酯（2.97%）、邻二甲酸二异丁酯（2.48%）、雪松醇（2.23%）、邻苯二甲酸丁二烷酯（2.19%）等。

叶：曹明全等（2010）用水蒸气蒸馏法提取的黑龙江齐哈尔产‘龙桑 1 号’桑新鲜叶精油的主要成分为：植（82.41%）、棕榈酸（8.26%）、十八烷（1.03%）、二十五（1.03%）、植酮（1.00%）等；干燥叶精油的主要成分为：棕榈酸（60.62%）、植醇（18.87%）、二十七烷（3.99%）、二十四烷（3.32%）、二十五烷（3.30%）、十八烷（1.28%）、植酮（1.21%）、二十二烷（1.06%）、二十一烷（1.03%）等。李冬生等（2004）用同法分析的湖北武汉产桑新鲜叶精油的主要成分为：1-乙酰基-4-异丙基-二环[3.1.0]己烷（29.02%）、3,7,11,15-四甲基-2-十六醇（27.04%）、4-(2-甲磺酰）乙基-3-庚烯（11.10%）、5-(2-亚丁烯基)-4,6,6-三甲基-3-环己烯-1-醇（7.21%）、2,4,6-三(1,1-二甲基亚乙基)-4-甲基-2,5-环己二烯（2.57%）、8-甲基甲酯癸酸（2.13%）、2-氯-1,2-二苯基-十六(烷)酸（1.49%）、1-甲基亚乙基环己胺（1.38%）、4-叔丁基-N-苯基亚氨苄基-氯化物（1.21%）、异植醇（1.18%）、1,1-(1,2-环丁三醇基)-苯（1.08%）等。

果实：晓华等（2007）用水蒸气蒸馏法提取的干燥果穗精油的主要成分为：1-甲氧基-4-(2-丙烯基)苯（31.58%）、糠醛（16.31%）、1,7,7-三甲基二环[2,2,1]庚-2-酮（6.45%）、2-壬烯醛（3.95%）、己醛（3.94%）、5-甲基-2-呋喃甲醛（2.39%）、苯甲醛（2.27%）、苯乙醛（2.14%）、乙酰呋喃酮（1.85%）、1-(1,5-二甲基-4-己烯基)-4-甲基苯（1.51%）等。陈娟等（2010）用溶剂萃取法提取的四川产‘农用桑葚’新鲜成熟果实精油的主要成分为：亚油酸（40.27%）、棕榈酸（35.40%）、亚麻酸乙酯（7.91%）等；‘大十桑葚’的主要成分为：棕榈酸（47.96%）、亚油酸（24.56%）、亚油酸甲酯（6.38%）、亚麻酸乙酯（5.67%）等；‘红果2 号桑葚’的主要成分为：棕榈酸（62.45%）、亚油酸（8.20%）、肉豆蔻酸（6.27%）、11,14,17-二十碳三烯酸甲酯（6.03%）等；‘红果1 号桑葚’的主要成分为：棕榈酸（39.52%）、亚油酸（25.26%）、亚麻酸乙酯（5.46%）、十八酸-2,3-二羟基丙酯（5.01%）等。

【利用】树皮纤维可作纺织原料、造纸原料。叶为养蚕的主要饲料。木材可制家具、乐器、雕刻等。果实桑葚可生吃、酿酒、制果酱、蜜饯。果实入药，有滋阴补血、润肠通便之功效，适用于阴血亏虚所致的头晕耳鸣、失眠多梦、须发早白及阴亏血虚所致的肠燥便秘等；叶有疏散风寒、清肺润燥、清肝明目的功效，用于治疗风热感冒、肺热咳嗽、头痛头晕、目赤肿痛；根皮有宣肺定喘、利水消肿的功效，用于治疗肺热咳嗽、水肿、尿少、脚气；桑枝有驱风湿、利关节的功效，用于治疗风湿关节痛、四肢拘挛、高血压、手足麻木、脚气浮肿等症。嫩叶可作为蔬菜食用。

构棘

Cudrania cochinchinensis (Lour.) Kudo et Masam.

桑科　柘属
别名： 穿破石、葨芝
分布： 东南部至西南部的亚热带地区

【形态特征】 直立或攀缘状灌木；枝无毛，具有粗壮弯曲无叶的腋生刺，刺长约1 cm。叶革质，椭圆状披针形或长圆形，长3～8 cm，宽2～2.5 cm，全缘，先端钝或短渐尖，基部楔形，两面无毛，侧脉7～10对；叶柄长约1 cm。花雌雄异株，雌雄花序均为具苞片的球形头状花序，每花具2～4个苞片，苞片锥形，内面具有2个黄色腺体，苞片常附着于花被片上；雄花序直径6～10 mm，花被片4，不相等，雄蕊4，花药短，在芽时直立，退化雌蕊锥形或盾形；雌花序微被毛，花被片顶部厚，分离或万部合生，基有2黄色像体。聚合果肉质，直径2～5 cm，表面微被毛，成熟时橙红色，核果卵圆形，成熟时褐色，光滑。花期4～5月，果期6～7月。

【生长习性】 多生于村庄附近或荒野。

【精油含量】 水蒸气蒸馏法提取干燥根茎的得油率为0.004%，根的得油率为0.006%。

【芳香成分】 梁云贞等（2011）用水蒸气蒸馏法提取的广西龙州产构棘根精油的主要成分为：正十六烷酸（28.41%）、1,2-苯二羧基丁基-2-乙基己基酯（14.06%）、9-十六烯酸（3.31%）、蒿脑（2.56%）、胡椒基胺（2.46%）、二十六烷（2.30%）、枯茗醛（1.58%）、二丁基邻苯二甲酸酯（1.18%）等。刘建华等（2003）用同法分析的干燥根茎精油的主要成分为：L-芳樟醇（9.85%）、石竹烯氧化物（6.32%）、α-葎草烯（5.50%）、1-辛醇（5.06%）、葎草烯环氧化物（4.23%）、橙花醇乙酸酯（3.69%）、β-石竹烯（3.68%）、α-萜品醇（2.87%）、δ-荜澄茄烯（2.78%）、2,4,4-三甲基-4-乙烯基-3-环戊烯-1-酮（2.33%）、枯茗醛（2.33%）、癸醇（2.33%）、乙酸辛酯（2.19%）、β-榄香烯（2.09%）、2,6-二甲基-1,3,5,7-辛四烯（2.05%）、β-水芹烯（2.10%）、牻牛儿醇（1.89%）、α-蛇床烯（1.72%）、α-杜松醇（1.70%）、β-蛇床烯（1.52%）、T-紫穗槐醇（1.40%）、萜品烯-4-醇（1.35%）、(E)-2,6-二甲基-3,5,7-庚三烯-2-醇（1.05%）、斯巴醇（1.02%）等。

【利用】 农村常作绿篱用。木材煮汁可作染料。茎皮及根皮药用，称“黄龙脱壳”，有清热利湿的功效，治湿热黄疸、湿热痹、疔疮痈肿等症。

木荷

Schima superba Gardn. et Champ.

山茶科　木荷属
别名： 荷木、荷树
分布： 江苏、安徽、台湾、福建、江西、浙江、湖北、湖南、四川、云南、海南、贵州、广东、广西

【形态特征】 大乔木，高25 m，嫩枝通常无毛。叶革质或薄革质，椭圆形，长7～12 cm，宽4～6.5 cm，先端尖锐，有时略钝，基部楔形，叶面干后发亮，叶背无毛，侧脉7～9对，在两面明显，边缘有钝齿；叶柄长1～2 cm。花生长于枝顶叶腋，常多朵排成总状花序，直径3 cm，白色，花柄长1～2.5 cm，纤细，无毛；苞片2，贴近萼片，长4～6 mm，早落；萼片半圆形，长2～3 mm，外面无毛，内面有绢毛；花瓣长1～1.5 cm，最外1片风帽状，边缘多少有毛；子房有毛。蒴果直径1.5～2 cm。花期6～8月。

【生长习性】 生于海拔1000 m左右的山地雨林里。喜温暖湿润气候，喜光但幼树能耐阴。对土壤的适应性强，能耐干旱瘠薄土地，但在深厚、肥沃的酸性砂质土壤上生长最快。

【芳香成分】 谢惜媚等（2008）用无水乙醚超声萃取法提取广东广州产木荷新鲜花浸膏，再用顶空固相微萃取浸膏中挥发性成分，主要成分为：酮代异佛尔酮（26.33%）、氧化

醇B（9.82%）、环氧芳樟醇（8.80%）、3,7-二甲基-2,6-辛二-1-醇（8.23%）、白藜芦素（7.89%）、4-羟基-3,5,5-三甲基-2-己烯-1-酮（6.54%）、反-氧化芳樟醇（6.45%）、2,6,6-三甲-1,4-环己二酮（4.06%）、顺-氧化芳樟醇（3.26%）、苯乙醇17%）、2-甲基-2-壬烯-1-醇（2.04%）、9-十九烯（1.22%）、异丙基-1-甲基环己醇（1.18%）等。袁兴华等（2008）用相微萃取法提取的广东广州产木荷鲜花香气的主要成分：l-芳樟醇（16.83%）、桧烯（13.83%）、α-蒎烯（10.28%）、甲醇（8.78%）、3,7-二甲基-1,3,7-辛三烯（7.55%）、吉玛-D（5.23%）、2,6,6-三甲基环己-2-烯-1,4-二酮（4.84%）、反-氧化芳樟醇（3.41%）、反式-石竹烯（3.14%）、dl-柠檬烯83%）、氧代异佛尔酮（2.33%）、月桂烯（1.83%）、p-伞花（1.83%）、氧化芳樟醇（1.65%）、δ-杜松烯（1.25%）、罗勒（1.23%）、β-杜松烯（1.11%）、δ-榄香烯（1.05%）、2,2,6-三基-1,4-环己二酮（1.00%）、松油烯（1.00%）等。

【利用】为珍贵的用材树种，既是纺织工业中制作纱锭、纱的上等材料；又是桥梁、船舶、车辆、建筑、农具、家具、合板等优良用材。树皮、树叶含鞣质，可以提取单宁。是一优良的绿化树种。在荒山灌丛是耐火的先锋树种。有大毒，可内服，外用用于攻毒、消肿，主治疔疮、无名肿毒。

凹脉金花茶

amellia impressinervis Chang et S. Y. Liang

茶科　山茶属

布：广西

【形态特征】灌木，高3 m。叶革质，椭圆形，长12～22 cm，5.5～8.5 cm，先端急尖，基部阔楔形或窄而圆，叶面深绿，干后为橄榄绿色，有光泽，叶背黄褐色，被柔毛，有黑腺，边缘有细锯齿，齿刻相隔2～3 mm。花1～2朵腋生，花柄大，长6～7 mm，无毛；苞片5片，新月形，散生于花柄上，毛，宿存；萼片5，半圆形至圆形，长4～8 mm，无毛，宿，花瓣12片，无毛。雄蕊近离生，花丝无毛；花柱2～3条，毛。蒴果扁圆形，2～3室，室间凹入成沟状2～3条，三角扁形或哑铃形，高1.8 cm，宽3 cm，每室有种子1～2粒，果片1～1.5 mm，有宿存苞片及萼片；种子球形，宽1.5 cm。花期]。

【生长习性】石灰岩植物。喜温暖湿润、通风透光的地方。春季要光照充足，夏季宜注意遮阴，避开阳光直射。

【芳香成分】邹登峰等（2015）用顶空固相微萃取法提取的广西南宁产凹脉金花茶干燥叶精油的主要成分为：六氢法呢基丙酮（16.24%）、叶绿醇（13.29%）、α-紫罗兰酮（4.82%）、二叔丁对甲酚（4.22%）、3,7,11,15-四甲基-2-十六碳烯醇（4.07%）、β-紫罗兰酮（3.41%）、2,3-脱氢紫罗兰酮（3.37%）、反-叶绿醇（2.91%）、二氢猕猴桃内酯（2.86%）、2,5-二甲基-2-十一碳烯（2.56%）、邻苯二甲酸二异丁酯（2.54%）、苯亚甲基丙酮（2.31%）、十五烷（2.15%）、1,1,6-三甲基-1,2-二氢化萘（2.00%）、3-甲基壬烷（1.98%）、十四醛（1.88%）、邻苯二甲酸二丁酯（1.88%）、壬酸（1.80%）、2,3,4,5,6-五甲基乙酰苯（1.62%）、四氢香叶基丙酮（1.34%）、2-乙基-3-甲基马来酰亚胺（1.25%）等。

【利用】凹脉金花茶是广西的特殊资源植物。叶片代茶饮用，有清热解毒、利尿消肿的功效。凹脉金花茶是园艺上的珍贵花木。

茶

Camellia sinensis (Linn.) O. Ktze.

山茶科　山茶属

别名：茶树、茗、红茶、绿茶、茶叶

分布：长江以南各地

【形态特征】灌木或小乔木，嫩枝无毛。叶革质，长圆形或椭圆形，长4～12 cm，宽2～5 cm，先端钝或尖锐，基部楔形，叶面发亮，叶背无毛或初时有柔毛，侧脉5～7对，边缘有锯齿，叶柄长3～8 mm，无毛。花1～3朵腋生，白色，花柄长4～6 mm，有时稍长；苞片2片，早落；萼片5片，阔卵形至圆形，长3～4 mm，无毛，宿存；花瓣5～6片，阔卵形，长1～1.6 cm，基部略连合，背面无毛，有时有短柔毛；雄蕊长8～13 mm，基部连生1～2 mm；子房密生白毛；花柱无毛，先端3裂，裂片长2～4 mm。蒴果3球形或1～2球形，高1.1～1.5 cm，每球有种子1～2粒。花期10月至翌年2月。

【生长习性】喜温暖湿润气候，在平均气温10 ℃以上时芽开始萌动，生长最适宜温度为20～25 ℃；喜湿，年降水量要在1000 mm以上；喜酸性土壤，需要排水良好。喜光耐阴，适宜在漫射光下生长。

【精油含量】水蒸气蒸馏法提取叶的得油率为1.98%～2.40%，嫩枝的得油率为0.16%；超临界萃取叶的得油率为2.60%，干燥花的得油率为1.36%～2.79%；亚临界萃取干燥花的得油率为1.39%；超高压法提取干燥花的得油率为2.61%；超声波法提取干燥花的得油率为1.88%；微波萃取法提取干燥花的得油率为1.85%。

【芳香成分】枝：刘存芳等（2006）用水蒸气蒸馏法提取的陕西西乡产茶嫩枝精油的主要成分为：石竹烯（15.65%）、3-己烯-1-醇（10.69%）、α-里哪醇（8.53%）、5,6-环氧-α-紫罗兰酮（7.23%）、β-环柠檬醛（6.17%）、3-辛烯-3-醇（5.23%）、β-紫罗兰酮（4.48%）、正十九烷（4.25%）、反-橙花叔醇（4.18%）、3-戊烯-2-酮（3.86%）、正己醇（3.79%）、1-辛烯-3-醇（3.09%）、2-戊酮（2.56%）、3-亚甲基-2-戊醇（2.51%）、乙酸乙酯（2.05%）、α-萜品醇（1.93%）、β-杜松烯（1.86%）、呋喃甲醇（1.78%）、2,5-二甲基-1,3-己二烯（1.36%）、顺-茉莉酮（1.05%）、2-己烯醛（1.01%）等。

叶：田光辉等（2007）用水蒸气蒸馏法提取的陕西南郑产茶干燥叶精油的主要成分为：氧化石竹烯（9.75%）、3-己烯-1-醇（6.95%）、α-里哪醇（6.71%）、石竹烯（6.43%）、β-紫罗兰酮（5.67%）、β-环柠檬醛（4.58%）、3-戊烯-2-酮（2.97%）、反-橙花叔醇（2.28%）、4Z-辛烯（2.24%）、雪松烯（2.08%）、苯酚（2.01%）、萜品醇（2.00%）、邻苯二甲酸二丁酯（1.93%）、2,6-二叔丁基-4-甲基苯酚（1.90%）、呋喃甲醇（1.85%）、β-杜松烯（1.81%）、1-乙氧基戊烷（1.80%）、5,6-环氧-紫罗兰酮（1.75%）、3,3-二甲基-2-己酮（1.35%）、乙酸乙酯（1.28%）、正己醇（1.24%）、3-辛烯-3-醇（1.17%）、顺-茉莉酮（1.15%）、2,2-二甲基戊醛（1.13%）、4-(1,1-二甲基苄基)苯酚（1.09%）、2Z-辛烯（1.08%）、2,5-二甲基-1,3-己二烯（1.03%）、香叶醇（1.03%）、2-戊基-呋喃（1.01%）等。戴素贤等（1998）同时蒸馏萃取法提取的广东潮州产'黄枝香茶'新鲜叶精的主要成分为：植醇（13.24%）、苯基-萘胺（3.45%）、芳樟（3.13%）、橙花叔醇（2.42%）、1,2-苯二甲酸-3-硝基（2.37%磷酸三丁酯（2.36%）、十六酸（2.16%）、癸二酸双-2-乙基酯（2.05%）、丙酸芳樟酯（1.84%）、香叶醇（1.65%）、法呢（1.51%）、法呢烯（1.43%）、糠醇（1.32%）、芳樟醇氧化物（1.19%）、2,6-双(1,1甲基乙基)-4-甲基酚（1.04%）、癸酸乙（1.00%）等。陈丹生等（2016）用同法分析的'凤凰乌叶'新鲜叶精油的主要成分为：芳樟醇（42.03%）、叶醇（21.00%(S)-氧化芳樟醇（呋喃型）(10.01%）、E-氧化芳樟醇（呋喃（6.67%）、β-2-己烯-1-醇（5.78%）、香叶醇（3.62%）、水杨甲酯（2.78 %）、乙酸叶醇酯（2.66%）、脱氢芳樟醇（1.52%顺式-丁酸-3-己烯酯（1.13%）、橙花叔醇（1.03%）等；'凤八仙'茶新鲜叶精油的主要成分为：芳樟醇（38.31 %）、醇（21.54 %）、β-2-己烯-1-醇（8.32%）、(S)-氧化芳樟醇（喃型）(7.32%）、水杨酸甲酯（6.50%）、E-氧化芳樟醇（呋型）(5.63 %）、脱氢芳樟醇（1.78%）、2-庚醇（1.70%）、α-松醇（1.29%）、香叶醇（1.06 %）等；'鸭屎香'茶新鲜叶精油主要成分为：芳樟醇（31.42%）、顺式-3-己烯-1-醇（26.58%(S)-氧化芳樟醇（呋喃型）(6.84%）、E-氧化芳樟醇（呋喃（6.45%）、水杨酸甲酯（5.85%）、罗勒烯（4.32%）、香叶（3.11%）、正己醇（2.04%）、脱氢芳樟醇（1.48%）、乙酸叶酯（1.37%）、丁酸叶醇酯（1.30 %）、正己醛（1.00%）等。楠等（2016）用顶空固相微萃取法提取的贵州都匀产'毛尖新鲜初展嫩叶挥发油的主要成分为：芳樟醇（33.90%）、香醇（30.52%）、水杨酸甲酯（2.07%）、正十六烷（2.03%）、正醛（2.02%）、正十五烷（1.71%）、二甲基硫醚（1.54%）、(柠檬醛（1.01%）等。杨春等（2015）用同法分析的贵州贵产'福鼎大白茶'春季第一轮新梢独芽香气的主要成分为：叶醇（41.14%）、芳樟醇（9.59%）、水杨酸甲酯（6.99%）、花叔醇（4.37%）、苯乙醇（3.76%）、橙花醇（3.55%）、反金合欢烯（2.54%）、香叶醛（2.47%）、苯甲醇（1.68%）、正醇（1.58%）、反式-氧化芳樟醇（1.39%）、邻苯二甲酸二乙（1.34%）、咖啡碱（1.34%）、4-戊烯醛（1.33%）、反式-2-己醇（1.32%）、橙花醛（1.24%）、δ-杜松烯（1.03%）等。

花：甘秀海等（2013）用固相微萃取法提取的贵州产茶新花香气的主要成分为：苯乙酮（38.46%）、吉玛烯D（9.68%）、十三烷（6.14%）、6,10,14-三甲基-2-十五烷酮（5.26%）、芳樟醇（4.63%）、3,7,11-三甲基-1-十二醇（2.81%）、柠檬醛16%）、芳樟醇氧化物（1.89%）、叶绿醇（1.69%）、二十一（1.66%）、对羟甲酚（1.49%）、橙花叔醇（1.43%）、δ-杜烯（1.39%）、白菖烯（1.38%）、二十四烷（1.32%）、α-法烯（1.29%）、环氧芳樟醇（1.17%）、(E)-7-甲基-1,6-二氧螺5]癸烷（1.13%）、2-戊酮（1.03%）等。曾亮等（2015）用法分析的重庆产‘四川小叶种’茶干燥花挥发油的主要分为：芳樟醇（46.02%）、苯乙酮（15.75%）、反式芳樟醇化物（4.50%）、2-庚醇（3.54%）、棕榈酸（2.14%）、柠檬（2.09%）、己醛（1.96%）、(E)-2-壬烯醛（1.96%）、苯乙（1.83%）、油酸（1.71%）、(E)-4-壬烯醛（1.50%）、亚油酸48%）、4-甲基-5-己烯-2-醇（1.25%）、冬绿苷（1.15%）等；鼎大白’茶干燥花挥发油的主要成分为：苯乙酮（28.60%）、庚醇（16.37%）、棕榈酸（6.31%）、己醛（5.76%）、亚油（5.06%）、芳樟醇（4.80%）、油酸（4.46%）、4-甲基-5-己-2-醇（4.30%）、亚麻酸（3.11%）、二十三烷（2.04%）、壬（1.89%）、(E)-2-壬烯醛（1.68%）、大根香叶烯D（1.66%）、脂酸（1.27%）、甲苯（1.07%）等；‘福安大白’茶干燥花发油的主要成分为：苯乙酮（54.79%）、芳樟醇（6.60%）、醛（4.06%）、棕榈酸（3.68%）、亚油酸（2.83%）、油酸70%）、(E)-2-壬烯醛（2.66%）、亚麻酸（1.87 %）、大根香叶D（1.59%）、二十三烷（1.37%）、壬醛（1.21%）、6-莰烯醇15%）、苯乙醇（1.13%）、甲苯（1.09%）、植酮（1.02%）等；选9号’茶干燥花挥发油的主要成分为：苯乙酮（33.74%）、庚醇（17.02%）、棕榈酸（6.72%）、亚油酸（5.10%）、己醛06%）、4-甲基-5-己烯-2-醇（4.99%）、油酸（4.31 %）、亚酸（3.82%）、芳樟醇（2.87%）、硬脂酸（2.00%）、二十三（1.93%）、植酮（1.45%）、壬醛（1.22%）等；‘金观音’干燥花挥发油的主要成分为：芳樟醇（35.19%）、苯乙酮4.88%）、反式芳樟醇氧化物（5.37%）、亚油酸（4.96%）、榈酸（4.58%）、苯乙醇（4.22%）、香叶醇（4.04%）、油酸14%）、己醛（2.94 %）、顺式芳樟醇氧化物（2.69%）、亚麻（2.33 %）、柠檬醛（1.22%）等；‘梅占’茶干燥花挥发油的要成分为：芳樟醇（29.94 %）、苯乙酮（24.09%）、亚油酸73%）、棕榈酸（5.48%）、反式芳樟醇氧化物（4.58%）、油（3.52%）、亚麻酸（2.72%）、顺式芳樟醇氧化物（2.39%）、乙醇（2.26%）、己醛（1.85%）、冬绿苷（1.58%）、硬脂酸34%）、香叶醇（1.11%）等。

余锐等（2012）用超临界CO_2萃取法提取的茶干燥花精油主要成分为：棕榈酸（17.81%）、丙二醇（5.60%）、2,6,10,14-甲基-十六烷（4.03%）、邻苯二甲酸丙基辛基酯（3.50%）、α-乙醇（2.76%）、3-甲基十七烷（2.46%）、苯乙醇（2.28%）、乙酮（2.19%）、二十三烷（2.08%）、1,2-二氢-4-苯基-萘.97%）、叶绿醇（1.90%）、2,3-二氢-3,5-二羟基-6-甲基-4H-喃-4-酮（1.78%）、1-环十二烷基乙酮（1.78%）、二十四（1.55%）、叶绿酮（1.47%）、2-十九酮（1.35%）、二十一（1.34 %）、苯甲醇（1.31%）、α-蒎烯（1.27%）、棕榈酸乙酯.25%）、十八醛（1.22%）、二十二烷（1.21%）、氧化芳樟醇.06%）等。

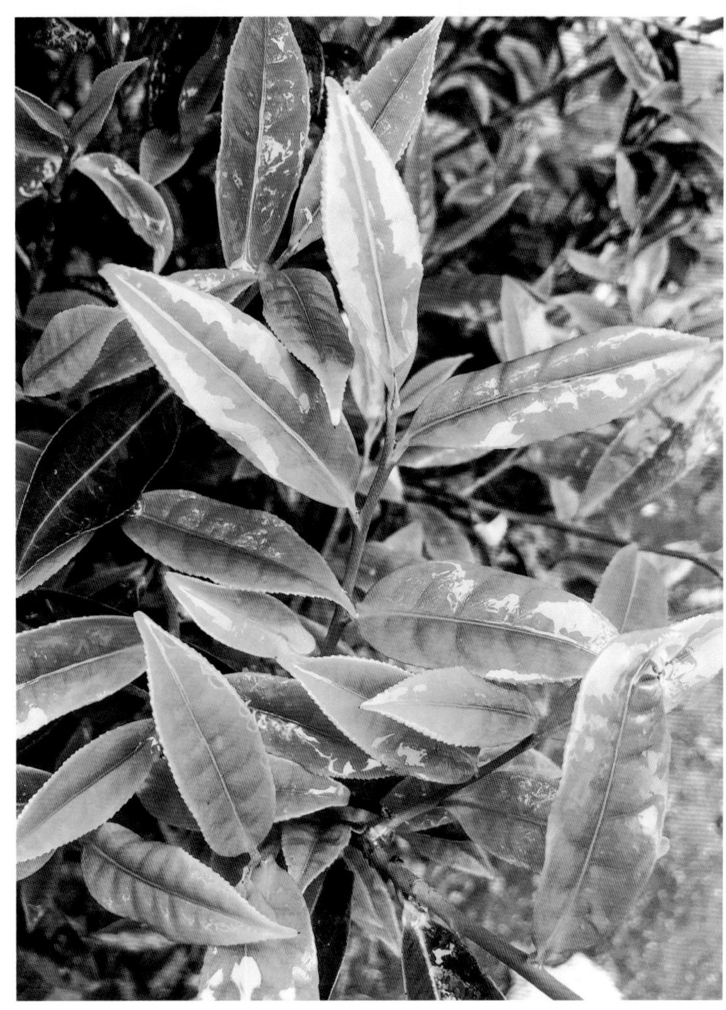

【利用】幼芽或嫩叶为著名饮品茶叶的原料。根强心，治风湿性心脏病、牛皮癣、外痔肿痛。嫩叶可作蔬菜食用。

茶梅

Camellia sasanqua Thunb.

山茶科　山茶属

别名：茶梅花

分布：全国各地

【形态特征】小乔木，嫩枝有毛。叶革质，椭圆形，长3～5 cm，宽2～3 cm，先端短尖，基部楔形，有时略圆，叶面干后深绿色，发亮，叶背褐绿色，无毛，侧脉5～6对，在叶面不明显，在叶背能见，网脉不显著；边缘有细锯齿，叶柄长4～6 mm，稍被残毛。花大小不一，直径4～7 cm；苞及萼片6～7，被柔毛；花瓣6～7片，阔倒卵形，近离生，大小不一，最大的长5 cm，宽6 cm，红色；雄蕊离生，长1.5～2 cm，子房被茸毛，花柱长1～1.3 cm，3深裂几乎及离部。蒴果球形，宽1.5～2 cm，1～3室，果爿3裂，种子褐色，无毛。

【生长习性】喜温暖湿润；较为耐寒，以不低于-2 ℃为宜；畏酷热，30 ℃以上时生长缓慢，最适温度为18～25 ℃。喜光而稍耐阴，忌强光，属半阴性植物；宜生长在排水良好、富含腐殖质、湿润的微酸性土壤，pH5.5～6为宜。既怕过湿又怕干燥。抗性较强。

【精油含量】水蒸气蒸馏法提取新鲜花的得油率为0.49%。

【芳香成分】**茎**：朱启航等（2015）用水蒸气蒸馏法提取的安徽黄山产茶梅新鲜茎精油的主要成分为：1,3,4-丁香酚

(91.33%)、芳樟醇(1.24%)、棕榈酸(1.24%)等。

叶：朱启航等(2015)用水蒸气蒸馏法提取的安徽黄山产茶梅新鲜叶精油的主要成分为：丁香酚(92.24%)等。

花：徐文晖等(2012)用水蒸气蒸馏法提取的云南昆明产茶梅阴干花精油的主要成分为：十六烷酸(25.15%)、正二十七烷(22.31%)、正二十五烷(19.61%)、正二十九烷(9.67%)、丁香酚(4.05%)、正二十三烷(3.92%)、正二十六烷(2.87%)、喇叭醇(2.25%)、4-甲基-2,6-二特丁基-苯酚(1.85%)、正二十四烷(1.74%)、正二十八烷(1.71%)、亚油酸(1.17%)、愈创醇(1.12%)等。吴迪迪等(2015)用同法分析的安徽黄山产茶梅新鲜花精油的主要成分为：丁香酚(34.49%)、二十二烷(11.91%)、二十四烷(7.88%)、棕榈酸(7.65%)、芳樟醇(5.43%)、3-羟基-2,2,6-三甲基-6-乙烯基四氢呋喃(4.36%)、6,10,14-三甲基十五烷-2-酮(3.78%)、苯乙酮(2.57%)、亚油酸(1.93%)、正二十七烷(1.63%)、α-亚麻酸(1.23%)、顺式-α,α,5-三甲基-5-乙烯基四氢呋喃-2-甲醇(1.20%)、正二十一烷(1.13%)等。王洁等(2018)用顶空固相微萃取技术提取的浙江杭州产'冬玫瑰'茶梅新鲜花蕾香气的主要成分为：十四烷(15.65%)、2,6-双(1,1-二甲基乙基)-苯酚(10.96%)、丁基苯甲醇(10.34%)、十五烷(8.34%)、丁子香酚(8.31%)、1,3-二甲基-苯(5.17%)、α-蒎烯(4.88%)、邻二甲苯(4.57%)、十三烷(3.61%)、十六烷(3.15%)、莰烯(2.15%)、14-十五碳烯酸(2.03%)、芳樟醇(2.01%)、(E)-2-壬烯-1-醇(1.93%)、2-(1-苯基乙基)-苯酚(1.92%)、2-乙基-1-己醇(1.90%)、十七烷(1.50%)、3,6-二亚甲基-1,7-辛二烯(1.17%)、1-环己烯(1.08%)、十一烷(1.07%)、2,6,10-三甲基-十二烷(1.06%)、α-荜澄茄烯(1.04%)、3-甲基-十四烷(1.01%)等；初花期花香气的主要成分为：顺-芳樟醇氧化物(12.60%)、邻二甲苯(7.64%)、乙酰苯(7.48%)、芳樟醇(6.83%)、十四烷(6.26%)、丁基苯甲醇(5.86%)、2,6-双(1,1-二甲基乙基)-苯酚(5.60%)、2-异丙基-5-甲基-9-亚甲基-二环[4.4.0]癸-1-烯(4.83%)、2-甲基-戊醇(4.14%)、十五烷(3.62%)、丁子香酚(3.10%)、(+)-表-二环倍半水芹烯(2.39%)、环氧芳樟醇(2.35%)、十六烷(1.54%)、6-乙烯基二氢-2,2,6-三甲基-2 H-吡喃-3(4 H)-酮(1.47%)、[S-(E,E)]-1-甲基-5-亚甲基-8-(1-甲基乙基)-，1,6-环癸二烯(1.41%)、十三烷(1.39%)、δ-杜松烯(1.35%)、α-蒎烯(1.33%)、2,3-脱氢-4-氧代-β-紫罗兰酮(1.10%)、2,6,10-三甲基-十二烷(1.06%)、1-环己烯(1.06%)、新丁香烯(1.04%)等；盛花期花香气的要成分为：乙酰苯(30.27%)、顺-芳樟醇氧化物(14.65%)、异丙基-5-甲基-9-亚甲基-二环[4.4.0]癸-1-烯(8.33%)、6二甲基-1,2,3,5,8,8a-六氢萘(5.84%)、芳樟醇(5.79%)、十烷(3.34%)、环氧芳樟醇(2.85%)、丁基苯甲醇(2.62%)、乙烯基二氢-2,2,6-三甲基-2 H-吡喃-3(4 H)-酮(2.32%)、2双(1,1-二甲基乙基)-苯酚(2.04%)、(+)-表-二环倍半水烯(2.01%)、十五烷(2.00%)、荜澄茄烯(1.47%)、(-)-β-香烯(1.27%)、α-蒎烯(1.14%)、辛醛(1.06%)、(E,E)-2壬二烯醛(1.00%)等；外轮花瓣香气的主要成分为：乙苯(24.07%)、2-异丙基-5-甲基-9-亚甲基-二环[4.4.0]癸烯(14.64%)、6,7-二甲基-1,2,3,5,8,8a-六氢萘(11.50%)、十烷(5.14%)、丁基苯甲醇(4.84%)、6-乙烯基二氢-2,2,6-三基-2 H-吡喃-3(4 H)-酮(4.37%)、2,6-双(1,1-二甲基乙基)-酚(3.63%)、环氧芳樟醇(3.57%)、十五烷(3.12%)、(+)-二环倍半水芹烯(2.82%)、荜澄茄烯(2.67%)、(-)-β-榄香(2.24%)、(+)-香树烯(1.68%)、芳樟醇(1.67%)、[S-(E,E)]甲基-5-亚甲基-8-(1-甲基乙基)-，1,6-环癸二烯(1.58%)、δ-松烯(1.44%)、γ-蛇床烯(1.26%)、十六烷(1.16%)等；轮花瓣香气的主要成分为：乙酰苯(49.11%)、顺-芳樟醇氧物(25.18%)、芳樟醇(6.37%)、环氧芳樟醇(3.86%)、1-氧基-戊烷(3.67%)、2-异丙基-5-甲基-9-亚甲基-二环[4.4癸-1-烯(2.45%)、6,7-二甲基-1,2,3,5,8,8a-六氢萘(1.66%)、乙烯基二氢-2,2,6-三甲基-2 H-吡喃-3(4 H)-酮(1.17%)等；蕊香气的主要成分为：乙酰苯(61.27%)、顺-芳樟醇氧化(15.05%)、芳樟醇(5.65%)、环氧芳樟醇(2.80%)、2-乙基-醇(2.37%)、2-异丙基-5-甲基-9-亚甲基-二环[4.4.0]癸-1-(2.35%)、十四烷(1.28%)、6-乙烯基二氢-2,2,6-三甲基-2 H-喃-3(4 H)-酮(1.12%)、甲基水杨酸(1.09%)等；雌蕊香气主要成分为：十四烷(10.41%)、1-辛醇(9.90%)、顺-芳樟氧化物(9.21%)、丁基苯甲醇(8.40%)、芳樟醇(8.32%)、醛(8.13%)、2,6-双(1,1-二甲基乙基)-苯酚(7.55%)、(E,2,4-壬二烯醛(6.40%)、壬醛(6.31%)、十五烷(5.44%)、1-醇(2.51%)、十六烷(2.32%)、2-异丙基-5-甲基-9-亚甲基-环[4.4.0]癸-1-烯(2.25%)、环氧芳樟醇(2.06%)、2-乙基-烷(2.04%)、十三烷(1.91%)、2-(1-苯基乙基)-苯酚(1.35%十七烷(1.15%)等。

【利用】园林绿化或盆栽观赏。

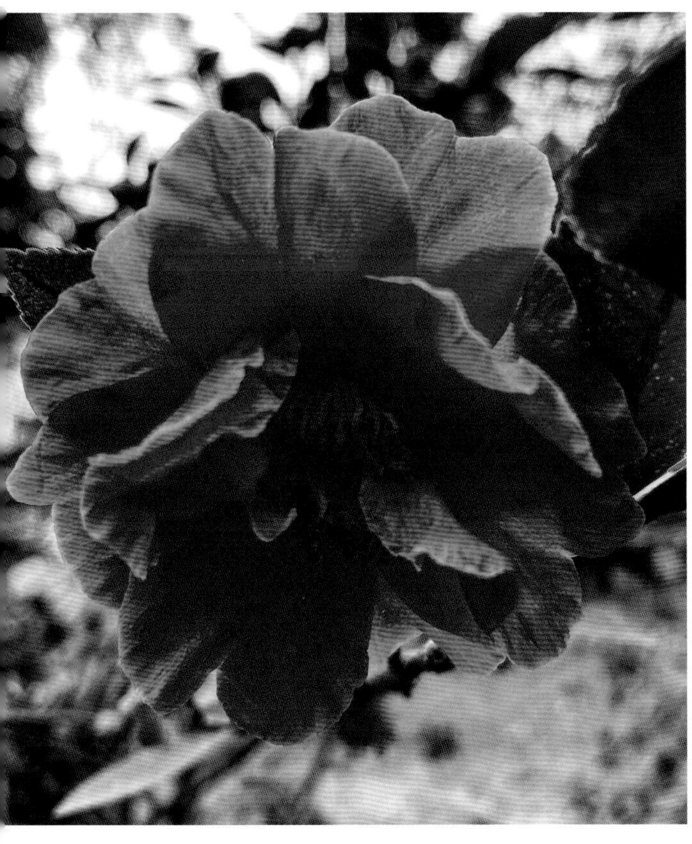

【生长习性】喜温暖湿润环境，在年平均气温16～19 ℃，年降水量1200～1600 mm的地方适宜生长，在阳光较充足和肥沃、疏松的壤土上生长良好，但也能耐较荫蔽和瘠薄地。

【芳香成分】范正琪等（2006）用水蒸气蒸馏法提取的长瓣短柱茶新鲜花精油的主要成分为：顺-芳樟醇氧化物Ⅱ（23.22%）、苯乙醇（18.16%）、(2-甲基)-丁基-环戊烷（6.82%）、芳樟醇环氧化物（5.62%）、3,7-二甲基-1,3,7-辛三烯（4.46%）、芳樟醇（2.21%）、二十一烷（1.27%）、3-环已烯基-1-乙醛（1.00%）等。

【利用】种子是很好的油料，供食用和工业用油。可作观赏植物。

长瓣短柱茶

mellia grijsii Hance

茶科　山茶属

名：闽鄂山茶

布：福建、四川、江西、湖北、广西

【形态特征】灌木或小乔木。叶革质，长圆形，长6～9 cm，2.5～3.7 cm，先端渐尖或尾状渐尖，基部阔楔形或略圆，叶干后为橄榄绿色，有光泽，边缘有尖锐锯齿。花顶生，白，直径4～5 cm，花梗极短；苞被片9～10片，半圆形至近圆，最外侧的长2～3 mm，最内侧的长8 mm，革质，无毛，花后脱落；花瓣5～6片，倒卵形，长2～2.5 cm，宽1.2～2 cm，端凹入，基部与雄蕊连生约2～5 mm；雄蕊长7～8 mm，基连合或部分离生，无毛，花药基部着生；子房有黄色长粗；花柱长3～4 mm，无毛，先端3浅裂。蒴果球形，直径-2.5 cm，1～3室，果皮厚1 mm。花期1～3月。

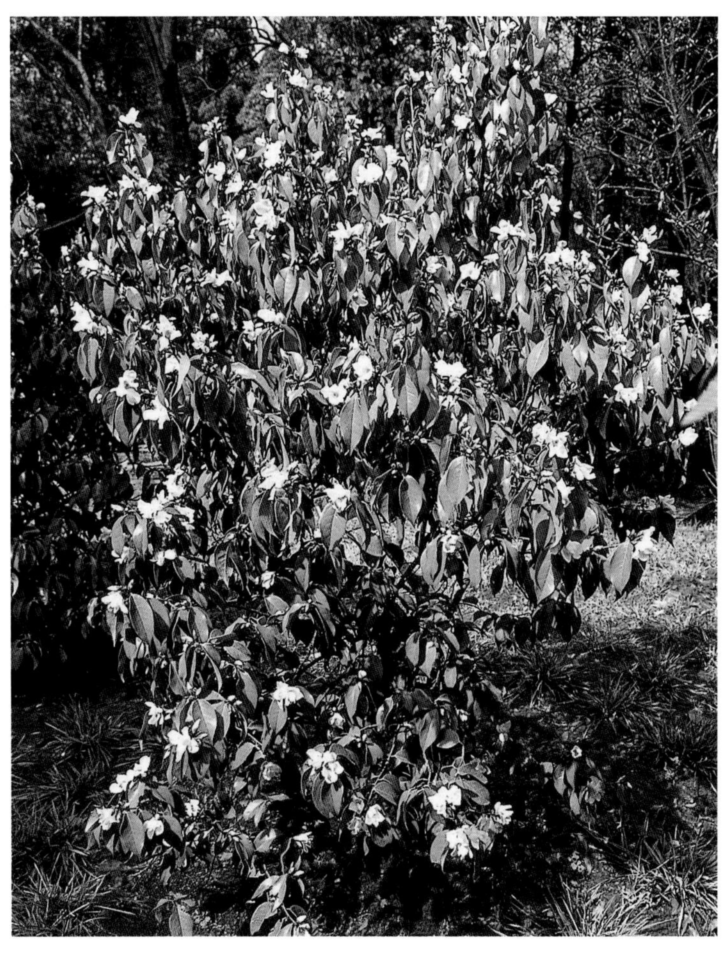

大理茶

Camellia taliensis (W. W. Sm.) Melch.

山茶科　山茶属

别名：野生大茶树

分布：云南

【形态特征】灌木至小乔木，高2～7 m，嫩枝无毛。叶革质，椭圆形或倒卵状椭圆形，长9～15 cm，宽4～6.5 cm，先端略尖或急短尖，尖头钝，基部阔楔形，边缘疏生锯齿。花顶生，1～3朵，花柄长1 cm，无毛，苞片2（3）片，位于花柄中部，细小，无毛，早落；萼片5片，不等大，半圆形至近圆形，长5～7 mm，背无毛，边缘有睫毛，宿存；花瓣多至11片，长2.5～3.4 cm，白色，基部与花丝连生3～4 mm，卵圆形或倒卵圆形，长短不一，外侧3～4片背面有毛，其余各片无毛；雄蕊长约2 cm，基部5～6 mm相连，无毛；子房有白毛，5室，花柱长1.4～2.5 cm，先端5裂，裂片长4～10 mm。花期11～12月。

【生长习性】生于海拔1300～2700)m的林下或沟谷灌丛中。

【芳香成分】朱利芳等（2012）用水蒸气蒸馏法提取的云南产大理茶新鲜嫩叶精油的主要成分为：棕榈酸（30.52%）、亚油酸（19.82%）、植醇（8.75%）、亚麻酸乙酯（2.59%）、香叶醇（2.54%）、正二十五（碳）烷（1.98%）、9,12,15-十八碳三烯酸甲酯（1.83%）、正二十七（碳）烷（1.69%）、正二十三（碳）烷（1.58%）、亚油酸乙酯（1.45%）、α-松油醇（1.29%）等。

【利用】叶可作茶饮用。

杜鹃红山茶

Camellia azalea C. F. Wei

山茶科　山茶属

别名：杜鹃茶、四季茶、四季杜鹃红山茶、假大头茶、张氏红山茶

分布：云南、广西、广东、四川，野生数量稀少

【形态特征】常绿灌木至小乔木。高1～2 m，胸径5～10 cm，树体呈矮冠状，杜鹃红山茶枝叶密、紧凑。树皮灰褐色，枝条光滑，嫩梢红色，叶长8～12 cm，两端微尖，倒卵形，革质，叶脉不明显，厚实，光亮碧绿，边缘平滑，不开裂，叶柄短，变异不大，花瓣狭长，花丝红色，花药金黄色，花径8 cm以上，尽管单瓣，但花朵密生，整体丰满，四季开花不断，即便在气温高达38 ℃的夏季，也依然红花满树；5月中旬始开花，盛花期是7～9月，持续至次年2月。

【生长习性】生于林冠下层、小溪两旁。生长区年平均气22.1 ℃，最高温度38.4 ℃，最低温-1.8 ℃。年日照时数120C年平均降雨量3429 mm。成土母质为花岗岩、红壤土，土pH5.5～6。为半阳性树种，较为耐阴。

【芳香成分】李辛雷等（2012）用固相微萃取法提取的江富阳产杜鹃红山茶新鲜萼片挥发油的主要成分为：正己（2.17%）、壬醛（1.19%）等；新鲜花瓣的主要成分为：正己（9.34%）、邻苯二甲酸酯（2.61%）、2-乙基-1-己醇（1.72%2-甲基丁烷（1.22%）等；新鲜雄蕊的主要成分为：正己（6.60%）、2,2,4-三甲基-戊烷（1.64%）、壬醛（1.62%）、2-(4-氧基碳基)苯亚甲基-苯并呋喃-6-醇-3-酮（1.19%）、2-甲基烷（1.00%）等；新鲜雌蕊的主要成分为：壬醛（1.43%）等盛花期全花的主要成分为：4-乙基苯氧酸-2-丁酯（10.51%庚醛（8.40%）、己烷（3.47%）、邻苯二甲酸二乙酯（2.09%α-蒎烯（2.02%）、2-乙基-1-己醇（1.78%）、3,6-二甲氧基(2-苯基乙基)-芴-9-醇（1.56%）、9-乙基-9,10-二氢-9-甲基（1.44%）等。

【利用】杜鹃花山茶是一种观赏价值极高的名贵木本花卉，园景树、花篱、盆景及切花等方面均可利用。

金花茶

mellia nitidissima Chi

茶科　山茶属

布：广西

【形态特征】灌木，高2～3 m。叶革质，长圆形或披针或倒披针形，长11～16 cm，宽2.5～4.5 cm，先端尾状渐，基部楔形，叶面深绿色，叶背浅绿色，有黑腺点，边缘细锯齿。花黄色，腋生；苞片5片，阔卵形，长2～3 mm，3～5 mm；萼片5片，卵圆形至圆形，长4～8 mm，宽8 mm，基部略连生，先端圆；花瓣8～12片，近圆形，长～3 cm，宽1.2～2 cm，基部略相连生，边缘有睫毛。蒴果扁角球形，长3.5 cm，宽4.5 cm，3 爿裂开，果爿厚4～7 mm，轴3～4角形，先端3～4裂；有宿存苞片及萼片；种子6～8长约2 cm。花期11～12月。

【生长习性】金花茶是一种分布极其狭窄的植物，生长于拔700 m以下。喜温暖湿润气候，喜欢排水良好的酸性土壤，期喜荫蔽，进入花期后，颇喜透射阳光。对土壤要求不严，微酸性至中性土壤中均可生长。耐瘠薄，也喜肥。耐涝力强。

【精油含量】水蒸气蒸馏法提取新鲜叶的得油率为0.36%。

【芳香成分】黄永林等（2009）用水蒸气蒸馏法提取的广西桂林产金花茶新鲜叶精油的主要成分为：安息香酸-2-羟基-甲酯（26.91%）、苯甲醇（5.92%）、顺-八氢戊搭烯（5.56%）、芳樟醇氧化物（4.17%）、苯乙醇（4.01%）、2,6-二甲基-3,7-辛二烯-2,6-二醇（3.52%）、1,2-苯二甲酸-2-甲基丙基丁酯（3.41%）、癸基异丁基邻苯二甲酸酯（3.32%）、1,2-苯二甲酸-2-乙基己基酯（2.97%）、顺-4-(2,6,6-三甲基-2-环己烯)-3-丁烯-2-酮（2.86%）、2,3-二氢-苯并呋喃（2.73%）、顺-a，a,5-三甲基-5-己烯四氢-2-呋喃甲醇（2.29%）、2,6-二甲基-1,7-辛二烯-2,6-二醇（1.96%）、顺-安息香酸-3-己烯酯（1.95%）、2-乙烯基-环己烷（1.81%）、2-甲氧基-4-乙烯基苯酚（1.71%）、2,6-二甲基-3,7-辛二烯-2,6-二醇（1.54%）、1-甲基-萘（1.41%）、6,10,14-三甲基-2-癸酮（1.31%）、八氢-1-亚硝基-1 H-偶氮宁（1.16%）、(E,E)-2,4-庚二烯醛（1.13%）、6-乙烯基四氢-2,2,6-三甲基-2 H-吡喃-3-醇（1.11%）等。魏青等（2013）用同时蒸馏萃取法提取的干燥叶精油的主要成分为：反油酸（15.77%）、棕榈酸（10.10%）、硬脂酸（4.88%）、反式-2,4-癸二烯醛（3.40%）、二十三烷（2.69%）、香叶基丙酮（1.90%）、反式-2,4-庚二烯醛（1.81%）、二十五烷（1.50%）等。

【利用】叶可作茶饮用，具有明显的降血糖、降血压、降血

脂、降胆固醇作用，起协同平衡调节作用。花朵美丽，既可作园林种植，也可作盆景供观赏。

毛药山茶

Camellia renshanxiangiae C. X. Ye et X. Q. Zheng

山茶科　山茶属
分布：广东

【**形态特征**】灌木，高约3 m。鳞芽有白色柔毛。叶薄革质，长圆形，或卵形到狭卵形，长2.7～7.5 cm，宽1.3～3 cm，先端长尾尖，尾长1.5～2 cm，基部圆形到宽楔形，边缘具有细锯齿，下部 1/3 全缘。花白色，3～8朵簇生于叶腋；小苞片6枚，叶背3枚宽三角形，叶面3枚较大，半圆形到圆形；萼片5，不等大，边缘干膜质；花冠白色，基部连合成短管，花瓣 5～7枚，最外面1枚贝壳状，凹形，带绿色，先端圆，其余花瓣倒卵形到宽卵形。蒴果圆球形，径1.2～1.4 cm，3 爿开裂或不规则2裂，种子每室1 粒，球形或半球形，宽 1～1.2 cm，种皮栗褐色或熟时黑色。花期 2～3 月，果成熟期在 10 月。

【**生长习性**】喜温暖湿润的环境。

【**芳香成分**】宋晓虹等（2009）用顶空固相微萃取法提取的广东广州产毛药山茶鲜花香气的主要成分为：柏木醇（16.49%）、α-法呢烯（14.27%）、8(15)-柏木烯（7.83%）、正十六烷（7.59%）、正十八烷（6.88%）、正十五烷（4.94%）、8-十七碳烯（2.36%）、柏木烯（1.90%）、杜松烯（1.46%）、δ-榄香烯（1.45%）、橙花叔醇乙酯（1.33%）、苯乙醇（1.27%）等。

【**利用**】适于开发为观赏植物。

毛叶茶

Camellia ptilophylla Chang

山茶科　山茶属
别名：可可茶、白毛茶
分布：广东

【**形态特征**】小乔木，高5～6 m，嫩枝有灰褐色柔毛。薄革质，长圆形，长12～21 cm，宽4～5.5 cm，先端渐尖，头钝，基部阔楔形，叶面深绿色，干后无光泽，稍粗糙，叶干后灰褐色，有短柔毛，边缘有细锯齿，齿刻相隔2～4 m叶柄长8～10 mm，有褐色柔毛。花单生于枝顶；苞片3片，生于花梗上，卵形，长1.5 mm，有毛；萼片7片，近圆形，4 mm，背面有柔毛；花瓣5片，倒卵圆形，长1～1.2 cm，离；雄蕊离生，无毛，子房3室，有柔毛；花柱3条，无毛。果圆球形，直径2 cm，被毛，1室，有种子1粒，种子圆球直径1.7 cm；果爿3爿，厚1 mm，宿存萼片7片，果柄长1 c花期7～8月。

【**生长习性**】适宜在潮湿微酸性的砂质土壤中生长，喜散阳光，怕荫蔽。

【**芳香成分**】仰晓莉等（2010）用顶空固相微萃取法取的广东龙门产毛叶茶阴干花香气的主要成分为：大根香烯D（53.97%）、α-金合欢烯（16.07%）、沉香螺醇（3.96%十三-2-炔-环丙酯（3.30%）、δ-杜松烯（3.22%）、β-荜澄茄烯（1.96%）、异香橙烯（1.73%）、1,5-二甲基-8-(1-甲基)乙基-1,5-环癸二烯（1.61%）、玷㺃烯（1.55%）、六氢金合欢基酮（1.16%）等。

【**利用**】叶可作茶饮用。

山茶

Camellia japonica Linn.

山茶科　山茶属
别名：茶花
分布：四川、台湾、山东、江西等地有野生，长江以南广泛培

【**形态特征**】灌木或小乔木，高9 m。叶革质，椭圆形，5～10 cm，宽2.5～5 cm，先端略尖，或急短尖而有钝尖头，部阔楔形，叶面深绿色，干后发亮，叶背浅绿色，边缘有相

3.5 cm的细锯齿。花顶生，红色；苞片及萼片约10片，组长2.5～3 cm的杯状苞被，半圆形至圆形，长4～20 mm，外有绢毛，脱落；花瓣6～7片，外侧2片近圆形，几乎离生，2 cm，外面有毛，内侧5片基部连生约8 mm，倒卵圆形，长4.5 cm。蒴果圆球形，直径2.5～3 cm，2～3室，每室有种子2个，3爿裂开，果爿厚木质。花期1～4月。品种繁多，花多数为红色或淡红色，亦有白色，多为重瓣。

【生长习性】喜温暖、湿润和半阴环境。怕高温，生长适温18～25 ℃。适宜水分充足、空气湿润环境，忌干燥。空气相湿度以70%～80%为好。属半阴性植物，宜于散射光下生长，直射光暴晒，幼苗需遮荫，成年植株需较多光照。土层深厚、松，排水性好，pH在5～6最为适宜，但不适宜碱性土壤。

【芳香成分】范正琪等（2005,2006）用水蒸气蒸馏法提的'克瑞墨大牡丹'山茶新鲜花精油的主要成分为：芳樟（39.97%）、顺-芳樟醇氧化物Ⅱ（11.72%）、水杨酸甲酯81%）、二十四烷（6.78%）、芳樟醇旋光异构体（6.74%）、α-油醇（5.10%）、壬醛（4.62%）、苯甲酸苯乙酯（3.22%）、芳醇环氧化物（2.44%）、2,4-二异丁基-苯甲醇（1.37%）、顺-樟醇氧化物Ⅰ（1.28%）、邻苯二甲酸双丁酯（1.26%）、橙醇（1.23%）、辛烷（1.16%）等；'香神'新鲜花精油的主要分为：壬醛（19.11%）、芳樟醇（18.14%）、2-羟基-苯甲酸甲酯（10.09%）、顺-芳樟醇氧化物Ⅱ（7.27%）、苯甲酸苯酯（5.70%）、二十一烷（5.23%）、辛烷（3.97%）、α-松油醇（2.25%）、芳樟醇旋光异构体（1.74%）、芳樟醇环氧化物（1.17%）等。

【利用】为传统园林花木，供观赏，北方宜盆栽观赏。花药用，有收敛、止血、凉血、调胃、理气、散瘀、消肿等功效，可用于治疗烫伤、灼伤、乳头皲裂疼痛、大便出血、咳嗽、跌打损伤、痔疮出血等症。种子榨油，供工业用。

油茶

Camellia oleifera Abel

山茶科　山茶属

别名：茶子树

分布：长江以南广泛栽培

【形态特征】灌木或中乔木。叶革质，椭圆形，长圆形或倒卵形，先端尖而有钝头，有时渐尖或钝，基部楔形，长5～7 cm，宽2～4 cm，有时较长，叶面深绿色，发亮，叶背浅绿色，边缘有细锯齿，有时具钝齿。花顶生，苞片与萼片约10片，由外向内逐渐增大，阔卵形，长3～12 mm，背面有贴紧柔毛或绢毛，花瓣白色，5～7片，倒卵形，长2.5～3 cm，宽1～2 cm，有时较短或更长，先端凹入或2裂，基部狭窄，近于离生，背面有丝毛。蒴果球形或卵圆形，直径2～4 cm，3室或1室，3爿或2爿裂开，每室有种子1粒或2粒。花期冬春间。变化较多，花大小不一，蒴果3室或5室，花丝亦出现连生的现象。

【生长习性】喜温暖，怕寒冷，要求年平均气温16～18 ℃，花期平均气温为12～13 ℃。要求有较充足的阳光，水分充足，年降水量一般在1000 mm以上。宜在坡度和缓、侵蚀作用弱的地方栽植，对土壤要求不甚严格，一般适宜土层深厚的酸性土，不适于石块多和土质坚硬的地方。

【芳香成分】枝：龙正海等（2008）用水蒸气蒸馏法提取的贵州贵阳产油茶嫩枝精油的主要成分为：α-萜品醇（13.18%）、芳樟醇（12.96%）、反式香叶醇（6.17%）、葡萄螺环烷（4.55%）、蒽（4.02%）、α-紫罗兰醇（3.78%）、橙花叔醇（3.31%）、水杨酸甲酯（2.44%）、壬醛（2.21%）、1-辛醇（1.40%）、正二十三烷（1.40%）、萘（1.38%）、顺式香叶醇（1.35%）、1-十九烯（1.28%）、E,E-2,4-癸二烯醛（1.12%二苯并噻吩（1.08%）、正二十二烷（1.03%）、E-2-癸烯（1.01%）等。

花：甘秀海等（2013）用固相微萃取法提取的贵州产茶新鲜花香气的主要成分为：去氢土臭素（31.87%）、3-基-二氢-2(3H)呋喃酮（11.05%）、吉玛烯D（8.14%）、月烯（6.47%）、苯乙酮（5.69%）、邻二甲苯（5.14%）、十三（4.17%）、(顺)-罗勒烯（3.21%）、柠檬烯（3.16%）、芳樟（2.59%）、(E)-7-甲基-1,6-二氧螺[4.5]癸烷（2.15%）、1-甲基-2,3-(反)二甲基-氮丙啶（1.61%）等。

【利用】种子含油30%以上，供食用及润发、调药，可制蜡烛和肥皂，也可作机油的代用品。茶籽壳还可制成糠醛、

炭等；还是一种良好的食用菌培养基。木材是做陀螺、弹弓、挡木纽扣的最好材料。是优良的冬季蜜粉源植物。在生物质源中也有很高的应用价值。又是一个抗污染能力极强的树种，二氧化硫抗性强，抗氟和吸氯能力也很强。根可药用，用于急性咽喉炎、胃痛、扭挫伤；茶子饼外用治皮肤瘙痒，浸出可灭钉螺、杀蝇蛆。

山矾

mplocos sumuntia Buch.-Ham. ex D. Don

矾科　山矾属
名：山桂花
布：江苏、台湾、广西、江西、浙江、湖北、湖南、四川、州、云南、福建、广东

【形态特征】乔木，嫩枝褐色。叶薄革质，卵形、狭倒卵、倒披针状椭圆形，长3.5～8 cm，宽1.5～3 cm，先端常呈状渐尖，基部楔形或圆形，边缘具有浅锯齿或波状齿，有时全缘。总状花序长2.5～4 cm，被展开的柔毛；苞片早落，阔形至倒卵形，长约1 mm，密被柔毛，小苞片与苞片同形；花长2～2.5 mm，萼筒倒圆锥形，无毛，裂片三角状卵形，与筒等长或稍短于萼筒，背面有微柔毛；花冠白色，5深裂几达基部，长4～4.5 mm，裂片背面有微柔毛；雄蕊25～35枚，丝基部稍合生；花盘环状，无毛；子房3室。核果卵状坛形，7～10 mm，外果皮薄而脆，顶端宿萼裂片直立，有时脱落。期2～3月，果期6～7月。

【生长习性】生于海拔200～1500 m的山林间。喜光，耐阴，湿润、凉爽的气候，较耐热也较耐寒。对土壤要求不严，酸、中性及微碱性的砂质壤土均能适应，但在瘠薄土壤上则生不良。对氯气、氟化氢、二氧化硫等抗性强。

【精油含量】石油醚萃取法提取新鲜花的得膏率为0.19%。

【芳香成分】罗心毅等（1994）用石油醚浸提贵州贵阳产山鲜花浸膏再用水蒸气蒸馏法提取的精油主要成分为：芳樟醇8.35%）、3,4-二甲氧基苯甲酸（10.83%）、二十一烷（7.62%）、式-氧化芳樟醇（吡喃型）(4.56%）、二十三烷（3.17%）、香烯（3.15%）、水杨酸甲酯（2.43%）、棕榈酸（2.23%）、棕酸乙酯（1.69%）、对聚伞花素（1.47%）、顺式-氧化芳樟（1.40%）、萜烯-4(1.29%）、十九碳二烯酸甲酯（1.29%）、β-紫罗兰酮（1.22%）、棕榈酸甲酯（1.12%）等。余爱农等（2003）用60 H型硅胶吸收湖北恩施产山矾刚采摘的新鲜花头香的主要成分为：双花醇（25.01%）、L-芳樟醇（18.98%）、2,6-二甲基-3,7-辛二烯-2,6-二醇（10.17%）、3,4,5-三甲氧基甲苯（7.35%）、反式-氧化芳樟醇（6.24%）、氧化橙花醇（3.09%）、十七烷（2.89%）、2,6-二叔丁基对甲苯酚（2.61%）、十五烷（2.55%）、紫丁香醇（2.37%）、乙苯（2.00%）、十六烷（1.38%）、4-甲基-2,6-二叔丁基-4-羟基-2,5-环己二烯-1-酮（1.09%）、顺式-氧化芳樟醇（1.08%）等。

【利用】根、叶、花均药用，有清热利湿、理气化痰的功效，主治黄疸、咳嗽、关节炎；外用治疗急性扁桃体炎、鹅口疮。果实榨油，可作机械润滑油及制皂。木材可制作家具、农具或其他工具。叶可作媒染剂。是优良的中型庭园苗木。

白花菜

Cleome gynandra Linn.

山柑科　白花菜属
别名：羊角菜、白花草、五梅草、臭花菜
分布：广域分布种，我国自海南岛到北京，云南到台湾均有分布

【形态特征】一年生直立分枝草本，高1 m左右，常被腺毛。叶为3～7小叶的掌状复叶，小叶倒卵状椭圆形、倒披针形或菱形，基部楔形至渐狭延成小叶柄，边缘有细锯齿或有腺纤毛，中央小叶最大，长1～5 cm，宽8～16 mm，侧生小叶依次

变小。总状花序长15～30 cm；苞片由3枚小叶组成；萼片分离，披针形、椭圆形或卵形，被腺毛；花瓣白色，少有淡黄色或淡紫色，有爪，瓣片近圆形或阔倒卵形，宽2～6 mm。果圆柱形；长3～8 cm，中部直径3～4 mm。种子近扁球形，黑褐色，长1.2～1.8 mm，宽1.1～1.7 mm，高0.7～1 mm，表面有横向皱纹或具有疣状小突起，爪开张，似彼此连生。花果期7～10月。

【生长习性】低海拔村边、道旁、荒地或田野间常见。

【精油含量】水蒸气蒸馏法提取种子的得油率为3.20%。

【芳香成分】耿红梅等（2014）用水蒸气蒸馏法提取的成熟种子精油的主要成分为：反-9-十八碳烯酸（17.14%）、n-十六酸（9.91%）、n-癸酸（8.62%）、1,13-十四碳二烯（7.89%）、亚油酸（5.32%）、庚酸（4.21%）、11-碳二十六炔（4.19%）、10-二十一烷烯（3.92%）、(反)-11-十六碳烯醇（2.37 %）、1-二十二烯（1.52 %）、辛酸（1.42%）、9-甲基-二环[3.3.1]烷（1.39%）、1-十九烷基烯（1.38%）、2-甲基-1-十五烷（1.06%）等。

【利用】嫩茎叶可供蔬食，亦可腌食。种子碾粉功能似末，供药用，有杀头虱、家畜及植物寄生虫之效；种子煎剂服可驱肠道寄生虫；煎剂外用能治疗创伤脓肿。全草入药，毒，主治下气，煎水洗痔；捣烂敷治风湿痹痛；擂酒饮止制成混敷剂，能治疗头痛、局部疼痛及预防化脓累积。

爪瓣山柑

Capparis himalayensis Jafri

山柑科　山柑属

别名： 刺山柑、老鼠瓜、狼西瓜、野西瓜、槌果藤实、棰果藤、瓜儿菜、菠里克果

分布： 新疆、甘肃、内蒙古、西藏

【形态特征】平卧灌木，茎长50～100 cm；刺尖利，4～5 mm，苍黄色。叶椭圆形或近圆形，长1.3～3 cm，1.2～2 cm，鲜时肉质，干后革质，顶端有小凸尖头。花大，出腋生；花萼外轮近轴萼片浅囊状，远轴萼片舟状披针形，轮萼片长圆形，边缘有白色绒毛；花瓣异形异色，内侧黄色至绿色，质地增厚，边缘紧接，彼此紧贴，背部弯拱，被绒毛，藏于近轴萼片囊内，外侧膜质，白色，下面2个花分离，有长3～5 mm的爪，瓣片长圆状倒卵形。果椭圆形，2.5～3 cm，直径1.5～1.8 cm，干后暗绿色，表面有6～8条纵暗红色细棱；果皮薄，成熟后开裂，露出红色果肉与极多的子。种子肾形，直径约3 mm；种皮平滑，近赤褐色。花期6～月，果期8～9月。

【生长习性】生于海拔1100 m以下的平原、空旷田野、坡阳处。

【精油含量】水蒸气蒸馏法提取干燥果柄的得油率0.05%，干燥果实的得油率为0.20%，干燥种子的得油率1.12%；超临界萃取法提取种子的得油率为10.00%。

【芳香成分】叶：李国庆等（2009）用水蒸气蒸馏法提的新疆吐鲁番产爪瓣山柑阴干叶精油的主要成分为：丙基硫酸盐（22.98%）、5-甲基-1,2,4-三氮杂茂-3-硫醇（20.40%）、

基硫氰酸盐（15.65%）、丁基硫氰酸盐（11.95%）、甲基硫酸盐（9.74%）、六氢法呢基丙酮（2.91%）、(E)-香叶基丙酮31%）、法呢基丙酮（2.18%）等。

果实：白红进等（2007）用水蒸气蒸馏法提取的新疆车产野生爪瓣山柑干燥果实精油主要成分为：(Z,Z)-9,12-八碳二烯酸（26.40%）、棕榈酸（15.35%）、十八碳-9-烯（11.41%）、E-1-(2,6,6-三甲基-1,3-环己二烯基)-2-丁烯酮0.15%）、1,2-苯二酸-(2-甲基丙基)酯（5.77%）、邻苯二甲-(2-乙基己基)酯（4.41%）、2-甲氧基苯酚（2.94%）、肉豆酸（2.67%）、月桂酸（2.47%）、(Z,Z)-9,12-十八碳二烯酸甲（2.03%）、Z-11-棕榈酸（1.86%）、α-吡咯乙酮（1.04%）、榈酸甲酯（1.02%）等。谢丽琼等（2007）用同法分析的疆托克逊产爪瓣山柑干燥果实精油的主要成分为：硫氰酸酯（63.06%）、异硫氰酸异丙酯（11.61%）、1-丁基异硫氰（6.00%）、邻苯二甲酸二丁酯（3.21%）、异丁基异硫氰酸.47%）、生育酚（1.64%）等。赵小亮等（2007）用同法分析新疆库车产野生爪瓣山柑干燥果柄精油的主要成分为：棕酸（44.80%）、亚油酸（7.53%）、6,10,14-三甲基-2-十五烷（3.29%）、肉豆蔻酸（1.40%）、邻苯二甲丁基十一烷基酯.36%）、1-氨基-1-正-氯苯-2-(2-对二萘基)乙烯（1.33%）、月酸（1.27%）、十五酸（1.22%）、[(2-氟苯)甲基]-1H-嘌呤-6-（1.05%）等。张轩晨等（2017）用顶空固相微萃取法提取的疆吐鲁番产爪瓣山柑干燥成熟果实挥发油的主要成分为：异硫氰酸甲酯（88.66%）、异硫氰酸仲丁酯（4.84%）、异硫氰酸异丙酯（3.79%）、异硫氰酸异丁酯（2.27%）等。

种子：美丽万·阿不都热依木等（2009）用水蒸气蒸馏法提取的新疆产爪瓣山柑干燥种子精油的主要成分为：双-2-乙基己基-己二酸（66.50%）、1-甲氧基-4-(1-丙烯基)苯（12.50%）、异硫氰酸异丙酯（6.00%）、异硫氰酸异丁酯（6.00%）、6-甲基-5-庚烯-2-酮（3.50%）、苯甲醛（1.40%）等。

【利用】爪瓣山柑是一种优良的固沙植物；种子可榨油。

钝叶鱼木

Crateva trifoliata (Roxb.) B. S. Sun

山柑科　鱼木属
别名：赤果鱼木
分布：广东、广西、海南、云南等地

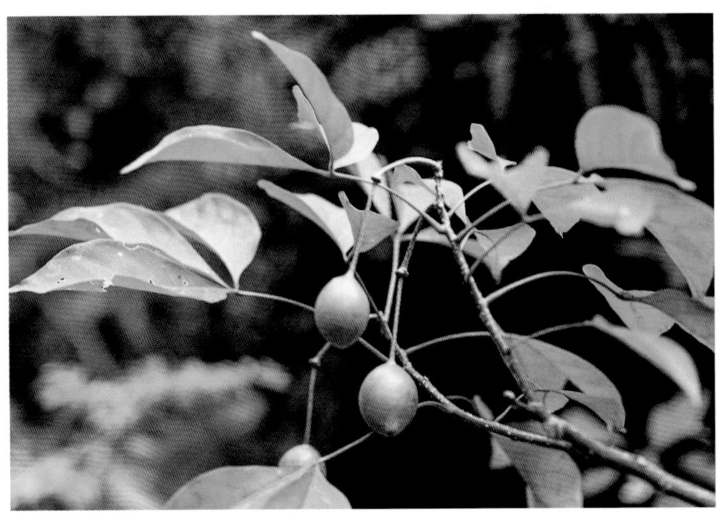

【形态特征】乔木或灌木，高1.5～30 m。小叶幼时质薄，长成时近革质，干后呈淡红褐色，椭圆形或倒卵形，顶端圆急尖或钝急尖，侧生小叶基部两侧略不对称，花枝上的小叶略小，长度小于8.5 cm，宽2.5～3.5 cm，营养枝上的小叶稍大，长达10.5 cm，宽4～6 cm，中脉与侧脉为淡红色。数花在近顶部腋生或多至12花排成明显的花序；萼片长3～5 mm，宽2～3 mm，干后橘红色；花瓣白色转黄色，爪长4～8 mm，瓣片顶端圆形，长10～20 mm，宽10～13 mm。果球形，长

2.5～4 cm，直径2.5～3.5 cm，成熟时呈红紫褐色；种子多数，肾形，较小，长约6 mm，宽约5 mm，高约2.5 mm，种皮平滑，暗黑褐色。花期3～5月，果期8～9月。

【生长习性】生于沙地，石灰岩疏林或竹林中，也见于海滨。

【芳香成分】宋小平等（2002）用水蒸气蒸馏法提取的钝叶鱼木新鲜叶精油的主要成分为：(E)-2-己烯-1-醇（9.02%）、(E)-3-己烯-1-醇（8.56%）、(Z)-3-己烯-1-醇（7.29%）、n-十六(烷)酸（7.00%）、3,7-二甲基-1,6-辛二烯-3-醇（5.29%）、石竹烯（4.35%）、邻苯二甲酸二丁酯（3.65%）、2,3-氢苯并呋喃（3.49%）、十六碳烯醛（2.86%）、5 H-1-氮茚（2.45%）、丁子香酚（2.29%）、(E)-3-己烯酸（2.18%）、α,α,4-三甲基-3-环己烯-1-甲醇（2.14%）、4-(2,6,6-三甲基-1-环己烯基)-3-丁烯-2-酮（2.09%）、2-甲氧基-4-乙烯苯酚（1.77%）、石竹烯环氧化物（1.74%）、(E)-2-己烯酸（1.51%）、(Z)-3-己烯-1-醇醋酸酯（1.47%）、(Z)-2-戊烯-1-醇（1.47%）、2-甲基-2-环戊烯-1-酮（1.35%）、苄基腈（1.33%）、十二(烷)酸（1.31%）、1-戊烯-3-醇（1.03%）等。

【利用】叶具有破血、退热等功效，民间用来治疗结石、胃痛、扁桃体炎、关节炎，尤其是治疗骨质增生具有良好的药效。

神秘果

Synsepalum dulcificum Daniell

山榄科　神秘果属

分布：海南、云南、广西、广东等地

【形态特征】乔木或灌木，有时具有乳汁。单叶互生，近对生或对生，有时密聚于枝顶，通常革质，全缘，羽状脉。花单生或通常数朵簇生叶腋或老枝上，有时排列成聚伞花序，稀成总状或圆锥花序，两性，稀单性或杂性，辐射对称，具小苞片；花萼裂片通常4～6，稀至12，覆瓦状排列，或成2轮，基部联合；花冠合瓣，具有短管，裂片与花萼裂片同数或为其2倍，覆瓦状排列，通常全缘，有时于侧面或背部具有撕裂状或裂片状附属物。果为浆果，有时为核果状，果肉近果皮处成薄革质至骨质外皮。种子1至数枚，种皮褐色，有各种各样的疤痕。全年开花，花期4～6周，花后结果。

【生长习性】宜在高温、高湿的亚热带、热带地区种植，长适宜温度为20～30 ℃，田间种植以排水良好、富含有机pH4.5～5.8的酸性砂质土壤为宜。

【芳香成分】叶：卢圣楼等（2014）用水蒸气蒸馏法提的海南产神秘果新鲜叶精油的主要成分为：斯巴醇（24.19%柠檬烯（15.81%）、邻苯二酸二异辛酯（12.40%）、酞酸丁酯（10.33%）、棕榈酸（4.87%）、芳樟醇（2.14%）、樟（1.96%）、巨豆三烯酮（1.41%）、(E)-2-己烯酸（1.29%）、硬酸（1.28%）、香茅醛（1.19%）、4-乙基苯酚（1.10%）、α-松醇（1.09%）等。

果实：齐赛男等（2012）用超声波辅助法提取的海南海产神秘果干燥种子精油的主要成分为：棕榈酸（47.80%）、油

.44%)、(3α)-烷基-齐墩果烯(1.22%)、乙酸酯14-甲基十五酸甲酯(1.21%)等。

【利用】熟果可生食、制果汁。

澳洲坚果

acadamia ternifolia F. Muell.

龙眼科　澳洲坚果属

名:夏威夷果、澳洲核桃、昆士兰坚果、昆士兰栗、澳洲胡、昆士兰果

布:云南、广东、台湾、广西、福建、四川、贵州、重庆

【形态特征】乔木,高5~15 m。叶革质,通常3枚轮生或对生,长圆形至倒披针形,长5~15 cm,宽2~4.5 cm,顶端尖至圆钝,有时微凹,基部渐狭;侧脉7~12对;每侧边缘有疏生牙齿约10个,成龄树的叶近全缘。总状花序,腋生或顶生,长8~20 cm,疏被短柔毛;花淡黄色或白色;花梗长-4 mm;苞片近卵形,小;花被管长8~11 mm,直立,被短毛;花丝短,花药长约1.5 mm,药隔稍突出,短、钝;子房花柱基部被黄褐色长柔毛;花盘环状,具有齿缺。果球形,径约2.5 cm,顶端具短尖,果皮厚2~3 mm,开裂;种子通球形,种皮骨质,光滑,厚2~5 mm。花期4~5月(广州),期7~8月。

【生长习性】多见于植物园或农场。

【精油含量】同时蒸馏萃取法提取干燥花的得油率为0.27%;超临界萃取干燥花的得油率为0.76%。

【芳香成分】叶:朱泽燕等(2017)用顶空固相微萃取法提取的广西产澳洲坚果干燥幼叶精油的主要成分为:亚麻酸(22.21%)、甜橙素(15.79%)、棕榈酸(7.15%)、2-甲基庚烷(6.37%)、3-甲基庚烷(5.76%)、γ-谷甾醇(4.53%)、正二十一烷(3.66%)、9-辛基十七烷(3.64%)、二十四烷(3.46%)、三十烷(3.19%)、乙酸香茅酯(1.74%)、正二十烷(1.74%)、亚麻酸甲酯(1.60%)、棕榈酸甲酯(1.31%)、正十六烷(1.21%)、1-十九烯(1.09%)、9,12-二烯十八酸甲酯(1.07%)、14-甲基十五烷酸甲酯(1.00%)、亚油酸甲酯(1.00%)等。

花:刘劲芸等(2013)用同时蒸馏萃取法提取的云南西双版纳产澳洲坚果干燥花精油的主要成分为:环氧芳樟醇(10.89%)、乙偶姻(5.00%)、苯乙醇(4.88%)、苯甲醇(4.25%)、2,3-丁二醇(3.90%)、正丁醛(3.87%)、苯甲基-D-

葡萄糖苷（3.31%）、苯乙醛（2.54%）、3-甲基-2-戊酮（2.48%）、异植醇（2.42%）、十七烷酸（2.37%）、戊醛（1.58%）、乙二酸（1.23%）、反式-氧化芳樟醇（1.14%）、正己醛（1.11%）、正丙苯（1.07%）等。郭刚军等（2013）用超临界CO_2萃取法提取的云南西双版纳产澳洲坚果干燥花精油的主要成分为：苯乙醇（8.75%）、4-羟基苯甲醛（6.88%）、反-吡喃型芳樟醇氧化物（6.25%）、苯乙酸（5.94%）、9-氧代壬酸（4.38%）、菲（4.38%）、α-苄基苯乙醇（4.22%）、苯甲醇（3.75%）、庚醛（2.97%）、庚酸（2.66%）、顺-吡喃型芳樟醇氧化物（2.66%）、6,10,14-三甲基-2-十五烷酮（2.34%）、桂酸（2.19%）、己酸（2.03%）、乙酸苯乙酯（1.88%）、15-羟基十五烷酸（1.88%）、苯乙酸乙酯（1.72 %）、壬醛（1.56%）、4-甲氧基苯乙酸乙酯（1.56%）、异橄香素（1.56%）、壬酸（1.41%）、芳樟醇（1.25 %）等。欧华等（2011）用顶空固相微萃取法提取的广东湛江产‘南亚2号’澳洲坚果新鲜开放花挥发油的主要成分为：苯乙醛（38.15%）、苯甲醛（7.28%）、苯乙腈（6.49%）、2-苯乙酸乙酯（3.68%）、苯甲酸甲酯（2.28%）、苯乙醇（1.58%）、3-蒈烯（1.45%）、(Z)-3,7-二甲基-1,3,6-十八烷三烯（1.31%）、3-甲基-3-环己烯-1-酮（1.08%）等。

果实：芦燕玲等（2012）用顶空萃取法提取的云南德宏产澳洲坚果干燥果壳挥发油的主要成分为：棕榈酸（29.03%）、E-9-油酸甲酯（12.22%）、2,2-二甲氧基-1,2-二苯基（4.94%）、verticellol（3.83%）、表六氢二甲基异丙基萘（2.95%）、4-羟基-3-甲氧基苄基甲酸甲酯（2.50%）、二-(2-乙基己基)-邻苯甲酸酯（2.50%）、杜松烯（2.49%）、5α,6β,17β-6,17-二羟基-烷-3-酮（2.28%）、Z-13-油酸甲酯（2.19%）、壬醛（2.18% 3-甲基-5-(1-甲基乙基)-甲基甲胺-苯酚（1.86%）、α-二去氢蒲烯（1.81%）、2-乙基-1-甲氧基苯（1.67%）、1,2,3,5,6,8a-氢化-4,7-二甲基萘（1.63%）、1-(1,5-二甲基-4-己烯基)-4-基苯（1.45%）、γ-芹子烯（1.42%）、糠醛（1.41%）、γ-松油（1.38%）、正十五烷（1.32%）、1,2,3,4-四氢化-1,6-二甲基-4-甲基乙基)-萘（1.13 %）、1,2,3,5-四甲基苯（1.02%）等。

【利用】果为著名的干果，种子供食用。木材红色，适宜细木工或家具等。

调羹树

Heliciopsis lobata (Merr.) Sleum.

山龙眼科　假山龙眼属
别名：海南裂叶山龙眼、那托、定朗
分布：海南、广东

【形态特征】乔木，高15～20 m；幼枝、叶被紧贴锈色毛。叶二形，革质，全缘叶长圆形，长10～25 cm，宽5～7 c顶端短渐尖，基部楔形；分裂叶轮廓近椭圆形，长20～60 c宽20～40 cm，通常具有2～8对羽状深裂片，有时为3裂叶。序生长于小枝已落叶腋部，雄花序长7～12 cm，被毛；雄苞片披针形，长约1 mm；花被管长8～12 mm，淡黄色，被毛；腺体4枚。雌花序长2～5 cm，被毛；雌花：花被管长10 mm，被疏毛；腺体4枚。果椭圆状或卵状椭圆形，两侧扁，长7～9 cm，直径5～6 cm，外果皮革质，黄绿色，中果肉质，干后残留密生的软纤维，紧附于内果皮，内果皮木质花期5～7月，果期11～12月。

【生长习性】生于海拔50～750 m山地、山谷、溪畔热带润阔叶林中。

【精油含量】超临界萃取干燥叶的得油率为2.4%～2.8%。

【芳香成分】靳德军等（2009）用超临界CO_2萃取法提的海南乐东产调羹树干燥叶精油的主要成分为：邻苯二甲二(2-乙基己基)酯（15.42%）、百秋里醇（13.86%）、二十九烷（11.37%）、1-脱氢睾酮（7.83%）、3,5-二烯豆甾烷（6.79%

甲基二环[4.1.0]庚烷（5.18%）、(1α,2β,5α)-2,6,6-三甲基二[3.1.1]庚烷（5.09%）、邻苯二甲酸二丁酯（3.38%）、维生素3.03%）、十六酸乙酯（2.89%）、植醇（2.34%）、11,14,17-十碳三烯酸甲酯（2.04%）、(1α,3aα,7α,8aβ)-2,3,6,7,8,8a-六-1,4,9,9-四甲基-1 H-3a,7-亚甲基薁（1.84%）、[2 R-[2 R*R*,8 R*)]]-3,4-二氢-2,8-二甲基-2-(4,8,12-三甲基十三基)-2 H-1-苯并吡喃-6-醇（1.69%）、[3aR-(3aα,7α,9aβ)]-,5,6,7,8,9,9a-八氢-1,1,7-三甲基-3a,7-亚甲基-3aH-环二烯并环辛四烯（1.63%）、[1aR-(1aα,7α,7aα,7 bα)]-,2,3,5,6,7,7a,7 b-八氢-1,1,7,7a–四甲基-1 H-环丙烷萘39%）、6-甲氧基-3-乙酰胺基-2-甲基吡啶（1.33%）、二十八（1.17%）等。

【利用】木材细致，心材红色，适宜做家具等。种子煮熟并漂浸后，可食用。

山茱萸

rnus officinalis Sieb. et Zucc.

茱萸科　山茱萸属

名：山萸肉、药枣、枣皮、石滚枣

布：山西、陕西、甘肃、山东、江苏、浙江、安徽、江西、南、湖南等地

【形态特征】落叶乔木或灌木，高4～10 m；树皮灰褐。冬芽顶生及腋生，卵形至披针形，被黄褐色短柔毛。叶生，纸质，卵状披针形或卵状椭圆形，长5.5～10 cm，宽～4.5 cm，先端渐尖，基部宽楔形或近于圆形，全缘，叶面色，叶背浅绿色，稀被白色贴生短柔毛。伞形花序生于枝侧，总苞片4，卵形，厚纸质至革质，长约8 mm，带紫色；花小，两性，先叶开放；花萼裂片4，阔三角形，与花盘等长或稍长，长约0.6 mm；花瓣4，舌状披针形，长3.3 mm，黄色，向外反卷。核果长椭圆形，长1.2～1.7 cm，直径5～7 mm，红色至紫红色；核骨质，狭椭圆形，长约12 mm，有肋纹。花期3～4月；果期9～10月。

【生长习性】生于海拔400～2100 m的林缘或森林中。喜温暖湿润气候，喜阳光，较耐寒，幼树怕旱。

【精油含量】水蒸气蒸馏法提取果实或果肉的得油率为0.32%～2.16%；超临界萃取果实或果肉的得油率为0.53%～2.42%。

【芳香成分】**叶：**马亚荣等（2017）用顶空固相微萃取法提取的陕西西安产山茱萸干燥叶挥发油的主要成分为：(E)-2-己烯醛（49.66%）、(1R)-(+)-α-蒎烯（8.87%）、4-甲基环己醇（5.11%）、己醛（4.09%）、1-戊烯-3-醇（3.60%）、3-己烯-1-醇（3.09%）、(Z)-3-己烯-1-醇（2.45%）、硬脂酸异丁酯（1.80%）、石竹烯（1.73%）、DL-2,3-丁二醇（1.15%）、4-甲基-1-(1-甲基乙基)双环[3.1.0]-2-己烯（1.14%）、D-柠檬烯（1.10%）、2-甲基丙酸（1.08%）等。

果实：曾富佳等（2013）用水蒸气蒸馏法提取的贵州产山茱萸干燥成熟果实精油的主要成分为：肉桂酸乙酯（21.90%）、4-甲氧基-2-(5-丙烯基)-1,2-苯并二茂（8.53%）、邻苯二甲酸丁酯（3.63%）、龙脑（3.37%）、茴香脑（3.33%）、α-可巴烯（2.86%）、α-松油醇（2.63%）、2-丙烯酸，3-(4-甲氧基苯基)-乙基酯（2.56%）、己醛（2.54%）、α-可巴烯（2.44%）、α-雪松醇（2.33%）、2-羟基-4-甲氧基苯甲醛（2.07%）、1-甲基-4-异丙烯基苯（1.90%）、萜品烯-4-醇（1.81%）、1,4-二甲基-7-(1-甲基乙基)薁（1.81%）、异龙脑（1.64%）、(-)-δ-芹子烯（1.64%）、棕

榈酸，1-甲基乙基酯（1.47%）、壬醛（1.41%）、顺式-环氧芳樟醇（1.25%）、γ-古芸烯（1.25%）、柠檬烯（1.23%）、2-甲基-4-羟基苯乙酮（1.21%）、α-白菖考烯（1.21%）、蒽（1.14%）、金合欢醇（1.07%）、芳樟醇（1.02%）等。王学斌等（2006）用同法分析的山西产山茱萸果肉精油的主要成分为：棕榈酸（17.17%）、十七烷（10.57%）、十八烷（7.25%）、9,12,15-十八碳三烯酸（6.03%）、十六烷（4.37%）、十九烷（4.20%）、9,12-十八碳二烯酸（3.94%）、2-甲基十七烷（3.48%）、1-乙酰基-4,6,8-三甲基甘菊环（3.31%）、7-羟基卡达烯（3.13%）、2,6,10,14-四甲基十五烷（2.86%）、2-甲基十六烷（1.89%）、玷𤩽烯（1.89%）、8-甲基十七烷（1.50%）、二十烷（1.46%）、α-杜松醇（1.44%）、2,6,10-三甲基十五烷（1.37%）、邻苯二甲酸二异辛酯（1.14%）等。韩志慧等（2006）用同法分析的河南西峡产山茱萸干燥果肉精油的主要成分为：邻苯二甲酸二异丁酯（25.12%）、邻苯二甲酸二丁酯（18.85%）、乙酸（5.45%）、糠醛（4.64%）、二十二碳烯（3.07%）、E-5-二十碳烯（3.02%）、2,4-二苯基-4-甲基-2(E)-戊烯（2.53%）、邻苯二甲酸二甲酯（2.48%）、环二十四烷（2.18%）、1-十八碳烯（2.15%）、反-氧化芳樟醇（1.95%）、对二甲苯（1.57%）、石烯醇（1.47%）、2,4-二叔丁基苯酚（1.40%）、二十一烷（1.30%）、2,6,10,14-四甲基十六烷（1.18%）、邻二甲苯（1.16%）、顺-氧化芳樟醇（1.08%）等。

【利用】果实入药，称“萸肉”，有补肝益肾、涩精固脱之功效，为收敛性强壮药，用于治疗眩晕耳鸣、腰膝酸痛、阳痿遗精、遗尿尿频、崩漏带下、大汗虚脱、内热消渴、心摇脉散。干燥成熟果实，始载于《神农本草经》，本品酸、涩，微温，归肝、肾经，具有补肝益肾、涩精固脱之功效。

头状四照花

Dendrobenthamia capitata (Wall.) Hutch.

山茱萸科　四照花属

别名：鸡嗦子、野荔枝、山覆盆

分布：浙江、湖北、广西、四川、贵州、云南、西藏等地

【形态特征】常绿乔木，稀灌木，高3～20 m；树皮褐色或灰黑色，纵裂。冬芽小，圆锥形，密被白色细毛。叶对生，薄革质或革质，长圆椭圆形或长圆披针形，长5.5～11 cm，宽2～4 cm，先端突尖，有时具有短尖尾，基部楔形或宽楔形，面亮绿色，被白色贴生短柔毛，叶背灰绿色，密被白色较粗贴生短柔毛。头状花序球形，约为100朵绿色花聚集而成，径1.2 cm；总苞片4，白色，倒卵形或阔倒卵形，基部狭窄，面微被贴生短柔毛；花萼管状，外侧密被白色细毛及少数褐毛；花瓣4，长圆形，下面被有白色贴生短柔毛。果序扁球直径1.5～2.4 cm，成熟时紫红色。花期5～6月；果期9～10

【生长习性】生于海拔1300～3150 m的混交林中。

【芳香成分】孙晶等（2015）用水蒸气蒸馏法提取的南寻甸产头状四照花叶精油的主要成分为：5,6,7,8,9,10-氢-6,7,8,9-四氧合-2-吩嗪甲酸（17.36%）、十八醛（11.04%2-氟代-N-[2-(2-糠基氨基)乙氧羰基]苯甲酰胺（9.37%）、二烷（6.97%）、1-甲基-5-硝基吡唑（4.59%）、10-甲基二十（3.46%）、β-紫罗兰酮（2.44%）、顺-5-三甲基-5-乙烯基四化呋喃-2-甲醇（2.09%）、乙酸橙花叔醇酯（2.06%）、(Z,I3,7,11-三甲基-1,3,6,10-十二碳四烯（2.05%）、1α-(环己基甲基4β-乙基环己烷（1.99%）、6,10,14-三甲基-2-十五烷酮（1.74%(2E,6E,10E)-3,7,11,15-四甲基-2,6,10,14-十六碳四烯-1-醇乙酯（1.65%）、2,6,10,14-四甲基十七烷（1.63%）、1-溴二十四（1.61%）、(9Z,12Z,15Z)-9,12,15-十八碳三烯-1-醇（1.55%3-(2-戊烯)-1,2,4-环戊三酮（1.48%）、十五醛（1.41%）、亚

(1.38%)、4,7-二甲基-5-癸炔-4,7-二醇(1.37%)、玷𤥻烯
)8%)等。

【利用】树皮可供药用。枝、叶可提取单宁。果供食用。

柳杉

yptomeria fortunei Hooibrenk ex Otto et Dietr.

科　柳杉属
名：孔雀杉、泡杉、长叶柳杉、长叶孔雀松
布：我国特有浙江、福建、江西、江苏、安徽、河南、湖南、北、云南、贵州、四川、广东、广西、山东

【形态特征】乔木，高达40 m，胸径可达2 m多；树皮红棕，纤维状，裂成长条片脱落；小枝中部的叶较长，常向两端渐变短。叶钻形略向内弯曲，先端内曲，四边有气孔线，长~1.5 cm，果枝的叶通常较短，有时长不及1 cm，幼树及萌芽的叶长达2.4 cm。雄球花单生叶腋，长椭圆形，长约7 mm，生于小枝上部，成短穗状花序；雌球花顶生于短枝上。球果球形或扁球形，径1～2 cm；种鳞20左右，上部有4～7短三形裂齿，鳞背有一个三角状分离的苞鳞尖头，能育的种鳞2粒种子；种子褐色，近椭圆形，扁平，长4～6.5 mm，宽~3.5 mm，边缘有窄翅。花期4月，球果10月成熟。

【生长习性】幼龄能稍耐阴。在温暖湿润的气候和土壤酸性、肥厚而排水良好的山地，生长较快。在寒凉较干、土层瘠薄的地方生长不良。

【精油含量】水蒸气蒸馏法提取枝叶的得油率为0.62%。

【芳香成分】朱亮锋等（1993）用水蒸气蒸馏法提取的江西井冈山产柳杉枝叶精油的主要成分为：罗汉松烯（39.50%）、松油醇-4（7.60%）、β-松叶醇（3.99%）、乙酸龙脑酯（2.53%）、γ-松油烯（1.04%）等。

【利用】木材可供房屋建筑、电杆、器具、家具及造纸原料等用材。为园林树种。树皮入药，可治疥疮。枝叶精油可开发为天然香料原料。

池杉

Taxodium ascendens Brongn.

杉科　落羽杉属
别名： 池柏、沼落羽松、落雨柏
分布： 江苏、浙江、河南、湖北有栽培

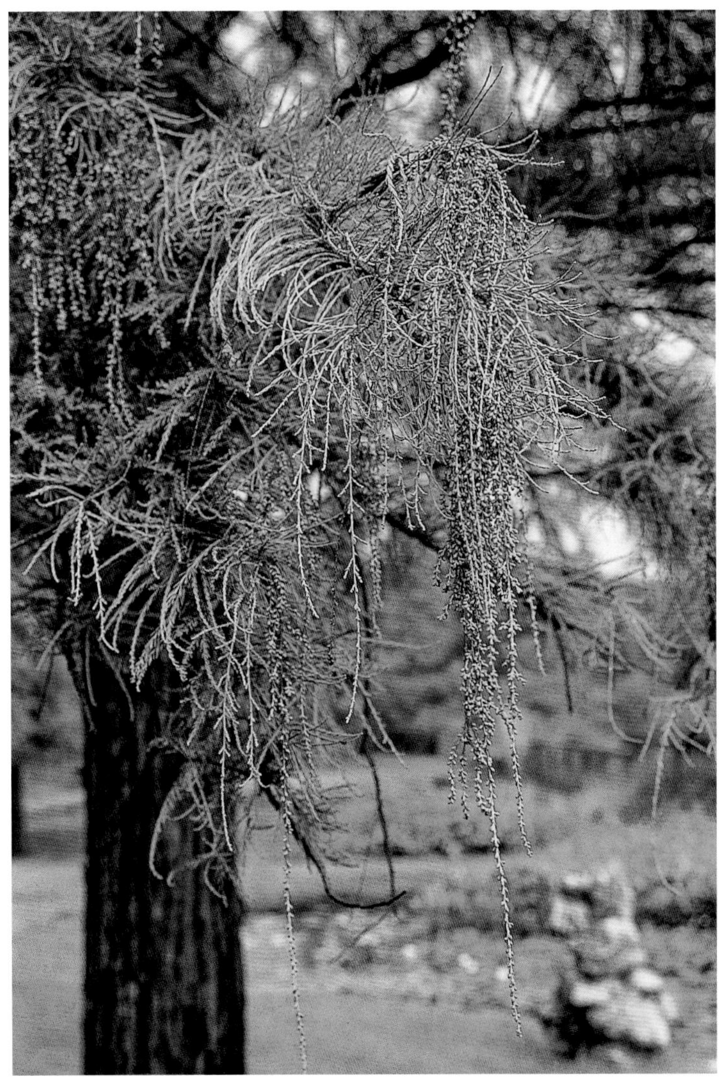

【形态特征】乔木，在原产地高达25 m；树干基部膨大，通常有屈膝状的呼吸根；树皮褐色，纵裂，成长条片脱落；当年生小枝绿色，微向下弯垂，二年生小枝褐红色。叶钻形，微内曲，在枝上螺旋状伸展，上部微向外伸展或近直展，下部通常贴近小枝，基部下延，长4～10 mm，基部宽约1 mm，向上渐窄，先端有渐尖的锐尖头，叶背有棱脊，叶面中脉微隆起，

每边有2～4条气孔线.球果圆球形或矩圆状球形，有短梗，向下斜垂，熟时褐黄色，长2～4 cm，径1.8～3 cm；种鳞木质，盾形，中部种鳞高1.5～2 cm；种子不规则三角形，微扁，红褐色，长1.3～1.8 cm，宽0.5～1.1 cm，边缘有锐脊。花期3～4月，球果10月成熟。

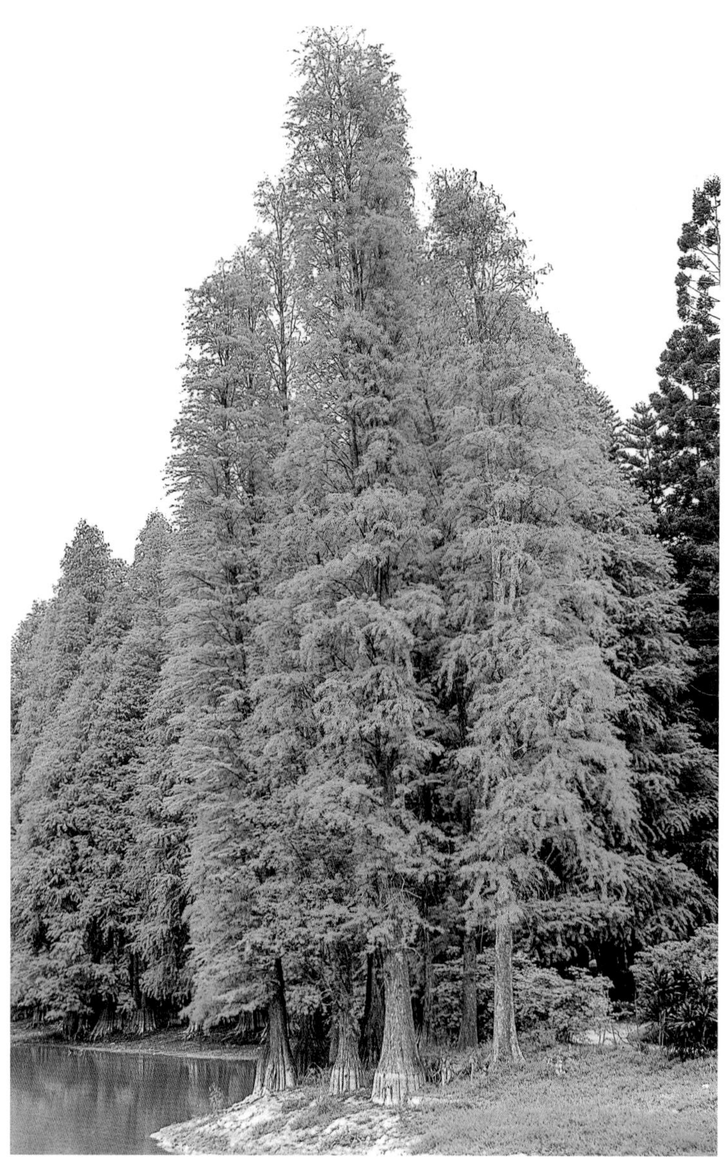

【生长习性】生于沼泽地区及水湿地上，耐水湿，但不喜水。喜生于低海拔平原湖沼地区。喜光，不耐庇荫，抗风性较强。不耐盐，pH一般应小于7。

【精油含量】水蒸气蒸馏法提取枝叶的得油率为0.3%～0.5%，新鲜叶的得油率为0.21%，新鲜球果的得油率为0.66%。

【芳香成分】叶：单体江等（2016）用水蒸气蒸馏法提取的广东广州产池杉新鲜叶精油的主要成分为：(1R)-α-蒎烯（70.15%）、α-松油醇（7.07%）、4-蒈烯（2.03%）、β-蒎烯（2.01%）、柠檬烯（1.73%）、(3aS,3 bR,4 S,7 R,7aR)-7-甲基-3-亚甲基-4-(丙烷-2-基)-八氢-1 H-环戊[1,3]环丙[1,2]苯（1.47%）、β-杜松烯（1.10%）、莰烯（1.05%）等。

枝叶：朱亮锋等（1993）用水蒸气蒸馏法提取的广东广州产池杉枝叶精油的主要成分为：α-蒎烯（70.99%）、间伞花烃（6.82%）、柠檬烯（3.92%）、β-月桂烯（2.31%）、3-己烯醇（1.62%）、β-蒎烯（1.44%）、丙基环丙烷（1.39%）、α-松油醇（1.38%）、2-己烯醛（1.06%）、莰烯（1.05%）等。

果实：单体江等（2016）用水蒸气蒸馏法提取的广东广产池杉新鲜球果精油的主要成分为：(1R)-α-蒎烯（78.61%铁锈罗汉柏醇（4.28%）、4-蒈烯（3.36%）、柠檬烯（2.32%）、萜品烯（2.18%）、桧烯（1.59%）等。

【利用】为低湿地的造林树种或作庭园树。木材可作建筑电杆、家具、造船等用。枝叶精油可作松节油之用。

杉木

Cunninghamia lanceolata (Lamb.) Hook.

杉科　杉木属

别名： 刺杉、沙木、沙树、正木、正杉、木头树、刺杉、杉

分布： 北自秦岭淮河以南，南至雷州半岛，东自浙江、福建西至青藏高原均有

【形态特征】乔木，高达30 m，胸径可达2.5～3 m；树皮褐色，裂成长条片脱落；冬芽近圆形，有小型叶状的芽鳞，芽圆球形、较大。主枝上的叶辐射伸展，侧枝上叶基部扭转二列状，披针形或条状披针形，通常微弯、呈镰状，革质、硬，长2～6 cm，宽3～5 mm，边缘有细缺齿，两面有气孔带老树上叶较窄短、较厚。雄球花圆锥状，通常40余个簇生枝顶雌球花单生或2～4个集生，绿色，苞鳞横椭圆形，边缘膜质有细齿。球果卵圆形，长2.5～5 cm，径3～4 cm；苞鳞革质棕黄色，三角状卵形，先端有坚硬的刺状尖头，边缘有锯齿

鳞很小，先端三裂，有细锯齿，种子3粒；扁平，遮盖着种
长卵形或矩圆形，暗褐色，两侧边缘有窄翅，长7～8 mm，
5 mm。花期4月，球果10月下旬成熟。

【生长习性】生于海拔2500 m以下。阳性树种，喜温暖湿气候，气温低于-10 ℃则受冻害。喜肥沃、深厚、排水良好土壤，忌积水和盐性土，土壤瘠薄和干旱生长不良。

【精油含量】水蒸气蒸馏法提取根的得油率为1.95%～29%，木材的得油率为0.10%～3.11%，树皮的得油率为28%；隔氧干馏根的得油率为6.08%，木材的得油率为5.86%；临界萃取心材的得油率为0.99%。

【芳香成分】根：孙凌峰（2000）用水蒸气蒸馏法提取的江西遂川产杉木根精油的主要成分为：柏木醇（39.48%）、γ-松油烯（9.87%）、δ-榄香烯（7.89%）、β-石竹烯（6.16%）、α-蒎烯（3.67%）、异龙脑（3.59%）、β-红没药烯（2.72%）、d-柠檬烯（1.74%）、α-白菖烯（1.69%）、β-榄香烯（1.69%）、β-杜松烯（1.66%）、樟脑（1.42%）、泪杉醇（1.19%）、愈创木醇（1.13%）等。

茎：叶舟等（2005）用水蒸气蒸馏法提取的福建产杉木新鲜心材精油的主要成分为：柏木脑（76.27%）、对-薄荷-1-烯-8-醇（5.03%）、1,3,3-三甲基-2-(1-甲基-1-丁烯-1-基)-1-环己烯（4.29%）、[3 R-(3α,3aβ,7β,8aα)]-2,3,4,7,8,8a-六氢-3,6,8,8-四甲基-1 H-3a,7-甲醇薁（2.42%）、罗汉柏烯-I3（1.77%）、表雪

松醇（1.45%）、[1 R-(1α,3aβ,4α,7β)]-1,2,3,3a,4,5,6,7-八氢-1,4-二甲基-7-(1-甲基乙烯基)-薁（1.36%）等。

叶：高雪芹等（2006）用乙醇提取-石油醚溶解法提取的安徽九华山产杉木叶精油的主要成分为：十八酸-2-羟基-1,3-丙二酯（16.93%）、二十七烷（15.18%）、棕榈酸-2-(十八烷氧基)乙酯（11.04%）、三十七醇（6.88%）、油酸（6.53%）、棕榈酸乙酯（4.59%）、2,3-二甲基-2-戊烯（4.43%）、2,6,11,15-四甲基十六烷（3.97%）、2,6,11-三甲基十二烷（3.51%）、棕榈酸-1-羟甲基-1,2-二乙醇二酯（2.42%）、(顺)-9-十八烯酸-(2-苯基-1,3-二氧戊烷-4-基)甲酯（2.39%）、(Z,Z,Z)-9,12,15-十八三烯酸-2,3-二羟基丙酯（2.38%）、(Z)-7-十六碳烯醛（2.33%）、十九烷（2.23%）、1-己炔-3-醇（1.73%）、(3β,22 E)-麦角甾-5,22-二烯-3-醇-乙酸酯（1.70%）、2,4-双(1,1-二甲基乙基)苯酚（1.50%）、2-甲基二十烷（1.39%）、2,3,3-三甲基-1-己烯（1.17%）、2-异丙基-5-甲基-1-庚醇（1.10%）、对二甲苯（1.04%）、2,4-二甲基庚烯（1.01%）等。

【利用】杉木是我国南方主要建筑用材，木材供建筑、桥梁、造船、矿柱、木桩、电杆、家具及木纤维工业原料等用。树皮含单宁。木材精油用于香料调香、加香。

水杉

Metasequoia glyptostroboides Hu et Cheng

杉科　水杉属

分布：我国特有。全国各地普遍引种，北至辽宁，南至广东，东至江苏、浙江，西至云南、四川、陕西，湖北、江苏、安徽、江西、湖南等地

【形态特征】乔木，高达35 m，胸径达2.5 m；树干基部常膨大；树皮灰色，成长条状脱落；侧生小枝排成羽状；冬芽卵圆形或椭圆形，顶端钝，芽鳞宽卵形，先端圆或钝，背面有纵脊。叶条形，长0.8～3.5 cm，宽1～2.5 mm，叶在侧生小枝上列成二列，羽状。球果下垂，近四棱状球形或矩圆状球形，熟时深褐色，长1.8～2.5 cm，径1.6～2.5 cm，梗长2～4 cm，其上有交叉对生的条形叶；种鳞木质，盾形，通常11～12对，交叉对生，鳞顶扁菱形，中央有一条横槽，基部楔形，高7～9 mm，能育种鳞有5～9粒种子；种子扁平，倒卵形，间或圆形或矩圆形，周围有翅，先端有凹缺。花期2月下旬，球果11月成熟。

【生长习性】生于海拔750～1500 m、气候温和、夏秋雨、酸性黄壤土地区。速生，喜光，耐寒，适应性强，在土深厚、湿润、肥沃的河滩冲积土和山地黄壤土生长旺盛；地水位过高、长期滞水的低湿地则生长不良。

【精油含量】水蒸气蒸馏法提取干燥叶的得油率为0.29%。

【芳香成分】叶：宋二颖等（1997）用水蒸气蒸馏法提的干燥叶精油的主要成分为：α-蒎烯（70.63%）、反式-丁烯（10.38%）、δ-3-蒈烯（2.09%）、氧化丁烯（1.68%）、

希（1.46%）、樟烯（1.42%）、β-蒎烯（1.32%）、葎草烯
30%）等。

种子：杨俊杰等（2010）用水蒸气蒸馏法提取的河南信阳
K杉成熟种子精油的主要成分为：1 R-α-蒎烯（46.36%）、柠
希（13.66%）、(1 S-内型)-1,7,7-三甲基-二环[2.2.1]庚-2-醇
俊酯（6.94%）、石竹烯氧化物（6.92%）、β-蒎烯（4.90%）、
S）-6,6-二甲基-2-亚甲基-二环[3.1.1]庚烷（4.81%）、莰烯
93%）、石竹烯（1.93%）等。

【利用】木材可供房屋建筑、板料、电杆、家具及木纤维工
原料等用。生长快，可作造林树种及四旁绿化树种，为著名
庭园树种。

台湾杉

iwania cryptomerioides Hayata

科　台湾杉属

名：台湾松、台杉

布：我国特有台湾

【形态特征】乔木，高达60 m，胸径3 m；枝平展，树冠
圆形。大树之叶钻形、腹背隆起，背脊和先端向内弯曲，
3～5 mm，两侧宽2～2.5 mm，腹面宽1～1.5 mm，稀长至
m，宽4.5 mm，四面均有气孔线，叶背每边8～10条，叶面
边8～9条；幼树及萌生枝上之叶的两侧扁的四棱钻形，微向内侧弯曲，先端锐尖，长达2.2 cm，宽约2 mm。雄球花2～5个簇生枝顶，雄蕊10～15枚，雌球花球形，球果卵圆形或短圆柱形；中部种鳞长约7 mm，宽8 mm，上部边缘膜质，先端中央有突起的小尖头，背面先端下方有不明显的圆形腺点；种子长椭圆形或长椭圆状倒卵形，连翅长6 mm，径4.5 mm。球果10～11月成熟。

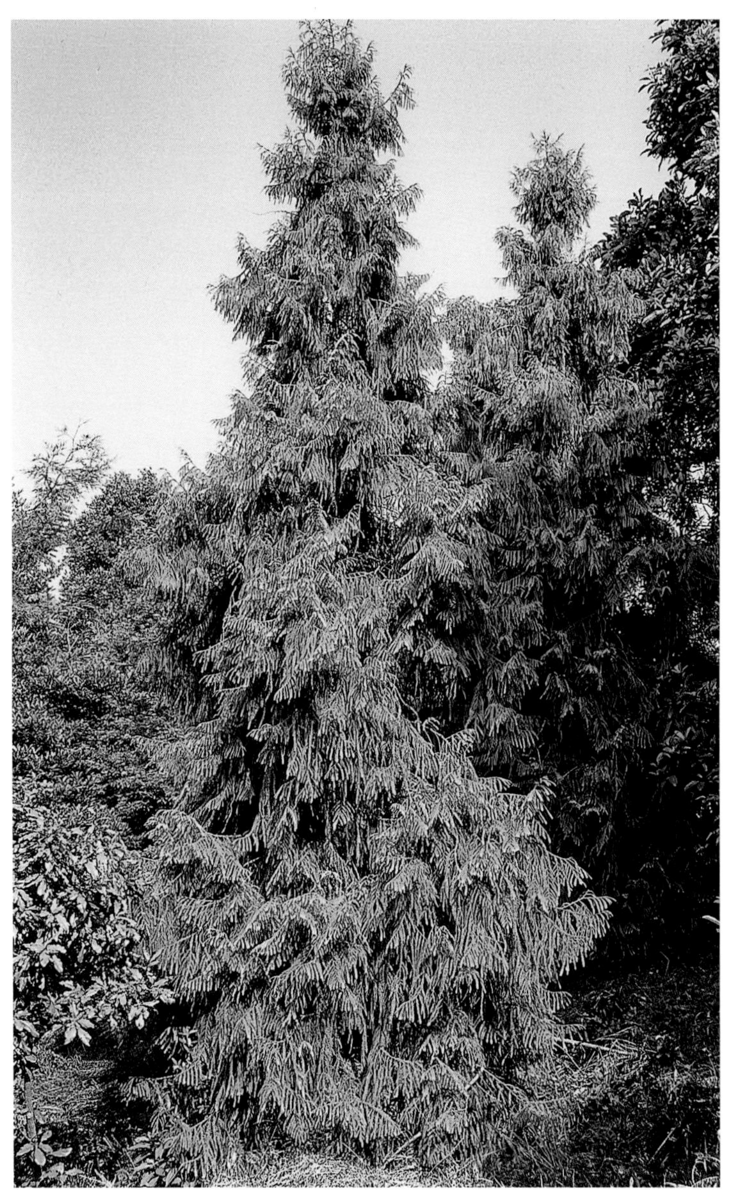

【生长习性】通常散生于海拔1800～2600 m的红桧及台湾扁柏林中。分布区夏热冬凉，雨量充沛，光照较少，相对湿度较大。土壤为山地黄壤类，酸性，pH4.0～5.3，质地为壤土，土层较深厚。

【精油含量】水蒸气蒸馏法提取新鲜叶的得油率为1.26%。

【芳香成分】龚玉霞等（2008）用水蒸气蒸馏法提取的江苏南京产台湾杉新鲜叶精油的主要成分为：蘑菇醇（22.46%）、二氢苯并呋喃（11.51%）、4-乙烯基-苯酚（9.48%）、乙酸松油酯（7.60%）、反式-2-己烯酸（6.94%）、α-杜松醇（6.42%）、tau-杜松醇（6.17%）、(-)-斯巴醇（4.79%）、石竹烯氧化物（4.54%）、L-4-松油醇（3.56%）、石竹烯（2.61%）、苯乙醛（1.48%）、邻苯二甲酸盐（1.48%）、L-α-萜品醇（1.37%）等。

【利用】为台湾的主要用材树种之一，木材可供建筑、桥梁、电杆、舟车、家具、板材及造纸原料等用材。也是台湾的主要造林树种。

垂序商陆

Phytolacca americana Linn.

商陆科　商陆属

别名：洋商陆、美国商陆、美洲商陆、美商陆

分布：河北、陕西、山东、江苏、浙江、江西、福建、河南、湖北、广东、四川、云南

【形态特征】多年生草本，高1～2 m。根粗壮，肥大，倒圆锥形。茎直立，圆柱形，有时带紫红色。叶片椭圆状卵形或卵状披针形，长9～18 cm，宽5～10 cm，顶端急尖，基部楔形；叶柄长1～4 cm。总状花序顶生或侧生，长5～20 cm；花梗长6～8 mm；花白色，微带红晕，直径约6 mm；花被片5，雄蕊、心皮及花柱通常均为10，心皮合生。果序下垂；浆果扁球形，熟时紫黑色；种子肾圆形，直径约3 mm。花期6～8月，果期8～10月。

【生长习性】原产北美洲，是一种入侵植物。

【精油含量】有机溶剂萃取法提取干燥根的得油率为0.50%～1.50%；超临界萃取法提取根的得油率为0.60%。

【芳香成分】贾金萍等（2003）用超临界CO_2萃取法提取的干燥根精油的主要成分为：2-甲基苯吡啶（6.99%）、二十一烷（3.23%）、带状网翼甾醇（3.15%）、2,6,10-三甲基十四烷（2.81%）、苄基喹啉（1.96%）、邻苯二甲酸二丁酯（1.82%）等

【利用】根供药用，有止咳、利尿、消肿的功能，治水肿、白带、风湿，并有催吐作用。种子利尿。叶有解热作用，并治脚气；外用可治无名肿毒及皮肤寄生虫病。全草可作农药。可观赏栽培。全株有毒，根及果实毒性最强。由于其根茎酷似人参，常被人误作人参服用。

商陆

Phytolacca acinosa Roxb.

商陆科　商陆属

别名：章柳、山萝卜、水萝卜、当陆、见肿消、王母牛、倒莲、金七娘、猪母耳、白母鸡、大苋菜、花商陆、苋陆、马

分布：除东北、内蒙古、青海、新疆外，全国各地均有

【形态特征】多年生草本，高0.5～1.5 m，全株无毛。根大，倒圆锥形。茎圆柱形，有纵沟，肉质，绿色或红紫色，分枝。叶片薄纸质，椭圆形、长椭圆形或披针状椭圆形，10～30 cm，宽4.5～15 cm，顶端急尖或渐尖，基部楔形，狭，两面散生细小白色斑点。总状花序顶生或与叶对生，圆状，密生多花；苞片线形，上部2枚小苞片线状披针形，均质；花两性，直径约8 mm；花被片5，白色、黄绿色，椭圆卵形或长圆形，顶端圆钝，长3～4 mm，宽约2 mm，大小

，花后常反折。果序直立；浆果扁球形，直径约7 mm，熟时黑色；种子肾形，黑色，长约3 mm，具有3棱。花期5～8月，期6～10月。

【生长习性】野生于海拔500～3400 m的沟谷、山坡林下、缘路旁，多生长于湿润肥沃地，喜生长于垃圾堆上。喜温暖、湿的气候和富含腐殖质的深厚砂壤土。

【精油含量】水蒸气蒸馏法提取阴干全草的得油率为5%；石油醚萃取法提取干燥块根的得油率为2.00%。

【芳香成分】刘瑞娟等（2010）用水蒸气蒸馏法提取的山日照产商陆阴干全草精油的主要成分为：棕榈酸（52.49%）、Z)-亚油酸（21.60%）、7-甲氧基-2,2,4,8-四甲基三环十一（4.64%）、正十五酸（3.51%）、7,10-十八碳二烯酸甲酯18%）、3,4-二甲基-1-苯基-3-吡唑啉（2.66%）、十六酸甲酯94%）、甲基1-哌啶酮（1.54%）、十八烷，3-乙基-5-(2-乙基酯)(1.43%)、邻苯二甲酸丁基十四烷基酯（1.16%）等。

【利用】根入药，有逐水消肿、通利二便、解毒散结的功，用于治水肿胀满、二便不通；外敷治痈肿疮毒。红根有剧，仅供外用。也可作兽药及农药。果实含鞣质，可提制栲胶。茎叶可供蔬食。根有毒，不能食用。

杯茎蛇菰

alanophora subcupularis P. C. Tam

菰科　蛇菰属

名：草狗肾

布：云南、广西、广东、湖南、江西、福建

【形态特征】草本，高2～8 cm；根茎淡黄褐色，直径～3 cm，通常呈杯状，密被颗粒状小疣瘤和明显淡黄色、星状小皮孔，顶端的裂鞘5裂，裂片近圆形或三角形，边缘啮状；花茎常被鳞苞片遮盖；鳞苞片3～8枚，互生，稍肉质，卵形或卵圆形，长达1.2 cm。花雌雄同株（序）；花序卵形或圆形，长约1.5 cm，顶端圆形；雄花着生于花序基部；近辐对称，花被4裂，裂片披针形或披针状椭圆形，中部以上内，顶端锐尖；雌花子房卵圆形或近圆形，直径约0.1 mm，有房柄，着生于附属体基部；附属体棍棒状，长0.5 mm，顶端，中部以下渐狭窄。花期9～11月。

【生长习性】生于海拔650～1450 m密林中。喜阴湿环境。

【芳香成分】宋雯昕等（2016）用水蒸气蒸馏法提取的贵州都匀产杯茎蛇菰干燥全草精油的主要成分为：2,5-二甲基噻吩（12.79%）、棕榈酸（3.30%）、香叶醇（2.26%）、4-乙基-2-甲氧基苯酚（1.77%）、3,7-二甲基-1,6-辛二烯-3-醇（1.22%）、正辛醛（1.08%）等。

【利用】全草药用，能清热解毒、凉血止血，用于咳嗽吐血、血崩、痔疮肿痛的治疗。

肾蕨

Nephrolepis auriculata (Linn.) Trimen

肾蕨科　肾蕨属

别名：马骝卵、麻雀蛋、凤凰蛋、蛇蛋参

分布：浙江、福建、台湾、湖南、广东、广西、海南、贵州、云南、西藏

【形态特征】附生或土生。根状茎直立，被蓬松的淡棕色长钻形鳞片，匍匐茎棕褐色，不分枝，疏被鳞片；匍匐茎上生有近圆形的块茎，密被与根状茎上同样的鳞片。叶簇生，暗褐色，叶面有纵沟，叶背圆形，密被淡棕色线形鳞片；叶片线状披针形或狭披针形，长30～70 cm，宽3～5 cm，先端短尖，叶轴两侧被纤维状鳞片，一回羽状，羽状多数，约45～120对，互生，常密集而呈覆瓦状排列，披针形，先端钝圆或有时为急尖头，基部心脏形，通常不对称，下侧为圆楔形或圆形，上侧为三角状耳形，叶缘有疏浅的钝锯齿。叶坚草质或草质，干后棕绿色或褐棕色。孢子囊群肾形，少有为圆肾形或近圆形，长1.5 mm，宽不及1 mm；囊群盖肾形，褐棕色，边缘色较淡。

【生长习性】生长于溪边林下，海拔30～1500 m。喜温暖潮湿的环境，不耐寒，生长适温为16～25 ℃，冬季不得低于10 ℃。喜半阴，忌强光直射。对土壤要求不严，以疏松、肥沃、透气、富含腐殖质的中性或微酸性砂壤土生长最为良好。较耐旱，耐瘠薄。

【芳香成分】王恒山等（2004）用有机溶剂萃取后水蒸气蒸馏的方法提取的肾蕨块茎精油的主要成分为：十六酸乙酯（9.54%）、十六酸正丁酯（8.96%）、月桂酸乙酯（5.02%）、亚油酸乙酯（4.76%）、顺式-油酸乙酯（3.99%）、9,12-二烯-十八酸丁酯（3.67%）、顺-9-烯-硬脂酸丁酯（3.32%）、十二酸乙酯（2.76%）、雪松醇（2.36%）、2,3,4,7,8,8a-六氢化1H-3a,7-亚甲基薁（2.18%）、3,5-二叔丁基-4-羟基苯甲醛（2.07%）、硬脂酸乙酯（1.96%）、硬脂酸正丁酯（1.86%）、2,6二叔丁基-4-甲基苯酚（1.85%）、十六酸甲酯（1.46%）、6,10,14-三甲基-2-十五酮（1.44%）、3,7,11,15-四甲基-2-十六烯-1-醇（1.27%）等。

【利用】为普遍栽培的观赏蕨类。块茎富含淀粉，可食。全草和块茎入药，有清热利湿、宁肺止咳、软坚消积的功效，常用于治感冒发热、咳嗽、肺结核咯血、痢疾、急性肠炎等。

白芥

Sinapis alba Linn.

十字花科　白芥属

别名：白芥子

分布：安徽、河南、河北、山东、山西、四川等地

【形态特征】一年生草本，高达1 m；茎有分枝，具有稍外折硬单毛。下部叶大头羽裂，长5～15 cm，宽2～6 cm，有2～3对裂片，顶裂片宽卵形，常3裂，侧裂片长1.5～2.5 cm，宽5～15 mm，二者顶端皆圆钝或急尖，边缘有不规则粗锯齿，两面粗糙；上部叶卵形或长圆卵形，长2～4.5 cm，边缘有缺刻状裂齿。总状花序有多数花，果期长达30 cm；花淡黄色，直径约1 cm；萼片长圆形或长圆状卵形，长4～5 mm，具有白色膜质边缘；花瓣倒卵形，长8～10 mm，具有短爪。长角果近圆柱形，长2～4 cm，宽3～4 mm，直立或弯曲，具有糙硬毛，果瓣有3～7平行脉。喙稍扁压，剑状，长6～15 mm，常弯曲，向顶端渐细，有0～1种子；种子每室1～4枚，球形，直径约2 mm，黄棕色，有细窝穴。花果期6～8月。

【生长习性】喜温暖湿润气候，较耐干旱，喜阳光，适宜沃湿润的砂质壤土栽培，忌瘠薄或低洼、积水地。

【精油含量】水蒸气蒸馏法提取干燥种子的得油率0.16%～1.10%。

【芳香成分】吴圣曦等（2010）用水蒸气蒸馏法提取的徽产白芥干燥成熟种子精油的主要成分为：异硫氰酸烯丙（89.41%）、异硫氰酸-3-丁烯酯（7.36%）、3-丁烯腈（1.28%等。

【利用】芥子油可供泡菜、罐头、沙司、调味料等用，也酱和酱菜等食品工业的防腐剂。种子供药用，有祛痰、散寒消肿止痛作用。全草可作饲料。

播娘蒿

Descurainia sophia (Linn.) Webb. ex Prantl

十字花科　播娘蒿属

别名：麦蒿、米蒿、黄花草、南葶苈子

分布：除华南外的全国各地

【形态特征】一年生草本，高20～80 cm，有毛或无毛，为叉状毛，以下部茎生叶为多，向上渐少。茎直立，分枝多常于下部成淡紫色。叶为3回羽状深裂，长2～15 cm，末端片条形或长圆形，裂片长 2～10 mm，宽0.8～2 mm，下部具柄，上部叶无柄。花序伞房状，果期伸长；萼片直立，落，长圆条形，背面有分叉细柔毛；花瓣黄色，长圆状倒形，长2～2.5 mm，或稍短于萼片，具爪。长角果圆筒状，2.5～3 cm，宽约1 mm，无毛，稍内曲，与果梗不成1条直线

瓣中脉明显；果梗长1～2 cm。种子每室1行，种子形小，多，长圆形，长约1 mm，稍扁，淡红褐色，表面有细网纹。花4～5月。

【生长习性】生于山坡、田野及农田。喜温暖湿润、光照充的气候环境。

【精油含量】水蒸气蒸馏法提取种子的得油率为0.13%。

【芳香成分】全草：王新芳等（2005）用水蒸气回流法取的山东德州产播娘蒿全草精油的主要成分为：大根香叶（6.15%）、三甲基亚甲基双环十一碳烯（5.55%）、β-葎草烯（5.37%）、δ-薄荷烯（4.37%）、δ-杜松醇（4.03%）、4-萜烯（3.74%）、β-法呢烯（3.26%）、苯甲基异丁酮（2.81%）、叶绿醇（2.63%）、刺柏脑（2.46%）、葎草烷-1,6-二烯-3-醇（2.29%）、硬脂酸（2.21%）、表蓝桉醇（1.78%）、玷玊烯（1.69%）、α-红没药醇（1.65%）、荜澄茄油醇（1.65%）、9-甲基-正十九碳烷（1.62%）、斯巴醇（1.50%）、γ-榄香烯（1.43%）、β-绿叶烯（1.42%）、1,4-桉树脑（1.39%）、斯巴醇（1.27%）、长叶醛（1.21%）、γ-古芸烯环氧化物（1.17%）、α-愈创木烯（1.16%）、γ-古芸烯环氧化物（1.15%）、蓝桉醇（1.02%）等。

种子：弓建红等（2014）用水蒸气蒸馏法提取的干燥成熟种子精油的主要成分为：3-亚甲基-壬烷（68.14%）、嘧啶（29.32%）等。曹利等（2016）用顶空固相微萃取法提取的干燥成熟种子挥发油的主要成分为：β-石竹烯（14.60%）、8-丙氧基-柏木烷（11.08%）、3-丁烯基异硫氰酸酯（8.85%）、冰片（5.49%）、邻苯二甲酸二乙酯（4.85%）、樟脑（4.33%）、左旋乙酸冰片酯（3.48%）、3,5-辛二烯-2-酮（3.45%）、2-蒎烯（2.27%）、苯甲醇（2.16%）、苯甲醛（1.99%）、双戊烯（1.98%）、己酸（1.89%）、正己醇（1.71%）、1-乙酰环己烯（1.70%）、壬醛（1.38%）、苯乙醇（1.38%）、2-丙酰呋喃（1.20%）、丁烯腈（1.12%）、五甲基环戊二烯（1.02%）等。

【利用】种子含油量为40%，油工业用，并可食用。种子药用，有利尿消肿、祛痰定喘的效用。嫩茎叶可作蔬菜食用。

垂果大蒜芥

Sisymbrium heteromallum C. A. Mey.

十字花科　大蒜芥属

别名：垂果蒜芥、弯果蒜芥

分布：山西、陕西、青海、甘肃、新疆、西藏、四川、云南

【形态特征】一年或二年生草本，高30～90 cm。茎直立，不分枝或分枝，具有疏毛。基生叶为羽状深裂或全裂，叶片长5～15 cm，顶端裂片大，长圆状三角形或长圆状披针形，渐尖，基部常与侧裂片汇合，全缘或具齿，侧裂片2～6对，长圆状椭圆形或卵圆状披针形；上部的叶羽状浅裂，裂片披针形或宽条形，总状花序密集成伞房状，果期伸长；萼片淡黄色，长圆形，长2～3 mm，内轮的基部略成囊状；花瓣黄色，长圆形，长3～4 mm，顶端钝圆，具有爪。长角果线形，纤细，长

4～8 cm，宽约1 mm，常下垂；果瓣略隆起；果梗长1～1.5 cm。种子长圆形，长约1 mm，黄棕色。花期4～5月。

【生长习性】生于林下、阴坡、河边，海拔900～3500 m。

【精油含量】水蒸气蒸馏法提取阴干全草的得油率为0.40%。

【芳香成分】格日杰等（2007）用水蒸气蒸馏法提取的青海兴海产垂果大蒜芥阴干全草精油的主要成分为：异硫氰酸丁酯（22.37%）、N,N'-二异丁基硫脲（22.24%）、1-甲基异氰基苯（15.07%）、丁二酸二异丁酯（4.00%）、异硫氰酸异丙酯（3.45%）、十六烷（2.75%）、十六酸（2.16%）、6,10,14-三甲基-2-十五烷酮（1.82%）、桉油精（1.26%）、十七烷（1.05%）、3,5-二甲基-1,2,4-三硫烷（1.04%）等。

【利用】全草和种子药用，有止咳化痰、清热、解毒的功效，用于治疗急慢性气管炎、百日咳；全草可治疗淋巴结核；外敷可治疗肉瘤。

豆瓣菜

Nasturtium officinale R. Br.

十字花科　豆瓣菜属

别名：西洋菜、水田芥、无心菜、水焊菜、水生菜

分布：黑龙江、河北、山西、陕西、山东、江苏、安徽、河南、广东、广西、四川、贵州、云南、西藏

【形态特征】多年生水生草本，高20～40 cm，全体光滑无毛。茎匍匐或浮水生，多分枝，节上生不定根。单数羽状复叶，小叶片3～9枚，宽卵形、长圆形或近圆形，顶端1片较大，长2～3 cm，宽1.5～2.5 cm，钝头或微凹，近全缘或呈浅波状，部截平，侧生小叶与顶生的相似，基部不等称，叶柄基部成状，略抱茎。总状花序顶生，花多数；萼片长卵形，边缘质，基部略呈囊状；花瓣白色，倒卵形或宽匙形，长3～4 m宽1～1.5 mm，顶端圆，基部渐狭成细爪。长角果圆柱形而扁长15～20 mm，宽1.5～2 mm。种子每室2行。卵形，直径1 mm，红褐色，表面具网纹。花期4～5月，果期6～7月。

【生长习性】喜生在水中、水沟边、山涧河边、沼泽地或田中，海拔850～3700 m。适应性强，适于浅水生长。喜冷凉较耐寒，不耐热，生长适宜温度为20 ℃左右，能忍耐短时间冻。适宜中性土壤（pH6.5～7.5）。

【精油含量】水蒸气蒸馏法提取的全草的得油率为0.51%。

【芳香成分】康文艺等（2002）用水蒸气蒸馏法提取的州贵阳产豆瓣菜全草精油的主要成分为：软脂酸（9.77%）、竹烯氧化物（7.26%）、β-榄香烯（4.82%）、α-檀香萜（3.16%δ-3-蒈烯（2.38%）、α-红没药醇（2.13%）、5-表-马兜铃（1.74%）、β-蛇床烯（1.61%）、反-α-香柠檬烯（1.50%）、T-穗槐醇（1.45%）、γ-紫穗槐烯（1.39%）、α-葎草烯（1.35%叶绿醇（1.34%）、α-蛇床烯（1.17%）、亚油酸（1.01%）等。

【利用】广东及广西部分地区常栽种作蔬菜。全草药用，清燥润肺、止咳化痰、利尿之功效。

独行菜

Lepidium apetalum Willd.

十字花科　独行菜属

别名：腺独行菜、腺茎独行菜、北葶苈

分布：东北、华北、西北、西南地区，江苏、浙江、安徽

【形态特征】一年或二年生草本，高5～30 cm；茎直立，分枝，无毛或具微小头状毛。基生叶窄匙形，一回羽状浅裂深裂，长3～5 cm，宽1～1.5 cm；叶柄长1～2 cm；茎上部线形，有疏齿或全缘。总状花序在果期可延长至5 cm；萼片落，卵形，长约0.8 mm，外面有柔毛；花瓣不存或退化成状，比萼片短；雄蕊2或4。短角果近圆形或宽椭圆形，扁平长2～3 mm，宽约2 mm，顶端微缺，上部有短翅，隔膜宽不1 mm；果梗弧形，长约3 mm。种子椭圆形，长约1 mm，平滑棕红色。花果期5～7月。

【生长习性】生在海拔400～2000 m的山坡、山沟、路旁及庄附近。喜冷爽温和的气候。土壤的适应性较广。

【精油含量】水蒸气蒸馏法提取干燥种子的得油率为5%。

【芳香成分】赵海誉等（2005）用水蒸气蒸馏法提取的北京独行菜干燥成熟种子精油的主要成分为：苯乙腈（84.87%）、甲硫甲基戊腈（6.25%）、二苯甲基二硫醚（3.17%）、二苯甲三硫醚（1.11%）等。弓建红等（2015）用同法分析的河南西产独行菜干燥成熟种子精油的主要成分为：(氯甲基)苯甲腈.90%）、2-氰基-吡啶（2.72%）、6,9-十八碳酸甲酯（1.59%）。

【利用】嫩叶作野菜食用或作调料、装饰菜；也可用于腌。全草及种子供药用，有利尿、止咳、化痰功效，适用于治咳嗽痰多、胸肋满闷、小便不利等症。种子可榨油。

宽叶独行菜

epidium latifolium Linn.

字花科　独行菜属

布：内蒙古、西藏

【形态特征】多年生草本，高30～150 cm；茎直立，上部分枝，基部稍木质化。基生叶及茎下部叶革质，长圆披针或卵形，长3～6 cm，宽3～5 cm，顶端急尖或圆钝，基部楔，全缘或有牙齿，两面有柔毛；茎上部叶披针形或长圆状椭形，长2～5 cm，宽5～15 mm，无柄。总状花序圆锥状；萼脱落，卵状长圆形或近圆形，长约1 mm，顶端圆形；花瓣白，倒卵形，长约2 mm，顶端圆形，爪明显或不明显；雄蕊6。短角果宽卵形或近圆形，长1.5～3 mm，顶端全缘，基部圆钝，无翅，有柔毛，花柱极短；果梗长2～3 mm。种子宽椭圆形，长约1 mm，压扁，浅棕色，无翅。花期5～7月，果期7～9月。

【生长习性】生在村旁、田边、山坡及盐化草甸，海拔1800～4250 m。

【芳香成分】于瑞涛等（2010）用石油醚萃取法提取的青海海西产宽叶独行菜地上部分非极性主要成分为：正二十七烷（35.21%）、正二十九烷（19.77%）、正二十五烷（10.45%）、异构二十九烷（7.85%）、异构二十七烷（5.89%）、正二十八烷（2.51%）、正三十一烷（1.84%）、正二十三烷（1.76%）、正二十六烷（1.72%）、异构二十八烷（1.63%）、反异构二十八烷（1.37%）、正二十四烷（1.29%）、异构三十一烷（1.16%）、反异构三十烷（1.10%）等。

【利用】全草入药，有清热燥湿作用，治菌痢、肠炎。

印加萝卜

Lepidium meyenii Walp.

十字花科　独行菜属

别名：玛咖

分布：新疆、云南、西藏、吉林

【形态特征】一年至多年生草本或半灌木，常具单毛、腺毛、柱状毛。根茎块状，长10～14 cm、最宽部分3～5 cm。叶草质至纸质，线状钻形至宽椭圆形，长20～23 cm，全缘、锯齿缘至羽状深裂，有叶柄，或基部深心形抱茎。总状花序顶生及腋生；萼片长方形或线状披针形，稍凹，基部不成囊状，具有白色或红色边缘；花瓣白色，少数带粉红色或微黄色，线形至匙形，比萼片短，有时退化或不存。短角果卵形、倒卵形、圆形或椭圆形，扁平，开裂，有窄隔膜，果瓣有龙骨状突起，或上部稍有翅。种子卵形或椭圆形，无翅或有翅。下胚轴可能呈金色或者淡黄色、红色、紫色、蓝色、黑色、绿色。

【生长习性】它只适宜生长于海拔3000 m的高原高寒地带，要求昼夜温差30 ℃以上、雨量充沛、周围有淡水湖。对土壤养分要求高。

【精油含量】水蒸气蒸馏法提取干燥根的得油率为0.23%～1.72%；石油醚辅助微波萃取法提取干燥根的得油率为0.76%；石油醚超声提取法提取干燥根茎的得油率为1.04%；石油醚浸提法提取干燥根茎的得油率为0.99%。

【芳香成分】根（根茎）：冷蕾等（2012）用水蒸气蒸馏法提取的吉林产印加萝卜干燥地下根茎精油的主要成分为：苯乙腈（88.22%）、3-甲氧基苯乙腈（4.46%）、正十六烷酸（2.70%）等。金文闻等（2009）用同法分析的新疆产印加萝卜干燥根精油的主要成分为：异硫氰酸苄酯（69.16%）、苯乙腈（21.53%）、3-甲氧基异硫氰酸苄酯（5.50%）等；孟倩倩等（2013）用同法分析的云南丽江人工栽培印加萝卜干燥根精油的主要成分为：2-甲基苯异腈（81.80%）、(3-甲氧苯基)乙腈（4.37%）、n-棕榈酸（4.07%）、苯甲醛（2.20%）、9,12,15-十八碳三烯酸乙酯（1.84%）、9,12-十八碳二烯酸（1.59%）等。谈利红等（2017）用同法分析的四川产印加萝卜干燥根茎精油的主要成分为：吲哚（69.16%）、异硫氰酸苄酯（13.90%）、3-甲氧基苯乙腈（8.80%）等。周严严等（2017）用正己烷超声萃取法提取的云南产印加萝卜干燥根精油的主要成分为：香茅醇（63.33%）、乙酸-3,7-二甲基-6-辛烯酯（6.94%）、E-苯乙酸香叶酯（6.50%）、Z-苯乙酸香叶酯（2.15%）、1,2-二甲氧基-4-烯丙基苯（1.95%）、E-橙花醇乙酸酯（1.40%）、邻苯二甲酸二乙酯（1.32%）、R-香茅醛（1.23%）、3,7-二甲基-1,6-辛二烯-3-醇丙酸酯（1.20%）、正十一烷（1.13%）等。

叶：周严严等（2017）用正己烷超声萃取法提取的云南产印加萝卜干燥叶精油的主要成分为：香茅醇（31.83%）、亚麻酸乙酯（8.18%）、E-苯乙酸香叶酯（7.62%）、乙酸-3,7-二甲基-6-辛烯酯（6.71%）、棕榈酸乙酯（4.79%）、二丙酮醇（4.73%）、亚油酸乙酯（3.63%）、1,2-二甲氧基-4-烯丙基苯（2.25%）、邻苯二甲酸二乙酯（2.04%）、Z-苯乙酸香叶酯（1.67%）、E-橙花醇乙酸酯（1.63%）、环己醇（1.53%）、正十一烷（1.45%）、5-甲基己醛（1.44%）、3,7-二甲基-1,6-辛二烯-3-醇丙酸酯（1.36%）、1-甲基-2-吡咯烷酮（1.26%）、R-香茅醛（1.23%）、E-香茅醛（1.20%）、环己酮（1.09%）等。

【利用】根可以食用，对人体有滋补强身的功用。

辣根

Armoracia rusticana (Lam.) Gaertn., B. Mey. et Sherb.

十字花科　辣根属

别名： 辣萝卜、山葵、山葵萝卜、马萝卜、黑根

分布： 黑龙江、吉林、辽宁、北京有栽培

【形态特征】多年生草本，高达1 m上下，全体无毛。根肉质纺锤形。茎表面有纵沟，多分枝。基生叶长圆形或长圆状卵形，长15～35 cm，宽7.5～15 cm，边缘具圆齿，顶端短尖或渐尖，基部心形或楔形而稍下延；茎下部的叶长圆形至长圆状披针形，边缘通常羽状浅裂，中部的叶广披针形，上部的渐小，披针形至条形，边缘具有不整齐锯齿或圆齿或全缘。序排列成圆锥状；花多数；萼片条形，边缘及顶端薄膜质，色透明；花瓣白色，倒卵形，顶端钝圆或带波状，基部渐狭爪。短角果卵圆形至椭圆形，长3～5 mm，宽约1.5 mm，有存短花柱及扁压状柱头；果瓣隆起；隔膜纺锤形，白色膜内有种子2行，每行4～6粒。种子细小，扁圆形，膜质，淡色。花期4～5月，果期5～6月。

【生长习性】喜冷凉气候，气温28 ℃以上，生长不良。耐干旱，不耐雨涝。土层深厚，保水、保肥力强的砂壤土最适宜，以pH6的微酸性土壤较好。

【精油含量】水蒸气蒸馏法提取水解后的干燥根的得油率0.85%；超临界萃取干燥根的得油率为1.91%。

【芳香成分】林旭辉等（2001）用水蒸气蒸馏法提取的根干燥根精油的主要成分为：异硫氰酸烯丙酯（31.83%）、戊烯基异硫氰酸酯（26.24%）、β-苯乙基异硫氰酸酯（5.75%5-己烯基异硫氰酸酯（4.26%）、异硫氰酸甲酯（3.75%）、己异硫氰酸酯（3.29%）、3-丁烯基异硫氰酸酯（3.10%）、异硫酸异丁基酯（2.81%）、3-甲基硫氰酸酯（2.66%）、硫氰酸丙酯（2.29%）、异硫氰酸异丙基酯（2.11%）、异硫氰酸丁酯（1.94%）、苯基异硫氰酸酯（1.87%）、苯甲基异硫氰酸（1.65%）、6-庚烯基异硫氰酸酯（1.41%）等。

【利用】根有辛辣味，作调味品或食用；也可作辣酱油、啡粉、鲜酱油的原料。根药用，有利尿、兴奋神经、抑菌等效，内服作兴奋剂，外用引赤。植株可作饲料。根的浸出液美容、明目的作用。

萝卜

phanus sativus Linn.

字花科　萝卜属

名：芦菔、莱菔、菜头、地灯笼、寿星头

布：全国各地

【形态特征】二年或一年生草本，高20～100 cm；直根质，长圆形、球形或圆锥形，外皮绿色、白色或红色；茎分枝，稍具粉霜。基生叶和下部茎生叶大头羽状半裂，长~30 cm，宽3～5 cm，顶裂片卵形，侧裂片4～6对，长圆形，钝齿，疏生粗毛，上部叶长圆形，有锯齿或近全缘。总状花顶生及腋生；花白色或粉红色，直径1.5～2 cm；萼片长圆，长5～7 mm；花瓣倒卵形，长1～1.5 cm，具紫纹，下部有5 mm的爪。长角果圆柱形，长3～6 cm，宽10～12 mm，在当种子间处缢缩，并形成海绵质横隔；顶端喙长1～1.5 cm。子1～6个，卵形，微扁，长约3 mm，红棕色，有细网纹。花4～5月，果期5～6月。

【生长习性】对气候和土壤适应性强。为半耐寒性蔬菜，种子在2～3 ℃便能发芽，幼苗期能耐-2 ℃～-3 ℃的低温；茎叶生长的适温为15～20 ℃；肉质根生长的适温为18～20 ℃。以土层深厚，土质疏松、保水、保肥性能良好的砂壤土为最好。土壤的pH以5.3～7为合适。属长日照性植物，需充足的日照。

【芳香成分】张欣等（2008）用水蒸气蒸馏法提取的萝卜干燥成熟种子精油的主要成分为：异硫氰酸己酯（15.04%）、二甲基三硫醚（13.96 %）、壬醛（11.45%）、1,2-二甲磺酰氧基乙烷（10.84%）、异硫氰酸-4-甲基戊酯（10.62%）、1,3-二甲基环己烷（3.58%）、乙基环己烷（2.70%）、1-辛醇（1.85%）等。余跃东等（2005）用有机溶剂（乙醚）萃取法提取的红萝卜种子精油的主要成分为：油酸（37.13%）、亚油酸（20.20%）、棕榈-14-十五烷（10.31%）、亚油酸甲酯（8.18%）、十八酸（2.71%）等；白萝卜种子精油的主要成分为：亚油酸（30.15%）、油酸（17.13%）、棕榈-14-十五烷（11.61%）、亚油酸甲酯（9.28%）、十八酸（5.31%）等。夏青松等（2017）用顶空固相微萃取法提取的湖北罗田产萝卜干燥成熟种子精油的主要成分为：二甲基二硫醚（23.26%）、二甲基三硫醚（13.74%）、(1R)-(+)-α-蒎烯（3.91%）、硫氰酸乙酯（3.61%）、芥酸（3.45%）、右旋柠檬烯（3.40%）、2-正戊基呋喃（3.38%）、正辛醛（3.27%）、油酸（2.98%）、芳樟醇（2.81%）、橙花叔醇（2.61%）、庚腈（2.19%）、3-蒈烯（1.80%）、3,5-辛二烯-2-酮（1.68%）、二甲基四硫醚（1.52%）、正己醇（1.28%）、3,5,5-三甲基-1-己烯（1.27%）、亚麻酸（1.11%）、棕榈酸（1.10%）等。

【利用】根为常用蔬菜。种子、鲜根、枯根、叶皆入药，有促进消化、预防感冒、清热、利尿、止吐、止血、和中化痰、润肠通便、祛痰下气、消积、止泻等功效，主治消化不良、脘腹胀满、腹泻、咳嗽、气喘。种子榨油可供工业用或食用。

荠

Capsella bursa-pastoris (Linn.) Medic.

十字花科　荠属
别名： 荠菜、菱角菜、地米菜、护生菜、护生草、清明草、血压草、粽子菜、枕头草、三角草、地菜、荠荠菜、沙荠
分布： 全国各地

【形态特征】一年或二年生草本，高 7～50 cm。基生叶丛生呈莲座状，大头羽状分裂，长可达12 cm，宽可达2.5 cm，顶裂片卵形至长圆形，长5～30 mm，宽2～20 mm，侧裂片3～8对，长圆形至卵形，长5～15 mm，顶端渐尖，浅裂、或有不规则粗锯齿或近全缘；茎生叶窄披针形或披针形，长5～6.5 mm，宽2～15 mm，基部箭形，抱茎，边缘有缺刻或锯齿。总状花序顶生及腋生，果期延长达20 cm；萼片长圆形，长1.5～2 mm；花瓣白色，卵形，长2～3 mm，有短爪。短角果倒三角形或倒心状三角形，长5～8 mm，宽4～7 mm，扁平，顶端微凹，裂瓣具有网脉。种子2行，长椭圆形，长约1 mm，浅褐色。花果期4～6月。

【生长习性】生于山坡、田边及路旁。喜冷凉湿润和晴朗的气候条件，耐寒力较强。生长适宜温度12～20 ℃，低于10 ℃、高于22 ℃时生长缓慢。

【精油含量】水蒸气蒸馏法提取新鲜全草的得油率为0.11%，干燥全草的得油率为0.01%。

【芳香成分】叶：高义霞等（2009）用水蒸气蒸馏法提取的甘肃天水产荠干燥叶精油的主要成分为：L-胍基琥珀酰亚胺（21.28%）、植醇（18.00%）、植酮（9.60%）、油酸（4.71%）、棕榈酸（3.97%）、十九烷（1.93%）、8-氮杂二环[5.1.0]辛烷（1.60%）、二十二烷（1.60%）、2,6-双(1,1-二甲基乙基)-2,5-环己二烯-1,4-二酮（1.01%）等。

全草：刘宇等（2009）用水蒸气蒸馏法提取的吉林长白山产野生荠干燥全草精油的主要成分为：棕榈酸（28.32%）、植物蛋白胨（10.15%）、油酸（8.63%）、二十八烷（4.73%）、十四烷酸（2.71%）、棕榈酸甲酯（1.85%）、二十七烷（1.51%二十五烷（1.39%）、亚油酸甲酯（1.38%）、硬脂酸（1.07等。郭华等（2008）用同时蒸馏-萃取法提取的辽宁鞍山产生荠新鲜全草精油主要成分为：叶醇（43.12%）、乙酸叶醇（14.36%）、二甲三硫化物（9.77%）、乙酸异丙酯（7.08%）、己醇（2.57%）、十五烷（2.37%）、异丙醇（2.21%）、乙酸-3-基庚酯（1.98%）、二甲砜（1.85%）、4,4-二甲基己醛（1.48%BHT（1.42%）、2-乙氧基-丙烷（1.32%）、4-(2,6,6-三甲基-1-己烯-1-基)-3-丁烯-2-酮（1.28%）、(E)-1-(1-乙氧乙氧基)-3-烯（1.23%）、1-(1-甲乙氧基)-丙烷（1.13%）等。

【利用】全草入药，有利尿、止血、清热、明目、消功效，用于治疗吐血、便血、崩漏、痢疾、沈延水肿、病、乳糜尿、目赤疼痛、高血压。茎叶作蔬菜食用。种子含20%～30%，属干性油，供制造油漆及肥皂用。

山葵

Eutrema wasabi (Siebold) Maxim.

十字花科　山嵛菜属
别名： 山嵛菜、日本辣根
分布： 台湾

【形态特征】多年生草本，叶丛生，近心脏形，深绿或绿，叶柄长30～35 cm，随着植株生长，老叶枯黄脱落，即在的表面留下很多凸出的叶痕，叶痕处腋芽能萌发数个分蘖，

端细根密生。3～4月开始抽薹开花，十字花冠，花色白而小，6月结长角果。

【生长习性】喜凉爽、潮湿、土壤透水性好的生长环境。忌阳直射光，为半阴作物。

【精油含量】水蒸气蒸馏法提取根茎的得油率为0.06%；同蒸馏萃取法提取根的得油率为0.19%。

【芳香成分】根：陆礼和等（2012）用水蒸气蒸馏法提取云南丽江产山葵冷冻干燥根精油的主要成分为：1,6-二异硫酸己烷酯（30.74%）、异硫氰酸烯丙酯（17.10%）、5-乙烯-5-甲基-1,3-环戊二烯（8.65%）、环己基乙酸（6.97%）、2-(2-基-乙酰胺)-3-甲基丁酸（5.48%）、邻苯二甲酸二（6-甲基-基)酯（5.01%）、2,6,6-三甲基-二环[3.1.1]-2-庚烯（3.94%）、烯十八酸（3.19%）、溴甲基环己烷（2.69%）、2-呋喃甲醛97%）、8,11,14-三烯十八酸甲酯（1.78%）、苯乙烷（1.74%）、酸丁酯（1.24%）、6,6-二甲基-2-亚甲基-二环[3.1.1]庚烷20%）等。

茎叶：陆礼和等（2012）用水蒸气蒸馏法提取的云南丽江山葵茎叶精油的主要成分为：7-氯-庚腈烷（28.72%）、N-甲基-甲酰胺（7.98%）、1,1,2-三甲氧基-1,2,2-三甲基乙硅（7.18%）、2-(三异丙基甲氧基硅烷基)三环[3.3.3^{3,7}]辛烷-4-（5.68%）、邻苯二甲酸二（6-甲基)庚酯（5.55%）、2-呋喃甲（5.24%）、乙酸-9-烯十四酯（4.07%）、1,4-二苯基-3-烯-2-醇（4.05%）、苄氧基-乙基-二甲基硅烷（3.78%）、1,9,17-三烯-二十二烷（3.50%）、2-甲基-呋喃-二甲醛（1.70%）、3-(三甲基硅氧丙基)-1,1,2-三（三甲基硅基)环丙烷（1.65%）、异硫氰酸烯丙酯（1.30%）、5-苯磺酰基-1-甲基-4-硝基-1 H-咪唑（1.13%）、5-烯己腈烷（1.07%）等。

【利用】根茎作香辛调料，研磨成酱作为吃生鱼片、寿司和荞麦面等的佐料。地上茎叶可直接作蔬菜。根茎可药用，有增进食欲、杀菌、解毒和促进消化及镇痛的效果。

鼠耳芥

Arabidopsis thaliana (Linn.) Heynh.

十字花科　鼠耳芥属

别名： 拟南芥菜

分布： 华东、中南及西北各地

【形态特征】一年生细弱草本，高20～35 cm，被单毛与分枝毛。茎下部有时为淡紫白色，茎上常有纵槽。基生叶莲座状，倒卵形或匙形，长1～5 cm，宽3～15 mm，顶端钝圆或略急尖，基部渐窄成柄，边缘有少数不明显的齿，两面均有2～3叉毛；茎生叶披针形，条形、长圆形或椭圆形，长5～50 mm，宽1～10 mm。花序为疏松的总状花序，结果时可伸长达20 cm；萼片长圆卵形，长约1.5 mm，顶端钝、外轮的基部成囊状；花瓣白色，长圆条形，长2～3 mm，先端钝圆，基部线形。角果长10～14 mm，宽不到1 mm，果瓣两端钝或钝圆，多为橘黄色或淡紫色。种子每室1行，种子卵形，小、红褐色。花期4～6月。

【生长习性】生于平地、山坡、河边、路边，海拔300～4700 m的地区。生长的温度为18～22 ℃，以不超过25 ℃为宜。不需要很强的光照，相对湿度为75～80%。

【芳香成分】邓晓军等（2005）用顶空固相微萃取法提取的新鲜叶精油的主要成分为：3-甲基-2-戊醇（16.60%）、β-紫罗兰酮（14.50%）、(反)-2-己烯醛（14.30%）、2,4,6-三甲基-1-己烯-羧基甲醛（12.10%）、1-辛烯-3-醇（9.70%）、十二醛（4.80%）、辛醛（2.70%）、正己醛（2.10%）、柠檬烯（1.20%）、庚醛（1.00%）等。

【利用】为Zn/Cd超富集植物，可用于重金属污染土壤的修复。

菘蓝

Isatis indigotica Fortune

十字花科　菘蓝属

别名： 板蓝根、靛青根、蓝靛根、靛根、大青叶

分布： 全国各地

【形态特征】二年生草本，高40～100 cm；茎直立，绿色，顶部多分枝，植株光滑无毛，带白粉霜。基生叶莲座状，长圆形至宽倒披针形，长5～15 cm，宽1.5～4 cm，顶端钝或尖，基部渐狭，全缘或稍具波状齿，具有柄；基生叶蓝绿色，长椭圆形或长圆状披针形，长7～15 cm，宽1～4 cm，基部叶耳不明显或为圆形。萼片宽卵形或宽披针形，长2～2.5 mm；花瓣黄白，宽楔形，长3～4 mm，顶端近平截，具有短爪。短角果近长圆形，扁平，无毛，边缘有翅；果梗细长，微下垂。种子长圆形，长3～3.5 mm，淡褐色。花期4～5月，果期5～6月。

【生长习性】适应性较强，能耐寒，喜温暖，怕水涝。

【精油含量】索氏法提取干燥根的得油率为3.79%，茎的得油率为0.88%，叶的得油率为7.96%，花的得油率为9.42%，幼果的得油率为0.15%。

【芳香成分】根：徐红颖等（2007）用水蒸气蒸馏法提取的山西产菘蓝根精油的主要成分为：十六酸（38.52%）、3-丁烯基异硫氰酸酯（19.70%）、6,9-十五碳二烯-1-醇（6.29%）、4-甲基戊基异硫氰酸酯（5.59%）、9-十六碳烯酸A（5.54%）、9,12,15-十八碳三烯酸甲酯B（2.97%）、9-十六碳烯酸B（2.95%）、4-氮茚（2.00%）、十四酸B（1.07%）、十五烷酸（1.04%）等。

茎：王文杰等（2011）用索氏法提取的陕西西安产菘干燥茎精油的主要成分为：正十三烷（9.86%）、2,2′-亚甲双-(1,1-二甲基乙基)-4-乙基苯酚（8.86%）、8,11,14-二十碳三酸甲酯（6.52%）、棕榈酸甲酯（6.47%）、1-十九碳烯（5.56%正十六烷（4.86%）、正十七烷（3.96%）、正二十烷（3.85%2,4-二叔丁基苯酚（3.11%）、正十五烷（2.82%）、8,11-亚酸甲酯（2.75%）、正十二烷（2.62%）、长叶烯（2.45%）、二十三烯（2.04%）、正十九烷（1.92%）、正十四烷（1.81%硬脂酸甲酯（1.71%）等。

叶：米盈盈等（2015）用水蒸气蒸馏法提取的干燥叶油的主要成分为：正二十九烷（34.20%）、棕榈酸（17.01%

酮（10.04%）、11-戊烷-3-基二十一烷（5.84%）、植物醇28%）、邻苯二甲酸二丁酯（2.11%）、二十烷（1.75%）、亚麻甲酯（1.63%）、二十七烷醇（1.57%）、二十四烷醇（1.42%）、床酸乙酯（1.33%）、正二十八烷（1.17%）、1,19-二十碳二烯04%）等。

花：王文杰等（2011）用索氏法提取的陕西西安产菘蓝干花精油的主要成分为：2-[[2-[(2-乙基环丙基)甲基]环丙基]基]-环丙烷辛酸甲酯（27.09%）、棕榈酸甲酯（17.48%）、肉蔻酸甲酯（9.55%）、8,11-亚油酸甲酯（9.53%）、月桂酸甲（8.69%）、正二十八烷（3.01%）、10-甲基-十一烷酸甲酯73%）、7-十八烯酸甲酯（1.98%）等。

果实：王文杰等（2011）用索氏法提取的陕西西安产蓝干燥幼果精油的主要成分为：2,2′-亚甲基双-(1,1-二甲乙基)-4-乙基苯酚（12.76%）、8,11,14-二十碳三烯酸甲（9.50%）、正二十烷（6.57%）、棕榈酸甲酯（6.08%）、正十八烷（5.29%）、正十三烷（5.26%）、8,11-亚油酸甲酯03%）、正十六烷（4.28%）、正十七烷（2.86%）、1-十九碳烯86%）、2,4-二叔丁基苯酚（2.64%）、正十八烷（2.43%）、植（2.23%）、正十九烷（2.08%）、正二十一烷（1.57%）、硬脂甲酯（1.42%）、1-二十四烷醇（1.19%）、正十二烷（1.08%）、十四烷（1.01%）等。

【利用】根（板蓝根）、叶（大青叶）均供药用，有清热解、凉血消斑、利咽止痛的功效，治温病发热、发斑、风热感、咽喉肿痛、丹毒、流行性乙型脑炎、肝炎和腮腺炎等症。可提取蓝色染料。种子榨油，供工业用。幼苗可作蔬菜或腌戉咸菜食用。

华中碎米荠

rdamine urbaniana O. E. Schulz

字花科　碎米荠属

名： 妇人参、普贤菜、菜子七、半边菜

布： 浙江、湖北、湖南、江西、陕西、四川、甘肃南部

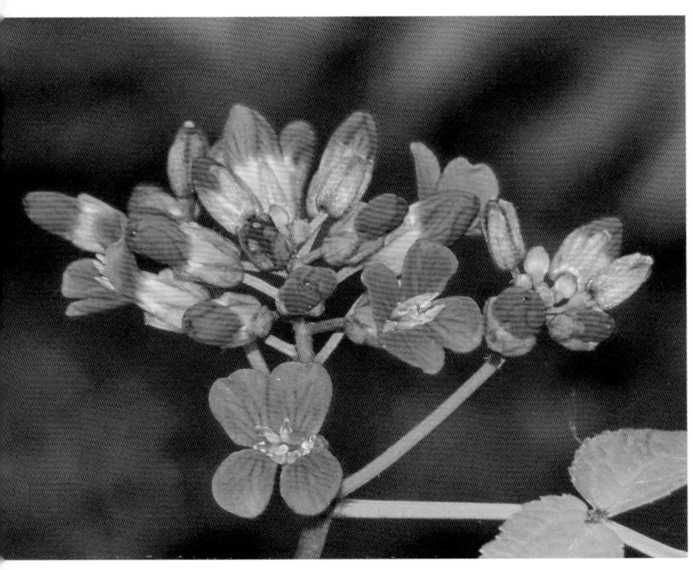

【形态特征】多年生草本，高35～65 cm。根状茎粗壮，通匍匐。茎表面有沟棱。茎生叶有小叶3～6对，顶生小叶与侧小叶相似，卵状披针形、宽披针形或狭披针形，长5～10 cm，1～3 cm，顶端渐尖或长渐尖，边缘有不整齐的锯齿或钝锯齿，顶生小叶基部楔形，侧生小叶基部不等而多少下延成翅状，小叶片薄纸质。总状花序多花；萼片绿色或淡紫色，长卵形，顶端钝，边缘膜质，内轮萼片基部囊状；花瓣紫色、淡紫色或紫红色，长椭圆状楔形或倒卵楔形，长8～14 mm，顶端圆。长角果条形而微扁，长3～4 cm，宽约3 mm，果瓣有时带紫色。种子椭圆形，长约3 mm，褐色。花期4～7月，果期6～8月。

【生长习性】生于山谷阴湿地及山坡林下，海拔500～3500 m。

【芳香成分】卢金清等（2013）用水蒸气蒸馏法提取的湖北神农架产华中碎米荠根茎精油的主要成分为：4-异硫代氰酰基-1-丁烯（65.71%）、4-异硫代氰酸甲基戊酯（5.01%）、棕榈酸（3.98%）、2-甲基烯丙基氰（1.35%）、1-异硫代氰酰基-3-甲基-丁烷（1.13%）等。

【利用】幼嫩茎叶可供食用。全草民间用作妇女补虚药，可治红、白带下。根状茎可治支气管炎及哮喘。

菥蓂

Thlaspi arvense Linn.

十字花科　菥蓂属

别名： 遏蓝菜、败酱草、犁头草

分布： 全国各地

【形态特征】一年生草本，高9～60 cm，无毛；茎直立，不分枝或分枝，具有棱。基生叶倒卵状长圆形，长3～5 cm，宽1～1.5 cm，顶端圆钝或急尖，基部抱茎，两侧箭形，边缘具有疏齿；叶柄长1～3 cm。总状花序顶生；花白色，直径约2 mm；花梗细，长5～10 mm；萼片直立，卵形，长约2 mm，顶端圆钝；花瓣长圆状倒卵形，长2～4 mm，顶端圆钝或微凹。短角果倒卵形或近圆形，长13～16 mm，宽9～13 mm，扁平，顶端凹入，边缘有翅宽约3 mm。种子每室2～8个，倒卵形，长约1.5 mm，稍扁平，黄褐色，有同心环状条纹。花期3～4月，果期5～6月。

【生长习性】生长在平地路旁、沟边或村落附近。喜冷凉气候，既耐寒，又耐热、耐湿，对土壤要求不严格。

【精油含量】水蒸气蒸馏法提取种子的得油率为0.56%。

【芳香成分】全草：刘信平（2009）用水蒸气蒸馏法提取的湖北恩施产菥蓂新鲜全草精油的主要成分为：甲基丁酸（50.77%）3-甲基戊酸（9.58%）、5-溴-2-甲酰胺噻吩（5.43%）、3,5-二氨基-1,2,4-三氮唑（4.47%）、甲酸甲酯（2.65%）、甲酰肼（2.62%）、2,5,9-三甲基癸烷（2.41%）、氯十二烷（2.33%）、甲磺酰氯（2.03%）、羟乙醛（1.97%）、2-甲基-6-乙基癸烷（1.34%）、甲苯甲醛（1.28%）、4-异戊基-5-甲基-1,3-噁唑烷-2-酮（1.16%）、2,6-二叔丁基-1,4-醌-邻甲基肟（1.14%）等。

种子：涂杰等（2007）用水蒸气蒸馏法提取的四川红原产菥蓂种子精油的主要成分为：烯丙基异硫氰酸酯（44.72%）、4-异硫氰酸基-1-丁烯（24.98%）、3-丁烯腈（15.49%）、亚油酸（3.67%）、棕榈酸（1.91%）、9-顺-油酸（1.90%）等。

【利用】种子油供制肥皂、作润滑油，也可食用。全草、苗和种子均入药，全草清热解毒、消肿排脓；种子利肝明嫩苗和中益气、利肝明目。嫩苗可作蔬菜食用或制腌菜。

白菜

Brassica pekinensis Rupr.

十字花科　芸苔属

别名： 大白菜、黄芽白、菘、绍菜

分布： 全国各地

【形态特征】二年生草本，高40～60 cm，常全株无毛。生叶多数，大形，倒卵状长圆形至宽倒卵形，长30～60 cm，端圆钝，边缘皱缩，波状，有时具有不明显牙齿，中脉白很宽；叶柄白色，扁平，边缘具有缺刻的宽薄翅；上部茎生长圆状卵形、长圆披针形至长披针形，长2.5～7 cm，顶端圆至短急尖，全缘或有裂齿，有柄或抱茎，有粉霜。花鲜黄直径1.2～1.5 cm；萼片长圆形或卵状披针形，淡绿色至黄花瓣倒卵形，长7～8 mm，基部渐窄成爪。长角果较粗短，3～6 cm，宽约3 mm，两侧压扁，直立，喙长4～10 mm，宽1 mm，顶端圆。种子球形，直径1～1.5 mm，棕色。花期5果期6月。

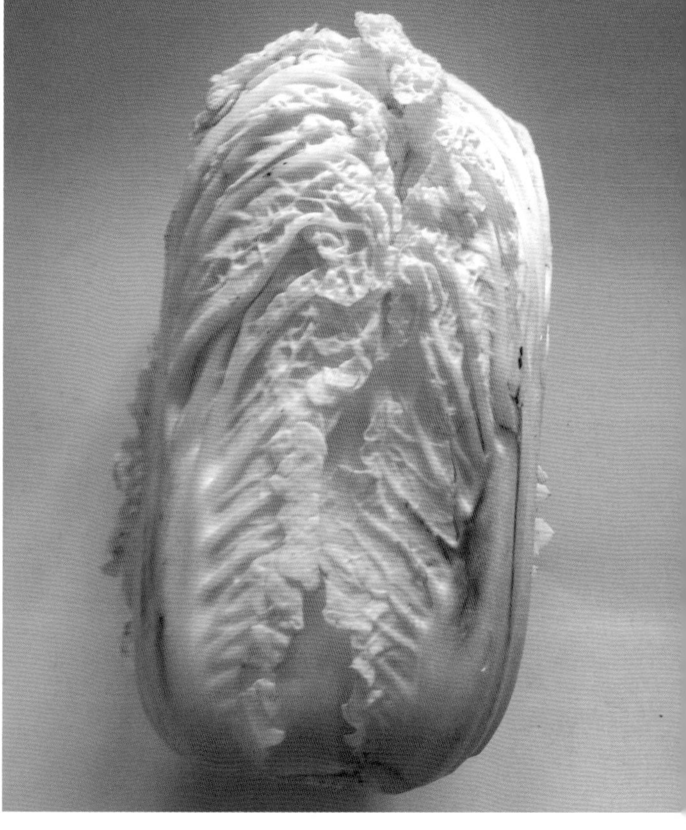

【生长习性】喜冷凉气候，平均气温18～20 ℃和阳光充的条件下生长最好。-2～-3 ℃能安全越冬。25 ℃以上的高温长衰弱，只有少数较耐热品种可在夏季栽培。

【芳香成分】戴建青等（2011）用顶空固相微萃取法提分析了不同品种白菜的挥发油成分，'特矮青菜'的主要成为：苯甲酸（2.74%）、顺-3-己烯醇（2.61%）、顺-3-己烯异戊酸酯（1.83%）、1-己烯-3-醇（1.67%）、顺-3-己烯醇酸酯（1.15%）等；'早熟5号'的主要成分为：顺-3-己烯

55%)、苯甲酸(2.47%)、顺-3-己烯醇乙酸酯(1.52%)等。春燕等(2012)分析的'五月慢'的主要成分为:2-己烯醛.70%)、1-丁烯基-4-异硫氰酸酯(5.19%)、(E,E)-2,4-庚二醛(5.15%)、3-己烯-1-醇(4.63%)、(Z)-3-己烯醛(2.07%)、醛(1.95%)、苯丙腈(1.87%)、2-乙基呋喃(1.83%)、2-戊-1-醇(1.30%)、四氢吡喃-2-甲醇(1.07%)等;'京冠'的要成分为:2-己烯醛(26.86%)、(Z)-3-己烯醛(7.96%)、E)-2,4-庚二烯醛(7.10%)、3-己烯-1-醇(5.89%)、3-戊腈15%)、2-乙基呋喃(3.53%)、苯丙腈(2.59%)、2(5H)-5-基-呋喃酮(1.47%)、四氢吡喃-2-甲醇(1.39%)、2-戊烯-1-(1.28%)等;'苏州青'的主要成分为:2-己烯醛(22.23%)、醇(9.64%)、苯乙基异硫氰酸酯(9.22%)、3-己烯-1-醇36%)、苯丙腈(6.26%)、1-丁烯基-4-异硫氰酸酯(4.13%)、E)-2,4-山梨醛(3.34%)、(E,E)-2,4-庚二烯醛(2.12%)、β-罗兰酮(1.95%)、2-戊烯-1-醇(1.85%)、5-氧代己酸甲(1.79%)、2(5H)-5-乙基-呋喃酮(1.72%)、1-戊烯-3-酮33%)、3-戊腈(1.28%)等。何洪巨等(2006)用同法分析北京产白菜新鲜地上部分挥发油的主要成分为:硫酸亚丁基戊酯(18.74%)、4-甲硫基丁腈(13.72%)、苯乙基异硫氰酸(12.90%)、异硫氰酸环戊酯(11.83%)、苯丙腈(6.81%)、,5-庚二酸(4.95%)、1,2-环硫基辛烷(4.60%)、硫酸二甲(4.29%)、3-甲硫基丙醛(3.73%)、3-己烯-1-醇(3.23%)、异硫氰酸根-1-丁烯(1.63%)、1-二十烷醇(1.61%)、肉豆蔻异丙酯(1.23%)、1-甲硫基己烷(1.08%)、5-乙基-2-甲基辛(1.04%)、N-乙基苯胺(1.00%)等。夏广清等(2005)用法分析的白菜'B-17'自交系新鲜地上部分挥发油的主要分为:异硫氰酸苯乙酯(28.85%)、苯丙烷腈(16.98%)、2-丙基硫代-1-硝基丁烷(7.43%)、2-丁烯-4-溴-3-苯基-乙酯17%)、戊二腈(5.91%)、甲基麦芽酚(5.41%)等;'637'交系(春大白菜品种)的主要成分为:异硫氰酸苯乙酯.74%)、苯丙烷腈(29.73%)、2-己烯基醛(8.94%)、甲基麦酚(6.47%)等;'1039'自交系(秋大白菜品种)的主要成分:2-己烯基醛(29.51%)、苯丙烷腈(19.45%)、异硫氰酸苯酯(11.09%)、戊二腈(7.17%)、邻苯二甲酸酐(6.22%)等。

【利用】叶球、莲座叶为主要蔬菜,生食、炒食、盐腌、酱均可。外层脱落的叶可作饲料。

甘蓝

Brassica oleracea Linn. var. *capitata* Linnaeus

十字花科 芸苔属

别名: 卷心菜、包菜、洋白菜、圆白菜、疙瘩白、大头菜、包心菜、包包菜、莲花白、椰菜

分布: 全国各地

【形态特征】二年生草本,被粉霜。一年生茎肉质。基生叶多数,质厚,层层包裹成球状体,扁球形,直径10~30 cm或更大,乳白色或淡绿色;二年生茎有分枝。基生叶及下部茎生叶长圆状倒卵形至圆形,长和宽达30 cm。顶端圆形,基部骤窄成极短有宽翅的叶柄,边缘有波状不显明锯齿;上部茎生叶卵形或长圆状卵形,长8~13.5 cm,宽3.5~7 cm,基部抱茎;最上部叶长圆形,长约4.5 cm,宽约1 cm,抱茎。总状花序顶生及腋生;花淡黄色,直径2~2.5 cm;萼片线状长圆形;花瓣宽椭圆状倒卵形或近圆形,长13~15 mm,顶端微缺,基部骤变窄成爪,爪长5~7 mm。长角果圆柱形,长6~9 cm,宽4~5 mm,两侧稍压扁,中脉突出,喙圆锥形。种子球形,直径1.5~2 mm,棕色。花期4月,果期5月。

【生长习性】喜温和气候,比较耐寒。有一定的耐涝和抗旱能力。

【芳香成分】戴建青等（2011）用顶空固相微萃取法提取的‘夏宝’甘蓝叶挥发油的主要成分为：顺-3-己烯醇乙酸酯（3.49%）、顺-3-己烯醇（3.17%）、1-己烯-3-醇（2.26%）、顺-3-己烯醇异戊酸酯（1.51%）、苯甲酸（1.18%）、异硫氰酸烯丙酯（1.02%）等。曹风勤等（2008）用吸附法提取的‘京丰1号’甘蓝叶挥发油的主要成分为：正十四烷（5.52%）、壬醛（3.08%）、(Z)-3-己烯基己酸酯（1.08%）等。

【利用】叶球为主要蔬菜，也可用于制作泡菜、腌菜等。叶的浓汁用于治疗胃及十二指肠溃疡。外叶做饲料。

花椰菜

Brassica oleracea Linn. var. *botrytis* Linn.

十字花科　芸苔属
别名： 青花菜、花菜、菜花
分布： 全国各地

【形态特征】甘蓝变种。二年生草本，高60～90 cm，被粉霜。茎直立，粗壮，有分枝。基生叶及下部叶长圆形至椭圆形，长2～3.5 cm，灰绿色，顶端圆形，开展，不卷心，全缘或具有细牙齿，有时叶片下延，具有数个小裂片，并成翅状；叶柄长2～3 cm；茎中上部叶较小且无柄，长圆形至披针形，抱茎。茎顶端有1个由总花梗、花梗和未发育的花芽密集成的乳白色肉质头状体；总状花序顶生及腋生；花淡黄色，后变成白色。长角果圆柱形，长3～4 cm，有1中脉，喙下部粗上部细，长10～12 mm。种子宽椭圆形，长近2 mm，棕色。花期4月，果期5月。

【生长习性】长势强健，耐热性、抗寒性较强。喜温暖冷凉气候，生长发育适宜温度为日平均18～20 ℃，花球发育适宜温度为15～18 ℃。

【芳香成分】何洪巨等（2005）用吹扫捕集法提取花椰菜新鲜花蕾挥发油的主要成分为：乙醛（4400.0 μg· g⁻¹）、甲基二硫醚（1290.0 μg· g⁻¹）、己醛（931.0 μg· g⁻¹）、甲基戊烷（559.0 μg· g⁻¹）、己烷（408.0 μg· g⁻¹）、甲基戊烷异构体（216.0 μg· g⁻¹）、己烯醛（205.0 μg· g⁻¹）、二甲基戊烷（191.0 μg· g⁻¹）、二甲基三硫醚（187.0 μg· g⁻¹）、环己烷（173.0 μg· g⁻¹）、乙酸乙酯（114.0 μg· g⁻¹）、二甲基硫醚（110.0 μg· g⁻¹）等。

【利用】短缩、肥嫩的花蕾、花枝、花轴等聚合而成的花球作蔬菜食用。

青花菜

Brassica oleracea Linn. var. *italica* Plenck

十字花科　芸苔属
别名： 西兰花、绿菜花、青花椰菜、意大利花菜、意大利芥蓝、木立花椰菜、绿花菜、茎椰菜、西蓝花
分布： 全国各地

【形态特征】甘蓝变种。1～2年生草本植物，植株较高大，株高30～60 cm，分枝力强，主薹收割后，茎部叶腋间抽生出数侧枝，其顶端又各生小花蕾，采收后，又可继续分枝长出花球，因此可多次采收。叶片较窄，叶银绿色。花顶生，多数花蕾密生成团，形成绿色大蕾球，肉质花茎和小花梗及绿色的花蕾群为主要的食用部位。花球为绿色或紫色。

【生长习性】喜凉爽的气候，耐寒，耐热力均较强，生长适宜温度为20～22 ℃，花蕾发育适温为16～22 ℃。对土壤要求不严，但以排水良好、保肥保水力强的壤土为宜。对硼、镁、等微量元素吸收量较大。

【芳香成分】茎：孔兰等（2016）用水蒸气蒸馏法提取茎精油的主要成分为：1,2-苯甲酸二甲酯（22.12%）、二十烷（19.25%）、2,4-双(1,1-二甲基)-苯酚（7.40%）、正十烷（4.39%）、3,5-二甲基十一烷（3.80%）、十八烷（3.18%

乙基-十一烷（2.31%）、十九烷（1.65%）、5-甲基十一烷52%）、3-丁烯基异硫氰酸酯（1.51%）、十七烷（1.34%）等。

叶：孔兰等（2016）用水蒸气蒸馏法提取的叶精油的主要分为：顺-3-己烯-1-醇（25.74%）、(E)-2-己烯醇（10.25%）、十九烷（8.12%）、叶绿醇（7.35%）、乙酸叶醇酯（6.08%）、六醛（3.95%）、十三醛（3.72%）、二甲基三硫醚（2.59%）、二基二硫醚（2.43%）、二十六烷（2.18%）、二十七烷（2.08%）、-二甲基十一烷（1.97%）、二十五烷（1.95%）、5-甲基十一烷58%）、二十四烷（1.53%）、二十八烷（1.33%）、Z-3-十三烯30%）、4-乙基-十一烷（1.24%）、己醇（1.07%）等。

花：孔兰等（2016）用水蒸气蒸馏法提取的花蕾精油的主要分为：(E)-2-己烯醇（16.62%）、二十九烷（13.44%）、1,2-苯酸二甲酯（11.81%）、α-荜澄茄醇（7.48%）、2,4-双(1,1-二甲)-苯酚（5.31%）、叶绿醇（4.86%）、Tau-荜澄茄醇（4.09%）、十五烷（2.74%）、二十二烷（2.17%）、二十七烷（2.16%）、十六烷（1.77%）、正十六烷（1.73%）、二十四烷（1.69%）、3,5-甲基十一烷（1.61%）、正辛烷（1.36%）、十八烷（1.22%）、十八烷（1.17%）、3-丁烯基异硫氰酸酯（1.16%）等。

种子：孔兰等（2016）用水蒸气蒸馏法提取的种子精油的要成分为：1,2-苯甲酸二甲酯（54.83%）、3-丁烯基异硫氰酸（17.09%）、异硫氰酸烯丙酯（4.43%）、1-异硫氰酸酯-3-(甲基)-丙烷（4.04%）、4-甲酚异硫氰酸酯（3.12%）、5-(甲硫基)-丁基氰（2.74%）、5-甲基-氰戊烷（1.96%）等。

【利用】短缩、肥嫩的花蕾、花枝、花轴等聚合而成的花球蔬菜食用。

羽衣甘蓝

assica oleracea Linn. var. *acephala* DC. f. *tricolor* ort.

字花科　芸苔属

布：全国各地

【形态特征】甘蓝变种。二年生草本。植株高大，根系发达，长在30 cm深。茎短缩，密生叶片，叶皱缩，肥厚，倒卵形，有蜡粉，深度波状皱褶，呈羽状。栽培一年植株形成莲座状叶，经冬季低温，于翌年开花、结实。总状花序顶生，花期4～5月。果实为角果，扁圆形，种子圆球形，褐色。品种形态多样，按高度可分为高型和矮型；按叶的形态分皱叶、不皱叶及深裂叶品种；按颜色分，边缘叶有翠绿色、深绿色、灰绿色、黄绿色，中心叶则有纯白色、淡黄色、肉色、玫瑰红色、紫红色等品种。叶皱缩，呈白黄色、黄绿色、粉红色或红紫色等，有长叶柄。

【生长习性】喜冷凉气候，极耐寒，可忍受多次短暂的霜冻，耐热性也很强，生长势强。喜阳光，耐盐碱，喜肥沃土壤。生长适宜温度为20～25 ℃，种子发芽的适宜温度为18～25 ℃。

【芳香成分】何洪巨等（2005）用吹扫捕集法提取的新鲜地上部分挥发油的主要成分为：乙酸乙酯（1210.0 μg·g^{-1}）、甲基丙烯（572.0 μg·g^{-1}）、甲基环戊烷（568.0 μg·g^{-1}）、羰基硫醚（472.0 μg·g^{-1}）、己烯醇（353.0 μg·g^{-1}）、甲基戊烷异构体（277.0 μg·g^{-1}）、环己烷（171.0 μg·g^{-1}）、甲苯（139.0 μg·g^{-1}）、异硫氰酸丁烯腈（131.0 μg·g^{-1}）、乙醛（130.0 μg·g^{-1}）等。

【利用】栽培供观赏。嫩叶可作蔬菜食用。

芥菜

Brassica juncea (L.) Czern. et Coss.

十字花科　芸苔属

别名：芥、芥子、白芥子、黄芥子、麻菜

分布：全国各地

【形态特征】一年生草本，高30～150 cm，常无毛，有时幼茎及叶具有刺毛，带粉霜，有辣味；茎直立，有分枝。基生

叶宽卵形至倒卵形，长15～35 cm，顶端圆钝，基部楔形，大头羽裂，具有2～3对裂片，或不裂，边缘均有缺刻或牙齿；茎下部叶较小，边缘有缺刻或牙齿，有时具有圆钝锯齿，不抱茎；茎上部叶窄披针形，长2.5～5 cm，宽4～9 mm，边缘具不明显疏齿或全缘。总状花序顶生，花后延长；花黄色，直径7～10 mm；萼片淡黄色，长圆状椭圆形，长4～5 mm，直立开展；花瓣倒卵形，长8～10 mm，宽4～5 mm。长角果线形，长3～5.5 cm，宽2～3.5 mm，果瓣具有1突出中脉。种子球形，直径约1 mm，紫褐色。花期3～5月，果期5～6月。

【生长习性】喜冷凉湿润，忌炎热、干旱，稍耐霜冻。适于种子萌发的平均气温为25 ℃。适于叶片生长的平均气温为15 ℃，适于食用器官生长的温度为8～15 ℃。

【精油含量】水蒸气蒸馏法提取干燥根的得油率为0.04%，干燥茎叶的得油率为0.05%，种子的得油率为0.21%～0.60%。

【芳香成分】花：樊钰虎等（2011）用水蒸气蒸馏法提取的重庆产芥菜花精油的主要成分为：正四十烷（38.14%）、正四十四烷（30.24%）、异硫氰酸烯丙酯（10.94%）、异硫氰酸丁烯酯（9.56%）、石竹烯（1.02%）、柠檬烯（1.01%）等。

种子：陈密玉等（2006）用水蒸气蒸馏法提取的干燥种子精油的主要成分为：4-异硫氰基-1-丁烯（57.66%）、烯丙基异硫氰酸酯（35.90%）、1,5-己二烯（1.66%）等。颜世芬等（1994）用同步水蒸气蒸馏-溶剂萃取法提取的甘肃民勤产芥菜种子精油的主要成分为：3-丁烯腈（26.90%）、3-异硫氰基-l-丙烯（21.50%）、己酸（9.30%）、乙醇（7.60%）、2-呋喃醇（5.80%）、醋酸（4.50%）、糠醛（3.60%）、4-异硫氰基-1-丁烯（2.00%）、丙酸-2-硝基乙酯（1.50%）、异己酸（1.50%）、2-亚甲基丁腈（1.20%）、苯丙腈（1.20%）、壬酸（1.10%）、辛酸（1.00%）

【利用】芥菜是我国传统蔬菜，鲜食或加工成酸菜、咸干菜等食用。种子及全草供药用，能化痰平喘、消肿止痛，治支气管哮喘、慢性支气管炎、胸肋胀满；外用治扭伤、伤、神经性头痛等。种子是香辛调味料；榨油可供食用。良的蜜源植物。种子精油用于香料工业，也可用作酱油、类防腐剂。

芥蓝

Brassica alboglabra Linn. H. Bailey

十字花科　芸苔属

分布：全国各地

【形态特征】一年生草本，高0.5～1 m，具粉霜。基生卵形，长达10 cm，边缘有微小不整齐裂齿，不裂或基部有裂片；茎生叶卵形或圆卵形，长6～9 cm，边缘波状或有不齐尖锐齿，基部耳状，沿叶柄下延，有少数显著裂片；茎部叶长圆形，长8～15 cm，顶端圆钝，不裂，边缘有粗不下延或有显著叶柄。总状花序长；花白色或淡黄色，1.5～2 cm；萼片披针形，长4～5 mm，边缘透明；花瓣长圆长2～2.5 cm，有显著脉纹，顶端全缘或微凹，基部成窄爪。角果线形，长3～9 cm，顶端骤收缩成长5～10 mm的喙。凸球形，直径约2 mm，红棕色，有微小窝点。花期3～4月，期5～6月。

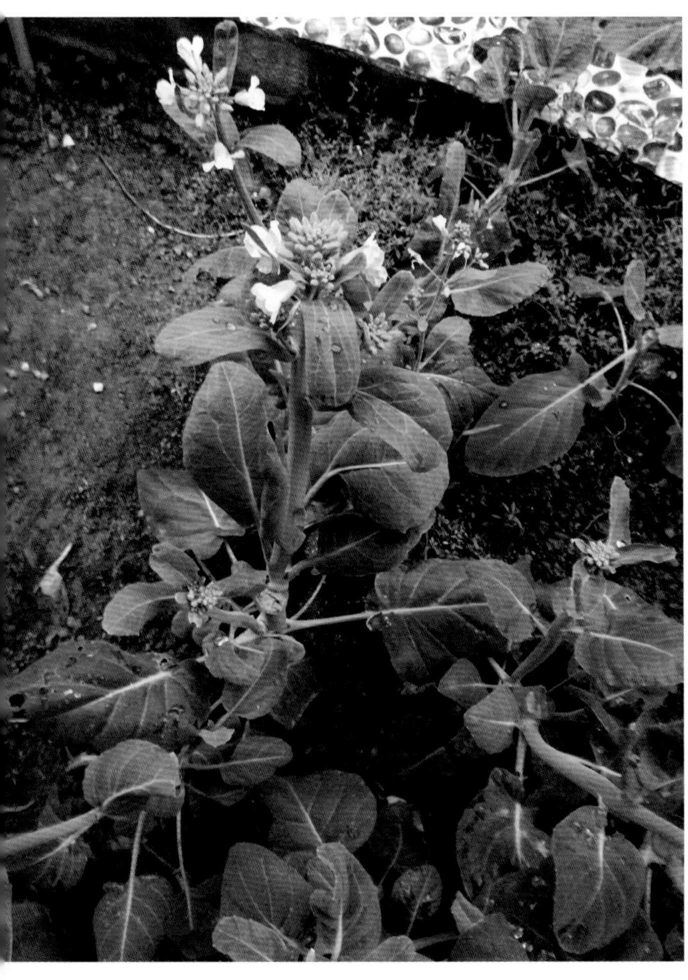

【生长习性】适于较低温度和长日照，整个生长期需较的光照和充足的水分。发芽期和幼苗期的生长适宜温度为~30 ℃，叶丛生长和菜薹形成适宜温度为15～25 ℃，喜较大昼夜温差。

【芳香成分】何洪巨等（2005）用吹扫捕集法提取的新鲜地部分挥发油的主要成分为：异硫氰酸丁烯腈（13000.0 μg · g^{-1}）、基丙烯（427.0 μg · g^{-1}）、甲基环戊烷（249.0 μg · g^{-1}）、己（228.0 μg · g^{-1}）、甲基戊烷异构体（147.0 μg · g^{-1}）、乙基苯6.0 μg · g^{-1}）、己烯醇（111.0 μg · g^{-1}）等。

【利用】肥嫩的花薹和嫩叶作蔬菜食用。

擘蓝

assica caulorapa Pasq

字花科　芸苔属

名：球茎甘蓝、芥蓝头、玉头、苤蓝

布：全国大多数地均有栽培

【形态特征】二年生草本，高30～60 cm，全体无毛，带霜；茎短，在离地面2～4 cm处膨大成1个实心长圆球体扁球体，绿色，其上生叶。叶略厚，宽卵形至长圆形，长.5～20 cm，基部在两侧各有1裂片，或仅在一侧有1裂片，缘有不规则裂齿；叶柄长6.5～20 cm，常有少数小裂片；茎叶长圆形至线状长圆形，边缘具有浅波状齿。总状花序顶生；直径1.5～2.5 cm。花及长角果和甘蓝的相似，但喙常很短，基部膨大；种子直径1～2 mm，有棱角。花期4月，果期6月。

【生长习性】喜温和湿润、充足的光照。较耐寒，也有适应温的能力。生长适宜温度15～20 ℃。肉质茎膨大期如遇30 ℃以上高温肉质易纤维化。对土壤的选择不很严格，但适宜在腐殖质丰富的黏壤土或砂壤土中种植。

【芳香成分】杨琴等（2016）用水蒸气蒸馏法提取的宁夏银川产擘蓝新鲜球茎精油的主要成分为：3-侧柏烯（6.41%）、D-柠檬烯（5.47%）、(+)-4-蒈烯（5.24%）、α-水芹烯（4.72%）、β-芳樟醇（4.06%）、环己醇（3.77%）、α-蒎烯（3.32%）、六氢萘（2.56%）、茴香脑（1.93%）、反-香叶基丙酮（1.55%）、十三烷（1.49%）、苯乙醛（1.46%）等。

【利用】球茎及嫩叶作蔬菜食用，可鲜食及腌制。种子油供食用。叶及种子药用，能消食积，治疗十二指肠溃疡。

青菜

Brassica chinensis Linn.

十字花科　芸苔属
别名： 小白菜、油菜、小油菜
分布： 全国各地栽培

【形态特征】一年或二年生草本，高25～70 cm，带粉霜。基生叶倒卵形或宽倒卵形，长20～30 cm，深绿色，基部渐狭成宽柄，全缘或有不明显圆齿或波状齿。中脉白色，宽达1.5 cm；下部茎生叶和基生叶相似，基部渐狭窄成叶柄；上部茎生叶倒卵形或椭圆形，长3～7 cm，宽1～3.5 cm，基部抱茎，两侧有垂耳，全缘，微带粉霜。总状花序顶生，呈圆锥状；花浅黄色；萼片长圆形，白色或黄色；花瓣长圆形，长约5 mm，顶端圆钝，有脉纹，具宽爪。长角果线形，长2～6 cm，宽3～4 mm，果瓣有明显中脉及网结侧脉；喙顶端细，基部宽，长8～12 mm。种子球形，直径1～1.5 mm，紫褐色，有蜂窝纹。花期4月，果期5月。

【生长习性】适应性强，较耐暑热。

【精油含量】超声波辅助回流萃取法提取干燥地上部分的得油率为2.46%。

【芳香成分】王桃云等（2017）用超声波辅助回流萃取法提取的江苏苏州产'黄种香青菜'干燥地上部分精油的主要成分为：亚麻酸甲酯（14.76%）、3-苯基丙腈（12.18%）、邻苯二甲酸二丁酯（10.34%）、邻苯二甲酸二乙酯（9.74%）、棕榈酸（7.12%）、3-戊烯腈（4.18%）、二甲基三硫（3.97%）、α-亚麻酸甲酯（3.85%）、异硫氰酸-3-丁烯-1-基酯（3.15%）、2,3,5,6-四甲基吡嗪（2.64%）、4,11,11-三甲基-8-亚甲基-双环[7.2.0]十一碳-4-烯（2.18%）、二甲基二硫（2.04%）、酞酸二乙酯（1.98%）、异硫氰酸-2-苯基乙酯（1.82%）、顺式-11,14-二十碳二烯酸甲酯（1.73%）、(6Z),(9Z)-十五碳二烯-1-醇（1.53%）、邻苯二甲酸二异丁酯（1.28%）、4-乙烯基-2-甲氧基苯酚（1.20%）、2-萘甲酸甲酯（1.17%）、环己酮（1.02%）等。

【利用】嫩叶供蔬菜用，为我国最普遍蔬菜之一。

芜菁

Brassica rapa Linn.

十字花科　芸苔属
别名： 蔓青、变萝卜、圆根、诸葛菜、蔓菁、盘菜
分布： 全国各地均有栽培

【形态特征】二年生草本，高达100 cm；块根肉质，球扁圆形或长圆形，外皮白色、黄色或红色，根肉质白色或色，无辣味。基生叶大头羽裂或为复叶，长20～34 cm，顶裂或小叶很大，边缘波状或浅裂，侧裂片或小叶约5对，向下变小，叶面有少数散生刺毛，叶背有白色尖锐刺毛；中部及部茎生叶长圆披针形，长3～12 cm，带粉霜，基部宽心形，少半抱茎。总状花序顶生；花直径4～5 mm；萼片长圆形；瓣鲜黄色，倒披针形，有短爪。长角果线形，长3.5～8 c果瓣具有1明显中脉；喙长10～20 mm。种子球形，直径1.8 mm，浅黄棕色，近种脐处黑色，有细网状窠穴。花期3月，果期5～6月。

【生长习性】喜冷凉，不耐暑热，生长适宜温度15～22 °

【精油含量】水蒸气蒸馏法提取干燥种子的得油率为0.40

【芳香成分】块根：古娜娜等（2013）用水蒸气蒸馏提取的新疆阿克苏柯坪县产芜菁干燥块根精油的主要成为：二甲基四硫醚（22.28%）、苯代丙腈（13.35%）、邻苯甲酸二甲氧乙酯（7.04%）、3-甲基-3-已醇（5.90%）、2-基-2-已醇（5.72%）、1-甲氧基-1 H-茚（5.41%）、甲基[1-(硫基)]乙基（5.12%）、5-甲硫基戊腈（5.00%）、异硫腈酸乙基酯（4.01%）、邻苯二甲酸二丁酯（2.85%）、9-十八碳烯酸（2.37%）、9,12-十八碳二烯酸（2.31%）、9-亚甲基-9菊（2.02%）、甲基硫代磺酸甲酯（1.86%）等。蔡倩等（201用同法分析的宁夏贺兰产芜菁新鲜块根精油的主要成分正十八烷（5.33%）、n-棕榈酸（5.29%）、2,3-丁烷二醇二酸（5.21%）、乙酸丁酯（4.39%）、正十七烷（4.29%）、DL-酸（4.05%）、α-水芹烯（3.65%）、1-萘氨基苯（3.63%）、西烯（3.48 %）、正十六烷（3.25%）、亚油酸（3.13%）、2,3-丁醇（3.05%）、植烷（2.93%）、3-乙氧基-1,2-丙二胺（2.38%4-乙酰基-2-丁酮（2.25%）、2,6-二甲基壬烷（2.13 %）、苯二甲酸二异丁酯（2.05%）、苯代丙腈（1.82%）、正十一（1.81%）、2,6-二叔丁基对甲酚（1.70%）、2～2'-双(1,3-二

环)(1.66%)、2,6,10-三甲基十六烷(1.64%)、2,4-二甲基-3-醇(1.52%)、2-甲氧基-1,3 二氧戊烷(1.38%)、甘油缩甲醛35 %)、1,3-丁二醇二乙酸酯(1.32%)、异硫氰酸-2-苯乙酯22 %)、溴代十四烷(1.13%)、菲(1,2-苯并萘)(1.07%)、柠烯(1.03%)等。周严严等(2017)用正己烷超声萃取法提取河北产芜菁干燥块根精油的主要成分为:香茅醇(29.69%)、十一烷(10.76%)、E-苯乙酸香叶酯(6.16%)、乙酸-3,7-甲基-6-辛烯酯(3.85%)、亚麻酸乙酯(3.76%)、二丙酮醇32%)、棕榈酸乙酯(3.04%)、亚油酸乙酯(2.49%)、1,2-二氧基-4-烯丙基苯(2.19%)、环己醇(2.17%)、邻苯二甲酸二酯(2.10%)、3,3,5,6,8,8-六甲基-顺式-三环[5.1.0.0^{2,4}]辛-5-(1.88%)、Z-苯乙酸香叶酯(1.81%)、环己酮(1.57%)、3,7-甲基-1,6-辛二烯-3-醇丙酸酯(1.34%)、1-甲基-2-吡咯烷酮26%)、E-橙花醇乙酸酯(1.04%)等。

茎叶：蔡倩等(2016)用水蒸气蒸馏法提取的宁夏贺兰芜菁新鲜茎叶精油的主要成分为:α-水芹烯(7.63%)、2,2-基丙酰胺(6.80%)、3-乙酰基-2-丁酮(6.58%)、乙酸丁酯04%)、2-硝基乙醇(5.82%)、二甲氧基辛烷(5.76%)、2,3-烷二醇二醋酸(5.74%)、4-乙酰基-2-丁酮(5.03%)、2-(2-甲基丙氧基)-丙醇(3.98%)、1,3-丁二醇二乙酸酯(3.45%)、3-氧基-1,2-丙二胺(3.16 %)、甘油缩甲醛(2.99%)、正十一烷.86%)、环庚烷腈(2.02%)、1-(2-甲氧基-1-甲基乙氧基)异醇(1.91%)、1,1-乙二醇二乙酸酯(1.85%)、2,2-二甲基-1,3-二醇(1.72%)、2-己基-1,3-二氧戊环(1.12%)、2,2,4-三甲-1,3-戊二醇(1.11%)、苯代丙腈(1.03%)、2-甲氧基-1,3-二戊烷(1.01%)等。

花：马国财等(2017)用顶空固相微萃取法提取的新疆里木产'杂交品种W1'芜菁新鲜花香气的主要成分为:2-烯醛(19.44%)、苯丙腈(11.85%)、3-丁烯基异硫氰酸酯.29%)、4-乙基-5-甲基噻唑(7.94%)、3-戊烯腈(7.71%)、丙基乙酰胺(7.26%)、二甲基三硫醚(6.49%)、壬二腈.08%)、2-丙烯硫代乙腈(3.70%)、苯乙腈(2.80%)、n-己乙烯酯(2.63%)、3-己烯醇乙酸酯(1.79%)、1-环己基-2硝丙基-1,3二醇(1.45%)、异丙隆(1.39%)、甲氧基苯基肟.24%)、庚腈(1.22%)、苯甲醛(1.13%)、十八烯酸(1.06%);'杂交品种W2'芜菁新鲜花香气的主要成分为:3-丁烯基硫氰酸酯(16.62%)、2-己烯醛(13.80%)、2-丙烯硫代乙腈(11.98%)、甲丙基乙酰胺(11.66%)、3-戊烯腈(10.58%)、4-乙基-5-甲基噻唑(8.84%)、苯丙腈(5.66%)、壬二腈(2.97%)、2-甲基-4-戊烯醛(2.49%)、甲氧基苯基肟(1.84%)、二甲基三硫醚(1.74%)、苯乙腈(1.49%)、1-环己基-2硝基丙基-1,3二醇(1.47%)、十八烯酸(1.21%)、异丙隆(1.14%)、3-己烯醇乙酸酯(1.13%)等;'小孢子培养W4'芜菁新鲜花香气的主要成分为:5-甲硫基戊腈(20.36%)、苯丙腈(17.86%)、2-己烯醛(12.28%)、3-丁烯基异硫氰酸酯(8.80%)、2-甲基烯丙腈(5.11%)、2-乙基呋喃(4.97%)、2-丙烯硫代乙腈(3.37%)、苯乙腈(3.26%)、3-硫环己醇(3.15%)、己醛(2.91%)、n-己酸乙烯酯(2.36%)、2,4-己二烯醛(2.31%)、壬二腈(1.93%)、苯甲醛(1.46%)、5-甲基己腈(1.44%)、1-硫氰酸根乙苯(1.32%)、二甲基三硫醚(1.12%)、庚腈(1.08%)等。

【利用】块根可鲜食或泡酸菜、腌渍。块根及茎叶作饲料。块根入药,具有清除体内异常体液、开胸顺气、止咳化痰、利湿解毒、预防癌症等功效。花药用,有补肝明目的功效,主治虚劳眼暗。

油菜

Brassica campestris Linn.

十字花科　芸苔属

别名：芸苔、普通白菜、小白菜、青菜

分布：全国各地

【形态特征】二年生草本,高30～90 cm。基生叶大头羽裂,顶裂片圆形或卵形,边缘有不整齐弯缺牙齿,侧裂片1至数对,卵形;叶柄宽,长2～6 cm,基部抱茎;下部茎生叶羽状半裂,长6～10 cm,基部扩展且抱茎,两面有硬毛及缘毛;上部茎生叶长圆状倒卵形、长圆形或长圆状披针形,长2.5～15 cm,宽0.5～5 cm,基部心形,抱茎,两侧有垂耳,全缘或有波状细齿。总状花序在花期成伞房状;花鲜黄色,直径7～10 mm;萼片长圆形;花瓣倒卵形,长7～9 mm,顶端近微缺,基部有爪。长角果线形,长3～8 cm,宽2～4 mm,果瓣有中脉及网纹。种子球形,直径约1.5 mm。紫褐色。花期3～4月,果期5月。

【生长习性】喜冷凉,抗寒力较强,种子发芽的最低温度为4～6 ℃。要求土层深厚,结构良好,有机质丰富,既保肥保水,又疏松通气的壤质土,适宜弱酸或中性土壤。

【精油含量】超声辅助萃取法提取干燥花的得油率为8.12%。

【芳香成分】叶：杨广等（2004）用活体捕集系统收集的福建福州产'矮脚大头清江'油菜叶挥发油的主要成分为：癸烷（26.14%）、十一烷（12.72%）、壬烷（5.22%）、1-乙基-2甲基苯（4.15%）、1,2,4-三甲基-苯（4.08%）、丁基苯（3.28%）、1-甲基-2-丙基苯（2.47%）、1,3,5-三甲基苯（2.21%）、1,3,5-三甲基苯（1.86%）、1-乙基-2,3-二甲基苯（1.85%）、1-乙基-2,4-二甲基苯（1.80%）、2-甲基癸烷（1.80%）、1,3-二甲基苯（1.75%）、4-甲基壬烷（1.45%）、2,6-二甲基-壬烷（1.42%）、1-乙基-3,5-二甲基苯（1.41%）、7-甲基-(Z)-2-癸烯（1.18%）、1,2,4-三甲基-环己烷（1.13%）、丙基苯（1.02%）、3-甲基癸烷（1.00%）等。

花：杨月云等（2013）用超声辅助萃取法提取的干燥花精油的主要成分为：正四十四烷（31.67%）、正三十六烷（31.24%）、亚麻酸（12.00%）、棕榈酸（5.81%）等。杨冬梅等（2011）用发酵法破壁的青海海北产油菜花粉精油的主要成分为：鲨烯（46.09%）、γ-谷甾醇（21.55%）、顺式亚油酸（20.47%）、9,12,15-十八碳三烯酸（2.53%）、[Z,Z]-9,12-十八碳二烯酸（1.39%）、对二甲苯（1.23%）等；超声波法提取花粉精油主要成分为：[Z,Z]-9,12-十八碳二烯酸（41.64%）、二甲苯（12.55%）、乙苯（10.36%）、正庚烷（3.67%）等；酶解法提取花粉精油的主要成分为：[Z,Z]-9,12-十八碳二烯酸（89.33%）、1,2-苯二羧酸（10.67%）等。

种子：唐莹莹等（2014）用顶空固相微萃取法提取的江苏南京产'秦油十号'油菜种子挥发油的主要成分为：壬醛（5.63%）、十六烷（3.78%）、2,6-二叔丁基对甲苯酚（3.75%）、壬酸（2.97%）、十五烷（2.03%）、十七烷（1.67%）、2,6,10,14-四甲基-十五烷（1.14%）、4-甲基-十五烷（1.12%）、十四烷（1.11%）、2-甲基-十六烷（1.04%）、3-甲基-十四烷（1.02%）等。赵方方等（2012）用无溶剂微波萃取法提取的油菜种子油的主要成分为：吡啶（4.32%）、3-戊烯腈（4.29%）、2-呋喃甲醇（4.20%）、乙酸基丙酮（3.84%）、吡咯（3.14%）、2-甲基丙醛（3.05%）、2-甲基丁醛（2.92%）、2-乙酰基呋喃（2.80%）、5-甲基呋喃醛（2.72%）、2-甲基吡嗪（2.68%）、甲苯（2.66%）、呋喃甲醛（2.66%）、苯基丙腈（2.52%）、4-甲基戊腈（2.30%）、丙腈（1.80%）、吲哚（1.73%）、2-丙烯-1-醇（1.64%）、3-甲基丁腈（1.57%）、2,4-戊二烯腈（1.50%）、2-乙酰基环氧乙烷（1.44%）、2,5-二甲基吡嗪（1.35%）、2-甲基丁腈（1.28%）、丁酮（1.27%）、苯酚（1.25%）、5-甲硫基戊腈（1.22%）、3-甲基丁醛（1.20%）、对二甲苯（1.10%）等。

【利用】油菜为主要油料植物之一，种子含油量40%左右，油供食用。成熟种子药用，有行血破气、消肿散结的功能，用于治疗痨伤吐血、血痢、丹毒、热毒疮、乳痈。茎叶具有散血消肿之效，外敷治痈肿。嫩茎、叶和总花梗作蔬菜。

薹菜

Brassica campestris Linn. ssp. *chinensis* Makino var. *tai-tsai* Hort

十字花科　芸苔属

别名：芸苔菜、油菜薹

分布：全国各地

【形态特征】白菜。一年生草本，主根不发达，须根多，根分布在表土层3～10 cm，根的再生力强。茎短缩，绿色。叶宽卵圆形至椭圆形，黄绿色至深绿色，叶缘波状，基部有裂，有的叶翼延伸，叶脉明显；叶柄狭长，绿色或浅绿色。花具节，绿色或紫红色，薹叶卵形或披针形，有短柄或无柄。黄色，总状花序，开花授粉后，子房伸长为长角果，每荚果种子10～20粒。种子细小，圆形，褐色或黑褐色，千粒重～1.7 g。

【生长习性】种子发芽适宜温度为25～30 ℃，叶片生长的宜温度为20～25 ℃，菜薹形成的适宜温度为15～20 ℃。喜充阳光，对土壤适应性广。

【芳香成分】宋廷宇等（2010）用顶空固相微萃取法提取江苏南京产春季栽培的'花叶'薹菜地上部分挥发油的主要分为：2-己烯醛（21.10%）、(E)-2-丁烯酸二乙酯（10.96%）、丙腈（8.59%）、1-丁烯-4-异硫氰酸酯（6.92%）、3,4-二基-1-吡咯（5.13%）、2,3-二甲基-1-戊烯（5.03%）、3-戊腈（3.92%）、2-苯乙基异硫氰酸酯（3.62%）、3-己烯-1-（2.55%）、苯乙醛（2.04%）、(E,E)-2,4-庚二烯醛（2.02%）、E)-2,4-己二烯醛（1.85%）、乙醇（1.69%）等；'京研'薹菜主要成分为：2-环己烯-1-醇（26.22%）、苯丙腈（11.98%）、苯乙基异硫氰酸酯（9.60%）、(E)-2-丁烯酸二乙酯（9.08%）、丁烯-4-异硫氰酸酯（5.37%）、2,3-二甲基-1-戊烯（5.06%）、,E)-2,4-庚二烯醛（3.05%）、乙醇（2.60%）、2-己烯醛21%）、(E,E)-2,4-己二烯醛（2.09%）、3-己烯-1-醇（2.05%）、-桥硫戊腈（1.46%）、3-戊烯腈（1.32%）、4-(苯酰氧基)-2 H-喃-3-酮（1.09%）等；'南京小叶'薹菜的主要成分为：2-己醛（20.88%）、1-丁烯-4-异硫氰酸酯（13.74%）、4 H-3-(p-甲苯胺基)-1-苯并硫吡喃-4-酮-1-氧化物（11.23%）、2-苯乙基硫氰酸酯（11.05%）、(E)-2-丁烯酸二乙酯（9.49%）、苯丙（8.54%）、3-戊烯腈（4.43%）、乙醇（2.56%）、(Z)-3-己烯（2.45%）、(E,E)-2,4-庚二烯醛（1.82%）、(E,E)-2,4-己二烯醛62%）、2,3-二甲基-1-戊烯（1.30%）等。

【利用】花茎（薹）作蔬菜食用。

紫罗兰

atthiola incana (Linn.) R. Br.

字花科　紫罗兰属

名： 草桂花、四桃克

布： 原产欧洲南部我国各地均有栽培

【形态特征】二年生或多年生草本，高达60 cm，全株密灰白色具柄的分枝柔毛。茎直立，多分枝，基部稍木质。叶片长圆形至倒披针形或匙形，连叶柄长6～14 cm，宽2～2.5 cm，全缘或呈微波状，顶端钝圆或罕具短尖头，基渐狭窄成柄。总状花序顶生和腋生，花多数，较大；萼片椭圆形，长约15 mm，内轮萼片基部呈囊状，边缘膜质，白透明；花瓣紫红、淡红或白色，近卵形，长约12 mm，顶端2裂或微凹，边缘波状，下部具有长爪。长角果圆柱形，长～8 cm，直径约3 mm，果瓣中脉明显，顶端浅裂。种子近圆，直径约2 mm，扁平，深褐色，边缘具有白色膜质的翅。花4～5月。

【生长习性】喜冬季温和，夏季凉爽的气候，冬季能耐-5 ℃低温，夏季忌酷热气候。喜肥沃、湿润及深厚土壤。

【精油含量】同时蒸馏萃取法提取阴干花的得油率为0.80%。

【芳香成分】高则睿等（2013）用同时蒸馏萃取法提取阴干花精油的主要成分为：2-β-蒎烯（13.28%）、3-蒈烯（10.16%）、(-)-异喇叭烯（4.80%）、β-波旁烯（4.53%）、斯巴醇（3.39%）、β-杜松烯（3.29%）、α-蛇麻烯（2.53%）、依兰油醇（2.42%）、草烯醛（2.25%）、t-杜松醇（2.01%）、反-长松香醇（2.01%）、长叶烯醛（1.87%）、菖蒲二烯（1.70%）、反-石竹烯（1.63%）、1,4-反-1,7-反-菖蒲烯酮（1.63%）、1-甲基-8-(1-甲基乙基)-三环[$4.4.0.0^{2,7}$]十一烷基-3-烯-3-甲醇（1.28%）、异水菖蒲二醇（1.24%）、石竹烯氧化物（1.16%）、柠檬烯（1.05%）等。

【利用】栽于庭园花坛供观赏。花可入药，有泻下通经功效。花可泡茶，具有清热解毒、祛痰止咳、润喉润肺和除口腔异味的功能。

石榴

Punica granatum Linn.

石榴科　石榴属

别名：安石榴、山力叶、丹若、若榴木、若榴、金罂

分布：我国南北各地

【形态特征】落叶灌木或乔木，高通常3～5 m，稀达10 m，枝顶常成尖锐长刺，幼枝具有棱角，无毛，老枝近圆柱形。叶通常对生，纸质，矩圆状披针形，长2～9 cm，顶端短尖、钝尖或微凹，基部短尖至稍钝形，叶面光亮。花大，1～5朵生枝顶；萼筒长2～3 cm，通常红色或淡黄色，裂片略外展，卵状三角形，长8～13 mm，外面近顶端有1黄绿色腺体，边缘有小乳突；花瓣通常大，红色、黄色或白色，长1.5～3 cm，宽1～2 cm，顶端圆形；花丝无毛，长达13 mm；花柱长超过雄蕊。浆果近球形，直径5～12 cm，通常为淡黄褐色或淡黄绿色，有时白色，稀有暗紫色。种子多数，钝角形，红色至乳白色，肉质的外种皮供食用。

【生长习性】喜温暖、湿润的气候和阳光充足的环境，抗逆性强。耐寒，耐干旱，不耐水涝，不耐阴，对土壤要求不严，以肥沃、疏松有营养的砂壤土最好。

【精油含量】水蒸气蒸馏法提取干燥种子的得油率为0.03%；超临界萃取干燥叶的得油率为4.10%。

【芳香成分】花：陈志伟等（2013）用水蒸气蒸馏法提取的安徽黄山产石榴干燥花精油的主要成分为：糠醛（30.90%）、棕榈酸（12.13%）、苯乙醛（10.04%）、亚油酸（9.49%）、红没药烯（2.97%）、戊酸苯乙酯（2.79%）、二十一烷（2.46%）、月桂烯（2.42%）、法呢醇（2.08%）、棕榈酸甲酯（1.74%）、苯乙醇（1.62%）、2,6,11,15-四甲基-十六烷烃（1.60%）、水杨酸甲酯（1.53%）、5-甲基呋喃醛（1.48%）、2,6-二叔丁基对甲苯酚（1.36%）等。

果实：林敬明等（2002）用超临界CO_2萃取法提取干燥果皮精油的主要成分为：5-羟甲基-糠醛（11.74%）、1,2-苯二羧酸丁基乙酯（7.47%）、二(2-甲基丙基)-1,2-苯二羧酸乙酯（5.62%）、N-乙基-4-甲基-磺胺苯（4.74%）、2-叔丁基-4-(2,4三甲基-2-戊烯)苯酚（3.85%）、十四酸（3.60%）、6,10,14-甲基-2-十五烷酮（3.51%）、十五烷酸（3.13%）、5,6-二氢甲基-2 H-吡喃-2-酮（2.72%）、新植二烯（2.56%）、1-甲萘（2.31%）、反式-细辛脑（2.13%）、1,1-二（对-甲苯）乙（1.84%）、十二酸（1.79%）、2,7-二甲基萘（1.49%）、1-(2-基-4-甲氧基苯基)乙酮（1.49%）、十六酸甲酯（1.43%）、顺式细辛脑（1.40%）、2-呋喃羧酸（1.32%）、4-羟基-3,5-二甲基-苯甲醛（1.28%）、2,6-二甲基萘（1.21%）、3-十二烯-1-（1.13%）、2-甲基萘（1.10%）、2,6-二(1,1-二甲基乙基)-2,5-己二烯-1,4-二酮（1.05%）、十六烷基-环氧乙烷（1.02%）等。

种子：王如峰等（2005）用水蒸气蒸馏法提取的山东庄产石榴干燥成熟种子精油的主要成分为：(E,E)-2,4-癸烯醛（60.18%）、(E,E)-2,4-壬二烯醛（9.85%）、(E)-2-庚烯（4.87%）、正己醇（3.20%）、2,6-二甲基-4-庚酮（2.52%）、1烯-11-炔-1-十四醇（1.22%）等。

【利用】果实为常见水果供食用。果皮、茎皮、根、叶、均可入药，具有止泻、止血驱虫、润燥和收敛之效，主治泻、久痢、便血、脱肛、崩漏、白带、虫积腹痛等症；根皮驱绦虫和蛔虫。树皮、根皮和果皮可提制栲胶。花大而鲜艳可供观赏。花瓣可作蔬菜食用。

金丝条马尾杉

Phlegmariurus fargesii (Hert.) Ching

石杉科　马尾杉属

别名：捆仙绳、马尾石松、马尾伸筋草、马尾千金草、马尾青草、千金草、飞龙

分布：台湾、广西、重庆、云南

【形态特征】中型附生蕨类。茎簇生，成熟枝下垂，一至回二叉分枝，长30～52 cm，枝细瘦，枝连叶绳索状，第三回枝连叶直径约2.0 mm，侧枝等长。叶螺旋状排列，但扭曲呈列状。营养叶密生，中上部的叶披针形，紧贴枝上，强度内弯长不足5 mm，宽约3 mm，基部楔形，下延，无柄，有光泽顶端渐尖，背面隆起，中脉不明显，坚硬，全缘。孢子囊穗生，直径1.5～2.3 mm。孢子叶卵形和披针形，基部楔形，先

有长尖头或短尖头，中脉不明显，全缘。孢子囊生于孢子叶，露出孢子叶外，肾形，2瓣开裂，黄色。

【生长习性】附生于海拔100～1900 m的林下树干上。

【芳香成分】张海等（2016）用超临界CO_2萃取法提取的州遵义产金丝条马尾杉干燥全草精油的主要成分为：棕榈酸.99%）、癸酸（11.78%）、二氯乙酸十四烷基酯（9.58%）、已酰胺（7.90%）、1,8-二氮杂环十四烷-2,9-二酮（6.92%）、3-基-7-异亚硝基胆烷酸（4.93%）、1,2-环氧十六烷（3.66%）、羟基苯甲醛（3.57%）、香兰素（3.26%）、新植二烯（3.01%）、酮（2.66%）、棕榈酸乙酯（2.35%）、肉豆蔻酸（2.21%）、贝杉-16-烯（1.93%）、二十烷醛（1.66%）、月桂酸（1.62%）、油酸乙酯（1.52%）、2,6-二叔丁基对甲酚（1.33%）、反式-13-八碳烯酸（1.30%）、(E)-3-癸烯酸（1.29%）、十九烷（1.24%）。

【利用】全草药用，有舒筋活络、祛风除湿的功效，常用治疗风湿关节痛、跌打扭伤、肥大性脊柱炎、类风湿性关节、坐骨神经痛。

蛇足石杉

uperzia serrata (Thunb.) Trevis.

杉科　石杉属

名：蛇足石松、千层塔、蛇足草、金不换、虱子草、宝塔花

布：全国除西北部分地区和华北地区外均有分布

【形态特征】多年生草本，茎直立或斜生，高10～30 cm，部直径1.5～3. 5 mm，枝连叶宽1.5～4.0 cm，2～4回二叉分，枝上部常有芽胞。叶螺旋状排列，疏生，平伸，狭椭圆，向基部明显变狭，通直，长1～3 cm，宽1～8 mm，基部楔，下延有柄，先端急尖或渐尖，边缘平直不皱曲，有粗大或小而不整齐的尖齿，两面光滑，有光泽，中脉突出明显，薄质。孢子叶与不育叶同形；孢子囊生于孢子叶的叶腋，两端出，肾形，黄色。

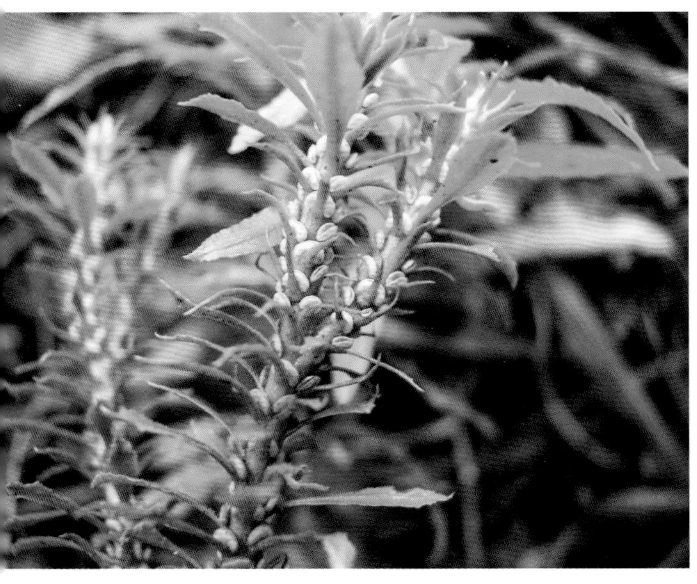

【生长习性】生于海拔300～2700 m的林荫下湿地、灌丛、路旁或沟谷石上。温度为10～22 ℃，相对湿度85%左右。湿润、荫蔽环境，在土层深厚、疏松肥沃、排水良好、富含殖质的砂壤土中生长良好。

【精油含量】水蒸气蒸馏法提取干燥全草的得油率为0.33%。

【芳香成分】王婷婷等（2012）用水蒸气蒸馏法提取的干燥全草精油的主要成分为：3-羟基-2-甲基戊二酸二甲酯（23.91%）、苹果酸二甲酯（12.24%）、3-羟基-正丁酸甲酯（9.10%）、3-(4-羟苯基)-2-丙烯酸甲酯（8.00%）、地支普内酯（6.74%）、4-羟基-3,5-二甲氧基-苯甲醛（2.53%）、L-葡萄糖酸-N-乙酰-二甲酯（2.49%）、甲基麦芽酚（2.40%）、2-丙氧基-琥珀酸二甲酯（1.70%）、1,1,2,2-四氯乙烷（1.60%）、丙二酸二甲酯（1.59%）、α-郁金酮（1.40%）、丁二酸二甲酯（1.35%）、3-羟基-己酸甲酯（1.16%）、柠檬酸三甲酯（1.12%）等。

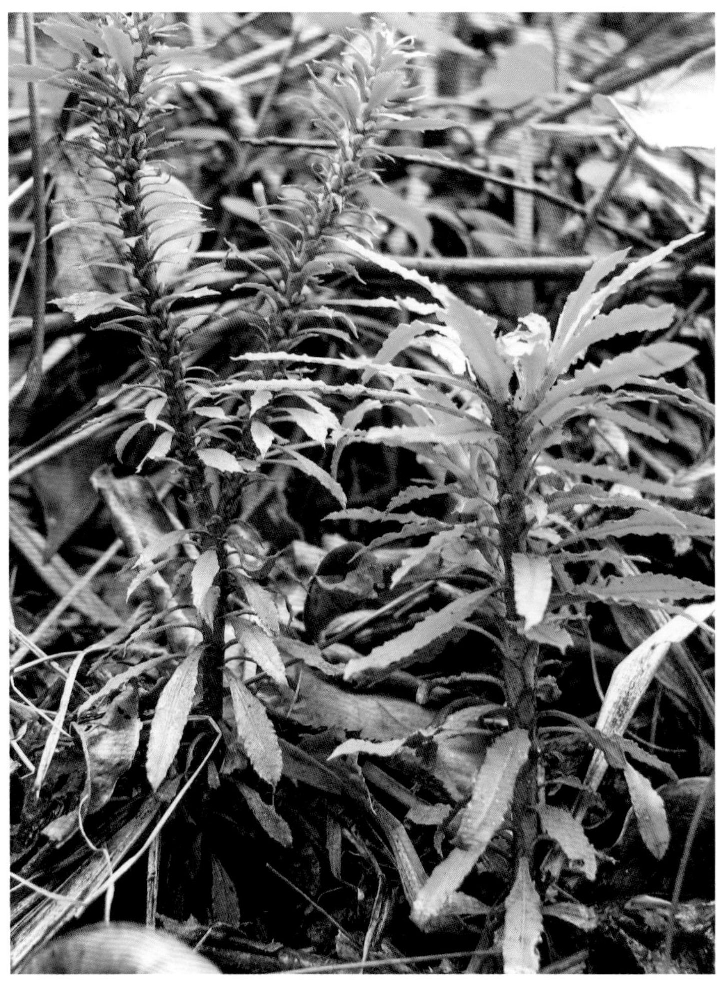

【利用】全草入药，有清热解毒、生肌止血、散瘀消肿的功效，治跌打损伤、瘀血肿痛、内伤出血；外用治疗痈疖肿毒、毒蛇咬伤、烧烫伤等。该品有毒。

石松

Lycopodium japonicum Thunb. ex Murray

石松科　石松属

别名：伸筋草、过山龙、宽筋藤、狮子草、狮子毛草、立筋草

分布：除东北、华北以外的各地

【形态特征】多年生草本，匍匐茎地上生，细长横走，2～3回分叉，绿色，被稀疏的叶；侧枝直立，高达40 cm，多回二叉分枝，稀疏，压扁状，枝连叶直径5～10 mm。叶螺旋状排列，密集，披针形或线状披针形，长4～8 mm，宽0.3～0.6 mm，

基部楔形，下延，先端渐尖，具有透明发丝，边缘全缘，草质。孢子囊穗 3～8个集生于长达30 cm的总柄，总柄上苞片螺旋状稀疏着生，薄草质，形状如叶片；孢子囊穗不等位着生，圆柱形，长2～8 cm，直径5～6 mm；孢子叶阔卵形，长2.5～3.0 mm，宽约2 mm，先端急尖，具有芒状长尖头，边缘膜质，啮蚀状，纸质；孢子囊生于孢子叶腋，略外露，圆肾形，黄色。

【生长习性】生于海拔100～3300 m的林下、灌丛下、草坡、路边或岩石上。喜温暖湿润，耐阴、耐旱、不抗严寒。

【精油含量】水蒸气蒸馏法提取干燥全草的得油率0.10%；超临界萃取干燥全草的得油率为1.13%～1.21%。

【芳香成分】冯毅凡等（2005）用水蒸气蒸馏法提取的干全草精油的主要成分为：十六烷酸（18.93%）、癸酸（14.07%二十烷（9.57%）、2-甲基-5-异丙基苯酚（8.48%）、9,12-十烷二烯酸（5.75%）、十八烷（5.05%）、1,2-二甲氧基-4-丙基苯（3.27%）、十八烷烯酸（3.23%）、1,2-邻苯二甲酸二酯（2.33%）、十四烷酸（2.15%）、3,7,11,15-四甲基-2-十六醇（1.60%）、6,10,14-三甲基-2-十五烷酮（1.12%）、α-雪松（1.04%）等。

【利用】全草入药，主治祛风除湿、通经活络、消肿止痛风湿腰腿痛、关节疼痛、屈伸不利、跌打损伤、刀伤、烫伤。可供观赏。可作蓝色染料。根状茎富含淀粉，可食，也酿酒。幼叶可食，但在食前须浸泡数日，除去有毒成分，炒或干制成蔬菜。石松为强钙性土壤的指示植物，可用作绿肥是家畜家禽的饲料。

葱莲

Zephyranthes candida (Lindl.) Herb.

石蒜科　葱莲属

别名： 玉帘、葱兰、白花菖蒲、韭莲

分布： 我国引种广泛栽培

【形态特征】多年生草本。鳞茎卵形，直径约2.5 cm，有明显的颈部，颈长2.5～5 cm。叶狭线形，肥厚，亮绿色长20～30 cm，宽 2～4 mm。花茎中空；花单生于花茎顶端下有带褐红色的佛焰苞状总苞，总苞片顶端2裂；花梗长1 cm；花白色，外面常带淡红色；几乎无花被管，花被片6，3～5 cm，顶端钝或具有短尖头，宽约1 cm，近喉部常有很小鳞片；雄蕊6，长约为花被的1/2；花柱细长，柱头不明显3裂蒴果近球形，直径约1.2 cm，3瓣开裂；种子黑色，扁平。花秋季。

【生长习性】生于林下、林缘或半阴处。适应性强、易活。喜肥沃土壤，喜阳光充足，耐半阴与低湿，适宜肥沃、有黏性而排水好的土壤。较耐寒。

【精油含量】水蒸气蒸馏法提取的新鲜花得油率为0.14%。

【芳香成分】叶：卫强等（2016）用同时蒸馏萃取法提的安徽合肥产葱莲干燥叶精油的主要成分为：甲基环己（15.96%）、二十八烷（5.34%）、间二甲苯（5.25%）、邻苯甲酸二丁酯（5.10%）、邻苯二甲酸二异辛酯（4.74%）、4-烯基-2-甲氧基苯酚（3.66%）、4,6-二羟基-2,3-二甲基苯醛（3.48%）、二十一烷（3.45%）、乙苯（2.64%）、叶绿（2.40%）、丁基邻苯二甲酸十四酯（2.04%）、2,4-二叔丁苯酚（1.83%）、醋酸正丁酯（1.68%）、对二甲苯（1.65%）、羟基-4,6-二甲氧基苯乙酮（1.44%）、二十七烷（1.32%）、,10,15-四甲基十七烷（1.17%）、十七烷（1.14%）、乙酸庚烯-1-基)酯（1.02%）等；用超临界CO_2萃取法提取的燥叶精油的主要成分为：4-(4-乙基环己基)-1-戊基-环己（8.73%）、甲苯（8.25%）、邻苯二甲酸二异辛酯（7.17%）、乙氧基戊烷（6.36%）、4-乙烯基-2-甲氧基苯酚（5.97%）、-二叔丁基苯酚（5.58%）、邻苯二甲酸-丁基-8-甲基壬酯89%）、乙苯（4.65%）、3-己烯-1-醇（3.63%）、邻苯二甲二丁酯（3.21%）、十六烷（2.94%）、2,6,10,15-四甲基十七（2.94%）、十五烷（2.88%）、4,6-二羟基-2,3-二甲基苯甲（2.73%）、二十七烷（2.58%）、对二甲苯（2.58%）、十四烷52%）、醋酸正丁酯（1.98%）、叶绿醇（1.74%）、3-乙基-5-乙基丁基)-十八烷（1.71%）、2-羟基-4,6-二甲氧基苯乙酮62%）、2-甲基环戊酮（1.50%）、十三烷（1.29%）等。

花：毕淑峰等（2015）用水蒸气蒸馏法提取的安徽黄山葱莲新鲜花精油的主要成分为：棕榈酸（12.21%）、亚油酸67%）、二十三烷（7.57%）、庚醛（5.90%）、4-乙烯基-2-甲基苯酚（5.36%）、2,6-二叔丁基对甲酚（5.33%）、反式-香叶香叶醇（4.68%）、硬脂酸己酯（3.64%）、芳樟醇（3.55%）、松油醇（2.86%）、邻苯二甲酸单-(2-乙基己基)酯（2.84%）、十一烷（1.89%）、1,22-二十二-2-醇（1.20%）等。

【利用】带鳞茎的全草是一种民间草药，有平肝、宁心、熄风镇静的作用，主治小儿惊风、羊痫风。建议不要擅自食用。适用于作园林地被植物，也可作花坛、花径的镶边材料，也可盆栽供室内观赏。

君子兰

Clivia miniata Regel

石蒜科　君子兰属

别名：大花君子兰、剑叶石蒜、大叶石蒜

分布：全国各地

【形态特征】多年生草本。茎基部宿存的叶基呈鳞茎状。基生叶质厚，深绿色，具有光泽，带状，长30～50 cm，宽3～5 cm，下部渐狭。花茎宽约2 cm；伞形花序有花10～20朵，有时更多；花梗长2.5～5 cm；花直立向上，花被宽漏斗形，鲜红色，内面略带黄色；花被管长约5 mm，外轮花被裂片顶端有微凸头，内轮顶端微凹，略长于雄蕊；花柱长，稍伸出于花被外。浆果紫红色，宽卵形。花期为春夏季，有时冬季也可开花。

【生长习性】为半阴性植物，忌强光。喜凉爽，忌高温。生长适宜温度为15～25 ℃，低于5 ℃则停止生长。喜肥厚、排水性良好和湿润的土壤，忌干燥环境。

【精油含量】水蒸气蒸馏法提取干燥叶的得油率为0.06%。

【芳香成分】董雷等（2013）用水蒸气蒸馏法提取的吉林长春产君子兰干燥叶精油的主要成分为：邻苯基苯胺（13.45%）、叶绿醇（12.03%）、癸酸酯（11.34%）、异植物醇（11.01%）、二氢磷酸十八烷二烯醇酯（3.99%）、棕榈酸异丙酯（2.89%）、异丁酸辛酯（2.21%）、花生酸（2.01%）、9-炔十八酸甲酯（1.98%）、十八酸乙酯（1.36%）、2-十六烷醇甲酸酯（1.35%）、2-十九烷酮（1.23%）等。

【利用】观赏花卉，常盆栽供观赏。全株入药，用来治疗癌症、肝炎病、肝硬化腹水和脊髓灰质病毒等。

剑麻

Agave sisalana Perr. ex Engelm.

石蒜科　龙舌兰属

别名： 波罗麻

分布： 华南及西南各地

【形态特征】多年生，茎粗短。叶呈莲座式排列，开花前，一株剑麻通常可产生叶200～250 枚，叶刚直，肉质，形，初被白霜，后渐脱落而呈深蓝绿色，通常长1～2 m，中最宽10～15 cm，表面凹，背面凸，叶缘无刺或偶尔具刺，端有1硬尖刺，刺红褐色，长2～3 cm。圆锥花序粗壮，高可6 m；花黄绿色，有浓烈的气味；花被管长1.5～2.5 cm，花被片卵状披针形，长1.2～2 cm，基部宽6～8 mm。蒴果长圆长约6 cm，宽2～2.5 cm。一般6～7年生的植株便可开花，花多在秋冬间，若生长不良，花期也可延迟，开花和长出珠芽植株便死亡，通常花后不能正常结实，靠生长大量的珠芽进繁殖。

【生长习性】喜高温多湿和雨量均匀的高坡环境，尤其日高温、干燥、充分日照，夜间多雾露的气候最为理想。适宜长的气温为27～30 ℃，上限温40 ℃，下限温16 ℃，昼夜温不易超过7～10 ℃，适宜的年降雨量为1200～1800 mm。适性较强，耐瘠、耐旱、怕涝，适宜种植于疏松、排水良好、下水位低而肥沃的砂质壤土。耐寒力较低。

【芳香成分】江汉美等（2011）用水蒸气蒸馏法提取的湖武汉产剑麻新鲜花蕾精油的主要成分为：(E)-5-十九碳烯.33%）、十九烷（14.76%）、8-十七碳烯（7.21%）、十七烷12%）、1-(2-氟苯甲基)-3-甲酰胺基哌啶（2.51%）、二十一（2.05%）、二十烷（1.81%）、十八烷（1.79%）、10-二十一烯（1.72%）、二十三烷（1.47%）等。方洁等（2014）用同法析的安徽黄山产剑麻新鲜花瓣精油的主要成分为：9-十九碳（36.41%）、8-十七碳烯（17.50%）、十九烷（9.26%）、十七（6.07%）、二十一烷（2.87%）、6,9-十七二烯（2.82%）、十八（2.30%）、5-十八碳烯（1.90%）、二十烷（1.53%）等；新花蕊精油的主要成分为：9-十九碳烯（20.78%）、8-十七碳（16.41%）、十七烷（9.32%）、十九烷（7.81%）、棕榈烯酸甲（6.48%）、十八烷（3.01%）、13-表-泪柏醚（2.11%）、6,9-七二烯（1.96%）、5-十八碳烯（1.37%）、二十一烷（1.26%）。

【利用】为世界著名的纤维植物，供制造舰船缆绳、机器皮带、各种帆布、人造丝、高级纸、渔网、麻袋、绳索等原料。叶渣可用于制取酒精、草酸、果胶等产品。叶汁所提炼出来的剑麻皂素是避孕药的原材料。剑麻是畜禽的饲养材料。花和茎汁液还可用来酿酒以及制糖等。对Pb有很强的吸收性，对Cd重度污染的土壤具有一定的修复意义。广泛用于道路、公园、庭院等的绿化。植株是制药工业的重要原料。

黄水仙

Narcissus pseudonarcissus Linn.

石蒜科　水仙属

别名：欧洲水仙、洋水仙、喇叭水仙

分布：原产欧洲我国各地引种栽培

【形态特征】鳞茎球形，直径2.5～3.5 cm。叶4～6枚，直立向上，宽线形，长25～40 cm，宽8～15 mm，钝头。花茎高约30 cm，顶端生花1朵；佛焰苞状总苞长3.5～5 cm；花梗长12～18 mm；花被管倒圆锥形，长1.2～1.5 cm，花被裂片长圆形，长2.5～3.5 cm，淡黄色；副花冠稍短于花被或近等长。花期春季。

【生长习性】喜冬季湿润、夏季干热的生长环境。秋冬根生长期和春季地上部分生长期均需充足水分，但不能积水；鳞茎休眠期保持干燥。对光照的反应不敏感，除叶片生长期需充足阳光以外，开花期以半阴为好。土壤以肥沃、疏松、排水良好、富含腐殖质的微酸性至微碱性砂质壤土为宜。

【芳香成分】王江勇等（2013）用顶空固相微萃取法提取的山东泰安产黄水仙‘伊莎’新鲜花香气的主要成分为：β-罗勒烯（49.48%）、反式-β-罗勒烯（7.67%）、P-二甲醚（6.59%）、β-月桂烯（5.71%）、异丁香酚甲基醚（5.01%）、P-苯甲醚（4.87%）、苯甲酸甲酯（4.16%）、(E,Z)-2,6-二甲基-2,4,6-辛三烯（2.74%）、地衣酚二甲醚（2.05%）、二甲基硅烷双醇（1.00%）等；‘阿克罗波利斯’新鲜花香气的主要成分为：β-罗勒烯（32.67%）、β-月桂烯（24.23%）、α-金合欢烯（6.58%）、异松油烯（4.03%）、α-蒎烯（3.52%）、地衣酚二甲醚（3.34%）、反式-β-罗勒烯（2.89%）、异丁香酚甲基醚（2.68%）、α-柠檬烯（2.39%）、苯甲酸甲酯（2.33%）、P-苯甲醚（2.04%）、5-甲基-1,4-已二烯（1.74%）、(4 E,8 Z)-2,6-二甲基-2,4,6-辛三烯（1.72%）、侧柏烯（1.60%）、P-二甲醚（1.57%）等。

【利用】栽培供观赏，可用于环境布置、切花欣赏、盆栽观赏。

水仙

Narcissus tazetta Linn. var. *chinensis* Roem.

石蒜科　水仙属

别名：水仙花、中国水仙、天蒜、雅蒜、金盏银台

分布：浙江、福建，全国各地有栽培

【形态特征】变种。鳞茎卵球形。叶宽线形，扁平，20～40 cm，宽8～15 mm，钝头，全缘，粉绿色。花茎几乎叶等长；伞形花序有花4～8朵；佛焰苞状总苞膜质；花梗短不一；花被管细，灰绿色，近三棱形，长约2 cm，花被裂6，卵圆形至阔椭圆形，顶端具有短尖头，扩展，白色，芳副花冠浅杯状，淡黄色，不皱缩，长不及花被的一半；雄蕊着生于花被管内，花药基着；子房3室，每室有胚珠多数，柱细长，柱头3裂。蒴果室背开裂。花期春季。

【生长习性】喜温暖湿润气候，尤其适宜冬无严寒、夏酷暑、春秋多雨的地方。喜水，耐大肥，要求土壤疏松、富有机质和土壤水分十分充足的壤土，但亦适当耐干旱和贫瘠壤。喜阳光充足，亦能耐半阴。

【精油含量】水蒸气蒸馏法提取鲜花的得油率为0.20%0.45%。

【芳香成分】戴亮等（1990）用水蒸气蒸馏溶剂萃取提取的福建漳州产水仙鲜花精油的主要成分为：乙酸苄（12.07%）、3,7-二甲基-1,6-辛二烯-3-醇（9.15%）、1 H-吲（9.14%）、苯甲醇（8.83%）、1,8-对盖二烯-4-乙酸酯（7.83%2,6-双（1，1-二甲基乙基)-4-甲基酚（7.60%）、2,2,4-三甲基环已烯-1-甲醇（5.79%）、3-(1,1-二甲基乙基)酚（2.77%二十一烷（2.11%）、乙酸-邻-甲氧基苄酯（1.98%）、苄酸酯（1.81%）、苯胺（1.71%）、4,5-二甲基-1,3-苯二酚（1.38%乙酸-2-苯乙酯（1.25%）、N-苯基-l-萘胺（1.11%）、2,6,10,1四甲基-十六烷（1.10%）、3-甲氧基苯乙醇（1.01%）、二十烷（1.01%）等。朱亮锋等（1993）用树脂吸附法收集的广广州产‘大白水仙’新鲜花头香的主要成分为：乙酸苯甲（84.80%）、1-甲氧基-4-甲苯（3.62%）、(E)-β-罗勒烯（3.22%庚醛（2.11%）等；‘小白水仙’新鲜花头香的主要成分为：

苯甲酯（33.07%）、(E)-β-罗勒烯（24.28%）、庚醛（14.85%）、蒙烯（5.81%）苯甲酸甲酯（3.48%）、己醛（2.39%）、壬醛34%）、十一醛（2.08%）、α-蒎烯（1.58%）、癸烷（1.30%）、,5-环庚三烯（1.23%）等；'金水仙'新鲜花头香的主要成为：(E)-β-罗勒烯（68.04%）、乙酸苯甲酯（17.95%）、柠檬（3.71%）、1,8-桉叶油素（2.57%）、庚醛（1.71%）、(Z)-β-罗烯（1.46%）等；'重瓣水仙'新鲜花头香的主要成分为：(E)-罗勒烯（16.85%）、芳樟醇（13.73%）、苯甲酸甲酯（9.94%）、竣苯甲酯（9.24%）、1,8-桉叶油素（7.73%）、庚醛（6.31%）、蒙烯（4.49%）、α-蒎烯（4.13%）、黄樟油素（2.38%）、乙-3-甲基丁酯（1.73%）、β-蒎烯（1.63%）、壬醛（1.61%）、邻甲苯（1.11%）等。

【利用】栽培供观赏。鳞茎多液汁，有毒，外科用作镇痛，捣烂敷治痈肿。花精油可调制高级香精，用于香水、香皂其他化妆品中。

晚香玉

olianthes tuberosa Linn.

蒜科　晚香玉属

名： 夜来香、月下香、玉簪花

布： 全国各地普遍栽培

【形态特征】多年生草本，高可达1 m。具有块状的根状茎。直立，不分枝。基生叶6～9枚簇生，线形，长40～60 cm，约1 cm，顶端尖，深绿色，在花茎上的叶散生，向上渐小呈片状。穗状花序顶生，每苞片内常有2花，苞片绿色；花乳色，浓香，长3.5～7 cm；花被管长2.5～4.5 cm，基部稍弯曲，花被裂片彼此近似，长圆状披针形，长1.2～2 cm，钝头；雄蕊6，着生于花被管中，内藏；子房下位，3室，花柱细长，柱头3裂。蒴果卵球形，顶端有宿存花被；种子多数，稍扁。花期7～9月。

【生长习性】喜温暖湿润，阳光充足的环境。要求土层深厚、肥沃、黏质土壤。耐冷凉，忌寒冻和积水。

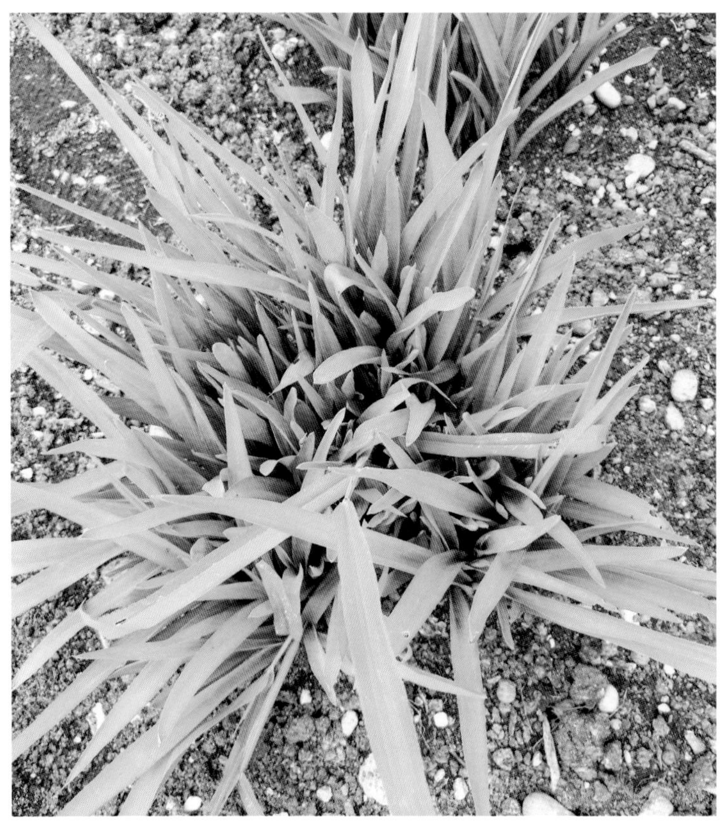

【精油含量】水蒸气蒸馏法提取花的得油率为0.08%～0.14%。

【芳香成分】朱亮锋等（1993）用树脂吸附法收集的广东广州产晚香玉新鲜花头香的主要成分为：苯甲酸甲酯（41.21%）、1,8-桉叶油素（31.96%）、2-羟基苯甲酸甲酯（11.29%）、邻-氨基苯甲酸甲酯（2.79%）、柠檬烯（1.78%）、桧烯（1.27%）、α-蒎烯（1.22%）等。

【利用】栽培供观赏。花精油、浸膏为配制高级花香型香精的原料，用于各类高档化妆品；花浸膏、净油为我国允许使用的食用香料，常用于饮料、糖果和蛋糕等食用香精之中。

文殊兰

Crinum asiaticum Linn. var. *sinicum* (Roxb. ex Herb.) Baker

石蒜科　文殊兰属
别名： 文珠兰
分布： 福建、台湾、广东、广西等地

【形态特征】变种。多年生粗壮草本。鳞茎长柱形。叶20～30枚，多列，带状披针形，长可达1 m，宽7～12 cm或更宽，顶端渐尖，具有1急尖的尖头，边缘波状，暗绿色。花茎直立，几乎与叶等长，伞形花序有花10～24朵，佛焰苞状，总苞片披针形，长6～10 cm，膜质，小苞片狭线形，长3～7 cm；花梗长0.5～2.5 cm；花高脚碟状，芳香；花被管纤细，伸直，长10 cm，直径1.5～2 mm，绿白色，花被裂片线形，长4.5～9 cm，宽6～9 mm，向顶端渐狭窄，白色；雄蕊淡红色，花丝长4～5 cm，花药线形，顶端渐尖，长1.5 cm或更长；子房纺锤形，长不及2 cm。蒴果近球形，直径3～5 cm；通常种子1枚。花期夏季。

【生长习性】常生长于海滨地区或河旁沙地。喜温暖，不耐寒，稍耐阴，喜潮湿，忌涝，耐盐碱，适宜排水良好、肥沃的土壤。

【精油含量】水蒸气蒸馏法提取干燥种子的得油率为0.10%。

【芳香成分】高一然等（2016）用水蒸气蒸馏法提取的海南产文殊兰干燥成熟种子精油的主要成分为：亚油酸（33.30%）、邻苯二甲酸二丁酯（9.74%）、邻苯二甲酸二异丁酯（8.99%）、2-十三烷酮（4.97%）、十二醛（3.58%）、正十五烷酸（3.39%）、苯甲酸乙酯（3.28%）、12-二十三酮（3.03%）、乳酸薄荷酯（3.02%）、正二十四烷（2.59%）、二十五烷（2.06%）、2-十二醇（1.72%）、苯甲醛（1.70%）、2-溴代十四酸甲酯（1.53%）、十四烷酸三甲基甲硅烷基酯（1.34%）、1-十六烷硫醇（1.27%）、邻苯二甲酸二(2-乙基己)酯（1.16%）、丙烯酸十四酯（1.15%）、异三十烷（1.03%）等。

【利用】栽培供观赏。叶与鳞茎药用，有活血散瘀、消肿止痛之效，治疗跌打损伤、风热头痛、热毒疮肿等症；捣烂敷患处，治疗闭合性骨折、软组织损伤。

仙茅

Curculigo orchioides Gaertn.

石蒜科　仙茅属
别名： 地棕、独茅、山党参、仙茅参、海南参、婆罗门参、瓜子
分布： 浙江、江西、福建、台湾、湖南、广东、广西、四川、云南、贵州

【形态特征】根状茎近圆柱状，粗厚，直生，直径1 cm，长可达10 cm。叶线形、线状披针形或披针形，大小变化甚大，长10～90 cm，宽5～25 mm，顶端长渐尖，基部渐窄成短柄或近无柄，两面散生疏柔毛或无毛。花茎甚短，

7 cm，大部分藏于鞘状叶柄基部之内，亦被毛；苞片披针长2.5～5 cm，具有缘毛；总状花序多少呈伞房状，通常具6朵花；花黄色；花被裂片长圆状披针形，长8～12 mm，宽～3 mm，外轮的背面有时散生长柔毛；柱头3裂；子房狭，顶端具有长喙，被疏毛。浆果近纺锤状，长1.2～1.5 cm，约6 mm，顶端有长喙。种子表面具有纵凸纹。花果期4～9

【生长习性】生于海拔1600 m以下的林中、草地或荒坡上。选低山坡或平地，土层深厚、疏松、肥沃的砂质壤土。

【芳香成分】容蓉等（2010）用水蒸气蒸馏法提取的广东徐产仙茅干燥根茎精油的主要成分为：3,4-二氯-1,2-二甲基甲苯（11.59%）、1-溴-2-甲氧基萘（10.07%）、1,2-二氯-4,5-二甲氧基苯（9.00%）、丙酸乙酯（8.78%）、甲苯（3.65%）、D-柠檬烯（1.26%）等；用顶空加热法提取的根茎精油的主要成分为：(Z,Z)-9,12-亚油酸（25.69%）、十四烷酸（21.54%）、(Z)-9,17-十八碳三烯醛（16.11%）、3,4-二氯-1,2-二甲基甲苯（6.62%）、1,2-二氯-4,5-二甲氧基苯（3.84%）、1-溴-2-甲氧基萘（1.11%）等。

【利用】根状茎入药，有温肾阳壮、祛除寒湿的功效，通常用以治疗阳痿、遗精、腰膝冷痛或四肢麻木、小便失禁、筋骨软弱、下肢拘挛、更年期综合征等症。

朱顶红

Hippeastrum rutilum (Ker-Gawl.) Herb.

石蒜科　朱顶红属

别名： 红花莲、华胄兰、孤挺花、百支莲、喇叭花

分布： 原产巴西我国各地有栽培

【形态特征】多年生草本。鳞茎近球形，直径5～7.5 cm，并有匍匐枝。叶6～8枚，花后抽出，鲜绿色，带形，长约30 cm，基部宽约2.5 cm。花茎中空，稍扁，高约40 cm，宽约2 cm，具有白粉；花2～4朵；佛焰苞状总苞片披针形，长约3.5 cm；花梗纤细，长约3.5 cm；花被管绿色，圆筒状，长约2 cm，花被裂片长圆形，顶端尖，长约12 cm，宽约5 cm，洋红色，略带绿色，喉部有小鳞片；雄蕊6，长约8 cm，花丝红色，花药线状长圆形，长约6 mm，宽约2 mm；子房长约1.5 cm，花柱长约10 cm，柱头3裂。花期夏季。

【生长习性】喜温暖、湿润气候，生长适宜温度为18～25 ℃，不喜酷热，阳光不宜过于强烈。怕水涝。冬季休眠期，要求冷湿的气候，以10～12 ℃为宜，不得低于5 ℃。喜富含腐殖质、排水良好的砂质壤土，pH在5.5～6.5，切忌积水。

【芳香成分】根：周红艳（2014）用水蒸气蒸馏法提取的湖北恩施产朱顶红新鲜根精油的主要成分为：1-甲基-4-(1-甲基乙基)-环已醇（31.19%）、胡薄荷酮（2.32%）、胡椒酮（2.08%）、间氯苯硫酚（1.83 %）、乙酸薄荷酯（1.13%）、1,3-二氧戊环-2-甲醇（1.10%）、甲苯（1.05%）、3-硝基丙酸（1.00%）等。

叶：周红艳（2014）用水蒸气蒸馏法提取的湖北恩施产朱顶红新鲜叶精油的主要成分为：1-甲基-4-(1-甲基乙基)-环已醇（33.36%）、3-硝基丙酸（14.42%）、乙酸乙酯（13.43%）、乙

苯（5.52%）、o-二甲苯（4.34%）、偶氮二甲酸二乙酯（3.47%）、(Z)-4-叶绿素-2,3-二甲基-1,3-己二烯（3.04%）、长叶薄荷酮（2.91%）、2,4,5-三甲基-1,3-二氧戊烷（2.83%）、1,3-二氧戊环-2-甲醇（2.82%）、P-薄荷酮（2.73%）、乙偶姻（1.81%）、1-乙烷基-4-甲基-苯（1.81%）、2-乙烷基-1,3-二噁茂烷（1.64%）、1,2,4-三甲基-苯（1.44%）、顺式马鞭草烯酮（1.34%）、异薄荷醇醋酸（1.13%）、正十四碳烷（1.07%）、2,4,6-三甲基-癸烷（1.01%）等。

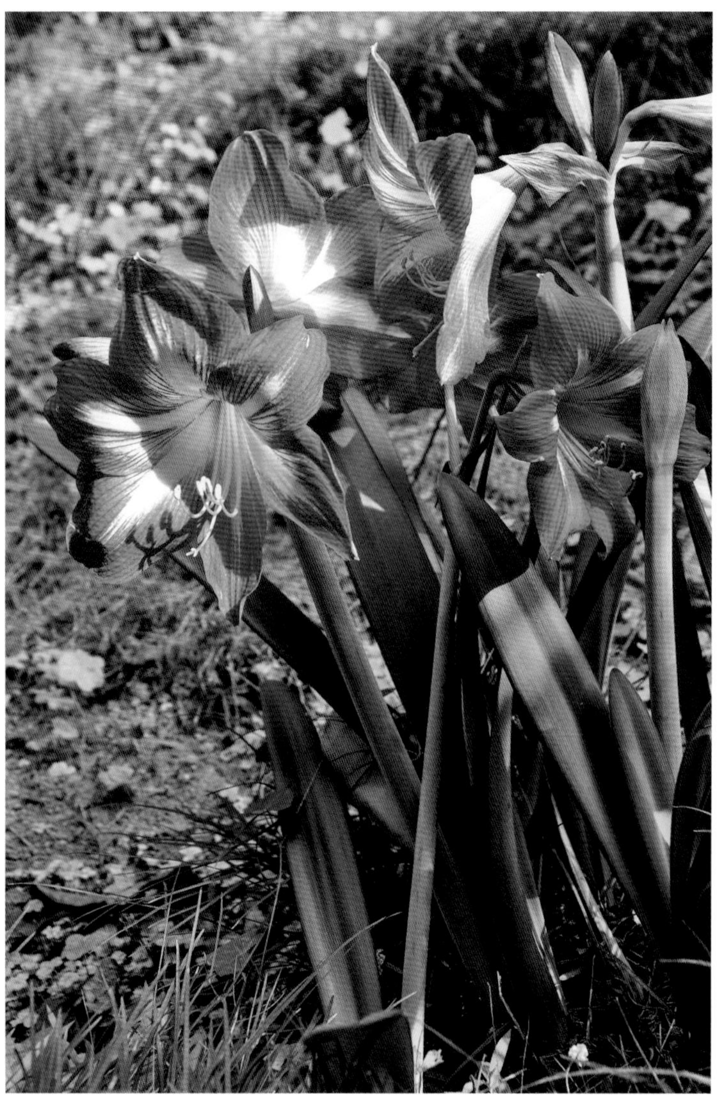

【利用】供观赏，适于盆栽，也可用于庭院栽培，或配植花坛，可作为鲜切花使用。

繁缕

Stellaria media (Linn.) Cyr.

石竹科　繁缕属
别名：鹅肠菜、鹅耳伸筋、鸡儿肠
分布：全国各地

【形态特征】一年生或二年生草本，高10～30 cm。茎俯仰或上升，基部多少分枝，常带淡紫红色，被1～2列毛。叶片宽卵形或卵形，长1.5～2.5 cm，宽1～1.5 cm，顶端渐尖或急尖，基部渐狭窄或近心形，全缘。疏聚伞花序顶生；萼片5，卵状披针形，长约4 mm，顶端稍钝或近圆形，边缘宽膜质，外面被短腺毛；花瓣白色，长椭圆形，比萼片短，深2裂达基部，裂片近线形；雄蕊3～5，短于花瓣；花柱3，线形。蒴果卵形，稍长于宿存萼，顶端6裂，具有多数种子；种子卵圆形至近圆形，稍扁，红褐色，直径1～1.2 mm，表面具有半球形瘤状凸起，脊较显著。花期6～7月，果期7～8月。

【生长习性】为常见的田间杂草，生于农田、路边、沟边、草地。繁殖力极强。喜温暖潮湿环境，适宜生长温度为13～23 ℃，能适应较轻的霜冻。

【精油含量】水蒸气蒸馏法提取全草的得油率为0.13%。

【芳香成分】黄元等（2009）用水蒸气蒸馏法提取的贵州贵阳产野生繁缕全草精油的主要成分为：十八-9-烯醇（10.20%）、2,6-双(1,1-二甲基乙基)-2,5-环己二烯-1,4-二酮（6.13%）、十七烷（5.98%）、二十碳烯（5.52%）、十七-9-烯醇（5.37%）、十九-8-烯醇（4.43%）、2-甲基-5-(1-甲基乙基)苯酚（3.88%）、异三十烷（2.70%）、7-羟基-庚醇（2.57%）、二十二烷（1.60%）、十八烷（1.54%）、硬脂酸（1.42%）、蒽（1.07%）、十一烷酮（1.05%）、吲哚（1.04%）等。

【利用】茎、叶及种子供药用，有清热解毒、化瘀止痛、催乳、活血等作用，用于治疗肠炎、痢疾、肝炎、阑尾炎、产后瘀血腹痛、子宫收缩痛、牙痛、头发早白、乳汁不下、乳腺炎、跌打损伤、疮疡肿毒。

千针万线草

ellaria yunnanensis Franch.

竹科　繁缕属
名：麦参、筋骨草、云南繁缕、小胖药
布：云南、四川、西藏

【形态特征】多年生草本，高30～80 cm。根簇生，黑褐，粗壮。茎直立，圆柱形，不分枝或分枝，无毛或被稀疏长毛。叶片披针形或条状披针形，长3～7 cm，宽5～15 mm，端渐尖，基部圆形或稍渐狭窄，叶背微粉绿色，边缘具有稀缘毛。二歧聚伞花序，疏散；苞片披针形，顶端渐尖，边缘质，透明；萼片披针形，长4～5 mm，顶端渐尖，边缘膜质，有明显3脉；花瓣5，白色，稍短于萼片，2深裂几乎达基部，片狭线形；雄蕊10；子房卵形，具多数胚珠；花柱3，线形。果卵圆形，稍短于宿存萼，顶端6齿裂，具2～6枚种子；种褐色，肾脏形，略扁，具有稀疏瘤状凸起。花期7～8月，果9～10月。

【生长习性】生于海拔1800～3250 m的丛林或林缘岩石间。

【精油含量】水蒸气蒸馏法提取干燥根的得油率为0.10%。

【芳香成分】李贵军等（2014）用水蒸气蒸馏法提取的南会泽产千针万线草干燥根精油的主要成分为：香草醛1.73%）、香草乙酮（8.86%）、十四碳酰胺（6.97%）、三苯氧膦（4.58%）、4-羟乙酰基-2-甲氧基苯酚（3.01%）、溴代八烷（2.74%）、邻苯二甲酸二异辛酯（1.70%）、3,3,5,5-四甲-1,2-环戊二酮（1.58%）、十四碳烯醇乙酸酯（1.57%）、丁香醛（1.28%）、十三酸（1.23%）、异香草醛（1.13%）、天竺葵酸（1.08%）、(Z)-2-甲氧基-4-(1-丙烯基)苯酚（1.08%）、二氢麦角胺（1.03%）、氯代十八烷（1.03%）等。

【利用】根供药用，有补气健脾、养肝活血之功效。主治贫血、精神短少、头晕心慌、耳鸣眼花、潮热、遗精、月经不调、带下、骨折、乳腺炎。

縫瓣繁缕

Stellaria radians Linn.

石竹科　繁缕属
别名：垂梗繁缕
分布：黑龙江、吉林、辽宁、内蒙古、河北

【形态特征】多年生草本，高40～60 cm，伏生绢毛，上部毛较密。根茎细，匍匐，分枝。茎直立或上升，四棱形，上部分枝，密被绢柔毛。叶片长圆状披针形至卵状披针形，长3～12 cm，宽1.5～2.5 cm，顶端渐尖，基部急狭成极短柄，两面均伏生绢毛。二歧聚伞花序顶生，大型；苞片草质，披针形，被密柔毛；萼片长圆状卵形或长卵形，长6～8 mm，宽2～2.5 mm，外面密被绢柔毛；花瓣5，白色，轮廓宽倒卵状楔形，长8～10 mm，5～7裂深达花瓣中部或更深，裂片近线形。蒴果卵形，微长于宿存萼，6齿裂，含2～5粒种子；种子肾形，长约2 mm，稍扁，黑褐色，表面蜂窝状。花期6～8月，果期7～9月。

【生长习性】生于海拔340～500 m的丘陵灌丛或林缘草地。

【芳香成分】宋京都等（2005）用有机溶剂萃取法提取的黑龙江佳木斯产縫瓣繁缕全草精油的主要成分为：亚麻酸甲酯（28.54%）、正十六酸（14.56%）、叶绿醇（6.32%）、正二十六烯（4.97%）、(3β,5α)-豆甾-7-烯-3-醇（4.54%）、22,23-二氢豆甾醇（4.03%）、正三十八醇（3.51%）、硬脂酸（3.29%）、花生酸（1.71%）、3,7,11,15-四甲基-2-十六烯-1-醇（1.54%）等。

【利用】全草在民间药用，有驱风、解毒的功效，外敷治疖疮。

银柴胡

Stellaria dichotoma Linn.var. *lanceolata* Bge.

石竹科　繁缕属
别名： 披针叶繁缕、披针叶叉繁缕、牛肚根等
分布： 内蒙古、辽宁、陕西、甘肃、宁夏

【形态特征】叉歧繁缕变种。多年生草本，高15～60 cm，全株呈扁球形，被腺毛。茎丛生，多次二歧分枝，被腺毛或短柔毛。叶片线状披针形、披针形或长圆状披针形，长5～25 mm，宽1.5～5 mm，顶端渐尖，基部圆形或近心形，微抱茎，全缘，两面被腺毛或柔毛，稀无毛。聚伞花序顶生，具有多数花；萼片5，披针形，长4～5 mm，顶端渐尖，边缘膜质，外面多少被腺毛或短柔毛，稀近无毛；花瓣5，白色，轮廓倒披针形，长4 mm，2深裂至1/3处或中部，裂片近线形。果宽卵形，长约3 mm，比宿存萼短，6齿裂，通常具有1粒子；种子卵圆形，褐黑色，微扁，脊具少数疣状凸起。花6～7月，果期7～8月。

【生长习性】生长于海拔1250～3100 m的石质山坡或石草原。

【精油含量】石油醚萃取法提取干燥根的得油率为1.00%。

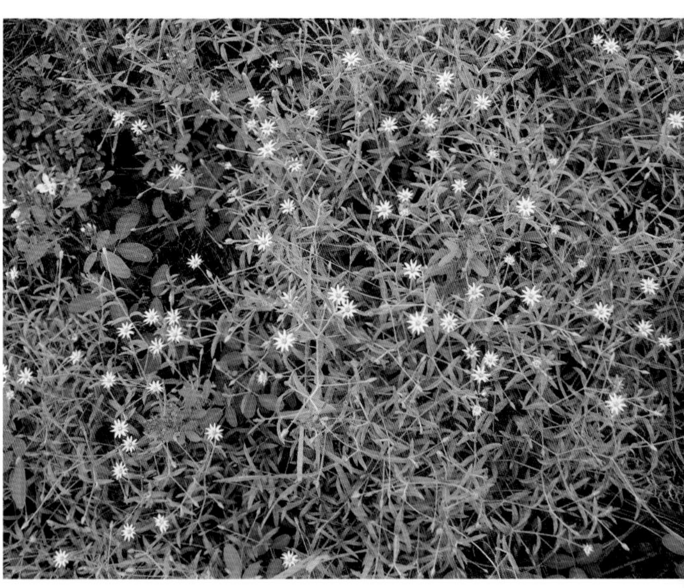

【芳香成分】杨敏丽等（2007）用水蒸气蒸馏法提取宁夏产银柴胡干燥根精油的主要成分为：去乙酰基蛇形素（12.97%）、二甲基邻苯二甲酸酯（10.92%）、14-甲基十烷酸甲酯（9.00%）、4,6-二(1,1-二甲基乙基)-2-甲基苯（7.65%）、10-甲基二十烷（5.72%）、正二十八烷（5.43%）、二十六烷（5.16%）、7-甲基十五烷（4.92%）、丁基化羟基苯（4.40%）、正十八烷（4.14%）、O-苯二羟基酸（4.10%）、二十一烷（3.83%）、二十四烷（3.51%）、正二十二烷（3.32%）、8-甲基十七烷（2.97%）、正二十五烷（2.60%）、4-乙氧基醇（1.73%）、11-烯十六烷酸甲酯（1.48%）、1,2-苯二羟基酸甲基酯（1.38%）、1,2-苯二羟基酸二乙基酯（1.36%）、棕榈（1.36%）、3-甲基二十烷（1.04%）等。

【利用】根供药用，可清虚热，用于治疗阴虚发热、疳积热。

孩儿参

Pseudostellaria heterophylla (Miq.) Pax

石竹科　孩儿参属
别名： 太子参、异叶假繁缕
分布： 辽宁、内蒙古、河北、陕西、山东、江苏、安徽、浙江、江西、河南、湖北、湖南、四川

【形态特征】多年生草本，高15～20 cm。块根长纺锤形，白色，稍带灰黄。茎直立，单生，被2列短毛。茎下部叶常1～2对，叶片倒披针形，顶端钝尖，基部渐狭窄呈长柄状，上部2～3对，叶片宽卵形或菱状卵形，长3～6 cm，宽2～20 mm，顶端渐尖，基部渐狭窄，叶背沿脉疏生柔毛。开花受精花1～3朵，腋生或呈聚伞花序；萼片5，狭披针形，长约5 mm，顶端渐尖，外面及边缘疏生柔毛；花瓣5，白色，长圆形或倒卵形

7～8 mm，顶端2浅裂。蒴果宽卵形，含少数种子，顶端不或3瓣裂；种子褐色，扁圆形，长约1.5 mm，具有疣状凸起。期4～7月，果期7～8月。

【生长习性】生于海拔800～2700 m的山谷林下阴湿处。

【精油含量】乙醚萃取-水蒸气蒸馏法提取干燥块根的得油为0.13%～0.28%。

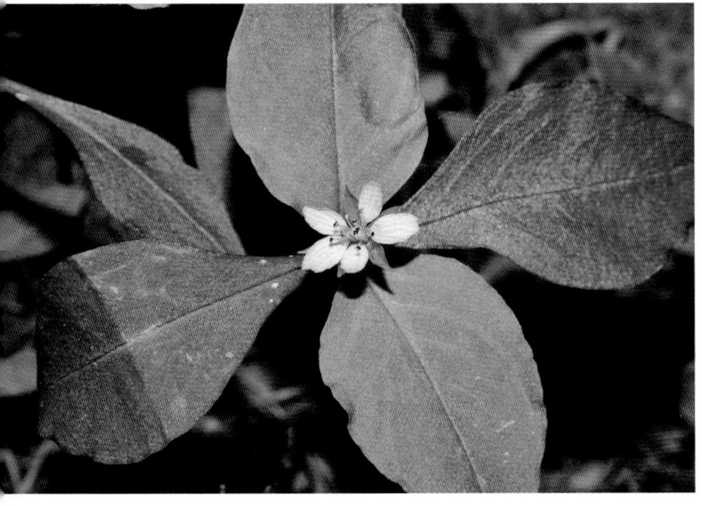

【芳香成分】林文津等（2011）用水蒸气蒸馏法提取的福建德产孩儿参块根精油的主要成分为：2-丙基呋喃（22.45%）、糠醇（19.78%）、3-乙基-3-甲基戊烷（19.47%）、3-乙基-3-基庚烷（6.97%）、n-十六酸（4.09%）、糠醛（3.18%）、柏木（2.72%）、吡咯（2.24%）、仲丁醚（2.14%）、5-甲基-糠醛.00%）等。刘义宁等（2009）用同法分析的福建柘荣产孩儿块根精油的主要成分为：2-糠醇（79.76%）、3-甲基-1-丁基乙酸酯（13.24%）、1,8-二烯-壬烷-4-醇（2.34%）等。沈祥春等（2007）用同法分析的贵州雷山产孩儿参干燥块根精油的主要成分为：油酸（33.50%）、棕榈酸（3.96%）、E-柠檬醛（3.67%）、Z-柠檬醛（3.43%）、1,8-桉叶素（3.28%）、L-芳樟醇（3.00%）、3-醋酸呋喃甲基酯（2.90%）、2-莰醇（2.76%）、2-庚醇（1.74%）、桃金娘烯醛（1.56%）、α-松油醇（1.27%）、苯丙烯醇（1.22%）、2-环己烯基苯甲酸酯（1.20%）、莰酮-2(1.16%）等。刘训红等（2007）用同法分析的江苏溧阳产孩儿参块根精油的主要成分为：4-丁基-3-甲氧基-2,4-环己二烯-1-酮（38.78）、吡咯（6.65%）、糠醇（4.77%）、4-丁基-3-甲氧基-2-环己烯-1-酮（4.76%）、正-十六烷酸（4.44%）、2-环己烯-1-醇-苯甲酸酯（3.12%）、2-戊基呋喃（2.91%）、反-1,10-二甲基-9-羟基十氢萘（2.63%）、已醛（2.22%）、邻苯二甲酸二异丁酯（1.70%）、3-呋喃甲基乙酸酯（1.51%）、呋喃硫化物（1.36%）、邻苯二甲酸二丁酯（1.28%）、9,12-十八碳烯酸（1.07%）、3-甲基-6-(1-甲基乙烯基)-2-环已烯-1-酮（1.04%）等。

【利用】块根供药用，有健脾、补气、益血、生津等功效，为滋补强壮剂。

麦蓝菜

Vaccaria segetalis (Neck.) Garcke

石竹科　麦蓝菜属

别名： 王不留行、麦蓝子、奶米、王不留、剪金子、留行子

分布： 黑龙江、吉林、辽宁、河北、河南、山西、山东、江苏、安徽、浙江、江西、湖南、湖北、陕西、甘肃、新疆、云南、四川等地

【形态特征】一年生或二年生草本，高30～70 cm，全株无毛，微被白粉，呈灰绿色。茎单生，直立，上部分枝。叶片卵状披针形或披针形，长3～9 cm，宽1.5～4 cm，基部圆形或近心形，微抱茎，顶端急尖。伞房花序稀疏；苞片披针形，着生花梗中上部；花萼卵状圆锥形，长10～15 mm，宽5～9 mm，后期微膨大呈球形，棱绿色，棱间绿白色，近膜质，萼齿小，三角形，顶端急尖，边缘膜质；花瓣淡红色，长14～17 mm，宽2～3 mm，爪狭楔形，淡绿色，瓣片狭窄倒卵

形，微凹缺，有时具有不明显的缺刻。蒴果宽卵形或近圆球形，长8～10 mm；种子近圆球形，直径约2 mm，红褐色至黑色。花期5～7月，果期6～8月。

【生长习性】生于海拔500～3040 m的草坡、撂荒地或麦田中。喜温暖气候，对土壤要求不严格，忌水浸。

【芳香成分】付起凤等（2017）用水蒸气蒸馏法提取的河北产麦蓝草干燥成熟种子精油的主要成分为：豆蔻酸（6.30%）、亚油酸（4.01%）、油酸酰胺（3.38%）、2,2'-亚甲基双-(4-甲基-6-叔丁基苯酚)(3.34%)、5-甲基-2-糠基呋喃（3.20%）、反式-9-十八（碳）烯酸（3.10%）、2,4,6-三甲基苯甲腈（2.97%）、1-十五醇（2.59%）、反-9-十八碳烯酸甲酯（2.57%）、2,3,6-三甲基萘（2.31%）、油酸甘油酯（1.90%）、2,5-二叔丁基对苯二酚（1.56%）、亚油酸甲酯（1.42%）、棕榈酸（1.35%）、4'-异丙基苯乙酮（1.31%）、5,5'-二甲基二-a-呋喃基甲烷（1.27%）、8-十七烷烯（1.23%）、油酸乙酯（1.14%）、2,a-呋喃基甲烷（1.06%）、戊基苯（1.03%）、3-甲基吲哚（1.02%）、1-甲基-2-苯基吲哚（1.00%）等。

【利用】种子入药，有活血通经、下乳消肿的功效，治疗经闭、乳汁不通、乳腺炎和痈疖肿痛。

漆姑草

Sagina japonica (Sw.) Ohwi

石竹科　漆姑草属

别名：漆姑、珍珠草、瓜槌草、星宿草、日本漆姑草、腺漆姑草、牛毛粘、地松、若虫虫鼻药、大龙叶、羊儿草

分布：东北、华北、西北（陕西、甘肃）、华东、华中、西南

【形态特征】一年生小草本，高5～20 cm，上部被稀疏腺柔毛。茎丛生，稍铺散。叶片线形，长5～20 mm，宽0.8～1.5 mm，顶端急尖，无毛。花小形，单生枝端；花梗细，长1～2 cm，被稀疏短柔毛；萼片5，卵状椭圆形，长约2 mm，顶端尖或钝，外面疏生短腺柔毛，边缘膜质；花瓣5，狭卵形，稍短于萼片，白色，顶端圆钝，全缘；雄蕊5，短于花瓣；子房卵圆形，花柱5，线形。蒴果卵圆形，微长于宿存萼，5瓣裂；种子细，圆肾形，微扁，褐色，表面具有尖瘤状凸起。花期3～5月，果期5～6月。

【生长习性】生于海拔600～4000 m的田间河岸砂质地、荒地或路旁草地。

【精油含量】水蒸气蒸馏法提取全草的得油率为0.08%。

【芳香成分】黄筑艳等（2006）用水蒸气蒸馏法提取漆姑草全草精油的主要成分为：二苯胺（10.00%）、正十六烷（8.67%）、6,10,14-三甲基-2-十五烷酮（4.62%）、植醇（4.48%）、十九烷（4.21%）、十八烷（3.80%）、二十烷（3.48%）、二十一烷（3.18%）、N-苯基-2-萘胺（2.86%）、十七烷（2.48%）、二十六烷（2.35%）、二十一烷（2.08%）、二十四烷（2.08%）、2,6,10,14-四甲基-十六烷（1.95%）、二十三烷（1.94%）、二十七烷（1.86%）、二十二烷（1.52%）、二十八烷（1.35%）、2,6,10,14-四甲基-十五烷（1.05%）、十六烷（1.01%）等。

【利用】全草可供药用，有退热解毒之效，鲜叶揉汁涂抹疮有效。嫩时可作猪饲料。

长蕊石头花

Gypsophila oldhamiana Miq.

石竹科　石头花属

别名：霞草、酸蚂蚱菜、山马生菜、丝石竹、长蕊丝石竹、扫帚菜

分布：辽宁、河北、山西、山东、江苏、河南、陕西、甘肃

【形态特征】多年生草本，高60～100 cm。茎数个由根处生出，二歧或三歧分枝，老茎常红紫色。叶片近革质，

，长圆形，长4～8 cm，宽5～15 mm，顶端短凸尖，基部稍，两叶基相连成短鞘状，微抱茎。伞房状聚伞花序较密集，生或腋生；苞片卵状披针形，长渐尖尾状，膜质，大多具有毛；花萼钟形或漏斗状，长2～3 mm，萼齿卵状三角形，略尖，边缘白色，膜质，具有缘毛；花瓣粉红色，倒卵状长圆，顶端截形或微凹，长于花萼1倍。蒴果卵球形，稍长于宿萼，顶端4裂；种子近肾形，长1.2～1.5 mm，灰褐色，两侧扁，具有条状凸起，脊部具有短尖的小疣状凸起。花期6～9，果期8～10月。

【生长习性】生于海拔2000 m以下山坡草地、灌丛、沙滩石间或海滨沙地。喜温暖湿润和阳光充足环境，较耐阴，耐性较强，但极不耐涝渍。对土壤的选择性较强，在排水良好、松肥沃的酸性壤土中生长最好，在近中性的砂壤土上也可生，不耐碱性土壤。

【芳香成分】根：危晴等（2012）用水蒸气蒸馏法提取的燥根精油的主要成分为：2-乙氧基丙烷（14.91%）、茴香（3.34%）、2,3-二氢-4-甲基-1-氢茚（3.14%）、棕榈酸甲酯.11%）、2-乙氧基丁烷（2.76%）、2,3-二氢-4,7-二甲基-1-氢茚.29%）、9-十八碳烯酸甲酯（1.88%）等。

全草：李双石等（2011）用顶空固相微萃取法提取的全精油的成分为：邻苯二甲酸二异辛酯（27.05%）、角鲨烯1.97%）、对苯二甲酸酯（18.62%）、正十五烷（17.96%）、二甲基环己硅氧烷（7.47%）、正十六烷（4.64%）、1,3,5,7-四乙基-1-乙基丁氧基硅氧基环四硅氧烷（2.29%）等。

花：李彩芳等（2010）用顶空固相微萃取法提取的河南洛阳产长蕊石头花干燥花精油的主要成分为：1-己醇（20.32%）、甲硫醚（10.30%）、2-乙基呋喃（9.44%）、壬醛（6.84%）、异戊醛（6.33%）、癸醛（4.31%）、4-甲基-1-戊醇（4.13%）、苯乙醛（3.78%）、2-戊基呋喃（3.23%）、1-辛烯-3-醇（2.67%）、顺-3-己烯戊酸酯（2.44%）、环丁醇（2.29%）、己醛（2.25%）、3-辛酮（2.13%）、十五烷（1.90%）、2,2,4-三甲基-1,3-戊二酮二异丁酸酯（1.87%）、十六烷（1.74%）、(E)-2-己烯醛（1.54%）等。

【利用】根供药用，有清热凉血、消肿止痛、化腐生肌长骨的功效。根的水浸剂可防治蚜虫、红蜘蛛、地老虎等；还可洗涤毛、丝织品。全草可做猪饲料。栽培供观赏。嫩茎叶可作蔬菜食用。

瞿麦

Dianthus superbus Linn.

石竹科　石竹属

别名：野麦、十样景花、竹节草

分布：东北、华北、西北及山东、浙江、江苏、江西、河南、四川、湖北、贵州、新疆

【形态特征】多年生草本，高50～60 cm，有时更高。茎丛生，直立，绿色，上部分枝。叶片线状披针形，长5～10 cm，宽3～5 mm，顶端锐尖，中脉特显，基部合生成鞘状，绿色，有时带粉绿色。花1～2朵生枝端，有时顶下腋生；苞片2～3对，倒卵形，长6～10 mm，约为花萼的1/4，宽4～5 mm，顶端长尖；花萼圆筒形，长2.5～3 cm，直径3～6 mm，常染紫红色晕，萼齿披针形，长4～5 mm；花瓣长4～5 cm，爪长

1.5～3 cm，包于萼筒内，瓣片宽倒卵形，边缘缝裂至中部或中部以上，通常呈淡红色或带紫色，稀白色，喉部具有丝毛状鳞片。蒴果圆筒形，顶端4裂；种子扁卵圆形，长约2 mm，黑色。花期6～9月，果期8～10月。

【生长习性】生于海拔400～3700 m丘陵山地疏林下、林缘、草甸、沟谷溪边。喜欢温暖潮湿环境，耐严寒。适宜在肥沃的砂质壤土或黏质壤土中种植。

【精油含量】水蒸气蒸馏法提取干燥地上部分的得油率为0.07%。

【芳香成分】余建清等（2008）用水蒸气蒸馏法提取的瞿麦干燥地上部分精油的主要成分为：6,10,14-三甲基-2-十五酮（28.39%）、植物醇（6.80%）、醋酸牻牛儿酯（4.65%）、己醇（4.32%）、醋酸金合欢酯（3.01%）、醋酸四氢牻牛酯（2.38%）、山梨酸（2.02%）、棕榈酸（1.82%）、正壬（1.62%）、正辛醇（1.25%）、正壬醛（1.25%）、对甲基苯甲（1.22%）、1-乙酰基-2-甲基环戊烯（1.12%）等。

【利用】全草入药，有清热、利尿、破血通经功效，用于疗热淋、血淋、石淋、小便不通、淋沥涩痛。全草也可作农药有驱虫、杀虫功效。嫩茎叶可做菜食用。

萼翅藤

Calycopteris floribunda (Roxb.) Lam.

使君子科　萼翅藤属

分布：云南

【形态特征】披散蔓生藤本，高5～10 m或更高。叶对生叶片革质，卵形或椭圆形，长5～12 cm，宽3～6 cm，先端钝或渐尖，基部钝圆，叶面绿色，叶背密被鳞片及柔毛。总状序，腋生和聚生于枝的顶端，形成大型聚伞花序，长5～15 c苞片浅绿色，脱落；花小，两性；苞片卵形或椭圆形，2～3 mm，密被柔毛；花萼杯状，外面被柔毛，长5～7 mm，裂，裂片三角形，长2～3 mm，直立，两面密被柔毛，外面具鳞片；花瓣缺。假翅果，长约8 mm，被柔毛，5棱，萼裂增大，翅状，长10～14 mm，被毛；种子1，长5～6 mm。花3～4月，果期5～6月。

【生长习性】在海拔300～600 m的季雨林中或林缘常产地具有气温较高，雨量丰沛，干湿季十分明显的特征。年均气温22.7 ℃，极端最低气温2 ℃，年降水量2856 mm，相湿度82%。土壤为砖红壤，pH4.5～5.5。

【精油含量】水蒸气蒸馏法提取叶的得油率为0.35%1.11%，枝的得油率为0.60%。

【芳香成分】枝：张艳等（2009）用水蒸气蒸馏法提取的南盈江产萼翅藤枝精油的主要成分为：棕榈酸（59.18%）、亚酸（12.70%）、邻苯二甲酸丁辛酯（8.21%）、油酸（6.81%）、柠檬烯（5.23%）、邻苯二甲酸二丁酯（2.45%）、植醇（2.06%十四酸（1.22%）、2-戊基呋喃（1.20%）等。

叶：张艳等（2009）用水蒸气蒸馏法提取的云南盈江产翅藤干燥叶精油的主要成分为：氧化石竹烯（13.79%）、棕酸（11.91%）、β-石竹烯（10.45%）、植醇（6.50%）、六氢法基丙酮（5.22%）、油酸（3.78%）、刺柏脑（3.17%）、斯巴（2.63%）、双-(对-氯苯基)醚（2.57%）、β-紫罗兰酮（2.18%α-石竹烯（1.87%）、4-(2,4,4-三甲基-1,5-环己二烯)丁-3-烯-酮（1.69%）、十四酸（1.40%）、壬醛（1.38%）、扁柏酸甲（1.22%）、β-荜澄茄油烯（1.15%）、亚麻酸（1.13%）、法呢基酮（1.12%）、α-紫罗烯（1.01%）等。

果实：户连荣等（2015）用水蒸气蒸馏法提取的云南丽产萼翅藤果实精油的主要成分为：反-桂醛（10.48%）、醛（7.12%）、苯甲酸苯乙酯（5.80%）、芳樟醇（5.18%）、苯酸苯乙酯（4.45%）、苯甲醛（3.43%）、6,10,14-三甲基-2-十烷酮（3.39%）、十四烷酸（2.74%）、己醛（2.36%）、苯乙（2.21%）、2-戊基呋喃（2.17%）、2-十一烯醛（1.92%）、2-己醛（1.75%）、α-松油醇（1.73%）、2-壬烯醛（1.12%）、香叶

09%）等。

【利用】萼翅藤是一种古老孑遗的单种属植物，被列为首批级保护植物，具有极其重要的科学研究价值。用于园林或盆观赏。叶用作强壮药和去毒药，为妇女分娩后15 d内作茶的料，也用作裹烟的叶子。果用作兴奋剂。

诃子

rminalia chebula Retz.

君子科　诃子属
名：诃黎勒
布：云南、广东、广西

【形态特征】乔木，高可达30 m，径达1 m，树皮灰黑色至色，粗裂而厚，皮孔细长，白色或淡黄色。叶互生或近对生，片卵形或椭圆形至长椭圆形，长7～14 cm，宽4.5～8.5 cm，端短尖，基部钝圆或楔形，偏斜，边全缘或微波状，密被细点；叶柄有2～4腺体。穗状花序腋生或顶生，有时又组成锥花序，长5.5～10 cm；花多数，两性，长约8 mm；花萼杯，淡绿而带黄色，干时变淡黄色，长约3.5 mm，5齿裂，三形，先端短尖，内面被黄棕色的柔毛。核果，坚硬，卵形或圆形，长2.4～4.5 cm，径1.9～2.3 cm，粗糙，青色，无毛，熟时变黑褐色，通常有5条钝棱。花期5月，果期7～9月。

【生长习性】生于海拔800～1840 m的疏林中，常成片分。喜温暖，抗寒力较强。适宜生长的气候条件，年平均气温为19.9～21.8 ℃。喜湿润，但耐旱，年降水量1000～1550 mm。成株喜阳，幼株喜阴。对土壤要求不严格，但以疏松肥沃、湿润、排水良好的壤土为好。

【精油含量】水蒸气蒸馏法提取干燥成熟果实得油率为0.02%。

【芳香成分】林励等（1996）用水蒸气蒸馏法提取的广东广州产诃子干燥成熟果实精油的主要成分为：十六酸（30.12%）、亚油酸（27.69%）、十八碳二烯酸（19.49%）、十七烷（2.15%）、十九烷（2.04%）、顺-α-檀香醇（1.32%）、2,6-二甲基十七烷（1.31%）、十六烷（1.11%）等。吴乌兰等（2011）用同法分析的广西产诃子干燥成熟果实精油的主要成分为：二甲基吡啶（24.41%）、2,6-二(1,1-二甲基乙基)-2,5-环己二烯-1,4-二酮（10.30%）、十三烷酸（6.79%）、酞酸二丁酯（5.65%）、二十烷（2.88%）、三十四烷（2.77%）、二十五烷（2.69%）、二十四烷（2.43%）、(顺,顺)-10,12-十六烷二醛（2.29%）、1,2-苯甲酸-丁基辛基酯（2.14%）、三十二烷（2.00%）、二十八烷（1.98%）6-羟基-4,4,5,7,8-五甲基苯并二氢吡喃（1.66%）、、3,5-二叔丁基-4-羟基苯甲醛（1.47%）、3-甲氧基-4-羟基苯甲酸（1.24%）、3-甲基十五烷（1.21%）、酞酸二异辛酯（1.05%）等。芦燕玲等（2013）用同时蒸馏萃取法提取的诃子阴干果实精油的主要成分为：糠醛（21.74%）、五十四烷（7.65%）、二十四烷（7.52%）、2,6,10,14,18-五甲基二十烷（4.77%）、正十六酸（3.26%）、苯乙醇（2.74%）、二十一烷（2.36%）、5-甲基糠醛（2.18%）、苯乙醛（1.66%）、2,6,6-三甲基-1-环己烯-1-乙醇（1.58%）、α-萜品烯基乙酯（1.53%）、莰烯（1.25%）、Z-9-十四烯酮（1.08%）、顺芳樟醇氧化物（1.06%）等。

【利用】果实入药，能敛肺涩肠，治疗慢性咽喉炎、咽喉干燥、肺虚咳喘、久咳失音、久泻、久痢、脱肛、便血、崩漏、带下、遗精、尿频。果皮和树皮富含单宁（35%～40%），为制革工业重要原料。木材供建筑、车辆、农具、家具等用。

使君子

Quisqualis indica Linn.

使君子科　使君子属
别名： 留求子、史君子、四君子
分布： 四川、贵州、福建、台湾、江西、湖南、广东、广西、云南

【形态特征】攀缘状灌木，高2～8 m；小枝被棕黄色短柔毛。叶对生或近对生，叶片膜质，卵形或椭圆形，长5～11 cm，宽2.5～5.5 cm，先端短渐尖，基部钝圆，背面有时疏被棕色柔毛。顶生穗状花序，组成伞房花序式；苞片卵形至线状披针形，被毛；萼管长5～9 cm，被黄色柔毛，先端具广展、外弯、小形的萼齿5枚；花瓣5，长1.8～2.4 cm，宽4～10 mm，先端钝圆，初为白色，后转为淡红色。果卵形，短尖，长2.7～4 cm，径1.2～2.3 cm，无毛，具有明显的锐棱角5条，成熟时外果皮脆薄，呈青黑色或栗色；种子1粒，白色，长2.5 cm，径约1 cm，圆柱状纺锤形。花期初夏，果期秋末。

【生长习性】喜光，耐半阴，日照充足开花更繁茂。喜欢高温多湿气候，不耐寒，不耐干旱。在肥沃富含有机质的砂质壤土上生长最佳。

【精油含量】水蒸气蒸馏法提取干燥叶的得油率为0.12%。

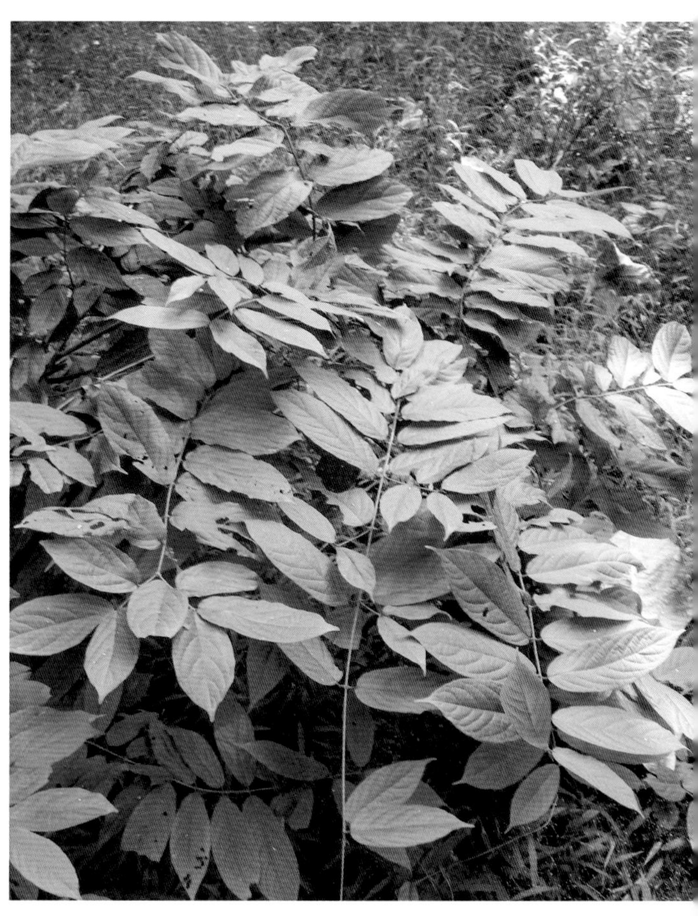

【芳香成分】叶：毕和平等（2007）用水蒸气蒸馏法取的海南三亚产野生使君子干燥叶精油的主要成分为：棕酸（26.49%）、(Z,Z,Z)-9,12,15-十八碳三烯酸甲酯（6.94%四十四烷（4.89%）、(Z,Z)-9,12-十八碳二烯酸（4.89%三十六烷（4.81%）、四十三烷（4.64%）、二戊烯（4.34%（1 S-顺式)-1,2,3,5,6,8a-六氢-4,7-二甲基-1-(1-甲基乙基)-（4.33%）、三十五烷（4.08%）、植醇（3.66%）、1-氯-二十烷（3.35%）、2-甲氧基-4-乙烯基苯酚（3.33%）、1-溴-二十烷（2.76%）、二十二烷（2.49%）、6,10,14-三甲基-2-十酮（2.15%）、反式-Z-α-环氧甜没药烯（2.08%）、α-杜松（2.04%）、十八碳-(9)-烯酸（2.04%）、1-环戊基-3-乙氧基丙酮（1.99%）、苯甲醇（1.34%）、十八酸（1.18%）、[1a(1aα,4aα,7β,7aβ,7 bα)]-十氢-1,1,7-三甲基-4-亚甲基-1 H-环丙[e]甘菊环-7-醇（1.07%）等。

果实：卢化等（2014）用固相微萃取法提取干燥成熟果精油的主要成分为：壬醛（16.27%）、棕榈酸（7.66%）、月醛（4.87%）、α-水芹烯（4.50%）、β-石竹烯（4.31%）、樟（2.78%）、苯并噻唑（2.68%）、邻苯二甲酸二乙酯（2.43%）、,4,6,6-五甲基庚烷（2.36%）、正十四烷（2.33%）、3-甲基十一烷（2.22%）、十二烷（2.19%）、顺式，反式-2,9-二甲螺[5.5]十一烷（2.11%）、四十三烷（2.05%）、1,7-二甲基萘04%）、环己基异硫氰酸酯（1.92%）、2-甲基萘（1.78%）、正三烷（1.60%）、1-环己基壬烯（1.42%）、2,6,10-三甲基十二（1.18%）、十氢-4,4,8,9,10-五甲基萘（1.18%）、1,6-二甲基萘15%）等。

【利用】种子为中药中最有效的驱蛔虫药之一，对治疗小儿生蛔虫症疗效尤著。

柿

ospyros kaki Thunb.

科　柿属

名：红柿、柿子、水柿、脆柿、甜柿、朱果、猴枣

布：辽宁至甘肃、四川、云南及其以南各地

【形态特征】落叶大乔木，高达10～14 m以上，胸径达cm。冬芽小，卵形，先端钝。叶纸质，卵状椭圆形至近圆形，5～18 cm，宽2.8～9 cm，先端渐尖或钝，基部楔形，钝，圆或近截形。花雌雄异株，聚伞花序，花序腋生；雄花序小，垂，有花3～5朵；有微小苞片；雄花小，长5～10 mm；花钟状，两面有毛，深4裂，裂片卵形，有睫毛；花冠钟状，黄白色，有毛，4裂。雌花单生叶腋，长约2 cm，花萼深4裂，萼管近球状钟形，肉质；花冠黄白色带紫红色，壶形或近钟形，4裂，花冠管近四棱形，裂片阔卵形。果形有球形，扁球形，略呈方形，卵形等，直径3.5～8.5 cm，基部通常有棱，嫩时绿色，后变黄色，橙黄色；种子褐色，椭圆状，侧扁；宿存萼厚革质或干时近木质，裂片革质。花期5～6月，果期9～10月。

【生长习性】阳性树种，适应性强，喜温暖气候，充足阳光和深厚、肥沃、湿润、排水良好的土壤，适宜生长于中性土壤，较能耐寒、耐瘠薄、耐湿，抗旱性强，不耐盐碱土。

【精油含量】水蒸气蒸馏法提取叶的得油率为0.66%～3.71%；有机溶剂萃取叶的得油率为9.05%；超临界萃取叶的得油率为3.10%。

【芳香成分】叶：安秋荣等（1999）用水蒸气蒸馏法提取的河北保定产柿新鲜叶精油的主要成分为：(E)-2-己烯醛（42.22%）、3,7,11,15-四甲基-2-十六烯-1-醇（17.82%）、(Z)-2-己烯醛（8.14%）、3,7-二甲基-1,6-辛二烯-3-醇（4.56%）、(E)-3-己烯-1-醇（3.63%）、1-(2-羟基-5-甲基苯基)乙酮（2.39%）、甲酸丙烯酯（1.44%）、(Z)-丁酸-2-己烯酯（1.35%）、1-丙烯-1-(2-丙烯氧基)醚（1.32%）、2-甲氧基-4-(1-丙烯基)苯酚（1.30%）、十六碳酸（1.13%）、2-甲基-4-戊烯醛（1.03%）、3,7,11,15-四甲基-1-十六碳烯醇（1.01%）等。豆佳媛等（2014）用石油醚萃取-水蒸气蒸馏法提取的陕西秦巴山区产柿新鲜叶精油的主要成分为：4-甲基-2,6-二特丁基苯酚（39.07 %）、十六

烷酸（16.24%）、植烯醇（6.83%）、2-甲氧基-3-丙烯基-苯酚（4.58%）、亚麻酸（3.72%）、十八烷酸（3.53%）、3-特丁基-4-羟基-茴香醚（3.28%）、2,6-二特丁基-醌（3.24%）、三甲基-四氢苯并呋喃酮（2.83%）、9-十八烯酰胺（2.34%）、十二醛（1.65%）、十四烷酸（1.63%）、新植二烯（1.62%）、降姥鲛-2-酮（1.48%）、十氢-3-(3,3-二甲基)-2-氧杂-丁烯基-喹喔啉-2-酮（1.40%）、蒽乙酮（1.37%）、十六烷酸甲酯（1.16%）、2,4-二甲基-苯甲醛（1.11%）等。

缩萼：陈义等（2014）用水蒸气蒸馏法提取的湖南产柿干燥缩萼（柿蒂）精油的主要成分为：己醛（6.47%）、植酮（4.84%）、氧化芳樟醇（4.36%）、壬醛（3.88%）、α-松油醇（3.77%）、2-莰酮（3.52%）、芳樟醇（2.97%）、水菖蒲烯（2.93%）、正庚醛（2.58%）、茴香烯（2.53%）、百里香酚（2.35%）、2-正戊基呋喃（2.33%）、丹皮酚（2.30%）、双戊烯（2.06%）、2-己烯醛（1.98%）、顺式-芳樟醇氧化物（1.94%）、4-萜烯醇（1.94%）、苊（1.80%）、异戊醇（1.76%）、β-姜黄酮（1.67%）、正己醛（1.58%）、β-倍半水芹烯（1.53%）、β-紫罗兰酮（1.35%）、反式-2-壬烯醛（1.28%）、石竹烯（1.06%）、异长叶烯（1.03%）等。

【利用】果实常作水果，或可加工制成柿饼食用。在医药上，生柿有清热滑肠、降血止血作用，对于治疗高血压、痔疮出血最为适宜；柿饼可以润脾补胃、润肺止血；柿霜饼和柿霜能润肺生津、祛痰镇咳、压胃热、解酒、治疗口疮；柿蒂下气止呃，治疗呃逆和夜尿症。柿叶具有利尿、降压之功效，用于治疗冠心病、心绞痛、功能性子宫出血等内脏出血证。柿子可提取柿漆，用于涂渔网、雨具，填补船缝和作建筑材料的防腐剂等。木材可作纺织木梭、芋子、线轴，又可作家具、箱盒、装饰用材和小用具、提琴的指板和弦轴等。园林观赏。叶浸膏可用于食品、饮料、烟酒行业。

滇刺枣

Ziziphus mauritiana Lam.

鼠李科　枣属

别名：酸枣、缅枣、印度枣、西西里果、麻荷

分布：云南、四川、广东、广西、福建、台湾

【形态特征】常绿乔木或灌木，高达15 m；老枝紫红色，有2个托叶刺，1个斜上，另1个钩状下弯。叶纸质至厚纸质，卵形、矩圆状椭圆形，长2.5～6 cm，宽1.5～4.5 cm，顶端[illegible]形，稀锐尖，基部近圆形，稍偏斜，不等侧，边缘具有细[illegible]齿，叶面深绿色，叶背被黄色或灰白色绒毛。花绿黄色，两[illegible]5基数，数个或10余个密集成腋生二歧聚伞花序；萼片卵状[illegible]角形，顶端尖，外面被毛；花瓣矩圆状匙形，基部具爪。核[illegible]矩圆形或球形，长1～1.2 cm，直径约1 cm，橙色或红色，成[illegible]时变黑色，基部有宿存的萼筒；1～2种子；中果皮薄，木栓[illegible]内果皮厚，硬革质；种子宽扁，红褐色。花期8～11月，果[illegible]9～12月。

【生长习性】生于海拔1800 m以下的山坡、丘陵、河边[illegible]润林中或灌丛中。

【芳香成分】邓国宾等（2004）用同时蒸馏萃取法提取的[illegible]南澜沧产滇刺枣果实精油的主要成分为：邻苯二甲酸二(2-[illegible]基)己酯（18.00%）、邻苯二甲酸二丁酯（12.33%）、5-己基[illegible]氢-2(3 H)-呋喃酮（4.60%）、2-十二烯-4-酮（2.75%）、2-十[illegible]烷酮（2.25%）、十四烷（2.15%）、2-十四烷酮（2.14%）、(E)[illegible]癸烯醛（2.07%）、2-壬烯-4-酮（2.00%）、己酸己酯（1.93%[illegible]壬醛（1.87%）、丙基丙二酸（1.73%）、5-甲基糠醛（1.70%[illegible]二十九烷（1.52%）、十三酸乙酯（1.52%）、己酸乙酯（1.46%[illegible]二十烷（1.44%）、6-甲基-2-十三烷酮（1.30%）、4-羟基-6-[illegible]基-2 H吡喃-2-酮（1.09%）、十四酸乙酯（1.09%）、丁基化羟[illegible]甲苯（1.02%）等。

【利用】木材适宜制作家具，作工业用材。果实可食。树[illegible]供药用，有消炎、生肌之功效，治疗烧伤。叶含单宁，可提[illegible]栲胶。为紫胶虫的重要寄生树种。

枣

Ziziphus jujuba Mill.

鼠李科　枣属

别名：红枣、红枣树、刺枣、枣树、枣子、枣子树、大枣、[illegible]华大枣、华枣、中国枣、贯枣、老鼠屎

分布：吉林、辽宁、河北、陕西、山西、山东、河南、甘肃[illegible]新疆、安徽、江苏、浙江、福建、广东、广西、湖南、四川[illegible]湖北、云南、贵州

【形态特征】落叶小乔木，稀灌木，高达10余m；树皮[illegible]色或灰褐色；枝紫红色或灰褐色，曲折，具有2个托叶刺，[illegible]刺可达3 cm，粗直，短刺下弯，长4～6 mm。叶纸质，卵形[illegible]卵状椭圆形，或卵状矩圆形；长3～7 cm，宽1.5～4 cm，顶[illegible]

或圆形，具有小尖头，基部稍不对称，近圆形，边缘具有齿状锯齿；托叶刺纤细。花黄绿色，两性，5基数，单生或-8个密集成腋生聚伞花序；萼片卵状三角形；花瓣倒卵圆，基部有爪。核果矩圆形或长卵圆形，长2～3.5 cm，直径～2 cm，成熟时红色，后变成红紫色，中果皮肉质，2室，有1～2种子；种子扁椭圆形，长约1 cm，宽8 mm。花期5～7果期8～9月。

【生长习性】生长于海拔1700 m以下的山区、丘陵或平原。耐热，又耐寒，生长期可耐40 ℃的高温，休眠期可耐-35 ℃低温。年平均气温北系枣为9～14 ℃，南系枣为15 ℃以上。实成熟期适宜温度为18～22 ℃。

【精油含量】水蒸气蒸馏法提取果实的得油率为9%～5.23%；超临界萃取果实的得油率为1.29%～3.52%。

【芳香成分】**花：**敖常伟等（2017）用顶空固相微萃取法取的河北保定产'婆枣'新鲜花蕾精油的主要成分为：异酸乙酯（41.16%）、2-甲基丁酸乙酯（12.29%）、(E)-2-甲-2-丁烯酸乙酯（6.28%）、3-己烯醇乙酯（5.86%）、α-罗勒（4.78%）、4,8-二甲基-1,3,7-壬三烯（4.76%）、α-法呢烯14%）、2-丁烯酸乙酯（1.94%）、4-甲基-戊酸乙酯（1.81%）、酸乙酯（1.21%）、正己酸乙酯（1.07%）等；新鲜初开期花油的主要成分为：2-甲基丁酸乙酯（41.96%）、4-甲基-戊酸酯（9.98%）、α-罗勒烯（9.65%）、α-法呢烯（9.02%）、4,8-甲基-1,3,7-壬三烯（3.97%）、苯甲酸乙酯（2.60%）、3-己烯乙酯（1.95%）、(E)-2-甲基-2-丁烯酸乙酯（1.61%）、丁酸乙（1.54%）等；新鲜末花期花精油的主要成分为：α-法呢烯2.82%）、α-罗勒烯（16.60%）、2-甲基丁酸乙酯（11.80%）、4-基-戊酸乙酯（7.80%）、4,8-二甲基-1,3,7-壬三烯（5.42%）、桂酸甲酯（2.04%）、(4 E,6 Z)-2,6-二甲基-2,4,6-辛三烯.93%）、γ-己内酯（1.61%）、3-己烯醇乙酯（1.40%）、(E)-α-香柠檬烯（1.28%）等。

果实：蒲云峰等（2011）用水蒸气蒸馏法提取的新疆产'冬枣'果实精油的主要成分为：邻苯二甲酸二甲酯（19.23%）、二苯胺（11.16%）、5-丁基-6-己基-二环壬烷（6.82%）、二十四烷（6.49%）、丁基羟基甲苯（6.40%）、二十三烷（5.75%）、二十七烷（4.97%）、二十六烷（4.79%）、三十烷（4.79%）、邻苯二甲酸异丁基-4-辛二酯（4.14%）、乙酸丁酯（4.02%）、邻苯二甲酸-二-2-乙基己酯（3.19%）、1,54-二溴五十四烷（2.60%）、二十二烷（2.27%）、邻苯二甲酸-6-乙基-3-辛基丁基二酯（1.24%）、1-甲基-环十二碳烯（1.05%）、棕榈油酸二十烷基酯（1.02%）等。穆启运等（1999）用同法分析了陕西产不同品种枣新鲜果实的精油成分，'油枣'的主要成分为：十六烯酸（19.60%）、十六酸（13.33%）、油酸（9.51%）、十二酸（9.45%）、十四烯酸（8.73%）、苯甲酸（8.54%）、十四酸（7.10%）、己酸（4.97%）、十酸（4.55%）、糠醛（3.12%）、2-甲基丁酸（1.97%）、邻苯二甲酸二异辛酯（1.06%）等；'木枣'的主要成分为：十六酸（33.68%）、十六烯酸（30.95%）、十四烯酸（7.89%）、十四酸（7.66%）、乙基丁醚（3.90%）、乙酸（2.68%）、十二酸（2.64%）、二十二烷（2.61%）、己酸（2.06%）、油酸（1.56%）、十酸（1.28%）等；'梨枣'的主要成分为：十六酸（15.95%）、十二酸（14.25%）、十六烯酸（13.61%）、十四烯酸（13.24%）、油酸（8.53%）、十四酸（6.89%）、己酸（3.30%）、十酸（2.30%）、二十烷（1.17%）等。朱凤妹等（2010）用同时蒸馏浸提法提取分析了不同品种枣果实的精油成分，河北产'金丝小枣'的主要成分为：十二酸（30.61%）、9-十六碳烯酸（26.24%）、Z-11-十四烯酸（17.09%）、十四酸（14.78%）、n-癸酸（10.25%）、糠醛（9.83%）、9-二十六碳烯（3.98%）、己酸（1.61%）、苯甲醛（1.16%）等；山西产'山西大枣'的主要成分为：十二酸（17.44%）、Z-11-十四烯酸（14.41%）、Z-11-十六碳烯酸（11.97%）、糠醛（8.84%）、n-癸酸（6.23%）、Z-7-十六碳烯酸（6.19%）、1-二十六烯（6.03%）、二十三烷（4.99%）、二十六烷

（4.31%）、乙酸（3.40%）、n-十六酸（2.77%）、己酸（2.73%）、辛酸（1.31%）等。张娜等（2012）用同法分析的新疆阿克苏产‘灰枣’新鲜果实精油的主要成分为：十五烷（9.61%）、三十烷（7.18%）、2-己烯醛（6.55%）、十七烷（5.67%）、3-丁基-4-己基-二环[4.3.0]壬烷（5.50%）、十六烷（5.32%）、二十六烷（5.23%）、二十七（碳）烷（4.33%）、丁基羟基甲苯（4.23%）、9-己基十七烷（4.09%）、二十三烷（3.76%）、二十四烷（3.40%）、1,54-二溴五十四烷（3.08%）、二十二烷（2.70%）、邻苯二甲酸二甲酯（2.59%）、十四烷（2.05%）、己醛（1.95%）、7-甲基十五烷（1.95%）、二苯胺（1.87%）、2,6,10-三甲基十四烷（1.73%）、十八碳烷（1.69%）、2-甲基-4-十四碳烯（1.68%）、5-十八烯醛（1.39%）、邻苯二甲酸-二-2-乙基己酯（1.29%）、3-乙基-5-(2-乙基丁基)十八烷（1.15%）、邻苯二甲酸异丁基-4-辛二酯（1.06%）等。赵进红等（2017）用顶空固相微萃取法提取分析了山东宁阳产不同品种枣新鲜果肉的香气成分，‘泰山圆红’的主要成分为：安息香醛（31.57%）、乙酸（10.86%）、己酸乙酯（7.21%）、4-甲基-1-戊烯-3-醇（4.41%）、(E)-2-己烯醛（4.01%）、4,5-二甲基-3-庚醇（3.99%）、3-羟基-2-丁酮（3.88%）、1-辛烯-3-醇（3.18%）、己醛（2.52%）、正十四烷（2.06%）、3-辛酮（2.02%）、2-戊基呋喃（1.99%）、1,3-二甲基环戊醇（1.42%）、乙醇（1.40%）、1-戊烯-3-醇（1.32%）、壬醛（1.15%）、(E)-2-辛烯醛（1.04%）等；‘泰山长红’的主要成分为：安息香醛（62.88%）、己酸乙酯（9.21%）、乙酸（7.84%）、乙醇（2.76%）、1,3-丙二烯（1.70%）、正十四烷（1.66%）、4,5-二甲基-3-庚醇（1.65%）、3-羟基-2-丁酮（1.08%）等；‘长红’的主要成分为：安息香醛（32.92%）、己酸乙酯（9.57%）、癸酸乙酯（6.25%）、乙酸（5.10%）、庚酸乙酯（3.87%）、乙醇（3.45%）、4,5-二甲基-3-庚醇（2.94%）、十二酸乙酯（2.51%）等。

【利用】果实供鲜食，常可以制成蜜枣、红枣、熏枣、枣、酒枣及牙枣等蜜饯和果脯，还可以作枣泥、枣面、枣枣醋等，为食品工业原料。果实供药用，有养胃、健脾、益滋补、强身之效。核仁、树皮、根、叶等亦可药用。果实剂为我国允许使用的食用香料，主要用于烟草加香和食品添剂。果实精油在食品、化妆品等方面应用。为良好的蜜源植

酸枣

Ziziphus jujuba Mill. var. *spinosa* (Bunge) Hu ex H. Chow

鼠李科　枣属

别名： 棘、角针、硬枣、山枣、山枣树、棘酸枣、刺枣

分布： 辽宁、内蒙古、山东、山西、河北、河南、陕西、甘宁夏、新疆、江苏、安徽等地

【形态特征】枣的变种。本变种常为灌木，叶较小，核小，近球形或短矩圆形，直径0.7～1.2 cm，具有薄的中果味酸，核两端钝。花期6～7月，果期8～9月。

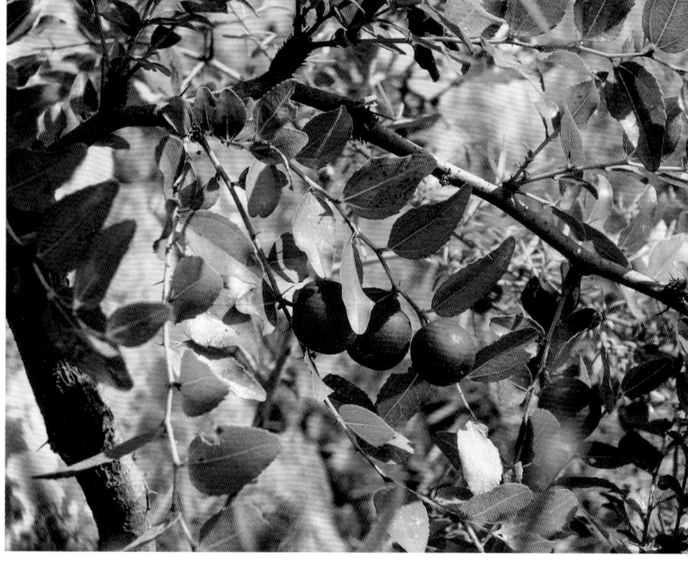

【生长习性】通常生于向阳、干燥山坡、丘陵、岗地或平

【精油含量】水蒸气蒸馏法提取果肉的得油率为1.80%，子的得油率为10.40%；同时蒸馏-萃取法提取果肉的得油率2.30%；加热回流法提取果肉浸膏的得率为2.80%。

【芳香成分】根：车勇等（2010）用超临界CO_2萃取提取的山东泰安产酸枣干燥根精油的主要成分为：亚油（16.85%）、正十六酸（15.03%）、十六烷酸乙酯（13.18%油酸（9.41%）、六乙基苯（4.57%）、硬脂酸乙酯（4.24%1,2,3,5,6,8a-六氢-4,7-二甲基-1-甲基乙基（1S-顺式）-（2.29%）、7-己基二十烷（2.06%）、二十三烷（1.77%）、甲基萘（1.54%）、二十四烷（1.54%）、二十二烷（1.15%2,6,10,14-四甲基十六烷（1.10%）、2,3-二甲基萘（1.07%）等

果实：回瑞华等（2004）用水蒸气蒸馏法提取的辽朝阳产酸枣果肉精油的主要成分为：邻苯二甲酸二异丁（20.12%）、十二酸（16.54%）、2,6-二叔丁基对甲酚（8.86%正-癸酸（7.98%）、苯甲酸（4.99%）、十四酸（3.96%）、十六酸（3.43%）、辛酸（3.37%）、己酸（3.28%）、庚（2.69%）、邻苯二甲酸二丁酯（2.37%）、糠醛（2.21%）、

甲苯（1.59%）、苯并噻唑（1.43%）、戊酸（1.21%）、壬（1.12%）、3-叔丁基-4-羟基茴香醚（1.10%）、2-辛烯酸09%）等。寇天舒等（2016）用加热回流法提取河北赞皇产枣果肉浸膏再用同时蒸馏萃取法提取的浸膏挥发油的主要成为：反式-9-十六烯酸（28.16%）、十二酸（13.00%）、十六烯醇（11.45%）、棕榈酸（10.54%）、十四酸（6.40%）、2-己（3.42%）、顺-6-十八碳烯酸（2.89%）、糠醛（2.88%）、邻苯甲酸二异丁酯（1.45%）、乙酸（1.40%）、9,12-十八碳二烯酸36%）等。

种子：侯冬岩等（2003）用同时蒸馏-萃取法提取的辽宁阳产酸枣种子精油的主要成分为：邻苯二甲酸双-2-甲基乙（46.01%）、邻笨二甲酸双-2-乙基己酯（17.65%）、乙酸乙（7.43%）、正-十六酸（3.93%）、2,4-戊二醇（2.75%）、邻二甲酸二丁酯（2.31%）、苯并噻唑（1.89%）、邻苯二甲酸二酯（1.53%）、乙酸（1.52%）、1,2-二甲氧基-4-(2-丙烯基)-苯22%）、蒽（1.06%）、十二酸（1.00%）等。

【利用】种子入药，有镇定安神之功效，主治神经衰弱、失等症。果实肉薄，生食或制作果酱。为华北地区的重要蜜源物之一。枝具有锐刺，通常用作绿篱。

穿龙薯蓣

oscorea nipponica Makino

蓣科　薯蓣属

名： 穿山龙、山常山

布： 东北、华北以及山东、河南、安徽、浙江、江西、陕西、肃、宁夏、青海、四川

【形态特征】缠绕草质藤本。根状茎横生，栓皮层显著剥。茎左旋，长达5 m。单叶互生；叶片掌状心形，茎基部叶10～15 cm，宽9～13 cm，边缘作不等大的三角状浅裂、中裂深裂，顶端叶片小，近于全缘，叶表面黄绿色。花雌雄异株。花序为腋生的穗状花序，花序基部常由2～4朵集成小伞状，花序顶端常为单花；苞片披针形，顶端渐尖；花被碟形，6。雌花序穗状，单生；雌花具有退化雄蕊，有时雄蕊退化仅有花丝。蒴果成熟后为枯黄色，三棱形，顶端凹入，基部近形，每棱翅状，一般长约2 cm，宽约1.5 cm；种子每室2枚，有时仅1枚发育。花期6～8月，果期8～10月。

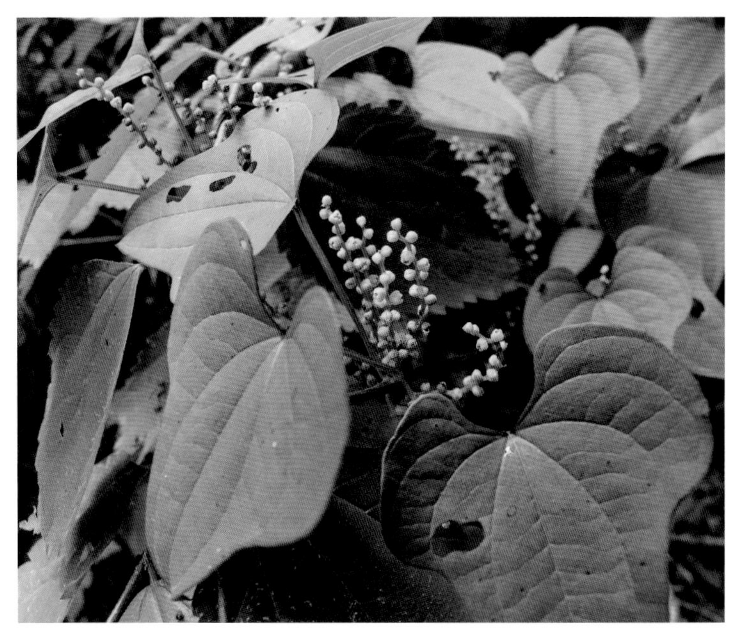

【生长习性】通常生于山腰的河谷两侧半阴半阳的山坡灌木丛中和稀疏杂木林内及林缘。喜肥沃、疏松、湿润、腐殖质较深厚的砂质壤土，常分布在海拔100～1700 m。适应性较强，耐寒耐旱。

【芳香成分】詹妮等（2011）用水蒸气蒸馏法提取的吉林靖宇产穿龙薯蓣干燥果实精油的主要成分为：n-十六烷酸（18.79%）、亚油酸（12.98%）、诺卡酮（6.09%）、十四烷醛（4.19%）、12-甲基-2,13-十八碳二烯醇（3.75%）、4,4′-亚甲基双[2,6-双(1,1-二甲基乙基)]-苯酚（2.92%）、十四烷酸（2.54%）、二十二烷（2.45%）、2,6,10-三甲基-十四烷（2.23%）、叶绿醇（1.70%）、二十七烷（1.61%）、正三十五烷（1.59%）、苯甲醛（1.45%）、3,7-二甲基-1,6-辛二烯-3-醇（1.08%）、28-17β(H)-降藿烷（1.01%）等。

【利用】根状茎含薯蓣皂苷元，是合成“可的松”类激素药和避孕药的原料。根茎具有舒筋活血、止咳化痰、祛风止痛的功效，民间用于腰腿疼痛、筋骨麻木、跌打损伤、闪腰、咳嗽喘息、气管炎。

粉背薯蓣

Dioscorea collettii HK.f. var. *hypoglauca* (Palibin) Péi et C. T. Ting

薯蓣科　薯蓣属

分布： 河南、安徽、浙江、福建、台湾、江西、湖北、湖南、广东、广西

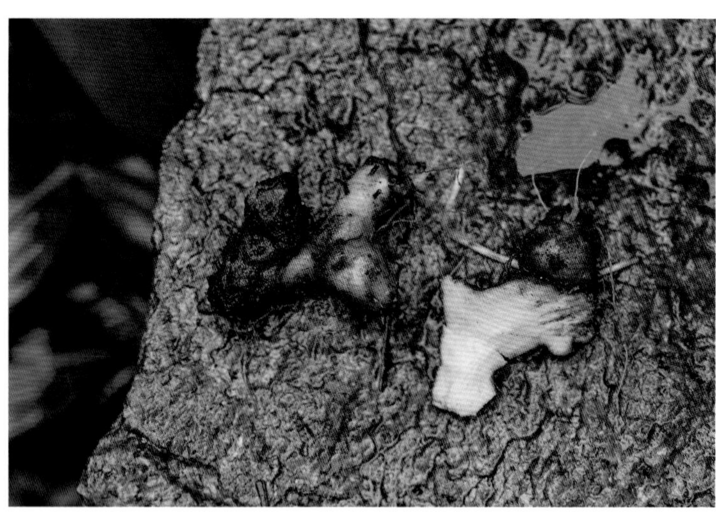

【形态特征】叉蕊薯蓣变种。缠绕草质藤本。根状茎横生，竹节状。茎左旋。单叶互生，三角形或卵圆形，顶端渐尖，基部心形、宽心形或有时近截形，边缘波状或近全缘，干后黑色，有时背面灰褐色有白色刺毛。花单性，雌雄异株。雄花序单生或2～3个簇生于叶腋；在花序基部由2～3朵簇生，至顶部常单生；苞片卵状披针形，顶端渐尖，小苞片卵形，顶端有时2浅裂；花被碟形，顶端6裂，裂片新鲜时黄色，干后黑色，有时少数不变黑色。雌花序穗状；雌花的退化雄蕊呈花丝状。蒴果两端平截，表面栗褐色；种子2枚，着生于中轴中部，成熟时四周有薄膜状翅。花期5～8月，果期6～10月。

【生长习性】生于海拔200～1300 m山腰陡坡、山谷缓坡或水沟边阴处的混交林边缘或疏林下。

【精油含量】水蒸气蒸馏法提取新鲜块状茎的得油率为1.17%。

【芳香成分】邓明强等（2008）用水蒸气蒸馏法提取的安徽天堂寨产粉背薯蓣新鲜块状茎精油的主要成分为：单(2-乙己基)邻苯二甲酸酯（43.88%）、邻苯二甲酸二异丁酯（31.35%）、对二甲苯（7.60%）、邻苯二甲酸二丁酯（5.89%）、正十六烷酸（4.17%）、2,4-双(1-甲基-1-苯乙基)苯酚（3.47%）、联苯二甲丁醇辛醇酯（1.71%）等。

【利用】根状茎入药，有利湿祛浊、祛风除痹的功效，用治疗膏淋、尿浊、带下病、风湿痹痛、腰膝酸痛。

薯莨

Dioscorea cirrhosa Lour.

薯蓣科　薯蓣属

分布： 浙江、江西、福建、台湾、湖南、广东、广西、贵州、四川、云南、西藏

【形态特征】藤本，粗壮，长可达20 m。块茎卵形、球形、长圆形或葫芦状。茎右旋，下部有刺。单叶，茎下部的互生，中部以上的对生；叶片革质或近革质，长椭圆状卵形至卵圆形，或为卵状披针形至狭披针形，长5～20 cm，宽1～14 cm，顶端渐尖或骤尖，基部圆形，有时呈三角状缺刻，全缘，表面深绿色，背面粉绿色。雌雄异株。雄花序为穗状花序，长2～10 cm，通常排列呈圆锥花序；雄花的外轮花被片为宽卵形或卵圆形，内轮倒卵形。雌花序为穗状花序，单生于叶腋，长达12 cm；雌花的外轮花被片为卵形。蒴果近三棱状扁圆形，长1.8～3.5 cm，宽2.5～5.5 cm。花期4～6月，果期7月至翌年1月仍不脱落。

【生长习性】生于海拔350～1500 m的山坡、路旁、河谷边的杂木林中、阔叶林中、灌木丛中或林边。

【精油含量】水蒸气蒸馏法提取阴干块茎的得油率为0.53%。

【芳香成分】李晓菲等（2012）用水蒸气蒸馏法提取的东顺德产薯莨干燥块茎精油的主要成分为：间甲基苯酚.92%）、苯酚（18.95%）、2-甲基苯酚（12.12%）、2,3-二甲苯酚（6.89%）、2,5-二甲基苯酚（6.47%）、3,5-二甲基苯酚02%）、邻甲氧基苯酚（3.80%）、5-甲基糠醛（3.46%）、2,3-甲基-2-环戊烯酮（2.52%）、2-乙酰基呋喃（2.16%）、丙酸乙酯（1.50%）、2-乙酰基-5-甲基呋喃（1.24%）等。

【利用】块茎富含单宁，可提制栲胶；或用作染丝绸、棉、渔网；也可作酿酒的原料。块茎入药能活血、补血、收敛涩，治跌打损伤、血瘀气滞、月经不调、妇女血崩、咳嗽咳血、半身麻木及风湿等症。

金鸡脚假瘤蕨

Phymatopteris hastata (Thunb.) Pic. Serm.

水龙骨科　假瘤蕨

别名：三叶茀蕨、鸭胶草、金星鸡脚草、金鸡脚

分布：云南、西藏、四川、贵州、广西、广东、湖南、湖北、江西、福建、浙江、江苏、安徽、山东、辽宁，河南、陕西、甘肃、台湾

【形态特征】属土生，根状茎长而横走，密被鳞片；鳞片披针形，长约5 mm，棕色，顶端长渐尖，边缘全缘或偶有疏齿。叶远生。叶片为单叶，形态变化极大，单叶不分裂，或戟状二至三分裂；单叶不分裂叶从卵圆形至长条形，长约2～20 cm，宽1～2 cm，顶端短渐尖或钝圆，基部楔形至圆形；分裂的叶片常见的是戟状二至三分裂，裂片或长或短，或较宽，或较狭窄，但通常都是中间裂片较长和较宽。叶片（或裂片）的边缘具有缺刻和加厚的软骨质边，通直或呈波状。叶纸质或草质，背面通常灰白色。孢子囊群大，圆形，在叶片中脉或裂片中脉两侧各一行，着生于中脉与叶缘之间；孢子表面具刺状突起。

【生长习性】通常着生长于较潮湿的岩壁上、林缘土坎上，成片生长。

【芳香成分】张文婷等（2015）用有机溶剂萃取法提取的福建厦门产三叶茀蕨干燥全草精油的主要成分为：香豆素

(24.89%)、棕榈酸乙酯(20.72%)、邻苯二甲酸二异丁基酯(9.11%)、亚麻油酸乙酯(8.00%)、十六烷酸甲酯(5.66%)、油酸乙酯(4.67%)、3,4-二氢香豆素(1.62%)、8 E,11 E-十八烷二烯酸甲酯(1.54%)、2-甲基丁二酸二异丁酯(1.27%)、硬脂酸乙酯(1.16%)等。

【利用】全草入药，具有祛风清热、利湿解毒的功效，在民间主要用于治疗小儿惊风、感冒咳嗽、小儿支气管肺炎、咽喉肿痛、扁桃体炎、中暑腹痛、痢疾、腹泻、泌尿系感染、筋骨疼痛；外用治痈疖、疔疮、毒蛇咬伤。

绒毛石韦

Pyrrosia subfurfuracea (Hook.) Ching

水龙骨科　石韦属

分布：云南、西藏

【形态特征】植株高40～60 cm。根状茎短促横卧，粗壮，密被披针形鳞片；鳞片长尾状渐尖头，棕色，膜质，全缘。叶近生，一型；从几乎无柄到具约15 cm的长柄，疏被星状毛，木质，禾秆色；叶片披针形，短渐尖头，基部以狭翅沿叶柄长下延，有的几乎到叶柄基部，长45～60 cm，宽6.5～11 cm，全缘，干后硬革质，叶面绿色，近光滑无毛，叶背灰绿色，被两种星状毛，上层的较稀薄，易脱落，下层的灰粉末状。主脉粗壮，两面均隆起，侧脉明显可见，小脉不明显。孢子囊群近圆形，聚生于叶片上半部，在主脉和叶边之间成多行不规则排列，彼此通常密接，幼时被上层的星状毛覆盖，后因星状毛脱落而裸露。

【生长习性】附生于林下岩石上，海拔750～2000 m。

【芳香成分】根：康文艺等(2008)用顶空固相微萃取法提取的云南西双版纳产绒毛石韦干燥根精油的主要成分为：己醛(44.63%)、1-己醇(8.63%)、二环[2.2.1]庚烷-3-亚甲基-2,2-二甲基-5-醇-乙酸酯(7.05%)、3-甲基-2-丁烷胺(3.79%)、己酸己酯(3.55%)、2-丁基l-2-辛烯醛(2.34%)、2-己醛(2.24%)、十六烷(1.52%)、(E)-4-(2,6,6-三甲基-1-环己-1-烯基)-3-丁烯-2-酮(1.42%)、[1aS-(1aα,3aα,7aβ,7 bα)]-十氢-1,1,3a-三甲基-7-甲烯基-1 H-环丙基[a]萘(1.35%)、丁羟甲苯(1.32%)、二氢化-5-戊基-2(3 H)-呋喃酮(1.29%)、十五烷(1.20%)、[1 S-(1α,2β,4β)]-1-乙烯基-1-甲基-2,4-二(1-甲基乙烯基)-环己烷(1.17%)、(R)-1-甲基-4-(1,2,2-三甲基环戊基)-苯(1.11%)、异丙烯基-4a,8-二甲基-1,2,3,4,4a,5,6,8a-八氢萘(1.08%)、己(1.06%)等。

叶：薛愧玲等(2009)用顶空固相微萃取法提取的叶油的主要成分为：石竹烯(20.90%)、1 R,4 R,7 R,11 R-1,3,4四甲基三环[5.3.1.0^4,11]十一碳-2-烯(14.26%)、4-(2,6三甲基-1-环己-1-烯基)-3-丁烯-2-酮(8.58%)、[3a(3aα,4β,7α)]-2,4,5,6,7,8-六氢-1,4,9,9-四甲基-3 H-3a,7-亚基甘菊环(5.81%)、十四烷(4.80%)、十六烷(3.92%6,10,14-三甲基-2-十五烷酮(3.42%)、十六烷酸(2.71%)、醛(2.37%)、2-戊基-呋喃(2.35%)、己醛(2.24%)、十烷(2.17%)、2,6,10-三甲基-十二烷(2.16%)、(E)-9-十八(2.12%)、己酸(1.93%)、1-十八烯(1.92%)、9-甲基-1-十一(1.88%)、(E)-2-壬醛(1.83%)、5,6,7,7a-四氢-4,4,7a-三甲基(4 H)-苯并呋喃酮(1.78%)、2,6,10,14-四甲基-十五烷(1.78%8-十七烯(1.73%)、三甲基-异噻唑(1.40%)、癸醛(1.34%10-羟基-11-吗啉-4-十一烷酸异丙酯(1.23%)、4,6-二甲基十五烷基-1,3-二噁烷(1.12%)、(E)-2-十二醛(1.03%)、1,2-乙基-环丁烷(1.02%)等。

有柄石韦

Pyrrosia petiolosa (Christ) Ching

水龙骨科　石韦属

别名：石韦

分布：长江以南各地及甘肃、西藏、台湾

【形态特征】植株高5～15 cm。根状茎细长横走，幼时被披针形棕色鳞片；鳞片长尾状渐尖头，边缘具有睫毛。叶生，一型；具长柄，通常等于叶片长度的1 /2～2倍长，基部鳞片，向上被星状毛，棕色或灰棕色；叶片椭圆形，急尖短头，基部楔形，下延，干后厚革质，全缘，叶面灰淡棕色，洼点，疏被星状毛，叶背被厚层星状毛，初为淡棕色，后为红色。主脉下面稍隆起，上面凹陷，侧脉和小脉均不明显。子囊群布满叶片下面，成熟时扩散并汇合。

【生长习性】多附生于干旱裸露的岩石上，海拔250 2200 m。喜欢阴凉干燥的气候。

【芳香成分】根：康文艺等(2008)用顶空固相微萃取法提取的贵州贵阳产有柄石韦干燥根精油的主要成分为：1-

(21.28)、己醛(11.71%)、邻苯二甲酸二乙酯(7.61%)、正
壁(5.99%)、甲氧基-苯基-肟(5.53%)、十六酸(5.32%)、
Z)-9,12-十八碳二烯酸(3.07%)、4-(1,2-二甲基-环戊-2-烯
)-丁-2-酮(2.80%)、十五烷(2.05%)、己酸己酯(1.96%)、
酸(1.90%)、十四酸(1.85%)、十三烷(1.58%)、十六
(1.44%)、(E)-2-壬醛(1.26%)、6,10,14-三甲基-2-十五酮
23%)、2-羟基苯甲酸甲酯(1.21%)、反式-4-二甲基氨基-4′-
氧基查尔酮(1.16%)、正十七烷(1.13%)、(E)-4-(2,6,6-三甲
-1-环己-1-烯基)-3-丁烯-2-酮(1.13%)、十四烷(1.06%)、
六醛(1.06%)、2,6,6,9-四甲基-三环[5.4.0.0^{2,8}]十一-9-烯
03%)等。

叶:薛愧玲等(2009)用顶空固相微萃取法提取的云南西
版纳产有柄石韦叶精油的主要成分为:2H-1-苯并呋喃-2-
(17.85%)、6,10,14-三甲基-2-十五烷酮(10.06%)、邻苯二
酸二乙酯(8.67%)、4-(2,6,6-三甲基-1-环己-1-烯基)-3-丁
-2-酮(4.08%)、十五烷(4.02%)、十七烷(3.76%)、十六
(3.35%)、5,6,7,7a-四氢-4,4,7a-三甲基-2(4H)-苯并呋喃酮
75%)、(E)-6,10-三甲基-5,9-十一碳二烯-2-酮(2.73%)、8-
七烯(2.56%)、十六烷酸(2.55%)、三甲基氧化磷(2.54%)、
-甲基-十七烷(2.28%)、(8β,13β)-贝壳杉-16烯(2.18%)、1-
基-3-[硫代(2-甲基丙基)]-苯(2.04%)、4,8-二甲基-十一烷
99%)、壬醛(1.95%)、十八烷(1.68%)、十四烷(1.60%)、
(1-羟基环己基)-呋喃(1.53%)、2,6,10-三甲基-十五烷
48%)、2,6-二叔丁基对甲苯酚(1.45%)、植物醇(1.29%)、
十五醇(1.23%)、1-十八烯(1.22%)、2,6,10,14-四甲基-十六
(1.14%)、(E)-2-壬醛(1.17%)、2-甲基-Z,Z-3,13-十八烷二
(1.15%)、邻苯二甲酸二异丁酯(1.06%)等。

【利用】全草药用,有利尿、通淋、清湿热之功效,用于治
淋、血淋、石淋、淋沥涩痛,主治肺炎水肿、膀胱炎、肺热
喘等疾病。

江南星蕨

icrosorum fortunei (T. Moore) Ching

龙骨科　星蕨属

名: 福氏星蕨、大星蕨

布: 长江流域及以南各地,北达陕西、甘肃、西藏

【形态特征】附生,植株高40~60 cm。根状茎短而横走,
壮,近光滑而被白粉,密生须根,疏被鳞片;鳞片阔卵形,
长约3 mm,基部阔而成圆形,顶端急尖,边缘稍具齿,盾状着生,粗筛孔状,暗棕色,中部的颜色较深,易脱落。叶近簇生;叶柄粗壮,禾秆色,基部疏被鳞片,有沟;叶片阔线状披针形,长35~55 cm,宽5~8 cm,顶端渐尖,基部长渐狭窄而形成狭翅,或呈圆楔形或近耳形,叶缘全缘或有时略呈不规则的波状;叶纸质,淡绿色。孢子囊群直径约1 mm,橙黄色,通常只叶片上部能育,不规则散生或有时密集为不规则汇合,一般生于内藏小脉的顶端。孢子豆形,周壁平坦至浅瘤状。

【生长习性】多生于海拔200~1800 m的山坡林下、溪谷边树干或岩石上。喜温暖湿润及半阴环境,畏强光和寒冷,好肥,要求土壤肥沃、疏松、排水性好。

【精油含量】水蒸气蒸馏法提取新鲜地上部分的得油率为0.58%。

【芳香成分】孙翠荣等(2004)用水蒸气蒸馏法提取的浙江金华产江南星蕨新鲜地上部分精油的主要成分为:1-己醇(33.07%)、己酸(19.79%)、谷氨酸(15.13%)、(Z)-3-己烯-1-醇(7.92%)、十六烷酸(7.77%)、1,6-辛二烯-3-醇(6.96%)、3-环己烯基-1-甲醇(1.77%)、顺式-里哪醇(1.51%)等。

【利用】全草和根状茎入药,有清热利湿、凉血解毒的功效,主治流行性感冒、哮喘、支气管炎、黄疸、小儿惊风、肺痨咳嗽、风湿性关节炎、尿路结石、痢疾、蛇虫咬伤、外伤出血、热淋、小便不利、赤白带下、咳血、衄血、痔疮出血、痈肿疮毒、风湿疼痛、跌打骨折。

莲

Nelumbo nucifera Gaertn.

睡莲科　莲属

别名: 荷、荷花、芙蓉、水芙蓉、水華、莲花、芙蕖、水华、水芸、泽芝、藕等

分布: 全国各地

【形态特征】多年生水生草本;根状茎横生,肥厚,节间膨大,内有多数纵行通气孔道,节部缢缩,上生黑色鳞叶,下生须状不定根。叶圆形,盾状,直径25~90 cm,全缘稍呈波状,叶面光滑,具白粉;叶柄粗壮,长1~2 m,外面散生小刺。花直径10~20 cm,美丽,芳香;花瓣红色、粉红色或白色,矩圆状椭圆形至倒卵形,长5~10 cm,宽3~5 cm,由外向内渐小,有时变成雄蕊,先端圆钝或微尖;花药条形,花丝细长,着生

在花托之下；花柱极短；花托直径5～10 cm。坚果椭圆形或卵形，长1.8～2.5 cm，果皮革质，坚硬，熟时黑褐色；种子卵形或椭圆形，长1.2～1.7 cm，种皮红色或白色。花期6～8月，果期8～10月。

【生长习性】自生或栽培在池塘或水田内。喜光，不耐阴。喜热，喜湿怕干，喜相对稳定的静水。对土壤选择不严。

【精油含量】水蒸气蒸馏法提取叶的得油率为0.25%～2.12%；超临界萃取叶的得油率为0.78%～7.06%，种子的得油率为2.50%～14.09%；微波法提取叶的得油率为4.85%。

【芳香成分】叶：曾虹燕等（2005）用水蒸气蒸馏法提取的湖南湘潭产莲叶精油的主要成分为：反-石竹烯（30.33%）、(+)-反异柠檬烯（15.92%）、1-冰片（4.55%）、α-葎草烯（4.46%）、环辛烯（3.81%）、4-甲基-1-异丙基-3-环已烯-1-醇（3.52%）、樟脑（3.30%）、白菖油萜（3.28%）、2-炔-1-醇（3.06%）、l-α-松油醇（2.60%）、1,2-二甲氧基-4-(2-丙烯基)-苯（2.58%）、法呢烯（1.61%）、E-6,10-二甲基-5,9-十一碳二烯-2-酮（1.59%）、金刚烷（1.49%）、丁烯基环已烷（1.24%）、3-甲基环已烯（1.07%）、2-壬炔酸（1.05%）等。朱欣婷等（2012）用同法分析的干燥叶精油的主要成分为：邻苯二甲酸单(2-乙基已基)酯（31.63%）、环已烷（7.98%%）、6,10,14-三甲基-2-十五酮（3.16%）、11,13-二甲基-12-十四碳烯-1-醇乙酸酯（1.50%）、柏木脑（1.45%）、β-紫罗兰酮（1.26%）、二十一烷（1.15%）、Z-12-二十五碳烯（1.01%）、二十二烷（1.00%）等。张赟彬等（2009）用同时蒸馏萃取法提取的浙江温岭产‘双雪藕’莲干燥叶精油的主要成分为：十六酸（32.84%）、苯乙醇（5.62%）、二十一烷（3.95%）、二氢猕猴桃内酯（3.69%）、6,10,14-三甲基-2-十五酮（3.26%）、二十三烷（3.01%）、大茴香醛（2.66%）、二十四烷（2.31%）、二十二烷（2.15%）、茴香脑（2.00%）、β-紫罗兰酮（1.86%）、已酸（1.65%）、乙酸（1.40%）、2-甲氧基-4-乙烯基（苯)酚（1.24%）、苄醇（1.20%）、反式-2-已烯醛（1.19%）、乙酸乙酯（1.03%）、糠醛（1.00%）等。付钦宝等（2017）用顶空固相微萃取法提取的安徽芜湖产莲干燥叶精油的主要成分为：乙酸（18.90%）、DL-柠檬烯（4.62%）、十三烷（3.81%）、已酸（3.24%）、苯乙醇（3.23%）、正壬醛（2.99%）、苯酚（2.43%）、丙酸（1.97%）、乙酸苯乙酯（1.85%）、已醛（1.82%）、5,6,7,7a-四氢-4,7,7a-三甲基-2-(4H)-苯并呋喃酮（1.67%）、苯甲醛（1.60%）、十二烷（1.51%）、甲基丁酸（1.38%）、十四烷（1.28%）、十六烷（1.26%）、羟基苯甲酸甲酯（1.20%）、癸醛（1.06%）、萘（1.05%）、十二烯（1.04%）等。傅水玉等（1992）用循环吹气吸附法收集XAD-2型树脂吸附的莲叶头香的主要成分为：顺-3-已烯醇（40.41%）、二苯胺（8.35%）、α-长叶烯（5.60%）、正已醇（3.65%）、苯（3.12%）、反-2-已烯醛（1.68%）、亚油酸（1.63%）、十二酸（1.28%）、反-2-已烯醇（1.27%）、邻苯二甲酸双-2-甲氧基乙酯（1.21%）等。

花：卢雪等（2016）用水蒸气蒸馏法提取的湖北武汉产盛开期干燥花瓣精油的主要成分为：正十六烷酸（16.12%）、丁基环丁烷（12.42%）、环已烷（12.36%）、庚烷（12.24%）、甲基环已烷（10.39%）、反-1,2-二甲基环戊烷（9.93%）、1,1-二甲基环戊烷（5.69%）、Z-11-十六烷酸（4.46%）、二十烷（2.23%）、(9 E,12 E)-十八烷酸甲酯（1.78%）、五氟丙酸庚酯（1.67%）、8-十七烯（1.65%）、7-十四炔（1.04%）、(8 Z,11 Z,14 Z)-二十烷三烯酸（1.04%）、十九烷（1.02%）等；盛开期干燥花丝精油的主要成分为：十六烷酸（20.65%）、庚烷（13.31%）、甲基环已烷（13.09%）、反-1,2-二甲基环戊

.18%）、环已烷（9.34%）、1,3-二甲基环戊烷（8.93%）、3-甲己烷（7.28%）、(9 Z,12 Z,15 Z)-十八烷三烯酸甲酯（2.68%）、Z,12 Z)-十八碳二烯酸（1.59%）、8-十七炔（1.11%）、3,3-甲基戊烷（1.09%）、2-甲基庚烷（1.07%）、(Z)-11-十六酸（1.05%）等；盛开期干燥花托精油的主要成分为：庚（17.52%）、甲基环已烷（15.51%）、1,3-二甲基环戊烷.41%）、环已烷（10.23%）、反-1,2-二甲基环戊烷（9.53%）、甲基戊醇（9.44%）、正十六烯酸（9.15%）、3,7-二甲基辛烯03%）、11,14-二十碳二烯酸甲酯（2.89%）、(7 Z,10 Z,13 Z)-六碳三烯醛（2.07%）、乙基环已烷（1.25%）、3,3-二甲基戊（1.15%）、2-甲基庚烷（1.15%）等。朱亮锋等（1993）用树吸附法收集的广东惠州产莲新鲜花头香的主要成分为：十五（38.82%）、十七炔（13.78%）、1-十五烯（8.13%）、1-十七（7.82%）、十七烯异构体（6.93%）、十七烷（5.54%）、1,4-甲氧基苯（4.41%）、β-石竹烯（3.21%）、十四烷（2.11%）、六烷（1.47%）、十六烯异构体（1.00%）等。

种子：林文津等（2009）用水蒸气蒸馏法提取的福建阳产莲种仁精油的主要成分为：14-甲基-十五酸烷甲酯.43%）、8,11-十八碳二烯酸甲酯（8.95%）、十五烷（6.89%）、六烷酸甲酯（5.99%）、n-十六烷酸（5.44%）、2,6-二叔丁基羟基甲苯（5.19%）、亚油酸乙酯（4.98%）、12-十八碳烯酸甲（4.06%）、十六烷（4.03%）、1-碘代-十六烷（3.45%）、α-雪烯（3.28%）、雪松醇（3.08%）、十四烷（2.96%）、6,10,14-三基-2-十五烷酮（2.28%）、N-(1,1-二甲基乙基)-α-甲基-γ-苯-基丙胺（2.20%）、1-叶绿素二十七烷（1.84%）、6,9-十七烷烯（1.75%）、十三烷（1.66%）、E-15-十七碳烯醛（1.59%）、柏木烯（1.56%）、二十四烷（1.50%）、E-5-十四烯（1.36%）、八烷（1.36%）、1,7,11-三甲基-4-(1-甲基乙基)-环十四烷33%）、2-溴基-乙醇（1.30%）、十七烷（1.26%）、1-甲酰-2,2-甲基-3-反式-(3-甲基-2-丁烯)-6-次甲基环已烷（1.25%）、十八烷（1.04%）、二十烷（1.03%）、长叶烯（1.02%）等。

【利用】根状茎（藕）作蔬菜或提制淀粉（藕粉）。嫩叶、、种子供食用。叶、叶柄、花托、花、雄蕊、果实、种子及状茎均作药用，茎、叶有消暑、退热、止腹泻等功效；根茎部（藕节）止血、消瘀；花托化瘀止血；雄蕊（莲须）具有固涩精功能。叶为茶的代用品，又作包装材料。供观赏。

萍蓬草

Nuphar pumilum (Hoffm.) DC.

睡莲科　萍蓬草属

别名： 黄金莲、萍蓬莲

分布： 黑龙江、吉林、河北、江苏、浙江、江西、福建、广东

【形态特征】多年水生草本；根状茎直径2～3 cm。叶纸质，宽卵形或卵形，少数椭圆形，长6～17 cm，宽6～12 cm，先端圆钝，基部具弯缺，心形，裂片远离，圆钝，叶面光亮，无毛，叶背密生柔毛，侧脉羽状；叶柄长20～50 cm，有柔毛。花直径3～4 cm；花梗长40～50 cm，有柔毛；萼片黄色，外面中央绿色，矩圆形或椭圆形，长1～2 cm；花瓣窄楔形，长5～7 mm，先端微凹；柱头盘常10浅裂，淡黄色或带红色。浆果卵形，长约3 cm；种子矩圆形，长5 mm，褐色。花期5～7月，果期7～9月。

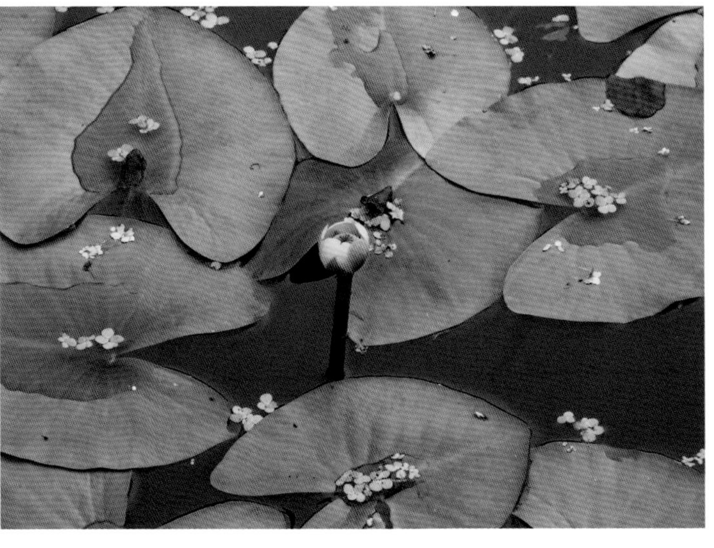

【生长习性】生在湖沼中。喜在温暖、湿润、阳光充足的环境中生长。对土壤选择不严，以土质肥沃略带黏性为好。适宜生在水深30～60 cm，最深不宜超过1 m。生长适宜温度为15～32 ℃。耐低温，休眠期温度保持在0～5 ℃即可。

【精油含量】水蒸气蒸馏法提取干燥全草的得油率为0.23%。

【芳香成分】彭括等（2014）用水蒸气蒸馏法提取的浙江金华产萍蓬草干燥全草精油的主要成分为：去氧萍蓬草碱（37.19%）、麝香吡啶（15.17%）、十六烷酸（14.20%）、N-甲基-二苯基[e.g]异吲哚（7.40%）、4,4,5,6,7,8-六甲基-1,2,3,4,5,6,7,8-八氢酞-2-酮（6.17%）、(1-甲基丙氧基)苯（2.65%）、2-乙酰基氨基-3-(4-羟基-苯基)-丙酸（2.38%）、3-乙基-4-羟基-7-甲氧基喹诺酮（2.92%）、2-环己基十二烷（1.37%）、6,10,14-三甲基-2-十五烷酮（1.33%）等。

【利用】根状茎食用。根状茎药用，能健脾胃，有补虚止血、治疗神经衰弱之功效。花供观赏。

芡实

Euryale ferox Salisb. ex Konig et Sims

睡莲科　芡属

别名： 鸡头米、鸡头莲、鸡头荷、刺莲、刺莲藕、假莲藕、湖南根

分布： 几乎遍布全国各地

【形态特征】一年生大型水生草本。沉水叶箭形或椭圆肾形，长4～10 cm，两面无刺；叶柄无刺；浮水叶革质，椭圆肾形至圆形，直径10～130 cm，盾状，有或无弯缺，全缘，叶背带紫色，有短柔毛，两面在叶脉分枝处有锐刺；叶柄及花梗粗壮，长可达25 cm，皆有硬刺。花长约5 cm；萼片披针形，长1～1.5 cm，内面紫色，外面密生稍弯硬刺；花瓣矩圆披针形或披针形，长1.5～2 cm，紫红色，成数轮排列，向内渐变成雄蕊；无花柱，柱头红色，成凹入的柱头盘。浆果球形，直径3～5 cm，污紫红色，外面密生硬刺；种子球形，直径10 mm，黑色。花期7～8月，果期8～9月。

【生长习性】生在池塘、湖沼中。喜温暖水湿，不耐霜冻。生长期间需要全光照。

【芳香成分】植中强等（2015）用水蒸气蒸馏法提取的广肇庆产芡实干燥果仁精油的主要成分为：棕榈酸（25.11%）、五酸（12.11%）、硬脂酸（11.34%）、月桂酸（10.07%）、肉蔻酸（4.87%）、十三酸（4.38%）、D-柠檬油精（3.84%）、五醛（3.58 %）、丁酸叔丁酯（3.10%）、3,5-二乙基-4-辛（2.60%）、棕榈醛（1.57 %）、橙花叔醇（1.47%）、苯甲醛23%）、肉豆蔻醛（1.13%）等；干燥果皮精油的主要成分为：榈酸（36.49%）、十五酸（14.77%）、月桂酸（10.17%）、硬酸（6.10%）、γ-萜品烯（4.81%）、丹皮酚（4.17%）、月桂烯.89%）、壬酸（3.44%）、水芹烯（3.06%）、十三酸（2.36%）、一酸（1.75%）等。

【利用】种子含淀粉，供食用、酿酒及制副食品用。种子药，具有益肾、固精、补脾、止泻、祛湿、止带等功效，用于疗梦遗、滑精、遗尿、尿频、脾虚久泻、白浊、带下。叶入，具有行气和血、祛瘀止血的功效，治便血、吐血、妇女胞不下。茎入药，可止咳、除虚热。根入药，治疝气、白浊、下、无名肿痛。全草为猪饲料，又可作绿肥。为观赏植物。

香水莲花

ymphaea hybrid

睡莲科　睡莲属

分布：南方数省有栽培

【形态特征】为多年生宿根水生，叶面无茸毛，可沾水滴，叶圆有缺口，边缘有疏锯齿；叶片漂浮于水面，花朵可伸出水面30 cm以上。花朵硕大，可达30 cm以上，花瓣可达45～60片，排列清晰整齐而多轮；有金色、黄色、红色、紫色、蓝色、赤色、绿色、白色、茶色 9 种深浅不同的花色品种。花朵具有清香及浓郁香味，向日开花。无莲蓬及莲子。春夏秋冬四季开花，可终年观赏。

【生长习性】具有一定的耐寒性，适于热带至温带气候，温度12～32 ℃皆可发育生长，地下茎冬季能在池泥中安全越冬，在适宜的温度下可全年不间断地开花。喜强光，全日照。水深30～150 cm皆可。对土壤要求不严，喜大肥。

【精油含量】水蒸气蒸馏法提取花的油得率为0.11%。

【芳香成分】徐辉等（2008）用水蒸气蒸馏法提取的浙江温州产香水莲花新鲜花精油的主要成分为：苄醇（24.36%）、6,9-

十七碳二烯（16.67%）、2-十七烷酮（10.39%）、8-十七碳烯（6.47%）、正十五烷（5.80%）、正十六烷酸（3.55%）、二十一烷（3.32%）、叶绿醇（3.30%）、环十六烷（2.97%）、9,12,15-十八碳三烯酸（2.25%）、1,9-十四碳二烯（2.10%）、9,12-十八碳二烯酸（1.97%）、2-十五烷酮（1.39%）、4-(2,6,6-三甲基-1-环己烯基)-3-丁烯-2-酮（1.25%）等。

【利用】为盆栽、园林、庭院、水生观赏或插花观赏。鲜花可供生食，亦可泡茶、浸酒或随其他食物炖煮。

金钱松

Pseudolarix amabilis (Nelson) Rehd.

松科　金钱松属
别名：金松、水树
分布：我国特有树种。江苏、浙江、安徽、福建、江西、湖南、湖北、四川

【形态特征】乔木，高达40 m，胸径达1.5 m；树皮灰褐色，裂成不规则的鳞片状块片；矩状短枝有密集成环节状的叶枕。叶条形，镰状或直，上部稍宽，长2～7 cm，宽1.5～5 m，先端锐尖或尖，叶面绿色，叶背蓝绿色，每边有5～14条气孔线；秋后叶呈金黄色。雄球花黄色，圆柱状，下垂；雌球花紫红色，直立，椭圆形。球果卵圆形或倒卵圆形，长6～7.5 cm，径4～5 cm，成熟前绿色或淡黄绿色，熟时淡红褐色；中部的种鳞卵状披针形，两侧耳状，脊上密生短柔毛；苞鳞卵状披针形，边缘有细齿；种子卵圆形，白色，长约6 mm，种翅三角状披针形，淡黄色或淡褐黄色。花期4月，球果10月成熟。

【生长习性】喜欢生长于温暖、多雨、土层深厚、肥沃、水良好的酸性土山区，海拔100～1500 m。喜光，幼时稍耐阴，喜温凉湿润的中性或酸性砂质土壤，不喜石灰质土壤。有相的耐寒性，能耐-20 ℃的低温。抗风力强，不耐干旱也不耐水。

【精油含量】水蒸气蒸馏法提取新鲜叶的得油率为0.04%。

【芳香成分】胡文杰等（2014）用水蒸气蒸馏法提取江西南昌产金钱松新鲜叶精油的主要成分为：(+)-α-蒎（31.72%）、石竹烯（18.57%）、β-瑟林烯（6.16%）、α-依兰油（5.71%）、β-榄香烯（5.64%）、α-愈创木烯（5.28%）、β-桉叶（3.36%）、α-萜品醇（2.25%）、δ-杜松烯（1.79%）、石竹烯氧物（1.27%）、莰烯（1.17%）等。

【利用】木材可作建筑、船舶、板材、家具、器具及木纤工业原料等用。树皮可提栲胶。树皮入药，可治疗顽癣和食等症；根皮入药，有止痒、杀虫与抗霉菌之效；泡酒后外用疗癣病。根皮可作造纸胶料。种子可榨油。为珍贵的观赏树木

巴山冷杉

Abies fargesii Franch.

松科　冷杉属
别名：鄂西冷杉、太白冷杉、朴木、川枞、华枞、洮河冷杉
分布：我国特有甘肃、陕西、河南、湖北、四川

【形态特征】乔木，高达40 m；树皮粗糙，暗灰色或暗褐色，块状开裂；冬芽卵圆形或近圆形，有树脂；一年生枝褐色或微带紫色，微有凹槽。叶在枝条下面列成两列，上面

斜展或直立，稀上面中央之叶向后反曲，条形，上部较下宽，长1～3 cm，宽1.5～4 mm，先端钝有凹缺，稀尖，叶深绿色，叶背沿中脉两侧有2条粉白色气孔带。球果柱状矩形或圆柱形，长5～8 cm，径3～4 cm，成熟时淡紫色、紫黑或红褐色；中部种鳞肾形或扇状肾形，长0.8～1.2 cm，宽～2 cm，上部宽厚，边缘内曲；苞鳞倒卵状楔形，上部圆，缘有细缺齿，先端有急尖的短尖头；种子倒三角状卵圆形，翅楔形。

【生长习性】海拔1500～3700 m地带。喜气候温凉湿润及英岩等母质发育的酸性棕色森林土或山地棕色森林土。耐阴强，生长慢。

【精油含量】水蒸气蒸馏法提取树脂的得油率为23.70%，叶的得油率为0.20%～1.70%，叶的得油率为0.59%～2.20%，的得油率为0.08%～2.07%。

【芳香成分】叶：樊金拴等（1992）用水蒸气蒸馏法提的陕西宁陕产巴山冷杉阴干叶精油的主要成分为：α-蒎（13.25%）、柠檬烯（10.82%）、石竹烯（10.75%）、莰烯0.40%）、乙酸龙脑酯（6.90%）、γ-杜松烯（6.28%）、α-蛇烯（3.97%）、檀烯（3.52%）、三环萜烯（3.47%）、芳萜醇.02%）、α-依兰油烯（2.76%）、β-甜没药醇（2.56%）、α-橙叔醇（2.54%）、β-甜没药烯（1.80%）、γ-依兰油烯（1.76%）、烯（1.42%）、β-波旁烯（1.33%）、β-蒎烯（1.21%）、龙脑.09%）等。

枝叶：朱亮锋等（1993）用水蒸气蒸馏法提取的枝叶精油主要成分为：乙酸龙脑酯（26.91%）、α-松油醇（6.00%）、β-桉叶醇（4.05%）、δ-杜松醇（3.00%）、辣薄荷醇（2.26%）、龙脑（1.55%）、2,3,3-三甲基二环[2.2.1]庚-2-醇（1.32%）、环丙乙酸2-己酯（1.05%）等。

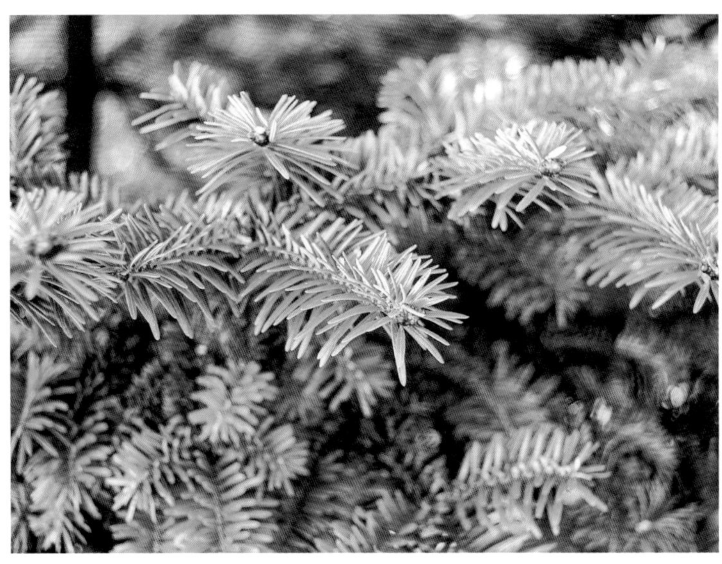

树脂：王性炎等（1990）用水蒸气蒸馏法提取的陕西宁陕产巴山冷杉树脂精油的主要成分为：柠檬烯（48.36%）、α-蒎烯（31.86%）、莰烯（5.47%）、β-蒎烯（4.10%）、石竹烯（2.68%）、α-萜品烯（1.20%）、月桂烯（1.09%）、檀烯（1.02%）等。

【利用】木材可作一般建筑、家具及木纤维工业用材。树皮可提栲胶。是森林的更新树种。枝叶精油可作为药物的配合剂和农药毒杀酚的原料。

长苞冷杉

Abies georgei Orr

松科　冷杉属

别名： 西康冷杉

分布： 我国特有云南、四川

【形态特征】乔木，高达30 m，胸径达1 m；树皮暗灰色，裂成块片脱落；冬芽有树脂。小枝下部之叶列成两列，上部之叶斜上伸展，条形，下部微窄，长1.5～2.5 cm，宽2～3.5 mm，边缘微向下反卷，先端有凹缺、稀尖或钝，叶面绿色，有光泽，叶背有2条白色气孔带。球果卵状圆柱形，顶端圆，基部稍宽，长7～11 cm，径4～5.5 cm，熟时黑色；中部种鳞扇状四边形，上部宽圆较厚，边缘内曲，中部楔状，下部两侧耳形，基部窄成短柄；苞鳞窄长，明显露出，不外露部分的上部较宽，向下渐窄，外露部分三角状，边缘有细缺齿，先端有长尖头；种子长椭圆形，长1～1.2 cm，种翅褐色，宽短。花期5月，球果10月成熟。

【生长习性】生长于海拔3400～4200 m有明显的干湿季节，具有腐殖质酸性灰化土壤的高山地。耐阴性强，可以适应温凉和寒冷的气候，在年平均气温3～8 ℃的地区可正常生长。适应年相对湿度85%以上的环境。适宜土层深厚、肥沃、含砂质的酸性土壤。

【芳香成分】李庆春等（1988）用水蒸气蒸馏法提取的云南中甸产长苞冷杉针叶精油的主要成分为：α-蒎烯（55.21%）、β-水芹烯（9.96%）、月桂烯（5.16%）、β-杜松烯（4.89%）、β-蒎烯（4.76%）、Δ3-蒈烯（3.44%）、莰烯（3.30%）、β-丁香烯（1.34%）、δ-杜松醇（1.10%）等。

【利用】木材可供建筑、器具、板材及木纤维工业原料等用材。可作分布区内的森林更新树种。枝叶精油可作为调香之用，亦可在公共场所作为环境清新剂。

急尖长苞冷杉

Abies georgei Orr var. *smithii* (Viguié et Gaussen) Cheng et Linn.

松科　冷杉属
别名： 乌蒙冷杉
分布： 云南、四川、西藏

【形态特征】长苞冷杉变种。乔木；一至三年生枝密被褐色或锈褐色毛。叶条形，长1.5～2.5 cm，先端凹缺，叶背有2条白色气孔带，边缘微向下反曲；横切面有两个边生树脂道，叶面至叶背两侧边缘有一层连续排列的皮下层细胞，叶背中部有一层。球果卵状圆柱形，长7～9 cm，径3.5～4.5 cm；中部种鳞扇状四边形；苞鳞匙形或倒卵形，与种鳞近等长或稍较种鳞为长，边缘有细缺齿，先端圆而常微凹，中央有长约4 mm的急尖头。

【生长习性】在海拔2500～4500 m高山地带组成单纯林，或常与其他针叶树组成混交林。

【芳香成分】枝：和玉华等（2008）用XAD2吸附法收集的云南禄劝产急尖长苞冷杉枝条头香的主要成分为：2,6-二叔丁基-4-甲基苯酚（32.87%）、柠檬烯（27.81%）、α-烯（24.95%）、β-蒎烯（6.36%）、月桂烯（3.17%）、香桧（3.06%）、莰烯（1.79%）等。

果实：和玉华等（2008）用XAD2吸附法收集的云南禄产急尖长苞冷杉球果头香的主要成分为：β-水芹烯（40.42%α-蒎烯（18.24%）、β-蒎烯（16.25%）、月桂烯（14.40%）、香烯（5.24%）、异松油烯（1.90%）、橙花叔醇（1.21%）等。

【利用】为我国特有，濒危保护植物。在水源涵养、水土持、维持区域生态平衡等方面具有突出的生态功能。

臭冷杉

Abies nephrolepis Maxim.

松科　冷杉属
别名： 臭松、白松、臭枞、白枞、东陵冷杉、白果枞、白果枞华北冷杉、胡桃庐子、冷杉、罗汉松、桃江庐子
分布： 东北、华北各地

【形态特征】乔木，高达30 m，胸径50 cm；老树树皮色，裂成长条裂块或鳞片状；冬芽圆球形，有树脂。叶列成列，条形，长1～3 cm，宽约1.5 mm，叶面光绿色，叶背有2白色气孔带；营养枝上的叶先端有凹缺或两裂。球果卵状圆形或圆柱形，长4.5～9.5 cm，径2～13 cm，熟时紫褐色或紫色；中部种鳞肾形或扇状肾形，有不规则的细缺齿，两侧圆耳状，下部宽楔形、微圆，基部窄成短柄状，鳞背露出部分被短毛；苞鳞倒卵形，中部狭窄成条状，上部微圆，边缘有规则的细缺齿，先端凹处有长的急尖头；种子倒卵状三角形微扁，长4～6 mm，种翅淡褐色或带黑色，楔状。花期4～5月球果9～10月成熟。

【生长习性】大多生长于冷湿环境排水较好的山坡，海300～2100 m。为耐阴、浅根性树种，适应性强，喜欢冷湿的境。

【精油含量】水蒸气蒸馏法提取枝叶的得油率0.04%～1.86%，叶的得油率为1.66%～2.40%，新鲜枝皮的得率为1.80%。

【芳香成分】枝：姜子涛等（1988）用水蒸气蒸馏法

的吉林长春产臭冷杉新鲜枝皮精油的主要成分为：柠檬（40.12%）、α-蒎烯（14.55%）、乙酸龙脑酯（9.72%）、莰烯32%）、环葑烯（7.73%）、β-蒎烯（4.62%）、檀烯（1.66%）、酸萜品酯（1.42%）、芳樟醇（1.29%）、α-葎草烯（1.21%）、月桂烯（1.06%）等。

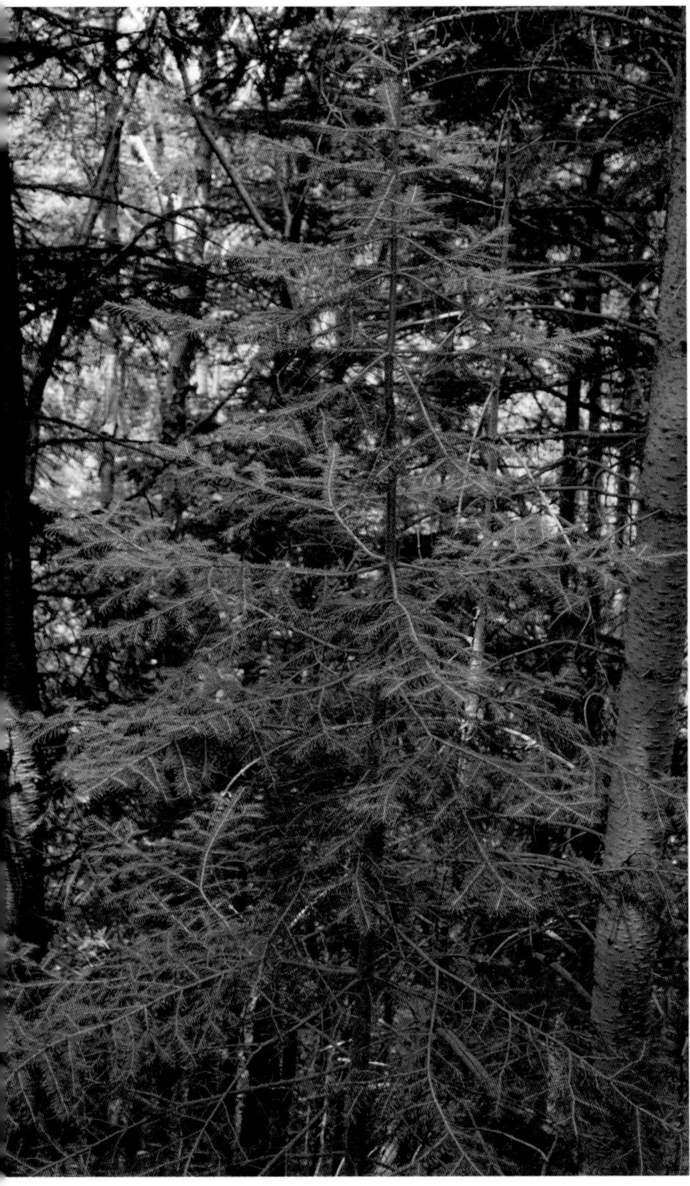

叶：方洪壮等（2010）用水蒸气蒸馏法提取的黑龙江小兴岭产臭冷杉叶精油的主要成分为：D-柠檬烯（21.40%）、莰（15.00%）、α-蒎烯（14.80%）、龙脑（11.70%）、乙酸龙脑（9.32%）、β-蒎烯（7.34%）、β-石竹烯（1.83%）、α-石竹（1.06%）等。薄采颖等（2010）用同法分析的黑龙江伊春臭冷杉新鲜叶精油的主要成分为：乙酸龙脑酯（19.16%）、柠檬烯（14.93%）、樟脑（10.73%）、莰烯（9.54%）、α-蒎（6.38%）、α-杜松醇（4.81%）、δ-杜松烯（4.11%）、τ-依醇（3.70%）、龙脑（3.16%）、β-月桂烯（2.44%）、β-蒎烯.82%）、6-异丙烯基-4,8a-二甲基-1,2,3,5,6,7,8,8a-八氢-萘-2-（1.64%）、异松油烯（1.49%）、β-荜澄茄烯（1.14%）、三环（1.05%）、γ-杜松烯（1.03%）、香紫苏醇（1.03%）等。

【利用】木材可作一般建筑、铁路枕木、火柴杆、板材、家及木纤维工业原料等用材。叶、树皮药用，有祛湿止痛功效，治腰腿疼痛。叶精油适用于化妆品加香、食品添加香、空气新剂，有明显的镇咳和祛痰作用。

川滇冷杉

Abies forrestii C. C. Rogers

松科　冷杉属

别名：毛枝冷杉、云南枞

分布：我国特有云南、四川、西藏

【形态特征】乔木，高达20 m；树皮暗灰色，裂成块片状；冬芽圆球形或倒卵圆形，有树脂。叶在枝条下面列成两列，叶面斜上伸展，条形，长1.5～4 cm，宽2～2.5 mm，先端有凹缺，稀钝或尖，边缘微向下反卷，叶面光绿色，叶背沿中脉两侧各有一条白色气孔带。球果卵状圆柱形或矩圆形，基部较宽，长7～12 cm，径3.5～6 cm，熟时深褐紫色或黑褐色；中部种鳞扇状四边形，上部宽厚，边缘内曲，中部两侧楔状，下部耳形，基部窄成短柄；苞鳞外露，上部宽圆，先端有急尖的尖头，尖头长4～7 mm；种子长约1 cm，种翅宽大楔形，淡褐色或褐红色，包裹种子外侧的翅先端有三角状突起。花期5月，球果10～11月成熟。

【生长习性】产于海拔2500～3400 m地带，常与其他针叶树种混生成林，或组成纯林。

【精油含量】水蒸气蒸馏法提取叶的得油率为0.21%。

【芳香成分】林文彬等（1998）用水蒸气蒸馏法提取的西藏色季拉山产川滇冷杉叶精油的主要成分为：柠檬烯（22.25%）、β-蒎烯（15.06%）、α-蒎烯（9.01%）、蓝桉醇（6.67%）、(-)-α-松油醇（3.92%）、芳-枞三烯（3.85%）、α-杜松醇（3.65%）、α-杜松醇异构体（3.10%）、β-波旁烯（2.84%）、α-愈创木烯（2.20%）、十八碳烷烃（1.62%）、β-月桂烯（1.08%）等。

【利用】木材可供建筑等用材。树皮可提栲胶。可作为分布区的森林更新树种。

黄果冷杉

Abies ernestii Rehd.

松科　冷杉属
别名： 柄果枞、箭炉冷杉
分布： 我国特有四川、西藏

【形态特征】乔木，高达60 m，胸径达2 m；树皮暗灰色，纵裂成薄块状；冬芽卵圆形或圆锥状卵圆形，有树脂。叶在枝条下面列成两列，条形，长1.5～6 cm，宽2～2.5 mm，先端有凹缺，叶面光绿色，叶背有2条气孔带。雌球花紫褐黑色。球果圆柱形，长5～10 cm，径3～3.5 cm，成熟前绿色，成熟时淡褐黄色；中部种鳞宽倒三角状扇形、扇状四方形或肾状四边形，边缘内曲，中部收缩，两侧薄常突出，边缘有缺齿，下部圆截形，基部窄成短柄状，鳞背露出部分密生短柔毛；苞鳞短，边缘有细缺齿，背面有纵脊，先端有短尖头；种子斜三角形，种翅褐色或紫黑色，边缘有波状细缺齿。花期4～5月，球果10月成熟。

【生长习性】生于海拔2600～3600 m、气候较温和、棕色森林土的山地及山谷地带。

【精油含量】水蒸气蒸馏法提取枝叶的得油率为0.15%～0.28%。

【芳香成分】黄远征等（1984）用水蒸气蒸馏法提取的四川理县产黄果冷杉枝叶精油的主要成分为：α-蒎烯（21.11%）、乙酸龙脑酯（13.86%）、莰烯（9.00%）、柠檬烯（8.73%）、石竹烯（8.45%）、月桂烯（5.47%）、β-蒎烯（4.27%）、萜烯（3.08%）、α-蛇麻烯（2.75%）、β-水芹烯（2.25%）、δ-杜松烯（2.00%）、乙酸香叶酯（1.26%）、β-波旁烯（1.02%）、γ-依兰烯（1.00%）等。

【利用】木材可作一般建筑和造纸等用。枝叶精油可作为天然香料原料。

鳞皮冷杉

Abies squamata Mast.

松科　冷杉属
别名： 鱼鳞松、鳞皮枞
分布： 我国特有青海、西藏、四川

【形态特征】乔木，高达40 m，胸径1 m；树皮裂成方块片固着于树干上；冬芽卵圆形，有树脂。叶密生，枝条面之叶列成两列，上面之叶斜上伸展，条形，长1.5～3 cm，宽约2 mm，先端尖或钝，叶面深绿色，微有白粉，叶背有条白粉气孔带。球果短圆柱形或长卵圆形，长5～8 cm，2.5～3.5 cm，近无梗，成熟时黑色；中部种鳞近肾形，1.1～1.4 cm，宽1.4～1.8 cm；苞鳞露出或微露出，倒卵状楔形，长10～14 mm，上端圆或有凹缺，边缘有细缺齿，中央有急的短尖头；种子长约5 mm，种翅几乎与种子等长。

【生长习性】在海拔3500～4000 m，气候干冷，年降水量700 mm，土壤为棕色灰化土地带，组成大面积纯林或混交。较其他冷杉耐旱。

【精油含量】水蒸气蒸馏法提取枝叶的得油率为9%～0.35%。

【芳香成分】蒲自连等（1988）用水蒸气蒸馏法提取的四川孜产鳞皮冷杉枝叶精油的主要成分为：柠檬烯（67.89%）、α-烯（10.69%）、β-蒎烯（2.57%）、月桂烯（2.08%）、β-石竹烯03%）、δ-3-蒈烯（1.75%）、辛酸乙酯（1.47%）、α-木罗烯37%）、α-玷玘烯（1.17%）等。

【利用】木材可供建筑、家具及木纤维原料等用材。民间利松脂精油防治感冒，效果良好。

岷江冷杉

ies faxoniana Rehd. et Wils.

科　冷杉属
名：柔毛冷杉、柔毛枞
布：我国特有甘肃、四川

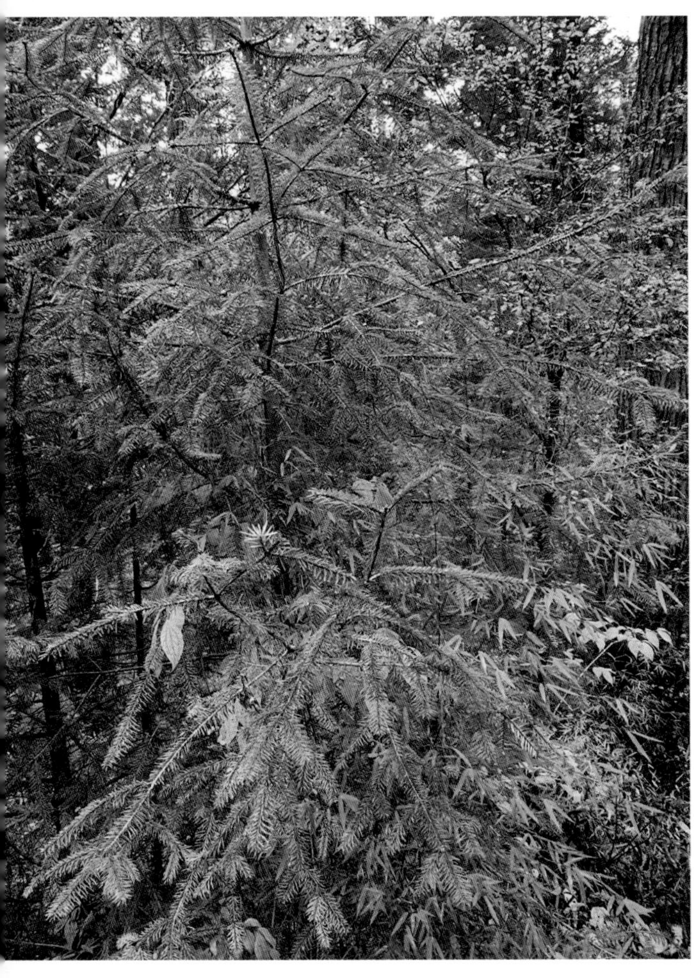

【形态特征】乔木，高达40 m，胸径达1.5 m；树皮深灰，裂成不规则的块片；冬芽卵圆形，有较多的树脂。叶排较密，在枝条下面排成两列，枝条上面的叶斜上伸展，条，长1～2.5 cm，宽约2.5 mm，先端有凹缺，叶面光绿色，叶有2条白色气孔带。球果卵状椭圆形或圆柱形，顶端平，长5～10 cm，径3～4 cm，成熟时深紫黑色，微具白粉；中部种扇状四边形或肾状四边形；苞鳞上端露出或仅尖头露出，倒形，上端圆或微凹，边缘有细缺齿，中央有凸尖，尖头长3～7 mm，直伸或反曲；种子倒三角状卵圆形，微扁，种翅宽大；子叶4枚，条形，长约9 mm，宽约1 mm。花期4～5月，球果10月成熟。

【生长习性】产于海拔2700～3900 m高山地带。耐阴性强，喜冷湿气候，在排水良好的酸性棕色灰化土及山地草甸森林土上，组成大面积的纯林。

【精油含量】水蒸气蒸馏法提取枝叶的得油率为0.40%～0.78%。

【芳香成分】黄远征等（1988）用水蒸气蒸馏法提取的四川理县产岷江冷杉枝叶精油的主要成分为：柠檬烯（41.35%）、α-蒎烯（22.31%）、莰烯（17.87%）、月桂烯（2.60%）、β-蒎烯（2.48%）、喇叭茶醇（1.98%）、α-依兰油烯（1.39%）、三环烯（1.25%）、檀烯（1.12%）等。

【利用】木材可作建筑、家具及木材纤维工业原料等用材。可作森林的更新树种。枝叶精油可用于涂料溶剂。

秦岭冷杉

Abies chensiensis Van Tiegh.

松科　冷杉属
别名：陕西冷杉、枞树
分布：我国特有陕西、湖北、甘肃

【形态特征】乔木，高达50 m；冬芽圆锥形，有树脂。叶在枝上列成两列或近两列状，条形，长1.5～4.8 cm，叶面深绿色，叶背有2条白色气孔带；果枝之叶先端尖或钝，树脂道中生或近中生，营养枝及幼树的叶较长，先端二裂或微凹，树脂管边生。球果圆柱形或卵状圆柱形，长7～11 cm，径3～4 cm，近无梗，成熟前绿色，成熟时褐色，中部种鳞肾形，长约1.5 cm，宽约2.5 cm，鳞背露出部分密生短毛；苞鳞长约为种鳞的3/4，不外露，上部近圆形，边缘有细缺齿，中央有短急尖头，中下部近等宽，基部渐窄；种子较种翅为长，倒三角状椭圆形，长8 mm，种翅宽大，倒三角形，上部宽约1 cm，连同种子长约1.3 cm。

【生长习性】产于海拔2300～3000 m地带。

【精油含量】水蒸气蒸馏法提取树脂的得油率为31.20%，风干枝叶的得油率为1.55%～1.70%，风干叶的得油率为0.32%～1.81%，风干枝的得油率为0.06%～2.16%。

【芳香成分】王性炎等（1990）用水蒸气蒸馏法提取的陕

西宁陕产秦岭冷杉树脂精油的主要成分为：柠檬烯（29.86%）、β-蒎烯（27.52%）、α-蒎烯（25.51%）、莰烯（9.98%）、月桂烯（2.15%）、乙酸龙脑酯（1.57%）、三环烯（1.43%）等。

【利用】木材可供建筑等用。

杉松

Abies holophylla Maxim.

松科　冷杉属
别名： 沙松、白松、杉木、针枞、辽东冷杉
分布： 东北

【形态特征】乔木，高达30 m，胸径达1 m；树皮成条片状浅纵裂，灰褐色；冬芽卵圆形，有树脂。叶在果枝下面列成两列，上面斜上伸展，在营养枝上排成两列；条形，长2～4 cm，宽1.5～2.5 mm，先端急尖或渐尖，叶面深绿色，叶背沿中脉两侧各有1条白色气孔带。球果圆柱形，长6～14 cm，径3.5～4 cm，成熟时淡黄褐色或淡褐色；中部种鳞近扇状四边形或倒三角状扇形，上部宽圆、微厚，边缘内曲，两侧较薄，有细缺齿，基部窄成短柄状，鳞背露出部分被密生短毛；苞鳞短，不露出，楔状倒卵形或倒卵形，先端有急尖的刺状尖头；种子倒三角状，长8～9 mm，种翅宽大，淡褐色。花期4～5月，球果10月成熟。

【生长习性】在海拔500～1200 m，气候寒冷湿润，土层肥厚弱灰化棕色森林土地带。荫性树，抗寒能力较强，喜生长于土层肥厚的阴坡，干燥阳坡极少见。

【精油含量】水蒸气蒸馏法提取叶的得油率为1.10%。

【芳香成分】叶：严仲铠等（1988）用水蒸气蒸馏提取的吉林长白山产杉松叶精油的主要成分为：乙酸龙酯（25.80%）、α-蒎烯（19.40%）、莰烯（16.00%）、蒈烯（5.00%）、对伞花-α-醇（4.10%）、柠檬烯（2.80%）、月烯（2.70%）、三环烯（1.10%）、龙脑（1.10%）等。阎吉等（1988）用同法分析的吉林长白山产杉松叶精油的主要分为：环化小茴香烯（28.95%）、乙酸龙脑酯（19.07%）、桂烯（9.74%）、α-蒎烯（9.16%）、香草醇（6.22%）、丁香（4.57%）、菠烯（2.44%）、β-蒎烯（2.14%）等。

树脂：刘根成等（1990）用水蒸气蒸馏法提取的吉林清产杉松树脂精油的主要成分为：α-蒎烯（60.24%）、β-蒎（10.31%）、δ-蒈烯-3(2.51%)、对伞花烃（2.00%）、α-柠檬（1.90%）、α-异松油烯（1.18%）、松油醇-4(1.07%)等。

【利用】木材可供建筑、电线杆、枕木、板材、箱板、具、家具、火柴杆及木纤维工业原料等用材。树皮可提栲胶可作长白山区的造林树种。叶精油可用于空气清洁剂、香皂牙膏、制药及食品工业。民间利用精油防治感冒，效果良好。

新疆冷杉

Abies sibirica Ledeb.

松科　冷杉属
别名： 西伯利亚冷杉
分布： 新疆

【形态特征】乔木，高达35 m，胸径50 cm；冬芽圆球形有树脂。叶斜上伸展，稀成两列状，窄条形，长1.5～4 cm，约1.5 mm，叶面光绿色，叶背中脉两侧各有1条微被白粉的孔带；营养枝上的叶先端有凹缺，果枝及主枝上叶先端尖钝尖，叶面有2～6条气孔线。球果圆柱形，长5～9.5 cm，2.5～3.5 cm，成熟时褐色，中部种鳞宽倒三角状扇形或扇状边形，中部微收缩，种鳞上部宽圆、不肥厚，两侧较薄，边有细缺齿，鳞背露出部分密被短柔毛；苞鳞短小，倒三角形边缘有细缺齿，先端有急尖的尖头；种子倒三角状，微扁，约7 mm，种翅上部浅蓝色，楔形。花期5月，球果10～11月熟。

【生长习性】在海拔1900～2350 m，气候凉润及灰化森林地带。

【芳香成分】刘景英（2004）用水蒸气蒸馏法提取的新疆产疆冷杉树脂精油的主要成分为：α-蒎烯（56.40%）、β-蒎烯.80%）、1-甲基-4-异烯丙基苯（1.69%）、柠檬烯（1.55%）、-蒈烯（1.54%）、反-松香芹醇（1.23%）、莰烯（1.07%）、3-己烯-1-醇（1.05%）等。

【利用】木材可作建筑、器具、家具及木纤维工业原料等用。树皮可提栲胶。

大果红杉

rix potaninii Batalin var. *macrocarpa* Law

科　落叶松属
名：喜马拉雅落叶松
布：四川、西藏、云南

【形态特征】红杉变种。乔木，高达50 m，胸径1 m；树纵裂；冬芽卵圆形，褐色，外层芽鳞先端尖，边缘具有睫。叶倒披针状窄条形，长1.2～3.5 cm，宽1～1.5 mm，先端尖，叶面有1～3条气孔线，叶背中脉两侧各有3～5条气孔，表皮有乳头状突起。着生雄球花的短枝通常无叶，雄球花5～7 mm，径约4 mm；雌球花紫红色或红色，生长于有叶短的顶端。球果矩圆状圆柱形或圆柱形，紫褐色或淡灰褐色，5～7.5 cm，径2.5～3.5 cm；种鳞多而宽大，约75枚，通常较厚。着生雌球花的短枝上有10余枚变型叶。种子斜倒卵圆形，淡褐色，具有紫色斑纹，种翅倒卵形。花期4～5月，球果10月成熟。

【生长习性】生于海拔2700～4000 m高山地带。

【芳香成分】徐磊等（2016）用XAD2吸附法提取的云南产大果红杉球果头香的主要成分为：柠檬烯（33.30 %）、α-蒎烯（33.13%）、月桂烯（23.08%）、β-蒎烯（6.70%）、α-水芹烯（1.60%）等。

【利用】木材可供建筑、电线杆、桥梁、器具、家具及木纤维工业原料等用。树干可割取松脂。树皮可提栲胶。可用作分布区内的造林树种。

华北落叶松

Larix principis-rupprechtii Mayr.

松科　落叶松属
别名：落叶松、雾灵落叶松
分布：我国特有河北、山西

【形态特征】乔木，高达30 m，胸径1 m；树皮暗灰褐色，不规则纵裂，成小块片脱落；枝平展，具有不规则细齿；苞鳞暗紫色，近带状矩圆形，长0.8-1.2 cm，基部宽，中上部微窄，先端圆截形，中肋延长成尾状尖头，仅球果基部苞鳞的先端露出；种子斜倒卵状椭圆形，灰白色，具有不规则的褐色斑纹，长3～4 mm，径约2 mm，种翅上部三角状，中部宽约4 mm，种子连翅长1～1.2 cm；子叶5～7枚，针形，长约1 cm，叶背无气孔线。花期4～5月，球果10月成熟。

【生长习性】产于海拔1800～2800 m地带。生长快，对不良气候的抵抗力较强，有保土、防风的效能。

【精油含量】水蒸气蒸馏法提取阴干枝叶的得油率为0.18%。

【芳香成分】韩芬等（2008）用水蒸气蒸馏法提取的甘肃庆阳产华北落叶松阴干枝叶精油的主要成分为：大根香叶烯D（11.40%）、1-异丙基-4,7-二甲基-1,2,4a,5,8,8a-六氢萘（6.53%）、石竹烯（5.84%）、长叶松节烷（5.23%）、7-甲基-4-亚甲基-1-(1-甲基乙基)-1,2,3,4,4a,5,6,8a-八氢萘（5.21%）、(E)-3,7,11-三甲基-1,6,10-十二烷三烯-3-醇（ 5.17%）、tau-依兰油醇（4.55%）、α-杜松醇（4.31%）、α-石竹烯（4.22%）、6,6-二甲基-2-亚甲基双环[3.1.1]-3-庚醇（3.17%）、4-甲基-1-(1-甲基乙基)-3-环己烯-1-醇（3.13%）、环氧石竹烯（2.38%）、3,7,11-三甲基-2,6,10-十二烷三烯-1-醇（2.30%）、6,6-二甲基-2-甲醇基双环[3.1.1]-2-庚烯（2.22%）、6,6-二甲基-2-亚甲基双环[3.1.1]庚烷（2.09%）、(Z)-3,7-二甲基-2,6-辛二烯-1-醇（1.91%）、1-甲基-1-乙烯基-2,4-二(1-甲基乙烯基)环己烷（1.79%）、6,6-二甲基-2-(双环[3.1.1]-2-庚烯)-2-甲醛（1.57%）、4,7-二甲基-1-(1-甲基乙基)-1,2,4a,5,6,8a-六氢萘（1.56%）、7-甲基-3亚甲基-4-(1-甲基乙基)-1H-环丙并[1,3]环戊并[1,2]苯（1.38%）等。

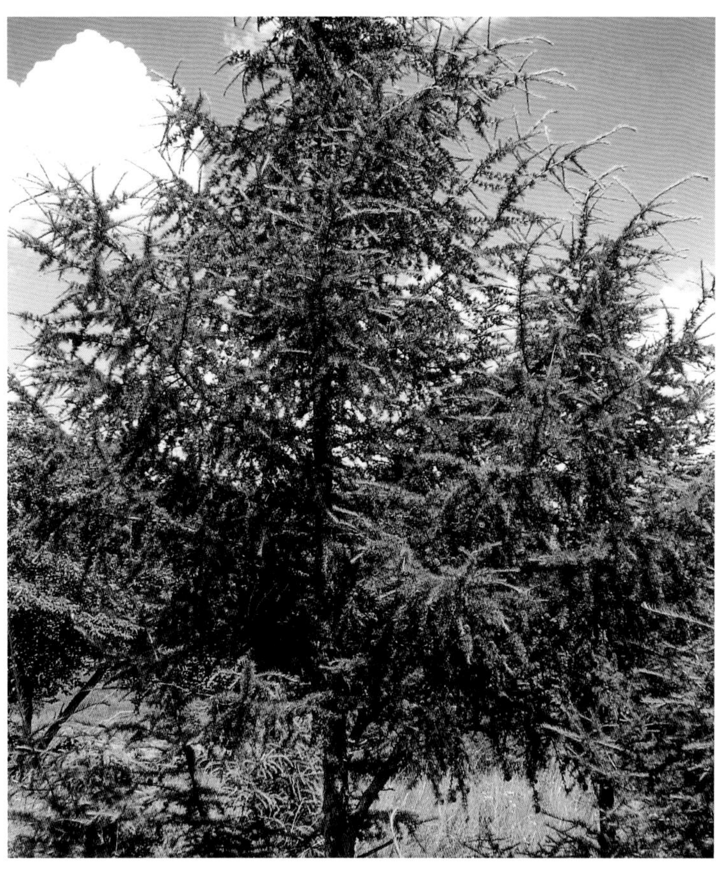

【利用】木材可供建筑、桥梁、电杆、舟车、器具、家具、木纤维工业原料等用。树干可割取树脂。树皮可提取栲胶。可作分布区内的森林更新和荒山造林树种。

黄花落叶松

Larix olgensis Henry

松科　落叶松属

别名：长白落叶松、黄花松、多鳞兴安落叶松、朝鲜落叶松、长果长白落叶松、海林落叶松

分布：东北和内蒙古

【形态特征】乔木，高达30 m，胸径达1 m；树皮纵裂；冬芽淡紫褐色，顶芽卵圆形或微成圆锥状，芽鳞膜质，边缘具睫毛，基部芽鳞三角状卵形，先端有长尖头。叶倒披针状条形，长1.5～2.5 cm，宽约1 mm，先端钝或微尖，叶背中脉两边各有2～5条气孔线。球果淡褐色，或稍带紫色，长卵圆形，种鳞长1.5～4.6 cm，径1～2 cm，16～40枚，叶背及上部边缘有细小瘤状突起，间有短毛；中部种鳞广卵形常成四方状，或近方圆形，长0.9～1.2 cm，宽约1 cm；苞鳞暗紫褐色，矩圆状卵形或卵状椭圆形，不露出；种子近倒卵圆形，淡黄白色或白色，具紫色斑纹，长3～4 mm，径约2 mm。花期5月，球果9～10成熟。

【生长习性】产于海拔500～1800 m湿润山坡及沼泽地区在气候温寒、土壤湿润的灰棕色森林土地分布普遍。适应力强能生长于比较干燥瘠薄的山坡，也能生长在沼泽地带，以土深厚肥润、排水良好、pH5左右的砂质壤土为最好。

【芳香成分】茎：杨冬梅等（2008）用丙酮热回流后再萃取物进行蒸馏的方法提取的黑龙江尚志产22年树龄的黄花叶松心材精油的主要成分为：氧杂环十七烷-2-酮（15.69%(Z,Z)-9,12-十八碳二烯酸（14.16%）、邻苯二酚（7.44%2,3-二氢-3,3,5,7-四甲基-1H-茚-1-酮（3.17%）、2-甲氧基酚（2.90%）、苯酚（2.84%）、4-甲基苯酚（2.76%）、7-乙基-1,2,3,4,4 ª，5,6,7,8,9,10,10 ª-十二氢-1,1,4 ª，7-四甲基（1.92%）、n-十六酸（1.58%）、1-甲基-7-异丙基-菲（1.57%2,6-二甲氧基苯酚（1.56%）、4-甲基-1,2-苯二酚（1.46%）、45,6,7,8,8 ª，9,10-八氢-4b，8-二甲基-2-异丙烯基菲（1.43%）等

枝叶：孟昭军等（2008）用动态顶空法采集的黄花叶松枝叶挥发性主要成分为：1R-α-蒎烯（46.63%）、β-桂烯（12.67%）、莰烯（12.14%）、(+)-4-蒈烯（10.38%(1α,2β,4β)-1,2,4-三甲基-环己烷（2.80%）、3-甲基-戊（2.32%）、1,1,3-三甲基-环己烷（2.18%）、1,1,2-三甲基-环烷（1.52%）、顺-1,3-二甲基-环己烷（1.48%）、1,1,4-三甲环己烷（1.36%）、γ-萜品烯（1.23%）、1,2,4-三甲基-环己（1.20%）、反-1,2-二甲基-环己烷（1.16%）等。

【利用】木材可供建筑、船舰、电杆、帆柱、枕木、车矿柱、家具及木纤维木业原料等材用。树干可提树脂。树皮提栲胶。可作分布区湿润山地的造林树种，也可栽培作庭园树

落叶松

Larix gmelinii (Rupr.) Kuzen.

松科　落叶松属

别名：兴安落叶松、大果兴安落叶松、粉果兴安落叶松、齿兴安落叶松、达乌里落叶松、意气松、一齐松

分布：东北和内蒙古

【形态特征】乔木，高达35 m，胸径60～90 cm；树皮纵成鳞片状剥离；冬芽近圆球形，芽鳞暗褐色，边缘具有睫毛基部芽鳞的先端具有长尖头。叶倒披针状条形，长1.5～3 cm

0.7～1 mm，先端尖或钝尖，叶背沿中脉两侧各有2～3条气线。球果卵圆形或椭圆形，成熟时上部的种鳞张开，黄褐、褐色或紫褐色，长1.2～3 cm，径1～2 cm，种鳞14～30枚；部种鳞五角状卵形；苞鳞较短，近三角状长卵形或卵状披形，先端具急尖头；种子斜卵圆形，灰白色，具有淡褐色斑，长3～4 mm，径2～3 mm，种翅中下部宽，上部斜三角形，端钝圆。花期5～6月，球果9月成熟。

【生长习性】分布于海拔300～1200 m地带。喜光性强，对分要求较高，在各种不同环境均能生长，以土层深厚肥润、水良好的北向缓坡及丘陵地带生长旺盛。幼苗不耐庇荫，喜层深厚，排水良好的平缓山坡。极度耐寒和能够忍受大陆性寒气候的剧变。

【精油含量】水蒸气蒸馏法提取木材的得油率为0.20%；临界萃取木材的得油率为0.57%，树皮的得油率为6%～3.33%。

【芳香成分】茎：孙世静等（2010）用顶空固相微萃取法取的黑龙江伊春产落叶松木材挥发油的主要成分为：α-蒎（33.40%）、β-水芹烯（13.00%）、正己醛（11.30%）、3-蒈（9.40%）、2,6-双(1,1-二甲基乙基)-4-(1-甲基丙基)-苯酚.10%）、9-己基十七烷（2.80%）、1-甲基萘（2.30%）、1 H-1-甲基茚（1.30%）、壬醛（1.30%）等。徐伟等（2009）用法分析的2年生落叶松树皮挥发油的主要成分为：β-蒎烯0.76%）、1 R-α-蒎烯（14.17%）、β-水芹烯（12.33%）、石竹（11.81%）、D-柠檬烯（7.84%）、β-月桂烯（6.57%）、蛇麻（5.63%）、δ-杜松烯（4.13%）、萜松油烯（3.27%）、4(10)-柏烯（3.11%）、桉树脑（3.03%）、大香叶烯（2.31%）、3-甲-丁酸-3-甲基-3-丁酯（1.51%）、β-榄香烯（1.11%）等。罗勤等（2014）用超临界CO_2萃取法提取的树皮精油的主要成为：5,6-二羟基-β-胡萝卜素（36.30%）、泪杉醇（17.14%）、海松酸甲酯（12.74%）、香叶基芳樟醇（12.51%）、去氢枞酸.44%）、4-表-脱氢松香醛（1.99%）、8(14)，15-异海松二烯-3-（1.86%）、异长叶松酸甲酯（1.63%）、8(14)，15-异海松二-3-醇（1.55%）、视黄醇（VA）(1.26%）、枞酸（1.25%）等。

叶：周恩宝等（2009）用水蒸气蒸馏法提取的黑龙江小兴岭产落叶松叶精油的主要成分为：3-蒈烯（11.69%）、4,7-甲基-1-(1-甲基乙基)-1,2,4a,5,8,8a-六氢化萘（9.67%）、八-7-甲基-3-亚甲基-4-(1-甲基乙基)-苯（8.92%）、α-杜松（6.91%）、τ-杜松醇（5.55%）、α-蒎烯（5.36%）、α-乙烯基十氢-α,5,5,8a-四甲基-1-萘丙醇（4.96%）、β-石竹烯（4.52%）、β-蒎烯（3.99%）、7-甲基-4亚甲基-1-(1-甲基乙基)-1,2,3,4,4a,5,6,8a-八氢化萘（3.58%）、β-菲兰烯（2.92%）、α-石竹烯（2.39%）、4,7-二甲基-1-(1-甲基乙基)-1,2,4a,5,6,8a-六氢化萘（2.28%）、7-甲基-4-亚甲基-1-(1-甲基乙基)-1,2,3,4,4a,5,6,8a-八氢化萘（1.86%）、β-月桂烯（1.71%）、1-甲基-4-(1-甲基亚乙基)-环己烯（1.58%）、2-甲氧基-4-甲基-1-(1-甲基乙基)-苯（1.35%）、3,7,11-三甲基-14-(1-甲基乙基)-1,3,6,10-环十四碳酸（1.02%）等。

枝叶：吴俊民等（2000）用水蒸气蒸馏法提取的枝叶精油的主要成分为：α-蒎烯（27.20%）、α-侧柏烯（26.22%）、β-蒎烯（13.47%）、α-松油烯（10.70%）、异松油烯（2.68%）、莰烯（2.63%）、γ-杜松烯（2.36%）、β-月桂烯（1.86%）、乙酸莰醇酯（1.57%）等。

果实：郭廷翘等（1999）用抽气吸附法收集的内蒙古大兴安岭产落叶松球果挥发性成分为：α-蒎烯（27.72%）、月桂烯（27.08%）、3-蒈烯（12.90%）、β-水芹烯（6.52%）、β-蒎烯（5.06%）、β-罗勒烯（2.20%）、异萜品油烯（1.23%）、乙酸龙脑酯（1.10%）等。

【利用】为我国东北林区的主要森林树种。木材可供房屋建筑、土木工程、电杆、舟车、细木加工及木纤维工业原料等用材。树干可提取树脂，松脂可提取松节油，是生产油漆等的重要工业原料。树皮可提取栲胶。

新疆落叶松

Larix sibirica Ledeb.

松科　落叶松属
别名：西伯利亚落叶松、俄国落叶松
分布：新疆

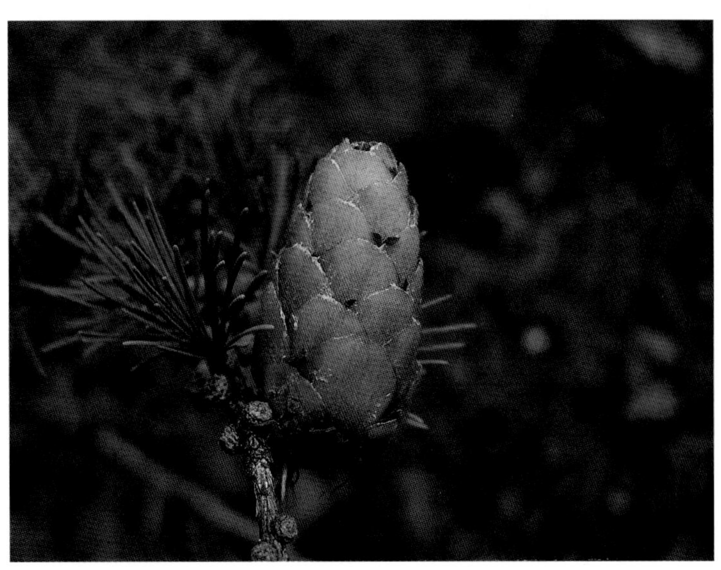

【形态特征】乔木，高达40 m，胸径80 cm；树皮纵裂粗糙；冬芽近球形，外部芽鳞宽圆形，先端具有长尖，边缘有睫毛。叶倒披针状条形，长2～4 cm，宽约1 mm，先端尖或钝尖，叶背沿中脉两侧各有2～3条气孔线。雄球花近圆形，径5～6 mm。球果卵圆形或长卵圆形，褐色、淡褐色或微带紫色，长2～4 cm，径1.5～3 cm；中部种鳞三角状卵形、近卵形、菱状卵形或菱形，长1.5～1.8 cm，宽1～1.4 cm，先端圆，鳞

背常密生淡紫褐色柔毛；苞鳞紫红色，近带状长卵形，长约1 cm；种子灰白色，具有褐色斑纹，斜倒卵圆形，长4～5 mm，径3～4 mm，种翅中下部较宽，上部三角形。花期5月，球果9～10月成熟。

【生长习性】产于海拔1000～3500 m地带。能耐干旱、寒冷的环境。

【芳香成分】刘景英（2004）用水蒸气蒸馏法提取的新疆产新疆落叶松树脂精油的主要成分为：α-蒎烯（60.83%）、β-蒎烯（17.51%）、(+)-蒈烯（4.84%）、莰烯（2.45%）、柠檬烯（1.55%）、α-氧化蒎烯（1.39%）、双环[3.1.1]-3-烯-2-醇（1.21%）、反-松香芹醇（1.05%）等。

【利用】为新疆主要乔木树种。木材可供建筑、桥梁、车辆、船舟、电杆、器具、家具及木纤维工业原料等用。种皮可提制栲胶。

水松

Glyptostrobus pensilis (Staunt.) Koch

松科　水松属

分布：我国特有广东、福建、广西、江西、四川、云南等地

【形态特征】乔木，高8～25 m，树干基部膨大成柱槽状，有伸出的吸收根，柱槽高达70余cm，干基直径达60～120 cm，树干有扭纹；树皮纵裂成不规则的长条片。叶多型：鳞形叶较厚或背腹隆起，螺旋状着生于主枝上，长约2 mm，有白色孔点；条形叶两侧扁平，薄，常列成二列，先端尖，基部窄，长1～3 cm，宽1.5～4 mm，背面中脉两侧有气孔带；状钻形叶两侧扁，背腹隆起，先端渐尖或尖钝，微向外弯长4～11 mm，辐射伸展或列成三列状。球果倒卵圆形，2～2.5 cm，径1.3～1.5 cm；种鳞木质，扁平，中部的倒卵形鳞背近边缘处有6～10个三角状尖齿；种子椭圆形，稍扁，色，长5～7 mm，宽3～4 mm，下端有长翅。花期1～2月，果秋后成熟。

【生长习性】主要分布在海拔1000 m以下的地区。

【精油含量】水蒸气蒸馏法提取枝叶的得油率为0.40%0.60%。

【芳香成分】朱亮锋等（1993）用水蒸气蒸馏法提取的广广州产水松枝叶精油的主要成分为：α-蒎烯（40.21%）、柠烯（38.67%）、乙酸龙脑酯（4.93%）、β-月桂烯（4.27%）、莰（1.70%）、β-石竹烯（1.18%）、β-蒎烯（1.17%）等。

【利用】木材可作建筑、桥梁、家具等用材；根部的木质做救生圈、瓶塞等软木用具。种鳞、树皮含单宁，可染渔网制皮革。可栽于河边、堤旁，作固堤护岸和防风之用。可作园树种。枝叶精油可作松节油和溶剂之用。

矮松

nus virginiana Mill.

科　松属
布：江苏栽培

【形态特征】小乔木，在原产地高15 m，或可长成30 m高大乔木；树皮浅裂成鳞状块片；枝平展或下垂，枝皮平滑；条每年生长多轮，小枝暗褐红色，有白粉；冬芽矩圆形，深色，富树脂。叶2针一束，长4～8 cm，径约1 mm，刚硬，扭曲；横切面扁半圆形，皮下层细胞一层，树脂道2～3个，生，稀1个内生。球果圆锥状卵圆形或矩圆形，对称，长~6 cm，红褐色，有光泽，成熟时种鳞张开，宿存树上数年不；种鳞的鳞盾多少沿横脊隆起，鳞脐突起，上部成细尖、下的刺。

【生长习性】生长较慢，喜欢排水良好的土壤，在较为贫瘠砂质的土壤会生长得较快。

【芳香成分】宋湛谦等（1993）用水蒸气蒸馏法提取的江富阳产矮松松脂精油的主要成分为：长叶松酸/左旋海酸（30.80%）、α-蒎烯（19.80%）、β-蒎烯（16.00%）、枞（12.00%）、新枞酸（9.00%）、去氢枞酸（3.60%）、湿地松（2.20%）、7,13,15-枞三烯酸（1.40%）、山达海松酸（1.00%）。

【利用】适合用来重新造林。被用作圣诞树、木浆及木料。

巴山松

inus henryi Mast.

科　松属
名：油松、红皮松、短叶马尾松
布：我国特有湖北、四川、陕西

【形态特征】乔木，高达20 m；冬芽红褐色，圆柱形，顶尖或钝，芽鳞披针形，先端微反曲，边缘薄，白色丝状。针2针一束，稍硬，长7～12 cm，径约1 mm，先端微尖，两面气孔线，边缘有细锯齿，叶鞘宿存。雄球花圆筒形或长卵圆，聚生于新枝下部成短穗状；一年生小球果的种鳞先端具有刺。球果显著向下，成熟时褐色，卵圆形或圆锥状卵圆形，基部楔形，长2.5～5 cm；径与长几乎相等；种鳞背面下部紫褐色，鳞盾褐色，斜方形或扁菱形，稍厚，横脊显著，纵脊明显，鳞脐稍隆起或下凹，有短刺；种子椭圆状卵圆形，微扁，有褐色斑纹，长6～7 mm，径约4 mm，连翅长约2 cm，种翅黑紫色，宽约6 mm。

【生长习性】常散生于海拔900～2400 m的山地。为喜光、深根性树种，喜干冷气候，在土层深厚、排水良好的酸性、中性或钙质黄土上均能生长良好。

【芳香成分】茎：曲式曾等（1990）用水蒸气蒸馏法提取的湖北兴山产巴山松木材精油的主要成分为：α-蒎烯（78.10%）、香叶烯（7.87%）、Δ3-蒈烯（2.85%）等。

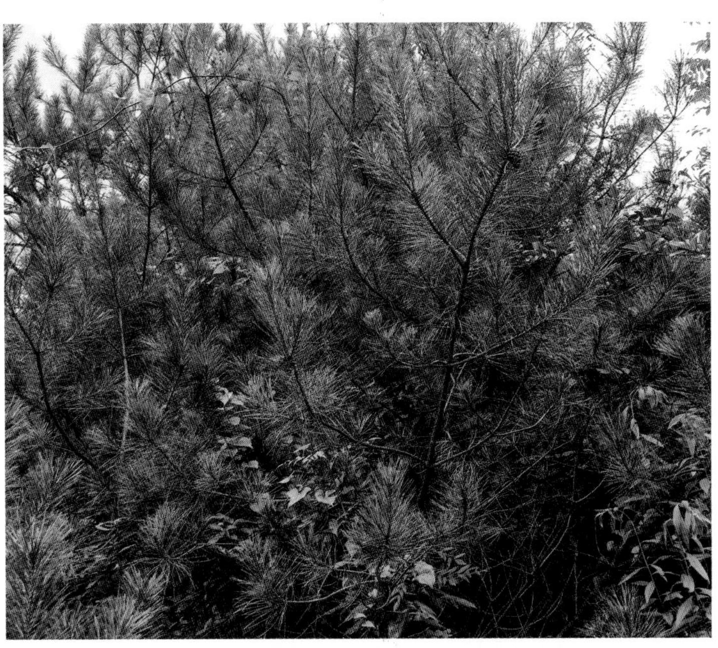

叶：曲式曾等（1990）用水蒸气蒸馏法提取的湖北兴山产巴山松针叶精油的主要成分为：α-蒎烯（29.09%）、β-蒎烯（23.23%）、反-石竹烯（9.28%）、γ-杜松烯（8.14%）、乙酸龙脑酯（5.12%）、Δ3-蒈烯（2.99%）、葎草烯（2.21%）、γ-榄香烯（2.15%）、δ-杜松烯（1.87%）、莰烯（1.25%）、β-松油烯（1.10%）、玷𤉻烯（1.07%）等。

【利用】木材松脂很多，可割取松脂，也有砍作松明者。宜作荒山造林树种。

白皮松

Pinus bungeana Zucc.ex Endl.

松科　松属

别名： 蛇皮松、白骨松、三针松、白果松、虎皮松、蟠龙松

分布： 我国特有山西、河南、陕西、甘肃、湖北、四川、辽宁、北京

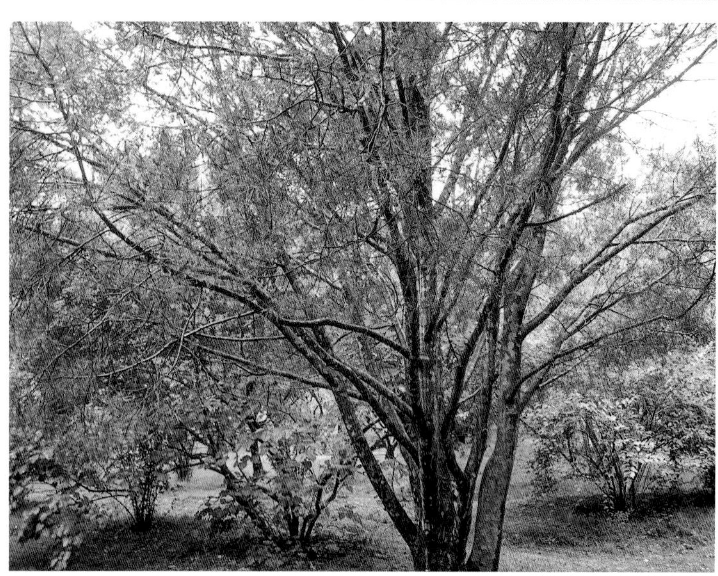

【形态特征】乔木，高达30 m，胸径可达3 m；有明显的主干，树皮裂成鳞状块片脱落，露出粉白色的内皮，白褐相间成斑鳞状；冬芽红褐色，卵圆形。针叶3针一束，粗硬，长5～10 cm，径1.5～2 mm，叶两面均有气孔线，先端尖，边缘有细锯齿。雄球花卵圆形或椭圆形，长约1cm，多数聚生于新枝基部成穗状，长5～10 cm。球果通常单生，熟时淡黄褐色，卵圆形或圆锥状卵圆形，长5～7 cm，径4～6 cm；种鳞矩圆状宽楔形，先端厚，鳞盾近菱形，有横脊，鳞脐明显，三角状，顶端有刺；种子灰褐色，近倒卵圆形，长约1 cm，径5～6 mm，种翅短，赤褐色，易脱落，长约5 mm。花期4～5月，球果第二年10～11月成熟。

【生长习性】生于海拔500～1800 m地带。为喜光树种，耐瘠薄土壤及较干冷的气候，能耐 -30 ℃低温。在气候温凉、土层深厚、肥润的钙质土和黄土上生长良好，在酸性土壤或石灰山地均能生长。

【精油含量】水蒸气蒸馏法提取叶的得油率为0.90%。

【芳香成分】叶：段佳等（2005）用水蒸气蒸馏法提取的海产白皮松新鲜叶精油的主要成分为：环葑烯（47.23%）、大香叶烯D（12.58%）、莰烯（8.52%）、石竹烯（8.41%）、β-蒎（6.67%）等。朱亮锋等（1993）用同法分析的北京产白皮松精油的主要成分为：α-蒎烯（51.51%）、柠檬烯（14.31%）、蒎烯（8.92%）、莰烯（8.74%）、β-月桂烯（3.59%）、β-石竹（3.40%）、三环烯（1.84%）、β-荜澄茄烯（1.44%）等。

树脂：宋湛谦等（1998）用水蒸气蒸馏法提取的树干松精油的主要成分为：β-蒎烯（24.80%）、长叶松酸/左旋海酸（23.40%）、α-蒎烯（19.60%）、异海松酸（8.20%）、新枞（6.80%）、枞酸（5.40%）、8,15-异海松酸（2.10%）、山达海酸（1.70%）、β-愈创木烯（1.50%）、去氢枞酸（1.20%）、苧（1.10%）等。

【利用】木材可供房屋建筑、家具、文具等用材。为优良庭园观赏树种。种子可炒食，并可榨油；种仁可制糖果、糕或月饼馅等。球果药用，有镇咳、化痰、平喘的功效，用于疗慢性支气管炎、咳嗽多痰。种仁药用，有养阴、祛风、润肺润肠的功效，用于治疗风痹、头晕、吐血、便秘、燥咳。枝精油可做松节油之用。

北美短叶松

Pinus banksiana Lamb.

松科　松属

别名： 短叶松

分布： 辽宁、北京、山东、江苏、江西、河南

【形态特征】乔木，在原产地高达25 m，胸径60～80 cm，有时成灌木状；树皮暗褐色，裂成不规则的鳞状薄片脱落；冬芽褐色，矩圆状卵圆形，被树脂。针叶2针一束，粗短，通常

曲，长2～4 cm，径约2 mm，先端钝尖，两面有气孔线，边缘全缘；叶鞘褐色，宿存2～3年后脱落或与叶同时脱落。球果直立或向下弯垂，近无梗，窄圆锥状椭圆形，不对称，通常向内侧弯曲，长3～5 cm，径2～3 cm，成熟时淡绿黄色或淡褐黄色，宿存树上多年；种鳞薄，张开迟缓，鳞盾平或微隆起，常呈多角状斜方形，横脊明显，鳞脐平或微凹，无刺；种子长3～4 mm，翅较长，长约为种子的3倍。

【生长习性】生长缓慢。多生于低海拔排水良好的砂质及砾质土壤上，耐严寒，喜阳但不耐阴。

【芳香成分】宋湛谦等（1993）用水蒸气蒸馏法提取的吉林长春产北美短叶松松脂精油的主要成分为：α-蒎烯（44.10%）、长叶松酸/左旋海松酸（31.10%）、新枞酸（6.50%）、枞酸（4.90%）、β-蒎烯（4.60%）、去氢枞酸（1.70%）、湿地松酸（1.50%）等。

【利用】北美短叶松是绿化、造园及荒山造林的理想树种。

长白松

Pinus sylvestris Linn. var. *sylvestriformis* (Takenouchi) Cheng et C. D. Chu

松科　松属

别名：长白赤松、美人松、长果赤松

分布：吉林

【形态特征】欧洲赤松变种。乔木，在原产地高达40 m；树皮红褐色，裂成薄片脱落；小枝暗灰褐色；冬芽矩圆状卵圆形，赤褐色，有树脂。针叶2针一束，蓝绿色，粗硬，通常扭曲，长3～7 cm，径1.5～2 mm，先端尖，两面有气孔线，边缘有细锯齿；横切面半圆形，皮下层细胞单层，叶内树脂道边生。雌球花有短梗，向下弯垂，幼果种鳞的种脐具有小尖刺。球果成熟时为暗黄褐色，圆锥状卵圆形，基部对称式稍偏斜，长3～6 cm；种鳞的鳞盾扁平或三角状隆起，鳞脐小，常有尖刺。

【生长习性】生于海拔800～1600 m的山地。为喜光性强、深根性树种，能适应土壤水分较少的山脊及向阳山坡，以及较干旱的砂地及石砾砂土地区。分布区的气候温凉，湿度大，积雪时间长，年平均气温4.4 ℃，年降水量600～1340 mm，相对湿度在70%以上。可耐一定干旱。

【精油含量】水蒸气蒸馏法提取叶的得油率为0.78%。

【芳香成分】叶：滕坤等（2011）用水蒸气蒸馏法提取

的吉林通化产长白松阴干针叶精油的主要成分为：1-R-α-蒎烯（17.59%）、石竹烯（15.40%）、β-水芹烯（14.81%）、[S-(E,E)]-1-甲基-5-亚甲基-8-异丙基-1,6-环癸二烯（7.57%）、β-蒎烯（5.93%）、异松油烯（4.66%）、1,2,3,5,6,8a-六氢-4,7-二甲基-1-(1-甲基乙基)-萘（3.81%）、α-荜澄茄醇（3.76%）、[(E,E)]-1,5-二甲基-8-甲基乙二基-1,5-环癸二烯（3.53%）、T-依兰油醇（3.29%）、α-丁香烯（2.95%）、β-月桂烯（2.52%）、莰烯（2.48%）、乙酸冰片酯（2.24%）、1,2,4a,5,6,8a-六氢-4,7-二甲基-1-(1-甲基乙基)-萘（1.26%）、冰片（1.09%）等。

树脂：宋湛谦等（1996）用水蒸气蒸馏法提取的吉林产长白松松脂精油的主要成分为：长叶松酸/左旋海松酸（32.60%）、α-蒎烯（18.00%）、苧烯（7.30%）、新枞酸（7.20%）、枞酸（5.40%）、湿地松酸（4.80%）、β-蒎烯（4.30%）、长叶烯（3.00%）、去氢枞酸（3.00%）、松柏烯（2.40%）、山达海松醛（2.00%）、山达海松酸（1.90%）、异海松酸（1.10%）、海松酸（1.00%）、β-愈创木烯（1.00%）等。

【利用】木材可供建筑、枕木、电杆、船舶、器具、家具及木纤维工业原料等用材。可作庭园观赏及绿化树。花粉可入药，茎干木质部提取物也可入药。

长叶松

Pinus palustris Mill.

松科　松属

别名： 喜马拉雅松、大王松

分布： 西藏、江苏、浙江、上海、福建、江西、山东

【形态特征】乔木，在原产地高达45 m，胸径1.2 m；枝向上开展或近平展，树冠宽圆锥形或近伞形；树皮暗灰褐色，裂成鳞状薄块片脱落；枝条每年生长一轮，稀生长数轮；小枝粗壮，橙褐色；冬芽粗大，银白色，窄矩圆形或圆柱形，顶端尖，无树脂；芽鳞长披针形。针叶3针一束，长20～45 cm，径约2 mm，刚硬，先端尖；叶鞘长约2.5 cm。球果窄卵状圆柱形，有树脂，成熟前绿色，成熟时暗褐色，长15～25 cm；种鳞的鳞盾肥厚、显著隆起，横脊明显，鳞脐宽短，具有坚硬锐利的尖刺；种子大，长约1.2 cm，具有长翅，种翅长约3.7 cm。幼苗最初几年苗茎很短，呈禾草状。

【生长习性】海拔1800～2400 m的山地。喜湿热海洋性气候环境。

【芳香成分】宋湛谦等（1993）用水蒸气蒸馏法提取的浙江富阳产长叶松松脂精油的主要成分为：长叶松酸/左旋海松酸（32.00%）、α-蒎烯（25.30%）、β-蒎烯（10.40%）、枞酸（9.20%）、新枞酸（8.20%）、去氢枞酸（3.60%）、湿地松酸（2.20%）、异海松酸（1.30%）、双戊烯（1.00%）等。

【利用】木材可供建筑及家具等用。庭园观赏树。可作东南沿海各地的造林树种。树皮、枝、叶可提取栲胶、松节油和割取松脂。

赤松

Pinus densiflora Sieb. et Zucc.

松科　松属

别名： 日本赤松、灰果赤松、短叶赤松、辽东赤松

分布： 黑龙江、吉林、辽宁、山东、江苏

【形态特征】乔木，高达30 m，胸径达1.5 m；树皮橘红色，裂成不规则的鳞片状块片脱落；冬芽矩圆状卵圆形，暗红褐色，微具树脂，芽鳞条状披针形，先端微反卷，边缘丝状。针叶2针一束，长5～12 cm，径约1 mm，先端微尖，两面有气孔线，边缘有细锯齿。雄球花淡红黄色，圆筒形，长5～12 mm，聚生于新枝下部呈短穗状；雌球花淡红紫色，单生或2～3个聚

。球果暗黄褐色或淡褐黄色，种鳞张开，不久即脱落，卵圆或卵状圆锥形，长3～5.5 cm，径2.5～4.5 cm；种鳞薄，鳞扁菱形；种子倒卵状椭圆形或卵圆形，长4～7 mm；连翅长5～2 cm，种翅宽5～7 mm。花期4月，球果第二年9月下旬至月成熟。

【生长习性】生于温带沿海山区及平原，上达海拔920 m的山区。为深根性喜光树种，抗风力强，年降雨量达800 mm以上。较耐寒，能耐贫瘠土壤，不耐盐碱土。喜阳光，喜酸性或中性排水良好的土壤。耐潮风能力稍差。

【精油含量】水蒸气蒸馏法提取叶的得油率为0.22%，枝叶的得油率为0.60%～0.80%。

【芳香成分】叶：滕坤等（2011）用水蒸气蒸馏法提取的吉林通化产赤松阴干叶精油的主要成分为：β-水芹烯（20.96%）、罗香三烯（16.47%）、α-蒎烯（16.08%）、3-蒈烯（11.74%）、5,5-三甲基-1,3,6-庚三烯（5.99%）、异松油烯（4.96%）、β-蒎烯（4.60%）、莰烯（3.70%）、7,7-二甲基-2-亚甲基-二环[2.2.1]-庚烷（3.61%）、4-甲基-1-(1-甲基乙基)-1,4-环己二烯（3.43%）、月桂烯（2.89%）等。

枝叶：朱亮锋等（1993）用水蒸气蒸馏法提取的北京产赤松枝叶精油的主要成分为：α-蒎烯（30.53%）、β-蒎烯（29.00%）、β-水芹烯（18.43%）、乙酸龙脑酯（3.64%）、莰烯（3.21%）、β-荜澄茄烯（3.06%）、β-石竹烯（2.86%）、β-月桂烯（2.17%）、蒈烯-2(1.45%）等。

树脂：栗子安等（1981）用乙醚提取法提取的山东历城产赤松树脂精油的主要成分为：枞酸（35.80%）、去氢枞酸（27.60%）、长叶松酸/左旋海松酸（13.60%）、新枞酸（11.60%）、海松酸（10.20%）、山达海松酸（1.00%）等。

【利用】优良材用树种，木材可供建筑、电杆、枕木、矿柱、家具、火柴杆、木纤维工业原料等用。树干可割树脂，提取松香及松节油。种子可榨油，供食用及工业用。针叶可提取精油。可作庭园观赏树。抗风力较强，可作沿海山地的造林树种。

大别山五针松

Pinus dabeshanensis Cheng et Law

松科　松属

别名：安徽五针松

分布：我国特有安徽、湖北

【形态特征】乔木，高20余m，胸径50 cm；树皮棕褐色，浅裂成不规则的小方形薄片脱落；冬芽淡黄褐色，近卵圆形。针叶5针一束，长5～14 cm，径约1 mm，微弯曲，先端渐尖，边缘具有细锯齿，腹面每侧有2～4条灰白色气孔线；叶鞘早落。球果圆柱状椭圆形，长约14 cm，径约4.5～8 cm；成熟时种鳞张开，中部种鳞近长方状倒卵形，上部较宽，下部渐窄，长3～4 cm，宽2～2.5 cm；鳞盾淡黄色，斜方形，有光泽，上部宽三角状圆形，先端圆钝，边缘薄，显著地向外反卷，鳞脐不显著，下部底边宽楔形；种子淡褐色，倒卵状椭圆形，长1.4～1.8 cm，径8～9 mm，上部边缘具有极短的木质翅，种皮较薄。

【生长习性】生长于海拔900～1400 m的亚热带山坡地带，或生长于悬岩石缝间。为阳性树，幼树较耐阴蔽，生活力强，抗风害，耐严寒。在土层深厚肥沃、排水良好的土壤生长迅速。产地雨量丰富，夏季多云雾，冬季较寒冷。年平均气温14～15 ℃，土壤为山地棕壤，pH5～5.5。

【芳香成分】宋湛谦等（1993）用水蒸气蒸馏法提取的安徽大别山产大别山五针松树脂精油的主要成分为：α-蒎烯（24.20%）、枞酸（20.50%）、异海松酸（14.70%）、糖松酸（10.90%）、长叶松酸/左旋海松酸（9.20%）、新枞酸（6.10%）、β-蒎烯（3.30%）、松柏烯（1.20%）等。

【利用】为中国特有树种。木材可用于高级家具、室内装饰、绘图板、纺织器具、乐器、木模及建筑门窗等。树干可提取树脂。是很好的山地造林树种。

刚松

Pinus rigida Mill.

松科　松属

别名：美国短三叶松、萌芽松、硬叶松

分布：辽宁、山东、福建、江苏有栽培

【形态特征】乔木，在原产地高达25 m；树皮暗灰褐色或黑灰色，裂成鳞状块片，裂缝红褐色；冬芽红褐色，卵圆形或圆柱状长卵圆形，顶端尖，被较多的树脂。针叶3针一束，坚硬，长7～16 cm，径2 mm，先端尖；叶鞘黄褐色至暗灰褐色。球果常3～5个聚生于小枝基部，圆锥状卵圆形，长5～8 cm或更长，成熟前绿色，成熟时栗褐色. 种鳞迟张开，常宿存树上达数年之久；种鳞的鳞盾强隆起，横脊显著，鳞脐隆起有长尖

刺；种子倒卵圆形，长约4 mm，种翅长约1.3 cm。花期4～5月，球果第二年秋季成熟。

【生长习性】属阳性树种，耐寒、耐旱、耐瘠薄。适宜在阳坡、半阳坡条件下生长。适宜生长在透气性好的壤土和砂壤土中。

【芳香成分】宋湛谦等（1993）用水蒸气蒸馏法提取的浙江富阳产刚松松脂精油的主要成分为：长叶松酸/左旋海松酸（27.40%）、β-蒎烯（20.50%）、新枞酸（14.00%）、α-蒎烯（9.90%）、枞酸（9.70%）、双戊烯（5.10%）、去氢枞酸（4.20%）、湿地松酸（2.80%）、异海松酸（1.20%）、山达海松酸（1.10%）、7,13,15-枞三烯酸（1.00%）等。

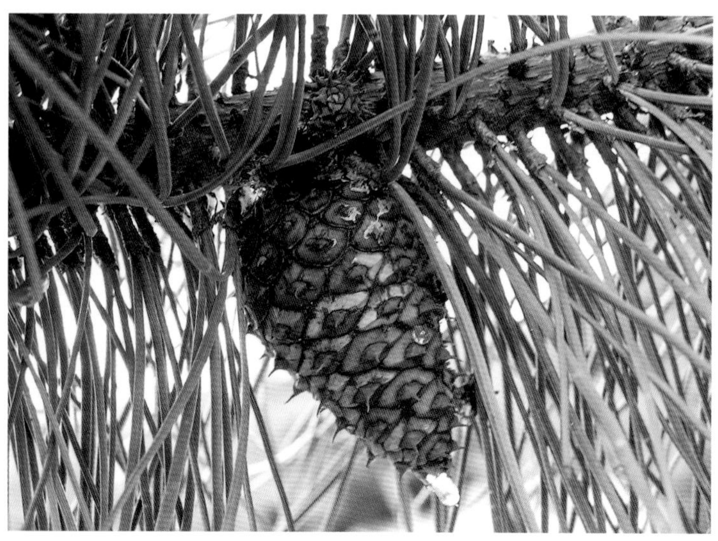

【利用】作庭园观赏树。引入暖温带砂质海岸，起到防风固沙的作用。

晚松

Pinus rigida Mill. var. *serotina* (Michx.) Loud. ex Hoo

松科　松属

分布：江苏、浙江、福建有栽培

【形态特征】刚松变种。乔木，树皮浅裂；冬芽富有树脂针叶3针一束，长15～25 cm。球果卵圆形，长5～9 cm，成后种鳞不张开，常宿存树上多年；种鳞的鳞盾隆起或微隆起鳞脐微凸起，先端有短刺尖。

【生长习性】通常生于平坦的低湿地带或泥炭性的沼泽带。生长快，适应性强，抗污染。在黏土、矿渣土、石砾土上生长良好。

【芳香成分】宋湛谦等（1993）用水蒸气蒸馏法提取的江富阳产晚松松脂精油的主要成分为：长叶松酸/左旋海松酸（32.00%）、双戊烯（19.90%）、α-蒎烯（13.80%）、新枞酸（11.60%）、枞酸（5.50%）、去氢枞酸（3.50%）、湿地松酸（3.30%）、异海松酸（2.10%）、8-12-枞二烯酸（1.50%）、山达海松酸（1.00%）等。

【利用】可作长江以南、南岭以北低湿地带的造林树种，厂矿、道路及庭院绿化的理想树种。

高山松

Pinus densata Mast.

松科　松属

别名：西康油松、西康赤松

分布：我国特有四川、青海、西藏、云南

【形态特征】乔木，高达30 m，胸径达1.3 m；树干下部皮深裂成厚块片，上部树皮裂成薄片脱落；冬芽卵状圆锥形圆柱形，先端尖，微被树脂，芽鳞栗褐色，披针形，边缘色丝状。针叶2针一束，稀3针一束或2针3针并存，粗硬，6～15 cm，径1.2～1.5 mm，微扭曲，两面有气孔线，边缘锯锐利；叶鞘褐色。球果卵圆形，长5～6 cm，径约4 cm，成熟栗褐色，常向下弯垂；中部种鳞卵状矩圆形，长约2.5 cm，1.3 cm，鳞盾肥厚隆起，横脊显著，鳞脐突起，多有明显的状尖头；种子淡灰褐色，椭圆状卵圆形，微扁，长4～6 mm宽3～4 mm，种翅淡紫色，长约2 cm。花期5月，球果第二10月成熟。

【生长习性】西部高山地区的特有树种，生于海拔00～3500 m的向阳山坡上或河流两岸。为喜光、深根性树种，生于干旱瘠薄的环境。

【精油含量】水蒸气蒸馏法提取松脂的得油率为19.8%～5%。

【芳香成分】宋湛谦等（1992）用水蒸气蒸馏法提取的云丽江产高山松树脂精油的主要成分为：长叶松酸/左旋海酸（28.00%）、Δ3-蒈烯（15.00%）、二戊烯（9.70%）、新枞（9.30%）、枞酸（8.90%）、α-蒎烯（4.40%）、8,15-异海松（3.30%）、脱氢枞酸（2.90%）、欧柏酸（2.10%）、α-萜品烯90%）、山达海松酸（1.50%）、异海松酸（1.20%）、长叶烯10%）、海松醛（1.10%）、异海松醛（1.00%）等。

【利用】木材可供建筑、板材等用。树干可割取树脂。可作地的造林树种。

海南五针松

Pinus fenzeliana Hand.-Mazz.

松科　松属

别名： 海南松、粤松、海南五须松、油松、葵花松

分布： 我国特有广东、海南、广西、湖南

【形态特征】乔木，高达50 m，胸径2 m；树皮裂成不规则的鳞状块片脱落；冬芽红褐色，圆柱状圆锥形或卵圆形，微被树脂，芽鳞疏松。针叶5针一束，柔软，长10～18 cm，径0.5～0.7 mm，先端渐尖，边缘有细锯齿，腹面每侧具有3～4条白色气孔线。雄球花卵圆形，多数聚生于新枝下部成穗状，长约3 cm。球果椭圆状卵圆形，单生或2～4个生于小枝基部，成熟时种鳞张开，暗黄褐色，常有树脂；中部种鳞近楔状倒卵形或矩圆状倒卵形；鳞盾近扁菱形，鳞脐微凹随同鳞盾先端边缘显著向外反卷；种子栗褐色，倒卵状椭圆形，长0.8～1.5 cm，径5～8 mm，顶端通常具有长2～4 mm的短翅。花期4月，球果翌年10～11月成熟。

【生长习性】喜光树种，能耐干旱、贫瘠的土壤。常散生于山脊或岩石之间。

【芳香成分】宋湛谦等（1993）用水蒸气蒸馏法提取的海南尖峰岭产海南五针松树脂精油的主要成分为：枞酸（23.30%）、

α-蒎烯（20.80%）、异海松酸（11.50%）、糖松酸（9.70%）、β-蒎烯（9.00%）、长叶松酸/左旋海松酸（8.10%）、新枞酸（7.40%）、去氢枞酸（1.50%）、山达海松醛（1.10%）等。

【利用】木材可作建筑等用材。树干可提取树脂。

黑松

Pinus thunbergii Parl.

松科　松属
别名：日本黑松、白芽松
分布：辽宁、山东、江苏、浙江、湖北、上海、福建、台湾有栽培

【形态特征】乔木，高达30 m，胸径可达2 m；树皮裂成块片脱落；冬芽银白色，圆柱状椭圆形或圆柱形，顶端尖，芽鳞披针形或条状披针形，边缘白色丝状。针叶2针一束，深绿色，粗硬，长6～12 cm，径1.5～2 mm，边缘有细锯齿，背腹面均有气孔线。雄球花淡红褐色，圆柱形，长1.5～2 cm，聚生于新枝下部；雌球花单生或2～3个聚生于新枝近顶端，卵圆形，淡紫红色或淡褐红色。球果成熟时褐色，圆锥状卵圆形或卵圆形，长4～6 cm，径3～4 cm；中部种鳞卵状椭圆形，横脊显著，鳞脐微凹，有短刺；种子倒卵状椭圆形，长5～7 mm，径2～3.5 mm，种翅灰褐色，有深色条纹。花期4～5月，种子第二年10月成熟。

【生长习性】阳性树，幼苗树比成年树耐阴。喜温暖湿润的海洋性气候。对土壤要求不严，喜生于干砂质壤土上，耐瘠薄，耐盐碱土，能生于海滨沙滩上。对病虫害抗性较强。

【精油含量】水蒸气蒸馏法提取叶的得油率为1.00%，干燥松塔的得油率为0.25%；超临界萃取干燥松塔的得油率为0.15%。

【芳香成分】枝：朱东方等（2009）用水蒸气蒸馏法提取的山东蒙山产黑松枝条精油的主要成分为：α-蒎烯（35.67%）、β-蒎烯（19.50%）、D-柠檬烯（14.33%）、异松油烯（4.31%）、莰烯（3.55%）、α-松油醇（3.21%）、异长叶烯（2.35%）、β-石竹烯醇（2.30%）、δ-卡蒂烯（1.72%）、α-杜松醇（1.71%）、α-紫穗槐烯（1.25%）、β-石竹烯（1.22%）、γ-杜松烯（1.22%）、长叶龙脑（1.05%）、β-水芹烯（1.03%）等。

叶：朱东方等（2009）用水蒸气蒸馏法提取的山东蒙山产黑松针叶精油的主要成分为：α-蒎烯（25.02%）、β-烯（12.14%）、α-松油醇（8.22%）、莰烯（6.20%）、异松油（5.87%）、3-蒈烯（4.89%）、β-石竹烯醇（3.78%）、β-石竹（2.51%）、杜松-3,9-二烯（2.02%）、杜松-1,3,5-三烯（2.00%乙酸萜品酯（1.88%）、β-侧柏烯（1.83%）、γ-杜松烯（1.79%α-杜松醇（1.55%）、δ-杜松烯（1.54%）、异长叶烯（1.51%β-丁香烯（1.04%）、α-葎草烯（1.01%）等。

果实：梁洁等（2013）用水蒸气蒸馏法提取的山东威海黑松干燥松塔精油的主要成分为：α-蒎烯（16.16%）、β-水烯（15.46%）、β-蒎烯（7.97%）、(+)-α-长叶蒎烯（7.28%）、竹烯（7.02%）、1,7,7-三甲基-双环[2.2.1]庚-2-乙酯（3.68%石竹烯氧化物（3.47%）、2-异丙基-5-甲基茴香醚（3.02%）、甲基-5-亚甲基-8-(1-甲基乙基)-1,6-二烯环十烷（2.76%）、α-澄茄烯（2.07%）、樟脑萜（1.82%）、异龙脑（1.80%）、4,7-甲基-1-(1-甲基乙基)-1,2,3,5,6,8a-六氢骈苯（1.48%）、α-石竹（1. 35%）等。

树脂：宋湛谦等（1993）用水蒸气蒸馏法提取的辽宁旅顺黑松松脂精油的主要成分为：α-蒎烯（32.10%）、长叶松酸/左旋海松酸（29.80%）、新枞酸（6.50%）、长叶烯（6.40%）、去氢枞酸（5.40%）、枞酸（5.20%）、湿地松酸（2.90%）、β-蒎烯（1.90%）、山达海松酸（1.60%）、双戊烯（1.20%）、7,13,15-枞三烯酸（1.00%）等。

【利用】木材可作建筑、矿柱、器具、板料及薪炭等用材。树干可提取树脂。多作庭园观赏树种。可作沿海地区的造林树种和海岸绿化树种。种子可榨油。枝叶可提取松节油。

红松

Pinus koraiensis Sieb. et Zucc.

松科　松属

别名：海松、果松、红果松、朝鲜松、新罗松、朝鲜五叶松

分布：黑龙江、吉林

【形态特征】乔木，高达50 m，胸径1 m；树皮纵裂成长方状块片；冬芽淡红褐色，矩圆状卵圆形，微被树脂。针叶5针一束，长6～12 cm，粗硬，边缘具有细锯齿，腹面每侧具有6~8条淡蓝灰色的气孔线。雄球花椭圆状圆柱形，红黄色，长7~10 mm，多数密集于新枝下部成穗状；雌球花绿褐色，圆柱状卵圆形，单生或数个集生于新枝近顶端。球果圆锥状卵圆形或卵状矩圆形，长9～14 cm，径6～8 cm；种鳞菱形，鳞盾黄褐色或微带灰绿色，三角形或斜方状三角形；种子大，无翅或顶端及上部两侧微具棱脊，暗紫褐色或褐色，倒卵状三角形，微扁，长1.2～1.6 cm，径7～10 mm。花期6月，球果第二年9～10月成熟。

【生长习性】产于海拔150～1800 m、气候温寒、湿润、棕色森林土地带。喜光性强，对土壤水分要求较高，不适宜过干、过湿的土壤及严寒气候。在温寒多雨，相对湿度较高的气候与深厚肥沃、排水良好的酸性棕色森林土上生长最好。

【精油含量】水蒸气蒸馏法提取针叶的得油率为0.50%～1.00%，果壳的得油率为3.00%，松塔的得油率为1.28%；超临界萃取种皮的得油率为2.40%；石油醚萃取果壳的得油率为1.36%。

【芳香成分】芽：孙凡等（2010）用顶空固相微法提取的红松芽精油的主要成分为：α-蒎烯（60.56%）、3-蒈烯（17.33%）、β-蒎烯（7.39%）、莰烯（3.88%）、柠檬烯（3.87%）、乙醇（2.21%）、β-月桂烯（1.34%）等。

茎：严仲铠等（1989）用水蒸气蒸馏法提取的树皮精油的主要成分为：α-蒎烯（21.73%）、α-松油醇（9.17%）、桃金娘烯醇（9.17%）、β-蒎烯（7.95%）、柠檬烯（5.92%）、对伞花烃（5.92%）、蒈烯-3(5.43%）、龙烯（5.43%）、月桂烯（2.36%）、莰烯（2.34%）、长叶烯（2.17%）、乙酸龙脑酯（2.02%）、α-异松油烯（2.01%）、樟脑（1.96%）、龙脑（1.70%）、顺式-石竹烯（1.69%）、松油醇-4(1.45%）等。

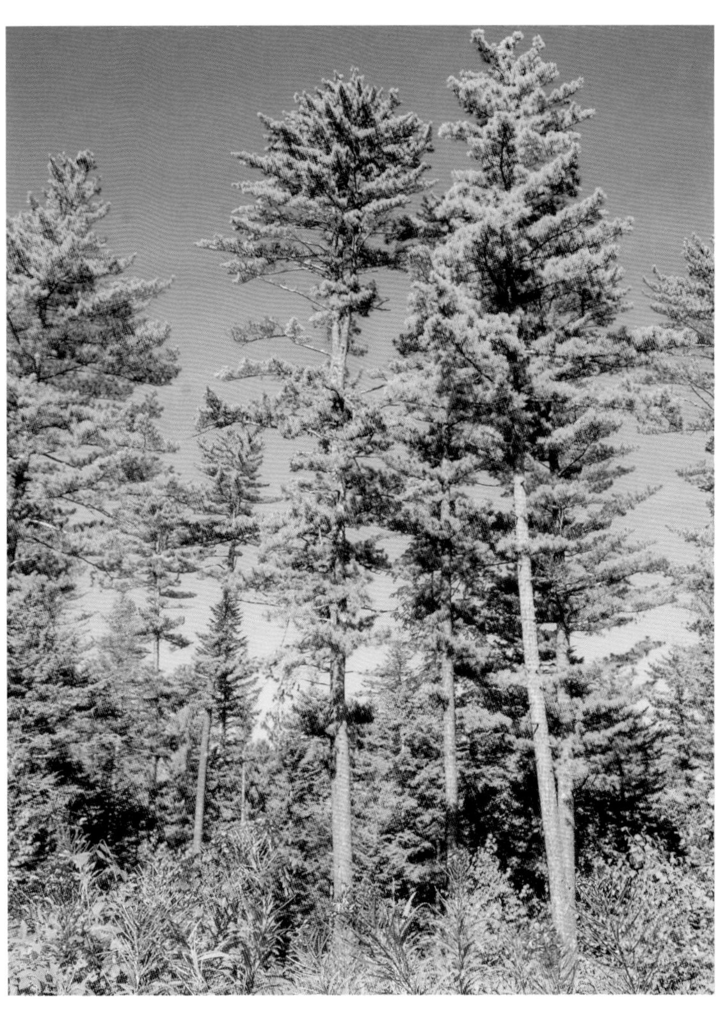

叶：方洪壮等（2010）用水蒸气蒸馏法提取黑龙江小兴安岭产红松叶精油的主要成分为：α-蒎烯（16.40%）、乙酸龙脑酯（7.68%）、β-石竹烯（7.16%）、D-柠檬烯（7.00%）、1-甲基-5-亚甲基-8-(1-甲基乙基)-1,6-环癸二烯（6.59%）、1-甲基-4-(1-甲基乙烯基)-环己烯（6.32%）、莰烯（6.26%）、1,2,3,5,6,8a-六氢-4,7-二甲基-1-(1-甲基乙基)-萘（5.22%）等。朴相勇等（2005）用同法分析的内蒙古小兴安岭产红松叶精油的主要成分为：β-荜澄茄烯（22.41%）、δ-杜松烯（12.71%）、(-)-乙酸龙脑酯（8.41%）、石竹烯（6.81%）、1,2,3,5,6,8a-六氢-4,7-二甲基-1-(1-甲基乙基)-(1 S-顺式)-萘（4.70%）、大牻牛儿烯B（4.57%）、α-紫穗槐烯（4.23%）、T-杜松醇（3.97%）、α-蒎烯（3.78%）、柠檬烯（3.66%）、α-葎草烯（2.49%）、月桂烯（1.83%）、[1 S-(1α,4αβ)]-1,2,4a,5,6,8a-六氢-4,7-二甲基-1-(1-甲基乙基)-萘（1.61%）、莰烯（1.54%）、β-水芹烯（1.27%）等。

果实：苏晓雨等（2006）用水蒸气蒸馏法提取的黑龙江伊春产红松松塔精油的主要成分为：α-蒎烯（44.26%）、D-柠檬烯（23.43%）、β-蒎烯（8.67%）、石竹烯（3.46%）、β-月桂烯（3.02%）、(1 S)-3,7,7-三甲基二环[4.1.0]-3-庚烯（2.39%）、

玷巴烯（1.38%）、对蓋烯醇（1.17%）、龙脑（1.16%）、[1 S-(1α,3aβ,4α,8aβ)]-乙酸十氢-4,8,8-三甲基-9-次甲基-1,4-亚甲基甘菊环（1.11%）、醋酸冰片酯（1.08%）等。严仲铠等（1989）用同法分析的果壳精油的主要成分为：α-蒎烯（36.16%）、柠檬烯（30.27%）、β-蒎烯（9.49%）、月桂烯（8.50%）、蒈烯-3（2.26%）、α-松油醇（1.85%）、顺式-石竹烯（1.60%）、α-异松油烯（1.20%）、莰烯（1.01%）等。

树脂：宋湛谦等（1993）用水蒸气蒸馏法提取的吉林敦化产红松树脂精油的主要成分为：枞酸（15.9%）、α-蒎烯（15.00%）、异海松酸（15.50%）、糖松酸（12.80%）、β-蒎烯（10.70%）、长叶松酸/左旋海松酸（7.10%）、新枞酸（5.30%）、松柏烯（4.50%）、湿地松酸（2.00%）、山达海松醛（1.10%）、双戊烯（1.00%）等。

【利用】为东北林区的主要森林树种，为优良的用材树种，木材可供建筑、舟车、桥梁、枕木、电杆、家具、板材及木纤维工业原料等用材。种子可食；可榨油供食用，或供制肥皂、油漆、润滑油等用。种子药用，有养阴熄风、润肺滑肠的功效，用于治疗风痹、头眩、燥咳、吐血、便秘等。叶入药，有活血、燥湿、止痒功效，用于治疗感冒、维生素C缺乏症、风湿、高血压等；外用煎洗治疗冻疮。树皮可提栲胶。枝叶、木材、根可提取精油，用于配制香精；也可作为松节油利用。松香（去除挥发油的干树脂）能燥湿祛风、生肌止痛、镇咳祛痰。

华南五针松

Pinus kwangtungensis Chun ex Tsang

松科　松属

别名： 广东松

分布： 我国特有贵州、广西、广东、湖南、海南

【形态特征】乔木，高达30 m，胸径1.5 m；树皮裂成不规则的鳞状块片；冬芽茶褐色，微有树脂。针叶5针一束，长3.5—7 cm，径1～1.5 mm，先端尖，边缘有疏生细锯齿，仅腹面每侧有4～5条白色气孔线；叶鞘早落。球果柱状矩圆形或圆柱状卵形，通常单生，成熟时淡红褐色，微具树脂，通常长4～9 cm，径3～6 cm，稀长达17 cm、径7 cm，梗长0.7～2 cm；种鳞楔状倒卵形，通常长2.5～3.5 cm，宽1.5～2.3 cm，鳞盾菱形，先端边缘较薄，微内曲或直伸；种子椭圆形或倒卵形，长8～12 mm，连同种翅与种鳞近等长。花期4～5月，球果第二年10月成熟。

【生长习性】喜生于气候温湿、雨量多、土壤深厚、排水好的酸性土及多岩石的山坡与山脊上。

【芳香成分】宋湛谦等（1993）用水蒸气蒸馏法提取的湖莽山产华南五针松树脂精油的主要成分为：糖松酸（25.00%枞酸（20.40%）、香叶烯（16.10%）、异海松酸（12.00%）、枞酸（10.90%）、长叶松酸/左旋海松酸（4.80%）、去氢枞（3.70%）、α-蒎烯（1.00%）等。刘根成等（1990）用同法析的广西梧州产华南五针松松脂精油的主要成分为：α-蒎（67.57%）、β-蒎烯（9.81%）、反式-石竹烯（3.59%）、α-柠檬（2.01%）、莰烯（1.35%）、月桂烯（1.14%）等。

【利用】木材可供建筑、枕木、电杆、矿柱及家具等用材树干可提取树脂。树干、枝叶可提取精油，供医药及化工原

华山松

Pinus armandii Franch.

松科　松属

别名： 五叶松、五须松、果松、青松、五叶松

分布： 山西、河南、陕西、甘肃、湖北、四川、贵州、云南西藏等地

【形态特征】乔木，高达35 m，胸径1 m；树皮裂成方或长方形厚块片固着于树干上，或脱落；冬芽近圆柱形，色，微具树脂。针叶5针一束，稀6～7针一束，长8～15 c径1～1.5 mm，边缘具有细锯齿，仅腹面两侧各具有4～8条

气孔线。雄球花黄色，卵状圆柱形，长约1.4 cm，基部围有10枚卵状匙形的鳞片，多数集生于新枝下部成穗状。球果圆状长卵圆形，长10～20 cm，径5～8 cm，成熟时黄色或褐黄，种鳞张开，种子脱落；中部种鳞近斜方状倒卵形，鳞盾近方形或宽三角状斜方形；种子黄褐色、暗褐色或黑色，倒卵形，长1～1.5 cm，径6～10 mm。花期4～5月，球果第二年10月成熟。

【生长习性】生于气候温凉而湿润、酸性黄壤、黄褐壤土或质土，或生于石灰岩石缝间，海拔1600～3300 m。稍耐干燥薄的土地。阳性树，幼苗略喜一定庇荫。喜温和凉爽、湿润候，耐寒力强，不耐炎热。喜排水良好，适应多种土壤，不盐碱土。

【精油含量】水蒸气蒸馏法提取树皮的得油率为0.42%～0%，叶的得油率为0.60%，果实的得油率为0.80%；超临界取法提取干燥叶的得油率为1.55%。

【芳香成分】茎：杨发忠等（2009）用水蒸气蒸馏法提取的南昆明产华山松树皮精油的主要成分为：柠檬烯（27.04%）、（16.45%）、1 R-β-蒎烯（14.85%）、3-甲基己烷（6.60%）、-β-蒎烯（5.24%）、庚烷（5.13%）、石竹烯（3.02%）、β-月烯（2.87%）、3-乙基戊烷（1.94%）、3-甲基庚烷（1.23%）、甲基庚烷（1.17%）、α-蒎烯（1.04%）、4,4,4-三甲基-1-羟甲-3-环己烯（1.04%）等。何美军等（2009）用同法分析的湖恩施产华山松树皮精油的主要成分为：3-蒈烯（24.02%）、β-烯（18.69%）、α-蒎烯（14.74%）、柠檬烯（4.55%）、(+)-4-蒈（2.54%）、1-甲基-3-甲乙基苯（2.30%）、4-甲乙基-环己-3--1-醇（2.02%）、对-三级丁基苯酚（1.98%）、苯（1.82%）、-β-蒎烯（1.54%）、1-甲基-3-甲乙基苯（1.38%）、β-月桂（1.28%）、石竹烯（1.24%）、3-甲基己烷（1.16%）、莰烯00%）等。

叶：朱亮锋等（1993）用水蒸气蒸馏法提取叶精油的要成分为：α-蒎烯（37.68%）、β-蒎烯（26.29%）、β-水芹（11.10%）、乙酸龙脑酯（4.18%）、莰烯（3.29%）、β-石竹（2.77%）、β-月桂烯（2.68%）、蒈烯-2(2.50%)、α-松油醇25%）等。

果实：李新岗等（2005）用水蒸气蒸馏法提取陕西陇县7分采收的华山松球果精油的主要成分为：α-蒎烯（12.90%）、侧柏烯（8.27%）、D-柠檬烯（7.39%）、β-蒎烯（6.83%）、大叶烯D（5.94%）、β-菲兰烯/4-侧柏烯（4.97%）、萜品油烯（3.95%）、乙酸龙脑酯（3.28%）、4-松油醇（3.09%）、石竹烯（2.15%）、3-蒈烯（2.08%）、α-松油醇（1.02%）等。

树脂：李宗波等（2006）用水蒸气蒸馏法提取的陕西杨凌产华山松树脂精油的主要成分为：α-蒎烯（52.39%）、β-蒎烯（39.27%）、三甲基十氢萘（2.35%）、β-非兰烯（1.30%）等。

【利用】木材可供建筑、枕木、家具及木纤维工业原料等用材。树干可割取树脂。树皮可提取栲胶。针叶可提取精油做松节油用。种子可食用，亦可榨油供食用或工业用油。

黄山松

Pinus taiwanensis Hayata

松科　松属

别名： 台湾松、长穗松、台湾二针松

分布： 我国特有福建、安徽、浙江、台湾、江西、湖南、湖北、河南

【形态特征】乔木，高达30 m，胸径80 cm；树皮裂成不规则鳞状厚块片或薄片；冬芽深褐色，卵圆形或长卵圆形，顶端尖，微有树脂，芽鳞先端尖，边缘薄有细缺裂。针叶2针一束，稍硬直，长5～13 cm，多为7～10 cm，边缘有细锯齿，两面有气孔线。雄球花圆柱形，淡红褐色，长1～1.5 cm，聚生于新枝下部成短穗状。球果卵圆形，长3～5 cm，径3～4 cm，向下弯垂，成熟时褐色，常宿存树上6～7年；中部种鳞近矩圆形，近鳞盾下部稍窄，基部楔形，鳞盾稍肥厚隆起，近扁菱形，横脊显著，鳞脐具有短刺；种子倒卵状椭圆形，具有红褐色斑纹，长4～6 mm，连翅长1.4～1.8 cm。花期4～5月，球果第二年10月成熟。

【生长习性】为喜光、深根性树种，喜凉润、空气相对湿度较大的高山气候，在土层深厚、排水良好的酸性土及向阳山坡生长良好。耐瘠薄，但生长迟缓。

【精油含量】水蒸气蒸馏法提取干燥针叶的得油率为0.48%。

【芳香成分】叶：程满环等（2016）用水蒸气蒸馏法提取的安徽黄山产黄山松新鲜针叶精油的主要成分为：β-石竹烯（15.65 %）、β-蒎烯（4.91 %）、2-崖柏烯（4.85%）、正十五烷（4.52%）、α-蒎烯（4.04%）、α-荜澄茄醇（4.01%）、(Z,Z,Z)-1,5,9,9-四甲基-1,4,7-环十一三烯（3.88%）、δ-杜松

萜烯（3.75%）、正十六烷（3.54%）、大根香叶烯 D（3.40%）、乙酸龙脑酯（2.91%）、表二环倍半水芹烯（2.54%）、异松油烯（2.42%）、β-榄香烯（1.61%）、1-异丙基-4,7-二甲基-1,2,4α,5,6,8α-六氢萘（1.56%）、抗氧剂 2246(1.56%）、γ-榄香烯（1.55 %）、1-羟基-1,7-二甲基-4-异丙基-2,7-环癸二烯（1.27%）、γ-杜松烯（1.21%）、2,6,10-三甲基十四烷（1.20%）、2-甲基十五烷（1.18%）、2,6,10,14-四甲基十七烷（1.14%）、7-甲基十五烷（1.12%）、异瑟模环烯醇（1.07%）、樟脑萜（1.02%）、1-异丙基-7-甲基-4-亚甲基-1,2,3,4,4α,5,6,8α-八氢萘（1.01%）、β-桉叶烯（1.01%）、柏木脑（1.00%）等。徐丽珊等（2016）用同法分析的安徽黄山产黄山松干燥针叶精油的主要成分为：1-石竹烯（14.18%）、乙酸冰片酯（7.31%）、β-蒎烯（6.89%）、3-亚甲基-6-(1-甲基乙基)环己烯（5.10 %）、α-蒎烯（4.97%）、大根香叶烯 D（4.37%）、丁香烯（3.98%）、4-蒈烯（3.20%）、D-杜松烯（3.09%）、泪柏烯（2.72%）、甘香烯（2.22%）、桑柏醇（2.21%）、β-榄香烯（1.76%）、α-松油醇（1.64%）、4α,14-甲基-9β,19-环-5α-麦角-24(28)-烯-3β-醇醋酸盐（1.53%）、α-荜澄茄醇（1.50 %）、莰烯（1.47%）、月桂烯（1.33%）、2-莰醇（1.28%）、α-布藜烯（1.12%）、顺-3-己烯基肉桂酸酯（1.00%）等。

树脂：马文秀（1989）用乙醚萃取法提取的安徽黄山产黄山松树脂主要酸性成分为：去氢枞酸（29.70%）、长叶松酸（15.90%）、左旋海松酸（15.50%）、枞酸（13.50%）、新枞酸（8.28%）、海松酸（6.43%）、异海松酸（5.41%）、8,15-海松二烯酸（2.88%）、山达海松酸（2.30%）等。

【利用】木材可供建筑、矿柱、器具、板材及木纤维工业原料等用材。树干可割树脂。为长江中下游地区海拔700 m以上酸性土荒山的重要造林树种。可作观赏树种。

火炬松

Pinus taeda Linn.

松科　松属

分布：江西、江苏、福建、湖北、湖南、广东、广西有栽培

【形态特征】乔木，在原产地高达30 m；树皮鳞片状开裂，近黑色、暗灰褐色或淡褐色；枝条每年生长数轮；小枝黄褐色或淡红褐色；冬芽褐色，矩圆状卵圆形或短圆柱形，顶端尖，无树脂。针叶3针一束，稀2针一束，长12～25 cm，径约1.5 mm，硬直，蓝绿色；横切面三角形，二型皮下层细胞3～4层在表皮层下呈倒三角状断续分布，树脂道通常2个，中生。球果卵状圆锥形或窄圆锥形，基部对称，长6～15 cm，无梗或几乎无梗，成熟时暗红褐色；种鳞的鳞盾横脊显著隆起，鳞脐隆起延长成尖刺；种子卵圆形，长约6 mm，栗褐色，种翅长约2 cm。

【生长习性】喜光、喜温暖湿润气候。垂直分布在500 m以下的低山、丘陵地区。

【芳香成分】**枝**：郝德君等（2008）用固相微萃取法提取的江苏南京产火炬松枝条精油的主要成分为：α-蒎烯（52.05%）、β-蒎烯（21.82%）、β-月蒎烯（15.76%）、反式-石竹烯（2.94%）、β-松油烯（2.69%）、大根香叶烯D（1.76%）等。

叶：郝德君等（2008）用固相微萃取法提取的江苏南京产火炬松针叶精油的主要成分为：α-蒎烯（43.81%）、β-蒎烯（28.49%）、β-水芹烯（6.72%）、反式-石竹烯（6.65%）、β-月蒎烯（4.17%）、α-葎草烯（1.30%）、大根香叶烯D（1.20%）、双环吉玛烯（1.05%）、双环榄香烯（1.01%）等。

树脂：宋湛谦等（1993）用水蒸气蒸馏法提取的广东湛江产火炬松松脂精油的主要成分为：α-蒎烯（31.60%）、长叶松酸/左旋海松酸（27.80%）、β-蒎烯（9.40%）、新枞酸（8.40%）、枞酸（6.30%）、去氢枞酸（3.90%）、湿地松酸（3.20%）、海松酸（1.90%）、山达海松酸（1.20%）、7,13,15-枞三烯酸（1.20%）等。

【利用】木材供建筑等用。树干可提取松脂。

加勒比松

Pinus caribaea Morelet

松科　松属

别名：珐琊松

分布：广东、海南有栽培

【形态特征】乔木，在原产地高达45 m，胸径137 cm，干枝下高达20 m，树皮裂成扁平的大片脱落；冬芽圆柱形，芽鳞窄披针形，边缘有白色睫毛。针叶通常3针一束，稀2针一束，幼时多为4～5针一束，深绿色或淡黄绿色，长15～30 cm，径约1.5 mm，每边均有气孔线，边缘有细锯齿，先端有角状尖头；叶鞘宿存，淡褐色。雄球花圆柱形，长1.2～3.2 cm

数集生于小枝上端。球果近顶生，弯垂，卵状圆柱形，长·12 cm，径2.5～3.8 cm；种鳞茶褐色或淡红褐色，肥厚隆起，黄脊，鳞脐宽4～5 mm，顶端有小刺尖头；种子斜方状窄卵形，顶端尖，基部钝，微呈三棱状，长6～7 mm，有灰色或褐色斑点，种翅深灰色。

【生长习性】生于沿海平地上及山区海拔480～900 m地带。地年降雨量1250～2000 mm。适于生长在无石灰性的砂质土地方。强阳性，喜温暖气候，较耐水湿和盐碱土，不耐旱，风力较强，生长快。

【精油含量】水蒸气蒸馏法提取松脂的得油率为10.00%～00%，叶的得油率为0.23%。

【芳香成分】叶：陈光英等（2001）用水蒸气蒸馏法提取的海南海口产加勒比松叶精油的主要成分为：荜澄茄烯（21.95%）、β-水芹烯（21.34%）、1,2,3,5,6,8a-六氢萘（7.96%）、石竹烯（7.15%）、α-蒎烯（5.22%）、乙酸龙脑酯（4.37%）、1-萘丙醇（4.35%）、α-松油醇（2.40%）、α-水芹烯（2.32%）、(Z,Z)-9,12-十八碳二烯酸（3.28%）、α-杜松烯（2.18%）、5-甲基-9-亚甲基-2-异丙基二环[4.4.0]癸-1-烯（2.11%）、β-香叶烯（1.91%）、4-异丙基-2-环己烯-1-酮（1.60%）、α-石竹烯（1.55%）、9,12-十八碳二烯酸二甲酯（1.06%）等。

枝叶：龙虎等（1987）用水蒸气蒸馏法提取的枝叶精油的主要成分为：α-蒎烯（68.30%）、侧柏烯（19.53%）、β-蒎烯（5.10%）、月桂烯（2.04%）、柠檬烯（1.60%）、莰烯（1.23%）、α-水芹烯（1.04%）等。

树脂：宋湛谦等（1993）用水蒸气蒸馏法提取的广东阳江产加勒比松松脂精油的主要成分为：α-蒎烯（68.22%）、β-蒎烯（13.21%）、β-水芹烯（9.33%）、莰烯（1.63%）、β-月桂烯（1.49%）等。

【利用】为速生用材树种，在广东南部及海南岛可选作造林树种。枝叶精油作松节油。

卵果松

Pinus oocarpa Schiede ex Schltdl.

松科　松属
别名： 奥寇梯松、尼加拉瓜多脂松
分布： 湖北、浙江、海南等地有栽培

【形态特征】多年生常绿大乔木，树高可达 30 m，胸径达 1 m，树干通直，具有粗壮的侧枝；具有树脂。针叶多为 4～5 针一束，间有 3 针一束，长达 25 cm，叶表三面均有气孔线，边缘具有微细锯齿。球果阔卵状至圆锥状，长 5～9 cm，对生或单生，具有长而弯曲的果柄。在原产地果熟一般在10～12 月。

【生长习性】生于热带山地雨林和热带常绿季雨林，海拔多集中在700～1500 m。喜光、喜温、喜湿。对土壤要求不严，在腐殖质少、排水良好的陡坡和山脊，岩石裸露的砂质土、砾质土或黏壤土均能适应。耐旱，适应性强。

【芳香成分】宋湛谦等（1993）用水蒸气蒸馏法提取的海南尖峰岭产卵果松松脂精油的主要成分为：长叶松酸/左旋海松酸（26.70%）、α-蒎烯（24.70%）、异海松酸（9.50%）、新枞酸（9.00%）、枞酸（7.80%）、湿地松酸（5.80%）、长叶烯（3.70%）、山达海松酸（2.40%）、去氢枞酸（2.20%）、山达海松醛（1.30%）、海松酸（1.30%）等。

【利用】木材供建筑、枕木、家具、造纸等用材。树干可取树脂。

马尾松

Pinus massoniana Lamb.

松科　松属
别名： 山松、枞松、青松
分布： 江苏、安徽、河南、陕西、福建、广东、台湾、四川、贵州、云南等地

【形态特征】乔木，高达45 m，胸径1.5 m；树皮裂成不规则的鳞状块片；冬芽圆柱形，褐色，顶端尖，芽鳞边缘丝状。针叶2针一束，稀3针一束，长12～20 cm，细柔，微扭曲，两面有气孔线，边缘有细锯齿。雄球花淡红褐色，圆柱形，弯垂，长1～1.5 cm，聚生于新枝下部苞腋，穗状；雌球花单生或2～4个聚生于新枝近顶端，淡紫红色，一年生小球果圆球形或卵圆形，径约2 cm，褐色或紫褐色。球果卵圆形或圆锥状卵圆形，长4～7 cm，径2.5～4 cm，成熟时栗褐色；中部种鳞近矩圆状倒卵形，或近长方形；鳞盾菱形，微隆起或平，横脊微明显，鳞脐微凹；种子长卵圆形，长4～6 mm。花期4～5月，球果第二年10～12月成熟。

【生长习性】分布于海拔500～1500 m以下，生长于干旱、薄的红壤、石砾土及砂质土，或生长于岩石缝中。为喜光、根性树种，不耐庇荫。喜温暖湿润气候，在肥润、深厚的砂壤土上生长迅速，在钙质土上生长不良或不能生长，不耐盐。但以肥沃、湿润、深厚的砂壤土生长良好。

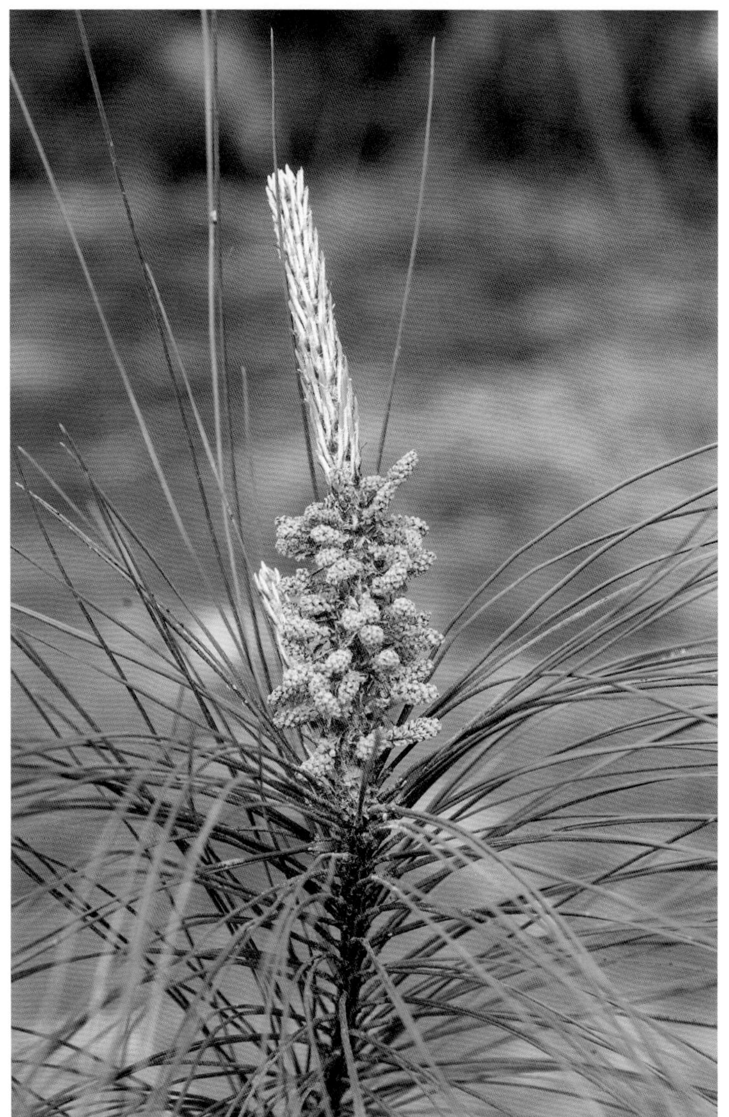

【精油含量】水蒸气蒸馏法提取树皮的得油率为0.30%，的得油率为0.20%～1.58%，枝的得油率为0.16%～0.43%；实的得油率为0.20%～0.40%；树脂的得油率为.00%～25.00%。

【芳香成分】茎：曲式曾等（1990）用水蒸气蒸馏法提取的北房县产马尾松木材精油的主要成分为：α-蒎烯（49.60%）、-石竹烯（9.08%）、香叶烯（6.70%）、1,8-萜二烯（3.14%）、瑟林烯（1.54%）、罗汉柏烯（1.05%）等。何永辉等（2007）同法分析的湖南汨罗产马尾松树皮精油的主要成分为：长烯（22.17%）、油酸（8.11%）、庚烷（6.36%）、油酸乙酯.49%）、1-甲基-环己烷（3.64%）、n-十六酸（3.35%）、樟脑.32%）、丁香烯（2.25%）、11,16-二癸基二十六烷（2.04%）。

枝：王焱等（2007）用水蒸气蒸馏法提取的江苏南京产马松新鲜枝条精油的主要成分为：α-蒎烯（34.84%）、β-蒎烯6.64%）、β-水芹烯（15.52%）、反式-石竹烯（10.97%）、异长烯（6.32%）、α-葎草烯（2.47%）、莰烯（2.19%）、β-月桂烯.37%）等。

叶：薄采颖等（2010）用水蒸气蒸馏法提取的广东韶关产马尾松新鲜针叶精油的主要成分为：β-石竹烯（14.65%）、α-蒎烯（16.30%）、β-蒎烯（9.38%）、γ-榄香烯（5.01%）、α-柠檬烯（4.91%）、β-荜澄茄烯（4.37%）、β-杜松烯（4.34%）、α-杜松醇（4.01%）、异松油烯（3.85%）、β-榄香烯（3.68%）、α-石竹烯（3.51%）、τ-杜松醇（3.15%）、莰烯（2.94%）、乙酸龙脑酯（1.80%）、γ-杜松烯（1.45%）、异海松酸甲酯（1.37%）、斯巴醇（1.29%）、α-松油醇（1.07%）等。申长茂等（2006）用同法分析的广西南宁产马尾松针叶精油的主要成分为：α-蒎烯（42.32%）、β-蒎烯（15.37%）、β-石竹烯（11.26%）、1-甲基-5-(1-甲基乙烯基)环已烯（6.00%）、异松油烯（3.78%）、莰烯（2.91%）、α-石竹烯（2.68%）、γ-榄香烯（2.49%）、长叶烯（2.08%）、杜松烯（2.07%）、依兰油醇（1.24%）、α-月桂烯（1.17%）、杜松醇（1.06%）等。扶巧梅等（2013）用同法分析的新鲜叶精油的主要成分为：β-蒎烯（41.95%）、α-蒎烯（22.78%）、β-水芹烯（5.03%）、大香叶烯（4.81%）、月桂烯（4.64%）、β-丁香烯（4.37%）、α-松油醇（2.43%）、Δ-杜松烯（2.21%）、α-胡椒烯（1.77%）、γ-杜松烯（1.35%）等。田玉红等（2012）用水蒸气蒸馏法提取的广西产‘拉雅松’新鲜针叶精油的主要成分为：α-蒎烯（24.66%）、β-蒎烯（11.47%）、β-石竹烯（9.93%）、异松油烯（5.17 %）、1,2,4a,5,8,8a-六氢化-4,7-二甲基-1-(1-甲基乙基)-萘（4.30%）、柠檬烯（4.22%）、甘香烯（4.12%）、莰烯（3.13%）、α-杜松醇（2.86%）、β-榄香烯

（2.34%）、乙酸龙脑酯（2.14%）、α-石竹烯（2.08 %）、乙酸芳樟酯（1.73%）、Tau-杜松醇（1.68%）、γ-杜松烯（1.45%）、β-荜澄茄烯（1.35%）、α-松油醇（1.29%）、斯巴醇（1.27%）、α-乙酸松油酯（1.19%）等。

树脂：宋湛谦等（1993）用水蒸气蒸馏法提取的浙江富阳产马尾松松脂精油的主要成分为：长叶松酸/左旋海松酸（32.30%）、α-蒎烯（28.30%）、长叶烯（8.00%）、新枞酸（6.40%）、湿地松酸（4.20%）、枞酸（4.10%）、去氢枞酸（3.50%）、石竹烯（2.30%）、山达海松酸（1.40%）、β-蒎烯（1.30%）等。

【利用】木材供建筑、枕木、矿柱、家具及木纤维工业原料等用。树干可割取松脂，为医药、化工原料。树皮可提取栲胶。枝叶精油松节油是合成香料的重要原料，在医药、化工、国防等方面均有用途；叶和果精油可用于配制日用品、皂用品、化妆品香精。树干及根部可培养茯苓、蕈类，供中药及食用。花粉可入药或供婴儿襁褓中防湿疹保护皮肤用。为长江流域以南重要的荒山造林树种。

雅加松

Pinus massoniana Lamb. var. *hainanensis* Cheng et L. K. Fu

松科　松属

分布：海南

【形态特征】马尾松变种。本变种与马尾松的区别在于树皮红褐色，裂成不规则薄片脱落；枝条平展，小枝斜上伸展；球果卵状圆柱形。球果12月中旬成熟。

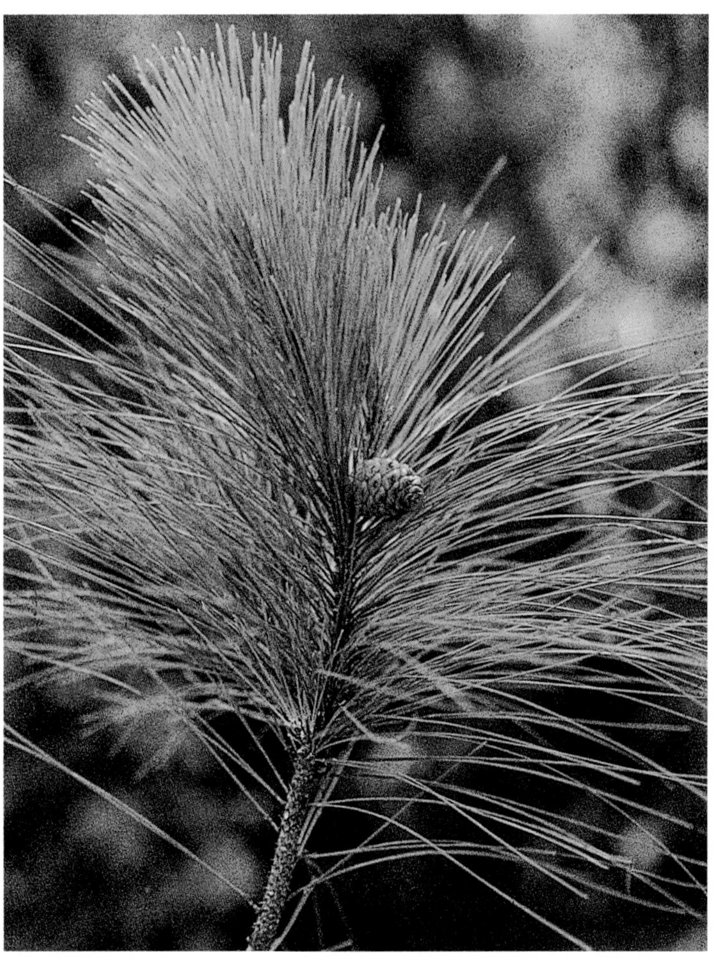

【生长习性】生长于干旱、瘠薄的红壤、石砾土及砂质土或生长于岩石缝中。喜光，幼苗、幼树尚能耐阴，深根性树种不耐庇荫。喜温暖湿润气候，在肥润、深厚的砂质壤土上生迅速，在钙质土上生长不良或不能生长，不耐盐碱。

【芳香成分】宋湛谦等（1993）用水蒸气蒸馏法提的海南雅加岭产雅加松新鲜松脂精油的主要成分为：α-烯（28.60%）、长叶松酸/左旋海松酸（23.30%）、长叶（10.80%）、双戊烯（6.50%）、新枞酸（5.40%）、枞酸（4.90%异海松酸（4.70%）、湿地松酸（3.50%）、去氢枞酸（2.30%石竹烯（1.20%）、山达海松酸（1.20%）等。

【利用】为热带山地特有的珍贵稀有树种，高海拔地区荒造林、迹地更新、水土保持的树种。木材供建筑、枕木、矿家具及木纤维工业原料等用。树干可割取松脂，为医药、化原料。树干及根部可培养茯苓、蕈类，供中药及食用。树皮提取栲胶，可制胶粘剂和人造板。茎枝可作薪材。绿化观赏种。枝叶可提取松节油，供作清凉喷雾剂、皂用香精及配制他合成香料。球果可提炼原油，除食用外，可制造肥皂、油及润滑油等。松香、叶、根、茎节、嫩叶等均可入药，能祛湿、活血祛愈、止痛、止血。花粉可入药，可以治疗腮腺荨麻疹、乳腺炎、腰痛、牙痛等症。

毛枝五针松

Pinus wangii Hu et Cheng

松科　松属

别名：云南五针松、滇南松

分布：我国特有云南

【形态特征】乔木，高约20 m，胸径60 cm；冬芽褐色或褐色，无树脂，芽鳞排列疏松。针叶5针一束，粗硬，微内长2.5～6 cm，径1～1.5 mm，先端急尖，边缘有细锯齿，叶深绿色，仅腹面两侧各有5～8条气孔线；叶鞘早落。球果单或2～3个集生，微具树脂或无树脂，成熟时淡黄褐色或褐色或暗灰褐色，矩圆状椭圆形或圆柱状长卵圆形，长4.5～9 c径2～4.5 cm；中部种鳞近倒卵形，长2～3 cm，宽1.5～2 c鳞盾扁菱形，边缘薄，微内曲，稀球果中下部的鳞盾边缘微外曲，鳞脐不肥大，凹下；种子淡褐色，椭圆状卵圆形，两微尖，长8～10 mm，径约6 mm，种翅偏斜，长约1.6 cm，宽7 mm。

【生长习性】产于海拔500～1800 m的石灰岩山地。喜雨量沛、气候温和、湿润及土壤深厚、排水良好的环境。

【芳香成分】宋湛谦等（1993）用水蒸气蒸馏法提取的云南畴产毛枝五针松树脂精油的主要成分为：α-蒎烯（19.10%）、松酸（19.00%）、枞酸（19.00%）、异海松酸（12.10%）、长松酸/左旋海松酸（8.60%）、新枞酸（7.40%）、去氢枞酸.80%）、8,15-异海松酸（2.30%）、山达海松醛（1.70%）、正一烷（1.20%）、7,13,15-枞三烯酸（1.10%）等。

【利用】材质优良。可作石灰岩山地的造林树种，也是极好盆景植物。

萌芽松

nus echinata Mill.

科　松属
名：短叶松、美国短三叶松
布：江苏、浙江、福建有栽培

【形态特征】乔木，在原产地高达40 m；树皮淡栗褐色，裂成鳞状块片，树干上常有不定芽萌生出许多针叶；枝条每生长多轮，小枝较细，暗红褐色，初被白粉；芽矩圆状卵圆，褐色，无树脂。针叶2～3针一束，长5～12 cm，较细，径不及1 mm，深蓝绿色；横切面半圆形或三角形，单层皮下层胞，稀有散生细胞的第二层，树脂道2～5，中生或其中1～3内生。球果圆锥状卵圆形，长4～6 cm，具有短梗或几乎无梗，成熟时种鳞张开；种鳞的鳞盾平或微肥厚，暗褐色，鳞脐突起，有极短之刺。

【生长习性】喜肥，能耐瘠薄，适应性较强。在肥沃和湿润的土壤上生长迅速。幼苗期抗寒性较差。

【芳香成分】宋湛谦等（1993）用水蒸气蒸馏法提取的浙江富阳产萌芽松松脂精油的主要成分为：长叶松酸/左旋海松酸（41.40%）、α-蒎烯（9.90%）、新枞酸（8.90%）、Δ3-蒈烯（8.60%）、β-蒎烯（8.00%）、枞酸（6.80%）、去氢枞酸（4.90%）、湿地松酸（3.40%）、山达海松酸（1.20%）、7,13,15-枞三烯酸（1.10%）等。

【利用】为有发展前途的造林树种。

南亚松

Pinus latteri Mason

松科　松属
别名： 越南松、海南松、南洋二针松
分布： 海南、广东、广西

【形态特征】 乔木，高达30 m，胸径可达2 m；树皮深裂成鳞状块片脱落；冬芽圆柱形，褐色，顶端尖，芽鳞卵状披针形或披针形，边缘薄，丝状，先端渐尖，微向外反卷。针叶2针一束，长15～27 cm，径约1.5 mm，先端尖，两面有气孔线，边缘有细锯齿；叶鞘较长，长1～2 cm，紧包于每束针叶的基部，灰褐色。雄球花淡褐红色，圆柱形，长1～1.8 cm，聚生于新枝下部成短穗状。球果长圆锥形或卵状圆柱形，成熟时红褐色，长5～10 cm；中部种鳞矩圆状长方形，鳞盾近斜方形或五角状斜方形，横脊显著，鳞脐通常微凹；种子灰褐色，椭圆状卵圆形，微扁，长5～8 mm，径约4 mm。花期3～4月，球果第二年10月成熟。

【生长习性】 分布于海拔50～1200 m的丘陵台地及山地。喜暖热气候，年平均气温18～26 ℃，绝对最低温1.4 ℃以上，年降雨量900～2000 mm。红壤土、山地红黄壤土，以至热带滨海冲积粗砂土或厚层铁锰结核的红壤黏土均可生长。

【芳香成分】叶： 陈新华等（2015）用水蒸气蒸馏法提取的广西南宁产南亚松新鲜叶精油的主要成分为：β-石烯（44.07%）、Δ-吉玛烯（16.87%）、α-石竹烯（8.12%）、3-烯（8.04%）、α-蒎烯（4.14%）、γ-石竹烯（1.94%）、氧化石烯（1.76%）、异松油烯（1.64%）、α-木络烯（1.22%）、香桧（1.12%）、(+)-γ-木络烯（1.11%）、(+)-δ-杜松烯（1.03%）等龙虎等（1987）用同法分析的叶精油的主要成分为：α-蒎（84.10%）、β-蒎烯（8.81%）、莰烯（1.73%）、柠檬烯（1.43%月桂烯（1.19%）等。

树脂： 粟子安等（1981）用乙醚提取法提取的海南南亚松树脂精油的主要成分为：α-蒎烯（87.30%）、β-蒎（9.20%）、莰烯（1.10%）、双戊烯（1.10%）等。

【利用】 木材可供建筑、桥梁、电杆、枕木、舟车、矿板料、器具、家具及造纸原料等用。松针精油作松节油用。干割取树脂。树皮可提栲胶。南亚松为，荒山荒地的造林树

乔松

Pinus griffithii McClelland

松科　松属
分布： 云南、西藏

【形态特征】 乔木，高达70 m，胸径1 m以上；树皮裂成块片脱落；冬芽圆柱状倒卵圆形或圆柱状圆锥形，顶端尖，有树脂，芽鳞红褐色，渐尖，先端微分离。针叶5针一束，柔下垂，长10～20 cm，径约1 mm，先端渐尖，边缘具有细齿，背面苍绿色，无气孔线，腹面每侧具有4～7条白色气线。球果圆柱形，下垂，中下部稍宽，上部微窄，两端钝，有树脂，长15～25 cm；中部种鳞长3～5 cm，宽2～3 cm，盾淡褐色，菱形，常有白粉，上部宽三角状半圆形，下部底宽楔形，鳞脐暗褐色，薄，先端钝，显著内曲；种子褐色或褐色，椭圆状倒卵形，长7～8 mm，径4～5 mm。花期4～5月球果第二年秋季成熟。

【生长习性】 生于海拔1200～3300 m的山坡和沟谷。喜暖湿润的气候，适生于山地棕壤或黄棕壤土，对中性或微碱土质尚能适应，耐干旱瘠薄。喜光，幼苗阶段不耐高温干燥候，需庇荫。

【精油含量】 水蒸气蒸馏法提取的叶得油率为0.70%0.80%。

【芳香成分】叶： 朱亮锋等（1993）用水蒸气蒸馏法提的北京产乔松叶精油的主要成分为：α-蒎烯（54.87%）、

烯（20.49%）、β-蒎烯（7.25%）、莰烯（5.16%）、β-月桂烯35%）、α-水芹烯（1.50%）、β-石竹烯（1.38%）、β-荜澄茄烯02%）等。

树脂：宋湛谦等（1993）用水蒸气蒸馏法提取的云南六产乔松树脂精油的主要成分为：双戊烯（19.40%）、枞酸7.00%）、β-蒎烯（12.30%）、异海松酸（11.20%）、糖松酸.00%）、长叶松酸/左旋海松酸（9.20%）、α-蒎烯（6.80%）、枞酸（4.60%）、湿地松酸（3.00%）等。

【利用】材质优良，可作建筑、器具、枕木等用材。枝叶精可作松节油之用。树干可提取松脂。产地主要为造林树种。

湿地松

nus elliottii Engelm.

科　松属

布：湖北、江西、浙江、江苏、安徽、福建、广东、广西、湾

【形态特征】乔木，在原产地高达30 m，胸径90 cm；树纵裂成鳞状块片剥落；鳞叶上部披针形，淡褐色，边缘有睫，干枯后宿存数年不落，故小枝粗糙；冬芽圆柱形，上部窄，芽鳞淡灰色。针叶2～3针一束并存，长18～25 cm，稀30 cm，径约2 mm，刚硬，深绿色，有气孔线，边缘有锯；叶鞘长约1.2 cm。球果圆锥形或窄卵圆形，长6.5～13 cm，径3～5 cm，种鳞张开后径5～7 cm，成熟后至第二年夏季脱落；种鳞的鳞盾近斜方形，肥厚，有锐横脊，鳞脐瘤状，宽5～6 mm，先端急尖，长不及1 mm，直伸或微向上弯；种子卵圆形，微具3棱，长6 mm，黑色，有灰色斑点，种翅长0.8～3.3 cm，易脱落。

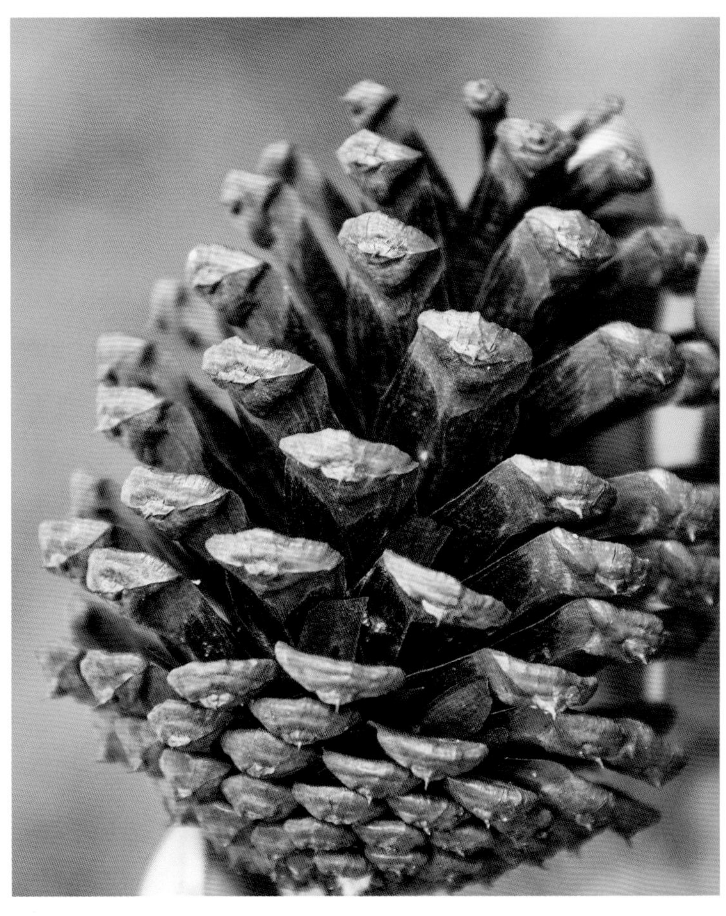

【生长习性】适宜生长于低山丘陵地带，耐水湿。适宜于夏雨冬旱的亚热带气候地区，对气温适应性较强，能忍耐40 ℃的绝对高温和-20 ℃的绝对低温。在中性以至强酸性红壤丘陵地和砂黏土地均生长良好，在低洼沼泽地边缘尤佳。较耐旱，在干旱贫瘠低山丘陵能旺盛生长。抗风力强。为最喜光树种，极不耐阴。

【精油含量】水蒸气蒸馏法提取树皮的得油率为0.25%，针叶的得油率为0.19%～0.46%，松脂的得油率为17.80%～26.55%。

【芳香成分】茎：马聪等（2007）用水蒸气蒸馏法提取

的树皮精油的主要成分为：石竹烯醇（20.82%）、α-松油醇（8.36%），n-杜松醇（7.22%）、氧化石竹烯（6.74%）、龙脑（5.13%）、α-蒎烯（3.65%）、α-杜松醇（2.79%）、蓝桉醇（2.76%）、α-石竹烯（2.65%）、桃金娘醇（2.35%）、莰烯（2.07%）、α-苧烯（2.06%）、樟脑（1.72%）、长叶烯（1.64%）、α-葑醇（1.40%）、L-反式松香芹醇（1.19%）、三环烯（1.06%）、β-杜松烯（1.01%）等。

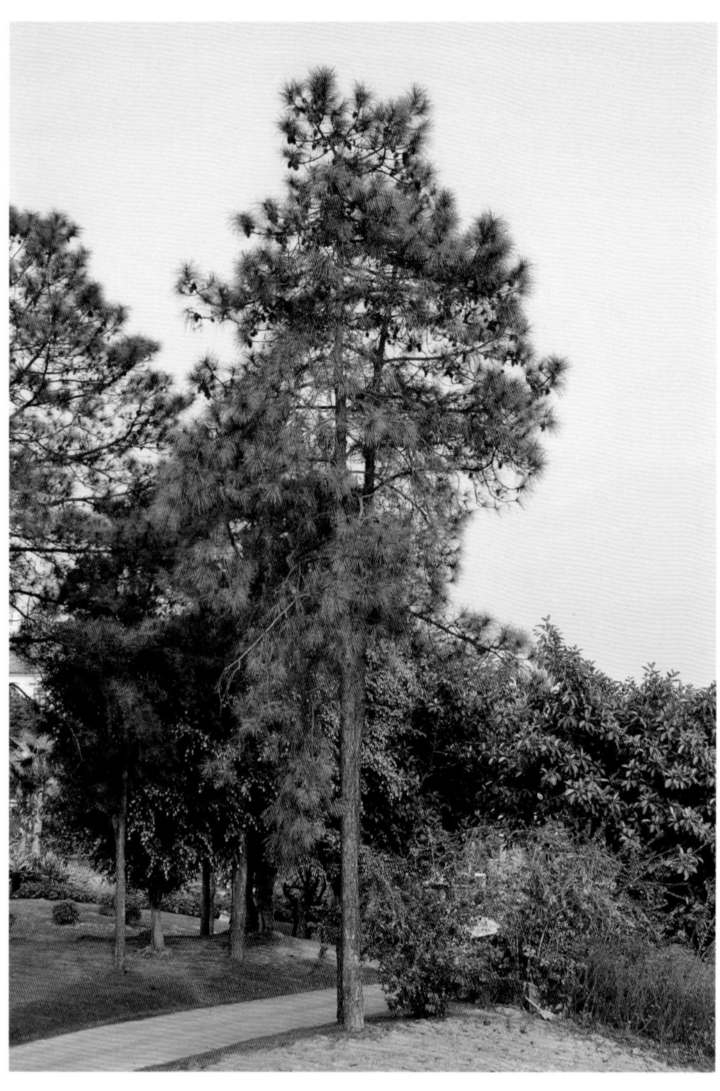

叶：粟本超等（2008）用水蒸气蒸馏法提取的广西柳州产湿地松新鲜叶精油的主要成分为：β-蒎烯（15.08%）、大根香叶烯D（14.31%）、β-石竹烯（9.82%）、α-蒎烯（8.67%）、3-蒈烯（5.49%）、γ-依兰油醇（5.33%）、杜松烯（4.98%）、α-杜松醇（3.77%）、γ-榄香烯（3.47%）、α-石竹烯（2.13%）、α-松油醇（1.98%）、7-甲基-4-甲烯基-1-异丙基-1,2,3,4,4a,5,6,8a-八氢萘（1.90%）、异香橙烯环氧化物（1.18%）、乙酸龙脑酯（1.14%）、β-榄香烯（1.07%）等。徐丽珊等（2016）用同法分析的安徽黄山产湿地松干燥针叶精油的主要成分为：(-)-β-蒎烯（7.79%）、大根香叶烯 D（6.87%）、α-松油醇（6.68%）、[1 R-(1 R*,4 Z,9 S*)]-4,11,11-三甲基-8-亚甲基-二环[7.2.0]-4-十一烯（5.75%）、p-伞花烃（5.54%）、α-蒎烯（4.64%）、二环[3.1.0]己-3-烯-2-醇（3.54%）、α-荜澄茄醇（3.46%）、D4-蒈烯（2.72%）、枞油烯（2.19%）、L-松香芹醇（1.96%）、异龙脑（1.78%）、2-莰醇（1.66%）、甲基庚烯酮（1.61%）、p-薄荷-1-烯-9-醇（1.53%）、4-蒈烯（1.48%）、穿心莲内酯（1.48%）、α-依兰油烯（1.43%）、(-)-乙酸冰片酯（1.36%）、丁香烯（1.22%）、1-异丙基-7-甲基-4-亚甲基桥-1,2,3,4,4a,5,6,8a-八氢（1.18%）、小茴香醇（1.13%）、2,2,6-三甲基-6-乙烯基四氢-2呋喃-3-醇（1.10%）、月桂醛（1.09%）、匙桉醇（1.08%）、植（1.02%）、莰烯（1.00%）等。

树脂：宋湛谦等（1993）用水蒸气蒸馏法提取的浙富阳产湿地松松脂精油的主要成分为：长叶松酸/左旋海酸（29.10%）、α-蒎烯（14.60%）、新枞酸（12.30%）、β-烯（9.40%）、异海松酸（8.80%）、枞酸（6.10%）、山达海酸（4.10%）、双戊烯（3.60%）、湿地松酸（3.40%）、去氢枞（2.00%）、海松酸（1.20%）等。

【利用】树干可采树脂，松脂产量高。可作庭园树观赏。叶精油可用于制造喷雾香精等。为造林树种。

思茅松

Pinus kesiya Royle ex Gord. var. *langbianensis* (A. Che Gaussen

松科　松属
分布：云南

【形态特征】卡西亚松变种。乔木，高达30 m，胸径60 cr 树皮裂成龟甲状薄块片脱落；芽红褐色，圆锥状，先端尖，有树脂，芽鳞披针形，边缘白色丝状，外部的芽鳞稍反卷。叶3针一束，细长柔软，长10～22 cm，径0.7～1 mm，先端有长尖头，叶鞘长1～2 cm。雄球花矩圆筒形，长2～2.5 cr 在新枝基部聚生成短丛状。球果卵圆形，基部稍偏斜，5～6 cm，径约3.5 cm，通常单生或2个聚生，宿存树上数年脱落；中部种鳞近窄矩圆形，先端厚而钝，鳞盾斜方形，横显著，间或有纵脊，鳞脐小，椭圆形，稍凸起，顶端常有后紧贴的短刺；种子椭圆形，黑褐色，稍扁，长5～6 mm，3～4 mm。

【生长习性】在海拔700～1200 m地带组成大面积单纯林极喜光，深根性，喜高温湿润环境，不耐寒冷，不耐干旱瘠土壤。

【芳香成分】茎：王慧等（2012）用顶空固相微萃取法取的云南产思茅松木片挥发油的主要成分为：壬醛（11.96% 1 R-α-蒎烯（8.12%）、(E)-2-癸烯醛（4.20%）、癸醛（3.25% 辛醛（3.07 %）、草蒿脑（2.50%）、2-戊基-呋喃（2.39%）、烯（1.81%）、苯甲醛（1.79%）、乙酸（1.76%）、(E)-2-辛

（1.39%）、2,2',5,5'-四甲基-1,1'-联苯（1.30%）、雪松醇
.19%）、辛醇（1.18%）、苯乙烯（1.11%）、十四酸（1.06%）、
醛（1.02%）等。

叶：伍苏然等（2009）用水蒸气蒸馏法提取的云南产思茅
叶精油的主要成分为：α-蒎烯（41.07%）、β-蒎烯（38.19%）、
菁烯（10.85%）、β-水芹烯（4.95%）、异松油烯（1.24%）、月
烯（1.04%）等。

树脂：粟子安等（1981）用乙醚提取法提取的云南思茅产
茅松树脂精油的主要成分为：α-蒎烯（97.4%）。

【利用】木材供建筑、枕木、矿柱等用。树干可采松脂。树
可提取烤胶。枝叶提取的松节油广泛应用于涂料、树脂工业、
药、调香；作为一系列合成萜类香料的原料。可作荒山荒地
造林树种。

新疆五针松

inus sibirica (Loud.) Mayr

松科　松属

别名：西伯利亚红松、兴安松

分布：新疆、黑龙江、吉林、辽宁、内蒙古

【形态特征】乔木，高达35 m，胸径1.8 m；树皮淡褐色或
褐色；冬芽红褐色，圆锥形，先端尖。针叶5针一束，较粗
，微弯曲，长6～11 cm，径1.5～1.7 mm，边缘具有疏生细锯
，腹面每侧有3～5条灰白色气孔线；叶鞘早落。球果直立，
锥状卵圆形，长5～8 cm，径3～5.5 cm，成熟后种鳞不张开
微张开；种鳞上部厚，下部较薄，宽楔形，向内弯曲，鳞盾
褐色，宽菱形或宽三角状半圆形，密生平伏的细长毛，上部
，边缘锐利，微向内曲，下部底边近截形，鳞脐明显，黄褐
；种子生于种鳞腹面下部的凹槽中，黄褐色，倒卵圆形，长
1 cm，径5～6 mm，微具棱脊。花期5月，球果第二年9～10
成熟。

【生长习性】产于海拔1600～2350 m、气候冷湿、山地生
灰化土地带。适应性及耐阴性强，能在干燥砂地和排水不良
沼泽地上生长，但以土层深厚、排水良好的砂壤土或黏壤土
长最好。

【精油含量】水蒸气蒸馏法提取针叶的得油率为1.14%～
19%。

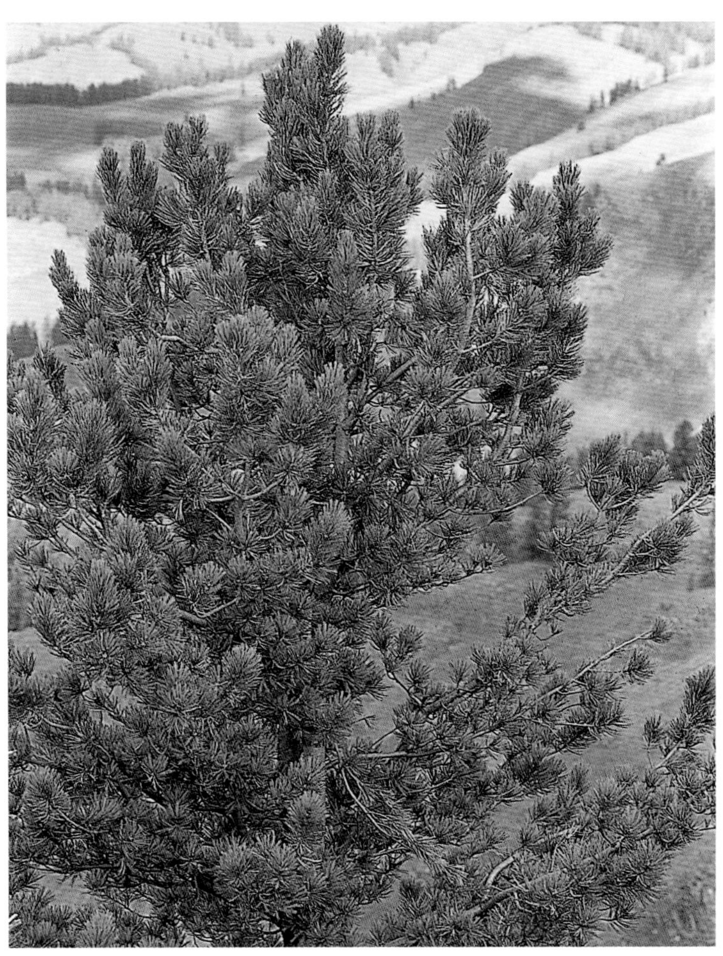

【芳香成分】叶：金琦等（1998）用水蒸气蒸馏法提取的内蒙古大兴安岭产新疆五针松针叶精油的主要成分为：α-蒎烯（33.97%）、γ-依兰油烯（18.64%）、杜松烯（7.62%）、柠檬烯（7.21%）、γ-杜松烯（4.98%）、大牻牛儿烯（3.83%）、β-水芹烯（2.91%）、δ-杜松醇（1.73%）、β-蒎烯（1.67%）、α-依兰油烯（1.38%）、反式石竹烯（1.19%）等。

树脂：宋湛谦等（1993）用水蒸气蒸馏法提取的新疆阿勒泰产新疆五针松树脂精油的主要成分为：枞酸（17.00%）、异海松酸（15.70%）、α-蒎烯（15.40%）、糖松酸（14.60%）、松柏烯（8.90%）、Δ3-蒈烯（6.90%）、长叶松酸/左旋海松酸（5.60%）、新枞酸（3.90%）等。

【利用】松针精油可作松节油用。木材可作建筑、家具等用材。种子可食，也可榨油供食用。可做寒冷山区的造林树种。可为庭园观赏树种。

兴凯赤松

Pinus takahasii Nakai

松科　松属

别名：兴凯松、兴凯湖松、黑河赤松

分布：黑龙江省原苏联也有

【**形态特征**】乔木，高达20 m；树皮红褐色或黄褐色；冬芽赤褐色，长卵圆形，顶端尖，稍有树脂。针叶2针一束，长5～10 cm，径1～1.5 mm，边缘有细锯齿，两面均有气孔线；叶鞘深褐色；雌球花有短梗，下弯，很少不下弯。球果长卵圆形或椭圆状卵圆形，长4～5 cm，径2～3 cm，成熟时淡黄褐色或淡褐色，下弯；中部种鳞长椭圆状卵形，鳞盾斜方形，肥厚隆起或较平，纵脊、横脊显著，球果中下部种鳞的鳞盾隆起向后反曲或平，鳞脐褐色，平或微突起，有短刺；种子倒卵圆形，微扁，长3～5 mm，径约3 mm，淡褐色有黑色斑纹，连翅长约1.5 cm，种翅下部宽，上部渐窄，先端钝尖。花期5～6月，球果第二年9～10月成熟。

【**生长习性**】生于湖边砂丘上及山顶石砾土上。有抗旱、抗风、抗寒和耐土壤瘠薄等特性，能耐–40 ℃低温。

【**精油含量**】水蒸气蒸馏法提取叶的得油率为0.39%。

【**芳香成分**】潘宁等（1992）用水蒸气蒸馏法提取的黑龙江哈尔滨产兴凯赤松叶精油的主要成分为：α-侧柏烯（20.55%）、α-蒎烯（15.33%）、β-蒎烯（6.33%）、δ-荜澄茄烯（4.27%）、反式-石竹烯（3.88%）、乙酸龙脑酯（3.23%）、月桂烯（3.14%）、γ-榄香烯（2.20%）、β-荜澄茄烯（2.01%）、莰烯（1.83%）、γ-荜澄茄烯（1.61%）、β-榄香烯（1.43%）、α-松油醇（1.39%）、蛇麻烯（1.30%）、α-松油烯（1.27%）、α-依兰油烯（1.02%）等。

【**利用**】枝叶精油可用于涂料的溶剂。木材可供建筑、枕木、家具、车辆等用。

偃松

Pinus pumila (Pull.) Regel

松科　松属

别名：爬松、矮松、千叠松

分布：东北各地、内蒙古

【**形态特征**】灌木，高达3～6 m，树干通常伏卧状或近直立丛生状，基部多分枝；树皮裂成片状脱落；冬芽红褐色，圆锥状卵圆形，微被树脂。针叶5针一束，较细短，硬直而弯，长4～8.3 cm，径约1 mm，边缘近全缘，腹面每侧具3～6条灰白色气孔线；叶鞘早落。雄球花椭圆形，黄色，约1 cm；雌球花及小球果单生或2～3个集生，卵圆形，紫色红紫色。球果圆锥状卵圆形或卵圆形，淡紫褐色或红褐色，3～4.5 cm，径2.5～3 cm；种鳞近宽菱形或斜方状宽倒卵形，盾宽三角形，鳞脐明显，紫黑色，先端具有突尖；种子暗色，三角形或倒卵圆形，微扁，周围有微隆起的棱脊。花6～7月，球果第二年9月成熟。

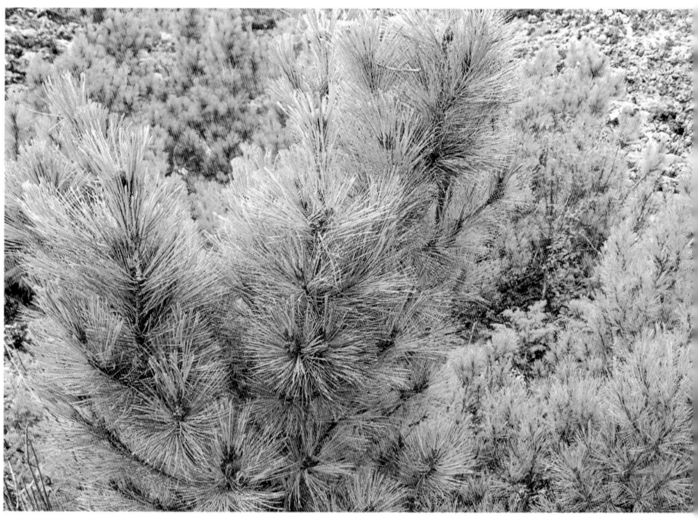

【**生长习性**】生于土层浅薄、气候寒冷的高山上部的阴湿带，海拔在1000 m以上。耐寒，耐瘠薄，喜阴湿。

【**精油含量**】水蒸气蒸馏法提取针叶的得油率为1.00%1.16%。

【**芳香成分**】金琦等（1998）用水蒸气蒸馏法提取的内蒙大兴安岭产偃松针叶精油的主要成分为：α-蒎烯（24.69%）、水芹烯（12.62%）、γ-依兰油烯（10.72%）、柠檬烯（6.99%乙酸松油酯（5.16%）、杜松烯（5.13%）、β-蒎烯（4.34%）、杜松烯（4.01%）、异松油烯（3.86%）、大牻牛儿烯（2.43%β-月桂烯（1.90%）、莰烯（1.62%）、δ-杜松醇（1.47%）、反石竹烯（1.21%）、α-依兰油烯（1.13%）等。严仲铠等（198用同法分析的吉林长白山产偃松针叶精油的主要成分为：烯-3（20.92%）、对伞花烃（12.40%）、桧烯（10.82%）、α-蒎（8.67%）、柠檬烯（8.05%）、对-伞花-α-醇（7.00%）、松油醇（5.01%）等。

【**利用**】松针和树皮精油均可作松节油用，木材及树根可取松节油。木材仅供器具及薪炭用材。可作庭园或盆栽观赏种。种子可食，亦可榨油。

油松

Pinus tabuliformis Carr.

松科　松属

别名：短叶松、红皮松、短叶马尾松、东北黑松、紫翅油松巨果油松

分布：我国特有吉林、辽宁、河北、河南、山东、山西、内蒙古、陕西、甘肃、宁夏、青海、四川等地

【**形态特征**】乔木，高达25 m，胸径可达1 m以上；树裂成不规则较厚的鳞状块片；冬芽矩圆形，顶端尖，微具

，芽鳞红褐色，边缘有丝状缺裂。针叶2针一束，粗硬，长~15 cm，径约1.5 mm，边缘有细锯齿，两面具有气孔线；叶淡黑褐色。雄球花圆柱形，长1.2～1.8 cm，在新枝下部聚生穗状。球果卵形或圆卵形，长4～9 cm，向下弯垂，成熟时黄色或淡褐黄色，常宿存树上近数年之久；中部种鳞近矩状倒卵形，鳞盾肥厚，扁菱形或菱状多角形，横脊显著，鳞凸起有尖刺；种子卵圆形或长卵圆形，淡褐色有斑纹，长~8 mm，径4～5 mm。花期4～5月，球果第二年10月成熟。

【生长习性】生于海拔100～2600 m的土层深厚和排水良好带。喜光、深根性树种，喜干冷气候，在土层深厚、排水良的酸性、中性或钙质黄土上均能生长良好。

【精油含量】用水蒸气蒸馏法提取叶的得油率为0.21%～82%，幼枝的得油率为2.10%，分枝节的得油率为0.60%。

【芳香成分】**茎：**曲式曾等（1990）用水蒸气蒸馏法提取的西宁陕产油松木材精油的主要成分为：α-蒎烯（87.38%）、香烯（1.60%）等。曾明等（2005）用水蒸气蒸馏法提取的甘兰州产油松树皮精油的主要成分为：D-柠檬烯（51.70%）、子香烯（21.91%）、庚烷6,6-二甲基-2-亚甲基-二环[3.1.1].04%）、1 R-α-蒎烯（6.62%）、甲酸3,7-二甲基-2,6-辛二烯-1-（3.99%）、3-甲基-6-(1-甲基亚乙基)-环已烯（1.20%）、(1 S)-6-二甲基-2-亚甲基-二环[3.1.1]庚烷（1.14%）、2-甲基-5-(1-甲乙烯基)醋酸-环已酯（1.09%）等。董岩等（2003）用同法分的山东昆嵛山产油松干燥瘤状节或分枝节精油的主要成分为：α,α,4-三甲基-3-环已烯-1-甲醇（32.98%）、3,7,11-三甲基-14-(1-甲乙基)-1,3,6,10-环十四烷四烯（15.75%）、表-13-泪柏醇（5.49%）、4-甲基-1-(1-甲乙基)-3-环已烯-1-醇（5.27%）、3-苯基-乙基-2-丙烯酸酯（3.30%）、α-蒎烯（3.23%）、樟脑（2.52%）、罗汉柏二烯（2.43%）、4,8,8-三甲基-9-亚甲基-十氢-1,4-亚甲基薁（1.53%）、1-甲基-4-(1-甲乙基)-1,3-环已二烯（1.42%）、4-表-脱氢-松香醛（1.37%）、海松二烯（1.36%）、α-红没药醇（1.24%）、1,3,3-三甲基-双环[2.2.1]庚-2-醇（1.22%）、泪柏醚氧化物（1.17%）、桧樟脑（1.14%）、D-苎烯（1.10%）等。

枝：李铁纯等（2000）用水蒸气蒸馏法提取的辽宁千山产油松幼枝精油的主要成分为：柠檬烯（39.49%）、β-月桂烯（19.00%）、α-蒎烯（15.59%）、β-蒎烯（4.88%）、3,7-二甲基-2,6-辛二烯-2-甲基丙酸酯（3.79%）、石竹烯（2.97%）、(+)-α-松油醇（1.32%）、(+)-4-蒈烯（1.16%）、大牻牛儿烯D（1.05%）等。

叶：方洪壮等（2010）用水蒸气蒸馏法提取的黑龙江小兴安岭产油松叶精油的主要成分为：α-蒎烯（16.40%）、β-石竹烯（12.50%）、乙酸龙脑酯（12.30%）、1-甲基-4-(1-甲基乙烯基)-环已烯（6.34%）、莰烯（4.57%）、1,2,3,5,6,8a-六氢-4,7-二甲基-1-(1-甲基乙基)-萘（4.32%）、D-柠檬烯（4.11%）、1-甲基-5-亚甲基-8-(1-甲基乙基)-1,6-环癸二烯（3.58%）、β-月桂烯（2.64%）、β-蒎烯（2.62%）、α-石竹烯（2.35%）、α-杜松醇（1.56%）、γ-杜松醇（1.53%）等。陈霞等（2005）用同法分析的陕西杨凌产油松针叶精油的主要成分为：β-石竹烯（28.62%）、杜松二烯（11.33%）、4,7-二甲基-1-异丙基杜松二烯（10.98%）、1-甲基l-5-亚甲基-8-异丙基-1.6-环癸二烯（10.01%）、乙酸-龙脑酯（8.69%）、β-蒎烯（6.09%）、α-石竹烯（5.97%）、α-蒎烯（5.92%）、异杜松醇（3.44%）、γ-榄香烯（3.37%）、α-杜松醇（3.27%）、萜烯醇（2.25%）、3,7,11-三甲基-4-异丙基-1,3,6,10-西柏四烯（1.78%）、1-乙基-1-2.4-二(1-甲基乙烯基)环已烷（1.63%）、β-菲兰烯（1.06%）等。潘宁等（1992）用同法分析的吉林长春产油松叶精油的主要成分为：β-蒎烯（21.55%）、α-蒎烯（18.79%）、乙酸龙脑酯（10.77%）、顺-石竹烯（7.14%）、柠檬烯（6.22%）、莰烯（4.63%）、δ-荜澄茄烯（4.27%）、α-松油醇（4.11%）、月桂烯（2.46%）、α-异松油烯（2.09%）、γ-荜澄茄烯（1.61%）、γ-橄香烯（1.57%）、葎草烯（1.29%）、三环烯（1.02%）等。滕坤等（2012）用同法分析的吉林长春产油松阴干叶精油的主要成分为：龙脑（45.13%）、醋酸冰片酯（11.21%）、1 R-α-蒎烯（11.17%）、β-石竹烯（10.30%）、杜松烯（7.08%）、松油烯-4-醇（4.23%）、玷㶲烯（3.37%）、3-亚甲基-1,7-辛二烯（1.99%）、β-蒎烯（1.93%）、8-亚甲基-(1α,2α,4α,5α)三环[3.2.1.8]辛烷（1.79%）、莰烯（1.33%）等。

果实：李新岗等（2006）用二氯乙烷浸提法提取的陕西陇南产油松球果精油的主要成分为：石竹烯（13.58%）、α-蒎烯（11.29%）、β-香叶烯（9.13%）、D-柠檬烯（3.94%）、α-石竹烯（2.32%）、β-非兰烯/4-侧柏烯（1.94%）、异松油烯（1.61%）、杜松-1(10)，4-二烯（1.47%）等；用XAD2吸附法提取的陕西陇南产油松不同家系球果精油的主要成分为：β-香叶烯（73.70%）、α-蒎烯（13.72%）、D-柠檬烯（8.58%）、β-蒎烯（2.06%）、β-非兰烯（1.38%）等。

树脂：高宏等（2009）用水蒸气蒸馏法提取的油松松脂精油的主要成分为：α-蒎烯（42.50%）、长叶松酸/左旋海松酸（20.30%）、新枞酸（8.80%）、枞酸（8.60%）、海松酸（3.40%）、去氢枞酸（1.60%）、β-蒎烯（1.20%）、苧烯（1.10%）等。

【利用】木材可供建筑、电杆、矿柱、造船、器具、家具及木纤维工业等用材。树干可割取树脂，提取松节油。树皮可提取栲胶。松节、松针、花粉均供药用。叶可提取精油。

黑皮油松

Pinus tabulaeformis Carr. var. *mukdensis* Uyeki

松科　松属
分布：辽宁、河北

【形态特征】油松变种。乔木，枝条带灰褐色或深灰色，树皮呈纵状开裂，裂片较厚或龟纹状开裂，裂片薄。针叶2针一束，长10～15 cm，径约1.5 mm，质硬；叶鞘宿存。花单性，雌雄同株，雄球花橙黄色，雌球花绿紫色。球果卵圆形，果实比原种油松大，径与长相近，成熟时呈淡橙褐色或灰褐色，有短梗，常宿存树上数年不落。

【生长习性】常见于山岭陡崖之上。喜光。能耐−25 ℃温。耐干燥气候。对土壤要求不严，能耐干旱瘠薄土壤，在温及黏重土壤中生长不良。

【精油含量】水蒸气蒸馏法提取阴干叶的得油率为0.29%。

【芳香成分】王得道等（2013）用水蒸气蒸馏法提取的皮油松阴干叶精油的主要成分为：石竹烯（15.87%）、(1 S-型)-1,7,7-三甲基-二环[2.2.1]庚烷-2-醇乙酸酯（9.54%）、[3a(3α,3β,4β,7α,7aS*)]-八氢-7-甲基-3-甲叉-4-(1-甲基乙基)-1 H-戊醇[1,3]环丙烷[1,2]苯（7.18%）、α-石竹烯（4.10%）、三氯烷（3.06%）、石竹烯氧化物（2.54%）、[S-(E,Z,E,E)]-3,7,11-甲基-14-(1-甲基乙基)-1,3,6,10-十二烷四烯（2.12%）、n-棕酸（2.12%）、单(2-乙基己基)-1,2-苯二羧酸（1.95%）、(1 S-顺1,2,3,5,6,8a-六氢化-4,7-二甲基-1-(1-甲基乙基)-萘（1.89%）、杜松醇（1.35%）等。

【利用】用于风景林、防护林、公园、庭院以及墓地栽植也可作配景、背景、框景。

扫帚油松

Pinus tabulaeformis Carr. var. *umbraculifera* Liou et War

松科　松属
别名：扫帚松、千头松
分布：辽宁

【形态特征】油松变种。常绿小乔木，株高8～15 m，大向上斜伸，形成扫帚形树冠。新生小枝直立，颜色比老枝叶浅

【生长习性】喜光，稍耐半阴。对土壤要求不严，但以疏肥沃且排水良好的壤土为好。不耐涝渍，栽培地势应高燥。寒性强。

【精油含量】水蒸气蒸馏法提取树皮的得油率为3.50%，解加水蒸气蒸馏法提取针叶的得油率为1.05%。

【芳香成分】茎：侯冬岩等（2001）用水蒸气蒸馏法提取辽宁千山产扫帚油松树皮精油的主要成分为：苎烯（39.81%β-月桂烯（17.68%）、1 R-α-蒎烯（16.93%）、石竹烯（9.12%β-蒎烯（6.88%）、α-石竹烯（1.97%）等。

叶：张福维（2000）用水蒸气蒸馏法提取针叶精油的主成分为：乙酸冰片酯（24.00%）、反-罗勒烯（1.08%）等；用解加水蒸气蒸馏法提取的针叶精油的主要成分为：反-石竹

1.64%）、莰烯（20.00%）、乙酸冰片酯（19.00%）、α-葎草烯1.62%）、γ-杜松烯（8.10%）、δ-杜松烯（4.78%）、α-香橙烯.60%）、冰片烯（1.31%）等。

【利用】可作庭园树，可孤植、丛植、片植于草坪或花境。

云南松

inus yunnanensis Franch.

松科　松属

别名：飞松、细叶云南松、青松、长毛松

分布：云南、四川、西藏、贵州、广西

【形态特征】乔木，高达30 m，胸径1 m；树皮褐灰色，深裂，裂片厚或裂成不规则的鳞状块片脱落；冬芽圆锥状卵圆，粗大，红褐色，芽鳞披针形，先端渐尖，散开或部分反，边缘有白色丝状毛齿。针叶通常3针一束，稀2针一束，常枝上宿存三年，长10～30 cm，径约1.2 mm，先端尖，背腹均有气孔线，边缘有细锯齿；叶鞘宿存。雄球花圆柱状，长1.5 cm，生于新枝下部的苞腋内，聚集成穗状.球果成熟时色或栗褐色，圆锥状卵圆形，长5～11 cm；中部种鳞矩圆状圆形，有横脊，有短刺；种子褐色，近卵圆形或倒卵形，微，长4～5 mm。花期4～5月，球果第二年10月成熟。

【生长习性】生于海拔600～3100 m地带。为喜光性强的深根性树种，适应性能强，能耐冬春干旱气候及瘠薄土壤，能生于酸性红壤土、红黄壤土及棕色森林土或微石灰性土壤上。但以气候温和、土层深厚、肥润、酸质砂质壤土、排水良好的北坡或半阴坡地带生长最好。

【精油含量】水蒸气蒸馏法提取新鲜针叶的得油率为1.47%；有机溶剂（氯仿）萃取法提取新鲜花苞的得油率为2.82%。

【芳香成分】茎：赵涛等（2002）用水蒸气蒸馏法提取的树干韧皮部精油的主要成分为：α-蒎烯（85.33%）、β-蒎烯（7.22%）、β-水芹烯（2.15%）、β-罗勒烯（1.39%）、莰烯（1.04%）等。张晓龙等（2008）用同时蒸馏萃取法提取的云南嵩明产云南松树皮精油的主要成分为：(+)-α-松油醇（15.23%）、α-蒎烯（12.02%）、3-蒈烯（9.33%）、(-)-4-萜品醇（3.62%）、1-异丙基-4-甲苯（2.94%）、樟脑（2.30%）、龙脑（2.06%）、对叔丁基苯酚（1.82%）、莰烯（1.68%）、1-甲基-3-异丙烯基苯（1.58%）、脱氢枞酸甲酯（1.50%）、茉莉酮（1.20%）等。

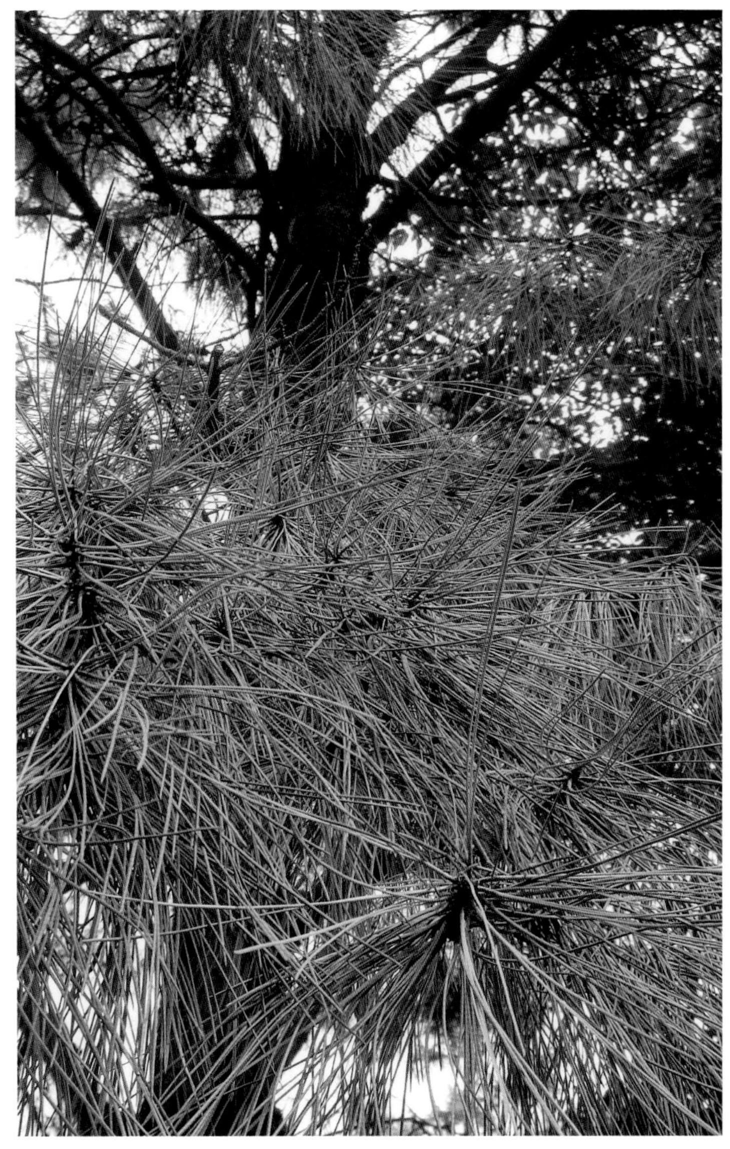

叶：田玉红等（2012）用水蒸气蒸馏法提取的广西产云南松新鲜针叶精油的主要成分为：α-蒎烯（22.54%）、β-石竹烯（16.64%）、1,2,4a,5,8,8a-六氢化-4,7-二甲基-1-(1-甲基乙基)-萘（5.09%）、β-荜澄茄烯（4.78%）、甘香烯（4.44%）、α-杜松醇（3.53%）、α-石竹烯（3.46%）、柠檬烯（3.43%）、tau.-

依兰油醇（2.84%）、β-蒎烯（2.51%）、斯巴醇（2.12%）、β-榄香烯（2.11%）、γ-杜松烯（2.09%）、氧化石竹烯（1.19%）、异松油烯（1.13%）等。杨燕等（2009）用同法分析的贵州威宁产云南松新鲜针叶精油的主要成分为：十六酰胺（16.58%）、大根香叶烯D（15.05%）、油酸（9.37%）、棕榈酸（5.84%）、亚油酸（5.74%）、β-石竹烯（4.47%）、α-蒎烯（4.14%）、十五碳-三烯醛（3.83%）、十八酰胺（3.66%）、7,10,13-十六碳三烯酸甲酯（2.60%）、硬脂酸（2.29%）、δ-荜澄茄烯（2.21%）、9-十六碳烯酸（1.48%）、金合欢醇（1.38%）、T-杜松子油醇（1.23%）、香桧烯（1.22%）、β-榄香烯（1.22%）、双环大根香叶烯（1.15%）等。

花：张云梅等（2014）用有机溶剂（氯仿）萃取法提取的云南宣威产云南松新鲜花苞精油的主要成分为：松香酸（18.91%）、脱氢松香酸（10.20%）、十二氢化-1,4a-二甲基-7-(1-甲基乙基)-1-菲甲酸（10.20%）、左旋-α-蒎烯（4.79%）、(-)-β-蒎烯（2.84%）、β-松油烯（2.51%）、β-石竹烯（2.01%）等。

果实：李寅珊等（2012）用水蒸气蒸馏法提取的云南漾濞产云南松新鲜松塔精油的主要成分为：异长叶烯（29.06%）、石竹烯氧化物（8.15%）、α-蒎烯（7.39%）、长莰烯酮（4.89%）、石竹-3,8(13)-二烯-5β醇异构体（3.26%）、(+)-十氢-1,5,5,8a-四甲基-1,4-甲亚甲基二氢薁-9-醇（2.60%）、反-松香芹醇（2.51%）、石竹-3,8(13)-二烯-5β-醇（2.19%）、环长叶烯（2.11%）、桃金娘烯醛（2.09%）、2,6,6,9-四甲基三环[$5.4.0.0^{2,8}$]十一碳-9-烯（1.98%）、马鞭草烯酮（1.65%）、姜黄酮（1.49%）、β-石竹烯（1.25%）、α-龙脑烯醛（1.07%）、4-异丙烯基甲苯（1.05%）等。

树脂：宋湛谦等（1992）用水蒸气蒸馏法提取的云南丽产云南松树脂精油的主要成分为：α-蒎烯（38.50%）、长叶松/左旋海松酸（31.00%）、新枞酸（8.70%）、枞酸（5.50%）、柏酸（2.90%）、脱氢枞酸（2.60%）、β-蒎烯（2.00%）、二戊（1.70%）、山达海松酸（1.40%）、异海松酸（1.40%）等。

【**利用**】木材可供建筑、枕木、板材、家具及木纤维工业料等用。树干可割取树脂。树根、枝干可培育茯苓。树皮可栲胶。松针、木材可提取精油。针叶可加工成松针粉，作饲添加剂。花粉可药用，是美容护肤佳品。云南松是瘠薄荒山先锋造林树种。

樟子松

Pinus sylvestris Linn. var. *mongolica* Litvin.

松科　松属

别名：海拉尔松、蒙古赤松

分布：黑龙江

【**形态特征**】欧洲赤松变种。乔木，高达25 m，胸径80 cm；树皮深裂成不规则的鳞状块片脱落；冬芽褐色或淡褐色，长卵圆形，有树脂。针叶2针一束，硬直，常扭曲，4～12 cm，径1.5～2 mm，先端尖，边缘有细锯齿，两面均气孔线；叶鞘基部宿存，黑褐色。雄球花圆柱状卵圆形，5～10 mm，聚生新枝下部，长约3～6 cm；雌球花淡紫褐色当年生小球果长约1 cm，下垂。球果卵圆形或长卵圆形，3～6 cm，径2～3 cm，成熟时淡褐灰色；中部种鳞的鳞盾多斜方形，纵脊横脊显著，鳞脐呈瘤状突起，有短刺；种子黑，长卵圆形或倒卵圆形，微扁，长4.5～5.5 mm。花期5～6，球果第二年9～10月成熟。

【生长习性】生于海拔400～800 m的山地及沙丘地区。为光性强、深根性树种，能适应土壤水分较少的山脊及向阳山，以及较干旱的砂地及石砾砂土地区。耐寒性强，旱生，不求土壤水分，过度水湿或积水对其生长不利。喜酸性或微酸土壤。

【精油含量】水蒸气蒸馏法提取叶的得油率为0.43%～67%，果实的得油率为0.20%～0.37%。

【芳香成分】叶：方洪壮等（2010）用水蒸气蒸馏法提取黑龙江小兴安岭产樟子松叶精油的主要成分为：β-石竹烯8.40%）、β-水芹烯（11.00%）、乙酸龙脑酯（5.23%）、α-石烯（4.05%）、α-蒎烯（3.77%）、1-甲基-4-(1-甲基乙烯基)-己烯（3.23%）、1,2,3,5,6,8a-六氢-4,7-二甲基-1-(1-甲基乙)-萘（2.64%）、1-甲基-5-亚甲基-8-(1-甲基乙基)-1,6-环癸二（2.63%）、β-月桂烯（1.50%）、β-蒎烯（1.49%）、γ-杜松醇.03%）等。薄采颖等（2010）用同法分析的黑龙江伊春产樟松新鲜针叶精油的主要成分为：δ-杜松烯（18.55%）、α-杜松（10.23%）、τ-依兰醇（9.84%）、γ-杜松烯（8.60%）、γ-依兰烯（7.48%）、α-蒎烯（7.33%）、γ-榄香烯（5.06%）、β-石竹（4.83%）、α-依兰油烯（3.92%）、吉玛烯D-4-醇（2.21%）、桉叶烯（1.81%）、β-榄香烯（1.74%）、α-石竹烯（1.54%）、杜松醇（1.52%）、库贝醇（1.41%）、莰烯（1.21%）、顺-β-罗烯（1.18%）等。潘宁等（1992）用同法分析的黑龙江哈尔产樟子松叶精油的主要成分为：α-蒎烯（44.63%）、β-蒎烯.70%）、莰烯（4.00%）、蒈烯-3(2.73%）、γ-杜松烯（2.62%）、酸龙脑酯（1.40%）、柠檬烯（1.10%）、喇叭茶醇（1.10%）、依兰油烯（1.07%）等。

果实：杨鑫等（2008）用水蒸气蒸馏法提取的黑龙江伊春樟子松球果精油的主要成分为：4b，5,6,7,8a,9,10-八氢-4b，二甲基-2-异丙基菲（13.61%）、[1S-(1a,3aβ,4a,8aβ,9R*)-乙酸氢-1,5,5,8a-四甲基-1,2,4-亚甲基甘菊环（6.21%）、α-松油醇.52%）、[1S-(1a,3a,5a)-6,6-二甲基-2-次甲基二环[3.1.1]庚-3-（4.77%）、石竹烯氧化物（3.64%）、D-柠檬烯（3.34%）、2,3,4,4a,9,10,10a-八氢-1,1,4a-三甲基-7-(1-甲基乙基)-菲.07%）、冰片（3.03%）、(1S)-4,6,6-三甲基二环-[3.1.1]庚-3-烯-2-酮（2.97%）、1-甲基-4-(1-甲基乙烯基)-苯（2.90%）、6,6-二甲基-2-次甲基二环-[2.2.1]-庚-3-酮（2.11%）、石竹烯（1.76%）、1-(2-甲苯基)-乙酮（1.54%）、α-蒎烯（1.53%）、1-甲基-2-(1-甲基乙基)-苯（1.49%）、(S)-2-甲基-5-(1-甲基乙烯基)-2-环己烯-1-酮（1.45%）、2,7-丁二酮基-3,6-二甲基-1,8-萘二酚（1.44%）、樟脑（1.42%）、1,3,3-三甲基二环-[2.2.1]庚-2-醇（1.35%）、乙酸-1,7,7-三甲基二环-[2.2.1]-庚-2-甲酯（1.23%）、(1S-顺式)-1,2,3,5,6,8a-六氢-4,7-二甲基-1-(1-甲基乙基)-萘（1.15%）等。邢有权等（1992）用同法分析的黑龙江桦南产樟子松球果精油的主要成分为：香橙烯（25.53%）、长叶烯（11.74%）、洒剔烯（10.29%）、α-蒎烯（6.10%）、反式-3-十三烯-1-炔（3.07%）、紫苏醛（3.06%）、柠檬烯（2.97%）、对-伞花烃-α-醇（2.83%）、4-表-去氢松香醛（2.79%）、4-蒈烯（2.35%）、β-蒎烯-3-醇（1.86%）、反式-香芹醇（1.53%）、β-蒎烯（1.38%）、邻-甲基异丙基苯（1.06%）、长叶环烯（1.01%）等。

树脂：宋湛谦等（1996）用水蒸气蒸馏法提取的黑龙江产樟子松松脂精油的主要成分为：长叶松酸/左旋海松酸（30.80%）、α-蒎烯（26.20%）、Δ3-蒈烯（12.10%）、新枞酸（7.40%）、枞酸（5.50%）、湿地松酸（3.50%）、去氢枞酸（2.50%）、苧烯（2.10%）、α-松油烯（1.40%）、山达海松酸（1.30%）、异海松酸（1.20%）等。

【利用】木材可供建筑、枕木、电杆、船舶、器具、家具及木纤维工业原料等用材。树干可割树脂，提取松香及松节油。树皮可提栲胶。可作庭园观赏及绿化树种。可作造林树种。

长苞铁杉

Tsuga longibracteata Cheng

松科　铁杉属

别名：贵州杉、铁油杉

分布：我国特有贵州、湖南、广东、广西、福建

【形态特征】乔木，高达30 m，胸径达115 cm；树皮暗褐色，纵裂；冬芽卵圆形，先端尖，基部芽鳞的背部具有纵脊。叶辐射伸展，条形，直，长1.1～2.4 cm，宽1～2.5 mm，上部微窄或渐窄，先端尖或微钝，叶面有7～12条气孔线，微具白粉，叶背有10～16条灰白色的气孔线，基部楔形，渐窄成短柄。球果直立，圆柱形，长2～5.8 cm，径1.2～2.5 cm；中部种

鳞近斜方形，先端宽圆，中部急缩，基部两边耳形，成熟时深红褐色；苞鳞长匙形，上部宽，边缘有细齿，先端有短尖头，微露出；种子三角状扁卵圆形，长4～8 mm，下面有数枚淡褐色油点。花期3月下旬至4月中旬，球果10月成熟。

【生长习性】生于海拔300～2300 m、气候温暖、湿润、云雾多、气温高、酸性红壤土、黄壤土地带。

【芳香成分】枝：李维林等（2001）用水蒸气蒸馏法提取的广西猫儿山产长苞铁杉新鲜嫩枝精油的主要成分为：十四酸（6.24%）、α-葎草烯（5.52%）、α-蒎烯（5.52%）、α-萜品醇（5.52%）、石竹烯（5.28%）、杜松烯（4.32%）、雅槛蓝烯（3.84%）、十六酸（3.60%）、T-木勒醇（3.48%）、β-蒎烯（2.88%）、桃金娘烯醇（2.64%）、萘烯（2.64%）、反式松香芹醇（2.28%）、十二酸（1.92%）、α-龙脑烯乙醛（1.68%）、α-荜澄茄烯（1.68%）、γ-木勒烯（1.56%）、马鞭草烯酮（1.32%）、4-萜品醇（1.08%）、莰醇（1.08%）等。

叶：李维林等（2001）用水蒸气蒸馏法提取的广西猫儿山产长苞铁杉新鲜叶精油的主要成分为：α-葎草烯（6.06%）、α-蒎烯（5.22%）、β-玷玼烯（5.02%）、α-萜品醇（4.83%）、杜松烯（4.80%）、雅槛蓝烯（4.78%）、γ-芹子烯（4.78%）、β-蒎烯（4.44%）、石竹烯（4.39%）、枞油烯（4.39%）、α-杜松醇（4.37%）、T-木勒醇（4.20%）、γ-木勒烯（4.10%）、榄香烯（4.04%）、莰烯（3.59%）、α-萜品烯醇（2.79%）、α-桉叶油醇（2.18%）、2-异丙基-5-甲基-9-亚甲基双环[4,4,0]-癸烯（1.97%）、α-侧柏烯（1.02%）、α-紫穗槐烯（1.01%）等。

【利用】木材可作建筑、家具、造船、桩木、板材及木纤维工业原料等用。树皮可提取烤胶。可作产地山区的造林树种。

南方铁杉

Tsuga chinensis (Franch.) Pritz. var. *tchekiangensis* (Flour) Cheng

松科　铁杉属
别名：浙江铁杉
分布：我国特有贵州、浙江、安徽、福建、江西、湖南广东、广西、云南

【形态特征】铁杉变种。乔木，高达50 m，胸径达1.6 m；树皮纵裂成块状脱落；冬芽卵圆形或圆球形，先端钝。叶条形，排列成两列，长1.2～2.7 cm，宽2～3 mm，先端钝圆有凹缺，叶面光绿色，叶背淡绿色，叶的背面具有粉白色气孔带，全缘。球果卵圆形或长卵圆形，长1.5～2.5 cm，径1.2～1.6 c
中部种鳞常呈圆楔形、方楔形或楔状短矩圆形，稀近圆形或方形；苞鳞倒三角状楔形或斜方形，上部边缘有细缺齿，先二裂；种子下表面有油点，连同种翅长7～9 mm，种翅上部窄。花期4月，球果10月成熟。

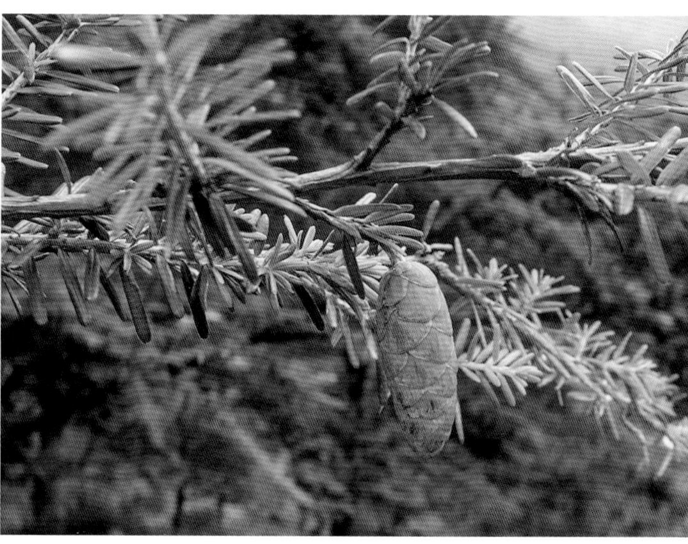

【生长习性】产于海拔600～2100 m地带。分布区夏凉冬雨量多，云雾重，湿度大。喜温凉湿润的气候及深厚肥沃的性土壤，但在石灰土上也能正常生长。

【芳香成分】茎：王慧等（2012）用顶空固相微萃取法提的云南产南方铁杉木片香气的主要成分为：壬醛（6.12%）、醛（4.40%）、雪松醇（3.19%）、辛醛（2.83%）、乙酸（1.98%苯甲醛（1.82%）、苯乙烯（1.61%）、萘（1.61%）、2,2'，5,5四甲基-1,1'-联苯（1.47%）、糠醛（1.45%）、己醛（1.40%去氢白菖烯（1.38%）、香叶基丙酮（1.13%）、邻二甲（1.11%）、庚醛（1.00%）等。

叶：李维林等（2001）用水蒸气蒸馏法提取的广西猫儿产南方铁杉新鲜叶精油的主要成分为：石竹烯（6.10%）、葎草烯（5.05%）、枞油烯（4.85%）、α-木勒烯（4.63%）、蒎烯（4.45%）、β-蒎烯（4.23%）、α-萜品醇（4.21%）、T-勒醇（4.10%）、杜松烯（4.10%）、雅槛蓝烯（4.10%）、T-松醇（4.10%）、α-杜松醇（4.10%）、3,7-二甲基-1,3,7-辛烯（2.63%）、α-侧柏烯（2.59%）、α-萜品烯醇（2.41%）、烯（2.22%）、γ-木勒烯（2.02%）、m-伞花烃（1.82%）、β-没药烯（1.41%）、2-异丙基-5-甲基-9-亚甲基双环[4,4,0]-烯（1.22%）、α-榄香烯（1.16%）、榄香烯（1.01%）、α-依兰（1.00%）等。

【利用】木材可供建筑、航空、造船及家具等用。树皮可制栲胶。是良好的观赏树种。

雪松

Cedrus deodara (Roxb.) G. Don

松科　雪松属
别名：香柏、喜马拉雅杉、喜马拉雅雪松
分布：西藏及北京以南各大城市有栽培

【形态特征】乔木，高达50 m，胸径达3 m；树皮裂成不则的鳞状块片。叶在长枝上辐射伸展，短枝之叶成簇生状，

，坚硬，长2.5～5 cm，宽1～1.5 mm，上部较宽，先端锐尖，部渐窄，常成三棱形，稀背脊明显，腹面两侧各有2～3条气线，背面4～6条，幼时气孔线有白粉。雄球花长卵圆形或圆状卵圆形，长2～3 cm，径约1 cm；雌球花卵圆形，长约nm，径约5 mm。球果熟时红褐色，卵圆形或宽椭圆形，长~12 cm，径5～9 cm，顶端圆钝；中部种鳞扇状倒三角形，上宽圆，边缘内曲，中部楔状，下部耳形，基部爪状，鳞背密短绒毛；苞鳞短小；种子近三角状，种翅宽大，连同种子长2～3.7 cm。

【生长习性】在气候温和凉润、土层深厚、排水良好的酸性壤上生长旺盛。喜光照，幼年时期稍耐庇荫，成树需要充足光照。喜温暖、湿润的气候条件，抗寒能力强。

【精油含量】水蒸气蒸馏法提取枝叶的得油率为0.34%～75%，干燥花序的得油率为1.13%。

【芳香成分】叶：陈菲等（2014）用水蒸气蒸馏法提取的浙金华产雪松新鲜针叶精油的主要成分为：油酸（21.67%）、乙乙酯（11.25%）、β-石竹烯（5.82%）、棕榈酸（3.80%）、β-蒎（3.52%）、3-甲基-2-丁醇（3.41%）、叶醇（2.75%）、α-松醇（2.62%）、α-石竹烯（2.12%）、β-月桂烯（2.10%）、柠檬（1.71%）、丙酰胺（1.71%）、大根香叶烯D（1.68%）、α-蒎烯.59%）、玷烑烯（1.57%）、(Z)-顺-6-十八烯酸（1.21%）等。巧梅等（2013）用同法分析的新鲜叶精油的主要成分为：月烯（30.45%）、α-蒎烯（29.04%）、β-蒎烯（16.49%）、α-松醇（9.29%）、石竹烯（4.09%）、β-水芹烯（2.49%）、β-罗勒烯 X（1.15%）等。段佳等（2005）用同法分析的上海产雪松新鲜叶精油的主要成分为：环葑烯（19.77%）、β-蒎烯（18.86%）、月桂烯（17.54%）、D-柠檬烯（13.85%）、对-薄荷-1-烯-8-醇（4.17%）、石竹烯（9.04%）等。

枝叶：李晓凤等（2015）用水蒸气蒸馏法提取的安徽合肥产雪松阴干枝叶精油的主要成分为：α-蒎烯（24.71%）、β-蒎烯（21.04%）、1-石竹烯（12.42%）、柠檬烯（9.91%）、α-松油醇（4.82%）、α-石竹烯（2.64%）、大根香叶烯（2.28%）、异松油烯（1.15%）等。

花：贾晓妮等（2008）用水蒸气蒸馏法提取的陕西西安产雪松干燥花序精油的主要成分为：D-柠檬烯（17.43%）、β-蒎烯（7.16%）、(+)-亥巴烯（7.04%）、叶芽烯（6.18%）、L-β-蒎烯（5.77%）、3β,17β-二甲氧基雄（甾）-5-烯（5.76%）、17β-羟基-4,9(11)-雄（甾）烯-3-酮（5.50%）、右松脂醛（2.62%）、2,10,10-三甲基三环[7.1.1.0^{2,7}]-7-烯-6-酮（2.44%）、玷玶烯（2.14%）、脱氢枞醛（2.08%）、(-)-α-松油醇（2.06%）、桧萜醇（1.70%）、7-羟基-1,4-对薄荷二烯（1.60%）、异松油烯（1.41%）、迈诺氧化物（1.35%）、嗜银酸（1.24%）、(-)-α-新丁香三环烯（1.15%）、长叶烯-V4(1.11%）、7-异丙基-1,1,4a-三甲基-1,2,3,4,4a,9,10,10a-八氢化菲（1.08%）、L-α-乙酸冰片酯（1.02%）等。

【利用】木材可作建筑、桥梁、造船、家具及器具等用。为普遍栽培的庭园树，是世界著名庭院观赏树种之一。

银杉

Cathaya argyrophylla Chun et Kuang

松科　银杉属

别名： 杉公子

分布： 我国特有广西、四川

【形态特征】乔木，高达20 m，胸径40 cm以上；树皮裂成不规则的薄片；冬芽卵圆形，淡黄褐色。叶螺旋状着生，上端成簇生状，多数长4～6 cm，宽2.5～3 mm，边缘微反卷，叶背具极显著的粉白色气孔带；叶条形，先端圆，基部渐窄，叶面被疏柔毛。雄球花穗状圆柱形，长5～6 cm，基部苞片膜质，边缘具有锯齿，内部的较大，阔卵形，外部的多为三角状扁圆形；雌球花卵圆形，长8～10 mm，径约3 mm，珠鳞近圆形，黄绿色，苞鳞黄褐色，三角状扁圆形或三角状卵形，先端具有尾状长尖，边缘波状有细锯齿。球果暗褐色，卵圆形或长椭圆形，长3～5 cm，径1.5～3 cm，种鳞13～16枚，近圆形或带扁圆形至卵状圆形；种子略扁，斜倒卵圆形，基部尖，橄榄绿带墨绿色，有浅色斑纹，种翅膜质，黄褐色。

【生长习性】产于海拔1400～1800 m的阳坡阔叶林中和山脊地带。分布区气候潮湿，多雾，夏凉冬冷、雨量多、土壤为黄壤、黄棕壤或黄色石灰土，pH3.5～6.0，土层浅薄，多砾石。阳性树种，喜光、喜雾、耐寒性较强，能忍受-15 ℃低温，耐旱、耐土壤瘠薄和抗风等特性，幼苗需庇荫。

【芳香成分】徐植灵等（1989）用水蒸气蒸馏法提取的四金佛山产银杉新鲜叶精油的主要成分为：α-蒎烯（21.71%）、鞭烯酮（5.00%）、反式-松香芹醇（4.70%）、β-蒎烯（4.29%莰烯（2.82%）、桃金娘烯醛（2.40%）、石竹烯氧化物（2.14%α-龙脑烯醛（2.08%）、α-松油醇（1.30%）、桃金娘烯（1.30%）、反式-石竹烯（1.07%）、反式-香芹醇（1.07%）、对聚伞花-α-醇（1.00%）等。

【利用】木材供建筑、家具等用。为古老的残遗植物，有较要的科研价值。

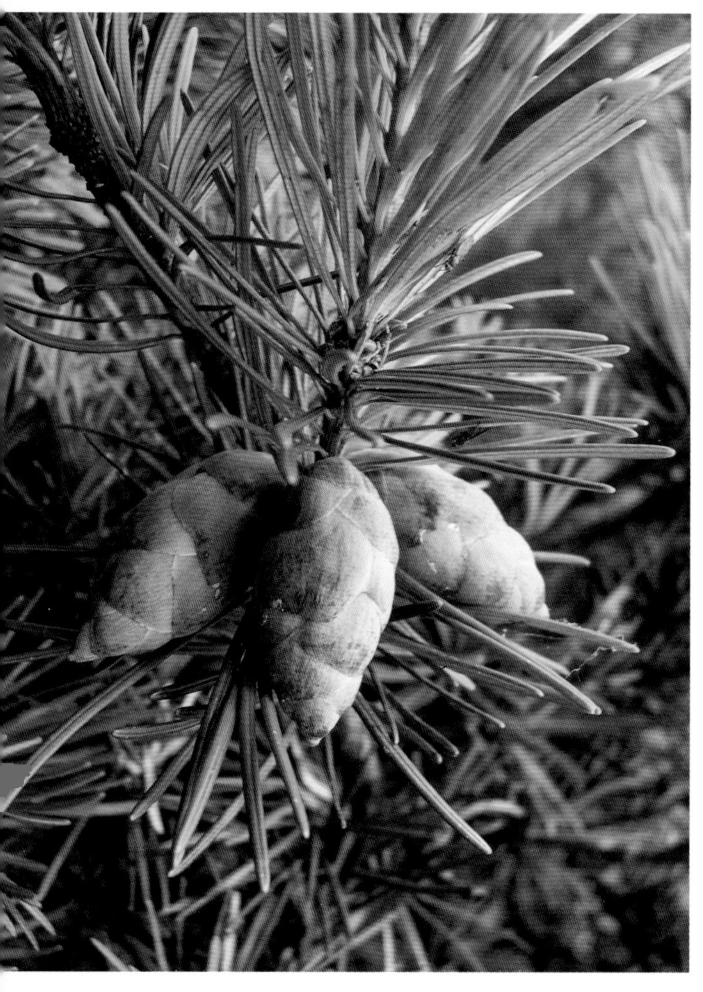

海南油杉

eteleeria hainanensis Chun et Tsiang

科　油杉属

布：我国特有树种。海南

【形态特征】乔木，高达30 m，胸径60～100 cm；树皮淡规则纵裂；冬芽卵圆形。叶基部扭转列成不规则两列，条状针形或近条形，两端渐窄，先端钝，通常微弯，稀较直，长～8 cm，宽3～4 mm，叶面沿中脉两侧各有4～8条气孔线，背色较浅，有2条气孔带；幼树及萌生枝的叶较长宽，长达cm，宽达9 mm；叶柄柄端微膨大呈盘状。雄球花5～8个簇枝顶或叶腋，长约7 mm。球果圆柱形，长14～18 cm，径约m；中部种鳞斜方形或斜方状卵形；苞鳞中部较窄，上部近形，中有长裂，窄三角形，两侧微圆，常有细缺齿；种子近角状椭圆形，长14～16 mm，径6～7 mm，种翅中下部较宽，部渐窄。

【生长习性】生于海拔约1000 m的山区。产地年平均气温18 ℃，年降水量1797 mm，5～10月为湿季，11～4月为干季，处雾线以上，相对湿度大，常风较强。土壤为山地黄壤，深。为阳性树种。

【精油含量】水蒸气蒸馏法提取新鲜叶的得油率为0.18%。

【芳香成分】宋鑫明等（2015）用水蒸气蒸馏法提取的南昌江产海南油杉新鲜叶精油的主要成分为：1-石竹烯（13.37%）、β-蒎烯（12.40%）、α-蒎烯（11.67%）、(Z)-7,13-二甲基-3,6-辛三烯（8.09%）、α-松油醇（6.05%）、顺式橙花叔醇（5.90%）、大根香叶烯D（5.21%）、蛇麻烯（4.11%）、桉叶烯（3.60%）、3-己烯-1-醇（3.55%）、二戊烯（2.49%）、榄香烯（2.39%）、δ-杜松烯（2.36%）、α-杜松醇（2.31%）、3-蒈烯（2.20%）、苯甲酸顺式-3-己烯酯（1.43%）、斯巴醇（1.29%）、4-蒈烯（7CI，8CI）(1.17%）、月桂烯（1.11%）等。

【利用】木材为建筑、家具、船舱、面板等良材。可作庭园绿化树种。

黄枝油杉

Keteleeria calcarea Cheng et L. K. Fu

松科　油杉属

分布：我国特有。广西、贵州、湖南、云南、广东有栽种

【形态特征】乔木，高20 m，胸径80 cm；树皮纵裂成片状剥落；冬芽圆球形。叶条形，在侧枝上排列成两列，长2～4.5 cm，宽3.5～5 mm，先端钝或微凹，基部楔形，叶面光绿色，叶背沿中脉两侧各有18～21条气孔线，有白粉。球果圆柱形，长11～14 cm，径4～5.5 cm，成熟时淡绿色或淡黄绿色；中部的种鳞斜方状圆形或斜方状宽卵形，上部圆，间或先端微平，边缘向外反曲，稀不反曲而先端微内曲，鳞背露出部分有密生的短毛，基部两侧耳状；鳞苞中部微窄，下部稍宽，上部近圆形，先端三裂，中裂窄三角形，侧裂宽圆，边缘有不规则的细齿；种翅中下部或中部较宽，上部较窄。种子10～11月成熟。

【生长习性】多生于海拔200～1100 m的石灰岩山地。分布区年平均气温16～22 ℃，年降水量1250～1750 mm；年相对湿度为75～80%。对土壤要求不严，在钙质土、黄壤土和红壤上均能生长。能耐石山干旱生境。幼苗期稍耐侧阴，4～6龄后，需充足阳光。

【精油含量】水蒸气蒸馏法提取嫩枝的得油率为0.10%。

【芳香成分】何道航等（2006）用水蒸气蒸馏法提取的云南昆明产黄枝油杉嫩枝精油的主要成分为：β-石竹烯（46.21%）、石竹烯氧化物（14.53%）、葎草烯（8.59%）、大根香叶烯（4.09%）、(-)-β-榄香烯（2.91%）、反式-橙花叔醇（2.53%）、

1,5,5,8-四甲基-12-氧杂双环[9.1.0]十二-3,7-二烯（2.08%）、β-芹子烯（1.96%）、芹子-6-烯-4-醇（1.58%）、(-)-β-杜松烯（1.07%）等。

【利用】木材可供建筑、家具等用。适于庭园绿化。可选作造林树种。是中国特有的古老树种，具有研究价值。

油杉

Keteleeria fortunei (Murr.) Carr.

松科　油杉属
别名： 松梧、杜松、海罗松
分布： 我国特有浙江、福建、广西、广东

【形态特征】乔木，高达30 m，胸径达1 m；树皮粗糙，暗灰色，纵裂，较松软。叶条形，在侧枝上排成两列，长1.2～3 cm，宽2～4 mm，先端圆或钝，基部渐窄，叶面光绿色，叶背淡绿色，沿中脉每边有气孔线12～17条；幼枝或萌生枝的叶先端有渐尖的刺状尖头，间或果枝之叶亦有刺状尖头。球果圆柱形，熟时淡褐色或淡栗色，长6～18 cm，径5～6.5 cm；中部的种鳞宽圆形或上部宽圆下部宽楔形，上部宽圆或近平截，稀中央微凹，边缘向内反曲，鳞背露出部分无毛；鳞苞中部窄，下部稍宽，上部卵圆形，先端三裂，中裂窄长，侧裂稍圆，有钝尖头；种翅中上部较宽，下部渐窄。花期3～4月，种子10月成熟。

【生长习性】生于海拔400～1200 m，气候温暖，雨量多，酸性红壤或黄壤土的地带。

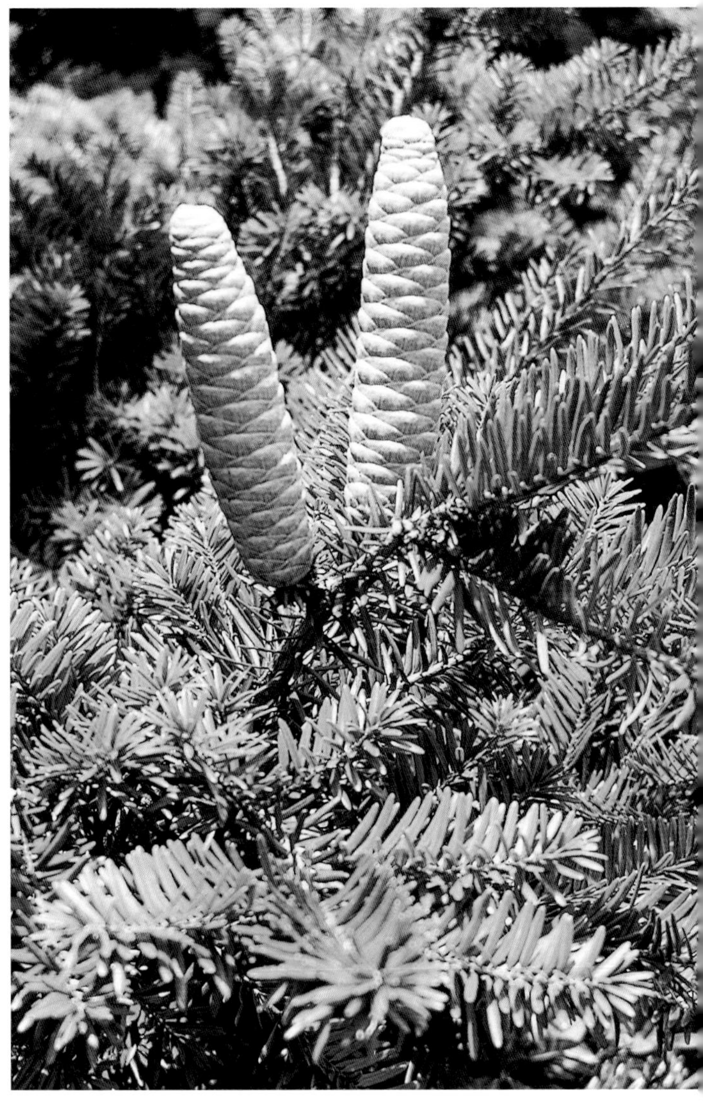

【芳香成分】何道航等（2005）用水蒸气蒸馏法提取的广广州产油杉嫩枝精油的主要成分为：β-石竹烯（67.42%）、葎烯（11.57%）、石竹烯氧化物（5.60%）、(-)-β-榄香烯（2.09%）等。

【利用】木材供建筑、家具等用材。可作东南沿海山区的林树种。可作园林树用。

白扦

Picea meyeri Rehd. ex Wils.

松科　云杉属
别名： 毛枝云杉、白儿松、红扦、红扦云杉、罗汉松、钝叶杉、刺儿松
分布： 我国特有山西、河北、内蒙古

【形态特征】乔木，高达30 m，胸径约60 cm；树皮灰色，裂成不规则的薄块片脱落；冬芽圆锥形，褐色，微有脂，基部芽鳞有背脊，上部芽鳞的先端常微向外反曲。主之叶常辐射伸展，侧枝上面之叶伸展，两侧及下面之叶向弯伸，四棱状条形，微弯曲，长1.3～3 cm，宽约2 mm，端钝尖或钝，有白色气孔线，叶面6～7条，叶背4～5条。果成熟前绿色，成熟时褐黄色，矩圆状圆柱形，长6～9 cm

2.5～3.5 cm；中部种鳞倒卵形，先端圆或钝三角形，下部楔形或微圆，鳞背露出部分有条纹；种子倒卵圆形，长约5 mm，种翅淡褐色，倒宽披针形。花期4月，球果9月下旬至月上旬成熟。

【生长习性】生于海拔1600～2700 m的气温较低、雨量及度较高、土壤为灰色棕色森林土或棕色森林地带。生长很慢。阴性强，喜空气湿润，喜欢生长于中性或微酸性土壤，也可长于微碱性土壤中。

【精油含量】水蒸气蒸馏法提取枝叶的得油率为0.35%。

【芳香成分】朱亮锋等（1993）用水蒸气蒸馏法提取的白枝叶精油的主要成分为：柠檬烯（14.87%）、乙酸龙脑酯4.82%）、樟脑（14.11%）、α-蒎烯（8.37%）、莰烯（8.17%）、烯-3（8.09%）、β-蒎烯（7.28%）、β-月桂烯（3.66%）、龙脑（3.55%）、蒈烯-2（1.97%）、α-石竹烯（1.25%）、α-松油醇（1.19%）、β-石竹烯（1.19%）等。

【利用】木材可供建筑、电杆、桥梁、家具及木纤维工业原料用材。宜作华北地区高山上的造林树种。可作庭园树栽培。枝叶精油可用于一般涂料稀释剂或溶剂。

红皮云杉

Picea koraiensis Nakai.

松科　云杉属

别名： 红皮臭、虎尾松、高丽云杉、小片鳞松、针松、沙树、带岭云杉、岛内云杉、丰山云杉、溪云杉

分布： 吉林、辽宁、内蒙古

【形态特征】乔木，高达30 m以上，胸径60～80 cm；树皮裂成不规则薄条片脱落；冬芽圆锥形，淡褐黄色或淡红褐色，微有树脂。叶四棱状条形，主枝之叶近辐射排列，侧生小枝上面之叶直上伸展，下面及两侧之叶从两侧向上弯伸，长1.2～2.2 cm，宽约1.5 mm，先端急尖。球果卵状圆柱形或长卵状圆柱形，成熟时绿黄褐色至褐色，长5～8 cm，径2.5～3.5 cm；中部种鳞倒卵形或三角状倒卵形，先端圆或钝三角形，基部宽楔形；苞鳞条状，中下部微窄，先端钝或微尖，边缘有极细的小缺齿；种子灰黑褐色，倒卵圆形，长约4 mm，种翅淡褐色，倒卵状矩圆形。花期5～6月，球果9～10月成熟。

【生长习性】分布于海拔400～1800 m地带。为浅根性树种，较耐阴。喜生长于山的中下部与谷地。分布区内除有积水的沼泽地带及干燥的阳坡、山脊外，在其他各种类型的立地条件均能生长。

【芳香成分】方洪壮等（2010）用水蒸气蒸馏法提取的黑龙江小兴安岭产红皮云杉叶精油的主要成分为：D-柠檬烯（18.20%）、乙酸龙脑酯（15.00%）、樟脑（11.00%）、莰烯（10.70%）、α-蒎烯（6.96%）、龙脑（5.95%）、1,2,3,5,6,8a-六氢-4,7-二甲基-1-(1-甲基乙基)-萘（3.95%）、α-杜松醇（3.89%）、β-月桂烯（2.81%）、γ-杜松醇（2.63%）等。赵宏博等（2017）用水蒸气蒸馏法提取的黑龙江萝北产红皮云杉阴干叶精油的主要成分为：乙酸龙脑酯（26.67%）、龙脑（11.68%）、樟脑（11.10%）、γ-依兰油醇（5.41%）、γ-荜澄茄醇（3.32%）、莰烯（2.18%）、反式水合桧烯（2.13%）、β-荜澄茄油萜（1.82%）、苯甲酸苯酯（1.78%）、檀萜烯（1.72%）、(R)-香茅醇（1.68%）、β-朱栾（1.33%）、斯巴醇（1.25%）、柠檬烯（1.19%）、香茅醇乙酸酯（1.17%）、α-依兰油烯（1.12%）、α-松

油醇（1.07%）等。

【利用】木材可供建筑、电杆、造船、家具、木纤维工业原料、细木加工等用材。树干可割取树脂。树皮及球果的种鳞可提取栲胶。可作东北地区的造林及庭园树种。叶精油具有镇痛、抗炎、镇咳、祛痰、抗突变、降血脂、降血压及抑菌等作用，同时也是香料、食品及化学工业上的重要原料。

丽江云杉

Picea likiangensis (Franch.) Pritz.

松科　云杉属
别名： 丽江杉
分布： 云南、四川

【形态特征】乔木，高达50 m，胸径达2.6 m；树皮深裂成不规则的厚块片；冬芽圆锥形或圆球形，有树脂，芽鳞褐色。叶棱状条形或扁四棱形，长0.6～1.5 cm，宽1～1.5 mm，先端尖或钝尖，腹面每边有白色气孔线4～7条，背面每边有1～12条气孔线。球果卵状矩圆形或圆柱形，种鳞成熟时褐色、淡红褐色、紫褐色或黑紫色，长7～12 cm，径3.5～5 cm；中部种斜方状卵形或菱状卵形，中下部宽，中上部渐窄或微渐窄，部成三角形或钝三角形，边缘有细缺齿，稀呈微波状，基部形；种子灰褐色，近卵圆形，连同种翅长0.7～1.4 cm，种翅卵状椭圆形，淡褐色，常具有疏生的紫色小斑点。花期4～5球果9～10月成熟。

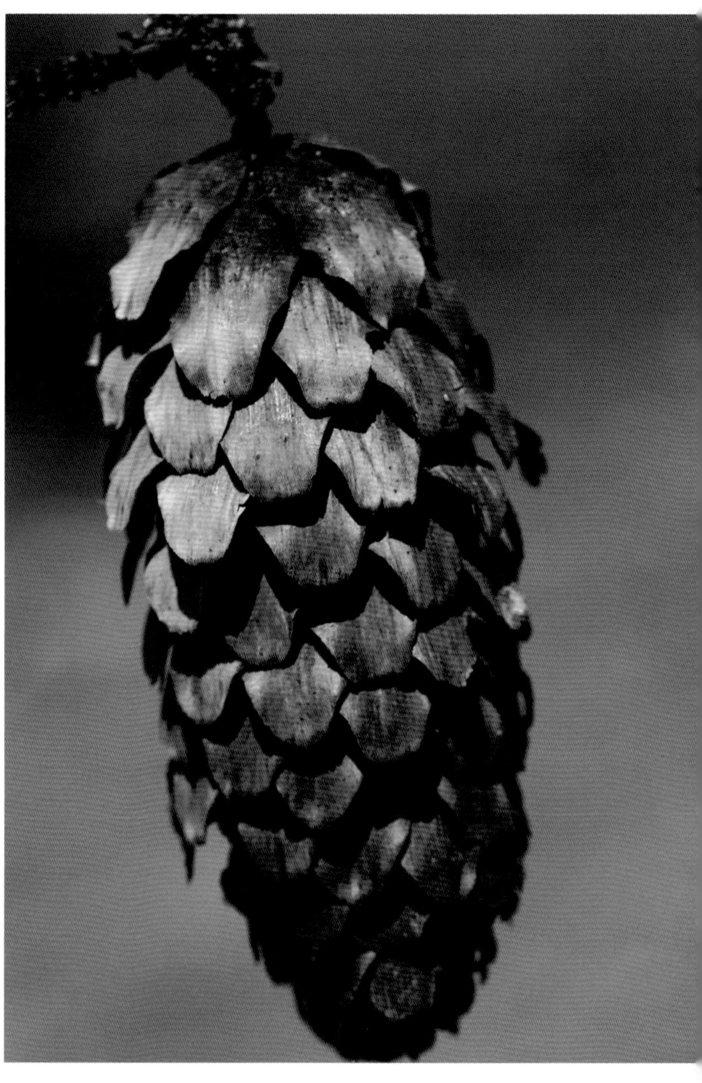

【生长习性】生于海拔2500～3800 m的气候温暖湿润、季积雪、酸性山地棕色森林土高山地带。

【芳香成分】徐磊等（2016）用XAD2 吸附法提取的云产丽江云杉球果香气的主要成分为：β-蒎烯（31.07%）、柠烯（30.33%）、α-蒎烯（23.86%）、月桂烯（6.71%）、2,6-二叔基-4-甲基苯酚（5.63%）等。

【利用】木材可供建筑、桥梁、舟车、器具、细木加工及木纤维工业原料等用材。为分布区森林更新及荒山造林树种。

欧洲云杉

Picea abies (Linn.) Karst.

松科　云杉属

别名：挪威云杉

分布：江西、山东有栽培

【形态特征】乔木，在原产地高达60 m，胸径达4～6 m；幼树树皮薄，老树树皮厚，裂成小块薄片。大枝斜展，小枝通常下垂，幼枝淡红褐色或橘红色，无毛或有疏毛。冬芽圆锥形，先端尖，芽鳞淡红褐色上部芽鳞反卷，基部芽鳞先端长尖，有纵脊，具有短柔毛。小枝上面之叶向前或向上伸展，下面之叶向两侧伸展或与两侧之叶向上弯伸，或下垂小枝之叶辐射向前伸展，四棱状条形，直或弯曲，长1.2～2.5 cm，横切面斜方形，四边有气孔线。球果圆柱形，长10～15 cm，稀达18.5 cm，成熟时褐色；种鳞较薄，斜方状倒卵形或斜方状卵形，先端截形或有凹缺，边缘有细缺齿；种子长约4 mm，种翅长约16 mm。

【生长习性】多分布于年平均气温4～12 ℃，年降水量400～900 mm，年相对湿度60%以上高山地带或高纬度地区。适应性广，耐阴能力较强，对气候要求不严。抗寒性较强，能忍受-30 ℃以下低温，但嫩枝抗霜性较差。在气候温和湿润、酸性至微酸性的棕色森林土或褐棕土中生长甚好。

【芳香成分】陈鹏等（2001）用溶剂萃取法提取的欧洲云杉主干精油的主要成分为：α-蒎烯（27.04%）、β-蒎烯（23.05%）、β-水芹烯（8.97%）、3-蒈烯（4.20%）、莰烯（1.53%）、柠檬烯（1.05%）等；韧皮部精油的主要成分为：α-蒎烯（20.51%～33.56%）、β-蒎烯（16.84%～33.60%）、β-水芹烯（11.42%～16.92%）等。

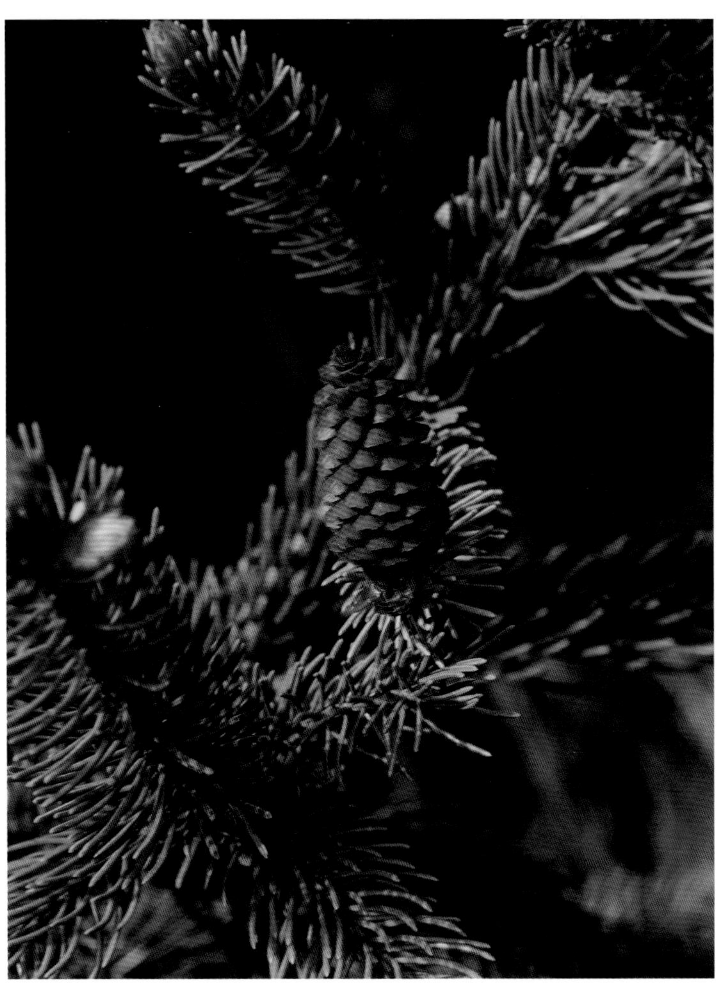

【利用】作为传统的圣诞节树被广泛应用。木材可作电杆、枕木、建筑、桥梁用材；还可用于制作乐器、滑翔机等，并是造纸的原料。树干可提取树脂和单宁。小枝和叶片加入酵母菌和砂糖被用于啤酒发酵。针叶可提取精油。欧洲云杉是城市绿化的观赏树种。

青海云杉

Picea crassifolia Kom.

松科　云杉属

别名：泡松

分布：我国特有青海、甘肃、宁夏、内蒙古

【形态特征】乔木，高达23 m，胸径30～60 cm；冬芽圆锥形，通常无树脂，基部芽鳞有隆起的纵脊。叶较粗，四棱状条形，近辐射伸展，或小枝上面之叶直上伸展，下部及两侧之叶

向上弯伸，长1.2～3.5 cm，宽2～3 mm，先端钝，或具钝尖头，横切面四棱形，稀两侧扁，四面有气孔线，叶面每边5～7条，叶背每边4～6条。球果圆柱形或矩圆状圆柱形，长7～11 cm，径2～3.5 cm，成熟前种鳞背部露出部分绿色，上部边缘紫红色；中部种鳞倒卵形，先端圆，边缘全缘或微成波状，微向内曲，基部宽楔形；苞鳞短小，三角状匙形；种子斜倒卵圆形，连翅长约1.3 cm，种翅倒卵状，淡褐色，先端圆.花期4～5月，球果9～10月成熟。

【生长习性】生于海拔1600～3800 m地带的山谷或阴坡。抗旱性较强。生长缓慢，适应性强，可耐-30 ℃低温。耐旱，耐瘠薄，喜中性土壤，忌水涝，幼树耐阴，为浅根性树种，抗风力差。

【芳香成分】枝：史睿杰等（2011）用固相微萃取技术提取的陕西秦岭产青海云杉枝条精油的主要成分为：α-烯（35.41）、α-水芹烯（22.57%）、莰烯（11.19%）、1-甲基-(1～1-甲基乙烯基)-环已烯（8.12%）、石竹烯（6.71%）、1,5,9,四甲基-1,4,7-环十一碳三烯（2.13%）、3,3,7,11-四甲基三[5.4.0.$0^{4,11}$]十一烷-1-醇（2.12%）、左旋乙酸冰片酯（1.76%1a,2,3,3a,4,5,6,7 b-八氢-1,1,3a,7-四甲基-1 H-环丙基[1]（1.53%）、柠檬烯（1.49%）、1,7,7-三甲基三环[2.2.1.$0^{2,6}$]庚（1.01%）等。

叶：史睿杰等（2011）用固相微萃取技术提取的陕西岭产青海云杉针叶精油的主要成分为：莰烯（23.10%）、α-烯（19.64%）、左旋乙酸冰片酯（16.68%）、冰片（7.54%1,2,4a,5,8,8a-六氢-4,7-二甲基-1-(1-甲乙基)-萘（6.08%）、柠檬烯（3.90%）、4-(3-羟基-2,6,6-三甲基环己基-1-乙基)戊-3-烯-2-酮（2.64%）、石竹烯（2.38%）、1,7,7-三甲三环[2.2.1.$0^{2,6}$]庚烷（2.36%）、十氢-3a-甲基-6-亚甲基-(1-甲乙基)-环丁基[1,2：3,4]二环戊烯（2.24%）、α-水芹（1.86%）、6,6-二甲基-2-亚甲基-双环[3.1.1]庚烷（1.79%1,2,3,4,4a,5,6,8a-八氢-7-甲基-4-亚甲基-1-(1-甲乙基)-（1.50%）、八氢-7-甲基-3-亚甲基-4-(1-甲乙基)-1 H-环戊并[1,环丙并[1,2]苯（1.47%）、α-石竹烯（1.30%）等。

【利用】木材可供建筑、桥梁、舟车、家具、器具及木纤工业原料等用材。为产区的优良造林树种。可作为庭园观赏种。

青扦

Picea wilsonii Mast.

松科　云杉属

别名：刺儿松、黑扦松、白扦松、细叶松、方叶杉、白扦云杉细叶云杉、华北云杉、紫木树、红毛杉

分布：我国特有内蒙古、河北、山西、陕西、湖北、甘肃、海、四川

【形态特征】乔木，高达50 m，胸径达1.3 m；树皮裂成规则鳞状块片脱落；冬芽卵圆形，淡黄褐色或褐色，先端钝背部无纵脊。叶在小枝上部向前伸展，小枝下部之叶向两侧展，四棱状条形，长0.8～1.8 cm，宽1.2～1.7 mm，先端尖，面各有气孔线4～6条，微具白粉。球果卵状圆柱形或圆柱状卵圆形，成熟时黄褐色或淡褐色，长5～8 cm，径2.5～4 cm

部种鳞倒卵形，先端圆或有急尖头，或呈钝三角形，或具有起截形之尖头，基部宽楔形，鳞背露出部分无明显的槽纹，平滑；苞鳞匙状矩圆形，先端钝圆；种子倒卵圆形，连翅长2～1.5 cm，种翅倒宽披针形，淡褐色，先端圆。花期4月，果10月成熟。

【生长习性】生于海拔700～2800 m处。在气候温凉、土壤、深厚、排水良好的微酸性地带生长良好。适应性较强，耐性强，耐寒，喜凉爽湿润气候，适当湿润的中性或微酸性土壤，在微碱性土壤中也可生长。

【精油含量】水蒸气蒸馏法提取叶的得油率为0.24%。

【芳香成分】朱亮锋等（1993）用水蒸气蒸馏法提取青叶精油的主要成分为：乙酸龙脑酯（36.94%）、β-月桂（16.96%）、柠檬烯（9.94%）、α-蒎烯（9.05%）、β-蒎烯.90%）、莰烯（7.87%）、樟脑（3.37%）、龙脑（1.53%）等。

【利用】木材可供建筑、电杆、土木工程、器具、家具及木纤维工业原料等用材。可作分布区内的造林树种。可作园林观赏树。枝叶精油可用于一般涂料的稀释剂或溶剂。

新疆云杉

Picea obovata Ledeb.

松科　云杉属
别名：西伯利亚云杉
分布：新疆

【形态特征】乔木，高达35 m，胸径60 cm；树皮裂成不规则块片；冬芽圆锥形，有树脂，淡褐黄色，芽鳞排列较密。小枝上部之叶向前伸展，小枝下部及两侧的叶向上弯伸，四棱状条形，长1.3～2.3 cm，宽约2 mm，先端有急尖的短尖头，腹面每边有微具白粉的气孔线5～7条，背面每边有4～5条。球果卵状圆柱形或圆柱状矩圆形，成熟时褐色，长5～11 cm，径2～3 cm；中部种鳞楔状倒卵形，长1.8～2.1 cm，宽1.5～1.8 cm，上部圆或截圆形，排列紧密，边缘微向内曲，基部宽楔形，间或微具条纹；苞鳞近披针形；种子黑褐色，倒三角状卵圆形，连翅长1.4～1.6 cm，种翅褐色，倒卵状矩圆形。花期5月，球果9～10月成熟。

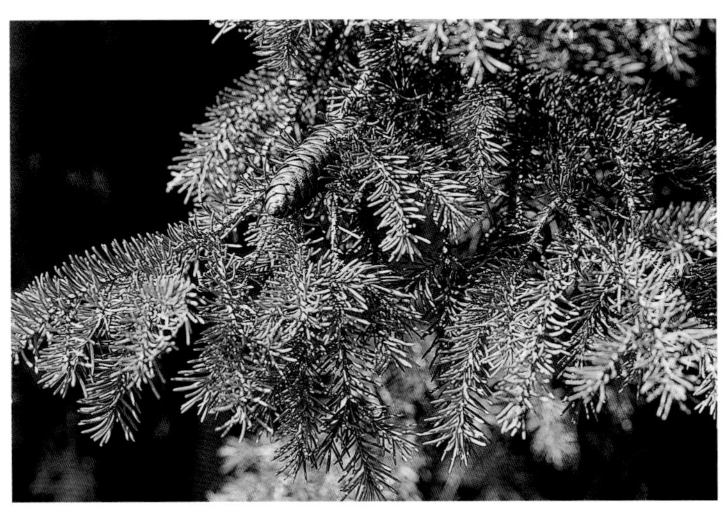

【生长习性】生于海拔1200～1800 m的弱灰化灰色森林土地带。生长较快。为耐阴、浅根性树种，喜湿润肥沃、排水良好的酸性土。在有流水浸润的河岸地带生长良好。

【精油含量】水蒸气蒸馏法提取针叶的得油率为1.14%；树脂得油率为20%～25%。

【芳香成分】**枝：**赵薇等（2011）用固相微萃取技术提取的陕西秦岭产新疆云杉枝条精油的主要成分为：α-蒎烯（44.97%）、莰烯（17.44%）、石竹烯（8.98%）、D-柠檬烯（7.35%）、α-水芹烯（4.72%）、（1 S-桥）-醋酸-1,7,7-三甲基-[2.2.1]双环庚烷-2-醇（4.13%）、Z,Z,Z-1,5,9,9-四甲基-1,4,7-环十一烷三烯（2.34%）、莰醇（2.24%）、异长叶烷酮-8-醇（1.18%）等。

叶：金琦等（1994）用水蒸气蒸馏法提取的针叶精油的主要成分为：苧烯（19.50%）、3-蒈烯（17.20%）、乙酸龙脑酯（10.10%）、β-水芹烯（8.60%）、桧烯+β-蒎烯（7.70%）、α-蒎烯（6.80%）、莰烯（5.70%）、反式石竹烯（2.60%）、罗勒烯（1.80%）、异松油烯（1.10%）等。

树脂：刘景英（2004）用水蒸气蒸馏法提取的新疆产新疆云杉树脂精油的主要成分为：α-蒎烯（56.40%）、β-蒎烯（19.12%）、柠檬烯（8.76%）、莰烯（2.13%）、反-松香芹醇（1.45%）、1-甲基-4-异烯丙基苯（1.38%）等。

【利用】木材可供建筑、土木工程、细木加工、电杆及木纤维工业原料等用材。树皮可提取栲胶。

雪岭杉

Picea schrenkiana Fisch. et Mey.

松科　云杉属
别名： 雪岭云杉
分布： 新疆

【形态特征】乔木，高达35～40 m，胸径70～100 cm；树皮暗褐色，成块片状开裂。冬芽圆锥状卵圆形，淡褐黄色，微有树脂，芽鳞背部及边缘有短柔毛，叶辐射斜上伸展，四棱状条形，直伸或多少弯曲，长2～3.5 cm，宽约1.5 mm，四面均有气孔线，叶面每边5～8条，叶背每边4～6条。球果成熟前绿色，椭圆状圆柱形或圆柱形，长8～10 cm，径2.5～3.5 cm；中部种鳞倒三角状倒卵形，长约2 cm，宽约1.7 cm，先端圆，基部宽楔形；苞鳞倒卵状矩圆形，长约3 mm；种子斜卵圆形，长3～4 mm，连翅长约1.6 cm，种翅倒卵形，先端圆，宽约6.5 mm。花期5～6月，球果9～10月成熟。

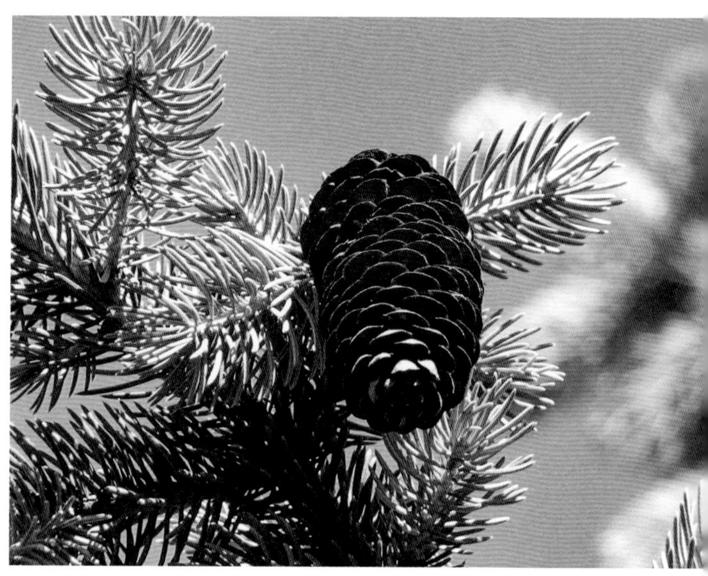

【生长习性】仅分布在海拔2200～3500 m地带的山谷及润的阴坡。对水分要求较高，是一种抗旱性不太强的树种。

【精油含量】水蒸气蒸馏法提取叶的得油率为0.93%。

【芳香成分】周维纯等（1998）用水蒸气蒸馏法提取的岭杉叶精油的主要成分为：醋酸冰片酯（56.34%）、α-柠烯（8.78%）、Δ3-蒈烯（4.16%）、α-异薄荷酮（3.24%）、龙（3.12%）、对伞花烃（2.85%）、α-异松油烯（2.62%）、α-蒎（2.56%）、香茅醇（1.71%）、百里香酚（1.61%）、马鞭草烯（1.41%）、月桂烯（1.25%）、香叶烯醇（1.23%）等。

【利用】木材可供飞机、机械、舟车、桥梁、枕木、电杆房屋建筑、家具及木纤维工业原料等用材。树皮可提取栲胶。

鱼鳞云杉

Picea jezoensis Carr. var. *microsperma* (Lindl.) Chen et L. K. Fu

松科　云杉属
别名： 鱼鳞松、鱼鳞杉
分布： 黑龙江、吉林、辽宁、内蒙古

【形态特征】变种。乔木，高达50 m，胸径可达1.5 m；皮裂成鳞状块片；冬芽圆锥形，淡褐色，几乎无树脂。小枝面之叶覆瓦状向前伸展，下面及两侧之叶向两侧弯伸，条形常微弯，长1～2 cm，宽1.5～2 mm，先端常微钝，叶面有2

粉气孔带，叶背无气孔。球果矩圆状圆柱形或长卵圆形，成时褐色或淡黄褐色，长4～9 cm，径2～2.6 cm；种鳞薄，中种鳞卵状椭圆形或菱状椭圆形，中部较宽，先端近截形或，边缘有不规则的细缺齿，基部宽楔形微圆；苞鳞先端凸尖圆；种子连翅长约9 mm，种翅宽约3.5 mm。花期5～6月，果9～10月成熟。

【生长习性】生于海拔300～800 m的气候寒凉、棕色森林的丘陵或缓坡地带。

【芳香成分】茎：宋小双等（2009）用富集法收集的黑龙江产鱼鳞云杉树干挥发油的主要成分为：神圣亚麻三烯（16.04%）、α-葑烯（14.24%）、α-蒎烯（10.18%）、β-蒎烯（4.94%）、环氧乙烷（4.56%）、苯乙酸橙花酯（3.63%）、罗勒烯（3.22%）、R-α-蒎烯（3.19%）、莰烯（3.17%）、α-水芹烯（2.95%）、苯乙酸芳樟酯（2.93%）、异柠檬烯（2.88%）、4-蒈烯（2.88%）、β-水芹烯（2.64%）、正丁基醚（2.41%）、甲基苯（2.01%）、3-蒈烯（1.59%）、α-松油烯（1.30%）、依兰烯（1.27%）、β-月桂烯（1.17%）等。

叶：方洪壮等（2010）用水蒸气蒸馏法提取的黑龙江小兴安岭产鱼鳞云杉叶精油的主要成分为：乙酸龙脑酯（26.00%）、D-柠檬烯（13.10%）、莰烯（11.50%）、樟脑（10.40%）、α-蒎烯（7.68%）、1,2,3,5,6,8a-六氢-4,7-二甲基-1-(1-甲基乙基)-萘（3.49%）、龙脑（2.86%）、γ-杜松醇（2.41%）、β-月桂烯（1.26%）等。

树脂：刘根成等（1990）用水蒸气蒸馏法提取的吉林汪清产鱼鳞云杉松脂精油的主要成分为：α-蒎烯（60.18%）、β-蒎烯（22.43%）、α-柠檬烯（4.36%）、δ-蒈烯-3(2.39%）等。

【利用】木材可供建筑、飞机、桥梁、舟车、家具及木纤维工业等用材。树皮可提取栲胶。树干可割取松脂。叶可提取精油。民间利用松脂的精油防治感冒，效果良好。

云杉

Picea asperata Mast.

松科　云杉属

别名：粗枝云杉、茂县云杉、茂县杉、异鳞云杉、大云杉、大果云杉、白松、粗皮云杉、白杄

分布：我国特有陕西、甘肃、四川

【形态特征】乔木，高达45 m，胸径达1 m；树皮裂成不规则鳞片或稍厚的块片脱落；冬芽圆锥形，有树脂，基部膨大。主枝之叶辐射伸展，侧枝上部之叶向上伸展，下部及两侧之叶向上方弯伸，四棱状条形，长1～2 cm，宽1～1.5 mm，微弯曲，先端微尖或急尖，气孔线上面每边4～8条，下面每边4～6条。球果圆柱状矩圆形或圆柱形，上端渐窄，成熟时淡褐色或栗褐色，长5～16 cm，径2.5～3.5 cm；中部种鳞倒卵形，上部圆或截圆形或钝三角形，先端全缘，或球果基部或中下部种鳞的先端两裂或微凹；苞鳞三角状匙形；种子倒卵圆形，连翅长约1.5 cm，种翅淡褐色，倒卵状矩圆形。花期4～5月，球果9～10月成熟。

【生长习性】生于海拔2400～3600 m地带，稍耐阴，能耐干燥及寒冷的环境条件，在气候凉润、土层深厚、排水良好的微酸性棕色森林土地带生长迅速。在全光下生长旺盛。

【精油含量】水蒸气蒸馏法提取针叶和嫩枝的得油率0.20%～0.50%。

【芳香成分】孙丽艳等（1991）用水蒸气蒸馏法提取的杉针叶和嫩枝精油的主要成分为：γ-萜品烯（22.62%）、烯（13.53%）、β-蒎烯（13.32%）、樟脑（8.90%）、龙脑乙（7.07%）、莰烯-3（5.36%）、龙脑（2.60%）、檀烯（1.84% 1,4,8-对盖三烯（1.21%）、α-蒎烯（1.20%）、莰烷（1.05%）、荷烯-3-醇-1-乙酯（1.01%）等。

【利用】木材可作建筑、飞机、乐器、枕木、电杆、舟车器具、箱盒、家具及木纤维工业原料等用材。树干可割取松根、木材、枝及叶均可提取精油。树皮可提取栲胶。适宜为布区内的造林树种。

紫果云杉

cea purpurea Mast.

公科　云杉属

别名：紫果杉

分布：我国特有四川、甘肃、青海

【形态特征】乔木，高达50 m，胸径达1 m；树皮裂成不规较薄的鳞状块片；冬芽圆锥形，有树脂。叶辐射伸展或枝条部之叶向前伸展，下部之叶向两侧伸展，扁四棱状条形，直微弯，长0.7～1.2 cm，宽1.5～1.8 mm，先端微尖或微钝，背先端呈明显的斜方形，腹面每边有4～6条白粉气孔线。球果柱状卵圆形或椭圆形，紫黑色或淡红紫色，长2.5～6 cm，径7～3 cm；中部种鳞斜方状卵形，中上部渐窄成三角形，边缘状、有细缺齿；苞鳞矩圆状卵形；种子连翅长约9 mm，种翅色，有紫色小斑点。花期4月，球果10月成熟。

【生长习性】常生长于海拔2600～3800 m的气候温凉、山棕壤土地带。

【精油含量】水蒸气蒸馏法提取阴干叶的得油率为0.05%。

【芳香成分】周维经等（1987）用水蒸气蒸馏法提取的青海仁产紫果云杉阴干叶精油的主要成分为：柠檬烯（31.40%）、叶烯（12.00%）、β-蒎烯（8.00%）、香茅醇（6.80%）等。

【利用】木材可供飞机、机器、乐器、器具、家具、建筑、细木加工及木纤维工业原料等用材。可作产地森林更新及荒山造林树种。

荸荠

Heleocharis dulcis (Burm. f.) Trin.

莎草科　荸荠属

别名：马蹄、水栗、芍、凫茈、乌芋、菩荠、地栗、马蹄儿、钱葱、土栗

分布：全国各地

【形态特征】细长的匍匐根状茎的顶端生块茎。秆多数，丛生，高15～60 cm。叶缺如，只在秆的基部有2～3个叶鞘；鞘近膜质，绿黄色，紫红色或褐色，高2～20 cm，鞘口斜，顶端急尖。小穗顶生，圆柱状，长1.5～4 cm，直径6～7 mm，淡绿色，顶端钝或近急尖，有多数花，在小穗基部有两片鳞片中空无花，抱小穗基部一周；其余鳞片全有花，松散地复瓦状排列，宽长圆形或卵状长圆形，顶端钝圆，长3～5 mm，宽2.5～4 mm，背部灰绿色，近革质，边缘为微黄色干膜质，全面有淡棕色细点。小坚果宽倒卵形，双凸状，顶端不缢缩，长约2.4 mm，径1.8 mm，成熟时棕色，光滑，稍黄微绿色。花果期5～10月。

【生长习性】喜生于池沼中或栽培在水田里，喜温爱湿怕冻，适宜生长在耕层松软、底土坚实的壤土中。适宜在浅水中生长，要求氮肥较少，磷肥较多。要求有充足的光照。

【芳香成分】胡西洲等（2017）用水蒸气蒸馏法提取的湖北孝昌产荸荠干燥球茎精油的主要成分为：亚油酸（32.52%）、棕榈酸（21.53 %）、油酸（5.62%）、油酸酰胺（5.42%）、正二十四烷（2.61%）、正二十一烷（1.76%）、二十八烷（1.55%）、十六碳酰胺（1.21%）、(Z)-9,17-十八二烯醛（1.03%）、正二十三烷（1.00%）等。

【利用】球茎供生食、熟食或提取淀粉。球茎药用，有清热解毒、凉血生津、利尿通便、化湿祛痰、消食除胀的功效，可用于治疗黄疸、痢疾、小儿麻痹、便秘等疾病。

❀ 短叶水蜈蚣

Kyllinga brevifolia Rottb.

莎草科　水蜈蚣属
别名：无头土香、金钮草、三荚草、散寒草、水蜈蚣、球子草、疟疾草、金牛草、金钮子、红背叶
分布：华东、华中、华南、西南各地

【形态特征】根状茎长而匍匐，外被膜质、褐色的鳞片。秆成列地散生，细弱，高7～20 cm，扁三棱形，具有4～5个圆筒状叶鞘，最下面2个叶鞘常为干膜质，棕色，鞘口斜截形，顶端渐尖，上面2～3个叶鞘顶端具叶片。叶柔弱，宽2～4 mm，上部边缘和背面中肋上具有细刺。叶状苞片3枚；穗状花序单个，极少2或3个，球形或卵球形，长5～11 mm，宽4.5～10 mm，具有多数密生的小穗。小穗长圆状披针形或披形，压扁，长约3 mm，具1朵花；鳞片膜质，白色，具锈少为麦秆黄色，背面的龙骨状突起绿色，具刺，顶端延伸成弯的短尖。小坚果倒卵状长圆形，扁双凸状，表面具有密的点。花果期5～9月。

【生长习性】生长于山坡荒地、路旁草丛中、田边草地、边、海边沙滩上，海拔在600 m以下。喜潮湿环境。

【芳香成分】何斌等（2005）用水蒸气蒸馏法提取的南长沙产短叶水蜈蚣阴干全草精油的主要成分为：β-榄（18.30%）、β-蒎烯（12.70%）、石竹烯（7.98%）、3 H-3α,甲桥-2,4,5,6,7,8-六氢-1,4,9,9-四甲基-3αR-(3α-α,4β,7α甘菊环（6.79%）、(1 S)-1,8α-二甲基-7α-异丙基-4,8-桥-1,2,3,5,6,7,8,8α-八氢萘（5.87%）、巴伦西亚橘烯（5.13%6,6-二甲基-2-亚甲基-二环[3,1,1]-庚-2-烯（4.02%）、α-石烯（3.84%）、4-甲基-1-异丙基-3-环己烯-1-醇（2.86%）、松醇（2.50%）、α-蒎烯（2.43%）、反式-5-甲基-3-异丙基-己烯（2.21%）、4α,8,8-三甲基-9-甲叉基-1,4-甲桥-甘菊(2.14%）、4-(1,1-二甲基乙基)-2-甲基-酚（2.03%）、对-聚花素（1.66%）、D-柠檬烯（1.17%）等。宁振兴等（2012）同法分析的江苏产短叶水蜈蚣风干全草精油的主要成分为3,7,11,15-四甲基-2,6,10,14-十六烷四烯-1-醇（14.23%）、α-竹烯（13.53%）、1,5,5,8-四甲基-12-氧杂双环[9.1.0]十二烷-3,二烯（11.24%）、氧化石竹烯（8.20%）、十六酸（6.23%）、氢金合欢基丙酮（5.90%）、β-石竹烯（4.70%）、植醇（4.47%7(11)-桉叶烯-4-醇（2.68%）、菖蒲烯（1.65%）、α-金合欢(1.64%）、金合欢基丙酮（1.61%）、β-榄香烯（1.45%）、7-异

基-1,4a-二甲基-4,4a,5,6,7,8-六氢化-2(3)-萘酮（1.27%）、α-子烯（1.08%）、β-芹子烯（1.02%）等。

【利用】全草入药，用于治疗伤风感冒、支气管炎、百日、疟疾、痢疾、肝炎、乳糜尿、跌打损伤、风湿性关节炎；用治疗蛇咬伤、皮肤瘙痒、疖肿。

粗根茎莎草

perus stoloniferus Retz.

草科　莎草属
布：福建、广东、广西、海南

【形态特征】根状茎长而粗，木质化具有块茎。秆高~20 cm，钝三棱形，平滑，基部叶鞘通常分裂成纤维状。叶短于秆，少长于秆，宽2～4 mm，常折合，少平张。叶状片2～3枚，通常下面2枚长于花序；简单长侧枝聚伞花序有3～4个辐射枝；辐射枝一般不超过2 cm，每个辐射枝具~8个小穗；小穗长圆状披针形或披针形，长6～12 mm，宽~3 mm，稍肿胀，具有10～18朵花；小穗轴具有狭窄的翅；片紧密复瓦状排列，纸质，宽卵形，顶端急尖或近于钝，长3 mm，土黄色，有时带有红褐色斑块或迸斑纹。小坚果椭圆或倒卵形，近于三棱形，长为鳞片的2/3，黑褐色。花果期7。

【生长习性】生长于潮湿的盐渍土上或者山坡草地、耕地、旁水边潮湿处，是海岸耐盐碱植物类群。

【精油含量】水蒸气蒸馏法提取新鲜根状茎的得油率为82%。

【芳香成分】杨虎彪等（2012）用水蒸气蒸馏法提取的海东方产粗根茎莎草新鲜根状茎精油的主要成分为：苯二甲(2-乙基-己基)酯（29.39%）、4,4α,5,6,7,8-六氢化-4α,5-二基 1~3(1-甲基乙基)-2(3 H)-萘酮（19.48%）、3,5,6,7,8,8a-氢化-4,8a-二甲基乙烯基-2(1 H)萘酮（16.59%）、十六酸.69%）、7-氨基-4-甲基香豆素（5.09%）、十八酸（4.79%）、)-9-十八烯酸（3.99%）、(Z)-5-甲基-3-[1-甲基乙烯基]-环己烯.37%）、2-丙烯酸（2.19%）、8-甲氧补骨脂素（1.77%）、异长烯酮（1.44%）、[1 S-(1α,4α,7α)]-1,2,3,4,5,6,7,8a-八氢化-1,4-二基-7-(1-甲基乙烯基)薁（1. 14%）等。

【利用】根状茎可做行气药、祛风药，主治胸闷不舒、风疹瘙痒、痈伴及肿毒等症状。

香附子

Cyperus rotundus Linn.

莎草科　莎草属
别名：莎草根、莎草、香头草、雀头香、地韭姜、土香草
分布：华东、华南、西南以及陕西、甘肃、山西、河北、河南等地

【形态特征】匍匐根状茎长，具有椭圆形块茎。秆稍细弱，高15～95 cm，锐三棱形，平滑，基部呈块茎状。叶较多，短于秆，宽2～5 mm，平张；鞘棕色，常裂成纤维状。叶状苞片2～5枚；长侧枝聚伞花序简单或复出，具有2～10个辐射枝；辐射枝最长达12 cm；穗状花序轮廓为陀螺形，具有3～10个小穗；小穗线形，长1～3 cm，宽约1.5 mm，具8～28朵花；小穗轴具有较宽、白色透明的翅；鳞片稍密地复瓦状排列，膜质，卵形或长圆状卵形，长约3 mm，顶端急尖或钝，中间绿色，两侧紫红色或红棕色。小坚果长圆状倒卵形、三棱形，长为鳞片的1/3～2/5，具有细点。花果期5～11月。

【生长习性】生长于山坡荒地草丛中或水边潮湿处。常见于暖温带或更暖的气候区。

【精油含量】水蒸气蒸馏法提取根或根茎的得油率为0.30%～1.22%；超临界萃取块茎的得油率为1.70%～3.27%；微波法提取块茎的得油率为1.24%。

【芳香成分】陈运等（2011）用水蒸气蒸馏法提取的安徽岳西产香附子新鲜根茎精油的主要成分为：香附子烯（41.03%）、氧化石竹烯（5.32%）、α-芹子烯（4.37%）、α-可巴烯（4.36%）、6-异丙烯基-4,8a-二甲基-1,2,3,5,6,7,8,8a-八氢-萘（3.80%）、顺式-α-红没药烯（3.30%）、α-香附酮（3.11%）、1,2,6,7,8,8a-六氢-7-异亚丙基-1,8a-二甲基萘（2.93%）、巴伦西亚橘烯（2.37%）、匙叶桉油烯醇（2.27%）、脱氢香树烯（1.43%）、香树烯（1.36%）、3.4.4a.5.6.7-六氢-1.1.4a-三甲基萘酮（1.35%）等。金晶等（2006）用同法分析的广西产香附子干燥根茎精油的主要成分为：α-香附酮（16.74%）、香附烯（12.11%）、α-雪松烯（2.49%）、诺卡酮（2.33%）、β-芹子烯（1.51%）、丁香烯环氧物（1.32%）、α-荜澄茄烯（1.25%）等。

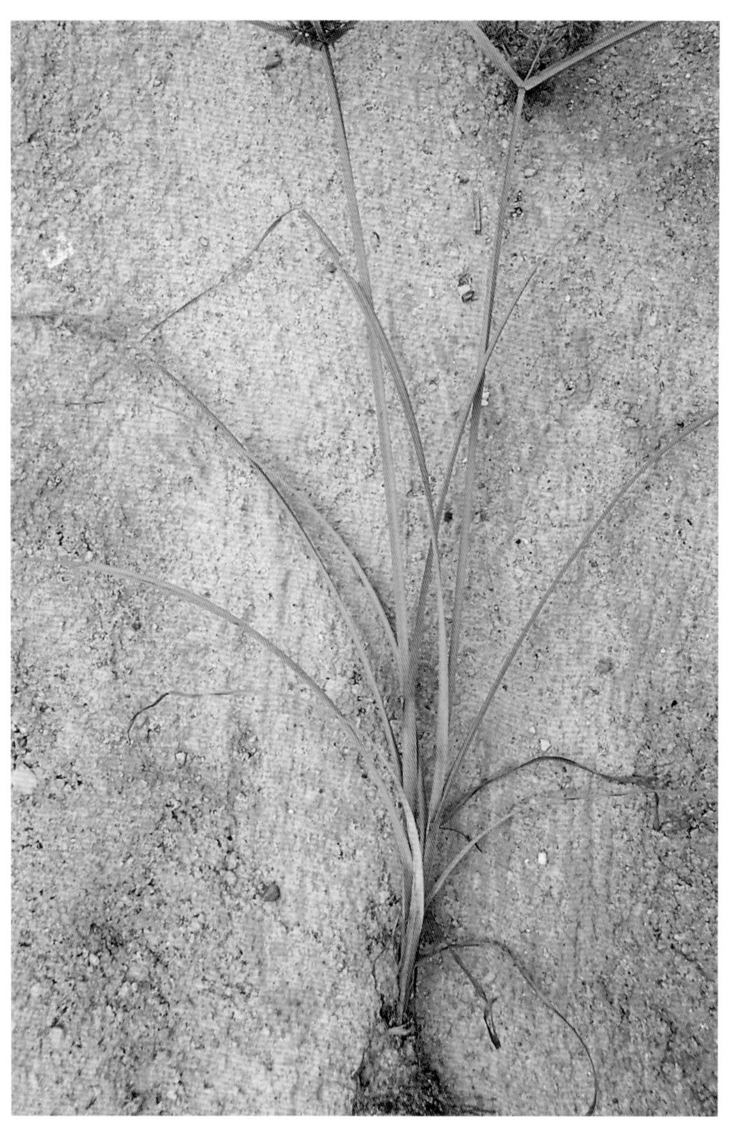

【利用】块茎供药用，能理气解郁、调经镇痛、祛风止痒、宽胸利痰，主治胸闷、不舒、风疹瘙痒、痈疮肿痛等症；除能作健胃药外，还可以治疗妇科各症。根茎精油为我国允许使用的食用香料，用于复合型调味料，少量用于化妆品及香皂香精。

乌拉草

Carex meyeriana Kunth

莎草科　薹草属

分布：黑龙江、吉林、内蒙古、四川

【形态特征】根状茎短，形成踏头。秆紧密丛生，高20～50 cm，纤细，三棱形，坚硬，基部叶鞘无叶片，棕褐色，微细裂或为纤维状。叶短于或近等长于秆，刚毛状，向内对折，质硬，边缘粗糙。苞片最下部的刚毛状，上部的鳞片状。小穗2～3个，顶生1个雄性，圆柱形，长1.5～2 cm；侧生小穗雌性，球形或卵形，长0.5～1.2 cm，宽约5 mm，花密生；雄花鳞片黑褐色或淡褐色，顶端钝；雌花鳞片卵状椭圆形，顶端钝，深紫黑色或红褐色，背面中部色淡，边缘为狭窄的白色膜质。果囊卵形或椭圆形，扁三棱形，淡灰绿色，密被乳头状突起，基部稍呈圆形，顶端急缩成柱状短喙，喙口全缘。小坚果紧包于果囊中，倒卵状椭圆形，扁三棱形，褐色，长1.5～2 mm，顶端圆形。花果期6～7月。

【生长习性】生于森林地区沼泽中，海拔3460 m以下。

【芳香成分】余克娇等（2005）用水蒸气蒸馏法提取的吉产乌拉草全草精油的主要成分为：六氢法呢基丙酮（27.83%棕榈酸（25.90%）、月桂酸（10.07%）、肉豆蔻酸（4.91%）、十二烷基-1,3-丙二醇（3.73%）、1-乙烯氧基十八烷（3.66%十三醛（3.51%）、叶绿醇（2.77%）、十六醛（2.28%）、6,1二甲基-5,9-十一二烯-2-酮（2.18%）、2,3,5,8-四甲基癸（2.07%）、反，反-假紫罗兰酮（1.63%）、反-3-壬烯-1-（1.59%）等。

【利用】叶可以作为草鞋、草褥、人造棉、纤维板、草编艺品、造纸等的良好材料，还可冬天絮到鞋里取暖。

锁阳

Cynomorium songaricum Rupr.

锁阳科　锁阳属

别名：乌兰高腰、地毛球、羊锁不拉

分布：甘肃、新疆、内蒙古、宁夏、青海、陕西等地

【形态特征】多年生肉质寄生草本，全株红棕色，高15～100 cm，大部分埋于沙中。寄生根上着生大小不等的锁阳芽体椭圆形或长柱形，径6～15 mm。茎圆柱状，直立、棕褐色茎上着生螺旋状排列脱落性鳞片叶；鳞片叶卵状三角形，

5～1.2 cm，宽0.5～1.5 cm，先端尖。肉穗花序生于茎顶，棒，长5～16 cm，径2～6 cm；小花密集，雄花、雌花和两性相杂生，有香气，花序中散生鳞片状叶。雄花：花长3～6 mm；被片通常4，离生或稍合生，倒披针形或匙形，下部白色，部紫红色。雌花：花长约3 mm；花被片5～6，条状披针形。性花少见：花长4～5 mm；花被片披针形。果为小坚果状，常小，近球形或椭圆形，果皮白色。种子近球形，深红色，皮坚硬而厚。花期5～7月，果期6～7月。

【生长习性】多寄生在白刺属和红砂属等植物的根上。生荒漠草原，草原化荒漠与荒漠地带的河边、湖边、池边等生，且有白刺、批把柴生长的盐碱地区。

【精油含量】水蒸气蒸馏法提取全草的得油率为0.02%～03%，干燥肉质茎的得油率为0.02%。

【芳香成分】张思巨等（1990）用水蒸气蒸馏法提取锁阳干肉质茎精油的主要成分为：棕榈酸（22.69%）、十八碳烯酸9.24%）、乙酸乙酯（2.74%）、邻苯二甲酸二丁酯（2.40%）、甲基吡嗪（2.29%）、十六烷酸甲酯（2.26%）、棕榈酸乙酯（1.88%）、正-己醛（1.36%）、呋喃甲醇（1.23%）、2-乙基己醇（1.11%）等。

【利用】肉质茎供药用，能补肾、益精、润燥，主治阳痿遗精、腰膝酸软、肠燥便秘，对瘫痪和改善性机能衰弱有一定的作用。肉质茎可提炼栲胶，可酿酒，可作饲料及代食品。

沙针

Osyris wightiana Wall. ex Wight

檀香科　沙针属
别名： 香疙瘩、小檀香
分布： 西藏、四川、云南、广西

【形态特征】灌木或小乔木，高2～5 m；枝细长，嫩时呈三棱形。叶薄革质，灰绿色，椭圆状披针形或椭圆状倒卵形，长2.5～6 cm，宽0.6～2 cm，顶端尖，有短尖头，基部渐狭窄，下延而成短柄。花小；雄花：2～4朵集成小聚伞花序；花梗长4～8 mm；花被直径约4 mm，裂片3；花盘肉质，湾缺；雄蕊3枚，花丝很短；雌花：单生，偶4或3朵聚生；苞片2枚；花梗顶部膨大；花盘、雄蕊如同雄花，但雄蕊不育；两性花：外形似雌花，但具有发育的雄蕊；胚珠通常3枚，柱头3裂。核果近球形，顶端有圆形花盘残痕，成熟时橙黄色至红色，干后浅黑色，直径8～10 mm。花期4～6月，果期10月。

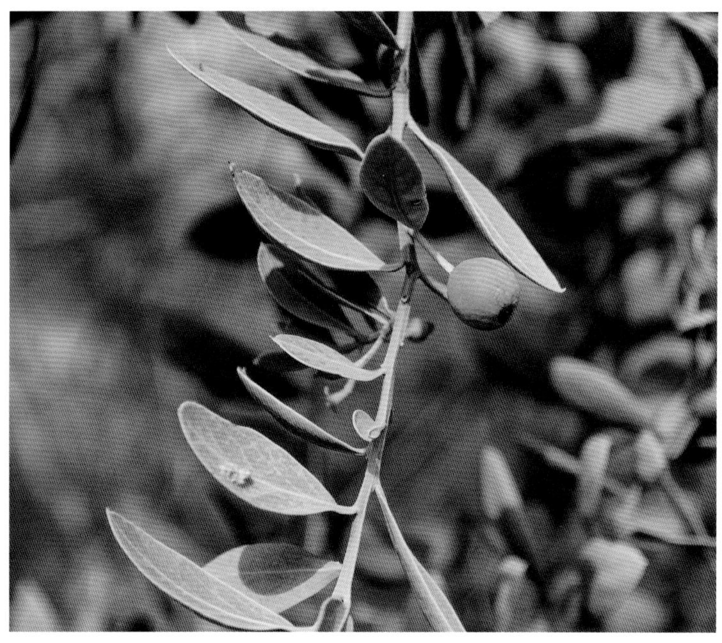

【生长习性】生长于海拔600～2700 m的灌丛中或溪边。

【精油含量】乙醇冷浸、石油醚萃取新鲜根的得油率为1.65%～1.77%。

【芳香成分】温远影等（1991）用乙醇冷浸、石油醚萃取法提取的四川西昌产沙针新鲜根精油的主要成分为：蒿素（17.98%）、6,9-十八碳二烯酸甲酯（12.46%）、9-十八烯醛（10.56%）、棕榈酸乙酯（4.38%）、2,5-十八碳二烯酸甲酯（3.71%）、1-乙基丙基苯（2.85%）、α-甜橙醛（2.09%）、β-香柠檬烯（1.62%）、对异丁基甲苯（1.52%）、枞油烯（1.33%）、β-檀香醇（1.33%）、1,4-二丙基苯（1.14%）、α-檀香醇（1.05%）等。

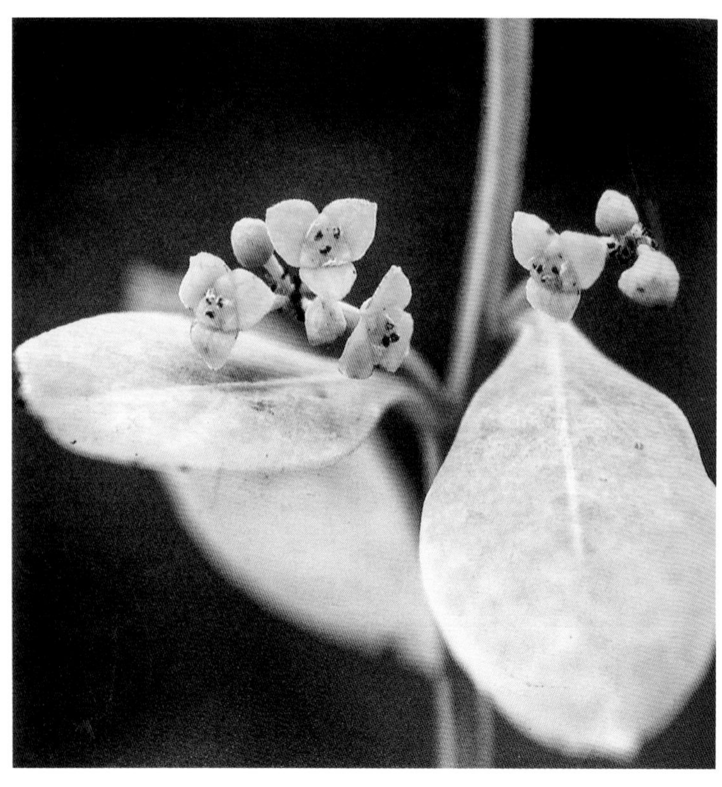

【利用】根、叶药用，有消肿、止痛的功效，治疗风寒感冒、咳嗽、心腹疼痛、胃痛、胎动不安、月经不调、外伤出血、跌打损伤等症。根精油有消炎止痛作用，驱风并治疗跌打刀伤。在云南地区用根及心材作檀香代用品。

檀香

Santalum album Linn.

檀香科　檀香属

别名：檀香树、旃檀、白檀、真檀、浴香

分布：广东、海南、云南、台湾、广西、福建有栽培

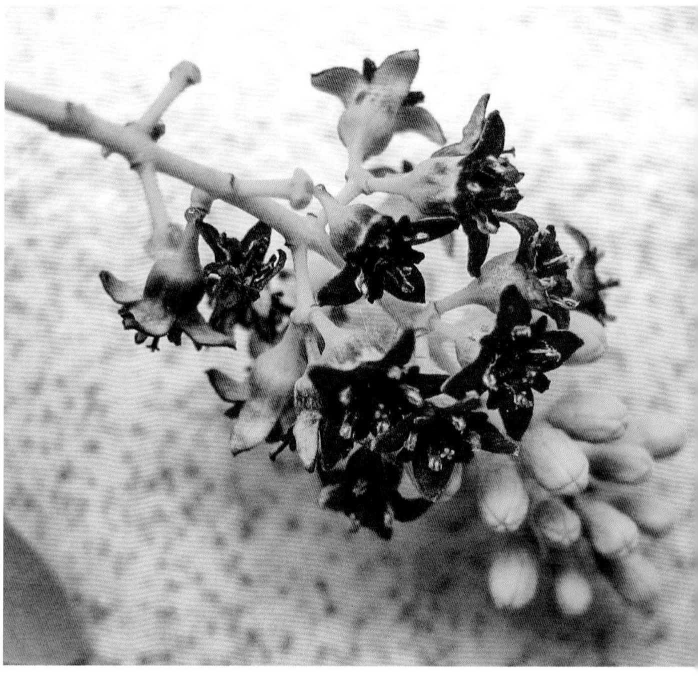

【形态特征】常绿小乔木，高约10 m；枝圆柱状，带灰色，具有条纹，有多数皮孔和半圆形的叶痕。叶椭圆状卵形膜质，长4～8 cm，宽2～4 cm，顶端锐尖，基部楔形或阔楔形多少下延，边缘波状，稍外折，背面有白粉。三歧聚伞式圆花序腋生或顶生，长2.5～4 cm；苞片2枚，微小，钻状披针形长2.5～3 mm，早落；花长4～4.5 mm，直径5～6 mm；花被钟状，长约2 mm，淡绿色；花被4裂，裂片卵状三角形，内初时绿黄色，后呈深棕红色。核果长1～1.2 cm，直径约1 cm外果皮肉质多汁，成熟时深紫红色至紫黑色，顶端稍平坦，被残痕直径5～6 mm，内果皮具有纵棱3～4条。花期5～6月果期7～9月。

【生长习性】适宜生长温度为23～35 ℃，降雨量为600～1600 mm的地域。根部最忌积水，对土壤的肥力要求较高。浅，防风能力差。生长需要一定的荫蔽，但不能太大。

【精油含量】水蒸气蒸馏法提取木材及侧枝的得油率0.09%～6.50%；有机溶剂萃取木材及侧枝的得油率为33%～4.44%，叶的得膏率为17.00%～26.00%。

【芳香成分】茎：朱亮锋等（1993）用水蒸气蒸馏法取的广东广州产檀香心材精油的主要成分为：α-檀香醇2.08%）、α-檀香醇立体异构体（13.60%）、β-檀香醇立体异构（11.45%）、β-檀香醇（1.95%）、β-檀香烯（1.81%）、α-檀香（1.51%）等。

叶：张宁南等（2009）用苯/醇萃取法提取从印度引种广东广州栽培的檀香冻干叶精油的主要成分为：16-三十酮（8.62%）、11,14,17-二十碳三烯酸甲酯（8.56%）、十六（5.26%）、吡嗪（3.98%）、环辛二十四烷（3.21%）、苯（3.04%）、植醇（2.32%）、4,7-二甲基-5-癸炔-4,7-二醇.22%）、1-十九烯（2.02%）、β-甲基-苯丙醛（2.01%）、2-基-3-戊酮（1.85%）、4-羟基-6,7-二甲氧基-9-[3,4-(亚甲氧）苯基]-萘并[2,3-C]呋喃-1(3 H)-酮（1.85%）、1-十六（1.65%）、3-甲基-丁醛（1.58%）、6,10,14-三甲基-2-十五酮（1.56%）、1-甲基-1 H-吡咯（1.56%）、麦角甾-4,7,22-三-3α-醇（1.42%）、甲基异丁基酮（1.32%）、(E,E)-2-己烯酸2-烯酯（1.32%）、丁醛（1.26%）、十九烷（1.21%）、维生素E.21%）、1-(2-呋喃基甲基)-1 H-吡咯（1.12%）、4-氨基苯乙烯.12%）、14-戊癸烯酸（1.02%）、二十烷（1.02%）、2-(乙氧基)-烷（1.01%）等。

【利用】全身几乎都是宝，被称为“黄金之树”。心材是名贵的中药，有理气、和胃的功效，治疗心腹疼痛、噎膈呕吐、胸膈不舒；民间还用于治疗胸闷气短、咳嗽气喘、恶心呕吐、瘀血肿痛、手足挛紧、瘫痪、死胎横位不下、眼花、迎风流泪、神经错乱、心肺热等症；外涂消肌肤热毒。木材、根、枝条是薰香原料，提取的精油为名贵香料，俗称“液体黄金”，为我国允许使用的食用香料，可用于烟草、食品的调香、加香；用于调配各种高级化妆品、香水、香皂用香精；入药治疗胃脘疼痛、呕吐、淋浊。木材为雕刻工艺的良材。

桉

Eucalyptus robusta Smith

桃金娘科　桉属

别名：大叶桉、桉树、尤加利、大叶有加利、蚊籽树

分布：广西、广东、海南、云南、四川、福建、台湾有栽培

【形态特征】密荫大乔木，高20 m；树皮宿存，深褐色，稍软松，有不规则斜裂沟；嫩枝有棱。幼态叶对生，叶片厚革质，卵形，长11 cm，宽达7 cm，有柄；成熟叶卵状披针形，厚革质，不等侧，长8～17 cm，宽3～7 cm，侧脉多而明显，以80°开角缓斜走向边缘，两面均有腺点，边脉离边缘

1～1.5 mm；叶柄长1.5～2.5 cm。伞形花序粗大，有花4～8朵；花梗短，粗而扁平；花蕾长1.4 -2 cm，宽7～10 mm；蒴管半球形或倒圆锥形，长7～9 mm，宽6～8 mm；帽状体约与萼管同长，先端收缩成喙。蒴果卵状壶形，长1～1.5 cm，上半部略收缩，蒴口稍扩大，果瓣3～4，深藏于萼管内。花期4～9月。

【生长习性】生于阳光充足的平原、山坡和路旁。适合于生长在温暖湿润环境，耐寒和耐旱性较差，也不抗风。造林地应选择在土层深厚、疏松、排水良好、肥力较高、坡度25° 以下交通方便的丘陵、台地、平原和低山下部。适宜生长于酸性的红壤、黄壤土和土层深厚的冲积土，在土层深厚、疏松、排水良好的地方生长良好。一般低温不超过-5 ℃。

【精油含量】水蒸气蒸馏法提取叶或枝叶的得油率为0.27%～3.17%，枝皮的得油率为0.09%～0.15%，果实的得油率为0.80%～1.00%。

【芳香成分】叶：陈月圆等（2010）用水蒸气蒸馏法提取的广西钦州产桉新鲜叶精油的主要成分为：(1 S)-α-蒎烯（64.84%）、4-松油烯醇（5.73%）、桉叶油素（5.28%）、松香芹醇（4.49%）、邻甲基异丙苯（2.70%）、2-莰醇（1.96%）、广藿香烯（1.75%）、(+)-葑醇（1.18%）、β-香叶烯（1.09%）等。张淑宏等（1991）用同法分析的云南产桉叶精油的主要成分为：1,8-桉叶油素（89.64%）、α-蒎烯（2.19%）、香芹酮（1.12%）、樟脑（1.00%）等。张闻扬等（2015）用同法分析的广西南宁产桉春季采收的新鲜叶精油的主要成分为：3-蒈烯（31.93%）、α-松油醇（10.46%）、(-)-蓝桉醇（8.07%）、D-萜二烯（7.30%）、1-松香芹醇（7.30 %）、邻异丙基甲苯（6.00%）、2-莰（4.87%）、(-)-香树烯酸（3.16%）、葑醇（2.41%）、表蓝桉（1.96%）、莰烯（1.89%）、3-诺蒎烯酮（1.54 %）、(1 S)-(1)-β-烯（1.21%）、异戊醛（1.12%）、(-)-4-萜品醇（1.00%）等。真辉等（2007）用水蒸气蒸馏法提取的海南儋州产‘刚果12号’桉新鲜叶精油的主要成分为：对-伞花烃（19.88%）、β-桉叶醇（19.28 %）、α-桉叶油醇（9.92%）、β-蒎烯（8.99 %）、β-芹烯（5.87%）、蓝桉醇（5.84%）、β-葑醇（3.92%）、5-异丙基-2-甲基-7-氧杂二环[4.1.0]庚烷-2-醇（3.32%）、4-萜品（2.43%）、反-石竹烯（2.26%）、匙叶桉油烯醇（1.91%）、6-脑醇（1.77%）、别香树烯（1.16%）等。陈秋波等（2004）用法分析的海南儋州产‘刚果12号’桉6龄树新鲜成熟叶片精的主要成分为：β-桉叶油醇（16.12%）、α-桉叶油醇（11.17%p-伞花烃（6.84%）、10-表-R-桉叶油醇（6.64%）、沉香螺（5.84%）、1,8-桉叶油（5.02%）、蓝桉醇（4.46%）、γ-萜品（3.87%）、(-)-氧化石竹烯（3.35%）、香树烯（3.09%）、反式石竹烯（2.77%）、莰烯（2.47%）、4-萜品醇（2.40%）、δ-蒈（1.66%）、L-α-萜品醇（1.43%）、百里香酚（1.38%）、苍术（1.22%）、别香树烯（1.07%）等。陈友地等（1983）用水蒸蒸馏法提取的广东雷州产‘雷林1号’桉（隆缘桉和薄皮桉交而成）叶精油主要成分为：1,8-桉叶油素（37.49%）、α-蒎（13.14%）、对-伞花烃（4.47%）、反式-蒎葛缕醇（3.56%）、松油醇（2.96%）、龙脑（2.04%）、β-蒎烯（2.03%）、小茴香（1.93%）、愈创木醇（1.03%）等。

果实：钟伏生等（2006）用水蒸气蒸馏法提取的江西井山产桉干燥果实精油的主要成分为：香橙烯（26.42%）、蓝醇（11.42%）、喇叭茶烯（9.52%）、α-古芸烯（7.00%）、别香烯（4.88%）、表蓝桉醇（4.41%）、对-盖-1-烯-4-醇（2.93%α-乙酰松油醇（2.73%）、莳萝艾菊酮（2.60%）、喇叭茶（2.37%）、对-盖-1(7)烯-2-酮（2.13%）、香芹酚（1.83%）、桉油醇（1.43%）、τ-杜松烯（1.41%）、α-愈创木烯（1.36%5-蒈醇（1.35%）、异松油烯（1.24%）、胡椒烯（1.22%）、烷-5-烯-11-醇（1.17%）、乙酰马鞭草醇（1.07%）等。刘玉等（2004）用同法分析的广东雷州产桉果实精油的主要成分为1,8-桉叶油素（32.08%）、蓝桉醇（12.33%）、石竹烯（8.46%聚伞花素（6.75%）、水芹烯（5.42%）、香芹酚（4.67%）、α-油醇（3.68%）、伞柳醇（3.62%）、α-桉叶油醇（3.15%）、α-

（2.44%）、杜松醇（2.23%）、γ-桉叶油醇（2.04%）、胡薄荷（1.23%）、植香醇（1.12%）、勒力醇（1.03%）、γ-松油烯.00%）等。

【利用】木材、枝叶是造纸和生产复合板材的原料。叶可取精油，可作香料工业原料，可用于食品、医药工业和矿石选剂，可以作口腔、鼻炎、祛痰、清凉油、驱风膏等药用原。叶供药用，有疏风解热、抑菌消炎、防腐止痒、驱风镇的功效，预防流行性感冒、流行性脑脊髓膜炎、上呼吸道感、咽喉炎、支气管炎、肺炎、急、慢性肾盂肾炎、肾炎、痢、丝虫病；外用治烧烫伤、蜂窝组炎、乳腺炎、疖肿、丹、水田皮炎、皮肤湿痒、脚癣等。根可以食用。叶可以用作料。叶浸剂防治棉蚜虫、金花虫、稻螟、黏虫、蛀心虫。种油可作医药、润滑油、食品、日用化工用油等。木材、枝叶作薪柴。适宜作行道树、防风固沙林和园林绿化树种。

本泌桉

ucalyptus benthamii Maiden et Cambage

桃金娘科　桉属

别名： 铜钱桉

分布： 广西、云南等地有栽培

【形态特征】 叶形小，倒卵椭圆形，枝条和叶通体粉蓝色，叶着生在细长柔软的枝条上，远望形似挂着的一串串铜钱，俗称“铜钱桉”。

【生长习性】 主要分布在海拔 1200～2400 m的地带。喜温气候，但不耐湿热，气候过热生长不良。耐寒性不强，仅能短暂时间的-7 ℃左右的低温。喜光，稍有遮阴即可影响生长度。喜肥沃湿润的酸性土。

【精油含量】 水蒸气蒸馏法提取新鲜叶的得油率为0.30%。

【芳香成分】 田玉红等（2005）用水蒸气蒸馏法提取的广西本泌桉新鲜叶精油的主要成分为：α-蒎烯（31.00%）、蓝桉醇5.34%）、香树烯（13.80%）、表蓝桉醇（4.86%）、喇叭茶醇.90%）、别香树烯（2.16%）、β-桉叶醇（2.06%）、玫瑰叶悬子醇（1.71%）、松香芹醇（1.43%）、1,8-桉叶油素（1.23%）、檬烯（1.17%）、绿花白千层烯（1.06%）、β-芳樟醇（1.05%）、松油醇（1.04%）等。

【利用】 可作为庭院观赏树；叶可作为插花配叶。

赤桉

ucalyptus camaldulensis Dehnh.

桃金娘科　桉属

别名： 小叶桉、洋果树

分布： 广东、广西、福建、湖南、浙江、云南、四川等地有栽培

【形态特征】 大乔木，高25 m；树皮平滑，暗灰色，片状落，树干基部有宿存树皮；嫩枝圆形，最嫩部分略有棱。幼叶对生，叶片阔披针形，长6～9 cm，宽2.5～4 cm；成熟叶薄革质，狭披针形至披针形，长6～30 cm，宽1～2 cm，稍弯，两面有黑腺点，侧脉以45°角斜向上，边脉离叶缘0.7 mm；柄长1.5～2.5 cm，纤细。伞形花序腋生，有花5～8朵，总梗圆形，纤细，长1～1.5 cm；花梗长5～7 mm；花蕾卵形，长8 mm；萼管半球形，长3 mm；帽状体长6 mm，近先端急剧收缩，尖锐；雄蕊长5～7 mm，花药椭圆形，纵裂。蒴果近球形，宽5～6 mm，果缘突出2～3 mm，果瓣4，有时为3或5。花期12月至翌年8月。

【生长习性】 生于海拔30～600 m、年降水量250～600 mm、冬季只有轻霜的生境。喜温、耐热又耐寒、抗霜，能耐-6 ℃短时低温。喜生于碱土上，对土壤要求不严，但土层不能过于浅薄。喜光，既耐干旱又较耐水湿。

【精油含量】 水蒸气蒸馏法提取新鲜叶的得油率为0.45%～0.90%。

【芳香成分】 田玉红等（2009）用水蒸气蒸馏法提取的广西产赤桉阴干叶精油的主要成分为：1,8-桉叶油素（47.35%）、α-蒎烯（8.30%）、蓝桉醇（5.27%）、乙酸松油酯（5.24%）、香树烯（3.94%）、α-松油醇（2.83%）、斯巴醇（2.13%）、4-松油烯醇（1.61%）、隐酮（1.53%）、喇叭茶醇（1.50%）、别香树烯（1.32%）、表蓝桉醇（1.02%）等。

【利用】 木材适用于枕木、木桩、人造板、纺织纤维、制浆造纸等。树皮可提制栲胶。枝叶可提取精油，为医药、香料工

业原料。叶可做饲料。果实供药用，能健脾和胃，适宜于小儿疳积、脾胃受伤。种子可榨油，可作医药、润滑油、食品、日用化工用油等。

粗皮桉

Eucalyptus pellita F. v. Muell.

桃金娘科　桉属
别名：大花序桉
分布：广东、广西、海南有栽培

【形态特征】乔木，高15 m或更高；树皮宿存，粗糙，暗褐色；嫩枝有棱。幼态叶对生，叶片革质，阔披针形至卵形，长3～9 cm，宽3～5 cm，成熟叶片披针形，稍弯曲，长10～14 cm，宽2～3 cm，不等侧，腺点不明显，侧脉极密，以70°开角平缓走向边缘，边脉靠近叶缘；叶柄长1.5～2.5 cm。伞形花序腋生，有花3～8朵，总梗粗大，压扁，长1.5～2 cm；花梗长3～5 mm；花蕾倒卵形，长约2 cm，宽1 cm，有时更大；萼管倒圆锥形，长1 cm，有棱；帽状体三角锥形，约与萼管同长，先端尖，有时喙状。蒴果半球形，宽1.2～1.5 cm，果缘宽，突出萼管外，稍隆起，果瓣3～4，全部突出。花期10～11月。

【生长习性】常见于肥沃的壤土，也可以在瘠瘠的砂质土中生长，分布区为海拔800 m。

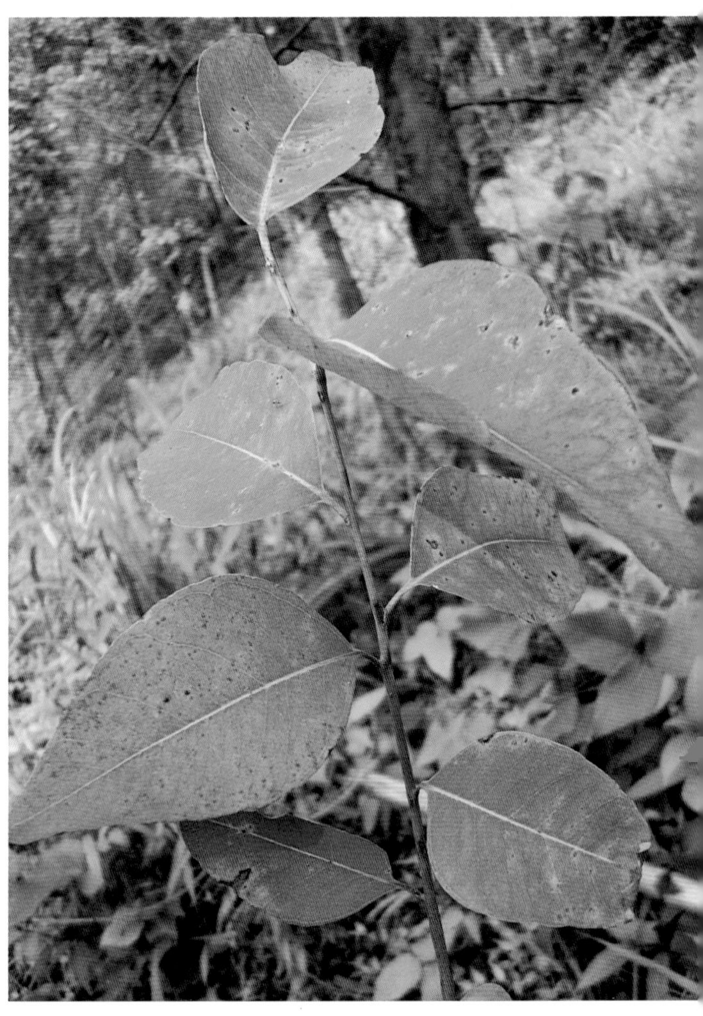

【精油含量】水蒸气蒸馏法提取新鲜叶的得油率为0.23% 2.64%。

【芳香成分】陈月圆等（2010）用水蒸气蒸馏法提取的广 钦州产粗皮桉新鲜叶精油的主要成分为：桉叶油素（61.18% （1S）-α-蒎烯（14.84%）、4-松油烯醇（6.67%）、戊基环 酮（1.69%）、β-石竹烯（1.50%）、(R)-香茅油（1.20%）、2- 醇（1.18%）、β-蒎烯（1.14%）等。田玉红等（2010）用同 分析的广西东门产粗皮桉新鲜叶精油的主要成分为：α-蒎 （47.36%）、γ-桉叶醇（1.96%）、β-桉叶醇（1.46%）、柠檬 （1.43%）、顺式-马鞭草烯醇（1.36%）、α-桉叶醇（1.32%）、 松油醇（1.16%）、α-龙脑烯醛（1.12%）、香树烯（1.10%）、 式-2-蒈烯-4-醇（1.09%）、反式-松香芹醇（1.02%）等。

【利用】木材可作车船、桥梁、码头材、家具、地板、 筑、桩木、枕木等用。

大桉

Eucalyptus grandis Hill ex Maiden

桃金娘科　桉属
别名：巨桉
分布：广东、广西、四川有栽培

【形态特征】大乔木；树皮平滑，银白色，逐年脱落； 枝有棱，灰白色。幼态叶片薄革质，阔披针形至卵形，有 柄；成熟叶片披针形，长13～20 cm，宽2～3.5 cm，叶面深 色，稍发亮，两面有细腺点，侧脉与中脉成60°～70°交角； 柄长约2 cm。伞形花序腋生，有花3～10朵，总梗压扁，

~1.5 cm；花蕾狭窄倒卵形，长8～10 mm，宽5 mm，无梗或短梗；帽状体半圆形，先端有1短尖头，约与萼管等长或略；雄蕊长8～10 mm，花药长圆形，纵裂，背面有腺体，近基着生；花柱比雄蕊短。蒴果梨形至锥形，无柄或有短柄，长~8 mm，宽6～8 mm，灰色，果缘内藏，果瓣4～5，有时6，突出。

【生长习性】喜生于湿润而肥沃的河谷壤土及由玄武岩风化红壤土，在适宜的条件下生长迅速。喜光、喜湿、耐旱、耐、畏寒，对低温很敏感。大多数要求年平均气温15 ℃以上。生于酸性的红壤、黄壤土和土层深厚的冲积土，在土层深、疏松、排水好的地方生长良好。主根深，抗风力强。

【精油含量】水蒸气蒸馏法提取新鲜叶的得油率为1.20%，干叶的得油率为1.26%；超临界萃取干燥叶的得油率为83%。

【芳香成分】田玉红等（2011）用水蒸气蒸馏法提取的广西大桉风干叶精油的主要成分为：对伞花烃（26.79%）、α-蒎烯5.86%）、1,8-桉叶油素（6.28%）、α-松油醇（4.10%）、柠檬烯3.61%）、龙脑（2.52%）、莰烯（1.19%）、葑醇（1.10%）、乙酸油酯（1.02%）等。王晗光等（2006）用同法分析的四川洪雅大桉新鲜叶精油的主要成分为：α-蒎烯（38.72%）、2,10,10-甲基-6-亚甲基-1-氧杂螺[4,5]癸烷-7-酮（7.83%）、17-甲（甾烷）-5,7,9(11)-三烯-17-醇乙酸酯（7.18%）、β-松油醇5.39%）、D-柠檬烯（5.07%）、羽毛伯醇羟基醚（4.04%）、2,5-甲氧基-4-乙基苯异丙胺（3.97%）、冰片（3.07%）、斯巴醇2.61%）、2,4,6-三异丙基苯酚（2.59%）、2,4,5-三乙氧基苯乙酮2.21%）、6,6-二甲基-8,9-甲基桥-十一烷-2,5,10-三酮（1.83%）、,4-环己二烯-5-内酯（1.81%）、绿花白千层醇（1.47%）、补醇（1.40%）、α-愈创木烯（1.31%）、α-龙脑烯醛（1.26%）、,2,7,9-四甲基-3-氧杂[6,3,1,$0^{4,9}$]十二烷（1.25%）、4,8a-二甲-6-异丙烯基-1,2,3,5,6,7,8a-八氢化萘-2,3-二醇（1.20%）、α-桉叶油醇（1.11%）、雅槛蓝酮（1.10%）等。

【利用】木材适用于制浆。木材可用于建筑、枕木、矿柱、桩木、家具、火柴、农具、电杆、围栏以及碳材等。

邓恩桉

Eucalyptus dunnii Maiden

桃金娘科　桉属

分布：广西、浙江、福建、江苏、云南、四川等地有引种栽植

【形态特征】能够达到 50 m高，胸径 1～1.5 m。树木净杆高度能够达到 30～35 m。树皮：在树体 1～4 m处树皮宿存，通常较粗糙，呈褐色，薄且易剥落，且树皮较软；在树体 4 m以上部位通常比较光滑，发白且带有蓝灰色、绿色或者黄色的斑块。通常情况下可看到从树枝上剥落的长条绶带状的树皮。叶：幼态叶对生或稍近互生，卵形或近圆形或心形；成熟叶：互生，披针形至狭披针形。花序：简单花序腋生，具有花 7 朵，花蕾卵形，帽状体圆锥形，半球形，前端略尖或稍有喙状突起。果实几乎近半球形，果盘宽，3 或 4 裂，三角形，基部宽，有时向外反卷，通常具有外皮残留。

【生长习性】生于海拔300～750 m的山谷、山脚、山丘的低坡与一些悬崖上。产地气候温暖湿润，最热月平均最高温度为 27～30 ℃，最高温度 40 ℃；最冷月平均最低温度为 0～3 ℃，最低温度-7 ℃。平均年降雨量为 1000～1750 mm。喜湿润、肥沃的土壤。

【精油含量】水蒸气蒸馏法提取新鲜叶的得油率为0.45%，干燥叶得油率为4.52%。

【芳香成分】田玉红等（2006）用水蒸气蒸馏法提取的广西产邓恩桉叶精油的主要成分为：1,8-桉叶油素（24.71%）、香树烯（9.10%）、γ-松油烯（ 8.87%）、α-蒎烯（ 7.67%）、蓝桉醇（7.58%）、α-松油醇（4.30%）、乙酸松油酯（4.20%）、绿花白千层烯（2.91%）、表蓝桉醇（2.47%）、β-α-古芸烯（2.33%）、别香树烯（2.11%）、喇叭茶醇（1.91%）、4-松油烯醇（1.77%）、对伞花烃（1.43%）、β-桉叶油醇（1.36%）、月桂烯（1.05%）、

玫瑰叶悬钩子醇（1.03%）等。

【利用】主要用途是作纸浆原料。木材可作锯材。

蓝桉

Eucalyptus globulus Labill.

桃金娘科　桉属

别名：灰叶桉、桉树、洋草果树、玉树、蓝油木、尤加利、灰杨柳、一口盅

分布：广东、广西、福建、浙江、江西、云南、四川有栽培

【形态特征】大乔木；树皮灰蓝色，片状剥落；嫩枝略有棱。幼态叶对生，叶片卵形，基部心形，无柄，有白粉；成长叶片革质，披针形，镰状，长15～30 cm，宽1～2 cm，两面有腺点，侧脉不很明显，以35°～40°开角斜行，边脉离边缘1 mm。花大，宽4 mm，单生或2～3朵聚生于叶腋内；无花梗或极短；萼管倒圆锥形，长1 cm，宽1.3 cm，表面有4条突起棱角和小瘤状突，被白粉；帽状体稍扁平，中部为圆锥状突起，比兽管短，2层，外层平滑，早落；雄蕊长8～13 mm，多列，花丝纤细，花药椭圆形；花柱长7～8 mm，粗大。蒴果半球形，有4棱，宽2～2.5 cm，果缘平而宽，果瓣不突出。

【生长习性】不适于低海拔及高温地区，能耐零下低温，生长迅速。喜光，喜湿，耐旱，耐热，畏寒，对低温很敏感。大多数要求年平均气温在15 ℃以上。一般能生长在年降水量500 mm的地区，年降水量超过1000 mm生长较好。适生于酸性的红壤土、黄壤和土层深厚的冲积土，但在土层深厚、疏松、排水好的地方生长良好。主根深，抗风力强。

【精油含量】水蒸气蒸馏法提取叶或枝叶的得油率为0.50%～5.00%，新鲜侧枝皮的得油率为0.27%～0.31%，果实的得油率为1.50%～2.82%。

【芳香成分】叶：宋爱华等（2009）用水蒸气蒸馏法提取的云南大理产蓝桉干燥叶精油的主要成分为：1,8-桉叶油素（72.71%）、α-蒎烯（9.22%）、α-松油醇醋酸酯（3.11%）、(-)-蓝桉醇（2.77%）、α-松油醇（2.54%）、别香橙烯（2.47%）等。

果实：郭庆梅等（2005）用水蒸气蒸馏法提取的江西井冈山产蓝桉干燥成熟果实精油的主要成分为：别香橙烯（26.94%）、蓝桉醇（25.02%）、1a,2,3,5,6,7,7a,7b-八氢-1,1,4,7-四甲基[1H]环丙基薁（6.91%）、表蓝桉醇（5.87%）、十氢-1,1,7-三甲基-4-亚甲基[1H]环丙基薁（4.49%）、1,8-桉叶素（3.83%）、1,4-二甲基-3-(2-甲基-1-丙烯基)-4-乙烯基-1-环庚烯（3.69%）、1a,2,3,4,4a,5,6,7b-八氢-1,1,4,7-四甲基-[1H]环丙基薁（3.44%）、2,3,4,4a,5,6,7,8-八氢-α,α,4a-8四甲基-2-甲醇基萘（3.15%）、α-水芹烯（1.64%）、τ-依兰油醇（1.42%）、愈创木醇（1.37%）、莰烯（1.10%）等。王颖等（2015）用同法分析的贵州产蓝桉干燥果实精油的主要成分为：1,8-桉叶素（34.86%）、(+)-香橙烯（15.77%）、α-水芹烯（12.25%）、α-蒎烯（9.13%）、(-)-蓝桉醇（5.76%）、喇叭烯（3.39%）、α-萜品烯（2.43%）、蓝桉醇（2.34%）、别香橙烯（1.87%）、α-乙酸松油酯（1.82%）、α-古芸烯（1.79%）、白千层醇（1.49%）等。

【利用】枝叶可提取精油，精油为我国允许使用的食用香料，主要用于配制口香糖、止咳糖的香精；精油可用于调配香皂、化妆品、洗涤剂香精；叶精油是一种治疗呼吸系统疾病最有价值的精油，传统上应用于治疗伤风、咳嗽、感冒，甚至肺炎、支气管炎、哮喘、鼻窦炎、咽喉发炎和其他感染；精油是提取1,8-桉叶油素的重要原料。木材适于造船、建筑、家具、枕木、坑木、木模、包装材、码头用材。花是蜜源植物。叶为常见的中草药，主治流行性感冒、痢疾、肠炎、关节痛、膀胱炎、烫伤、疥癣、湿疹、丹毒、神经性皮炎和痈疮肿毒等。根入药，有顺气化痰、祛风除湿的功效，用于治疗痰多咳嗽、风寒湿痹等症。

窿缘桉

Eucalyptus exserta F. v. Muell.

桃金娘科　桉属

别名：小叶桉、风吹柳、细叶桉

分布：华南地区广泛栽培

【形态特征】常绿乔木，高达 20～25 m，胸径 35～40 cm；树皮灰褐色，宿存，外皮粗糙而有裂纹，纤维状。叶狭披针形，长 8～20 cm，宽 5～10 mm，通常呈镰刀状而渐尖，下部的常卵形，稍厚；侧脉数多而斜举，不很突出，边缘稍远离叶缘，花序柄腋生或侧生，较叶柄稍短，圆柱状，长6～10 mm，有花3～8 朵，生长于长约 4 mm的柄上；萼筒半球形，宽约 4 mm，有不明显的棱，帽状体半球形或圆锥状，长约为萼筒的 3～4倍，渐尖；雄蕊长约 6 mm或更长，花药卵形，药室平排，纵裂。蒴果近球形，直径 6～10 mm，果缘阔而高凸起成圆锥状，果瓣突出。

【生长习性】生长快，适合在缓坡丘陵台地营造用材林。耐寒。但抗风力稍差，不耐台风袭击。

【精油含量】水蒸气蒸馏法提取叶的得油率为0.56%～1.20%。

【芳香成分】陈月圆等（2010）用水蒸气蒸馏法提取的广西钦州产窿缘桉新鲜叶精油的主要成分为：桉叶油素（35.42%）、（1S）-α-蒎烯（23.02%）、β-蒎烯（12.25%）、4-松油烯醇（4.41%）、β-石竹烯（3.21%）、广藿香烯（2.01%）、双环大牻牛儿烯（1.84%）、β-新丁香三环烯（1.80%）、α-水芹烯（1.70%）、2-莰醇（1.42%）、(+)-葑醇（1.13%）、松香芹醇（1.08%）等。马丽等（2015）用同法分析的广西南宁6月份采收的窿缘桉新鲜叶精油的主要成分为：β-蒎烯（20.52%）、榄香醇（18.57%）、石竹烯（9.31%）、α-松油醇（7.75%）、α-蒎烯（5.85%）、乙酸松油酯（4.82 %）、α-水芹烯（1.52 %）等。

【利用】木材作建筑、家具、枕木、坑木、木模、包装材、造纸材等。枝叶可提取精油，叶精油是提取1,8-桉叶油素的原料，也可用于杀菌消毒剂。叶入药，主治风湿、皮肤病。

毛叶桉

Eucalyptus torelliana F. v. Muell.

桃金娘科　桉属
别名： 托里桉、卡达桉
分布： 云南、广东、广西有栽培

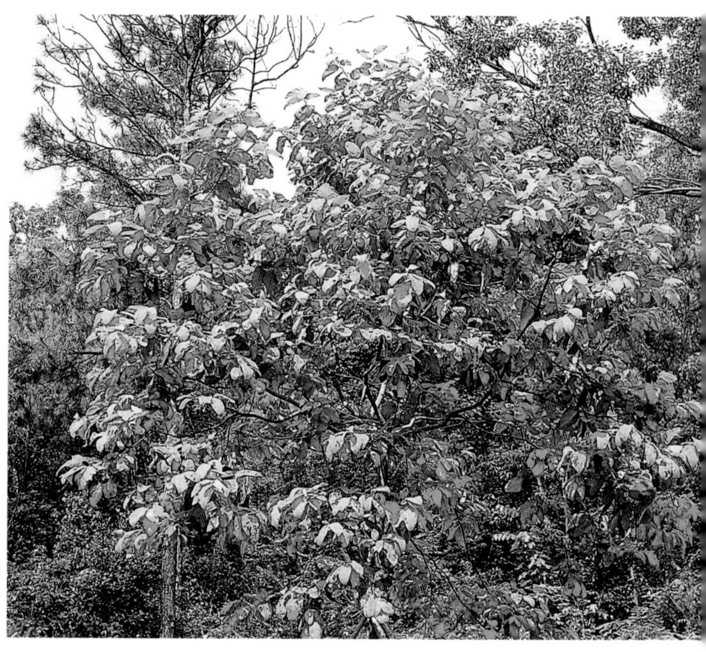

【形态特征】大乔木；树皮光滑，灰绿色，块状脱落，基部有片状宿存树皮；嫩枝圆形，有粗毛。幼态叶对生，4～5对，叶片卵形，长7～15 cm，宽4～9 cm，叶背有毛，盾状着生；成熟叶片薄革质，卵形，长10～12 cm，宽5～7 cm，先端尖，基部圆形，叶背灰色，有短柔毛。圆锥花序顶生及腋生，长8～11 cm，总梗被毛，次级总梗长8～15 mm，圆形；花梗短，长1～3 mm，粗大，有小鳞片；花蕾倒卵形，长1 cm，宽6～7 mm；萼管半圆形，长6 mm；帽状体长4～4.5 mm，先端圆；雄蕊长8～10 mm，花药倒卵长圆形，纵裂，背部着生；花柱长5～7 mm。蒴果球形，直径1～1.3 cm，上部收缩，萼管口宽5～6 mm，果瓣3，内藏。花期10月。

【生长习性】喜光，喜湿，耐旱，耐热，畏寒，对低温很敏感。大多数要求年平均气温在15 ℃以上，最冷月不低于7～8 ℃。喜生于砂质壤土，适宜生长于酸性的红壤、黄壤土和土层深厚的冲积土，在土层深厚、疏松、排水好的地方生长良好。主根深，抗风力强。

【精油含量】水蒸气蒸馏法提取干燥叶的得油率为0.26%。

【芳香成分】陈婷婷等（2011）用水蒸气蒸馏法提取的东产毛叶桉干燥叶精油的主要成分为：α-松油醇（35.77%）、甲醛（5.48%）、长叶烯（4.62%）、愈创木醇（2.94%）、2-醇（2.80%）、α-蒎烯（2.53%）、4-萜烯醇（2.18%）、龙脑烯（2.11%）、胡椒烯酮（2.05%）、α-桉叶醇（2.04%）、β-桉叶（2.03%）、莳醇（1.66%）、香芹醇（1.50%）、香橙烯（1.31%）沉香螺醇（1.27%）、γ-桉叶醇（1.26%）、石竹烯（1.21%）、酮（1.07%）等。

【利用】木材供车辆、建筑、家具、枕木、桩木、坑木、模、包装材、制浆造纸、火柴、农具、电杆、围栏、碳材用。

美叶桉

Eucalyptus calophylla R. Br ex Lindl.

桃金娘科　桉属
别名： 尾叶桉
分布： 广东有栽培

【形态特征】中等乔木；树皮粗糙，有沟纹。叶卵状披形，稍厚，短渐尖，脉明显，侧脉几乎直角伸出，密而平行边脉几乎近叶缘。花大，具有粗柄，白色或黄白色，排成顶伞形花序或圆锥花序；萼管倒圆锥状，长约10 mm；帽状体薄平压状。蒴果卵状壶形，长约3 cm，宽2.5～4 cm，果瓣深藏萼管内。

【生长习性】分布于沼泽地。

【精油含量】水蒸气蒸馏法提取枝叶的得油率为0.40%～0.50%。

【芳香成分】朱亮锋等（1993）用水蒸气蒸馏法提取的广州产美叶桉枝叶精油的主要成分为：1,8-桉叶油素（33.81%）α-蒎烯（23.74%）、γ-松油烯（10.99%）、对伞花烃（6.75%）α-松油醇（3.51%）、β-蒎烯（3.34%）、松油醇-4(2.43%)、香烯（1.49%）等。

【利用】木质适宜为建筑等用途。为蜜源植物。枝叶可提精油，为医药、香料的工业原料。可作行道树。

柠檬桉

ucalyptus citriodora Hook. f.

桃金娘科　桉属

别名：油桉树、油桉、柠檬香安、留香久、白皮桉、脱皮桉

分布：广西、广东、云南、福建、湖南、湖北、四川、浙江、江苏有栽培

【形态特征】大乔木，高28 m，树干挺直；树皮光滑，灰白色，大片状脱落。幼态叶片披针形，有腺毛，基部圆形，叶柄盾状着生；成熟叶片狭披针形，宽约1 cm，长10～15 cm，稍弯曲，两面有黑腺点，揉之有浓厚的柠檬气味；过渡性叶阔披针形，宽3～4 cm，长15～18 cm；叶柄长1.5～2 cm。圆锥花序腋生；花梗长3～4 mm，有2棱；花蕾长倒卵形，长6～7 mm；萼管长5 mm，上部宽4 mm；帽状体长1.5 mm，比萼管稍宽，先端圆，有1小尖突；雄蕊长6～7 mm，排成2列，花药椭圆形，背部着生，药室平行。蒴果壶形，长1～1.2 cm，宽8～10 mm，果瓣藏于萼管内。花期4～9月。

【生长习性】喜湿热和肥沃土壤，能耐轻霜，凡气温在0 ℃以上的地方都能生长。为最喜光树种。对土壤要求不严，喜湿润、深厚和疏松的土壤，在一般酸性土，凡土层深厚而疏松、排水良好的红壤土、砖红壤性壤土、黄壤土和冲积土中均生长良好。

【精油含量】水蒸气蒸馏法提取叶的得油率为0.50%～2.03%。

【芳香成分】叶：张闻扬等（2015）用水蒸气蒸馏法提取的广西南宁产柠檬桉春季采收的新鲜叶精油的主要成分为：香茅醛（63.91%）、β-香茅醇（18.07%）、2-(2-羟基-2-丙基)-5-甲基-环己醇（5.17%）、异胡薄荷醇（4.12%）、桉叶油醇（2.09%）、芳樟醇（2.10%）、1-石竹烯（1.11%）等；秋季采收的新鲜叶精油的主要成分为：异胡薄荷醇（41.14%）、β-香茅醇（19.87 %）、乙酸香茅酯（14.90%）、香茅醛（12.13%）、2-(2-羟基-2-丙基)-5-甲基-环己醇（2.74%）、芳樟醇（2.08%）、桉叶油醇（2.05%）、香茅酸（1.26%）等。陈婷婷等（2012）用同法分析的广东樟木头产柠檬桉叶精油的主要成分为：薄荷醇（34.33%）、新薄荷醇（16.11%）、右旋香茅醇（13.93%）、香茅醛（12.42%）、盖二醇（5.16%）、石竹烯（2.76%）、异胡薄荷醇（2.68%）、二氢月桂烯（2.31%）等。

果实：屈恋等（2016）用水蒸气蒸馏法提取的广西南宁产柠檬桉新鲜果实精油的主要成分为：1 R-α-蒎烯（44.48%）、γ-松油烯（22.02%）、1-异丙基-2-甲基苯（7.27%）、石竹烯（3.16 %）、β-蒎烯（2.38%）、香茅醇（2.21%）、α-松油醇（2.11%）、(R)-(+)-柠檬烯（1.73%）、愈创木醇（1.69%）、胡薄荷醇（1.35%）、桉树脑（1.23%）、(+)-4-蒈烯（1.13%）、α-桉叶醇（1.05%）、β-半反式罗勒烯（1.00%）等。

【利用】木材用于造船、建筑、家具、枕木、坑木、木模、包装材等。叶可提取精油，可用作驱风油、止咳药、防感冒药，医治伤寒、腹泻、钩虫病及皮肤病等；可治支气管炎；配制十滴水、清凉油、防蚊油等；叶油大量用于生产各种香料、肥皂、洗涤剂、喷雾剂、化妆品等；可用于食品的调香增味；可用于胶料、浆糊、胶水及皮毛作防腐剂，工业上用作除垢剂、清漆、油脂、橡胶等的溶剂；可单离香茅醛、香叶醇。叶可供药用，可用于消肿散毒、泄泻痢疾、风湿骨病及皮肤病。多长用作行道树。蜜源植物。

史密斯桉

Eucalyptus smithii R. T. Beker.

桃金娘科　桉属
别名： 谷桉
分布： 云南、四川、福建、湖南、浙江等地有栽培

【形态特征】 常绿乔木，树高46 m，胸径 150 cm。树皮有深沟裂纹，暗灰色至淡黑色。幼年叶对生，无柄，披针状心形；成年叶互生，具柄，狭披针形，长 10～16 cm，宽 l-1.7 cm，渐尖；脉和腺体明显，侧脉纤细，极多数，斜展，边缘稍远离叶缘；叶柄长约 2.5 cm。花序柄腋生，约与叶柄等长，稍扁平，有花 3～9 朵，生长于长约 5 mm内外的柄上；萼筒陀螺形，宽约 4 mm；帽状体半球形，短渐尖，稍较萼筒为长。蒴果具短柄，半球形，径为 5～7 mm；果缘高突出于萼筒外；果瓣突出而张开，钝。

【生长习性】 分布区的气候冷凉至温暖，最热月平均最高温度为22～28 ℃，最冷月平均最低温为-2～6 ℃，霜冻期为 20 d，年降雨量为750～1700 mm。

【精油含量】 水蒸气蒸馏法提取叶或枝叶的得油率为 1.20%～3.67%。

【芳香成分】 管朝旭等（2013）用水蒸气蒸馏法提取的云南砚山产2年生史密斯桉新鲜叶精油的主要成分为：1,8-桉叶素（79.44%）、柠檬烯（5.08%）、α-蒎烯（4.55%）、α-松油醇（2.49%）、对聚伞花素（1.53%）、γ-松油烯（1.24%）等。

【利用】 木材适宜为建筑、车辆、木柱、枕木、造纸等用材。叶可提取精油。

尾叶桉

Eucalyptus urophylla S. T. Blake

桃金娘科　桉属
别名： 巨尾桉、尾巨桉、广林9号桉
分布： 广东、广西、海南有栽培

【形态特征】 常绿乔木。在高海拔地区是扭曲的小灌木，在低海拔和中海拔地区，树高超过50 m，胸径可达2 m。干形通直，树冠密集。树皮红棕色，上部剥落，基部宿存。幼态叶披针形，对生；成熟叶披针形或卵形。伞状花序顶生，总状更扁，帽状花等腰圆锥形，顶端突兀。蒴果近球形，果瓣内陷。花期12月至翌年5月。

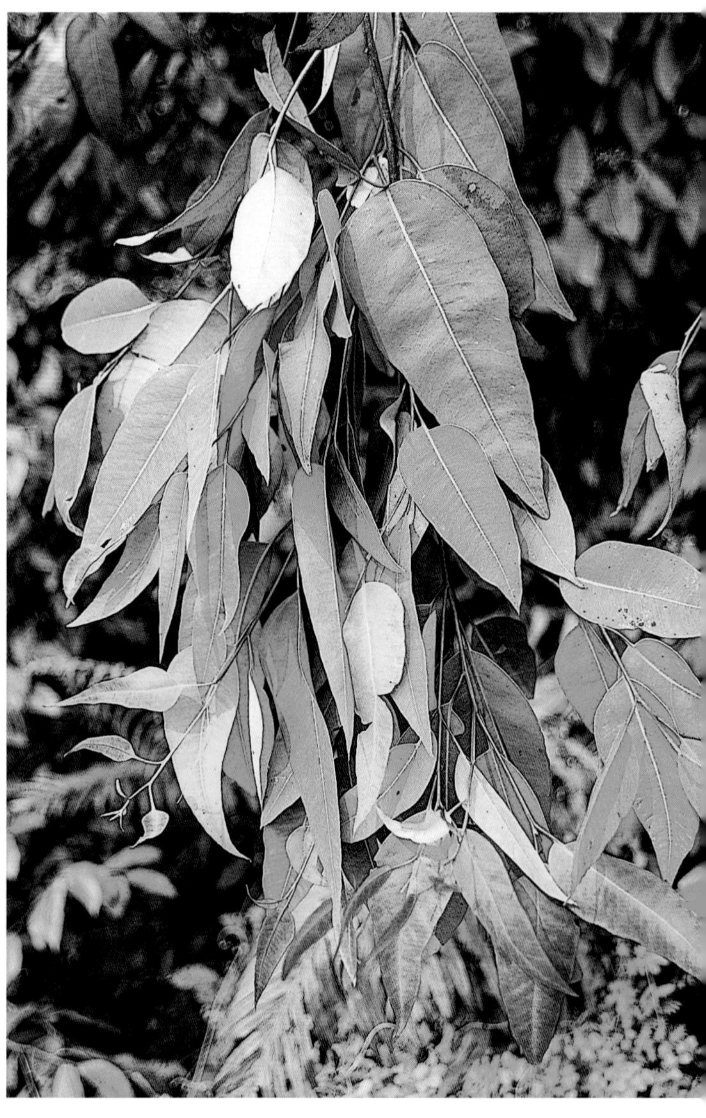

【生长习性】 海拔 300～3000 m。最适宜生长在由火山岩和变质岩所形成的湿润排水良好的土壤上。能耐 -4 ℃ 低温。产地属中亚热带气候，特点是冷热分明、干湿显著。年平均气温 21.2 ℃，年降雨 1400～1800 mm。在水土流失区的瘦瘠、干旱、含砂石量较大之地都能生长，且表现良好。

【精油含量】 水蒸气蒸馏法提取新鲜叶的得油率为0.50%～1.35%，干燥叶的得油率为1.54%～3.80%。

【芳香成分】 陈婷婷等（2011）用水蒸气蒸馏法提取的广东产尾叶桉新鲜叶精油的主要成分为：1,8-桉叶素（38.13%）、α-蒎烯（10.71%）、薄荷醇（9.79%）、α-松油醇（7.41%）、异蒲勒醇（5.51%）、右旋香茅醇（5.22%）、乙酸松香酯（5.03%）、2-莰醇（2.25%）、石竹烯（1.67%）、葑醇（1.13%）等。田玉红等（2012）用水蒸气蒸馏法提取的广西柳州产‘广林9号’桉（尾叶桉与大桉的杂交种）新鲜叶精油的主要成分为：1,8-桉叶油素（34.66%）、α -蒎烯（10.30%）、α-松油醇（7.64%）、乙酸-α-松油酯（7.58%）、龙脑（5.87%）、反式-松香芹醇（2.95%）、葑醇（2.19%）、蓝桉醇（1.28%）、莰烯（1.26%）、α-龙脑烯醛（1.24%）、斯巴醇（1.21%）、β-石竹烯（1.14%）、松香芹醇（1.05%）等。田宏等（2009）用水蒸气蒸馏法提取的广东茂名产巨尾桉（大桉与尾叶桉的杂交种）阴干叶精油的主要成分为：1,8-桉叶油素（35.98%）、α-蒎烯（26.49%）、α-松油醇乙酸酯（16.38%）、柠檬烯（5.07%）、反式-α-罗勒烯（2.46%）等。

【利用】木材作建筑、家具、枕木、坑木、木模、包装材、造板、纸浆等。枝叶可提取精油。可作荒山绿化和行道绿化树种。是一种较理想的水土保持树种。

细叶桉

Eucalyptus tereticornis Smith

桃金娘科　桉属

别名：圆角桉、小叶桉、褐桉树、柳叶桉、羊草果树

分布：广东、广西、贵州、福建、云南有栽培

【形态特征】大乔木，高25 m；树皮平滑，灰白色，长片状脱落，干基有宿存的树皮；嫩枝圆形，纤细，下垂。幼态叶片卵形至阔披针形，宽达10 cm；过渡型叶阔披针形；成熟叶片狭窄披针形，长10～25 cm，宽1.5～2 cm，稍弯曲，两面有细腺点，侧脉以45°角斜向上，边脉离叶缘0.7 mm；叶柄长1.5～2.5 cm。伞形花序腋生，有花5～8朵，总梗圆形，粗壮，长1～1.5 cm；花梗长3～6 mm；花蕾长卵形，长1～1.3 mm或更长；萼管长2.5～3 mm，宽4～5 mm；帽状体长7～10 mm，渐尖；雄蕊长6～9 mm，花药长倒卵形，纵裂。蒴果近球形，宽6～8 mm，果缘突出萼管2～2.5 mm，果瓣4。

【生长习性】常见于降水量较充足的壤土，冬季耐轻霜，不适于酸性土。适于温带中湿夏凉冬季降雨林地。海拔从近海平面至 1100 m。喜生于排水良好的深厚轻质土上。能耐-5 ℃ 短时低温。

【精油含量】水蒸气蒸馏法提取叶或枝叶的得油率为0.58%～4.85%，果实的得油率为0.48%；超临界萃取叶的得油率为0.58%，阴干果实的得油率为0.47%。

【芳香成分】叶：张照远等（2017）用水蒸气蒸馏法提取的广西南宁产‘无性系Et09’细叶桉新鲜叶精油的主要成分为：1,8-桉叶素（31.77%）、α-蒎烯（18.62%）、D-苧烯（15.67%）、γ-松油烯（8.84%）、α-水芹烯（6.77%）、对伞花烃（4.08%）、β-蒎烯（3.66%）、乙酸-α-松油酯（2.35%）、异松油烯（2.28%）、α-松油醇（1.64%）、白千层醇（1.29%）、4-松油醇（1.21%）等；‘无性系Et12’细叶桉新鲜叶精油的主要成分为：γ-松油烯（16.60%）、α-蒎烯（15.11%）、β-蒎烯（14.19%）、1,8-桉叶素（13.68%）、D-苧烯（13.45%）、对伞花烃（6.94%）、α-桉叶油（2.40%）、α-松油醇（2.36%）、4-松油醇（2.00%）、α-愈创木烯（1.40%）、异松油烯（1.36%）、乙酸-α-松油酯（1.00%）等；‘无性系Et16’细叶桉新鲜叶精油的主要成分为：α-蒎烯（17.59%）、反式-β-罗勒烯（17.10%）、γ-松油烯（15.86%）、D-苧烯（15.10%）、β-蒎烯（10.62%）、对伞花烃（5.20%）、4-松油醇（2.33%）、异松油烯（2.14%）、顺式-β-罗勒烯（1.81%）、白千层醇（1.22%）、α-松油醇（1.20%）、乙酸-α-松油酯（1.02%）、石竹烯（1.02%）等。

果实：周燕园等（2009）用水蒸气蒸馏法提取的广西南宁产细叶桉果实精油的主要成分为：1 R-α-蒎烯（32.88%）、桉油精（13.64%）、D-柠檬烯（8.31%）、对-薄荷-1-烯-8-醇（5.32%）、[1 R-(1α,3aβ,4α,7β)]-1,2,3,3a,4,5,6,7-八氢-1,4-二甲基-7-(1-异丙烯基)-薁（4.30%）、冰片（3.97%）、(+)-(1aR,4aR,7 R,7aR,7 bS)-(+)-十氢化-1,1,7-三甲基-4-甲烯基-1 H-环丙基[e]薁（3.63%）、莰烯（2.45%）、β-蒎烯（2.36%）、1-甲基-2-(1-异丙基)-苯（2.14%）、1,3,3-三甲基二环[2.2.1]庚烷-2-醇（2.02%）、葑基乙酸酯（1.81%）、(+)-斯巴醇（1.15%）等。

【利用】木材供建筑、车辆、船舶、机械、枕木等用。叶可提取精油，广泛应用于医药、香精和选矿剂。叶入药，有宣肺利气、止咳平喘、活血散瘀、清热解毒的功效，可用于治疗脾胃气滞所致的食欲不振、脘腹胀痛、肠鸣泄泻、下痢腹痛；也治感冒、咳嗽、跌打损伤；外治毒疮、溃疡；可预防流感、乙脑炎、疟疾、痢疾、皮肤溃疡、痈疮、丹毒、乳腺炎、外伤感染、皮癣、神经性皮炎、气管炎等。果有杀菌、祛痰止咳、收

敛杀虫的功效，可预防感冒、乙型脑炎；防治疟疾、肠炎腹泻、痢疾、皮肤溃疡、痈疮、红肿、丹毒、乳腺炎、外伤感染、皮癣、神经性皮炎、气管炎、咳嗽等。

直杆蓝桉

Eucalyptus maideni F. v. Muell.

桃金娘科　桉属
别名：直杆桉
分布：云南、四川等地有栽培

【形态特征】大乔木；树皮光滑，灰蓝色，逐年脱落，基部有宿存树皮；嫩枝圆形有棱。幼态叶多对，对生，叶片卵形至圆形，长4～12 cm，宽4～12 cm，基部心形，无柄或抱茎，灰色；成熟叶片披针形，长20 cm，宽2.5 cm，革质，稍弯曲，侧脉以64°开角斜行，两面多黑腺点。伞形花序有花3～7朵，总梗压扁或有棱，长1～1.5 cm；花梗长约2 mm；花蕾椭圆形，长1.2 cm，宽8 mm，两端尖；萼管倒圆锥形，长6 mm，有棱；帽状体三角锥状，与萼管同长；雄蕊长8～10 mm，花药倒卵形，纵裂。蒴果钟形或倒圆锥形，长8～10 mm，宽10～12 mm，果缘较宽，果瓣3～5，先端突出萼管外。花果期通常在春秋两季。

【生长习性】分布在海拔1200～2400 m地带。喜温暖气候，但不耐湿热，气候过热生长不良；耐寒性不强，仅能耐短暂时间的-7 ℃左右的低温。喜光，稍有遮阴即可影响生长速度。喜肥沃湿润的酸性土，在深厚的壤土及湿润的谷地生长最良好。

【精油含量】水蒸气蒸馏法提取叶的得油率为0.80%～4.14%。

【芳香成分】罗嘉梁等（1991）用水蒸气蒸馏法提取的云南弥勒产直杆蓝桉叶精油的主要成分为：1,8-桉叶油素（68.02%）、α-蒎烯（8.44%）、α-萜品醇（4.87%）、γ-萜品烯（4.45%）、β-桉叶油醇（1.74%）、对-伞花烃（1.63%）、萜品-4-醇（1.17%）、α-石竹烯（1.09%）、别香树烯（1.05%）等。

【利用】木材供造纸、层板、枕木等用。叶可提取精油，主要成分1,8-桉叶油素为医药、日用化工等工业的重要原料。叶药用，有清热消炎、熄风止痛功效，用于治疗感冒、流感、发热头痛、全身骨痛、湿热泻痢等；外用烫伤、丹毒、湿疹、脚癣、皮肤瘙痒。

白千层

Melaleuca leucadendron Linn.

桃金娘科　白千层属
别名：脱皮树、玉树
分布：广西、广东、福建、台湾有栽培

【形态特征】小乔木或乔木，高18 m；树皮灰白色，厚而松软，海绵状，多层，每层纸样易剥落；嫩枝灰白色。叶互生或稀对生，叶片革质，形似偏斜镰刀，披针形或狭长圆形，长4～10 cm，宽1～2 cm，先端急尖，基部狭楔形，两面同色；基出脉3～7条，多油腺点，香气浓郁。花白色，密集于枝顶成穗状花序，长达15 cm，花序轴被白色柔毛；萼管卵形，长3 mm，被白色柔毛，萼齿5，圆形，长约1 mm；花瓣5，卵圆形，长2～3 mm，宽3 mm；雄蕊约长1 cm，常5～8枚成束；柱头头状，花柱线形，比雄蕊略长。蒴果近球形，直径5～7 mm。种子近三角形，种皮薄而直。花期每年多次。

【生长习性】喜温暖潮湿环境，要求阳光充足，适应性强，能耐干旱高温及瘠瘦土壤，不耐低温，可耐轻霜及短期0 ℃左右低温。对土壤要求不严。能抗大气污染。具有很强的耐淹能力。

【精油含量】水蒸气蒸馏法提取枝叶的得油率为0.40%～1.50%，新鲜叶的得油率为1.45%，新鲜种子的得油率为0.28%。

【芳香成分】叶：汪燕等（2016）用水蒸气蒸馏法提取的广东广州产白千层新鲜叶精油的主要成分为：桉树脑（48.37%）、凤蝶醇（13.64%）、α-松油醇（10.00%）、蒎烯（6.41%）、柠檬烯（4.88%）、油酸（2.43%）、亚油酸（1.30%）、喇叭茶醇（1.16%）等。

枝叶：董晓敏等（2009）用水蒸气蒸馏法提取的广西南宁产白千层枝叶精油的主要成分为：1,8-桉叶油素（40.64%）、α-蒎烯（14.74%）、α-松油醇（8.71%）、愈创木醇（4.30%）、石竹烯（3.63%）、喇叭茶醇（2.14%）、石竹烯氧化物（1.92%）、β-蒎烯（1.69%）等。刘布鸣等（1999）用同法分析的广西钦州产白千层枝叶精油的主要成分为：松油醇-4(33.58%）、γ-松油烯（18.05%）、α-松油烯（10.12%）、1,8-桉叶油素（6.08%）、α-异松油烯（3.35%）、α-松油醇（2.36%）、罗勒烯（2.21%）、γ-花柏烯（1.76%）、β-花柏烯（1.74%）、β-古芸烯（1.56%）、3-蒈烯（1.47%）、柠檬烯（1.42%）、γ-杜松烯（1.40%）、β-水芹烯

.25%)、β-月桂烯（1.05%）、α-水芹烯（1.03%）等。

种子：汪燕等（2016）用水蒸气蒸馏法提取的广东广州产白千层新鲜种子精油的主要成分为：水菖蒲烯（35.48%）、蒎烯（14.83%）、凤蝶醇（11.17%）、桉树脑（7.54%）、D-柠檬烯（5.30%）、(+)-白千层醇（3.51%）、3,3,7,7-四甲基-5-(2-甲基-1-丙烯基)-三环[4.1.0.0^{2,4}]己烷（3.44%）、绿花烯（2.03%）、1-石竹烯（1.53%）、异长叶烯（1.29%）、苯甲醛（1.18%）等。

【利用】枝叶可提取精油，精油可治牙痛、耳痛、风湿痛及神经痛等；是日用化工品的主要原料之一。树皮及叶供药用，有镇静神经之效。常植道旁作行道树。树皮易引起火灾，不宜于造林。

白树

Melaleuca leucadendra Linn. var. *cajaputi* Roxb.

桃金娘科　白千层属

别名：白树油树

分布：广东、海南、广西、云南有栽培

【形态特征】白千层变种，叶薄革质，倒卵状椭圆形至倒卵状披针形，稀长圆状椭圆形，长5～16 cm，宽3～8 cm，顶端短尖或短渐尖，稀圆钝，基部楔形或阔楔形，全缘，两面均无毛；侧脉每边5～8条；叶柄长3～12 mm，无毛。聚伞花序与叶对生，花梗和萼片具有微柔毛或近无毛，花在开花时直径3～5 mm；萼片近圆形，边缘具有浅齿；雄花的雄蕊多数；腺体小，生于花丝基部；雌花：花盘环状，子房近球形，无毛，花柱3枚，平展，2深裂，裂片再2浅裂。蒴果近球形，有3浅纵沟，直径约1 cm，成熟后完全开裂；具有宿存萼片。花期3～9月。叶和花序均较小。

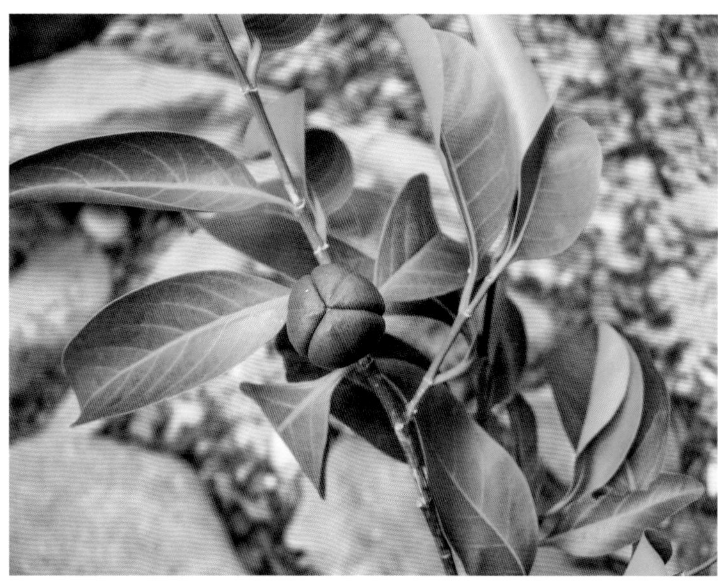

【生长习性】生于灌木丛中。

【精油含量】水蒸气蒸馏法提取枝叶的得油率为0.14%。

【芳香成分】朱亮锋等（1993）用水蒸气蒸馏法提取的广东广州产白树枝叶精油的主要成分为：1,8-桉叶油素（60.89%）、α-蒎烯（6.94%）、β-石竹烯（4.70%）、α-松油醇（3.35%）、β-蒎烯（3.30%）、α-石竹烯（1.78%）等。

【利用】枝叶精油供药用，也可用于杀菌剂。种子油有解毒疗伤的功效，治烧伤。

白油树

Melaleuca quinquenervia (Cav.) S. T. Blake

桃金娘科　白千层属

别名：白树

分布：广西、云南、海南等地有引种栽培

【形态特征】常绿乔木，树皮灰白色，厚而松软，片状脱落。幼嫩枝条黄绿色或微红色，密被白色柔毛；老枝条淡褐色。顶芽小，微红，密被白色柔毛。叶互生，略厚，披针形，长3.8～12.5 cm，宽0.6～3 cm，两端渐尖；叶柄短，黄绿色或微红色。花绿白色，排列成顶生穗状花序，长4.5～15 cm，密被白色柔毛，开花时雌蕊多而伸长，使花序为试管刷；萼管钟状，檐部五裂，花瓣5，小，直径0.2～0.3 cm，脱落；雄蕊多数，绿白色，多少合成5束，与花瓣对生。子房下位，顶端隆起，被柔毛，3室。蒴果，半球形，直径0.3～0..4 cm，成熟顶端开裂为三角瓣；种子细小，褐色。

【生长习性】生长在热带低纬度地区。喜光。对土质要求不太严格，在酸性壤质土、砂壤土及砂地上均能生长。能稍耐低温，适宜生长于较干燥之地，病虫害少见。

【精油含量】水蒸气蒸馏法提取的新鲜叶出油率为1.26%，干燥果实的出油率为0.33%。

【芳香成分】程必强等（1993）用水蒸气蒸馏法提取的云南西双版纳引种栽培的白油树叶精油的主要成分为：1,8-桉叶油

素（56.47%）、α-蒎烯（7.46%）、β-蒎烯（5.80%）、乙酸松油酯（4.02%）、白千层醇（3.40%）、芳樟醇（2.04%）等。

【利用】叶精油可作皂用、卫生用品等香料及合成香料的原料；也可作为选矿剂；用于医药，为治疗伤风感冒、头痛鼻塞、蚊虫叮咬、消炎止痒及跌打、烫伤等常用药。

互叶白千层

Melaleuca alternifolia (Maiden & Betche) Cheel

桃金娘科　白千层属

分布：广西、广东、云南、福建有栽培

【形态特征】木本植物，多乔木，有些灌木，高2～30 m，树干突瘤状弯曲，树皮多层、柔软、具有弹性，似海绵；一层层剥落。叶互生，披针形，长1～25 cm，宽0.5～7 cm，边缘光滑，颜色从深绿到灰绿。圆柱形穗状花序顶生于枝梢，小瓶刷状，花颜色有白色、粉红色、红色、黄色和绿色。蒴果，每个内含几个种子。花期夏秋季。

【生长习性】喜酸性土壤，能耐干旱贫瘠的土壤及渍水地，在气温较高，无霜期长的地区生长迅速。能耐轻度霜冻，具有一定的抗寒性。

【精油含量】水蒸气蒸馏法提取枝叶或叶的得油率为0.41%～2.63%，树干或枝的得油率为0.05%～0.09%，新鲜花的得油率为1.40%，新鲜嫩果的得油率为3.40%。

【芳香成分】枝叶：梁忠云等（2009）用水蒸气蒸馏法取的广西产互叶白千层新鲜枝叶精油的主要成分为：4-松油（39.96%）、γ-松油烯（24.25%）、α-松油烯（11.59%）、异松烯（4.07%）、对伞花烃（3.32%）、1,8-桉叶油素（2.82%）、蒎烯（2.77%）、α-松油醇（2.25%）、柠檬烯（1.18%）等。居语等（1999）用同法分析的广东肇庆产互叶白千层单株1枝叶油的主要成分为：γ-松油烯（31.16%）、松油-4-醇（21.97%α-松油烯（14.87%）、异松油烯（5.48%）、对伞花烃（3.05%1,8-桉叶油素（2.93%）、柠檬烯（2.64%）、α-松油醇（1.47%等；单株2枝叶精油的主要成分为：异松油烯（55.39%）、1,桉叶油素（19.49%）、γ-松油烯（3.35%）、α-松油烯（2.65%柠檬烯（2.26%）、对伞花烃（1.53%）、松油-4-醇（1.26%）等

花：柴玲等（2014）用水蒸气蒸馏法提取的广西南宁产互叶白千层新鲜花精油的主要成分为：松油烯（38.14%）、γ-松油烯（21.34%）、α-松油烯（12.62%）、1,8-桉叶素（5.86%）、异松油烯（4.30%）、α-松油醇（2.89%）、α-蒎烯（2.65%）、苧烯（1.20%）、α-水芹烯（1.07%）等。

果实：柴玲等（2014）用水蒸气蒸馏法提取的广西南宁产互叶白千层新鲜嫩果精油的主要成分为：松油烯（38.43%）、γ-松油烯（21.97%）、α-松油烯（13.57%）、1,8-桉叶素（6.91%）、异松油烯（4.35%）、α-蒎烯（3.10%）、α-松油醇（2.69%）、苧烯（1.28%）、α-水芹烯（1.14%）、月桂烯（1.07%）等。

【利用】枝叶精油商品名“茶树油”，有较强的抑菌、镇痛、杀虫及防腐作用，具有治疗牙痛、风湿痛、神经痛、耳痛和消炎杀菌等功效，是一种天然的防腐剂、杀菌剂、防霉剂和麻醉剂，可广泛应用于医药、食品、化妆品等行业。是优美的庭院树、行道树和防风树。

黄金串钱柳

Melaleuca bracteata F. Muell.

桃金娘科　白千层属

别名：黄金香柳、黄金宝树、千层金、溪畔白千层

分布：广东、湖南、重庆有引种栽培

【形态特征】常绿小乔木，高可达6～8 m，胸径可达15～20 cm。主干直立，树冠塔形；材质坚硬，树干暗灰色，树皮不易剥落；叶革质互生，披针形或狭长圆形，长1～2 cm，宽2～3 mm，两端尖，基出脉5条，具有油腺点，香味浓郁，叶片全年金黄色至鹅黄色；枝条细长柔软且韧性好，嫩枝微红；穗状花序生长于枝顶，花后花序轴能继续伸长；花白色，萼卵形，先端5小圆齿裂，花瓣5片，雄蕊5束，花柱略长于雄蕊；蒴果近球形，3裂。

【生长习性】适应土质的范围非常广，从酸性到石灰岩土质甚至盐碱地都能适应。既抗旱又抗涝，适宜水边生长，还能抗盐碱、抗强风。喜温暖湿润气候，适应的气候带范围广，可耐-7～-10 ℃的低温。

【精油含量】水蒸气蒸馏法提取新鲜枝叶的得油率为0.69%～1.13%；有机溶剂萃取法提取干燥叶的得油率为2.96%～3.78%。

【芳香成分】叶：陈佳龄等（2013）用固相微萃取法提取的广东广州产黄金串线柳新鲜叶精油的主要成分为：甲基丁香酚（31.54%）、萜品油烯（15.32 %）、α-水芹烯（14.35 %）、月桂烯（4.01%）、(Z)-β-罗勒烯（3.69%）、吉玛烯D（3.60%）、芳樟醇（2.61%）、对伞花烃（2.52%）、γ-萜品烯（1.82%）、β-石竹烯（1.76%）、草蒿脑（1.44 %）、α-萜品烯（1.43%）、δ-荜澄茄烯（1.36%）等。

枝叶：钟昌勇等（2009）用水蒸气蒸馏法提取的广西鹿寨产黄金串线柳新鲜枝叶精油的主要成分为：丁子香酚甲醚（95.45%）。

【利用】枝叶精油是高级化妆品原料，可用作香薰、熬水、沐浴，有舒筋活络的保健功效；也应用于医药、日用化工等领域。是沿海地区的造林、庭园景观、道路美化树种。

散花白千层

Melaleuca dissitiflora F. Muell.

桃金娘科　白千层属

分布：广西、广东、云南、福建有栽培

【形态特征】常绿灌木至小乔木。叶互生，少数对生，叶片革质，披针形或线形，具有油腺点，有基出脉数条；叶柄短或缺。花无梗，排成穗状或头状花序，有时单生于叶腋内，花序轴无限生长，花开后继续生长；苞片脱落；萼管近球形或钟形，萼片5，脱落或宿存；花瓣5；雄蕊多数，绿白色，花丝基部稍连合成5束，并与花瓣对生，花药背部着生，药室平行，纵裂；子房下位或半下位，与萼管合生，先端突出，3室，花柱线形，柱头多少扩大，胚珠多数。蒴果半球形或球形，顶端开裂；种子近三角形，种皮薄，胚直。

【生长习性】喜温暖潮湿环境，要求阳光充足，适应性强，能耐干旱高温及瘠瘦土壤，可耐轻霜及短期0 ℃左右低温。对土壤要求不严。

【精油含量】水蒸气蒸馏法提取新鲜枝叶的得油率为1.37%～2.05%。

【芳香成分】梁忠云等（2011）用水蒸气蒸馏法提取的广西钦州产散花白千层新鲜枝叶精油的主要成分为：4-松油醇（37.68%）、γ-松油烯（20.16%）、α-松油烯（9.13%）、1,8-桉叶油素（6.88%）、对伞花烃（3.62%）、异松油烯（3.37%）、α-蒎烯（2.15%）、桧烯（2.14%）、α-松油醇（2.13%）、柠檬烯（1.51%）等。

【利用】枝叶精油可作为茶树油供药用及防腐剂用。

下垂白千层

Melaleuca armillaris (Sol. ex Gaertn.) Sm.

桃金娘科　白千层属

别名：软枝白千层

分布：广西有栽培

【形态特征】常绿乔木，高10～15 m，胸径20 cm，主干通直圆满，树冠长卵形。树皮网状纹裂，灰褐色或暗灰褐色。枝扩展，枝条及叶片稠密繁茂。嫩枝细小、柔软下垂，单叶互生，披针形，近革质，长1.2～3.5 cm，宽0.1～0.3 cm，全缘，翠绿色。花两性，小花乳白色，穗状花序顶生，蒴果木质，半球形，包藏于萼筒内，由顶端开裂为3果瓣，未熟时为青灰色，成熟时为棕褐色。每年4月和12月两次开花。

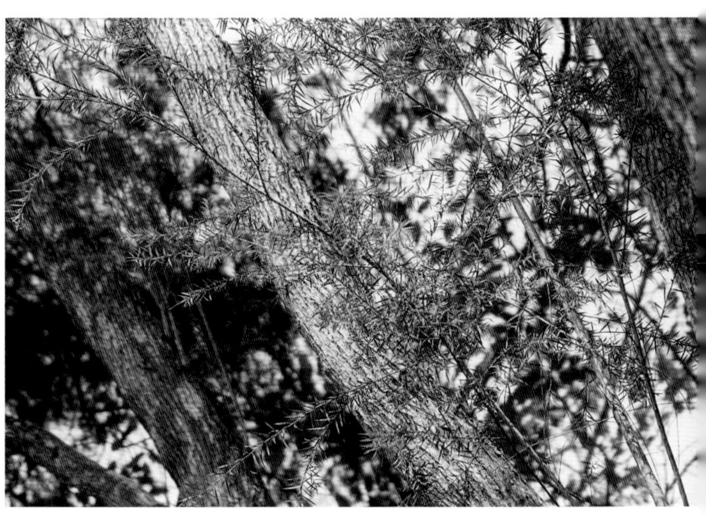

【生长习性】属阳性树种。喜温暖湿润的气候，能耐短期0 ℃左右低温，生长的适宜温度为20～32 ℃。对土壤要求不严，一般的贫瘠土地上都能生长，在土壤疏松、排水良好的立地条件下生长较好。抗风力强。

【精油含量】水蒸气蒸馏法提取新鲜枝叶的得油率为0.79%～0.85%。

【芳香成分】陈海燕等（2011）用水蒸气蒸馏法提取的广西南宁产下垂白千层枝叶精油的主要成分为：丁香酚甲醚（90.37%）、肉桂酸甲酯（4.31%）等。

【利用】可作庭园绿化、园林观赏、沿海防护林、水土保持树种。

番石榴

Psidium guajava Linn.

桃金娘科　番石榴属

别名：鸡屎果、胶子果、拔子、缅桃

分布：华南和云南有栽培

【形态特征】乔木，高达13 m；树皮平滑，灰色，片状剥落；嫩枝有棱，被毛。叶片革质，长圆形至椭圆形，长6～

2 cm，宽3.5～6 cm，先端急尖或钝，基部近于圆形，叶面稍粗糙，叶背有毛，侧脉12～15对，常下陷，网脉明显；叶柄长5 mm。花单生或2～3朵排成聚伞花序；萼管钟形，长 mm，有毛，萼帽近圆形，长7～8 mm，不规则裂开；花瓣长～1.4 cm，白色；雄蕊长6～9 mm；子房下位，与萼合生，花柱与雄蕊同长。浆果球形、卵圆形或梨形，长3～8 cm，顶端有宿存萼片，果肉白色及黄色，胎座肥大，肉质，淡红色；种子多数。

【生长习性】生于荒地或低丘陵上。适宜热带气候，怕霜冻，适宜生长温度夏季平均气温需在15 ℃以上。对土壤要求不严，以排水良好的砂质壤土、黏壤土栽培生长较好。土壤pH4.5～8.0均能种植。

【精油含量】水蒸气蒸馏法提取叶的得油率为0.15%～0.01%；超临界萃取干燥叶的得油率为3.50%，干燥果实的得油率为3.10%；有机溶剂萃取法提取干燥种子的得油率为12.82%。

【芳香成分】叶：李吉来等（1999）用水蒸气蒸馏法提取的干燥叶精油的主要成分为：石竹烯（18.81%）、玷玑烯（11.80%）、[1aR-(1aα,4aα,7α,7aβ,7 bα)]-十氢-1，1，7-三甲基-4-亚甲基-1 H-环丙薁（10.27%）、桉叶油素（7.36%）、[1 S-(1α,4aβ,8aα)]-1,2,4a,5,8,8a-六氢-4,7-二甲基-1-(1-甲基乙基)-萘（4.70%）、3-蒈烯（4.65%）、α-石竹烯（3.48%）、(S)-α,α,4-三甲基-3-环己烯-1-甲醇（3.04%）、1,2,3,4,4a,7-六氢-1,6-二甲基-4-(1-甲基乙基)-萘（2.56%）、(1 S-顺式)-1,2,3,4-四氢-1,6-二甲基-4-(1-甲基乙基)-萘（2.48%）、(-)-蓝桉醇（2.34%）、(1 S-顺式)-1,2,3,5,6,8-六氢-4,7-二甲基-1-(1-甲基乙基)-萘（2.22%）、氧化石竹烯（2.08%）、(1α,4aβ,8 bα)-1,2,3,4,4a,5,6,8a-八氢-7-甲基-4-亚甲基-1-(1-甲基乙基)-萘（1.60%）、(1α,4aα,8aα)-1,2,4a,5,6,8a-六氢-4,7-二甲基-1-(1-甲基乙基)-萘（1.13%）、苯甲醛（1.12%）等。郭莹等（2015）用同法分析的福建漳州产番石榴阴干叶精油的主要成分为：广藿香烯（54.97%）、(1 S-顺)- 1,2,3,5,6,8a-六氢-4,7-二甲基-1-(1-甲基乙基)-萘（6.51%）、τ-杜松醇（5.10%）、[1 S-(1α,4aβ,8aα)]-1,2,4a,5,8,8a-六氢-4,7-二甲基-1-(1-甲基乙基)-萘（4.52%）、(-)-蓝桉醇（4.50%）、[1aR-(1aα,4aα,7α,7aβ,7 bα)]-十氢-1,1,7-三甲基-4-亚甲基-1 H-环丙[e]薁（4.06%）、α-葎草烯（3.96%）、[1 R-(1α,3aβ,4α,7β)]-1,2,3,3a,4,5,6,7-八氢-1,4-二甲基-7-(1-甲基乙烯基)-薁（2.44%）、1,2,3,4,4a,7-六氢-1,6-二甲基-4-(1-甲基乙基)-萘（2.05%）、(1 S-顺)-1,2,3,4-四氢-1,6-二甲基-4-(1-甲基乙基)-萘（1.70%）、[1aR-(1aα,4aβ,7α,7aβ,7 bα)]-十氢-1,1,7-三甲基-4-亚甲基-1 H-环丙[e]薁（1.65%）、1,2,3,4,4a,7-六氢-1,6-二甲基-4-(1-甲基乙基)-萘（1.45%）、[1aR-(1aα,7α,7aα,7 bα)]-1a,2,3,5,6,7,7a,7 b-八氢-1,1,7,7a-四甲基-1 H-环丙[a]萘（1.24%）、香橙烯（1.17%）等。

果实：朱亮锋等（1993）用树脂吸附法收集的广东广州产‘胭脂红’番石榴果实头香的主要成分为：乙酸-3-己烯酯（20.85%）、1,8-桉叶油素（11.30%）、乙酸-3-苯丙酯（10.54%）、β-石竹烯（9.38%）、3-己烯醇（6.07%）、α-蒎烯（3.37%）、己醛（2.97%）、辛酸甲酯（2.81%）、己醇（2.69%）、2-己烯醛（2.67%）、玷玑烯（2.09%）、α-松油烯（1.97%）、乙酸己酯（1.32%）、柠檬烯（1.11%）等。郑瑶青等（1987）用Amberlite XAD-4树脂吸附法提取的福建漳州产番石榴新鲜成熟果实头香的主要成分为：乙醇（58.10%）、甲苯（25.80%）、乙苯（2.64%）、(Z)-乙酸叶醇酯（2.44%）、乙酸乙酯（1.74%）、(Z)-叶醇（1.56%）等。李莉梅等（2014）用顶空固相微萃取法提取分析了广东廉江产不同品种番石榴新鲜果肉的香气成分，‘四季桃’的主要成分为：己醛（47.87%）、乙酸-3-己烯酯（15.56%）、2-己烯醛（10.84%）、3-己烯醇（4.24%）、己醇（3.79%）、己酸乙酯（2.90%）、己酸（2.45%）、乙酸己酯（2.42%）、苯甲酸乙酯（1.43%）、乙酸（1.28%）、6-甲基-5-庚烯-2-酮（1.16%）、4-壬烯醇（1.13%）等；‘珍珠桃’的主要成分为：己醛（43.14%）、3～2-己烯醛（34.03%）、乙酸乙酯（6.86%）、己烯醛（5.56%）、乙酸-3-己烯酯（3.95%）、甲酸丁酯（3.10%）、α-蒎烯（1.20%）等。周浓等（2016）用同法分析的广东湛江产‘珍珠’番石榴新鲜果实香气的主要成分为：乙酸叶醇酯（38.66%）、正己醛（11.99%）、乙酸己酯（9.57%）、乙酸苯丙基酯（6.59%）、正己醇（5.91%）、乙酸乙酯（4.26%）、反-3-己烯醇（3.75%）、反式-2-己烯醛（2.38%）、乙酸异丁酯（2.11%）、3-己烯醛（1.48%）、己酸乙酯（1.46%）、1-戊烯-3-醇（1.45%）等。

【利用】果除供鲜食外，还可制果酱、果汁、果粉、饮料、果冻、酸辣酱等。叶可作茶叶用，也可入肴调味或用于面点制作。叶精油有镇静、镇痛、抗菌等作用，可用于各类食品的调香。果、叶供药用，有消食健胃、疏经通络、收敛止泻、消炎止血等功能，可治疗慢性肠炎、痢疾、小儿消化不良、刀伤出血等症；鲜叶外用于治疗跌打损伤、外伤出血、臁疮久不收口。

红果仔

Eugenia uniflora Linn.

桃金娘科　番樱桃属

分布：原产巴西在我国南部有少量栽培

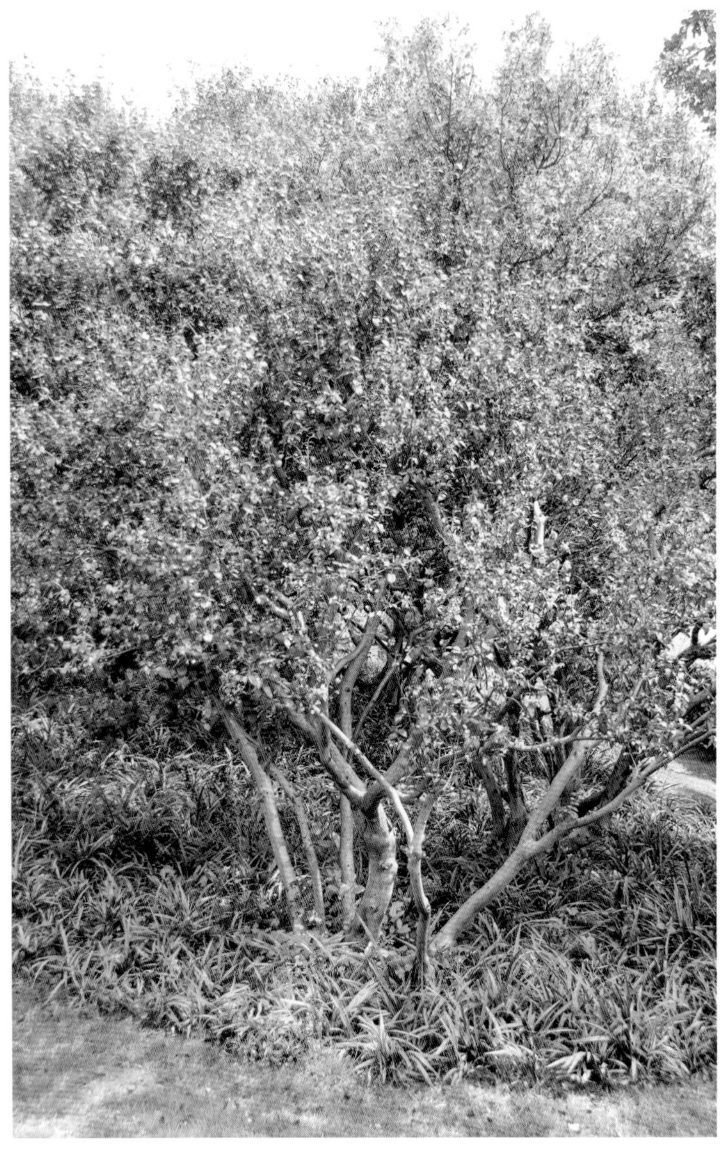

【形态特征】灌木或小乔木，高可达5 m，全株无毛。叶纸质，卵形至卵状披针形，长3.2～4.2 cm，宽2.3～3 cm，先渐尖或短尖，钝头，基部圆形或微心形，叶面绿色发亮，叶颜色较浅，两面无毛，有无数透明腺点，侧脉每边约5条，明显，以近45°开角斜出，离边缘约2 mm处汇成边脉；叶柄短，长约1.5 mm。花白色，稍芳香，单生或数朵聚生于叶腋短于叶；萼片4，长椭圆形，外反。浆果球形，直径1～2 cm有8棱，成熟时为深红色，有种子1～2粒。花期春季。

【生长习性】喜温暖湿润的环境，在阳光充足处和半阴处能正常生长。不耐干旱，也不耐寒，生长适温为23～30 ℃。土质选择性不严，以肥沃的砂质壤土生长最佳，排水需良好日照需充足。

【芳香成分】陈佳龄等（2013）用顶空固相微萃取法取的广东广州产红果仔新鲜叶片挥发油的主要成分为：(Z β-罗勒烯（26.64%）、β-石竹烯（12.48%）、(Z)-3-己烯丁酸（11.59%）、反式-罗勒烯（9.44%）、双环大香叶烯（4.60%）、桂烯（3.58%）、β-榄香烯（3.42%）、吉玛烯 D（1.99%）、E,Z-罗勒烯（1.87%）、β-水芹烯（1.42%）、绿花白千层烯（1.31%丁酸己酯（1.17%）等。

【利用】果肉可食，可制软糖。为园林树种，可作园林绿
[化]、道旁观赏、盆栽观赏树种。

岗松

[B]aeckea frutescens Linn.

[桃]金娘科　岗松属

[别]名：铁扫把、扫把枝、松毛枝、蛇虫草、鸡儿松、长松、沙[松]、香柴

[分]布：江西、福建、广东、广西、浙江

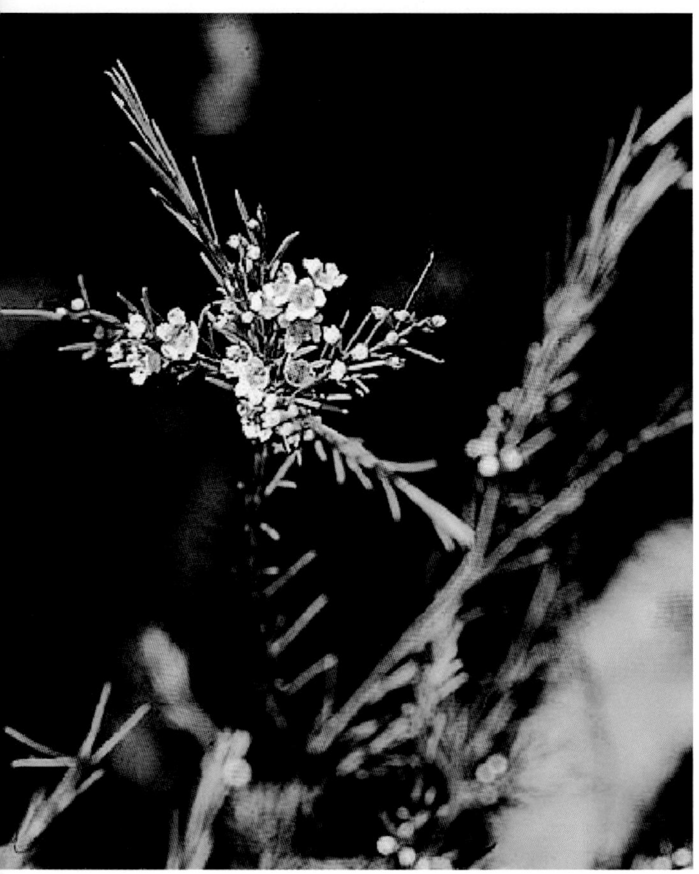

【形态特征】灌木，有时为小乔木；嫩枝纤细，多分枝。叶[小]，无柄，或有短柄，叶片狭线形或线形，长5～10 mm，宽[1] mm，先端尖，叶面有沟，叶背突起，有透明油腺点，干后褐[色]，中脉1条，无侧脉。花小，白色，单生于叶腋内；苞片早[落]；花梗长1～1.5 mm；萼管钟状，长约1.5 mm，萼齿5，细小[三]角形，先端急尖；花瓣圆形，分离，长约1.5 mm，基部狭窄成短柄；雄蕊10枚或稍少，成对与萼齿对生；子房下位，3室，花柱短，宿存。蒴果小，长约2 mm；种子扁平，有角。花期为夏秋季。

【生长习性】喜生于低丘及荒山草坡与灌丛中，是酸性土的指示植物。喜温暖的环境，稍耐旱、耐寒。生长适宜温度25～30 ℃。一般土壤均能种植，低洼积水地不宜栽培。

【精油含量】水蒸气蒸馏法提取枝叶的得油率为0.37%～1.40%。

【芳香成分】周丽珠等（2010）用水蒸气蒸馏法提取的广西钦州春季产采收的岗松枝叶精油的主要成分为：α-松油烯（14.79%）、芳樟醇（10.24%）、对伞花烃（10.11%）、莰烯（9.57%）、1,8-桉叶油素（8.31%）、4-松油醇（7.41%）、α-松油醇（5.64%）、α-蒎烯（4.43%）、石竹烯（2.08%）等。刘布鸣等（2004）用同法分析的广西玉林产岗松枝叶精油的主要成分为：α-侧柏烯（24.50%）、1,8-桉叶油素（12.29%）、α-蒎烯（9.36%）、莒烯（8.51%）、β-蒎烯（7.48%）、石竹烯（7.20%）、聚伞花素（6.39%）、葎草烯（5.94%）、芳樟醇（5.86%）、松油醇-4（5.66%）、α-松油醇（4.33%）等。朱亮锋等（1993）用同法分析的广东广州产岗松枝叶精油的主要成分为；1,8-桉叶油素（19.70%）、松油醇-4（11.76%）、α-石竹烯（11.60%）、芳樟醇（11.08%）、β-石竹烯（7.59%）、α-松油醇（4.45%）、γ-松油烯（1.21%）等。

【利用】叶供药用，治黄疸、膀胱炎，外洗治皮炎及湿疹。根入药，有祛风除湿、解毒、利尿、止痛、止痒的功效，用于治疗感冒高烧、黄疸、胃痛、风湿关节痛、脚气痛、小便淋痛；民间用以治肠炎腹泻、脚癣和皮肤瘙痒、蛇虫咬伤。全株入药，外用于治疗湿疹、天疱疮、脚癣。枝叶精油对阴道滴虫和伤寒杆菌、副伤寒杆菌、宋内氏痢疾杆菌、弗氏痢疾杆菌等均有抑制作用。

垂枝红千层

Callistemon viminalis (Sol. ex Gaertn.) G. Don ex Loudon

桃金娘科　红千层属

别名： 串钱柳

分布： 华南地区

【形态特征】常绿灌木或小乔木，高8～10 m，冠幅2～4 m，主干易分歧，树冠伞形或圆形。枝条拱状或垂枝，嫩枝被丝状绒毛。叶披针形，柔软，细长如柳，叶灰绿色至浓绿色。穗状花序聚生枝顶，花型似瓶刷，排列较稀疏，绯红色至暗红色。蒴果半球形，木质，容易开裂掉落，直径7 mm，顶部平。能全年零星地开花，春夏是盛花期。

【生长习性】属阳性树种。喜温暖湿润气候，能耐烈日酷暑，较耐寒，幼苗畏寒，生长适温20～30 ℃。对土壤和环境要求不高，高湿和极干旱地区均可生长，可栽植在水中。喜肥沃、酸性或弱碱土壤，耐瘠薄，萌发力强，耐修剪，抗大气污染。

【精油含量】水蒸气蒸馏法提取新鲜叶的得油率为0.87%，新鲜果实的得油率为0.16%；微波辅助水蒸气蒸馏法提取的新鲜嫩叶的得油率为0.79%。

【芳香成分】**叶：** 单体江等（2017）用水蒸气蒸馏法提取的江苏南京产垂枝红千层新鲜叶精油的主要成分为：桉叶油醇（52.89%）、(1R)-(+)-α-蒎烯（17.28%）、α-松油醇（10.70%）、α-萜烯（4.16%）、四甲基对苯二酚（3.62%）、p-伞花烃（1.10%）等。

果实： 单体江等（2017）用水蒸气蒸馏法提取的江苏南京产垂枝红千层新鲜果实精油的主要成分为：桉叶油醇（38.53%）、(1R)-(+)-α-蒎烯（29.90%）、2-莰烯（8.02%）、四甲基对苯二酚（4.01%）、柠檬烯（3.65%）、1-异丙基-2-甲基（1.38%）等。

【利用】庭园绿化观赏，适宜作观花树、行道树、园林树、风景树。

红千层

Callistemon rigidus R. Br.

桃金娘科　红千层属

别名： 红瓶刷、金宝树、刷毛桢、瓶刷树

分布： 台湾、广东、海南、广西、云南、四川有栽培

【形态特征】小乔木；树皮坚硬，灰褐色；嫩枝有棱，时有长丝毛，不久变无毛。叶片坚革质，线形，长5～9 cm，3～6 mm，先端尖锐，初时有丝毛，不久脱落，油腺点明显，干后突起，中脉在两面均突起，侧脉明显，边脉位于边上，起；叶柄极短。穗状花序生长于枝顶；萼管略被毛，萼齿圆形，近膜质；花瓣绿色，卵形，长6 mm，宽4.5 mm，有腺点；雄蕊长2.5 cm，鲜红色，花药暗紫色，椭圆形；花柱雄蕊稍长，先端绿色，其余红色。蒴果半球形，长5 mm，7 mm，先端平截，萼管口圆，果瓣稍下陷，3爿裂开，果爿落；种子条状，长1 mm。花期6～8月。

【生长习性】阳性树种，喜温暖湿润气候，耐烈日酷暑，不耐寒，不耐阴，生长速度快。耐旱、耐涝、耐瘠薄、耐修剪，抗大气污染。喜肥沃、酸性土壤。种子发芽的适宜温度为5~18 ℃，生长适宜温度为25 ℃左右。对水分要求不严，但在湿润的条件下生长较快。

【精油含量】水蒸气蒸馏法提取枝叶的得油率为0.20%，新鲜叶的得油率为0.10%。

【芳香成分】刘布鸣等（2010）用水蒸气蒸馏法提取的广西南宁产红千层枝叶精油的主要成分为：1,8-桉叶油素（53.46%）、-松油醇（12.72%）、α-蒎烯（12.07%）、罗勒烯（3.45%）、松油醇-4（2.66%）、β-蒎烯（2.25%）、γ-松油烯（1.39%）、香叶醇（.18%）等。

【利用】入药有祛风、化痰、消肿的功效，用于治疗感冒、咳喘、风湿痹痛、湿疹、跌打肿痛。叶片可提取精油，精油作调配化妆品、香皂、日用品、洗涤剂用香精，也用于医药卫生。庭园观赏花木。

柳叶红千层

Callistemon salignus DC.

桃金娘科　红千层属

分布：云南、广东、广西有栽培

【形态特征】大灌木或小乔木；嫩枝圆柱形，有丝状柔毛。叶片革质，线状披针形，长6~7.5 cm，宽0.7 cm，先端渐尖或短尖，基部渐狭窄，两面均密生有黑色腺点，侧脉纤细，锐角开出，边脉清晰可见，离边缘约0.5 mm；叶柄极短，长1.5~3 mm。穗状花序稠密，长达11.5 cm，花序轴有丝毛；萼管长约3 mm，顶端裂片阔而钝，有丝毛；花瓣膜质，近圆形，淡绿色，直径约3 mm；雄蕊苍黄色，很少淡粉红色，长约13 mm。蒴果碗状或半球形，直径约5 mm，顶端截平而略为收缩。

【生长习性】能适应各种土壤类型，能在干旱贫瘠的土壤上生长，在土层深厚肥沃的酸性土中生长迅速。耐寒和耐旱能力强。阳性树种，喜高温，亦能耐短期0 ℃低温。

【芳香成分】梁忠云等（2010）用水蒸气蒸馏法提取的广西南宁产柳叶红千层枝叶精油的主要成分为：1,8-桉叶素（54.98%）、α-松油醇（10.75%）、α-蒎烯（10.64%）、苧烯（6.55%）、α-水芹烯（3.85%）、对伞花烃（2.64%）、4-松油醇（1.29%）、β-蒎烯（1.16%）、月桂烯（1.08%）等。

【利用】为一种美丽的观赏植物。

美花红千层

Callistemon citrinus (Curtis) Skeels

桃金娘科　红千层属
别名：硬枝红千层
分布：原产澳大利亚

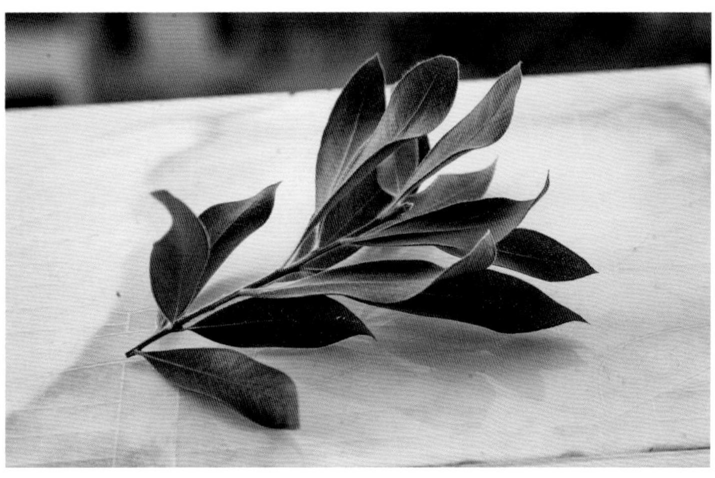

【形态特征】常绿丛生灌木至小乔木，高1～2 m。树皮暗灰色，不易剥离。嫩枝刚硬竖直，幼枝和幼叶有白色柔毛。叶互生，条形，长3～8 cm，宽2～5 mm，坚硬，无毛，有透明腺点，中脉明显，无柄。穗状花序鲜红色，密集，花序似瓶刷，花型奇特、红艳。果实坛状，长挂枝上不易开裂。

【生长习性】适应性强，喜暖热气候，能耐烈日酷暑，不很耐寒，稍耐霜冻。喜肥沃潮湿的酸性土壤，也能耐瘠薄干旱的土壤。耐积水，较耐海滨环境，不耐阴。

【精油含量】水蒸气蒸馏法提取叶的得油率为0.70%。

【芳香成分】李冬妹等（2013）用水蒸气蒸馏法提取的广东广州产美花红千层枝叶精油的主要成分为：1,8-桉叶素（40.36%）、α-蒎烯（33.18%）、α-松油醇（7.37%）、柠檬烯（3.57%）、乙酸异戊酯（2.67%）、β-蒎烯（1.56%）等。

【利用】适合庭院美化、行道树、风景树、防风林、切花插花或大型盆栽。

美丽红千层

Callistemon speciosus (Sims) Sweet

桃金娘科　红千层属
别名：多花红千层
分布：广东

【形态特征】多年生常绿小灌木，叶互生，披针形，枝叶较柔软，生长于枝顶的穗状花序向下垂，像一把把红色的试管

刂，缀满枝头。全年开花，盛花期3～4月。

【生长习性】不耐冻，气温达-5 ℃时，植株地上部分严重受冻。

【精油含量】水蒸气蒸馏法提取新鲜叶的得油率为1.34%。

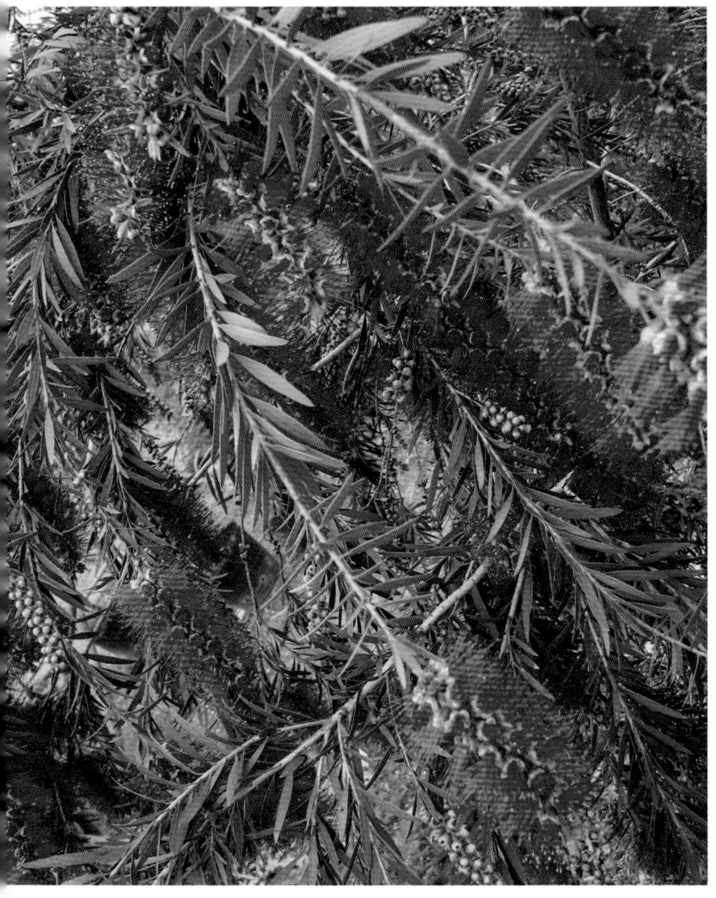

【芳香成分】伍成厚等（2012）用水蒸气蒸馏法提取的广东广州产美丽红千层新鲜叶精油的主要成分为：1,8-桉叶素（31.99%）、α-松油醇（14.06%）、β-硝基乙醇（13.26%）、瓜菊醇酮（9.25%）、松油醇-4（6.04%）、芳樟醇（2.37%）、对伞花烃（1.84%）、对伞花-8醇（1.62%）、香叶醇（1.46%）、麝香草酚（1.30%）、表蓝桉醇（1.29%）等。

【利用】用于园林观赏。

南美棯

Feijoa sellowiana Berg.

桃金娘科　南美棯属

别名： 费约果、菲油果、南美稔、肥吉果、斐济果、凤榴、菠萝番石榴、纳粹瓜

分布： 原产巴西、巴拉圭、乌拉圭和阿根廷我国云南有栽培

【形态特征】常绿小乔木，高约5 m；枝圆柱形，灰褐色。叶片革质，椭圆形或倒卵状椭圆形，长6～8.5 cm，宽3.4～3.7 cm，顶端圆形或有时稍微凹或有小尖头，叶面干时橄榄绿色，叶背灰白色，初时叶面有灰白色绒毛，以后变无毛，叶背密被灰白色短绒毛，侧脉在叶背显著，凸起，每边有7～8条，以45°开角斜行，在离边缘2～3 mm处汇合成边脉；叶柄长5～7 mm，有灰白色绒毛。花直径2.5～5 cm；花瓣外面有灰白色绒毛，内面带紫色；雄蕊与花柱略红色。浆果卵圆形或长圆形，直径约1.5 cm，外面有灰白色绒毛，顶部有宿存的萼片。

【生长习性】喜光、喜温暖，耐旱、耐碱，适宜的年降水量为600～1500 mm，果实生长需要充足的水分。需要充足的阳光和相对较高的空气湿度，可以忍受冬季-10 ℃的最低温度。对土壤要求不严格，不需要太肥沃的土壤，最适宜有机质丰富的酸性土壤，盐、碱土壤会降低生长和产量，抗海风。

【芳香成分】白俊英等（2016）用索氏抽提法提取的四川绵阳产“库利激”南美棯干燥叶精油的主要成分为：2,4,5-三甲基-1,3-二氧杂环戊烷（32.91%）、2-异丙氧基乙醇（10.11%）、2,3-丁二醇（7.97%）、(S)-(-)-乳酸异丙酯（6.88%）、[2.4]七螺-4,6-二烯烃（2.61%）、1,3,5-环庚三烯（1.73%）、荜澄茄油萜（1.15%）、乙基苯（1.02%）等；超声波辅助溶剂萃取法提取干燥叶精油的主要成分为：己酸丁酯（21.87%）、[2.4]七螺-4,6-二烯烃（12.62%）、十五烷酸-14-甲酯（10.72%）、1-石竹烯（5.85%）、2,4,5-三甲基-1,3-二氧杂环戊烷（5.51%）、乙基苯（1.83%）、L-(-)-甘油醛（1.74%）、1,1-二乙氧基乙烷（1.23%）、香橙烯（1.12%）等；顶空固相微萃取法提取干燥叶挥发油的主要成分为：1-石竹烯（10.26%）、3,6-二甲基-4-辛酮（9.48%）、荜澄茄油萜（6.97%）、α-荜澄茄油萜（5.98%）、大根香叶烯D（5.55%）、芳樟醇（4.44%）、叶醇（4.19%）、α-石竹烯（3.69%）、(1 S,3aS,3 bR,6aS,6 bR)-3a-甲基-6-亚甲基-1-酯（3.02%）、氧化石竹烯（2.82%）、l-去氢白菖烯（1.98%）、水芹烯（1.85%）、1-甲基丁基环氧乙烷（1.66%）、α-蒎烯（1.26%）、蒎烯（1.18%）等。

【利用】供观赏。果供食用。

赤楠

Syzygium buxifolium Hook. et Arn.

桃金娘科　蒲桃属

别名： 积林子、牛金子、山乌珠、乌积籽、红杨、大目古、紫林木

分布： 广西、广东、贵州、湖南、台湾、江西、浙江、安徽、福建

【形态特征】灌木或小乔木；嫩枝有棱，干后黑褐色。叶片革质，阔椭圆形至椭圆形，有时阔倒卵形，长1.5～3 cm，宽1～2 cm，先端圆或钝，有时有钝尖头，基部阔楔形或钝，叶面干后暗褐色，无光泽，叶背稍浅色，有腺点，侧脉多而密，脉

间相隔1～1.5 mm，斜行向上，离边缘1～1.5 mm处结合成边脉，在叶面不明显，在叶背稍突起；叶柄长2 mm。聚伞花序顶生，长约1 cm，有花数朵；花梗长1～2 mm；花蕾长3 mm；萼管倒圆锥形，长约2 mm，萼齿浅波状；花瓣4，分离，长2 mm；雄蕊长2.5 mm；花柱与雄蕊同等。果实球形，直径5～7 mm。花期6～8月。

【生长习性】多生于低山疏林或灌丛。喜光，稍耐阴，耐湿，适宜温暖湿润的气候环境，耐高温，不耐严寒，短期可忍耐 –13 ℃的极端低温，但稍长时间的0 ℃以下低温会受冻害，忌干冻。喜欢富含有机质、排水良好的酸性土壤，忌施浓肥、。

【精油含量】水蒸气蒸馏法提取叶的得油率为0.51%，成熟果肉的得油率为0.10%。

【芳香成分】黄晓冬等（2004）用水蒸气蒸馏法提取叶精油的主要成分为：β-石竹烯（37.62%）、α-芹子烯（8.91%）、β-芹子烯（8.82%）、缬草烯醇（7.05%）、δ-杜松烯（5.58%）、α-可巴烯（5.36%）、α-紫穗槐烯+γ-杜松烯（4.70%）、α-紫穗槐烯（2.77%）、α-愈创木烯（2.72%）、α-葎草烯（2.51%）、α-古芸烯（2.05%）、反式-异柠檬烯（1.19%）、胆甾醇烯（1.07%）、脱氢香树烯（1.04%）、α-荜澄茄烯（1.02%）等。

【利用】适宜于园林盆景观赏。根和树皮可以入药，有平喘化痰的作用。果实外皮可以食用。叶精油具有一定的广谱抗菌活性和平喘作用，可用于治疗老年慢性支气管炎；在合成香料中也有应用。

丁子香

Syzygium aromaticum (Linn.) Merr. et L. M. Perry

桃金娘科　蒲桃属

别名：丁香、母丁香、公丁香、支解香、雄丁香

分布：广东、海南、广西有栽培

【形态特征】常绿乔木，高10～15 m。树皮灰白而光滑；对生，叶片革质，卵状长椭圆形，全缘. 密布油腺点，叶柄显。叶芽顶尖，红色或粉红色；花3朵1组，圆锥花序，花瓣片，白色而现微紫色，花萼呈筒状，顶端4裂。裂片呈三角形鲜红色，雄蕊多数，子房下位；浆果卵圆形，红色或深紫色内有种子1枚，呈椭圆形。花期1～2月，果期6～7月。

【生长习性】喜热带海洋性气候，生于高温、潮湿、静风温差小的热带雨林气候环境中。幼树喜阴，不耐烈日暴晒；龄树喜阳光。根群浅，不抗风。不耐干旱，要求年降雨量1800～2500 mm。喜土层深厚、肥沃、排水良好，pH5～6的壤土。种子发芽最适宜温度为28.3 ℃～31.9 ℃。较不耐低温温度低于5 ℃时受害。

【精油含量】水蒸气蒸馏法提取干燥叶的得油率为2.00%～6.60%，干燥花蕾的得油率为3.25%～32.07%，花茎的得油率为6.00%，果实的得油率为1.98%～16.00%；超临界萃取法提取干燥花蕾的得油率为9.00%～21.97%，干燥果实的得油率为2.40%～13.00%；有机溶剂萃取法提取干燥花蕾的得油率为9.90%～18.83%；微波萃取法提取干燥花蕾的得油率为15.37%～16.70%；超声波萃取法提取干燥花蕾的得油率为9.00%～14.80%。

【芳香成分】叶：朱亮锋等（1993）用水蒸气蒸馏法提取干燥叶精油的主要成分为：丁香酚（78.52%）、β-石竹烯（18.56%）、α-蛇麻烯（1.70%）等。

花：熊运海等（2009）用水蒸气蒸馏法提取的云南产丁子香干燥花蕾精油的主要成分为：丁香酚（65.66%）、4,11,11-三甲基-8-亚甲基[7.2.0]二环十一碳-4-烯（21.47%）、2-甲氧基-6-(1-丙烯基)-酚（4.70%）、顺式-1,1,4,8-四甲基-4,7,10-环十一碳三烯（2.90%）、玷𤥉烯（1.22%）、[1 S-(1α,4aβ,8aα)]-1,2,4a,5,8,8a-六氢化-4,7-二甲基-1-(1-甲基.乙基)-萘（1.17%）等。

果实：姚发业等（2001）用水蒸气蒸馏法提取的广西产丁子香干燥成熟果实精油的主要成分为：丁子香酚（80.48%）、-(3,4,5-三甲氧基苯)-桥亚乙基酮（10.62%）、丁子香基乙酸酯（2.87%）、石竹烯（2.13%）、贝叶烯（1.02%）等。赵晨曦等（2004）用同法分析的广东产丁子香果实精油的主要成分为：,3,4-三甲氧基苯乙酮（49.63%）、丁子香酚（22.67%）、石竹烯（7.15%）、可巴烯（1.65%）、2,4,6-三甲氧基苯桥亚乙基酮（1.61%）、α-石竹烯（1.27%）等。

【利用】为主要药用植物，花蕾药用称‘公丁香’，具有温中降逆、散寒止痛、温肾助阳的功效，为治虚寒呕逆之要药，治脘腹冷痛、呕吐、呃逆、肾虚阳痿、宫冷等症。干燥成熟果实药用称‘母丁香’，功效应用与公丁香相似而力弱，可治暴心气痛、胃寒呕逆、风冷齿痛、牙宣、口臭、妇人阴冷、小儿疝气等症。是世界名贵的香料植物，叶、花蕾、果实均可提取精油，花蕾油主要用于食品调味料；花精油是重要的烟用香料；叶精油主要用于食品调香等；嫩茎和花梗精油也为食用香料；花和果实精油有抑菌、抗炎、驱虫、镇痛、健胃、抗惊厥、降血压、抑制呼吸等功效，用于胃寒痛胀、呃逆、吐泻、痹痛、疝痛、口臭、牙痛；也用于配制风油精等外用药；花蕾精油在化妆品、香皂、牙膏、漱口水香精中常用；可用于单离丁香酚。

海南蒲桃

Syzygium hainanense Chang et Miau

桃金娘科　蒲桃属

分布：海南

【形态特征】小乔木，高5 m；嫩枝圆形，干后为褐色，老枝灰白色。叶片革质，椭圆形，长8～11 cm，宽3.5～5 cm，先端急长尖，尖尾长1.5～2 cm，基部阔楔形，叶面干后褐色，稍有光泽，多腺点，叶背红褐色，侧脉多而密，彼此相隔1～1.5 mm，在叶面能见，在叶背突起，以75°～80°开角斜向上，离边缘1 mm处结合成边脉；叶柄长1～1.5 cm。花未见。果序腋生；果实椭圆形或倒卵形，长1.2～1.5 cm，宽8～9 mm，萼檐长0.5 mm，宽4 mm；种子2个，上下叠置，长与宽各6～7 mm。

【生长习性】见于低地森林中，垂直分布在海拔50～800 m。南亚热带长日照阳性树种，喜光、喜水、喜深厚肥沃土壤，干湿季生长明显，能耐-5 ℃低温，适应性强。对土壤要求不严，无论酸性土或石灰岩土都能生长。抗风力强，耐火，速生。

【芳香成分】陈佳龄等（2013）用顶空固相微萃取法提取的广东广州产海南蒲桃新鲜叶挥发油的主要成分为：(Z)-β-罗勒烯（34.34%）、β-石竹烯（13.99%）、β-蒎烯（8.75%）、α-蒎烯（6.99%）、α-石竹烯（6.34%）、月桂烯（2.72%）、β-荜澄茄烯（2.11%）、反式-罗勒烯（1.81%）、α-可巴烯（1.77%）、(R)-柠檬烯（1.57%）、乙酸叶醇酯（1.44%）等。

【利用】为优良的庭院绿荫树和行道树种，也可作营造混交林树种。

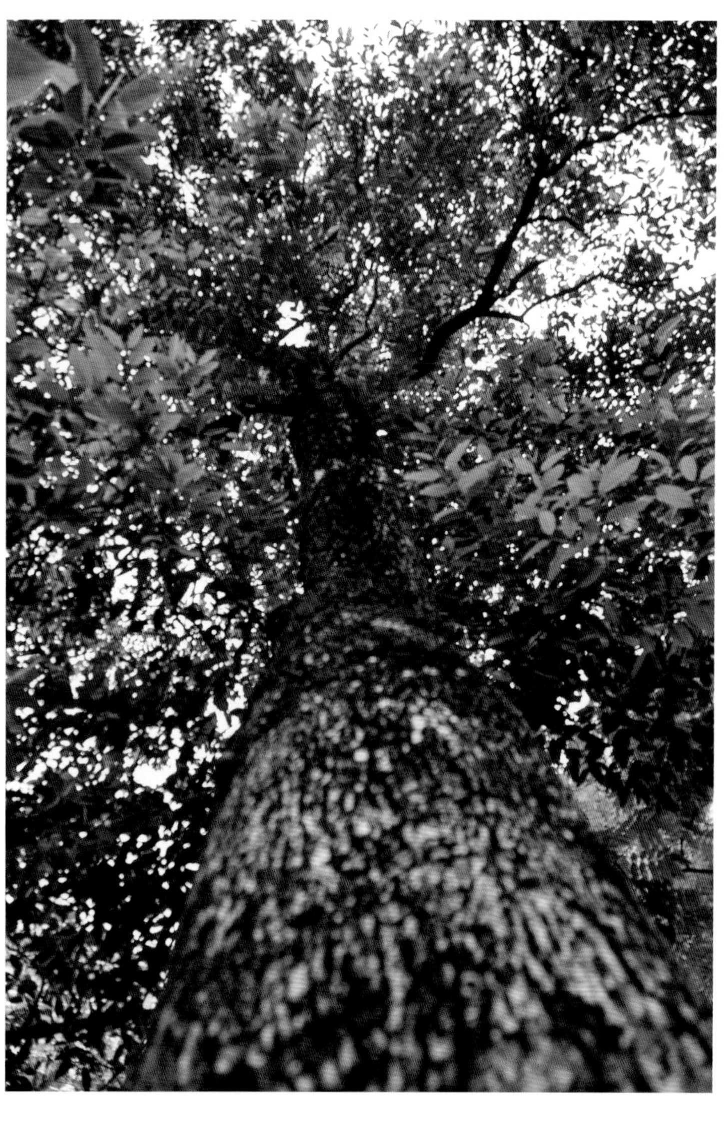

红鳞蒲桃

Syzygium hancei Merr. et Perry

桃金娘科　蒲桃属
别名： 小花蒲桃
分布： 福建、广东、广西等地

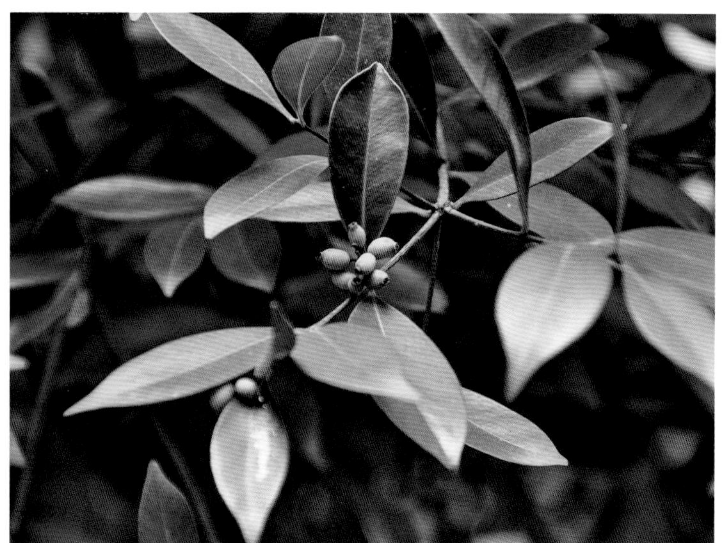

【形态特征】灌木或中等乔木，高达20 m；嫩枝圆形，干后变黑揭色。叶片革质，狭椭圆形至长圆形或为倒卵形，长3～7 cm，宽1.5～4 cm，先端钝或略尖，基部阔楔形或较狭窄，叶面干后暗褐色，不发亮，有多数细小而下陷的腺点，叶背同色，侧脉相隔约2 mm，以60°开角缓斜向上，在两面均不明显，边脉离边缘约0.5 mm；叶柄长3～6 mm。圆锥花序腋生，长1～1.5 cm，多花；无花梗；花蕾倒卵形，长2 mm，萼管倒圆锥形，长1.5 mm，萼齿不明显；花瓣4，分离，圆形，长1 mm；雄蕊比花瓣略短；花柱与花瓣同长。果实球形，直径5～6 mm。花期7～9月。

【生长习性】常见于低海拔疏林中。适应性较强，对土壤要求不严，喜阳光充足、土壤疏松肥沃、排水良好的向阳地。

【芳香成分】陈佳龄等（2013）用顶空固相微萃取法提取的广东广州产红鳞蒲桃新鲜叶挥发油的主要成分为：(R)-柠檬烯（36.97%）、α-蒎烯（26.30%）、β-石竹烯（16.05%）、月桂烯（4.91%）、α-水芹烯（2.79%）、β-蒎烯（2.39 %）等。

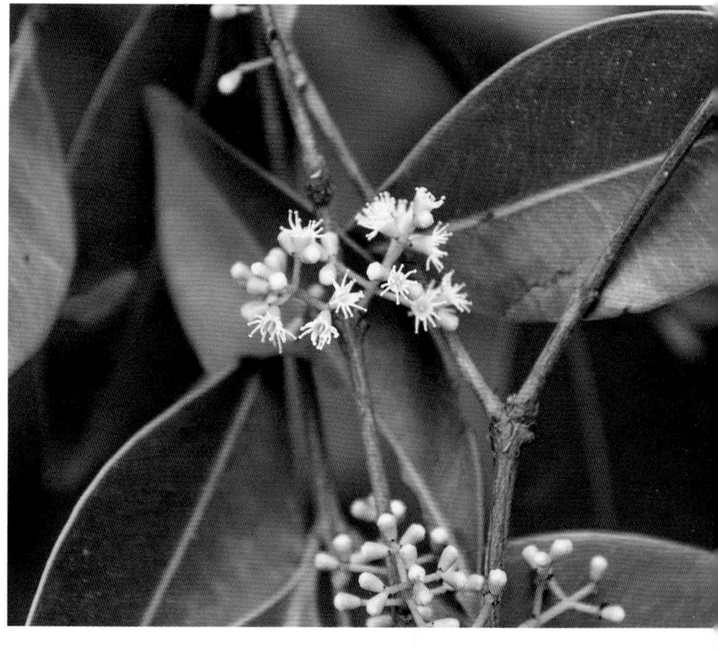

【利用】为良好的滨海生态树种。

红枝蒲桃

Syzygium rehderianum Merr. et Perry

桃金娘科　蒲桃属

分布：中国的特有植物福建、广东、广西

【形态特征】灌木至小乔木；嫩枝红色，干后褐色，圆形，稍压扁，老枝灰褐色。叶片革质，椭圆形至狭椭圆形，长～7 cm，宽2.5～3.5 cm，先端急渐尖，尖尾长1 cm，尖头钝，基部阔楔形，叶面干后灰黑色或黑褐色，不发亮，多细小腺点，叶背稍浅色，多腺点，侧脉在叶面不明显，在叶背略突起，以50°开角斜向边缘。聚伞花序腋生，或生长于枝顶叶腋内，长1～2 cm，通常有5～6条分枝，每分枝顶端有无梗的花3朵；花蕾长3.5 mm；萼管倒圆锥形，长3 mm，上部平截，萼齿不明显；花瓣连成帽状；雄蕊长3～4 mm；花柱纤细，与雄蕊等长。果实椭圆状卵形，长1.5～2 cm，宽1 cm。花期6～8月。

【生长习性】生长于海拔160 m的地区，见于疏林中、林中、山谷、常绿阔叶林中、山坡或溪边。阳性植物，比较耐高温，喜欢阳光充足的肥沃土壤。适合生长在温暖湿润的地区。

【精油含量】水蒸气蒸馏法提取枝叶的得油率为0.13%。

【芳香成分】朱亮锋等（1993）用水蒸气蒸馏法提取的广东鼎湖山产红枝蒲桃枝叶精油的主要成分为：β-月桂烯（23.87%）、β-石竹烯（10.72%）、β-荜澄茄烯异构体（5.91%）、-榄香烯（5.66%）、δ-杜松烯（3.60%）、雅槛蓝烯异构体（2.92%）、α-蒎烯（2.88%）、γ-杜松烯（2.10%）、α-愈创木烯（2.03%）、雅槛蓝烯（1.68%）、γ-芹子醇（1.58%）、β-波旁烯（1.58%）、β-罗勒烯（1.46%）、β-蒎烯（1.43%）、γ-依兰油烯（1.33%）、β-荜澄茄烯（1.00%）等。

【利用】园林观赏或盆景观赏。

轮叶蒲桃

Syzygium grijsii Merr. et Perry

桃金娘科　蒲桃属

分布：广东、广西、福建、湖南、江西、浙江

【形态特征】灌木，高不及1.5 m；嫩枝纤细，有4棱，干后为黑褐色。叶片革质，细小，通常3叶轮生，狭窄长圆形或狭披针形，长1.5～2 cm，宽5～7 mm，先端钝或略尖，基部楔形，叶面干后暗褐色，无光泽，叶背稍浅色，多腺点，侧脉密，以50度开角斜行，彼此相隔1～1.5 mm，在叶背比叶面明显，边脉极接近边缘；叶柄长1～2 mm。聚伞花序顶生，长1～1.5 cm，少花；花梗长3～4 mm，花白色；萼管长2 mm，萼齿极短；花瓣4，分离，近圆形，长约2 mm；雄蕊长约5 mm；花柱与雄蕊同长。果实球形，直径4～5 mm。花期5～6月。

【生长习性】生长于海拔20～1500 m的地区，常生长在山坡灌丛、溪边、林中、山谷中。喜阳亦耐阴，耐干旱瘠薄。

【精油含量】水蒸气蒸馏法提取干燥叶片的得油率为0.40%～0.52%。

【芳香成分】刘小芬等（2006）用水蒸气蒸馏法提取的福建闽侯产轮叶蒲桃干燥叶片精油的主要成分为：β-荜澄茄烯（16.31%）、β-杜松烯（10.78%）、甘香烯（8.36%）、τ-杜松烯（5.23%）、葎草烯（4.99%）、τ-依兰油烯（4.87%）、β-石竹烯（2.74%）、β-榄香烯（2.73%）、α-荜澄茄烯（2.59%）、可巴烯（2.40%）、β-波旁烯（2.10%）、匙叶桉油烯醇（1.96%）、τ-榄香烯（1.83%）、β-芹子烯（1.71%）、去氢白菖蒲烯（1.60%）、α-杜松醇（1.60%）、α-古芸烯（1.44%）、α-依兰油烯（1.20%）、香树烯（1.10%）、1,2,4α,5,6,8α-六氢-4,7-二甲基-l-(l-甲基乙基)萘（1.04%）、依兰油烯醇（1.04%）、蓝桉醇（1.01%）等；福建长汀产轮叶蒲桃干燥叶片精油的主要成分为：匙叶桉油烯醇（11.29%）、β-芹子烯（8.72%）、τ-杜松烯（8.23%）、τ-依兰油烯（6.68%）、香树烯（6.24%）、α-古芸烯（5.58%）、β-榄香烯（3.58%）、葎草烯（2.14%）、甘香烯（2.01%）、去氢白菖蒲烯（1.81%）、蓝桉醇（1.62%）、依兰油烯醇（1.41%）、卡达烯（1.39%）、α-荜澄茄烯（1.34%）、β-石竹烯（1.25%）、可巴烯（1.13%）、别香橙烯（1.01%）等。

【利用】园林观赏或盆景观赏。

蒲桃

Syzygium jambos (Linn.) Alston

桃金娘科　蒲桃属

别名：水蒲桃、香果、风鼓、南蕉、水石榴、檐木、水桃树

分布：云南、广东、广西、福建、台湾、贵州、四川等地

【形态特征】乔木，高10 m，主干极短，广分枝；小枝圆形。叶片革质，披针形或长圆形，长12～25 cm，宽3～4.5 cm，

先端长渐尖，基部阔楔形，叶面有很多透明细小腺点，侧脉12～16对，以45°开角斜向上，侧脉间相隔7～10 mm，在叶背明显突起，网脉明显。聚伞花序顶生，有花数朵，总梗长1～1.5 cm；花白色，直径3～4 cm；萼管倒圆锥形，长8～10 mm，萼齿4，半圆形，长6 mm，宽8～9 mm；花瓣分离，阔卵形，长约14 mm；雄蕊长2～2.8 cm，花药长1.5 mm；花柱与雄蕊等长。果实球形，果皮肉质，直径3～5 cm，成熟时为黄色，有油腺点；种子1～2粒，多胚。花期3～4月，果实5～6月成熟。

【生长习性】喜生于河边及河谷湿地。阳性树种，喜温暖湿润气候，幼苗不耐寒，对土壤要求不严，适应性广。以湿润壤土或砂质壤土最佳，排水需良好。

【精油含量】水蒸气蒸馏法提取茎的得油率为0.30%，新鲜叶的得油率为0.18%，干燥叶的得油率为0.53%，花的得油率为3.00%；超临界萃取干燥茎的得油率为0.30%。

【芳香成分】茎：刘艳清（2008）用水蒸气蒸馏法提取的广东肇庆产蒲桃茎精油的主要成分为：十六酸（49.09%）、顺,顺-亚麻酸（22.34%）、角鲨烯（4.70%）、丁香烯-5-醇（4.17%）、柠檬烯（3.73%）、丁香烯醇（2.43%）、葎草-5,8-二烯-3-醇（1.64%）、邻苯二甲酸二丁酯（1.38%）、十四酸（1.30%）、植醇（1.09%）等。

枝：时二敏等（2014）用水蒸气蒸馏法提取的贵州赤水产蒲桃干燥枝精油的主要成分为：柏木脑（5.78%）、3-十一烷基环戊烯（4.52%）、茴香脑（3.95%）、棕榈酸（2.99%）、香叶基丙酮（2.96%）、α-金合欢烯（2.85%）、壬醛（2.61%）、2-正戊基呋喃（2.00%）、(+)-香橙烯（1.93%）、1,7,7-三甲基双环[2.2.1]庚烷-2-醇（1.86%）、柠檬烯（1.63%）、6,10,14-三甲基-2-十五烷酮（1.52%）、4-戊烯醛（1.38%）、6-甲基-5-庚烯-2-酮（1.27%）、芳樟醇（1.20%）、α-葎草烯（1.18%）、4-萜烯醇（1.17%）、β-没药烯（1.12%）、辛烯醛（1.09%）等。

叶：刘艳清（2008）用水蒸气蒸馏法提取的广东肇庆产蒲桃新鲜叶精油的主要成分为：丁香烯-5-醇（14.66%）、植醇（11.09%）、丁香烯醇（9.64%）、葎草-5,8-二烯-3-醇（7.63%）、喇叭茶醇（6.52%）、α-丁香烯（5.73%）、α-芹子烯（3.12%）、β-芹子烯（3.02%）、10-表-γ-桉醇（2.50%）、愈创木醇（2.17%）、β-岩兰酮（2.08%）、异植醇（1.95%）、丁香烯环氧化物（1.86%）、8-雪松烯-13-醇（1.60%）、十六酸（1.31%）、反式-异长叶烯（1.08%）、2-氧代桉叶-4,11-二烯（1.07%）等。时二敏等（2014）用同法分析的贵州赤水产蒲桃干燥叶精油的主要成分为：香叶基丙酮（8.90%）、2-乙基-3-乙烯基环氧乙烷（7.33%）、正己醛（5.77%）、绿花白千层醇（4.80%）、6-甲基-5-庚烯-2-酮（4.26%）、顺-10-甲基萘烷酮（2.60%）、3-(1,5-二甲基-4-己烯基)-2,2-二甲基-3-环戊烯（2.58%）、1-(1,5-二甲基-4-己烯基)-4-甲基苯（2.43%）、6-甲基-3,5-庚二烯-2-酮（2.16%）、柏木脑（1.94%）、壬醛（1.55%）、1,7,7-三甲基双环[2.2.1]庚烷-2-醇（1.39%）、反-2,4-庚二烯醛（1.25%）、2,10,10-三甲基-6-亚甲基-1-氧杂螺[4.5]癸-7-烯（1.09%）、2-正戊基呋喃（1.04%）、(+)-香橙烯（1.01%）等。

花：刘艳清（2008）用水蒸气蒸馏法提取的广东肇庆产蒲桃花精油的主要成分为：十六酸（27.75%）、顺,顺-亚麻酸（15.96%）、13-十四烯醛（9.00%）、丁香烯-5-醇（5.44%）、葎草-5,8-二烯-3-醇（5.07%）、三十四烷（3.47%）、植醇（2.70%）、β-芹子烯（1.54%）、α-杜松醇（1.50%）、α-丁香烯（1.38%）、丁香烯（1.35%）、α-芹子烯（1.30%）、丁香烯环氧化物（1.08%）等。

果实：朱亮锋等（1993）用乙醚萃取法提取的广东广州产蒲桃果实精油的主要成分为：乙酸-1-乙氧基乙酯（39.16%）、桂醇（10.34%）、3-己烯醇（9.26%）、芳樟醇（5.17%）、二环[4.2.0]辛-1,3,5-三烯（2.80%）、香叶醇（2.13%）、2-己烯醛（1.63%）、桂醛（1.28%）等。

种子：安立群等（2010）用有机溶剂萃取-水蒸气蒸馏法提取的贵州赤水产蒲桃种肉精油的主要成分为：β-石竹烯（18.62%）、δ-杜松烯（14.21%）、β-杜松烯（11.82%）、α-丁子香烯（10.63%）、α-玷𤠖烯（5.58%）、1,4-杜松二烯（3.98%）、外幽线藻烯（2.63%）、紫穗槐烯（1.69%）、β-红没药烯（1.50%）、1,2-苯二甲酸（1.39%）、(+)-香树烯（1.38%）、桂烯（1.25%）、γ-杜松烯（1.17%）、β-绿叶烯（1.08%）等。立宁等（2011）用水蒸气蒸馏法提取的贵州赤水产蒲桃种壳精油的主要成分为：正十六烷酸（31.89%）、1-环己烯-1-醇（28.41%）、十四烷酸（6.04%）、β-谷甾醇（5.93%）、1,2-苯二甲酸（3.80%）、α-异松香烯（3.31%）、β-香树素（3.04%）、十八烷酸（2.99%）、壬醛（2.80%）、E-1,9-十四双烯（2.41%）、9,17-十八碳二烯醛（2.34%）、己醛（1.65%）等。

【利用】成熟果实可生食，也可制成蜜饯等。是优良的庭园绿化、观赏树种。根皮入药，有凉血、收敛功效，用于治疗肠炎、痢疾、刀伤出血。果皮入药，有暖胃健脾、收敛止血的功效，用于治疗肺虚寒咳、腹泻、痢疾。种子入药，用于治疗糖尿病。

乌墨

Syzygium cumini (Linn.) Skeels

桃金娘科　蒲桃属

别名：乌楣、海南蒲桃

分布：台湾、福建、广东、广西、云南等地

【形态特征】乔木，高15 m；嫩枝圆形，干后灰白色。叶片革质，阔椭圆形至狭椭圆形，长6～12 cm，宽3.5～7 cm，先端圆或钝，有一个短的尖头，基部阔楔形，稀为圆形，叶面干后为褐绿色或为黑褐色，略发亮，叶背稍浅色，两面多细小腺点，侧脉多而密，脉间相隔1～2 mm，缓斜向边缘，离边缘1 mm处结合成边脉；叶柄长1～2 cm。圆锥花序腋生或生于花枝上，偶有顶生，长可达11 cm；有短花梗，花白色，3～5朵簇生；萼管倒圆锥形，长4 mm，萼齿不明显；花瓣4，卵形略圆，长2.5 mm；雄蕊长3～4 mm；花柱与雄蕊等长。果实卵圆形或壶形，长1～2 cm，上部有长1～1.5 mm的宿存萼筒；种子1粒。花期2～3月。

【生长习性】常见于平地次生林及荒地上。属南亚热带长日照阳性树种，喜光、喜水、喜深厚肥沃土壤，干湿季生长明显，能耐-5 ℃低温，垂直分布在海拔50～800 m，适应性强，对土壤要求不严，无论酸性土或石灰岩土都能生长。抗风力强，耐火。

【精油含量】水蒸气蒸馏法提取干燥叶的得油率为0.12%；超声辅助萃取法提取干燥叶的得油率为0.13%。

【芳香成分】刘艳清等（2014）用水蒸气蒸馏法提取的广东肇庆产乌墨干燥叶精油的主要成分为：丁香烯（11.24%）、α-蛇麻烯（10.36%）、1,4a-二甲基-7-异丙烯基-4,4a,5,6,7,8-六氢-萘-2-酮（8.01 %）、异长叶烯-5-酮（6.91%）、α-蒎烯（6.40%）、α-松油醇（3.91 %）、β-香叶烯（3.50%）、α-古芸烯（3.41%）、喇叭茶醇（3.36 %）、橙花叔醇（3.16%）、β-蒎烯（2.87%）、(-)-蓝桉醇（2.73%）、马兜铃酮（2.21%）、β-杜松烯（2.09%）、β-柠檬烯（2.05%）、石竹烯氧化物（2.02%）、顺-罗勒烯（1.97%）、异佛尔酮（1.92 %）、二氢香芹酮（1.79%）、β-没药醇（1.61%）、异松油烯（1.50%）、β-桉叶油醇（1.49 %）、反-罗勒烯（1.48%）、β-芹子烯（1.45%）、α-松油乙酸酯（1.19%）、乙酸龙脑酯（1.14%）、4-松油醇（1.09%）、桃金娘醇（1.04%）等。

【利用】为优良的庭院绿荫树和行道树种。果实可食，有利尿消肿、补血益气、益肝、强筋壮骨的功效。

洋蒲桃

Syzygium samarangense (Blume.) Merr. et Perry

桃金娘科　蒲桃属

别名：金山蒲桃、莲雾、水蒲桃、甜雾、爪哇蒲桃

分布：广东、台湾、广西

【形态特征】乔木，高12 m；嫩枝压扁。叶片薄革质，椭圆形至长圆形，长10～22 cm，宽5～8 cm，先端钝或稍尖，基部变狭，圆形或微心形，叶面干后变黄褐色，叶背多细小腺点，侧脉14～19对，以45°开角斜行向上，在靠近边缘1.5 mm处有1条附加边脉，侧脉间相隔6～10 mm，有明显网脉。聚伞花序顶生或腋生，长5～6 cm，有花数朵；花白色，花梗长约5 mm；萼管倒圆锥形，长7～8 mm，宽6～7 mm，萼齿4，半圆形，长4 mm，宽加倍；雄蕊极多，长约1.5 cm；花柱长2.5～3 cm。果实梨形或圆锥形，肉质，洋红色，发亮，长4～5 cm，顶部凹陷，有宿存的肉质萼片；种子1粒。花期3～4月，果实5～6月成熟。

【生长习性】适应性强，粗生易长，喜温暖，怕寒冷，喜好湿润肥沃的土壤，对土壤要求不严。

【精油含量】水蒸气蒸馏法提取新鲜花的得油率为0.03%；超临界萃取法提取干燥叶的得油率为2.60%～5.70%。

【芳香成分】叶：李海泉等（2015）用超临界CO_2萃取法提取的云南景洪产洋蒲桃干燥叶精油的主要成分为：β-石竹烯（14.32%）、δ-杜松烯（11.78%）、Tau-杜松醇（8.85%）、γ-杜松烯（5.87%）、植醇（5.87 %）、α-杜松醇（5.27%）、石竹烯氧化物（5.12%）、十六烷酸（4.47%）、表姜烯（2.88%）、十八碳烯酸（2.04%）、库贝醇（1.69%）、α-芹子烯（1.49%）、库贝醇异构体（1.39 %）、松油-4-醇（1.34%）、α-胡椒烯（1.34%）、γ-木罗烯（1.29%）、5,6,7,8-四氢-2,5-二甲基-8-异丙基-1-萘醇（1.29%）、α-石竹烯（1.14%）等。

花：任红等（2016）用水蒸气蒸馏法提取的海南三亚产洋蒲桃新鲜花精油的主要成分为：香橙烯（16.60%）、石竹烯（10.20%）、β-榄香烯（10.00%）、4a,8-二甲基-2-异丙烯基-1,2,3,4,4a,5,6,7-八氢萘（5.87%）、α-芹子烯（4.94%）、α-蒎烯（4.65%）、杜松醇（3.71%）、γ-榄香烯（3.63%）、α-古芸烯（3.58%）、大根香叶烯D（3.14%）、δ-萜品烯（2.72%）、金合欢醇（2.49%）、1,6-二甲基-4-(1-甲乙基l)-1,2,3,4,4a,7-六羟基萘（2.48%）、δ-荜澄茄烯（2.31%）、δ-芹子烯（2.27%）、氧化石竹烯（1.79%）、(E)-罗勒烯（1.60%）、丁香烯（1.13%）、4-异丙基甲苯（1.09%）、[1 S-(1α,4α,4aβ,8aβ)]-1,2,3,4,4a,7,8,8a-八氢-1,6-二甲基-4-(1-甲基乙基)-1-萘酚（1.03%）等。李娟等（2015）用同法分析的海南海口产洋蒲桃新鲜花精油的主要成分为：间异丙基甲苯（13.38%）、石竹烯氧化物（11.33%）、(1 S-Z)-4,7-二甲基-1-[1-甲基乙基]-1,2,3,5,6,8a-六氢化萘（9.73%）、表双环倍半水芹烯（8.27%）、(-)-异丁香烯（7.81%）、绿花白千层醇（6.68%）、4-亚甲基-1-甲基-2-(2-甲基-1-丙烯基)-1-乙烯基环庚烷（4.80%）、(1α,4aβ,8aα)-7-甲基-4-甲基乙烯基-1-(1-甲基乙基)-1,2,3,4,4a,5,6,8a-八氢化萘（3.92%）、α-依兰油烯（3.80%）、α-荜澄茄醇（2.66%）、(-)-4-萜品醇（2.38%）、(1 S-Z)-1,6-二甲基-4-[1-甲基乙基]-1,2,3,4-四氢化萘（2.23%）、1 S-α-蒎烯（1.97%）、1 R-(1 R,3 E,7 E,11 R)-1,5,5,8-四甲基-12-氧杂双环[9.1.0]十二碳-3,7-二烯（1.93%）、可巴烯（1.86%）、罗汉柏烯（1.86%）、[1 S-(1α,4α,4aβ,8aβ)]-1,6-二甲基-4-(1-甲基乙基)-1,2,3,4,4a,7,8,8a-八氢化萘（1.83%）、松油烯（1.60%）、[1 S-(1α,4aβ,8aα)]-4,7-二甲基-1-(1-甲基乙基)-1,2,4a,5,6,8a-六氢化萘（1.27%）、β-蒎烯（1.04%）、1,1,6-三甲基-1,2,3,4-四氢化萘（1.01%）、麝香草酚（1.00%）等。

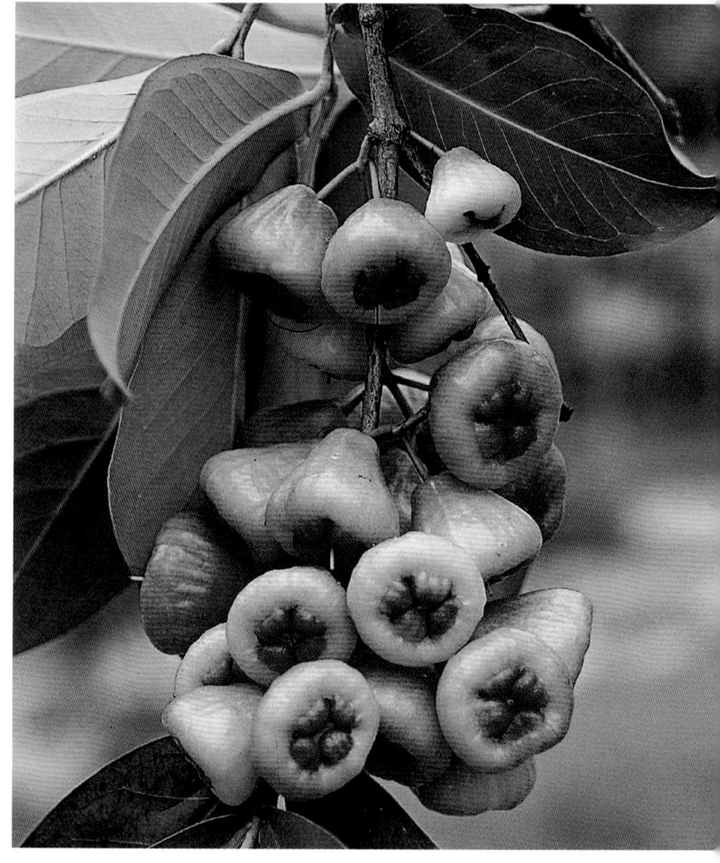

果实：余炼等（2007）用同时蒸馏萃取法提取的台湾产洋蒲桃新鲜果实精油的主要成分为：3-蒈烯（13.02%）、石竹烯（6.58%）、2-乙基-1-己醇（4.14%）、松油醇（2.39%）、异松油烯（2.10%）、(3-甲基-2-环氧基)-甲醇（1.88%）、4,7-二甲基-1-(1-甲基乙基)-1,2,3,5,6,8a-六氢化萘（1.29%）、对伞花烃（1.15%）等。张丽梅等（2012）用顶空固相微萃取法提取的福建东山产‘农科二号’洋蒲桃新鲜果实香气的主要成分为顺-3-壬烯-1-醇（22.48%）、反式石竹烯（17.99%）、(-)-α-荜澄茄油萜（15.05%）、α-桉叶烯（8.96%）、γ-松油烯（8.68%）、β-瑟林烯（7.44%）、杜松烯（5.62%）、三甲氧基酯（4.68%）、2-正戊基呋喃（4.44%）、1,4,9,9-四甲基-1,2,3,4,5,6,7,8-八氢-4,7-亚甲基薁（2.80%）、1,1,6-三甲基-1,2-二氢萘（1.37%）等。

【利用】果实供食用，也可盐渍或制成果酱、果汁等。果实还可以作为菜肴食用。果实入药，有润肺、止咳、除痰、凉血、收敛的功能，可治疗多种疾病。用于园林绿化。

水翁

Cleistocalyx operculatus (Roxb.) Merr. et Perry

桃金娘科　水翁属

别名：水榕、水雍

分布：广东、广西、云南等地

【形态特征】乔木，高15 m；树皮灰褐色，颇厚，树干多分枝；嫩枝压扁，有沟。叶片薄革质，长圆形至椭圆形，长11～17 cm，宽4.5～7 cm，先端急尖或渐尖，基部阔楔形或略圆，两面多透明腺点，侧脉9～13对，脉间相隔8～9 mm，以45°～65°开角斜向上，网脉明显，边脉离边缘2 mm；叶柄长1～2 cm。圆锥花序生长于无叶的老枝上，长6～12 cm；花无梗，2～3朵簇生；花蕾卵形，长5 mm，宽3.5 mm；萼管半球形，长3 mm，帽状体长2～3 mm，先端有短喙；雄蕊长5～8 mm；花柱长3～5 mm。浆果阔卵圆形，长10～12 mm，直径10～14 mm，成熟时为紫黑色。花期5～6月。

【生长习性】喜肥，耐湿性强，喜生于水边。一般土壤可生长，有一定的抗污染能力。

【精油含量】水蒸气蒸馏法提取叶的得油率为0.08%～0.13%，花蕾或花的得油率为0.18%～0.31%；超临界萃取花的得油率为2.61%。

【芳香成分】叶：陆碧瑶等（1987）用水蒸气蒸馏法提取的广东广州产水翁新鲜叶精油的主要成分为：(Z)-β-罗勒烯（53.18%）、α-蒎烯（6.85%）、(E)-β-罗勒烯（4.50%）、3,6,8,8-四甲基八氢-7-亚甲基薁（4.19%）、顺式-石竹烯（3.62%）、橙花叔醇（2.16%）、月桂烯（1.84%）、β-蒎烯（1.80%）、乙酸葛缕酯（1.28%）、3,4-二甲基-2,4,6-辛三烯（1.27%）、蛇麻烯（1.05%）、香叶醇（1.03%）等。

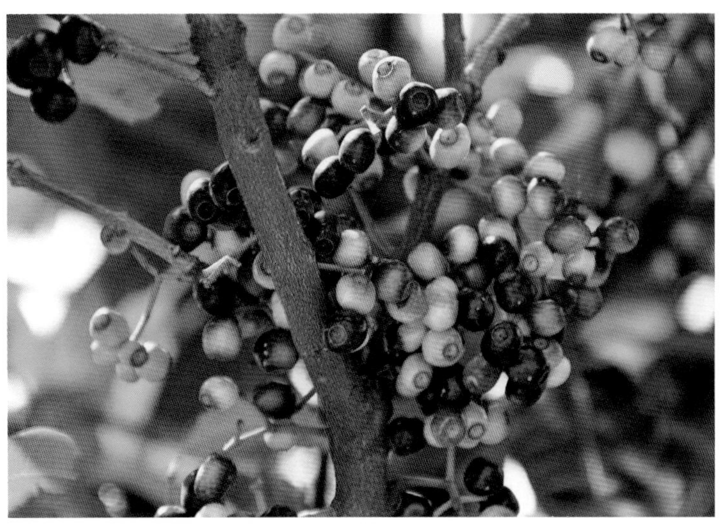

花：陈健等（2006）用水蒸气蒸馏法提取的干燥花精油的主要成分为：2-甲氧基-5-异亚丙基环庚三烯酚酮（30.85%）、2,3-二氢-5,7-二羟基-6,8-二甲基-2-苯基-4 H-1-苯并吡喃-4-酮（26.26%）、丁香烯环氧化物（8.85%）、2,6,6-三甲基-双环[3.1.1]-3-庚醇（6.72%）、1,2-二氢-8-羟基芳樟醇（3.57%）、古柯二醇（2.13%）、(Z)-7-十四碳烯醛（1.88%）、9,12-十八二烯酸甲酯（1.84%）、4,4-二甲基-2-丁烯酸内酯（1.48%）、1,54-二溴五十四碳烷（1.47%）、2,2,4,4-四甲基-1,3-环丁酮（1.11%）、2-甲基-3丁烯基-2-醇（1.01%）等。陆碧瑶等（1987）用同法分析的广东广州产水翁新鲜花蕾精油的主要成分为：(Z)-β-罗勒烯（36.39%）、(E)-β-罗勒烯（8.35%）、3,6,8,8-四甲基-八氢-7-甲撑薁（7.25%）、月桂烯（7.25%）、顺式-丁香烯（4.74%）、α-蒎烯（4.70%）、蛇麻烯（2.47%）、香叶醇（2.28%）、γ-依兰油烯（2.10%）、别香树烯（2.06%）、δ-杜松烯（2.01%）、2,7-二甲基-1,6-辛二烯（1.48%）、4,10-二甲基-7-异丙基二环[4.4.0]-1,4-癸二烯（1.47%）、3,4-二甲基-2,4,6-辛三烯（1.40%）、1,2,3,4,4a,7,8,8a-八氢-1,6-二甲基-4-(1-甲基乙基)萘醇（1.38%）、癸烯-4(1.10%）、α-愈创木烯（1.01%）等。

【利用】有清暑解表、去湿消滞、消炎止痒的功效。根可治疗黄疸性肝炎。树皮外用治烧伤、麻风、皮肤瘙痒、脚癣。叶外用治疗急性乳腺炎、疥疮。花蕾治疗感冒发热、细菌性痢疾、急性胃肠炎、消化不良。

桃金娘

Rhodomyrtus tomentosa (Ait.) Hassk.

桃金娘科　桃金娘属

别名： 岗稔、山稔、桃娘、石都稔子、倒稔子、海漆、倒粘子、豆稔干、稔子干、金丝桃、山稔子、山苳、多莲、稔果、多奶、山多奶、苏园子、石榴子、白碾子、水刀莲、乌肚子、当梨子、哆哞仔、稔子、岗棯花

分布： 广东、广西、福建、台湾、云南、贵州、湖南

【形态特征】灌木，高1～2 m；嫩枝有灰白色柔毛。叶对生，革质，叶片椭圆形或倒卵形，长3～8 cm，宽1～4 cm，先端圆或钝，常微凹入，有时稍尖，基部阔楔形，叶面初时有毛，以后变无毛，发亮，叶背有灰色茸毛，离基三出脉，直达先端且相结合，边脉离边缘3～4 mm，中脉有侧脉4～6对，网脉明显；叶柄长4～7 mm。花有长梗，常单生，紫红色，直径2～4 cm；萼管倒卵形，长6 mm，有灰茸毛，萼裂片5，近圆形，长4～5 mm，宿存；花瓣5，倒卵形，长1.3～2 cm；雄蕊红色，长7～8 mm；子房下位，3室，花柱长1 cm。浆果卵状壶形，长1.5～2 cm，宽1～1.5 cm，成熟时为紫黑色；种子每室2列。花期4～5月。

【生长习性】生于丘陵坡地，为酸性土指示植物。喜欢高温环境，对冬季的温度要求很严，当温度在10 ℃以下停止生长，霜冻出现时不能安全越冬。喜欢湿润的气候环境，要求生长环境的空气相对湿度在70%～80%。耐贫瘠，抗逆性强。

【精油含量】水蒸气蒸馏法提取根的得油率为0.30%，干燥果实的得油率为0.55%；乙醚超声波萃取法提取果实的得油率为2.30%；有机溶剂回流法提取干燥果实的得油率为2.47%。

【芳香成分】根：高桂华（2015）用水蒸气蒸馏法提取的广西产桃金娘干燥根精油的主要成分为：(9 E,12 Z)-9,12-十四碳二烯-1-醇（46.76%）、棕榈酸（41.67%）、邻苯二甲酸二丁酯（1.84%）、2 H-1,4-苯并二氮杂-2-酮（1.15%）等。沈玫周等（2015）用同法分析的广西桂林产桃金娘阴干根精油的主要成分为：(1R)-(+)-α-蒎烯（21.90 %）、壬醛（11.63 %）、β-石竹烯（7.17%）、甲基庚烯酮（2.42%）、癸醛（2.36%）、邻苯二甲酸二丁酯（2.03%）、匙叶桉油烯醇（1.69%）、萘（1.38%）、α-松油醇（1.27 %）、(-)-杜松烯（1.25%）、雪松醇（1.19%）、对二甲苯（1.12%）、蒽（1.05%）、苯乙醛（1.00%）等。

茎： 沈玫周等（2015）用水蒸气蒸馏法提取的广西桂林产桃金娘阴干茎精油的主要成分为：β-石竹烯（31.37%）、(1R)-(+)-α-蒎烯（13.34%）、α-石竹烯（4.94%）、(-)-杜松烯（3.79%）、氧化石竹烯（3.65%）、4-异丙基-1,6-二甲萘（2.33%）、(+)-喇叭烯（1.47%）、(-)-蓝桉醇（1.32%）、壬醛（1.24%）、别香橙烯（1.21%）、(+)-杜松烯（1.12%）、α-松油醇（1.11%）等。

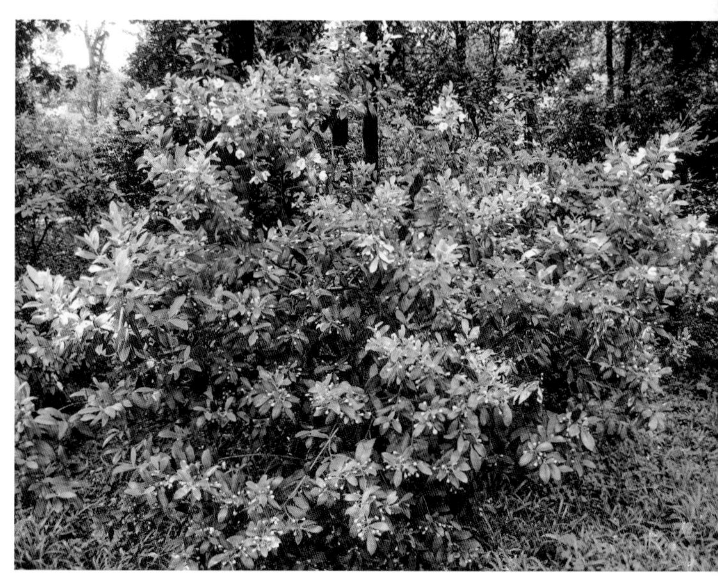

叶：沈玫周等（2015）用水蒸气蒸馏法提取的广西桂林产桃金娘阴干叶精油的主要成分为：(1R)-(+)-α-蒎烯（43.03%）、-石竹烯（17.06%）、α-松油醇（3.90%）、(-)-杜松烯（2.62%）、+)-柠檬烯（2.61%）、α-石竹烯（2.39%）、β-蒎烯（1.97%）、氧化石竹烯（1.18%）等。陈丽珍等（2014）用同法分析的海南万产桃金娘干燥叶精油的主要成分为：石竹烯（13.96%）、石竹烯氧化物（13.15%）、2,4,5-三甲基苯甲醛（9.15%）、2-十二烯醛醇（8.55%）、1,1,4,8-四甲基-4,7,10-环十一三烯（5.05%）、反式-1,4-二甲基-β-亚甲基-环己醇（4.22%）、2,6-二甲基喹啉（3.87%）、[1S-(1α,7α,8aβ)]-1,2,3,5,6,7,8,8a-八氢-1,4-二甲基-7-(甲基乙烯基)-薁（3.48%）、月桂酸（3.12%）、棕榈酸（2.81%）、1 H-环丙烷[e]甘菊环烯-7-醇（2.48%）、环癸烷（2.30%）、杜松烯（1.98%）、[1 S-(1α,4aβ,8aα)]-1,2,4a,5,8,8a-六氢-4,7-二甲基-(1-甲乙基)-萘（1.59%）、葎草烯环氧化物（1.59%）、香橙烯（1.36%）、斯巴醇（1.28%）、植物醇1.28%）、卡达-1(10),3,8-三烯（1.26%）、十六醛（1.22%）、1-基-二环[3.3.1]壬烷（1.21%）、喇叭烯（1.11%）等。

果实：吴萍萍等（2015）用水蒸气蒸馏法提取的广东韶关产桃金娘干燥果实精油的主要成分为：α-蒎烯（52.17%）、石竹素（7.55%）、反式石竹烯（4.28%）、马鞭烯醇（4.08%）、广藿香烷（3.26%）、(+)-香橙烯（2.60%）、α-松油醇（2.12%）、戊酸苄酯（1.97%）、去氢白菖烯（1.83%）、愈创蓝油烃（1.81%）、马苄烯酮（1.78%）、(±)-苧烯（1.21%）、维甲酰酚胺（1.21%）等。

【利用】成熟果实可食。可作园林绿化观赏，制作盆景。根入药，有祛风活络、收敛止泻的功效，用于治疗急、慢性肠胃炎，胃痛，消化不良，慢性痢疾，风湿，肝炎，降血脂，风湿性关节炎，腰肌劳损，功能性子宫出血，脱肛；外用治疗烧烫伤等。果实入药，有养血止血、涩肠固精的功效，用于治疗血虚体弱、吐血、鼻衄、劳伤咳血、便血、崩漏、遗精、带下、痢疾、脱肛、烫伤、外伤出血。叶入药，有收敛止泻、止血的功效，用于治急性胃肠炎、消化不良、痢疾；外用治疗外伤出血。

香桃木

Myrthus communis Linn.

桃金娘科　香桃木属

别名： 桃金娘

分布： 云南、广东、广西有栽培

【形态特征】常绿灌木，或有时为高达5 m的小乔木；枝四棱，幼嫩部分稍被腺毛。叶芳香，革质，交互对生或3叶轮生，叶片卵形至披针形，长1～3 cm，宽0.5～1 cm，顶端渐尖，基部楔形，叶面深绿色，叶背暗晦，除中脉和边缘有柔毛外，其余皆无毛；叶柄极短，长不及3 mm。花芳香，中等大，被腺毛，通常单生于叶腋，稀2朵丛生；花梗细长；萼片5，细小，三角状卵形，短尖或渐尖，扩展，外弯；花瓣5，白色或淡红色，较大，倒卵形，顶端钝或圆，被腺毛，边缘毛较密；雄蕊多数（达50枚），离生，与花瓣等长，花药黄色，短椭圆形。浆果圆形或椭圆形，大如豌豆，蓝黑色或白色，顶部有宿萼。

【生长习性】主要分布于小山冈上，多数生长于海拔50～?00 m的地区。喜温暖、湿润气候，喜光，亦耐半阴。适应中性至偏碱性土壤，是一种酸碱指示性植物。注意保持环境的温暖潮湿，生长温度最低不能低于5 ℃。

【精油含量】水蒸气蒸馏法提取新鲜叶的得油率为0.23%～0.25%，干燥叶的得油率为0.22%～0.31%。

【芳香成分】孔静思等（2011）用水蒸气蒸馏法提取的上海产香桃木干燥叶精油的主要成分为：乙酸桃金娘烯酯（42.48%）、1,8-桉叶油素（16.82%）、降莰烷（15.59%）、芳樟醇（13.64%）、α-蒎烯（3.68%）、环戊基乙烷（1.78%）、1-甲基-4-(1-甲基-亚乙烯基)-环己烯（1.77%）、(E)-5-甲基-1,3,6-庚三烯（1.56%）等。

【利用】广泛应用于绿化、庭园种植、制作大型盆景。枝、叶、花、果都可提取精油，精油可用作香气和香味的修饰剂；叶精油为我国允许使用的食用香料，用于食品加香，也是提取丁子香酚的原料；可用于抗菌、收敛、杀菌、祛肠胃胀气、化痰、杀寄生虫；果实精油是香料工业的重要原料，主要用于肥皂、洗涤剂、化妆品、香水中等；花精油供化妆用。花可作为色拉和料理的配料。叶可入茶。

众香

Pimenta dioica (Linn.) Merr.

桃金娘科　众香属

别名： 众香子、多香果、玉桂子、牙买加胡椒、三香子甘椒、百味胡椒

分布： 广西、云南、广东、海南、福建

【形态特征】高大常绿乔木，树皮具有芳香气味。叶片长椭圆形，全缘，革质，叶面光亮，有芳香味。花簇生于叶腋，花朵细小，花冠白色，充满香气。浆果圆球形，青绿色，成熟时为深绿色，外皮粗糙，端有小突起，类似黑胡椒，果实内有种子2枚，有强烈的芳香和辛辣味。花期4～6月。

【生长习性】喜生于酷热及干旱地区。

【精油含量】水蒸气蒸馏法提取果实的得油率为1.30%～2.78%；亚临界萃取果实的得油率为4.58%。

【芳香成分】叶：王花俊等（2013）用同时蒸馏萃取法提取的广西产众香干燥叶精油的主要成分为：丁香酚（30.84%）、4-甲基-5-(3-甲基-5-异噁唑基)-噻唑（11.86%）、异丁香酚（10.44%）、桉树脑（6.01%）、1,5,5,8-四甲基橙花叔醇（3.64%）、石竹烯醇（3.50%）、α-石竹烯（2.29%）、草烯（2.19%）、1-甲基-2-[2-(4-甲基苯氧基)乙基硫代]-苯并咪唑（2.17%）、2,5-二甲氧基苯甲醛（1.52%）、对甲基伞花烃（1.48%）、异松油烯（1.30%）、α-杜松醇（1.30%）、4-蒈烯（1.29%）等。

果实：董爱君等（2016）用水蒸气蒸馏法提取的果实精油的主要成分为：甲基丁香酚（67.48%）、月丁香酚（8.06%）、柱烯（4.86%）、桉叶油醇（2.23%）、α-松油醇（1.53%）、反式石竹烯（1.48%）等。

【利用】果实主要应用于食品的调味品。种子是香料工业的重要原料，精油用于肥皂、洗涤剂、香水、香皂等化妆品用香精配方中。果实可用于治疗消化不良、高血压、高血糖、肥胖和炎症等。

参考文献

布力米提·伊力，刘莉，阿吉艾克拜尔·艾萨，等，2004. 维吾尔医常用药材——芹菜籽挥发油化学成分的研究[J]. 天然产物研究与开发，16(1): 36-37.

吉艾克拜尔·艾萨，吕俏莹，阿布都巴力·阿布都拉，2002. 心草挥发油成分的研究[J]. 天然产物研究与开发，14(5): 46-49.

青青，高必兴，兰志琼，等，2016. GC-MS分析康定独活根中的挥发油成分[J]. 成都中医药大学学报，39(1): 15-17.

立群，刘建华，杨迺嘉，等，2010. 蒲桃种肉普通粉与超微粉的挥发性成分对比[J]. 生物技术，20(3): 83-84.

秋荣，郭志峰，1999. 柿叶挥发成分的GC/MS分析[J]. 河北大学学报（自然科学版），19(3): 256-259，263.

常伟，吕姗，吴香菊，等，2017. 枣花及枣花蜜香气成分分析[J]. 食品科学，12-27网络发表.

红进，赵小亮，刘文杰，2007. 刺山柑果实挥发油化学成分的研究[J]. 安徽农业科学，35(9): 2517-2518

俊英，黄仁华，陆云梅，等，2016. 不同方法提取费约果叶片香气成分的比较研究[J]. 食品工业科技，37(19): 302-306，310.

雪，曾攀屹，马家麟，等，2016. 藏茴香超临界CO_2萃取物的化学成分及抗菌活性的研究[J]. 中国食品添加剂，(2): 106-111.

和平，韩长日，梁振益，等，2007. 使君子叶挥发油的化学成分分析[J]. 中草药，38(5): 680-681.

淑峰，任慧芳，陈文静，等，2015. 忍冬果实挥发油的化学成分分析及其体外抗氧化活性[J]. 中成药，37(5): 1021-1025.

淑峰，张铃杰，徐峤，等，2015. 葱兰花挥发油的化学成分及对自由基的清除作用研究[J]. 北京联合大学学报，29(1): 14-18.

采颖，郑光耀，宋强，2010. 马尾松、樟子松、臭冷杉针叶精油的化学成分比较研究[J]. 林产化学与工业，30(6): 45-50.

采颖，郑光耀，宋强，等，2009. 杨树芽石油醚提取物的化学成分分析[J]. 生物质化学工程，43(6): 36-39.

君龙，卢金清，黎强，等，2014. 无花果挥发性成分分析[J]. 中药材，37(7): 1205-1209.

倩，陈琨，王桃梅，等，2016. 保留指数辅助GC-MS对宁夏芜菁挥发性成分分析[J]. 食品研究与开发，37(19): 145-149.

凤勤，刘万学，范中南，等，2008. B型烟粉虱对三种寄主植物及其挥发物的行为反应[J]. 昆虫学报，51(8): 830-838.

姣仙，陈云龙，傅承新，等，2005. 结香花挥发油化学成分的气质联用分析[J]. 药物分析杂志，25(10): 1211-1214.

利，卢金清，叶欣，等，2016. HS-SPME-GC-MS法分析南、北葶苈子的挥发性成分[J]. 中国药房，27(30): 4302-4304.

明全，王海英，刘姗姗，等，2010. 鲜桑叶与干桑叶精油的挥发性组分分析[J]. 国土与自然资源研究，(2): 86-87.

树明，胡建林，李晨辉，等，2008. 西芹和旱芹茎叶挥发油化学成分研究[J]. 昆明医学院学报，(4): 20-23.

玲，刘布鸣，林霄，等，2014. 互叶白千层花、果与叶挥发油成分的对比分析[J]. 香料香精化妆品，(6): 1-5.

明凤，李九丹，1993. 4种不同原植物羌活挥发油的GC-MS分析[J]. 中草药，24(10): 514-515.

勇，张永清，2010. 酸枣根超临界流体二氧化碳萃取物化学成分研究[J]. 时珍国医国药，21(4): 1009-1010.

丹生，周春娟，庄东红，2016. 不同香型凤凰单丛鲜叶与成茶香气成分的比较分析[J]. 井冈山大学学报（自然科学版），37(4): 37-42.

菲，吴永江，马丽，等，2014. GC-MS联用分析松针和佛手挥发油化学成分的差异[J]. 中国医药导报，11(6): 90-92.

光英，宋小平，韩长日，等.，2001加勒比松叶挥发油成分分析[J]. 中药材，24(9): 653-654.

海燕，王明吉，2011. 下垂白千层芳香水的化学成分分析[J]. 广西林业科学，40(2): 145-147.

宏降，武露凌，李祥，等，2011. 三白草不同部位及鱼腥草挥发油成分的GC-MS比较分析[J]. 天然产物研究与开发，23: 675-679，688.

佳龄，郭微，彭维，等，2013. SPME-GC-MS分析桃金娘科6种植物的叶片挥发性成分[J]. 热带亚热带植物学报，21(2): 189-192.

建伟，李祥，武露凌，等，2000. 中国珍稀植物明党参嫩茎叶挥发油化学成分研究[J]. 天然产物研究与开发，12(3): 48-51.

健，姜建国，郑艾初，等，2006. 水翁花挥发油提取工艺研究[J]. 食品科学，27(10): 409-411.

娟，阚建全，杨蓉生，2010. 不同品种桑葚香气成分的GC-MS分析[J]. 食品科学，31(18): 239-243.

陈丽珍，任芯，李娟，等，2014. 海南桃金娘叶挥发油化学成分GC-MS分析[J]. 中国实验方剂学杂志，20(13)：89-92.
陈利军，史洪中，周顺玉，等，2008. 新鲜芫花挥发油化学成分GC-MS分析[J]. 安徽农业科学，36(26)：11184-11185.
陈凌霞，王玲，2012. 当归川芎的挥发油成分和药用功效对比研究[J]. 河南师范大学学报（自然科学版），40(1)：：103-108
陈密玉，林燕妮，吴国欣，等，2006. 生、烤芥子挥发油化学成分比较研究[J]. 中国中药杂志，31(14)：1157-1159.
陈鹏，赵涛，李丽莎，2001. 挪威云杉幼树韧皮部挥发性物质的测定[J]. 云南林业科技，(2)：58-60.
陈青，张前军，2007. 鹤虱风挥发油化学成分的研究[J]. 时珍国医国药，l8(3)：596-597.
陈秋波，贺利民，袁洪球，等，2004. 刚果12号桉叶片化感物质的初步分离分析[J]. 热带作物学报，25(4)：84-91.
陈睿，霍丽妮，廖艳芳，等，2012. 大苞鞘花叶挥发油化学成分分析[J]. 中国实验方剂学杂志，18(16)：135-137..
陈瑞娟，毕金峰，陈芹芹，等，2013. 不同干燥方式对胡萝卜粉香气成分的影响[J]. 食品工业科技，39(9)：70-76.
陈婷婷，周晓农，朱丹，等，2011. 广东尾叶桉叶挥发油化学成分的气相色谱-质谱分析[J]. 广东药学院学报，27(5)：464-467
陈婷婷，周晓农，朱丹，等，2011. 托里桉叶挥发油化学成分的气相色谱-质谱联用分析[J]. 今日药学，21(10)：620-623.
陈婷婷，黄炳生，周晓农，等，2012. 柠檬桉叶挥发油化学成分气相色谱-质谱分析研究[J]. 现代医药卫生，28(1)：3-5.
陈霞，陈辉，高锦明，2005. 秦岭油松针叶挥发性物质的成分分析[J]. 西北植物学报，25(6)：1230-1233.
陈新华，杨章旗，段文贵，等，2015. 南亚松针叶的挥发性物质化学成分[J]. 西部林业科学，44(4)：69-72，78.
陈耀祖，李海泉，陈能煌，等，1985. 毛细管气相色谱-质谱联用分析甘肃岷县当归叶挥发油[J]. 兰州大学学报（自然科学版），21(3)：130-132.
陈义，高玉琼，霍昕，等，2014. 柿蒂挥发油成分的GC-MS分析[J]. 中国药房，25(43)：4096-4098.
陈友地，杨伦，李淑秀，等，1983. 桉叶精油化学组分研究[J]. 林产化学与工业，(2)：14-31.
陈月圆，卢凤来，李典鹏，等，2010. 不同品种桉树叶挥发性成分的GC-MS分析[J]. 广西植物，30(6)：895-898.
陈运，赵韵宇，王晓轶，等，2011. 鲜香附挥发油镇痛活性及其GC-MS分析[J]. 中药材，34(8)：1225-1229.
陈志伟，程鹏，王如刚，等，2013. 石榴花挥发油化学成分的GC-MS分析及体外抗氧化活性测定[J]. 中国医院药学杂志，3(4)：280-282.
陈志行，石春芝，谭晓风，等，2002. 夜来香白天花朵及嫩枝挥发油成分分析[J]. 中草药，33(11)：976-978.
程必强，马信祥，许勇，等，1993. 香料白油树的引种及近缘种叶油成分研究[J]. 香料香精化妆品，(3)：1-6.
程满环，兰艳素，2016. 超临界CO_2流体萃取法与水蒸气蒸馏法提取黄山松松针挥发油及其GC-MS分析[J]. 中药材，39(10)：2256-2260.
楚建勤，张正居，浦帆，等，1991. 欧当归根头香成分的分析[J]. 植物学报，33(6)：486-488.
崔海燕，胡晶红，张永清，2013. 珊瑚菜植株不同器官挥发油成分分析[J]. 山东中医药大学学报，37(1)：61-64.
崔海燕，张永清，2016. 不同采收期珊瑚菜植株叶片挥发油成分分析[J]. 中国继续医学教育，8(16)：176-177.
戴斌，高江，敏德，1988. 新疆藁本挥发油的气相色谱-质谱分析[J]. 中药通报，13(9)：33-35，63.
戴斌，丘翠嫦，1996. 灰绿叶当归挥发油化学成分研究[J]. 中草药，27(2)：77-78.
戴煌，方国珊，李文峰，等，2010. 同时蒸馏萃取-气相色谱-质谱法分析火麻仁精油成分[J]. 食品科学，31(14)：229-233
戴建青，李振宇，陈焕瑜，等，2011. 3种十字花科蔬菜植物挥发性物质的分离鉴定[J]. 广东农业科学，(22)：106-108.
戴静波，王丽丽，朱祥英，2011. 辽宁防风挥发油成分的气相色谱-质谱联用分析[J]. 时珍国医国药，22(7)：1611-1612.
戴亮，杨兰苹，郭友嘉，等，1990. 漳州水仙花精油的化学成分研究[J]. 色潜，8(6)：377-380.
戴素贤，谢振伦，谢赤军，等，1998. 不同地域黄枝香乌龙茶的香气化学组成[J]. 生态科学，17(2)：43-48.
党金玲，杨小波，陈四利，等，2009. 海南风吹楠叶挥发油化学成分气相色谱-质谱联用分析[J]. 时珍国医国药，20(9)：2188-2189.
党金玲，杨小波，黄运峰，等，2009. 海南风吹楠皮挥发油化学成分GC-MS分析[J]. 中药材，32(5)：714-716.
邓国宾，李雪梅，林瑜，等，2004. 滇刺枣挥发性成分的研究[J]. 精细化工，21(4)：318-320.
邓明强，张小平，王琼，等，2008. 粉背薯蓣挥发油的成分分析及生物活性的初步研究[J]. 中国实验方剂学杂志，14(2)：6-8
邓卫萍，解成喜，符继红，2007. 新疆阿魏挥发油成分气相色谱-质谱分析[J]. 质谱学报，28(2)：114-114，121.
邓晓军，杜家纬，2005. 采用多次顶空固相微萃取分析拟南芥绿叶挥发性物质[J]. 生态学杂志，24(8)：970-974.
董爱君，刘华臣，张磊，2016. 多香果挥发油成分分析[J]. 香料香精化妆品，(1)：5-7，13.
董红敏，李路，沈丽雯，等，2015. 超声波辅助提取川明参挥发油及化学成分的GC-MS分析[J]. 食品工业科技，36(12)：259-264.
董雷，杨晓虹，张朝再，等，2013. 大花君子兰叶中挥发油成分GC-MS分析[J]. 特产研究，(1)：60-61，65.

晓敏，刘偲翔，刘布鸣，2009. 广西产白千层挥发油的化学成分研究[J]. 广西中医药，32(5): 56-58.

岩，邱琴，刘廷礼，2003. GC/MS法分析油松节挥发油化学成分[J]. 理化检验-化学分册，39(12): 718-720.

佳媛，王奇，冯巩，2014. 秦巴山区柿叶中挥发性成分及抗氧化性研究[J]. 食品研究与开发，35(15): 12-14.

年生，曲淑惠，支玲，1989. 新疆托里阿魏根中精油成分的研究[J]. 中国药科大学学报，20(3): 164-166.

成智，冯旭，王卉，等，2014. 不同产地金银花挥发性成分的GC-MS分析[J]. 江苏农业科学，42(7): 313-315.

洪飞，张毅，翁代群，等，2009. 新鲜金银花挥发油不同提取方法的GC-MS研究[J]. 重庆中草药研究，(2): 13-17.

蕾蕾，王晓静，蔡传真，等，2002. 四川栽培东当归挥发油成分分析[J]. 中药材，25(7): 477-478.

光东，姜子涛，李荣，2009. 白骨黄心芹菜籽精油提取工艺研究及成分分析[J]. 食品研究与开发，30(5): 69-72.

佳，崔艳秋，秦志强，等，2005. 园林植物挥发油成分分析及抗菌活性测定[J]. 城市环境与城市生态，18(6): 23-35.

松冷，刘秀梅，梁鸿，等，2009. 岩木瓜挥发性成分及生物活性研究[J]. 中国中药杂志，34(11): 1398-1400.

珠次仁，朱根华，蔡瑛，等，2017. 顶空-气质联用测定藏药裂叶独活挥发性成分[J]. 中药材，48(11): 2182-2188.

金拴，王性炎，1992. 巴山冷杉针叶精油化学成分的研究[J]. 武汉植物学研究，10(2): 163-168.

庆林，王广树，张明欣，2006. 长白忍冬干燥花蕾挥发油化学成分的GC-MS分析[J]. 吉林中医药，26(1): 54-55.

钰虎，陈小燕，何华玲，2011. 菜花中挥发油化学成分气相色谱-质谱联用分析[J]. 食品科学，32(20): 157-159.

正琪，李纪元，田敏，等，2006. 三个山茶花种（品种）香气成分初探[J]. 园艺学报，33(3): 592-596.

正琪，李纪元，田敏，等，2005. 山茶品种‘克瑞墨大牡丹’香气成分分析[J]. 林业科学研究，18(4): 412-415.

洪钜，尚天民，肖培根，等，1990. 当归恩挥发油化学成分的研究[J]. 药学学报，25(7): 534-537

洪钜，吕瑞绵，刘国声，等，1979. 挥发油成分的研究——Ⅱ. 中国当归与欧当归主要成分的比较[J]. 药学学报，(10): 617-623.

洪壮，赵晨曦，周恩宝，2010. 小兴安岭7种松叶挥发油GC-MS数据的分析[J]. 计算机与应用化学，27(4): 480-484.

洁，沈朝升，汪孝亮，等，2014. 剑麻花瓣和花蕊挥发油化学成分的GC-MS分析[J]. 湖北农业科学，53(18): 4414-4415.

娜，魏春雁，孙知本，2002. 瑞香狼毒叶挥发油研究[J]. 东北师范大学自然科学版，34(4): 87-90.

毅凡，郭晓玲，韩亮，2005. 伸筋草挥发性成分GC-MS分析[J]. 广东药学院学报，21(5): 515-516.

毅凡，郭晓玲，韩亮，2006. 瑶药苦耽挥发性成分GC-MS分析[J]. 中草药，37(5): 668-669.

巧梅，彭映辉，熊国红，等，2013. 两种松科植物精油对蚊虫的熏杀活性及其化学成分分析[J]. 中国生物防治学报，29(3): 370-375.

玲，贾陆，王健，王海波，等，2010. 豫西柴胡属3种柴胡挥发油的GC-MS分析[J]. 中国实验方剂学杂志，16(4): 51-52.

克，付戈妍，栾凤伟，等，2008. 蒙药材接骨木挥发油化学成分的GC/MS分析[J]. 内蒙古民族大学学报（自然科学版），23(1): 26-27.

起凤，吴丽红，孟凡佳，等，2017. GC-MS法分析王不留行中的挥发油成分[J]. 化学工程师，(5): 34-36.

钦宝，蔡为荣，谢亮亮，等，2017. 顶空固相微萃取-气质联用分析荷叶香气成分[J]. 安徽工程大学学报，32(1): 24-28.

涛，何月秋，李波，等，2016. 明日叶中5种成分同时测定和挥发性成分分析[J]. 中成药，38(11): 2418-2422.

水玉，黄爱今，刘虎威，等，1992. 荷叶香气成分的研究（Ⅰ）荷叶天然香气成分的分析[J]. 北京大学学报（自然科学版），28(2): 699-705.

丹丹，卢红梅，伍贤进，等，2012. GC-MS联合化学计量学方法分析鱼腥草不同部位挥发油[J]. 现代中药研究与实践，26(5): 24-27.

秀海，梁志远，王道平，等，2013. 3种山茶属花香气成分的HS-SPME/GC-MS分析[J]. 食品科学，34(06): 204-207.

必兴，邓晶晶，郑佳，等，2014. GC-MS分析白亮独活挥发油成分[J]. 中药与临床，5(5): 9-10.

春燕，田呈瑞，卢跃红，2015. 不同提取方法对黄参籽精油化学组成、得率、颜色状态以及气味的影响[J]. 中国粮油学报，30(3): 66-70.

桂花，2015. 桃金娘根中挥发性成分研究[J]. 济宁医学院学报，38(1): 26-27.

宏，许彬，商士斌，等，2009. 油松松脂化学组成及加工工艺[J]. 西北林学院学报，24(1): 146-148.

欣妍，王海英，刘志明，等，2018. 金银忍冬提取物的挥发性成分及抑菌活性分析[J]. 生物质化学工程，52(1): 10-16.

雪芹，蒋继宏，窦艳，等，2006. 杉木叶醇提取物中石油醚溶解组分的化学成分分析[J]. 武汉植物学研究，24(1): 90-92.

燕，马银海，2013. 刺芫荽挥发性成分研究[J]. 昆明学院学报，35(3): 69-70.

一然，于淼，季宇彬，2016. 文殊兰种子中挥发油成分GC-MS分析[J]. 哈尔滨商业大学学报（自然科学版），32(3): 263-266.

义霞，周向军，2009. 荠菜叶挥发性成分分析[J]. 资源开发与市场，25(12): 1070-1071.

高玉琼，刘建华，赵德刚，等，2005. 槲寄生挥发性成分研究[J]. 生物技术，15(6): 61-63.

高则睿，韩智强，芦燕玲，等，2013. 紫罗兰花挥发油化学成分分析及其在卷烟加香中的评价[J]. 化学研究与应用，25(6): 911-915.

葛晓晓，姚成，边敏，等，2015. 长春七根部挥发油的测定及抑菌活性研究[J]. 南京师范大学学报（工程技术版），15(1): 67-72.

格日杰，王英锋，刘锁兰，等，2007. 藏药垂果蒜芥挥发油的提取及其化学成分的GC-MS分析[J]. 首都师范大学学报（自然科学版），28(4): 27-31.

耿红梅，张彦，苗庆峰，等，2014. 白花菜籽挥发油化学成分、抗氧化活性和抑菌活性的研究[J]. 现代食品科技，30(11): 194-199，234.

弓建红，张艳丽，冯卫生，等，2014. GC-MS分析南葶苈子挥发油成分的研究[J]. 世界科学技术—中医药现代化，16(9): 1942-1945.

弓建红，郑晓珂，赫金丽，等，2015. GC-MS分析北葶苈子的挥发油成分[J]. 世界科学技术—中医药现代化，17(3): 499-50

龚敏，王燕，张玉，等，2014. 海南曼陀罗果叶挥发油化学成分的GC-MS分析[J]. 中国农业信息，(1): 159-160.

龚玉霞，张文慧，姜自见，等，2008. 台湾杉叶挥发油的成分及其生物活性[J]. 江苏农业科学，(5): 235-236.

龚媛，王旭，廖若宇，等，2015. 基于主成分分析的臭氧与紫外复合处理枸杞挥发性成分综合评价[J]. 食品工业科技，36(18): 141-146，159.

苟占平，万德光，2008. 米子银花挥发油成分分析[J]. 时珍国医国药，19(2): 417-418.

苟占平，万德光，2007. 毛银花挥发油成分研究[J]. 云南中医学院学报，30(4): 11-13.

古娜娜·对山别克，王菁，海力茜·陶尔大洪，等，2013. 新疆芜菁根挥发油的气相色谱质谱联用分析[J]. 西北药学杂志，28(4): 331-332.

谷田，彭海刚，2012. 奇楠沉香挥发油化学成分分析[J]. 广东化工，39(4): 257-258，256.

顾新宇，张涵庆，王年鹤，1999. 疏叶当归根的化学成分[J]. 植物资源与环境，8(1): 1-5.

关永强，罗影，马元甲，等，2018. 天山假狼毒和瑞香狼毒根中挥发性成分研究[J]. 西北药学杂志，33(2): 143-148.

管朝旭，施彬，曾德贤，等，2013. 史密斯桉无性系桉叶出油率及成分分析[J]. 桉树科技，30(4): 15-18.

管仁伟，王亮，曲永胜，等，2014. “九丰一号”金银花挥发性成分的GC-MS分析[J]. 中成药，36(11): 2367-2371.

郭飞燕，纪明慧，舒火明，等，2010. 海南菠萝蜜挥发油的提取及成分鉴定[J]. 食品科学，31(02): 168-170.

郭刚军，伍英，徐荣，等，2013. 超临界CO_2萃取澳洲坚果花挥发油的化学组成分析[J]. 现代食品科技，29(12): 3059-3062，3052.

郭鸿儒，燕志强，金辉，等，2016. 甘肃瑞香狼毒叶面挥发性成分的HS-SPME-GC/MS测定[J]. 时珍国医国药，27(3): 513-515

郭华，侯冬岩，回瑞华，等，2008. 荠菜挥发性化学成分的分析[J]. 食品科学，29(1): 254-256.

郭庆梅，杨秀伟，2005. 一口盅挥发油成分的GC-MS分析[J]. 中草药，36(2): 189-190.

郭亭亭，姜林，卢军，等，2014. 新疆阿魏及其不同炮制品挥发油成分GC-MS分析[J]. 中成药，36(7): 1551-1553.

郭廷翘，李明文，郭雪飞，等，1999. 落叶松球果挥发性物质的收集与鉴定[J]. 东北林业大学学报，27(1): 60-62.

郭莹，熊阳，宋忠诚，等，2015. 番石榴叶挥发油的提取、成分分析及抑菌活性研究[J]. 中华中医药杂志，30(10): 3754-3757

韩芬，王辉，2008. 华北落叶松枝叶挥发性成分[J]. 天然产物研究与开发，20: 1016-1021.

韩璐，白长财，黄敏，等，2012. 聚花荚蒾挥发性成分的测定分析[J]. 宁夏医学杂志，34(2): 151-152.

韩晓伟，严玉平，王乾，等，2017. 河北产北柴胡挥发油化学成分的GS-MS分析[J]. 天津农业科学，23(10): 31-34.

韩志慧，曹文豪，李新宝，等，2006. GC-MS分析山茱萸挥发油的化学成分[J]. 精细化工，23(2): 130-132，178.

郝德君，马良进，2008. 火炬松挥发物的固相微萃取-气相色谱/质谱法分析[J]. 分析科学学报，24(1): 88-90.

何斌，侯震，彭新君，2005. 水蜈蚣挥发油化学成分的研究[J]. 湖南中医学院学报，25(2): 28-29.

何道航，庞义，任三香，等，2005. 气相色谱-质谱法分析油杉枝精油的化学成分[J]. 质谱学报，26(1): 43-45.

何道航，庞义，宋少云，等，2006. 黄枝油杉嫩枝中精油的化学成分研究[J]. 生物质化学工程，46(2): 8-10.

何洪巨，唐晓伟，宋曙辉，等，2006. SPME-GC-MS测定大白菜风味成分[J]. 质谱学报，27(增刊): 94-96.

何洪巨，唐晓伟，宋曙辉，等，2005. 用吹扫捕集法测定十字花科蔬菜中挥发性物质[J]. 中国蔬菜，(增刊): 39-42.

何金明，屈向明，肖艳辉，等，2005. 茴香根精油的含量与成分分析[J]. 时珍国医国药，16(11): 1061-1062.

何美军，廖朝林，郭汉玖，等，2009. 恩施华山松的挥发性成分分析[J]. 湖北民族学院学报（自然科学版），27(3): 254-257

何培青，张金灿，蒋万枫，等，2005. 不同方法收集番茄叶挥发性物质的GC/MS指纹图谱比较[J]. 西北植物学报，25(9)：1868-1872.

何新萍，高新慧，敬思群，等，2011. 响应面法优化茴香花精油提取工艺条件及精油组成分析[J]. 食品工业，(10)：4-7.

何永辉，刘佳佳，杨栋梁，等，2007. GC/MS法测定马尾松树皮中的挥发油成分[J]. 广东化工，34(2)：62-64，67.

和玉华，潘涌智，成定宽，2008. 两种针叶树种植株所含的挥发性物质及其与冷杉顶小卷蛾危害关系的研究[J]. 西部林业科学，37(4)：85-88.

侯冬岩，李铁纯，佟健，等，1996. 槲寄生枝芽挥发油成分分析[J]. 辽宁大学学报（自然科学版），23(1)：18-21.

侯冬岩，李铁纯，回瑞华，2001. 扫帚松皮挥发性成分的分析[J]. 分析测试学报，20(增刊)：257-258.

侯冬岩，回瑞华，杨梅，等，2003. 酸枣仁中挥发性化学成分分析[J]. 分析试验室，22(3)：84-86.

侯婧，张文生，张德春，等，2007. 不同提取方法对瑞香科假狼毒属植物挥发性成分分析[J]. 北京师范大学学报（自然科学版），43(4)：414-418.

胡建楣，冯鹏，李瑞明，等，2012. 气相色谱-质谱法分析桑白皮挥发油的化学成分[J]. 中国医药导报，9(30)：113-114，122.

胡思一，包箐箐，韩安榜，等，2015. 气相色谱—质谱法结合保留指数分析鸭儿芹不同部位挥发油成分[J]. 药学实践杂志，33(3)：246-249.

胡文杰，高捍东，2014. 金钱松叶片挥发油成分的GC-MS分析[J]. 浙江农林大学学报，31(4)：654-657.

胡西洲，彭西甜，夏虹，等，2017. 水蒸气蒸馏与乙醇提取荸荠挥发油成分的GC-MS分析[J]. 长江蔬菜，(16)：54-60.

胡艳莲，叶舟，陈伟，等，2008. 肾叶天胡荽挥发油杀虫活性及其GC/MS分析[J]. 热带作物学报，29(6)：808-813.

户连荣，赵见明，泽桑梓，等，2015. 萼翅藤果实挥发油的GC-MS分析[J]. 广东林业科技，31(6)：48-51.

黄春燕，吴卫，郑有良，2007. 鱼腥草不同部位挥发油化学成分的比较[J]. 药物分析杂志，27(1)：40-44.

黄惠芳，檀小辉，王丽萍，等，2016. 广西白木香叶挥发性油的化学成分[J]. 西部林业科学，45(5)：65-67，72.

黄蕾蕾，熊世平，周治，等，2002. 不同产地独活挥发油化学成分的比较研究[J]. 武汉植物学研究，20(1)：78-80.

黄丽华，王道平，陈训，2011. 黄褐毛忍冬不同采收时期挥发油成分比较研究[J]. 中国中药杂志，36(16)：2230-2232.

黄相中，张润芝，刘飞，等，2011. 云南产川芎叶挥发油的化学成分分析[J]. 食品科学，32(10)：175-179.

黄晓冬，刘剑秋，2004. 赤楠叶精油的化学成分及其抗菌活性[J]. 热带亚热带植物学报，12(3)：233-236.

黄永林，陈月圆，文永新，等，2009. 金花茶挥发性成分的GC-MS分析[J]. 食品科技，34(8)：257-260.

黄元，乔善义，2009. 繁缕挥发油的GC-MS分析[J]. 现代科学仪器，(2)：108-110.

黄远征，温鸣章，肖顺昌，等，1984. 黄果冷杉挥发油化学组成的研究[J]. 林产化学与工业，(4)：33-38.

黄远征，温鸣章，肖顺昌，等，1988. 岷江冷杉精油的化学成分[J]. 云南植物研究，10(1)：109-112.

黄远征，溥发鼎，1988. 川芎叶精油的化学成分[J]. 云南植物研究，10(2)：227-230.

黄远征，溥发鼎，1989. 几种藁本属植物挥发油化学成分的分析[J]. 药物分析杂志，9(3)：147-151.

黄远征，薄发鼎，1990. 短片藁本精油化学成分的研究[J]. 中国中药杂志，15(7)：38-40.

黄筑艳，李焱，2006. 漆姑草挥发油化学成分的研究[J]. 长春师范学院学报（自然科学版），25(5)：58-60.

回瑞华，侯冬岩，李铁纯，2004. 酸枣果肉中挥发性化学成分的提取及分析[J]. 分析化学，32(3)：325-328.

霍昕，高玉琼，杨廼嘉，等，2008. 桑寄生挥发性成分研究[J]. 生物技术，18(2)：47-49.

吉力，徐植灵，潘炯光，1993. 毛前胡挥发油的GC-MS分析[J]. 中国中药杂志，18(5)：294-296.

吉力，潘炯光，杨健，等，1999. 防风、水防风、云防风和川防风挥发油的GC-MS分析[J]. 中国中药杂志，24(11)：678-680，702.

吉力，徐植灵，潘炯光，等，1997. 羌活挥发油成分分析[J]. 天然产物研究与开发，9(1)：4-8.

姬晓灵，雍建平，汪岭，2011. 金银忍冬果实中挥发性成分的GC-MS分析[J]. 光谱实验室，28(6)：3110-3112.

贾金萍，秦雪梅，2003. GC-MS法分析比较垂序商陆根不同提取物的脂溶性成分研究[J]. 西北植物学报，23(7)：1272-1274.

贾晓妮，陈玉龙，张元媛，等，2008. 雪松花序挥发油的提取及GC-MS分析[J]. 中药材，31(1)：60-63.

江汉美，郭彧，胡俊，等，2011. 剑麻花挥发油化学成分的气相色谱—质谱联用分析[J]. 中国医院药学杂志，31(23)：1945-1946.

姜博海，王世盛，张帆，等，2011. 大理野生折耳根地下部分挥发油化学成分研究[J]. 云南大学学报（自然科学版），33(S2)：422-424.

姜红宇，刘郁峰，谢国飞，等，2017. 陆英挥发油超临界CO_2萃取工艺优化及其成分分析[J]. 食品与机械，33(10)：154-157.

姜子涛，李荣，1988. 臭冷杉（AbiesnephrolepisMaxim.）枝皮精油化学成分研究[J]. 林产化学与工业，8(4)：53-57.

蒋道松，裴刚，周朴华，等，2003. 八棱麻挥发性成分分析[J]. 中药材，26(2)：102-103.

蒋金和，周林宗，蒋高华，等，2014. 臭荚蒾挥发性成分分析[J]. 云南化工，41(2)：32-34.
蒋庭玉，崔红，孟凡君，2010. 拐芹当归挥发性化学成分的气相色谱-质谱联用研究[J]. 时珍国医国药，21(7)：1615-1617.
蒋勇，李靖宇，杜军强，等，2011. 同时蒸馏萃取-气相色谱-质谱联用分析汉麻叶挥发性成分[J]. 食品科学，32(20)：226-229
金晶，蔡亚玲，赵钟祥，等，2006. 香附挥发油提取工艺及主要成分的研究[J]. 中药材，29(5)：490-492.
金琦，郭幼庭，石冬琰，等，1994. 偃松针叶精油化学组成的研究[J]. 林产化学与工业，14(4)：19-22.
金琦，郭幼庭，赵光仪，等，1998. 大兴安岭三类五针松针叶精油比较研究[J]. 东北林业大学学报，26(3)：52-55.
金文闻，王晴芳，李硕，等，2009. 新疆产玛咖的挥发油成分研究[J]. 食品科学，30(12)：241-245.
金振国，苏智魁，任有良，等，2007. GC-MS法分析曼陀罗挥发油的化学成分[J]. 西北植物，27(9)：1905-1908.
金振国，周春生，李丹青，等，2007. 气相色谱/质谱法分析曼陀罗果实挥发油的化学成分[J]. 分析科学学报，23(6)：697-700
靳德军，符乃光，梁振益，等，2009. 海南裂叶山龙眼叶超临界提取物化学成分的气相色谱-质谱联用分析（I）[J]. 时珍国医国药，20(1)：28-29.
居解语，何立平，1999. 互叶白千层精油化学成分差异的研究[J]. 经济林研究，17(2)：6-9.
康文艺，穆淑珍，赵超，等，2002. 西洋菜挥发油化学成分的研究[J]. 食品科学，23(6)：125-127.
康文艺，赵超，穆淑珍，等，2003. 破铜钱挥发油化学成分分析[J]. 中草药，34(2)：116-117.
康文艺，姬志强，王金梅，2008. 石韦和绒毛石韦根挥发性成分HS-SPME-GC-MS分析[J]. 中成药，30(8)：1238.
康文艺，姬志强，王金梅，等，2008. 石韦叶挥发油成分HS-SPME-GC-MS分析[J]. 中草药，39(7)：994-995.
康延国，1990. 朝鲜当归挥发油的GC-MS分析[J]. 中药材，13(3)：28-29.
孔静思，陈季武，王帮正，等，2011. 三种芳香植物抑菌比较及GC/MS分析[J]. 食品工业科技，32(11)：151-155.
孔兰，薛雨晨，苏菊，等，2016. 西兰花花蕾、茎、叶及种子的挥发性成分分析[J]. 贵阳医学院学报，41(1)：45-47，56.
寇天舒，陈伟华，李媛，等，2016. 酸枣浸膏挥发性成分分析及在卷烟加香中的应用[J]. 湖北农业科学，(8)：4265-4268，4279.
兰瑞芳，郑曦，林少琴，等，2000. 滨海前胡与白花前胡的化学成分比较[J]. 海峡药学，12(2)：45-47.
雷华平，邹书怡，张辉，等，2016. 三种前胡挥发油成分分析[J]. 中药材，39(4)：795-798.
雷华平，卜晓英，田向荣，等，2009. 超临界二氧化碳萃取川黄柏挥发性成分及其GC-MS分析[J]. 中国野生植物资源，28(2)：61-62，65.
雷林洁，滕亮，赵欣，等，2013. 多伞阿魏挥发油提取工艺及化学成分研究[J]. 中成药，35(6)：1251-1256.
冷蕾，于森，刘金平，等，2012. 吉林产玛咖根茎挥发油的GC-MS分析[J]. 中国医药指南，10(24)：43-45.
冷天平，张凌，许怀远，2008. 不同产地不同品种藁本挥发性成分研究[J]. 江西中医学院学报，(5)：63-65.
李兵，黄志其，陈建惠，等，2013. 两种不同寄主桑寄生挥发油成分分析[J]. 中国实验方剂学杂志，19(18)：150-154.
李彩芳，刘世峰，田璞玉，等，2010. 顶空固相微萃取-GC-MS法分析霞草花的挥发性成分[J]. 中国药房，21(31)：2929-2930.
李春丽，周玉碧，周国英，等，2012. 不同采收期栽培宽叶羌活挥发性成分的研究[J]. 天然产物研究与开发，24(7)：：910-915
李丛民，吴宏伟，2000. 冷磨法来凤胡萝卜精油化学成分研究[J]. 天然产物研究与开发，12(4)：57-61.
李大强，张忠，毕阳，等，2012. 甘肃和新疆产区孜然精油成分的比较[J]. 食品工业科技，33(11)：141-143.
李达，傅维，李响，等，2015. 朝天椒及米椒中可挥发性风味物质含量研究[J]. 食品研究与开发，36(19)：41-43.
李德英，屠荫华，包俊鑫，2015. 微波消解-气质联用仪法分析枸杞挥发油成分[J]. 安徽农业科学，43(22)：59-61.
李东星，解成喜，2010. 维药肉豆蔻衣挥发油的气相色谱-质谱分析[J]. 中成药，32(8)：1430-1432.
李冬妹，伍成厚，2013. 美花红千层挥发油的化学成分分析[J]. 顺德职业技术学院学报，11(3)：16-18.
李冬生，王金华，胡征，2004. 桑叶挥发油的成分分析[J]. 氨基酸和生物资源，26(2)：29-31.
李贵军，汪帆，2014. 千针万线草挥发油化学成分的GC-MS分析[J]. 广东化工，41(3)：98-99.
李国庆，李佳，韩志国，等，2009. 新疆刺山柑叶子挥发油化学成分的研究[J]. 生物技术，19(1)：46-48.
李国玉，王庆慧，马庆东，等，2009. 阿育魏实挥发油成分的GC-MS研究[J]. 中国现代中药，11(5)：21-23.
李海泉，郭刚军，徐荣，等，2015. 超临界CO_2萃取莲雾叶精油的化学组成分析[J]. 食品研究与开发，36(8)：95-97，106.
李吉来，陈飞，罗佳波，1999. 番石榴叶挥发油成分的GC-MS分析[J]. 中药材，22(2)：78-80.
李金英，刘洪章，刘树英，等，2015. 2种忍冬果实挥发性物质组成[J]. 东北林业大学学报，43(7)：133-135.
李金英，赵春莉，刘树英，等，2013. 3种接骨木果实挥发性组分[J]. 东北林业大学学报，41(9)：91-93.
李京雄，惠静，杨洋溢，等，2010. 五指毛桃挥发油的气-质联用分析[J]. 安徽农业科学，38(14)：7281-7282.
李娟，蒋小华，谢运昌，宁德生，刘安韬，2011. 鸭儿芹根、茎、叶挥发油的化学成分[J]. 广西植物，31(6)：853-856.
李娟，孔杜林，张万科，等，2015. 莲雾花挥发油的GC-MS分析[J]. 湖北农业科学，54(16)：4031-4032，4037.

李莉梅，静玮，袁源，等，2014. 不同果肉类型番石榴果实香气比较[J]. 广东农业科学，(15)：89-92，106.
李烈辉，张洪冰，杨成梓，等，2015. 滨海前胡不同部位挥发油化学成分GC-MS分析[J]. 亚热带植物科学，44(4)：279-283.
李美，邵邻相，徐玲玲，等，2012. 野胡萝卜花挥发油成分分析及生物活性研究[J]. 中国粮油学报，27(9)：112-115.
李庆春，田钟，1988. 长苞冷杉（Abiesgeorgei Orr）针叶油化学成分研究[J]. 云南大学学报，10(2)：187-188.
李荣，姜子涛，2011. 微波辅助水蒸气蒸馏调味香料肉豆蔻挥发油化学成分的研究[J]. 中国调味品，(3)：102-104，108.
李松武，庆伟霞，王文领，等，2005. 华山参挥发油化学成分分析[J]. 河南大学学报（自然科学版），35(3)：34-36.
李双石，王晓杰，彭冲，等，2011. 顶空固相微萃取-气质联用分析长蕊石头花的挥发性成分[J]. 江苏农业科学，39(3)：441-442.
李涛，何璇，2015. GC-MS测定野生当归挥发油中的化学成分[J]. 华西药学杂志，30(2)：249-250.
李涛，王天志，2001. 藏药加哇挥发油化学成分研究[J]. 中草药，32(9)：780-781.
李铁纯，侯冬岩，张维华，2000. 油松幼枝（松笔头）挥发性成分的分析[J]. 林产化学与工业，20(4)：73-76.
李维林，赵友谊，吴菊兰，等，2001. 南方铁杉和长苞铁杉枝叶的挥发油成分[J]. 植物资源与环境学报，10(1)：54-56.
李伟，刘涛，陆占国，2009. 马铃薯茎叶精油成分和抗菌性研究[J]. 安徽农业科学，37(25)：11860-11861，11891.
李祥，陈建伟，叶定江，等，2001. 明党参挥发油及致敏活性成分CSY在加工炮制中的化学动态变化研究[J]. 中成药，23(1)：28-31.
李晓菲，宋文东，纪丽丽，等，2012. 薯莨块茎脂肪酸和挥发油成分的GC-MS分析[J]. 中国实验方剂学杂志，18(4)：129-131.
李晓凤，焦慧，袁艺，等，2015. 雪松枝叶挥发性物质的化感作用及其化学成分分析[J]. 生态环境学报，24(2)：263-269.
李新岗，马养民，刘拉平，等，2005. 华山松球果挥发性萜类成分研究[J]. 西北植物学报，25(10)：2072-2076.
李新岗，刘惠霞，刘拉平，等，2006. 影响松果梢斑螟寄主选择的植物挥发物成分研究[J]. 林业科学，42(6)：71-78.
李辛雷，孙振元，李纪元，等，2012. 气相色谱-质谱联用分析杜鹃红山茶挥发性成分[J]. 食品科学，33(16)：130-136.
李彦文，王文全，孙志蓉，等，2008. 小叶榕挥发性成分研究[J]. 中国中药杂志，33(1)：87-88.
李寅珊，刘光明，李冬梅，2012. 云南松松塔中挥发性成分的气相色谱-质谱联用分析[J]. 时珍国医国药，23(4)：853-854.
李映丽，韩强，吕居娴，等，1997. 银州柴胡挥发油化学成分的研究[J]. 中草药，28(11)：650-651.
李永华，苏本伟，张协君，等，2012. 寄主植物对桑寄生药材挥发性成分的影响研究[J]. 时珍国医国药，23(3)：574-578.
李宇，周昕，董新荣，2010. 汉源花椒挥发油超临界CO_2萃取与GC-MS分析[J]. 化学与生物工程，27(2)：90-94.
李玉晶，刘玉梅，2017. 齐洛克啤酒花品种的挥发性成分分析[J]. 中国酿造，36(4)：168-173.
李宗波，杨培，彭艳琼，等，2012. 木瓜榕隐头果传粉前后挥发性化合物构成及其变化规律[J]. 云南大学学报（自然科学版），34(1)：90-98.
李宗波，陈辉，陈霞，2006. 华山松树脂挥发油化学成分分析[J]. 西北林学院学报，21(2)：138-141.
梁波，张小丽，2009. 长春七花和果实挥发油成分分析[J]. 时珍国医国药，20(1)：179-180.
梁臣艳，覃洁萍，陈玉萍，等，2012. 不同产地防风挥发油的GC-MS分析[J]. 中国实验方剂学杂志，18(8)：80-83.
梁洁，孙正伊，朱小勇，等，2013. 超临界CO_2流体萃取法与水蒸气蒸馏法提取黑松松塔挥发油化学成分的研究[J]. 医药导报，32(4)：510-513.
梁利香，王海燕，陈利军，等，2015. 白花前胡果实干燥前后挥发性成分对比研究[J]. 中国现代中药，17(7)：683-685，689.
梁利香，叶兆伟，陈利军，等，2017. 白花前胡地上部分挥发性成分对比[J]. 河南中医，37(2)：363-366.
梁勇，林德球，郭宝江，等，2005. 了哥王挥发油的化学成分分析[J]. 精细化工，22(5)：357-359.
梁云贞，黄锡山，2011. 广西龙州穿破石挥发性成分的研究[J]. 湖北农业科学，50(8)：1687-1689.
梁忠云，刘虹，陈海燕，等，2009. 不同工艺生产茶树油产品质量的研究[J]. 林产化学与工业，29(1)：107-110.
梁忠云，李桂珍，刘虹，等，2011. 散花白千层挥发油成分的研究[J]. 香料香精化妆品，(5)：17-18，21.
梁忠云，李桂珍，文彩琳，2010. 下垂白千层枝叶挥发油化学组成的研究[J]. 香料香精化妆品，(5)：25-26，29.
梁忠云，李桂珍，李进华，等，2010. 柳叶红千层挥发油的化学成分研究[J]. 广东林业科技，26(3)：59-61.
廖华军，彭国平，2010. 北沙参挥发油化学成分GC-MS分析[J]. 辽宁中医药大学学报，12(7)：104-105.
廖彭莹，李兵，朱小勇，等，2012. 寄主来源为柚子的桑寄生挥发性成分的水蒸气蒸馏法和二氧化碳超临界流体萃取法提取[J]. 时珍国医国药，(1)：32-34.
廖彭莹，陆盼芳，2013. 桐树桑寄生的挥发性组分分析[J]. 中药材，36(8)：1277-1281.
廖彭莹，卢汝梅，邵敏敏，等，2013. 水蒸气蒸馏法和二氧化碳超临界流体萃取法提取柚寄生的挥发性成分[J]. 时珍国医国药，24(5)：1274-1276.

廖彭莹，莫树扩，林国华，等，2016. 双花鞘花寄生挥发油化学成分的GC-MS分析[J]. 湖北农业科学，55(18)：4802-4804.
林崇良，林观样，楚生辉，等，2010. 浙产异叶回芹花序挥发油化学成分的研究[J]. 江西中医药，41(5)：53-54.
林杰，卢金清，江汉美，等，2017. 春、冬季采收肉豆蔻中挥发性成分分析[J]. 中国调味品，42(3)：118-120.
林敬明，吴忠，陈飞龙，2002. 石榴皮超临界CO_2萃取物化学成分的GC-MS分析[J]. 中药材，25(11)：799-800.
林丽静，张文华，静玮，等，2013. 不同加工方式下菠萝蜜种子物理性质及挥发性成分的比较分析[J]. 现代食品科技，29(10)：2474-2479.
林励，徐鸿华，刘军民，等，1996. 诃子挥发性成分的研究[J]. 中药材，19(9)：462-463.
林励，钟小清，魏刚，2000. 五指毛桃挥发性成分的GC-MS分析[J]. 中药材，23(4)：206-207.
林文彬，张文莲，陆碧瑶，等，1998. 川滇冷杉叶精油化学成分研究[J]. 热带亚热带植物学报，6(1)：65-67.
林文津，徐榕青，张亚敏，2011. 超临界CO_2萃取与水蒸气蒸馏法提取太子参挥发油化学成分气质联用研究[J]. 药物分析杂志，31(7)：1300-1303.
林文津，徐榕青，张亚敏，2009. 不同方法提取的莲子心挥发油气质联用成分分析[J]. 药物分析杂志，29(11)：1858-1862.
林旭辉，李荣，姜子涛，2001. 辣根挥发油化学成分的研究[J]. 食品科学，22(3)：73-75.
刘布鸣，赖茂祥，蔡全玲，等，1995. 马山前胡挥发油化学成分研究[J]. 分析化学，23(8)：885-888.
刘布鸣，赖茂祥，蔡全玲，等，1995. 广西产白花前胡挥发油化学成分研究[J]. 广西科学，2(2)：47-50.
刘布鸣，赖茂祥，彭维，等，1996. 广西前胡挥发油化学成分研究[J]. 中草药，27(10)：588-589.
刘布鸣，张慧玲，龙刚强，1995. 前胡挥发油化学成分的GC/FTIR分析[J]. 广西化工，24(1)：32-34.
刘布鸣，彭维，1999. 白千层挥发油化学成分分析[J]. 分析测试学报，18(6)：70-72.
刘布鸣，赖茂祥，梁凯妮，等，2004. 岗松油的质量分析研究[J]. 中国中药杂志，29(6)：539-542.
刘布鸣，董晓敏，林霄，等，2010. 红千层挥发油的化学成分分析[J]. 清华大学学报（自然科学版），50(9)：1437-1439.
刘春玲，魏刚，何建雄，等，2004. 五指毛桃不同采收部位挥发油及醇提物成分的分析[J]. 广州中医药大学学报，21(3)：204-205，210.
刘春美，宿树兰，吴德康，等，2008. GC-MS联用法分析芩连四物汤及其组方药材挥发性成分[J]. 中成药，30(12)：1815-1818.
刘存芳，田光辉，2006. 茶树枝中挥发性成分及其抗菌试验的研究[J]. 食品研究与开发，27(10)：1-4.
刘根成，都恒青，1990. 松脂中挥发油成分的研究[J]. 中草药，21(2)：45，38.
刘晖，倪京满，2004. 当归地上与地下部分挥发油的比较研究[J]. 西北药学杂志，19(3)：105-107.
刘家欣，谷宜洁，1999. 湘西金银花挥发油化学成分研究[J]. 分析科学学报，15(1)：66-69.
刘建华，高玉琼，霍昕，2003. 穿破石挥发性成分的研究[J]. 中国中药杂志，28(11)：1047-1049.
刘景英，2004. 阿尔泰山系松类松脂挥发油化学成分分析[J]. 华南预防医学，30(5)：76-77.
刘劲芸，阴耕云，张虹娟，等，2013. 超临界CO_2萃取与同时蒸馏萃取法提取澳洲坚果花挥发性成分研究[J]. 云南大学学报（自然科学版），35(5)：678-684.
刘俊，梅文莉，崔海滨，等，2008. 白木香种子挥发油的化学成分及抗菌活性研究[J]. 中药材，31(3)：340-342.
刘雷，吴卫，傅之屏，等，2010. 鱼腥草野生居群人工栽培后挥发油成分分析[J]. 中国中药杂志，35(7)：876-881.
刘力，张惠，宋铁珊，等，2004. 阿育魏实挥发油成分的GC-MS分析[J]. 分析测试学报，23(3)：100-102.
刘明，李玮，徐丹，周英，2011. 了哥王脂溶性成分的气相色谱-质谱联用分析[J]. 时珍国医国药，22(5)：1102-1103.
刘朋，赵毅，赵利娟，等，2016. 蓝果忍冬果实不同发育期香气成分构成及对比分析[J]. 果树学报，33(8)：977-984.
刘谦光，张尊听，陈战国，1998. 太白棱子芹籽挥发油活性成分研究[J]. 中草药，29(8)：516-517.
刘倩，于燕莉，毕云生，等，2014. 用GC/MS法分析选奇滴丸中防风与羌活挥发油成分[J]. 药学服务与研究，14(1)：31-34.
刘睿婷，刘玲玲，熊梅，等，2011. 新疆胡萝卜籽挥发油的气相色谱-质谱法分析[J]. 中国调味品，36(9)：104-106.
刘瑞娟，段静，赵国栋，等，2010. 商陆中挥发油的提取及其化学成分分析[J]. 北方园艺，(14)：63-64.
刘书芬，潘胜利，2005. 多枝柴胡挥发油成分的气相-质谱联用分析[J]. 时珍国医国药，16(12)：1247-1249.
刘顺珍，张丽霞，刘红星，2011. 洋芫荽挥发油成分的GC-MS分析[J]. 化工技术与开发，40(5)：38-39，16.
刘卫根，周国英，徐文华，等，2012. 不同商品等级羌活挥发油的比较研究[J]. 中药材，35(7)：1042-1045.
刘卫根，周国英，徐文华，等，2012. 羌活种子挥发油的化学成分及抗氧化活性[J]. 光谱实验室，(6)：3364-3373.
刘小芬，刘剑秋，2006. 轮叶蒲桃叶片挥发油化学成分分析[J]. 林业科学，42(3)：81-84.
刘晓龙，周汉华，李姝臻，等，2013. 两种不同寄主植物对桑寄生挥发性成分的影响[J]. 中药材，36(7)：1104-1110.
刘信平，张驰，谭志伟，等，2008. 香菜地上部分挥发活性成分研究[J]. 食品科学，29(08)：517-519.

刘信平，2009. 天然产遏蓝菜挥发性物质及硒赋存形态分析[J]. 食品科学，30(18)：252-254.
刘绣华，李明静，汪汉卿，等，2000. 三岛柴胡种子化学成分分析[J]. 分析化学，28(9)：1079-1084.
刘训红，王媚，蔡宝昌，等，2007. 不同产地太子参挥发性成分的气相色谱-质谱联用分析[J]. 时珍国医国药，18(1)：43-45.
刘亚，吕兆林，邹小琳，等，2017. 不同品种金银花精油组分对比研究[J]. 北京林业大学学报，39(2)：72-81.
刘亚旻，宋波，李宗阳，等，2012. 前胡挥发油胆碱酯酶抑制作用及化学成分研究[J]. 天然产物研究与开发，24(11)：1508-1512，1516.
刘艳清，2008. 蒲桃茎、叶和花挥发油化学成分的气相色谱-质谱分析[J]. 精细化工，25(3)：243-245，255.
刘艳清，汪洪武，蔡璇，2014. 不同方法提取乌墨叶挥发油化学成分的研究[J]. 中成药，36(5)：1091-1094.
刘义宁，易骏，陈体强，2009. 太子参挥发油化学成分研究[J]. 时珍国医国药，20(1)：50-51.
刘银燕，杨锦竹，张沐新，等，2009. 樱桃番茄叶挥发油成分GC-MS分析[J]. 特产研究，(3)：67-68.
刘银燕，孙继泽，郝秀华，等，2014. 樱桃番茄茎挥发油成分GC-MS分析[J]. 特产研究，(3)：57-58，78.
刘玉法，阎玉凝，刘云华，等，2005. 柴胡果实挥发油成分的GC-MS分析[J]. 中草药，36(5)：671-672.
刘玉梅，2010. 新疆野生啤酒花的分析评价[J]. 中国酿造，(3)：49-53.
刘玉明，柴逸峰，吴玉田，等，2004. GC-MS对蓝桉果实及大叶桉果实挥发油成分研究[J]. 药物分析杂志，24(1)：24-26.
刘泽坤，陈海霞，李兵兵，等，2011. 烟台柴胡挥发油的GC-MS分析及抑菌活性研究[J]. 中国实验方剂学杂志，17(21)：123-126.
刘朝晖，龚力民，刘敏，2014. 水芹根挥发油成分GC-MS分析[J]. 亚太传统医药，10(22)：10-11.
刘珍伶，田瑄，2004. 用气相色谱-质谱联用技术分析瘤果棱子芹挥发性化学成分[J]. 西北植物学报，24(4)：693-697.
刘滋武，陈才法，杜百祥，等，2005. 芫花枝条挥发性成分的研究[J]. 徐州师范大学学报(自然科学版)，23(1)：60-63.
龙虎，杨如春，周萍，等，1987. 广东的湿地松松脂的主要化学组成及对其影响的因素[J]. 广东林业科技，(4)：9-19.
龙正海，杨再昌，杨雄志，2008. 油茶树嫩枝挥发油GC-MS分析及其体内外抗菌作用[J]. 食品与生物技术学报，27(2)：47-51.
楼舒婷，程焕，林雯雯，等，2016. SPME-GC/MS联用测定黑果枸杞中挥发性物质[J]. 中国食品学报，16(10)：245-250.
鲁曼霞，李丽丽，李芝，等，2015. 紫花前胡花和根挥发油成分分析与比较[J]. 时珍国医国药，26(1)：74-76.
卢化，张义生，黎强，等，2014. 顶空固相微萃取结合气质联用分析使君子挥发性成分[J]. 湖北中医杂志，36(11)：76-78.
卢金清，李婷，郭彧，等，2013. SD-HS-SPME-GC-MS分析华中碎米荠挥发性成分[J]. 中国实验方剂学杂志，19(1)：148-152.
卢圣楼，刘红，陈光英，等，2014. 神秘果叶挥发油化学成分分析及抗菌、抗肿瘤活性[J]. 林产化学与工业，34(1)：121-127.
卢帅，索菲娅，罗世恒，2015. 不同采收期孜然果实挥发油的多维气质分析[J]. 中成药，37(9)：2007-2010.
卢雪，靳素荣，郑兴飞，等，2016. 荷花不同花期及部位挥发油成分的测定[J]. 贵州农业科学，44(1)：125-128.
芦燕玲，李亮星，魏杰，等，2012. 气质联用法分析澳洲坚果壳的挥发性成分[J]. 化学研究与应用，24(3)：433-436.
芦燕玲，李千鹏，李亮星，等，2013. 气相色谱-质谱法测定诃子中挥发性成分[J]. 理化检验-化学分册，49(3)：354-357.
陆碧瑶，李毓敬，朱亮锋，等，1987. 水翁花蕾和水翁叶精油的化学成分研究[J]. 广西植物，7(2)：173-179.
陆礼和，唐东艳，杨世波，等，2012. 山嵛菜根、茎叶挥发性成分比较[J]. 云南民族大学学报：自然科学版，21(2)：88-92.
陆占国，郭红转，封丹，2007. 香菜茎叶精油的提取及其成分解析[J]. 中国调味品，(2)：42-46.
陆占国，郭红转，李伟，2007. 芫荽根部芳香成分研究[J]. 化学与黏合，29(2)：79-81.
陆占国，李伟，封丹，2010. 莳萝籽精油成分及消除亚硝酸钠研究[J]. 天然产物研究与开发，22(3)：479-482，505.
陆占国，韩玉洁，扬威，等，2010. 成熟期马铃薯茎叶挥发性成分及其清除DPPH自由基能力的研究[J]. 作物杂志，(4)：30-33.
罗嘉梁，宋永芳，1991. 三种桉叶油化学成分研究[J]. 天然产物研究与开发，3(3)：79-83.
罗兰，管淑玉，2013. 响应面法优化药对柴胡—黄芩的挥发油提取工艺及其化学成分GC-MS分析[J]. 中成药，35(8)：1657-1663.
罗茜，马桂芝，单萌，等，2015. 两种阿魏挥发油急性毒性及其化学成分的比较研究[J]. 中成药，37(5)：1130-1135.
罗书勤，张相，张明，等，2014. 兴安落叶松树皮超临界CO_2萃取物的成分研究[J]. 北京林业大学学报，36(5)：142-145.
罗心毅，辛克敏，洪江，1994. 山矾花精油化学成分的研究[J]. 广西植物，14(1)：90-93.
吕都，刘嘉，刘辉，等，2016. 鱼腥草挥发油成分分析及其抗氧化性研究[J]. 保鲜与加工，16(6)：120-124.
吕洁，梁燕，赵菁菁，等，2016. 干扰LYC-B基因调控番茄果实挥发性物质及主要品质性状[J]. 食品科学，37(21)：195-201.
吕金顺，2005. 香荚蒾花挥发性化学成分分析[J]. 食品科学，26(8)：310-312.
马聪，刘佳佳，杨栋梁，等，2007. 湿地松树皮挥发油中的萜类化学成分分析[J]. 广东化工，34(3)：81-83.
马玎，马逾英，张利，等，2009. 三个不同产地的川芎与其近缘植物藁本的挥发油成分对比分析[J]. 中国现代中药，11(7)：20-25.

马国财，李雅雯，王丽君，等，2017. 不同种质资源芜菁花朵香气成分的研究[J]. 中国酿造，36(11): 161-164.
马丽，蓝亮美，郭占京，等，2015. 两种桉叶挥发油含量和化学成分周年变化[J]. 精细化工，32(3): 300-303.
马瑞君，郭守军，朱慧，等，2006. 假烟叶树叶挥发油化学成分分析[J]. 热带亚热带植物学报，14(6): 526-529.
马文秀，1989. 黄山松松脂树脂酸少量成分研究[J]. 南京林业大学学报，13(4): 69-73.
马潇，宋平顺，朱俊儒，等，2005. 甘肃产独活及牛尾独活挥发油成分的气-质联用分析[J]. 中国现代应用药学杂志，22(1): 44-46.
马亚荣，杜勇军，李倩，等，2017. 山茱萸叶挥发性成分的SHS-GC-MS分段分析[J]. 西北大学学报（自然科学版），47(3): 401-413.
么恩云，李正名，平霄飞，等，1994. 碧冬茄的挥发性化学成分鉴定及其驱蚊活性研究初报[J]. 化学通报，(2): 28-29.
梅文莉，曾艳波，吴娇，等，2008. 中国沉香挥发油的化学成分与抗耐甲氧西林金葡菌活性[J]. Journal of Chinese Pharmaeeutieal Science，17: 225-229.
梅文莉，林峰，戴好富，2009. 白木香花和果实挥发油成分的GC-MS分析[J]. 热带亚热带植物学报，17(3): 305-308.
美丽万·阿不都热依木，艾尼娃尔·艾克木，王岩，等，2009. 刺山柑种子中挥发油的提取与分析[J]. 华西药学杂志，24(1):5-6.
孟倩倩，曾晓鹰，杨叶坤，等，2013. 云南丽江栽培玛咖的挥发性成分分析[J]. 精细化工，30(4): 442-446.
孟昭军，严善春，徐伟，等，2008. 长白落叶松8个家系挥发性化合物的比较分析[J]. 林业科学，44(6): 91-96.
米盈盈，薛娟，张宏伟，等，2015. 大青叶挥发油成分GC-MS分析[J]. 化学工程师，(03): 21-22, 30.
穆启运，陈锦屏，张保善，1999. 红枣挥发性芳香物的气相色谱-质谱分析[J]. 农业工程学报，15(3): 251-255.
倪慧，姜传义，刘淑兰，等，1997. 阿魏属中挥发油成分的比较研究[J]. 中草药，26(6): 331-332.
倪慧，姜传义，刘淑兰，等，1997. 新疆多伞阿魏中挥发油成分报道[J]. 中药材，21(1): 34-35.
宁振兴，王建民，田玉红，等，2012. 水蜈蚣精油的成分分析及其在卷烟中的应用研究[J]. 天津农业科学，18(2): 55-57.
欧华，杨为海，邹明宏，等，2011. 澳洲坚果花的挥发性成分分析[J]. 热带农业科学，31(6): 58-60.
潘冰燕，鲁晓翔，李江阔，等，2016. 不同包装对甜椒贮后货架期挥发性物质及理化品质的影响[J]. 食品科学，37(18): 236-243.
潘宁，严仲铠，牛志多，1992. 中国东北松属植物叶中精油的气-质谱分析[J]. 中国中药杂志，17(3): 166-169.
潘素娟，王长青，李晓东，等，2011. 邪蒿挥发油化学成分的GC-MS分析及抑菌作用[J]. 食品科学，32(24): 200-203.
庞吉海，杨缤，梁伟升，等，1992. 狭叶柴胡挥发油化学成分的GC/MS分析[J]. 北京医科大学学报，24(6): 501-502.
裴建云，贺云彪，姚惠平，等，2017. 气相色谱-质谱联用和正交投影法分析当归不同部位挥发油成分[J]. 药物分析杂志，37(5): 826-831.
裴毅，李彦冰，王栋，等，2006. 鸡树条荚蒾果实中挥发油的GC-MS分析[J]. 中草药，37(9): 1320-1321.
彭括，周小力，阿萍，等，2014. 葶蓬草挥发油化学成分研究[J]. 时珍国医国药，25(6): 1312-1313.
彭小冰，邵进明，刘炳新，等，2014. 蕺草鲜品不同部位的挥发油成分及含量[J]. 贵州农业科学，42(4): 178-181.
皮立，胡凤祖，韩发，等，2012. 藏药瑞香狼毒花挥发油化学成分的气质联用分析[J]. 时珍国医国药，23(10): 2404-2405.
朴相勇，刘向前，陆昌洙，等，2005. 红松叶挥发油成分的GC-MS分析[J]. 中草药，36(12): 1784-1785.
蒲云峰，张娜，李述刚，2011. 南疆冬枣的营养及挥发性成分分析[J]. 安徽农业科学，39(13): 7715-7717, 7720.
蒲自连，黄远征，1988. 鳞皮冷杉挥发油化学成分的研究[J]. 林产化学与工业，8(1): 39-42.
齐赛男，贾桂云，雷鹏，等，2012. 神秘果种子挥发油化学成分的气相色谱-质谱分析[J]. 海南师范大学学报（自然科学版），25(1): 73-76.
祁增，郑炳真，王振洲，等，2017. 顶空-固相微萃取结合气相色谱-质谱联用法检测胡萝卜缨挥发油成分[J]. 特产研究，(3): 12-16.
秦巧慧，彭映辉，何建国，等，2011. 野胡萝卜果实精油对蚊幼虫的毒杀活性[J]. 中国生物防治学报，27(3): 418-422.
秦伟瀚，杨荣平，赵纪峰，等，2011. 重庆产天胡荽挥发油气质联用法成分分析[J]. 实用中医药杂志，27(10): 731-732.
邱琴，崔兆杰，刘廷礼，等，2002. 蛇床子挥发油化学成分的GC-MS分析[J]. 中药材，25(8): 561-563.
瞿万云，杨春海，余爱农，等，2003. 鸭儿芹挥发性化学成分的研究[J]. 精细化工，20(7): 416-418.
曲式曾，张付舜，孙宏义，等，1990. 几种松树木材和针叶精油成分及巴山松的分类问题[J]. 西北林学院学报，5(2): 1-9.
屈恋，张闻扬，刘雄民，等，2016. 柠檬桉果实、叶挥发油的成分分析及对比[J]. 食品工业科技，37(12): 71-75, 88.
任安祥，何金明，郭园，等，2006. 我国不同来源茴香精油含量与成分分析[J]. 时珍国医国药，17(2): 158-159.
任刚，相恒云，李文艳，等，2015. 二色波罗蜜叶挥发油化学成分的气相色谱-质谱联用分析[J]. 时珍国医国药，26(1): 35-36.

任红，宋鑫明，邢军，等，2016. 莲雾花挥发性成分研究[J]. 食品工业，37(4)：181-184.
任永浩，陈建军，马常力，1994. 不同根际pH值下烤烟香气化学成分的研究[J]. 华南农业大学学报，15(1)：127-132.
容蓉，邱丽丽，张玉朋，等，2010. 水蒸气蒸馏提取与顶空进样气质联用分析仙茅挥发性成分[J]. 山东中医药大学学报，34(4)：366-367.
单体江，唐祥佑，刘易，等，2016. 池杉叶片和球果挥发油化学成分分析及抗细菌活性[J]. 华南农业大学学报，37(5)：72-76.
单体江，冯皓，祝一鸣，等，2017. 串钱柳挥发油化学成分及其抗细菌活性[J]. 南京林业大学学报（自然科学版），41(2)：117-121.
邵泰明，宋小平，陈光英，等，2013. 大果榕叶挥发油成分的GC-MS分析[J]. 林产化学与工业，33(3)：135-137.
申长茂，段文贵，岑波，等，2006. 广西产马尾松与湿地松针叶精油化学成分的比较[J]. 色谱，24(6)：619-624.
沈娟，杨俊和，杨燕军，等，2007. 枫香槲寄生挥发性成分GC-MS指纹图谱初步研究[J]. 中国药业，l6(11)：17-18.
沈玫周，赵惠玲，葛静，等，2015. 山稔不同部位挥发油成分GC-MS分析[J]. 中国民族民间医药，24(17)：25-26，30.
沈谦，蔡光明，何桂霞，2008. 超临界CO_2萃取和水蒸气蒸馏法对火麻仁挥发油提取的比较[J]. 中南药学，6(6)：669-671.
沈祥春，陶玲，2007. 贵州产太子参挥发油化学成分的气相色谱-质谱分析[J]. 中成药，29(11)：1659-1661.
盛萍，刘悦，刘洋洋，等，2013. 4个不同居群新疆阿魏中挥发性成分分析[J]. 现代中药研究与实践，27(5)：24-27.
盛萍，王飒，苗莉娟，等，2013. 不同方法提取的多伞阿魏挥发油化学成分及其体外抗胃癌活性比较[J]. 中成药，35(11)：2442-2448.
盛萍，唐代萍，苗莉娟，等，2015. 不同产地多伞阿魏挥发油成分GC-MS指纹图谱研究[J]. 中国现代应用药学，32(1)：30-37.
史睿杰，谢寿安，赵薇，等，2011. 青海云杉针叶和枝条的挥发性化合物的固相微萃GC-MS分析[J]. 西北林学院学报，26(6)：95-99.
时二敏，张援虎，刘建华，等，2014. 黔产蒲桃枝叶挥发性成分的对比研究[J]. 山地农业生物学报，33(5)：35-39.
石磊岭，马元甲，关永强，等，2018. 天山假狼毒不同部位挥发性成分比较分析研究[J]. 中国药师，21(2)：215-223.
石磊岭，马元甲，古丽娜·沙比尔，等，2017. 天山假狼毒和瑞香狼毒叶中挥发性成分的分析研究[J]. 新疆医科大学学报，40(1)：82-85，90.
舒任庚，王光发，梁新丽，等，2011. 微波辅助提取与水蒸气蒸馏杭白芷挥发油的比较[J]. 中国药房，22(31)：2916-2018.
宋爱华，王颖，刘艳梅，2009. 蓝桉叶挥发油化学成分的气相色谱-质谱分析研究[J]. 食品与药品，11(01)：30-32.
宋二颖，雷荣爱，1997. 水杉叶挥发油成分分析[J]. 中药材，20(10)：514-515.
宋京都，王竹红，马骥，等，2005. 垂梗繁缕挥发性化学成分的GC-MS分析[J]. 中草药，36(12)：1783-1784.
宋琛超，易伦朝，梁逸曾，2013. 不同产地鱼腥草药材挥发油成分的研究[J]. 分析测试学报，32(5)：559-564.
宋廷宇，吴春燕，侯喜林，等，2010. 薹菜风味物质的顶空固相微萃取-气质联用分析[J]. 食品科学，31(08)：185-188.
宋雯昕，杜江，2016. 苗药草狗肾挥发油的GC-MS分析[J]. 中国民族民间医药，25(18)：10-12.
宋小平，陈光英，韩长日，等，2002. 赤果鱼木叶挥发油化学成分研究[J]. 中草药，33(8)：690-691.
宋小双，斯琴毕力格，马晓乾，等，2009. 鱼鳞云杉杆部挥发性成分与云杉大黑天牛危害的关系研究[J]. 安徽农业科学，37(26)：12595-12597.
宋晓虹，彭力，石祥刚，等，2009. 顶空固相微萃取法分析毛药山茶花香气成分[J]. 广西植物，29(4)：561-563.
宋鑫明，刘丹霞，宋煌旺，等，2015. 海南油杉叶挥发油化学成分研究[J]. 广东化工，42(5)：21-22.
宋兴良，吕莉，2010. 金银花中挥发性成分的GC-MS分析及其指纹图谱的建立，临沂师范学院学报，32(3)：96-100.
宋湛谦，梁志勤，刘星，1998. 白皮松松脂的化学特征及其分类学意义[J]. 植物分类学报，36(6)：511-514.
宋湛谦，梁志勤，刘星，等，1992. 高山松松脂的化学特征[J]. 林产化学与工业，12(2)：93-99.
宋湛谦，梁志勤，刘星，等，1993. 中国五针松组松脂的化学特征[J]. 林产化学与工业，13(1)：1-8.
宋湛谦，梁志勤，王延，等，1996. 俄罗斯主要采脂树种-欧洲赤松松脂的化学组成[J]. 林产化学与工业，16(1)：11-14.
宋湛谦，刘星，梁志勤，等，1993. 马尾松及其变种雅加松松脂的化学特征[J]. 林产化工通讯，(1)：14-16.
宋湛谦，刘星，梁志勤，等，1993. 国外引种松树松脂化学组成的特征[J]. 林产化学与工业，13(4)：277-287.
苏晓雨，王静，杨鑫，等，2006. 气相色谱-质谱技术分析红松松塔挥发性成分[J]. 分析化学，34(特刊)：S217-S219.
苏孝共，林崇良，林观样，等，2011. 浙产隔山香挥发油化学成分的研究[J]. 中国中医药科技，18(3)：209-210.
苏应娟，王艇，张宏达，1995. 三尖杉叶精油化学成分的研究[J]. 武汉植物学研究，13(3)：280-282.
粟本超，谢济运，陈小鹏，等，2008. 广西柳州产马尾松和湿地松松针挥发油的GC/MS分析[J]. 质谱学报，29(2)：70-75.
粟子安，翟其骅，梁志勤，等，1981. 十九种松树树脂化学组成与树种、松干蚧危害的关系[J]. 林产化学与工业，(3)：1-11.

孙翠荣，程存归，2004. 江南星蕨挥发油的提取与化学成分的GC-MS分析[J]. 林产化学与工业，24(2)：87-88.
孙凡，迟德富，宇佳，等，2010. 红松挥发性物质与松梢象危害的关系[J]. 东北林业大学学报，38(1)：108-109.
孙广仁，刁绍起，姚大地，2009. 山芹菜籽精油化学组成的GC-MS分析[J]. 东北林业大学学报，37(7)：102-103.
孙广仁，徐澎，常凯，2009. 东北羊角芹籽挥发性成分的GC/MS分析[J]. 安徽农业科学，37(1)：18-19.
孙晶，谷林茂，谢小燕，等，2015. 鸡嗉子叶挥发油成分的GC-MS分析[J]. 云南民族大学学报：自然科学版，24(4)：266-269.
孙丽艳，周银莲，阮大津，1991. 云杉精油的成分分析[J]. 林业科学，27(3)：289-291.
孙莲，赵岩，胡尔西丹·依麻木，等，2017. 气相色谱-质谱法分析桑枝挥发油的化学成分[J]. 国际药学研究杂志，44(3)：292-295.
孙凌峰，2000. 杉木根精油化学成分研究[J]. 香料香精化妆品，(1)：1-5.
孙世静，刘志明，沈隽，等，2010. 顶空固相微萃取分析落叶松刨花挥发性有机物[J]. 东北林业大学学报，38(6)：78-80.
孙小媛，马玉芳，李铁纯，等，2002. 香菜挥发油GC/MS测定[J]. 保鲜与加工，(3)：15-16.
孙宗喜，吕晓慧，徐桂花，等，2012. 甘肃产柴胡挥发油化学成分GC-MS分析[J]. 中国实验方剂学杂志，18(9)：75-78.
谭秀芳，李晓瑾，刘力，2003. 气质联用技术分析新疆阿魏的挥发油成分[J]. 新疆医科大学学报，26(3)：283.
谭睿，王波，陈士林，2003. 气相色谱-质谱法分析藏茴香药材挥发油成分[J]. 中药材，26(12)：869-870.
谈利红，冉海琳，王江瑞，2017. 玛咖挥发油及脂溶性化学成分对比研究[J]. 世界科学技术—中医药现代化，19(7)：1234-1238.
唐丽君，周日宝，刘笑蓉，等，2010. 超临界CO_2流体萃取法与水蒸气蒸馏法提取灰毡毛忍冬中挥发油的GC-MS比较研究[J]. 湖南中医药大学学报，30(9)：109-113.
唐晓伟，柴敏，何洪巨，等，2004. 野生番茄抗虫品种抗虫组分的GC-MS分析[J]. 分析测试学报，23(增刊)：235-236，239.
唐欣时，杨丁铭，朱开贤，1992. 宽萼岩风挥发油的GC-MS分析[J]. 中国中药杂志，17(1)：40-42.
唐莹莹，刘婷婷，袁建，2014. 顶空固相微萃取-气质联用技术检测油菜籽中挥发性成分[J]. 食品安全质量检测学报，5(8)：2399-2405.
滕坤，张海丰，徐敏，等，2011. 赤松与长白赤松松针挥发油成分的GC-MS分析[J]. 药物分析杂志，31(11)：2121-2125.
滕坤，张靖亮，2012. 油松松针中挥发油的GC-MS分析[J]. 通化师范学院学报，33(10)：32-33.
田光辉，刘存芳，聂峰，等，2007. 陕西南部地区茶叶挥发性成分的研究[J]. 氨基酸和生物资源，29(4)：36~40.
田宏，曹庸，王征，等，2009. 尾巨桉精油化学成分分析及其抗氧化活性[J]. 中国林副特产，(5)：22-23.
田景奎，王爱武，吴丽敏，等，2005. 无花果叶挥发油化学成分研究[J]. 中国中药杂志，30(6)：474-476.
田玉红，李梓，梁才，2012. 拉雅松和细叶云南松松针挥发油的化学成分[J]. 中国实验方剂学杂志，18(1)：51-55.
田玉红，刘雄民，李利军，等，2010. 大花序桉叶精油的化学成分分析[J]. 广西工学院学报，21(1)：1-3.
田玉红，刘雄民，周永红，等，2006. 邓恩桉叶挥发性成分的提取及分析[J]. 南京林业大学学报（自然科学版），30(2)：55-58.
田玉红，刘雄民，周永红，等，2006. 不同蒸馏时段的粗皮桉叶精油的化学成分[J]. 中国中药杂志，31(19)：1641-1643.
田玉红，刘雄民，周永红，等，2005. 赤桉和本沁桉叶精油的化学成分研究[J]. 精细化工，22(12)：920-923.
田玉红，张祥民，陈志燕，等，2009. 不同蒸馏时段的赤枝叶挥发油的化学成分研究[J]. 时珍国医国药，20(3)：569-571.
田玉红，周贤闯，周小柳，等，2011. 巨桉叶精油的化学成分分析[J]. 湖北农业科学，50(13)：2765-2767.
田玉红，杨旭，杨昌尚，等，2012. 广林九号桉叶挥发油的化学成分分析[J]. 时珍国医国药，23(2)：302-303.
涂杰，张新申，李翔，等，2007. GC-MS分析葶苈籽炒香前后挥发油的化学成分及其变化[J]. 华西药学杂志，22(1)：1-4.
王长岱，米彩峰，乔博灵，等，1988. 羊红膻根的化学成分研究Ⅳ-红擅根中挥发油的化学成分[J]. 西北药学杂志，3(1)：24-26.
王得道，朱玉，刘洪章，2013. 水蒸气法提取黑皮油松松针挥发油及GC/MS分析[J]. 黑龙江农业科学，(，5)：96-98.
王广树，刘丽娟，孙薇，等，2009. 金银忍冬花蕾中挥发油化学成分的GC-MS分析[J]. 特产研究，(3)：60-61.
王晗光，张健，杨婉身，等，2006. 气相色谱-质谱法分析巨桉叶的挥发性化感成分[J]. 四川农业大学学报，24(1)：51-54.
王恒山，王光荣，潘英明，2004. 马缨卵挥发油的GC-MS分析[J]. 光谱实验室，21(3)：535-537.
王红娟，，王亮，苏本正，等，2010. 北沙参挥发性成分的GC-MS分析[J]. 齐鲁药事，29(2)：80-81.
王鸿，蓝丽华，易喻，等，2012. 鲜鱼腥草及其内生菌挥发性成分分析[J]. 浙江工业大学学报，40(6)：626-629.
王鸿梅，冯静，2000. 毒芹根挥发油中化学成分的研究[J]. 天津医科大学学报，6(4)：376-377.
王花俊，荆晓艳，刘利锋，等，2013. 众香子叶油挥发性成分分析及其在卷烟中的应用[J]. 河南农业科学，42(3)：143-145.
王慧，曾熠程，侯英，等，2012. 顶空固相微萃取-气相色谱/质谱法分析不同材质木片中的挥发性成分[J]. 林产化学与工业，32(5)：115-119.

王慧君，葛霞，田世龙，等，2015. 马铃薯及其蒸馏酒香气成分的鉴定[J]. 食品工业科技，36(15)：270-274，280.
王加深，吕乔，陈长清，等，2014. 白木香叶挥发油的提取工艺对比研究[J]. 食品工业，35(12)：70-73.
王洁，李辛雷，殷恒福，等，2018. 茶梅品种'冬玫瑰'不同花期及花器官的香气组成成分分析[J]. 植物资源与环境学报，27(1)：37-43.
王建华，李硕，楼之岑，1991. 防风果实中挥发油成分的研究[J]. 中国药学杂志，26(8)：455-457.
王健松，李远彬，王羚郦，等，2017. 超临界和亚临界提取的沉香精油的气相色谱-质谱联用分析[J]. 时珍国医国药，28(5)：1082-1085.
王江勇，于兰岭，齐雪龙，等，2013. 风信子与欧洲水仙香气差别的GC-MS初探[J]. 北京农学院学报，28(1)：46-49.
王如峰，邢东明，王伟，等，2005. 石榴籽中挥发油成分的气-质联用分析[J]. 中国中药杂志，30(5)：399-400.
王曙，王天志，1997. 新疆羌活挥发油的分离和结构鉴定[J]. 华西药学杂志，12(2)：92-93.
王桃云，蒋伟娜，胡翠英，等，2017. 香青菜挥发油提取及化学成分和抑菌活性研究[J]. 中国粮油学报，32(3)：81-87.
王婷婷，赵丽娟，何山，等，2012. 千层塔挥发油成分的气相色谱—质谱法（GC/MS）分析[J]. 宁波大学学报（理工版），25(4)：16-19.
王文杰，罗光明，李焘，等，2011. 菘蓝不同器官脂溶性成分的GC-MS分析[J]. 西北植物学报，31(4)：0823-0828.
王锡宁，孙玉泉第，2003. 南鹤虱挥发油化学成分的分析[J]. 光谱实验室，20(4)：530-532.
王新芳，董岩，刘洪玲，2005. 播娘蒿挥发油化学成分的GC-MS研究[J]. 山东中医杂志，24(2)：112-114.
王性炎，樊金拴，1990. 巴山冷杉和秦岭冷杉树脂精油化学成分的研究[J]. 经济林研究，9(1)：11-16.
王秀琴，王岩，李军，等，2013. GC-MS分析天仙子及其炮制品中挥发油成分[J]. 中华中医药学刊，31(5)：1044-1047.
王学斌，何娟，杨柳，等，2006. 用GC-MS法观察3个不同产地山茱萸的挥发油成分[J]. 分析测试技术与仪器，12(2)：115-120.
王焱，叶建仁，2007. 固相微萃取法和水蒸气蒸馏法提取马尾松枝条挥发物的比较[J]. 南京林业大学学报（自然科学版），31(1)：78-80.
王延平，梁俪恩，2017. SPME/GC-MS法研究香瓜茄特征香味成分[J]. 香料香精化妆品，(6)：13-16，28.
王砚，王书林，2014. SPME-GC-MS法研究竹叶柴胡和北柴胡挥发性成分差异[J]. 中国实验方剂学杂志，20(14)：104-108.
王燕萍，2005. 甘肃产柴胡挥发性成分的超临界萃取-气相色谱-质谱联用分析[J]. 兰州大学学报（医学版），31(2)：61-63.
王颖，高玉琼，王巧荣，等，2015. 3个产地一口盅挥发性成分GC-MS分析[J]. 中国实验方剂学杂志，21(9)：67-70.
王玉玺，刘训红，杨苍菁，1992. 泰山前胡与前胡的挥发油化学成分比较[J]. 中草药，23(6)：329，332.
王羽梅，肖艳辉，任安祥，等，2008. 中国芳香植物（上、下册）[M]. 北京：中国科学出版社.
王誉霖，张文龙，龙小琴，等，2015. 不同寄主植物对桑寄生挥发性成分的影响研究[J]. 中国民族民间医药，(8)：17-25，32.
王誉霖，周汉华，张文龙，等，2015. 贵阳市不同生长地点桑寄生挥发性成分的研究[J]. 贵阳中医学院学报，37(4)：15-19.
王远志，李坤，贾天柱，2008. 肉豆蔻与长形肉豆蔻挥发油成分GC-MS比较分析[J]. 吉林医药学院学报，29(2)：85-87.
王朝晖，童巧珍，周日宝，等，2006. 湘蕾一号金银花花蕾中挥发油组分的研究[J]. 湖南中医学院学报，26(1)：18-20.
王真辉，陈秋波，刘小香，等，2007. 刚果12号桉叶挥发油化学成分及其生物活性[J]. 热带作物学报，28(3)：108-114.
王振中，毕宇安，尚强，等，2008. 金银花与山银花挥发性成分GC-MS的研究[J]. 中草药，39(5)：672-674.
王自梁，王景迪，邹依霖，等，2016. 川芎与东川芎挥发性成分分析[J]. 延边大学学报（自然科学版），42(3)：217-220.
汪洪武，鲁湘鄂，刘艳清，2007. 波罗蜜叶挥发油化学成分的气相色谱-质谱分析[J]. 时珍国医国药，18(7)：1596-1597.
汪鋆植，张荣平，叶红，等，2008. 土家族药紫金砂挥发油成分分析和药理作用研究[J]. 中成药，30(4)：596-598.
汪燕，冯皓，余炳伟，等，2016. 白千层叶片和果实挥发油化学成分及抗菌活性[J]. 福建林业科技，43(4)：8-12，48.
危晴，王晓杰，陈亮，等，2012. GC-MS法分析霞草挥发油中的化学组分[J]. 湖北农业科学，51(4)：813-815.
危英，张旭，危莉，等，2004. 黔产异叶茴芹挥发油化学成分的研究[J]. 贵阳中医学院学报，26(1)：62-63.
危英，张旭，危莉，等，2005. 杏叶防风挥发油茴香成分分析[J]. 贵州中医学院学报，27(4)：56-57.
卫强，时雪风，2016. 葱兰叶挥发油成分分析及其对鲜牛奶的抑菌作用[J]. 食品与机械，32(8)：21-24，90.
位立宁，安立群，杜怡昊，等，2011. 蒲桃种仁和种壳挥发性成分的对比研究[J]. 时珍国医国药，22(1)：173-174.
魏青，张凌云，2013. 两种金花茶香气成分的对比分析[J]. 现代食品科技，29(3)：668-672.
温远影，王蜀秀，王雷，等，1991. 沙针精油成分的初步分析（简报）[J]. 植物学通报，8(1)：49-50.
吴彩霞，王金梅，康文艺，2009. 河南产忍冬不同药用部位挥发油成分分析[J]. 中国药房，20(18)：1412-1414.
吴春燕，何启伟，宋廷宇，2012. 白菜挥发性组分的气相色谱-质谱分析[J]. 食品科学，33(20)：252-256.

吴迪迪，朱启航，蒋加树，等，2015. 鲜茶梅花挥发油化学成分的分析及清除DPPH自由基的能力[J]. 河北科技师范学院学报，29(1): 65-69.
吴俊民，礼波宁，刘广平，等，2000. 混交林中落叶松挥发性物质对水曲柳生长的影响[J]. 东北林业大学学报，28(1): 25-28.
吴林冬，杨晓艳，苟体忠，等，2012. 水蒸气蒸馏法与微波辅助萃取法提取天胡荽挥发油的比较研究[J]. 遵义医学院学报，35(3): 196-199.
吴萍萍，尹艳艳，朱宝君，等，2015. 不同方法提取山稔子挥发油的比较研究[J]. 香料香精化妆品，(1): 9-13.
吴圣曦，赖兰香，吴国欣，等，2010. 白芥子挥发油提取工艺优化及其化学成分鉴定[J]. 中华中医药杂志（原中国医药学报），25(5): 680-682.
吴乌兰，付芝，金莲，2011. 蒙药材诃子中挥发油化学成分的研究[J]. 内蒙古民族大学学报（自然科学版），26(3): 274-275.
吴信子，王思宏，南京熙，等，1999. 蓝锭果中挥发油成分的初探[J]. 延边大学学报（自然科学版），25(2): 94-96.
吴燕，周君，明庭红，等，2016. 基于电子鼻结合气相色谱-质谱联用技术解析不同产地马铃薯挥发性物质的差异[J]. 食品科学，37(24): 130-136.
吴玉梅，冯蕾，2015. 不同方法提取北沙参挥发油的GC-MS分析[J]. 内蒙古中医药，(5): 118.
伍成厚，江碧玉，黄春燕，等，2012. 多花红千层挥发油的化学成分分析[J]. 广东林业科技，28(1): 65-67.
伍苏然，马艳粉，李正跃，等，2009. 思茅松松节油化学成分分析[J]. 西部林业科学，38(3): 90-92.
夏广清，何启伟，于占东，等，2005. 不同生态型大白菜品种中挥发性化学成分分析[J]. 中国蔬菜，(5): 20-21.
夏青松，卢金清，黎强，等，2017. HS-SPME-GC-MS联用分析炒制前后莱菔子中挥发性成分变化[J]. 中国实验方剂学杂志，23(2): 57-61.
夏尚文，陈进，2007. 昆虫取食和人工损伤处理对五种榕树挥发物释放的影响[J]. 云南植物研究，29(6): 694-700.
肖敏，谭红军，李晓华，等，2012. 金银花茎叶挥发油提取工艺研究[J]. 重庆中草药研究，(2): 6-10.
肖艳辉，何金明，黄亲切，等，2007. 播期对德国茴香精油含量及组成比例的影响[J]. 作物杂志，(1): 22-24.
肖艳辉，何金明，王羽梅，2010. 光照长度对茴香植株生长及精油含量和组分的精油，生态学报，30(3): 1-7.
晓华，李增春，2007. 桑葚挥发油化学成分的GC/MS分析[J]. 内蒙古民族大学学报（自然科学版），22(1): 32-35.
谢东浩，王团结，欧阳臻，等，2008. 不同采收期的江苏春柴胡挥发油化学成分的GC-MS分析[J]. 现代中药研究与实践，2(6): 48-51.
谢丽琼，马东建，薛淑媛，等，2007. 维药刺山柑果实挥发油和脂肪酸成分的GC-MS研究[J]. 食品科学，28(05): 262-264.
谢喜国，阿布力米提・伊力，马庆苓，等，2011. 新疆和田产孜然挥发油成分和生物活性研究[J]. 安徽农业科学，39(20): 12116-12117，12120.
谢惜媚，陆慧宁，2008. 木荷花挥发性成分的GC-MS分析[J]. 热带亚热带植物学报，16(4): 373-376.
谢显珍，王玉林，潘向军，等，2012. GC-MS分析香独活挥发油成分[J]. 光谱实验室，29(1): 317-319.
解民，张琳，2015. 金银花萃取物致香成分研究及其在烟草中的应用[J]. 食品工业，36(3): 115-117.
解修超，陈文强，邓百万，等，2013. 三尖杉种仁挥发油的化学成分及生物活性研究[J]. 中国实验方剂学杂志，19(10): 76-80.
辛华，郭睿，刘凡凡，等，2011. 红腺忍冬叶挥发油GC-MS比较分析[J]. 中药材，34(9): 1379-1383.
邢煜君，常星，张倩，等，2011. 固相微萃取-气相色谱-质谱联用分析贵州产杏叶茴芹挥发性成分[J]. 中国实验方剂学杂志，17(4): 93-95.
邢有权，谢静芝，1992. 樟子松球果挥发油成分研究[J]. 林产化学与工业，12(3): 231-234.
熊运海，王玫，余莲芳，等，2009. 丁香与桂皮挥发油混合后化学成分变化分析[J]. 食品科学，30(24): 311-315.
徐国兵，张亚中，韩玲玲，等，2010. 前胡超临界CO_2流体提取物及挥发油的GC-MS分析[J]. 中成药，32(6): 988-991.
徐红颖，禹晓梅，梁逸曾，等，2007. 板蓝根挥发油成分的GC/MS分析[J]. 中国药房，18(16): 1249-1250.
徐辉，张卫明，姜洪芳，等，2008. 香水莲花挥发油的气相色谱-质谱分析[J]. 食品研究与开发，29(9): 101-103.
徐磊，潘勇智，薛辉，等，2016. 5种针叶树球果所含挥发性物质与丽江球果花蝇危害关系研究[J]. 林业调查规划，41(1): 95-97，113.
徐丽珊，张姚杰，林颖，等，2016. 黄山松松针挥发油提取、GC-MS分析及与湿地松挥发油的比较[J]. 浙江师范大学学报（自然科学版），39(2): 187-192.
徐顺，王林江，李瑞玲，等，2006. 白英全草中挥发油化学成分分析[J]. 时珍国医国药，17(8): 1390-1391.
徐伟，严善春，廖月枝，等，2009. 落叶松（Larixgemelinii）苗挥发物两种收集方法的对比分析[J]. 生态学报，29(6): 2884-2892.

余维娜，高晓霞，郭晓玲，等，2010. 白木香果皮挥发性成分及抗肿瘤活性的研究[J]. 中药材，33(11)：1736-1740.

余文晖，梁倩，2012. 茶梅花挥发油化学成分研究[J]. 中国实验方剂学杂志，18(10)：89-91.

余文晖，梁倩，2012. 云南产锦带花挥发油化学成分分析[J]. 中国药房，23(27)：2529-2530.

余小娜，蒋军辉，于军晖，等，2016. 基于GC-MS结合HELP法的药对金银花-连翘及其单味药挥发性化学成分分析[J]. 南昌工程学院学报，35(1)：6-10.

余晓卫，林观样，林崇良，2011. 气相色谱-质谱法分析积雪草化学成分[J]. 海峡药学，23(3)：67-68.

余植灵，潘炯光，马忠武，等，1989. 中国特有植物银杉叶精油成分的研究[J]. 植物学通报，6(3)：166-169.

余中海，刘克清，周石柔，等，2010. 气相色谱-质谱法测定水芹中挥发油化学成分[J]. 理化检验-化学分册，46(1)：89-92.

许亮，王冰，贾天柱，2007. 锦灯笼与兔儿伞两种药材的挥发油成分研究[J]. 中成药，29(12)：1840-1843.

薛愧玲，唐娜娜，姬志强，等，2009. 有柄石韦和绒毛石韦叶的挥发油成分分析[J]. 中国药房，20(24)：1881-1884.

薛怡琛，鲜启鸣，张涵庆，1995. 大齿山芹根的精油成分[J]. 植物资源与环境，4(1)：61-63.

阎吉昌，季迪新，郭黎平，等，1988. 松针叶油和杉松针叶水浸液的分析[J]. 吉林农业科技，(4)：34-38.

阎吉昌，张宏，刘洁宇，等，1995. 前胡挥发油成分分析[J]. 人参研究，(3)：34-35.

阎婕，卫莹芳，古锐，2014. 应用自动质谱退卷积定性系统（AMDIS）和保留指数分析马尔康柴胡地上、地下部分与北柴胡挥发油的成分差异[J]. 中国中药杂志，39(6)：1048-1053.

严云丽，张华，金高娃，等，2009. 防风挥发油化学成分分析比较[J]. 世界科学技术-中医药现代化，11(3)：400-406.

严仲铠，牛志多，潘宁，等，1988. 中国东北两种冷杉属植物叶油成分[J]. 中草药，19(2)：5-7.

严仲铠，潘宁，牛志多，等，1988. 中国东北松属植物叶中挥发油的气-质谱分析[J]. 中药通报，13(7)：34-37.

严仲铠，潘宁，牛志多，1989. 红松果壳、皮的精油成分[J]. 中草药，20(12)：34-35.

严仲铠，牛志多，潘宁，等，1990. 我国东北产当归属药用植物挥发油分析[J]. 中国中药杂志，15(7)：35-38.

颜世芬，陈茂齐，段志兴，1994. 芥子挥发油化学成分研究[J]. 中草药，(3)：162.

杨春，郭燕，胡伊然，等，2015. 茶树嫩芽芳香物质不同HS-SPME萃取方式的比较分析[J]. 湖南农业科学，(4)：109-112，121.

杨冬梅，苏文强，王立娟，等，2008. 长白落叶松心材提取物的蒸馏产物成分分析[J]. 林产化学与工业，28(6)：75-78.

杨冬梅，李俊年，田向荣，等，2011. 不同破壁法对高原油菜花粉挥发性成分的影响[J]. 湖南农业科学，(7)：88-91.

杨发忠，杨斌，周凡蕊，等，2009. 华山松感染茶藨生柱锈菌后挥发性成分的变化[J]. 东北林业大学学报，37(10)：81-84.

杨广，尤民生，魏辉，2004. 小菜蛾咬食后青菜释放的挥发性物质成分和含量的变化[J]. 应用生态学报，15(11)：2157-2160.

杨虎彪，李晓霞，白昌军，等，2012. 海南产粗根茎莎草挥发油化学成分[J]. 热带作物学报，33(6)：1131-1133.

杨锦玲，董文化，梅文莉，等，2016. 海南皮油沉香挥发性成分分析[J]. 热带生物学报，7(1)：104-110.

杨俊杰，陈琼，2015. 河南野生忍冬叶、花、果挥发性成分比较[J]. 福建林业科技，42(2)：5-8.

杨俊杰，陈利军，杨海霞，等，2010. 水杉种子挥发物质的鉴定及其抗菌活性测定[J]. 中国生态农业学报，18(5)：1018-1021.

杨敏丽，赵彦贵，2007. 宁夏银柴胡挥发性成分的分析[J]. 青岛科技大学学报（自然科学版），28(2)：113-114，128.

杨明非，潘雪峰，赵晓虹，等，1996. 酸浆浆果挥发油的研究[J]. 东北林业大学学报，24(2)：94-98.

杨廼嘉，刘文炜，霍昕，等，2008. 忍冬藤挥发性成分研究[J]. 生物技术，18(3)：53-55.

杨琴，魏怡敏，贾磊娜，等，2016. 苤蓝挥发油的气相色谱质谱分析[J]. 广州化工，44(21)：122-123，185.

杨伟文，李兆琳，杨玉成，等，1985. 瑞香狼毒化学成分研究（V）挥发油化学成分研究[J]. 中药通报，10(12)：31-32.

杨文凡，陈勇，程翼宇，2006. 鱼腥草不同部位挥发油成分的研究[J]. 中草药，37(8)：1149-1151.

杨鑫，张华，赵昌辉，等，2008. GC-MS法分析樟子松松塔挥发油的化学成分[J]. 中成药，30(11)：1704-1707.

杨秀群，廖斌，严学芬，等，2016. 冰冻野地瓜果实香气成分的SPME-GC-MS分析[J]. 食品研究与开发，37(22)：139-143.

杨秀伟，刘玉峰，陶海燕，等，2006. 独活挥发油成分的GC-MS分析[J]. 中国中药杂志，31(8)：663-666.

杨秀伟，张鹏，陶海燕，等，2006. 宽叶羌活根茎和根的挥发油成分的GC-MS分析[J]. Journal of Chinese Pharmaceutical Sciences，15(4)：200-205.

杨燕，杨茂发，杨再华，等，2009. 云南松松针的挥发性化学成分[J]. 林业科学，45(5)：173-177.

杨瑶，阎玉凝，关昕璐，等，2005. 阿尔泰柴胡的挥发性成分研究[J]. 北京中医药大学学报，28(6)：63-65.

杨瑶珺，阎玉凝，刘玉法，等，2005. 黑柴胡地上部分挥发油成分分析[J]. 中国中药杂志，30(22)：1779-1780.

杨永健，相秉仁，梁兴，等，1993. 柴胡属植物挥发油成分分析[J]. 中草药，24(6)：289-291.

杨玉芳，曹秋娥，王玉，等，2010. 番茄提取物分析及其在卷烟加香中的应用[J]. 应用化工，39(4)：568-570.

杨月云，王小光，周娟，2013. 超声波辅助萃取油菜花挥发油及其化学成分的气质联用分析[J]. 食品科学，34(18)：98-102.

杨再波，龙成梅，郭治友，等，2012. 气相色谱-质谱法测定贵州泡花树花中香气成分[J]. 理化检验-化学分册，48(4)：482-483.
仰晓莉，李凯凯，叶创兴，等，2010. 可可茶花香与可可乌龙茶挥发油成分比较研究[J]. 中山大学学报（自然科学版），49(4)：81-85.
姚发业，刘廷礼，邱琴，等，2001. 母丁香挥发油化学成分的GC-MS研究[J]. 中草药，32(3)：203-204.
姚惠平，贺云彪，2016. 气质联用和多维分辨法分析独活的挥发性成分[J]. 中医药导报，22(15)：54-57.
叶碧波，林海舟，1996. 洋芫荽挥发油成分分析[J]. 中药材，19(3)：138-139.
叶晓雯，李云森，赵庆，等，2000. 黄藁本挥发油化学成分分析[J]. 云南中医学院学报，23(2)：16-18，21.
叶晓雯，李云森，唐传劲，等，2003. 云南地区性习用中药藁本品种-黑藁本挥发油化学成分的分析[J]. 中国民族民间医药杂志，(63)：231-233.
叶舟，林文雄，陈伟，等，2005. 杉木心材精油抑菌活性及其化学成分研究[J]. 应用生态学报，16(12)：2394-2398.
尹震花，王培卿，孔祥密，等，2013. 三白草花、叶和茎挥发性成分的比较分析[J]. 天然产物研究与开发，25(9)：1222-1225.
殷献华，李天磊，潘卫东，等，2010. 葎草挥发油化学成分分析及其抑菌作用研究[J]. 山地农业生物学报，29(5)：415~418.
于瑞涛，张兴旺，梅丽娟，等，2010. 宽叶独行菜石油醚部分非极性馏分GC-MS分析[J]. 分析试验室，29(增刊)：398-400.
余爱农，谭志斗，甘华兵，2003. 新鲜山矾花头香成分的研究[J]. 精细化工，20(1)：26-28.
余建清，廖志雄，蔡小强，等，2008. 瞿麦挥发油化学成分的气相色谱-质谱分析[J]. 中国医院药学杂志，28(2)：157-158.
余克娇，陈晓辉，李欣，等，2005. 乌拉草挥发油化学成分的GC-MS研究[J]. 中草药，36(5)：668-669.
余炼，颜栋美，白洋，2007. 莲雾香气成分分析[J]. 广西大学学报（自然科学版），32(增刊)：65-68.
余锐，王娟，黄惠华，2012. 响应曲面法优化超临界CO_2萃取茶树花工艺及萃取物成分分析[J]. 食品科学，33(12)：102-107.
余跃东，郁建平，2005. 萝卜籽油成分研究[J]. 食品科学，26(8)：331-333.
郁浩翔，郁建平，2011. 曼陀罗叶挥发油成分的提取及分析[J]. 山地农业生物学报，30(5)：455-457.
袁兴华，梁柏，谢正生，2008. 木荷鲜花香气化学成分研究初报[J]. 广东林业科技，24(5)：41-44.
曾富佳，张珏，高玉琼，等，2013. 黔产山茱萸挥发性成分研究[J]. 中国民族民间医药，(7)：29-30，32.
曾虹燕，苏杰龙，方芳，等，2005. 不同方法提取的荷叶挥发油化学成分分析[J]. 西北植物学报，25(3)：578-582.
曾亮，傅丽亚，罗理勇，等，2015. 不同品种和花期茶树花挥发性物质的主成分和聚类分析[J]. 食品科学，36(16)：88-93.
曾明，李守汉，张继，等，2005. 兰州油松松皮挥发性成分分析[J]. 西北植物学报，25(3)：583-586.
曾志，符林，叶雪宁，等，2012. 白豆蔻、红豆蔻、草豆蔻和肉豆蔻挥发油成分的比较[J]. 应用化学，29(11)：1316-1323.
曾志，谢润乾，谭丽贤，等，2011. 川芎水蒸气蒸馏和超临界CO_2提取物化学成分的GC-MS分析鉴别[J]. 应用化学，28(8)：956-962.
翟锐锐，艾朝辉，陈丽珍，等，2014. 海南野芫荽挥发油成分分析[J]. 吉林中医药，34(5)：517-519.
詹妮，李平亚，王鹏，等，2011. 穿龙薯蓣果实挥发油化学成分的GC-MS分析[J]. 特产研究，(2)：40-41，56.
张才煜，张本刚，杨秀伟，2005. 牛尾独活挥发油成分的GC-MS分析[J]. 中药研究与信息，7(12)：9-12.
张成江，娄方明，谢增琨，2011. 不同方法提取的枸杞子挥发油化学成分的研究[J]. 遵义医学院学报，34(2)：117-122.
张崇禧，李攀登，丛登立，等，2010. GC-MS分析鸡树条荚蒾叶化学成分[J]. 资源开发与市场，26(6)：485-487.
张聪，齐美玲，傅若农，2009. 闪蒸气相色谱质谱法测定中药川芎挥发性成分[J]. 世界科学技术——中医药现代化，11(1)：165-167，178.
张恩让，任媛媛，胡华群，等，2009. 6个品种辣椒干的挥发性成分比较研究[J]. 种子，28(10)：88-90.
张福维，2000. 酶法提取千头松针叶挥发油的研究[J]. 松辽学刊（自然科学版），(1)：57-59.
张根荣，胡静，丁斐，等，2016. 肉豆蔻挥发性成分的气相色谱/质谱分析[J]. 时珍国医国药，27(11)：2596-2598.
张海，陈珍娥，方成江，2016. 马尾伸筋草挥发油的化学成分分析[J]. 中药材，39(12)：2785-2788.
张涵庆，鲜启明，袁昌齐，1992. 中药新疆羌活根中挥发油的化学成分[J]. 植物资源与环境，1(1)：44-48.
张和平，叶文斌，王瀚，等，2012. 黄瑞香干燥叶片挥发性化学成分的GC-MS分析[J]. 广东农业科学，(24)：114-117.
张金渝，王元忠，赵振玲，等，2009. 气相色谱-质谱联用分析不同产地云当归挥发油化学成分[J]. 安徽农业科学，37(26)：12538-12539，1256.
张京娜，陈霞，杨冬，等，2009. 云南玉溪芫荽挥发油成分的GC-MS分析[J]. 现代中药研究与实践，23(4)：24-26.
张静，罗敏蓉，王西芳，等，2017. 固相微萃取气质联用测定番茄香气成分条件优化[J]. 北方园艺，(13)：7-13.
张静茹，白根本，李卫东，等，2016. 花蕾期延长型金银花挥发性成分研究[J]. 中国中药杂志，41(23)：4340-4343.

张军，李润美，卫罡，等，2009. 隔山香挥发油化学成分的研究[J]. 中草药，40(8): 1221-1222.

张峻松，贾春晓，毛多斌，等，2003. 毛细管气相色谱法测定无花果挥发油的香味成分[J]. 日用化学工业，33(5): 329-332.

张兰，张德志，2008. 江西产天胡荽挥发油的GC-MS分析[J]. 广东药学院学报，24(1): 35-36.

张兰胜，董光平，刘光明，2010. 云南、四川两产地菖蒲挥发油的化学成分分析[J]. 中国药房，21(23): 2153-2155.

张丽梅，许玲，陈志峰，等，2012. 莲雾果实香气成分的GC-MS分析[J]. 福建农业学报，27(1): 109-112.

张玲，张云飞，李春海，等，2018. 菠萝蜜芳香浸膏提取工艺及挥发性成分分析[J]. 食品研究与开发，39(3): 41-48.

张娜，蒲云峰，姜冰，等，2012. 阿克苏灰枣营养及挥发性成分分析[J]. 食品工业科技，(3): 358-360.

张宁南，王卫文，徐大平，等，2009. 印度檀香叶苯/醇抽提物生物活性成分的Py-GC/MS分析[J]. 中南林业科技大学学报，29(4): 70-73.

张淑宏，金声，王卫亚，1991. 桉叶油挥发性成分的研究[J]. 北京大学学报（自然科学版），27(4): 414-418.

张思巨，张淑运，1990. 常用中药锁阳的挥发性成分研究[J]. 中国中药杂志，15(2): 39-41.

张薇，卢芳国，潘双银，等，2008. 鱼腥草中挥发油的提取分析及其抗菌抗病毒作用的研究[J]. 实用预防医学，15(2): 312-316.

张伟，倪斌，2011. 白木香叶挥发油化学成分的GC-MS分析[J]. 安徽农业科学，39(26): 15948-15949，15951.

张文婷，赵银霞，孟爱国，等，2015. GC-MS分析三叶蕨蕨中的挥发性成分[J]. 中药材，38(5): 992-994.

张闻扬，郑燕菲，袁子娇，等，2015. 季节对大叶桉和柠檬桉叶挥发油化学成分的影响及抑菌性研究[J]. 应用化工，44(11): 2123-2127.

张晓龙，张加研，王燕云，等，2008. 云南松树皮挥发性成分分析[J]. 精细化工，25(1): 45-48.

张晓燕，田辉，苏小建，等，2010. 明日叶挥发油化学成分的GC-MS分析[J]. 安徽农业科学，38(22): 11783-11784.

张欣，王爱武，宿廷敏，等，2008. 莱菔子生制品挥发性成分GC-MS分析[J]. 中成药，30(1): 96-98.

张轩晨，杨伟俊，何江，等，2017. 顶空固相微萃取-气相色谱-质谱联用分析刺山柑果不同生长时期挥发性成分[J]. 食品与发酵科技，53(3): 70-73，77.

张艳，杨栋梁，刘佳佳，2009. 萼翅藤枝叶挥发油及其抗菌活性的研究[J]. 天然产物研究与开发，21: 208-213.

张艺，付春华，向永臣，等，1998. 三岛柴胡须根中挥发油成分的气相色谱—质谱联用分析[J]. 成都中医药大学学报，21(1): 51-52.

张迎春，陈畅，李韶菁，等，2011. 藁本、辽藁本和新疆藁本挥发油化学成分分析及其血管活性观察[J]. 中国实验方剂学杂志，17(14): 159-164.

张赟彬，缪存铅，崔俭杰，2009. 吹扫/捕集-热脱附气质联用法对荷叶挥发油成分的对比分析[J]. 化学学报，67(20): 2368-2374.

张照远，李光友，徐建民，等，2017. 细叶桉不同无性系叶片挥发性成分的提取和分析[J]. 基因组学与应用生物学，36(3): 1077-1083.

张知侠，杨小玲，2009. 不同方法提取独活精油化学成分的比较研究[J]. 陕西科技大学学报，27(2): 65-68.

赵爱红，杨鑫宝，杨秀伟，等，2012. 兴安白芷的挥发油成分分析[J]. 药物分析杂志，32(5): 763-768.

赵爱红，杨秀伟，杨鑫宝，等，2011. 祁白芷挥发油成分的GC-MS分析[J]. 中国中药杂志，36(5): 603-607.

赵晨曦，梁逸曾，2004. 公丁香与母丁香挥发油化学成分的GC/MS研究[J]. 现代中药研究与实践，18(增刊): 92-95.

赵方方，李培武，王秀嫔，等，2012. 改进的无溶剂微波提取-全二维气相色谱/飞行时间质谱分析油菜籽和花生中挥发油[J]. 食品科学，33(22): 162-166.

赵富春，廖双泉，梁志群，等，2008. 蛇床子挥发性成分的GC/MS分析[J]. 质谱学报，29(6): 361-366.

赵海誉，王秀坤，陆景珊，2005. 北葶苈子中挥发油及脂肪油类成分的研究[J]. 中草药，36(6): 827-828.

赵宏博，沈宇，方洪壮，2017. GC-MS法分析红皮云杉针叶挥发油成分[J]. 黑龙江医药科学，40(3): 89-91.

赵进红，赵勇，刘庆莲，等，2017. 宁阳不同枣品种品系主要营养和香气成分含量研究[J]. 山西农业大学学报（自然科学版），37(11): 789-797.

赵铭钦，于建春，程玉渊，等，2005. 烤烟烟叶成熟度与香气质量的关系[J]. 中国农业大学学报，10(3): 10-14.

赵萍，周海梅，吴云骥，2004. 无花果叶化学成分的研究—无花果叶挥发油的研究[J]. 中草药，35(12): 1341-1342.

赵倩，董艳丽，曲戈霞，等，2005. 酸浆宿萼挥发性成分的研究[J]. 中药研究与信息，7(4): 10-11.

赵锐明，马越峰，杨东娟，等，2010. 水茄叶挥发油化学成分研究[J]. 西北林学院学报，25(1): 135-137.

赵淑平，丛浦珠，权丽辉，等，1991. 小茴香挥发油的成分[J]. 植物学报，33(1): 82-84.

赵涛，李丽莎，周楠，2002. 云南松对松小蠹的引诱能力及其挥发物组成[J]. 东北林业大学学报，30(4)，47-49.

赵薇，史睿杰，谢寿安，等，2011. 新疆云杉枝条及针叶挥发性化合物固相微萃取GC-MS分析[J]. 湖北农业科学，50(14)：2950-2953.

赵文彬，谭勇，朱芸，等，2009. 新疆大果阿魏叶片及其油胶树脂化学成分研究[J]. 安徽农业科学，37(22)：10500-10502.

赵祥升，黄立标，欧淑玲，等，2012. 不同月份肉豆蔻叶片挥发油成分分析[J]. 中成药，34(7)：1336-1342.

赵小亮，白红进，2007. 刺山柑果柄挥发油化学成分的GC-MS分析[J]. 食品研究与开发，28(07)：115-118.

赵秀玲，李坤，2016. 黑果枸杞精油成分提取及体外抗氧化性研究[J]. 湖南农业大学学报（自然科学版），42(2)：193-196.

赵艳艳，房志坚，2013. 一种新的人工结香沉香挥发油成分GC-MS分析[J]. 中药材，36(6)：929-933.

郑汉臣，黄宝康，王忠壮，1994. 明党参鲜根与药材饮片中精油成分和氨基酸含量比较[J]. 中国中药杂志，19(12)：723-125，762.

郑华，张弘，甘瑾，等，2010. 菠萝蜜果实挥发物的热脱附-气相色谱/质谱（TCT-GC/MS）联用分析[J]. 食品科学，31(06)：141-144.

郑科，谷丽萍，张立新，等，2015. 蜜香树的生长特性及其枝叶的挥发性成分含量[J]. 贵州农业科学，43(3)：43-46.

郑立辉，王鹏君，李伟，等，2014. 白芷精油GC/MS解析及清除亚硝酸钠作用研究[J]. 中国粮油学报，29(11)：60-64.

郑瑶青，孙亦樑，吴筑平，等，1987. 番石榴的天然香气（头香）成分研究[J]. 植物学报，29(6)：643-648.

植中强，李红缨，覃亮，2015. 芡实不同部位挥发性成分的GC-MS分析[J]. 食品研究与开发，36(16)：132-133.

钟昌勇，黄祖强，梁忠云，等，2009. 黄金香柳枝叶挥发性精油提取与分析[J]. 香料香精化妆品，(6)：8-10.

钟伏生，罗永明，单荷珍，等，2006. 大叶桉果实挥发油成分分析[J]. 时珍国医国药，17(6)：942.

周恩宝，方洪壮，赵晨曦，等，2009. 兴安落叶松针叶挥发油的GC-MS和启发渐进式特征投影法分析[J]. 分析试验室，28(6)：94-99.

周红艳，2014. 朱顶红根和叶部挥发油提取与成分对比分析[J]. 湖北民族学院学报（自然科学版），32(3)：285-288.

周丽珠，梁忠云，李军集，等，2010. 不同产地和季节对岗松油成分影响初探[J]. 广西林业科学，39(2)：97-99.

周浓，杨锡洪，解万翠，等，2016. "珍珠"番石榴的营养成分与挥发性风味特征分析[J]. 食品与机械，32(2)：37-40.

周琦，黄凤洪，杨湄，等，2016. 番茄籽油的挥发性成分分析[J]. 中国油脂，41(9)：46-50.

周维纯，姜紫荣，1998. 雪岭云杉针叶叶绿素-胡萝卜素软膏精油化学组成的研究[J]. 林产化学与工业，18(3)：49-52.

周维经，周维书，1987. 松柏科植物叶的成分研究—Ⅱ. 紫果云杉的开发研究[J]. 资源开发与保护杂志，3(3)：64.

周燕园，韦志英，钟振国，等，2009. GC-M对广西细叶桉叶及果实挥发油成分研究[J]. 中药材，32(2)：216-219.

周严严，巩丽丽，孙国明，等，2013. 水蒸气蒸馏与顶空进样GC-MS分析北柴胡挥发性成分[J]. 食品与药品，15(5)：332-334

周严严，赵海誉，王宏洁，等，2017. GC-MS分析玛咖植株不同部位和类似样品蔓菁挥发性成分比较研究[J]. 中华中医药杂志（原中国医药学报），32(5)：2265-2268.

周正辉，焦连庆，于敏，等，2012. 锦灯笼根茎挥发油化学成分GC-MS分析[J]. 特产研究，(1)：69-71.

朱东方，袁涛，李淑臣，等，2009. 蒙山地区黑松松针及枝条挥发油成分的气相质谱-色谱分析[J]. 山东林业科技，(2)：51-53.

朱凤妹，李军，高海生，等，2010. 金丝小枣与山西大枣中芳香性成分的研究[J]. 中国食品添加剂，(3)：119-124.

朱耕新，张涵庆，1996. 铜山阿魏根化学成分的研究[J]. 中国药科大学学报，27(10)：585-588.

朱化雨，宋兴良，孙爱德，2006. 蛇床子超临界CO_2萃取成分GC-MS分析[J]. 临沂师范学院学报，28(6)：49-55.

朱慧，2011. 少花龙葵叶挥发油成分的鉴定[J]. 西南农业学报，24(1)：94-100.

朱立俏，盛华刚，2012. 白芷挥发性成分的GC-MS分析[J]. 广州化工，40(23)：103-104，119.

朱立俏，盛华刚，2013. 川芎挥发性成分GC-MS分析[J]. 山东中医药大学学报，37(2)：164-165.

朱利芳，董鸿竹，杨世雄，等，2012. 我国西南元江大理茶的挥发性成分及其抗氧化活性[J]. 植物分类与资源学报，34(4)：409-416.

朱亮锋，陆碧瑶，李宝灵，等，1993. 芳香植物及其化学成分[M]. 海口：海南出版社.

朱楠，陶晨，任竹君，等，2016. SPME-GC/MS分析都匀毛尖茶挥发性成分[J]. 云南大学学报（自然科学版），38(1)：116-126.

朱启航，赵秀玲，2015. 茶梅茎叶中挥发油化学成分的分析[J]. 河北科技师范学院学报，29(1)：61-64，69.

朱小勇，卢汝梅，陆桂枝，等，2011. 南方荚蒾挥发油化学成分的气相色谱-质谱联用分析[J]. 时珍国医国药，22(2)：317-318.

朱欣婷，丁丽娜，刘云，等，2012. 荷叶普通粉与超微粉挥发油化学成分的对比研究[J]. 广东农业科学，(15)：120-123.

朱泽燕，黄雪松，2017. 用气相色谱-质谱联用法分析澳洲坚果幼叶的挥发性成分[J]. 热带农业科学，37(3)：94-99.

邹登峰，张伟，梁臣艳，等，2015. 凹脉金花茶挥发性成分的HS-SPME-GC/MS分析[J]. 湖北农业科学，54(9)：2223-2225.